MATRIX · STRUCTURAL ANALYSIS

매트릭스 구조해석

임 성 순 서울시립대학교

도서출판
구미서관

머리말

매트릭스가 무엇인가요? 매트릭스구조해석은 무엇이며 왜 필요한가요? 매트릭스구조해석을 위한 기초적인 지식이 무엇이며 미리 볼 만한 교재는 없나요? 실제 구조물을 접하면 매트릭스구조해석을 사용할 수 있을까요? 새로운 문제를 만나면 문제해결이 가능할까요. 학기 후 남은 것이 없는 것 같아요. 매트릭스구조해석을 강의하면서 무수히 많은 질문과 요청을 받아왔다. 대답하기 어렵고 제시할 내용도 막연한 현실에서 모든 요청을 들어주고 지름길을 안내할 수 없었다. 어찌 보면 대단히 간단하고 쉬운 질문과 요청이다. 그러나 그동안의 지식과 경험이 불확실한 학생들은 당연한 질문이고 요청이다. 모든 것이 미숙하고 사전 지식정도를 알 수 없는 학생들에게 복잡하고 어려운 대답은 무의미할 것이다. 그래서 최후의 대답은 '하지 마' 또는 '왜 수강해?'이다. 매우 한심한 대답이다.

한심함을 극복하려고 교재를 작성하게 되었다. 모든 것이 충분히 만족되지 않아도 조금의 도움이 된다면 한번쯤 땀을 흘릴 가치가 있다. 기존교재들을 복사하거나 모방할 생각이 없기에 고뇌하는 시간이 제법 걸릴 것 같다. 제한된 시간에 교재작성이 쉽지 않을 것이다. 컴퓨터프로그램을 작성하고 검증하며 예제를 만들어 해석하고 확인하는 일이 그리 쉽지 않다. 나이가 들면서 눈까지 침침하니 더욱더 난감하다. 요즈음 학생들처럼 화려한 타자실력도 없고 그저 독수리 타법으로 한줄 한줄을 작성하여야 한다. 정년이 얼마 남지 않아 도와 줄 대학원생도 없다. 그렇다고 전문인력을 동원할 수도 없다. 무엇이 그리 대단한 일이라고 전문인력까지 동원하랴. 타이핑 능력이나 키워둘 것을. 아쉽고 후회스럽다. 그래도 우리에게 밤이라는 시간이 너무 고맙다. 역사는 밤에 이루어진다고 했던가.

교재내용은 가능한 쉬운 것들만 추렸다. 이 내용들이 어렵다면 그것은 나의 문제가 아닐 것이다. 무엇을 배우는 일은 타인이 대신할 수 없다. 교재내용의 숙지도와 이해도는 모두 독자들의 문제이다. 그러므로 교재 내용과 범위를 머리말에 기술하지 않기로 한다. 버리거나 무시할 내용들은 미리 삭제하였기 때문이다. 혹시 이 교재를 읽는 학생들이 있다면 건투를 빌어 본다. 그것도 정성껏 빌어 본다.

늦은 시간까지 곁을 지켜준 아내가 고맙다. 힐끗거리며 관심을 보여준 딸과 아들이 고맙다. 기대와 호기심으로 보아준 학생들이 고맙다. 함께 공부하면서 동시대를 함께 한 모든 동료와 친구들이 고맙다. 무엇보다 걱정과 충고를 보여준 동료교수들이 고맙다. 지금의 나를 만들어 주신 지도교수님과 선배교수님들이 고맙다. 마지막으로, 예쁜 책을 만들어 준 출판사가 고맙다. 출판을 책임져 준 구미서관 임해진 사장님이 고맙다. 더 이상 고마울 사람들이 없었으면 좋겠다.

2018 년 8월

임 성 순

일러두기

국부좌표계(LCS) : Local/Member/Element Coordinate System
전체좌표계(GCS) : Global/Structure Coordinate System

＊ 직접강성도법(DSM : Direct Stiffness Method)에서

LCS의 절점변위벡터 $\boldsymbol{d}_i$: Nodal Displacement Vector in LCS
LCS의 절점하중벡터 $\boldsymbol{f}_i$: Nodal Load Vector in LCS

GCS의 절점변위벡터 $\boldsymbol{D}_i$: Nodal Displacement Vector in GCS
GCS의 절점하중벡터 $\boldsymbol{F}_i$: Nodal Load Vector in GCS

LCS의 부재절점변위벡터 $\boldsymbol{d}_e$: Member Nodal Displacement Vector in LCS
LCS의 부재절점하중벡터 $\boldsymbol{f}_e$: Member Nodal Load Vector in LCS
LCS의 부재강성도매트릭스 $\boldsymbol{k}_e$: Member Stiffness Matrix in LCS

GCS의 부재절점변위벡터 $\boldsymbol{D}_e$: Member Nodal Displacement Vector in GCS
GCS의 부재절점하중벡터 $\boldsymbol{F}_e$: Member Nodal Load Vector in GCS
GCS의 부재강성도매트릭스 $\boldsymbol{K}_e = \boldsymbol{T}_e^T \boldsymbol{k}_e \boldsymbol{T}_e$: Member Stiffness Matrix in GCS

전체구조강성도매트릭스 $\boldsymbol{K}_G = \sum \boldsymbol{K}_e$: Structure Stiffness Matrix including Inactive DOFs in GCS
전체구조하중벡터 $\boldsymbol{F}_G = \sum \boldsymbol{F}_e$: Structure Load Vector including Inactive DOFs in GCS
전체구조변위벡터 $\boldsymbol{F}_G = \sum \boldsymbol{F}_e$: Structure Displacement Vector including Inactive DOFs in GCS

＊ Clough 변위법(CDM : Clough Displacement Method)에서

누적부재절점변위벡터 $\boldsymbol{k}_G = \sum \boldsymbol{k}_e$: Accumulated Member Nodal Displacement Vector in LCS
누적부재점점하중벡터 $\boldsymbol{f}_G = \sum \boldsymbol{f}_e$: Accumulated Member Nodal Load Vector in LCS
누적부재강성도매트릭스 $\boldsymbol{k}_G = \sum \boldsymbol{k}_e$: Accumulated Member Stiffness Matrix in LCS

누적구조강성도매트릭스 $\boldsymbol{K}_S$: Accumulated Structure Stiffness Matrix in GCS
누적구조변위벡터 $\boldsymbol{D}_S$: Accumulated Structure Load Vector in GCS
누적구조하중벡터 $\boldsymbol{F}_S$: Accumulated Structure Displacement Vector in GCS

＊ 직접강성도법(DSM)과 Clough 변위법(CDM)에서

구조강성도매트릭스 $\boldsymbol{K}$: Structure Stiffness Matrix including Active DOFs in GCS
구조절점하중벡터 $\boldsymbol{F}$: Structure Load Vector including Active DOFs in GCS
구조절점변위벡터 $\boldsymbol{D}$: Structure Displacement Vector including Active DOFs in GCS

차 례

1 서 론

1.1 개론

대중매체를 보면, 자연과학, 사회과학, 인문과학, 의과학 등 모든 학문분야에 과학이라는 용어가 붙고 있다. 최근에는 자연공학, 사회공학, 인문공학, 의공학 등 과학보다 공학이라는 용어로 거듭나고 있다. 고등학교에서 문과와 이과로 구분되었던 학문영역이 대학에서 세분화되고 최근에는 공학이라는 영역으로 합쳐지는 추세이다. 국부적인 특정학문분야만을 인용하면서 융합학문이라는 명분 아래에서 불완전한 일체로 변화되고 있다. 여러 가지 얕은 지식들을 갖춘 어설픈이보다 깊은 지식을 갖춘 야무진이들이 모여야 큰 시너지를 발휘하는 것이 당연하다. 인터넷이라는 정보홍수 속에서 우리는 어설픈이로 변하는 것이 아닐까. 이것이 시대적 흐름이며 새로운 패러다임일 수도 있다.

자연과 현상이 무엇인가? 물리와 역학은 무엇인가? 공학과 설계는 어떤 연관성이 있는가? 한번쯤 생각하고 고민했을 법한 단어들이다. 궁금한 단어들이 나오면 제일 먼저 답을 찾는 곳이 인터넷 공간이다. 컴퓨터가 도입되고 다양한 정보들이 밀려오면서, 부모와 스승보다 컴퓨터가 우선하는 현실이다. 그럼에도 고전적인 학문은 변함이 없다는 것이 다행이다. 변하지 않음이 곧 진리이다. 컴퓨터는 보고 듣고 느끼는 감각기능과 사고와 사유 및 판단기능이 없다. 인간이 강제로 입력시킨 자료들을 저장하고 보여주거나 인간이 지시한 방법대로 자료를 분석하는 수동적인 기능이 컴퓨터의 절대기능이다. 최근 AI 라는 이름으로 많은 자료를 분석하고 판단하는 기능으로 발전하고 있단다. 아무리 컴퓨터가 발전하여도 부모나 스승이 우선될 수밖에 없다. 그들은 오감이 있고 생각하는 두뇌가 있고 따뜻한 마음이 있기 때문이다.

자연에서 원리를 찾는 학문이 물리학인 것처럼, 인간이 만든 구조물에서 원리나 법칙을 찾는 학문을 역학이라고 정의한다. 물리학과 역학은 대상만 다르며 추구하는 목표는 동일하다. 물리학의 대상은 주로 강체(Rigid Body)로 모사하지만 역학의 대상은 유연체(Deformable Body)이다. 역학과는 달리 공학은 인간의 안락한 삶을 위하여 구조물을 제작하는 일련의 과정이다. 제조분야의 공학은 물건을 만들고 판매하는 과정으로 제한된다. 그러나 토목공학은 구조물 설치에 대한 기획(Feasibility and Validity), 구조계획(Planning), 구조해석(Structural Analysis), 설계(Design of Structure), 시공(Construction), 유지관리(Maintenance) 등 지속적인 일련의 과정으로 구성되어 있다.

지금부터 아주 오래된 고전적인 학문분야를 설명하려고 한다. 오늘날 공학문제해결에 기초가 되는 기본이론과 컴퓨터 계산능력의 활용분야를 다루려고 한다. 본 교재는 구조해석부분으로서 컴퓨터의 계산능력을 활용하는 매트릭스구조해석에 관한 내용들이다. 이를 위하여 구조해석이론을 숙지, 정립하고 수치연산을 위한 컴퓨터프로그래밍언어(Computer Programming Language)를 숙지할 필요가 있다. 대표적인 언어가 고전적인 포트란이며 본 교재의 해석예는 모두 포트란(Fortran)을 이용하였다.

1.1.1 구조해석과 컴퓨터

[1] 구조해석과 구조공학

구조(Structure)는 인간이 만든 모든 물건들을 의미한다. 물건들은 나사처럼 작을 수도 있고 교량처럼 클 수도 있다. 토목분야는 교량, 도로, 댐, 플랜트산업시설, 옹벽, 지하구조, 대규모 건물 등 대규모 공공시설과 공공구조를 대상으로 한다. 공공시설과 공공구조를 토목구조라고 부른다. 결국 토목구조는 국민들의 작품이므로 안정성을 우선시하여야 한다. 안정한 구조물은 사용성과 편의성을 높이기 때문이다.

구조해석(Structural Analysis)은 구조물의 거동을 결정하는 과정이다. 외력이 가해지면 구조물은 변화와 변형을 유발한다. 외력을 입력(원인)단계, 변화와 변형을 출력(효과)단계이며 구조물은 하나의 시스템(System)을 이룬다. 시스템은 눈에 보이지 않은 현상(Phenomenon)까지를 포함한다. 원인이 없는 효과가 없고 원인은 반드시 효과를 나타낸다. 구조역학은 원인과 효과를 분석하는 학문이다. 원인을 하중(Load), 효과를 거동(Behavior) 또는 응답(Response)이라고 부른다. 즉, 구조역학은 구조물에 작용하는 하중으로 발생하는 변위, 변형, 부재력 등과 같은 구조거동의 크기와 형태를 결정하는 과정이다.

구조공학(Structural Engineering)은 공공구조물을 설계하고 제작하는 분야이다. 일반적으로 하중이 증가하면 거동도 증가한다. 구조거동이 어떤 규정치 이상이 되었다고 하중을 감소시킬 수 있을까? 규정된 하중작용에 의해 구조거동이 규정한계를 만족할까? 여러 가지 극한상황에서 구조물이 안정한가를 확인하는 것이 안정성 평가이다. 여기서 극한상황은 무조건 큰 값이 아니라 규정된 범위에서 최악의 조건을 의미한다. 구조물의 안정성 확보를 위한 규정치, 규정한계, 규정범위 등은 설계기준에 제시되어 있다. 하중은 무엇을 어떻게 적용하고 거동들은 어떤 값 이하이어야 한다는 등을 정리한 규정이 설계기준이다. 그러므로 설계자는 반드시 설계기준을 만족하는 구조물을 설계하여야 한다. 이를 위하여 정확한 구조해석이 요구된다. 구조설계는 반드시 구조해석이 요구되며 구조해석은 구조설계를 하거나 구조안정성을 확인하기 위하여 수행하여야 한다. 적절한 구조공학문제는 반드시 구조해석을 통하여 비로소 완성된다.

[2] 구조해석과 매트릭스구조해석

구조역학교재는 수계산이 가능한 소규모의 구조해석만을 수록하고 있다. 그러나 현실에서 토목구조는 많은 부재들과 형식과 형태가 다른 부재들이 복잡하게 연결된 혼합구조를 이루고 있다. 실무구조는 많은 수의 자유도를 선택하고 부재와 부재사이 연결도 상세부분까지 이상화하게 된다. 실제구조물을 간략화하여 이산화 구조계로 가정하고 지배방정식을 결정하였다면, 많은 자유도와 많은 방정식이 서로 연계된 매트릭스 방정식이 도출될 것이다. 선형탄성변형이론에 근거한 재료와 미소변형이론에 근거한 정적해석을 수행하더라도, 대규모 매트릭스방정식을 수계산으로 해결하기는 불가능하다. 수계산을 대신할 도구가 컴퓨터이다. 따라서 매트릭스구조해석은 컴퓨터와 해석프로그램 등과 밀접한 연관성을 지니고 있다. 이를 위해 적어도 하나의 확실한 프로그램언어를 가질 필요가 있다.

1.1.2 해석범위와 교재의 구성

매트릭스구조해석법은 평형조건으로부터 지배방정식을 결정하고 선형대수를 이용하여 근을 결정할 수 있는 선부재로 제한하고 있다. 본 교재도 선부재로 불리는 6가지 해석모델 즉, 스프링구조, 트러스구조, 보구조, 라멘구조, 아치구조, 케이블구조를 학습대상구조로 선택하였다. 케이블구조를 제외한 해석모델은 선형탄성이며 미소변형이론에 근거한 정적해석으로 제한하였다.

본 교재는 크게 4개의 부분으로 구분된다. 1번째 부분으로서 1~3장은 매트릭스구조해석에서 요구되는 기본사항을 정리하였다. 2번째 부분으로서 4~7장은 직접강성도법에 의한 각 해석모델별 구조해석방법을 설명하였다. 각 모델에 따른 차이점을 확인하고 직접강성도법을 이해할 수 있도록 구성하였다. 3번째 부분으로 8, 9장은 대표적인 변위법에 해당하는 직접강성도법과 Clough의 변위법을 설명하였다. 10장은 강성도법과 유연도법을 설명하였다. 직접강도법의 기초인 변위법을 다시한번 복습하고 해석적 방법에 의존하는 유연도법의 개념을 소개하였다. 4번째 부분으로서 11~12장은 아치와 케이블과 같은 곡선부재의 구조해석법을 설명하였다.

1장은 서론으로서 구조해석에 대한 개요와 컴퓨터프로그램언어 중 포트란의 윤곽만을 소개하였다. 자세한 내용은 포트란교재를 참고하면 되기 때문이다. 2장은 수치해석 중에서 매트릭스구조해석에서 필요한 매트릭스와 선형대수 등 기본수치해석부분만을 요약·정리하였다. 3장은 구조역학과 구조해석의 관계를 요약·설명하였고 4~7장에서 사용할 직접강성도법을 간단히 소개하였다.

4장은 스프링구조, 5장은 트러스구조, 6장은 보구조, 7장은 라멘구조에 대한 매트릭스구조해석이론과 해석절차를 설명하였다. 해석예는 수계산이 가능한 문제들로 제한하고 정해와 비교할 수 있도록 배려하였다. 보구조는 End Release의 개념과 강성도매트릭스의 구성절차를 설명하였다. 트러스구조와 라멘구조는 2차원 평면구조뿐만 아니라 3차원 입체구조로 구분하여 구조해석법을 설명하였다. 특히 라멘구조는 실무에서 가장 널리 이용하는 해석모델이므로 하중종류에 따른 해석예를 수록하였다.

8장은 7장까지 내용을 재확인하기 위한 복습의 장으로서 전반적인 직접강성도법은 재설명하였다. 9장은 Clough 변위법을 설명하고 직접강성도법과의 차이점을 설명하였다. Clough 변위법은 전산작업이 불편하나 소규모 구조에 대한 해석이 용이하고 해석개념을 이해하기 쉽다는 장점이 있다. 10장은 부정정구조의 해석법인 유연도법의 개념과 계산절차를 간단히 요약·설명하였다.

11장은 아치구조에 대한 해석방법을 설명하였다. 실무에서 아치구조는 여러 개의 라멘부재의 조합으로 사용하고 있다. 여러 개의 라멘부재로 이상화할 때, 정해에 수렴하는가를 확인할 필요가 있다. 라멘부재를 조합한 아치해석결과와 소수의 아치부재로 이상화한 해석결과를 비교하였다. 12장은 케이블구조에 대한 해석법을 설명하였다. 케이블은 거동특성상 비선형해석기법을 적용할 수밖에 없으므로 반복법에 의한 케이블구조의 비선형해석방법을 설명하였다. 케이블 자중에 의한 비선형성을 무시하고 집중하중에 의한 케이블거동을 확인하는 해석법으로 제한하였다.

1.2 프로그램언어

컴퓨터프로그램언어에 대한 자세한 내용은 프로그램언어에 대한 교재들을 참고하기 바란다. 본절은 수치연산을 위한 고전적인 언어 중 포트란의 기본 기능만을 소개하기로 한다.

프로그램은 몇 개의 단위프로그램들로 구성된다. 하나의 단위프로그램은 특정기능을 수행하며 아래그림과 같이 시작문, 선언문, 실행문, 종료문 순으로 구성된다. 특정기능은 프로그램 전체를 제어, 광역변수들의 특성을 지정, 수치연산 등을 의미한다. 특정기능을 수행하는 단위를 프로시저(Procedure)라고 부르며 4가지 프로시저 Program, Module, Subroutine, Function을 사용한다. 4가지 프로시저는 각각 프로그램 전체를 제어, 프로그램 전역에 사용하는 모든 변수들의 특성선언, 2개 이상의 변수(저장장소)에 수치연산결과를 지정, 단하나의 변수에 수치연산결과를 지정하는 역할을 한다.

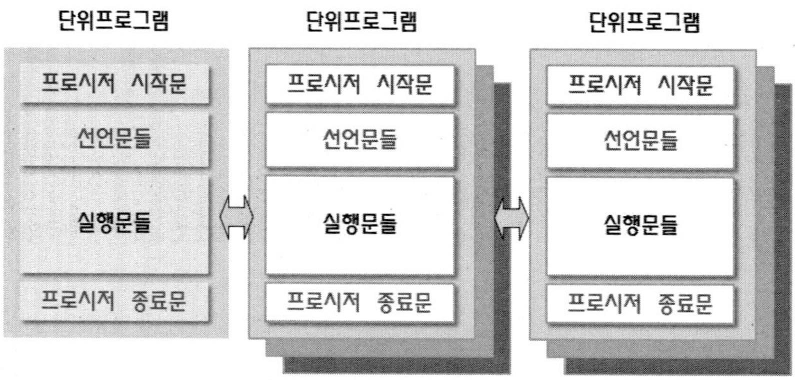

단위프로그램은 또다른 단위프로그램에서 수행한 특정기능을 가져와 원하는 작업을 수행할 수 있다. 즉, 단위프로그램 사이는 자료를 주고받을 수 있는 명령어들이 있다. 자료를 요청하는 프로시저를 상위프로시저, 자료연산을 주는 프로시저를 하위프로시저라고 부른다. Subroutine이 하위프로시저일 때, 상위프로시저에서 자료를 요청하는 명령어는 Call subroutine_name 문이라고 한다. 여기서 subroutine_name은 사용자가 33개 이하의 문자로 작성한 서브루틴이름이다. Function이 하위프로시저이면, 자료와 기능을 요청하는 상위프로시저에서 function_name 을 직접 사용한다. function_name도 사용자가 33개 이하의 문자로 작성한 함수이름이다. 특정단위프로그램에서 또다른 module 프로시저의 자료가 필요할 때, module프로시저를 요청하는 명령어는 Use module_name 문이며 module_name도 사용자가 33개 이하의 문자로 작성한 모듈이름이다, 이와 같이 하위프로시저를 요청하는 명령어들이 다르다. 또, Function문과 동일한 기능이지만 단 한줄로 표현하는 문함수(State function)도 있으며 반드시 선언문 뒤, 실행문 앞에 선언되어야 한다.

하나의 단위프로그램은 우측그림과 같이 시작문, 선언문, 실행문, 종료문 순으로 작성되어야 한다. 모든 프로그램언어가 그러하듯이 프로그램 작성순서는 매우 중요하다. 프로시저 시작명령어는 Program, Subroutine, Function, Module, Block Data가 있다. 최근 포트란은 Block Data를 사용하지 않는다. 시작명령어 사용형식은 명령어 [명령어이름] 순으로 작성한다. 프로시저 종료명령어는 End 문이다. 명확한 종료를 나타내려면 End [[명령어 [사용자지정이름]]으로 작성하여야 한다. 여기서 명령어는 시작명령어와 동일하며 대괄호는 해당 부분을 사용하거나 사용하지 않아도 좋다는 의미이다.

프로시저 시작명령어	PROGRAM SUBROUTINE FUNCTION MODULE BLOCK DATA	ProgramName SubName FtnName ModuleName BlockDataName
선언문	IMPLICIT NONE INTEGER REAL(8) COMPLEX(8) CHARACTER(5) LOGOCAL	 :: i,j,k :: a,b,c :: d,e,f :: g,h :: z
실행문	선택구조, 반복구조, 연산 표현식, 등	
프로시저 종료명령어	END PROGRAM END SUBROUTINE END FUNCTION END MODULE END BLOCK DATA	ProgramName SubName FtnName ModuleName BlockDataName

선언문은 단위프로그램에서 사용할 변수형과 특성을 지정하는 명령어이며 5가지 변수형(Type)을 제공되어 있다. 변수에 정수, 실수, 복소수자료를 지정하려면 각각 Integer, Real, Complex 문을 사용한다. 괄호속의 숫자는 자료의 유효숫자를 나타내는 바이트수이다. 공학문제해결에서 정수변수는 4바이트이나 실수나 복소수변수는 가능한 8바이트를 권하고 있다. 문자, 논리자료를 지정하는 변수는 각각 Character, Logical 문으로 선언하여야 한다.

실행문은 수치연산을 위한 수학식이며 수학식을 프로그램이 이해하도록 컴퓨터언어로 바꾼 연산 표현문(expression)을 의미한다. 예를 들어, 표현식 $c = a + b$는 수학에서 a와 b의 자료를 더한 값을 c에 저장하라는 의미이다. 수학식에서 '=' (equal)은 등가를 의미하지만 컴퓨터언어는 우변의 연산결과를 좌변의 변수에 저장하라는 의미이다. 연산식을 하나의 표현문으로 나타낼 수 있고 몇 줄로 작성되어 하나의 블록을 이루는 경우도 있다. 이를 구조라고 부르며 선택구조와 반복(순환)구조가 대표적이다.

선택구조는 변수의 자료에 따라 명령을 분기시키는 구조이다. 선택구조의 작성형식은 우측그림과 같다. 우측그림의 선택구조는 변수 a가 양수이면 계산값을, $a = 0$이면 0을, $a < 0$이면 음의 계산값을 변수 d에 저장시키는 구조이다. 즉, 하나의 변수가 자료에 따라 명령어가 분기됨을 알 수 있다. 이러한 의미에서 선택구조를 분기구조라고도 부른다.

선택구조	IF (a>0) THEN
	  d=b**2-4*a*c
	ELSE IF (a==0) THEN
	  d=0
	ELSE
	  d=-(b**2-4*a*c)
	ENDIF

순환구조	DO i=1,100 a=a*(i-1)*d END DO

반복구조 또는 순환구조는 Do Loop 구조라고도 부른다. 반

복구조는 변수자료를 순차적으로 증가 또는 감소시키면서 동일한 연산과정을 반복 실행시키는 구조이다. 예를 들어, 그림에서 변수 i의 자료를 1~100까지 증가시키면서 수치연산을 수행시키는 구조임을 추정할 수 있다. 기타 명령어에 대한 상세내용은 포트란교재를 참조하기 바란다.

2차방정식의 근을 결정하는 프로그램을 작성해 보자. 먼저, 연산흐름도(Flow Chart)를 생각하여야 한다. 연산흐름도는 알고리즘(Algorithm)과 연산을 위한 조건들을 프로그램작성흐름에 맞게 작성한 그림이다. 예를 들어, 2차방정식의 근을 결정하는 알고리즘은 우측그림과 같다. 전체 프로그램에서 알고리즘은 연산과정만을 나타낸다. 또, 알고리즘은 주로 수학식을 나열한 형태이다. 아래그림은 내부프로시저를 사용하지 않고 하나의 단위프로그램으로 작성한 프로그램의 작성예이다.

$$ax^2 + bx + c = 0$$

$$\rightarrow d = b^2 - 4ac$$

$$\text{if } d > 0, x = \frac{-b \pm \sqrt{d}}{2a}$$

$$\text{if } d = 0, x = \frac{-b}{2a}$$

$$\text{if } d < 0, x = \frac{-b \pm i\sqrt{-d}}{2a}$$

```
PROGRAM  SoLution_of_Quadratic_Equation                    !프로그램 시작문
   IMPLICIT NONE
   INTEGER,PARAMETER :: inp=95,out=96                       !선언문
   REAL(8) :: a,b,c,x1,x2,y,y1,y2,D

   OPEN(inp,"2.inp")                                        !이하 실행문
   OPEN(out,"2.out")

10 READ(inp,*) a,b,c

   IF(DABS(a) < 12.0D-20) STOP '  a = 0'
   d = b*b - 4*a*c

   WRITE(out,"(//5X,'Given Quadratic Equation :'     &
   &           /5X,'     a x^2 + b x + c = 0'        &
   &           /5X,'          a = ',F12.4            &
   &           /5X,'          b = ',F12.4            &
   &           /5X,'          c = ',F12.4            &
   &          //5X,'Discriminant (d = b^2 - 4ac)'    &
   &           /5X,'          d = ',F12.4)") a,b,c,d
   WRITE(out,"(//5X,'SoLution of Quadratic Equation'/)")
   IF (DABS(d) < 1.0D-15) THEN
      x1=-b/(2*a)
      WRITE(out,"(10X,'DoubLe root  (x) = ', F12.4)") x1
   ELSE
      IF(d > 0.0D0) THEN
         y = DSQRT(d)
         x1 = (-b+y)/(2*a) ; x2 = (-b-y)/(2*a)
         WRITE(out,"(10X,'ReaL root 1 (x1) = ', F12.4    &
         &          /10X,'ReaL root 2 (x2) = ', F12.4)") x1,x2
      ELSE IF( d < 0) THEN
         y = DSQRT(-d)
         x1 = -b/(2*a)
         y1 = y/(2*a) ; y2 = -y/(2*a)
         WRITE(out,"(10X,'CompLex root 1 (x1) = ', F12.4,' + ',F12.4,' i'    &
         &          /10X,'CompLex root 2 (x2) = ', F12.4,' + ',F12.4,' i')") &
         &    x1,y1,x1,y2
      ENDIF
   ENDIF
   GOTO 10
 END PROGRAM  SoLution_of_Quadratic_Equation              !프로그램 종료문
```

1.3 연습문제

1.3.1 기본개념 설명문제

[1] 프로그램 언어가 무엇이며 어떤 종류가 있는지 설명하라.

[2] 다음과 같은 오차가 무엇인지 설명하라.

(1) 기계오차(반올림 오차) (2) 절단오차(truncation error)

(3) 모델오차(수학적 모델에 따른 오차) (4) 자료오차(자료에 의한 오차)

[3] 표현식과 할당문이 무엇인지 설명하라.

[4] 표현식과 연산자의 종류, 특성 및 계산우선순위를 설명하라.

[5] 변수에 대한 다음 질문을 설명하라

(1) 변수의 정의 (2) 변수의 종류 (3) 변수의 특성

(4) 변수의 속성 (5) 배정도 실수 (6) 변수형(Type)의 종류와 특성

(7) 변수의 작성법 (8) 배정도 실수 (9) 변수형(Type)의 종류와 특성

[6] 다음과 같은 내장함수의 종류와 특성을 설명하라.

(1) 형(Type) 변환 내장함수 (2) 수치이용 내장함수 (3) 수치연산 내장함수

[7] 수치연산의 계산우선순위를 설명하라.

[8] 다음과 같은 연산자를 설명하라.

(1) 6가지 관계연산자 (2) 5가지 논리연산자

[9] 선언문과 선언구조에서 무엇을 선언하는가를 설명하라.

[10] 선택문(구조)의 종류와 특성을 설명하라.

[11] 내장함수 MERGE 문, WHERE 문, FORALL 문의 사용법을 설명하라.

[12] 블록 IF 구조와 SELECT CASE 문의 차이점을 설명하라.

[13] 기본적인 5가지 변수형을 설명하라.

[14] 순환문과 순환구조의 정의와 종류를 설명하라.

[15] CYCLE 문과 EXIT 문의 차이점을 설명하라.

[16] 배열은 무엇이며 변수와의 차이점을 설명하라.

[17] 배열의 표현방법과 배열요소의 저장순서를 설명하라.

[18] 배열의 종류와 특성을 설명하라.

[19] 파일을 정의하고 종류와 특성을 설명하라.

[20] Open 문의 작성형식을 설명하라.

[21] Write 문의 작성형식을 설명하라.

[22] 입력서식 명령어의 종류와 특성을 설명하라.

[23] 출력서식 명령어의 종류와 특성을 설명하라.

[24] 가인수와 실인수가 무엇인지 설명하라.

[25] 상위프로시저와 하위프로시저의 자료전달방법을 설명하라.

1.3.2 적용문제

[1] 실수자료를 나타내는 변수 a의 자료가 1/3일 때 이를 출력하는 프로그램을 작성하라.

[2] 다음과 같은 수학식을 계산하는 프로그램을 작성하라.

(1) $n!$ (2) $S = \sum_{n=1}^{100} (-1)^{n+1} n$ (3) $S_n = \sum_{n=1}^{n} n! = 1! + 2! + 3! + \cdots + n!$

[3] 다음과 같은 방정식의 근을 결정하는 프로그램을 작성하라.

(1) 2차 방정식 (2) 3차 방정식

[4] 섭씨온도를 화씨온도로 변환하는 프로그램을 작성하라.

[5] 다음조건에 따라 IF 문을 작성하라

(1) 만약 숫자가 음이거나 100보다 크면 "out of range"를 표시하는 문을 작성하라.

(2) 만약 x≦1.5이면 1, 1.5<x<2.5이면 2, 그렇지 않으면 3을 n에 할당하는 IF문을 작성하라.

(3) 만약 정수변수 yy가 4의 배수이면 "Leap Year"를 출력하는 문을 작성하라.

(4) 숫자가 음이거나 100보다 크면 "out of range"를 표시하는 문을 작성하라.

[6] 다음조건에 따라 프로그램을 작성하라.

(1) Fibonacci 수열은 정수들 1, 1, 2, 3, 5, 8, 13, 21, … 로 표현한다. 처음 두 수 다음의 각각의 수들은 이전 2수의 합이 된다. 양의 정수 n을 입력하여 처음 n 개의 Fibonacci 수열을 출력하는 프로그램.

(2) Fibonacci 수열의 특징은 연속하는 Fibonacci 수의 비(1/1, 1/2, 2/3, 3/5,…)들이 아래와 같은 식 "황금분할비"로 접근한다. Fibonacci 수열뿐만 아니라 연속된 Fibonacci 수의 비를 십진수 값으로 출력하는 프로그램.

$$\frac{\sqrt{5}-1}{2}$$

[7] 다음과 같은 조건을 가진 배열선언문을 작성하라.

(1) 첨자가 0~10까지의 정수이고 각 요소에 실수자료값이 저장되는 배열

(2) 첨자가 -5~5까지의 정수이고 각 요소에 정수자료값이 저장되는 배열

(3) 첨자가 1~10까지의 정수이고 각 요소에 길이가 10인 문자자료값이 저장되는 배열

(4) 첨자가 1~100까지의 정수이고 각 요소에 .TRUE. 또는 .FALSE. 가 저장되는 배열

2 기본수치해석

2.1 개요

공학문제는 현상으로부터 원리를 찾는 물리문제와 편리하고 안락한 구조설계를 위한 해석과 분석하는 공학문제 등으로 구분된다. 공학문제들은 반드시 수학적 모델이 필요하며 수학적 모델은 적절한 수학식으로 모사하여 반드시 근을 결정할 수 있어야 한다. 버리거나 경시할 만한 수학분야는 존재하지 않는다. 아울러 모든 공학문제의 해결과정을 살펴보면, 다양한 분야의 수학도구를 요구하며 컴퓨터프로그램을 이용하여 지루한 반복연산을 대신하고 있다, 그러므로 공학문제의 해결을 위하여 공학인은 누구나 수학도구를 자유롭게 적용하고 사용할 수 있는 능력과 컴퓨터프로그래밍 능력과 상용프로그램의 자유로운 사용능력을 가지고 있어야 한다.

전자공학과 컴퓨터공학의 발전으로 단순연산도구였던 컴퓨터는 기존의 수치연산과 많은 정보전달도구일뿐만 아니라 스스로 판단, 결정, 수행하는 능력이 탁월한 도구로 거듭나고 있다. 다양한 능력을 갖춘 컴퓨터는 이미 모든 생활 속에 깊숙이 자리매김을 하고 있다. 기존 수학분야는 수치연산에서 벗어나 문자로 구성된 방정식의 근을 결정하고 결과를 도시하는 등 이산수학을 중심으로 더욱더 발전하고 있다. 수계산에 의존하던 과거와 비교하여, 몇 개의 특정자료 또는 대표치로 표현하는 이산수학이 발전하였고 적절한 근사해를 얻을 수 있는 수치해석법이 발전하고 있다.

산업발전과 함께, 우리생활 주변에 모든 구조물들은 대형화되고 고층화되는 것을 볼 수 있다. 튼튼한 구조, 견고한 구조를 지향하던 기존 구조설계도 시대적 흐름에 따라 크고 가벼운 구조나 안정성이 확보된 최적구조를 지향하고 있다. 이로 인해 우리주변의 모든 구조물들은 여러 가지 설계인자들이 상호 영향을 주는 복합성과 구조거동들도 연계된 방정식으로 모사될 수밖에 없다. 또한 대형화, 고층화, 첨단화, 최적화되는 구조물들의 해석모델은 많은 자유도를 가진 대규모 방정식으로 표현되며 이를 해결할 수 있는 수학도구들이 소개되고 있다. 대표적인 방법이 이산화 구조계의 해석방법인 유한요소법이다. 유한요소법은 고전적인 매트릭스구조해석법에 기초하고 있다.

본장은 매트릭스구조해석에서 접할 수 있는 대표적인 수학분야 즉, 매트릭스와 선형대수, 보간함수와 수치적분법을 정리하였다. 2.2절은 공학문제에서 쉽게 접할 수 있는 매트릭스의 정의와 특성을 설명하였다. 2,3절은 구조해석의 공식화과정에서 경험하는 선형대수와 해를 결정하는 방법을 설명하였다, 특히, 대표적인 연립방정식의 해를 찾는 Gauss 소거법을 중점적으로 설명하였다. 2.4절은 특정 기지의 자료를 이용하여 임의자료를 추출하는 보간함수를 설명하였다. 특히, 1차 라그랑주 보간함수와 3차 에르미트 보간함수를 설명하였다. 2.5절은 가우스-르장드르 수치적분법을 설명하였다. 마지막으로 2.6절은 매트릭스 구조해석의 기초인 수치해석의 이해를 높이는 연습문제를 제시하였다.

2.2 매트릭스

2.2.1 정의

매트릭스(Matrix)는 수 또는 식을 성분으로 한 사각형 형태의 식이다. 예를 들어, 미지수 x, y, z로 이루어진 3개의 선형연립방정식을 가정해 보자. 주어진 방정식을 간단히 표현하기 위하여 계수들을 사각형으로 정리한 것이 매트릭스이다.

$$\begin{cases} 2x+y=3 \\ x+2y+z=4 \\ y+2z=3 \end{cases} \quad \text{또는} \quad \begin{bmatrix} 2 & 1 & 0 \\ 1 & 2 & 1 \\ 0 & 1 & 2 \end{bmatrix} \begin{Bmatrix} x \\ y \\ z \end{Bmatrix} = \begin{Bmatrix} 3 \\ 4 \\ 3 \end{Bmatrix} \quad \text{또는} \quad \boldsymbol{Ax} = \boldsymbol{b}$$

여기서 $\boldsymbol{A} = \begin{bmatrix} 2 & 1 & 0 \\ 1 & 2 & 1 \\ 0 & 1 & 2 \end{bmatrix}$, $\boldsymbol{x} = \begin{Bmatrix} x \\ y \\ z \end{Bmatrix}$, $\boldsymbol{b} = \begin{Bmatrix} 3 \\ 4 \\ 3 \end{Bmatrix}$ 이다.

매트릭스표기법은 학자마다 교재마다 다르다. 가장 일반적인 공학교재는 볼트체 대문자 $\boldsymbol{A}$, $\underline{\boldsymbol{A}}$, 또는 대괄호 속 대표성분 $[a_{ij}]$으로 매트릭스를 표시하고 있다. 크기가 $(m \times n)$인 매트릭스는 아래와 같이 표현하며 행과 열의 수는 각각 m, n이다. 행벡터(Row Vector) $\boldsymbol{r}_i$는 매트릭스에서 i번째 행에 나열된 성분으로 구성되며 열벡터(Column Vector) $\boldsymbol{c}_j$는 j번째 열에 나열된 성분으로 구성된다. 즉, 매트릭스는 행벡터가 성분인 행벡터 또는 열벡터가 성분인 행벡터라고 정의할 수 있다. 일반적으로 벡터는 열벡터를 의미한다.

$$\boldsymbol{A} = [a_{ij}] = \begin{bmatrix} a_{11} & a_{12} & \cdots & a_{1n} \\ a_{21} & a_{22} & \cdots & a_{2n} \\ \vdots & \vdots & \ddots & \vdots \\ a_{m1} & a_{m2} & \cdots & a_{mn} \end{bmatrix} = \begin{bmatrix} \boldsymbol{r}_1 \\ \boldsymbol{r}_2 \\ \vdots \\ \boldsymbol{r}_m \end{bmatrix} = [\boldsymbol{c}_1 \ \boldsymbol{c}_2 \ \cdots \ \boldsymbol{c}_n]$$

$$\text{여기서} \begin{cases} \boldsymbol{r}_1 = \langle a_{11} \quad a_{12} \quad \cdots \quad a_{1n} \rangle \\ \boldsymbol{r}_2 = \langle a_{21} \quad a_{22} \quad \cdots \quad a_{2n} \rangle \\ \vdots = \langle \vdots \quad \vdots \quad \ddots \quad \vdots \rangle \\ \boldsymbol{r}_m = \langle a_{m1} \quad a_{m2} \quad \cdots \quad a_{mn} \rangle \end{cases}, \ \boldsymbol{c}_1 = \begin{Bmatrix} a_{11} \\ a_{21} \\ \vdots \\ a_{m1} \end{Bmatrix}, \boldsymbol{c}_2 = \begin{Bmatrix} a_{12} \\ a_{22} \\ \vdots \\ a_{m2} \end{Bmatrix}, \cdots, \boldsymbol{c}_n = \begin{Bmatrix} a_{1n} \\ a_{2n} \\ \vdots \\ a_{mn} \end{Bmatrix} \text{이다.}$$

모든 공학문제의 공식화과정은 행과 열의 수가 같은 경우만 존재한다. 미지수 개수만큼 방정식 수가 존재하여야 해를 얻을 수 있기 때문이다. 이와 같이 행과 열의 수가 같은 매트릭스를 정방(Square)매트릭스라고 부른다. 각 성분이 0이 아닌 성분을 가진 매트릭스를 Full Matrix $\boldsymbol{A}_f$ 라고 부른다. 대각항을 중심으로 동일한 크기만큼만 0이 아닌 성분으로 구성되면 Banded Matrix $\boldsymbol{A}_b$ 라고 부른다. 만일 다각항을 중심으로 접었을 때 성분이 같은 매트릭스를 대칭(Symmetric)매트릭스 $\boldsymbol{A}_s$ 라고 부르며 부호는 반대이지만 동일한 절대값을 나타내면 역대칭(Skew-Symmetric 또는 Anti-Symmetric)매트릭스 $\boldsymbol{A}_a$ 라고 부른다.

$$\boldsymbol{A}_f = \begin{bmatrix} a_{11} & a_{12} & a_{13} & a_{14} & \cdots & a_{1n} \\ a_{21} & a_{22} & a_{23} & a_{24} & \cdots & a_{2n} \\ a_{31} & a_{32} & a_{33} & a_{34} & \cdots & a_{3n} \\ a_{41} & a_{42} & a_{43} & a_{44} & \cdots & a_{4n} \\ \vdots & \vdots & \vdots & \vdots & \ddots & \vdots \\ a_{n1} & a_{n2} & a_{n3} & a_{n4} & \cdots & a_{nn} \end{bmatrix}, \ \boldsymbol{A}_b = \begin{bmatrix} a_{11} & a_{12} & a_{13} & 0 & \cdots & 0 \\ a_{21} & a_{22} & a_{23} & a_{24} & \cdots & 0 \\ a_{31} & a_{32} & a_{33} & a_{34} & \cdots & 0 \\ 0 & a_{42} & a_{43} & a_{44} & \cdots & 0 \\ \vdots & \vdots & \vdots & \vdots & \ddots & \vdots \\ 0 & 0 & 0 & 0 & \cdots & a_{nn} \end{bmatrix}$$

$$\boldsymbol{A}_s = \begin{bmatrix} a_{11} & a_{12} & a_{13} & a_{14} & \cdots & a_{1n} \\ a_{12} & a_{22} & a_{23} & a_{24} & \cdots & a_{2n} \\ a_{13} & a_{23} & a_{33} & a_{34} & \cdots & a_{3n} \\ a_{14} & a_{24} & a_{34} & a_{44} & \cdots & a_{4n} \\ \vdots & \vdots & \vdots & \vdots & \ddots & \vdots \\ a_{1n} & a_{2n} & a_{3n} & a_{4n} & \cdots & a_{nn} \end{bmatrix}, \ \boldsymbol{A}_a = \begin{bmatrix} a_{11} & a_{12} & a_{13} & a_{14} & \cdots & a_{1n} \\ -a_{12} & a_{22} & a_{23} & a_{24} & \cdots & a_{2n} \\ -a_{13} & -a_{23} & a_{33} & a_{34} & \cdots & a_{3n} \\ -a_{14} & -a_{24} & -a_{34} & a_{44} & \cdots & a_{4n} \\ \vdots & \vdots & \vdots & \vdots & \ddots & \vdots \\ -a_{1n} & -a_{2n} & -a_{3n} & -a_{4n} & \cdots & a_{nn} \end{bmatrix}$$

대각항을 포함하여 상부성분이 0이 아닌 매트릭스를 상삼각매트릭스(Upper Triangular Matrix), 대각항을 포함하여 하부성분이 0이 아니면 하삼각매트릭스(Lower Triangular Matrix)라고 부른다. 대각항을 중심으로 바로 이웃한 항들만 0이 아닌 성분이면 삼대각매트릭스(Tri-Diagonal Matrix) $\boldsymbol{D}_t$ 라고 부른다. 모든 비대각항은 0, 대각항만 0이 아니면 대각매트릭스(Diagonal Matrix) $\boldsymbol{D}$ 라고 부른다. 대각매트릭스 중에서 대각항이 모두 1이면 단위매트릭스(Unit/Identity Matrix) $\boldsymbol{I}$ 라고 부른다.

$$\boldsymbol{U} = \begin{bmatrix} a_{11} & a_{12} & a_{13} & \cdots & a_{1n} \\ 0 & a_{22} & a_{23} & \cdots & a_{2n} \\ 0 & 0 & a_{33} & \cdots & a_{3n} \\ \vdots & \vdots & \vdots & \ddots & \vdots \\ 0 & 0 & 0 & \cdots & a_{nn} \end{bmatrix}, \ \boldsymbol{L} = \begin{bmatrix} a_{11} & 0 & 0 & \cdots & 0 \\ a_{21} & a_{22} & 0 & \cdots & 0 \\ a_{31} & a_{32} & a_{33} & \cdots & 0 \\ \vdots & \vdots & \vdots & \ddots & \vdots \\ a_{n1} & a_{n2} & a_{n3} & \cdots & a_{nn} \end{bmatrix}$$

$$\boldsymbol{D}_T = \begin{bmatrix} a_{11} & a_{12} & 0 & \cdots & 0 \\ a_{21} & a_{22} & a_{23} & \cdots & 0 \\ 0 & a_{32} & a_{33} & \cdots & 0 \\ \vdots & \vdots & \vdots & \ddots & \vdots \\ 0 & 0 & 0 & \cdots & a_{nn} \end{bmatrix}, \ \boldsymbol{D} = \begin{bmatrix} a_{11} & 0 & 0 & \cdots & 0 \\ 0 & a_{22} & 0 & \cdots & 0 \\ 0 & 0 & a_{33} & \cdots & 0 \\ \vdots & \vdots & \vdots & \ddots & \vdots \\ 0 & 0 & 0 & \cdots & a_{nn} \end{bmatrix}, \ \boldsymbol{I} = \begin{bmatrix} 1 & 0 & 0 & \cdots & 0 \\ 0 & 1 & 0 & \cdots & 0 \\ 0 & 0 & 1 & \cdots & 0 \\ \vdots & \vdots & \vdots & \ddots & \vdots \\ 0 & 0 & 0 & \cdots & 1 \end{bmatrix}$$

2.2.2 특성과 법칙

[1] 자주 사용되는 매트릭스

여기서는 공학문제에서 널리 사용되고 주어진 매트릭스로부터 결정하는 전치매트릭스, 역행렬 및 수직매트릭스 등을 소개하기로 한다.

1) **전치행렬 또는 전치매트릭스(Transpose Matrix)** : 크기가 $(n \times n)$인 정방매트릭스 $\boldsymbol{A}$ 의 전치매트릭스는 $\boldsymbol{A}^T = [a_{ji}]$ 로 표기하며 매트릭스 성분에서 행과 열이 바뀐 성분으로 구성된 매트릭스이다. 매트릭스 $\boldsymbol{A}$ 의 크기가 $(m \times n)$이면, 전치매트릭스 $\boldsymbol{A}^T$ 의 크기는 $(n \times m)$가 된다.

2) **역행렬 또는 역매트릭스(Inverse Matrix)** : 역행렬은 $\boldsymbol{A}^{-1}$ 로 표기하며, 임의의 정방매트릭스에 주어진 정방매트릭스를 곱하여 단위매트릭스가 될 때(즉, $\boldsymbol{A}^{-1}\boldsymbol{A} = \boldsymbol{I}$ 일 때), 임의의 정방매트릭스를 역행렬 또는 역매트릭스라고 정의한다. 이때 정방매트릭스의 행렬식(Determinant)이 반드시 0이 아니어야 역행렬이 존재한다는 것을 명심하여야 한다. 행렬식이 0인 매트릭스를 Singular Matrix 라고 부르며 Singular Matrix는 역행렬이 존재하지 않는 매트릭스이며 선형대수에서 근을 결정할 수 없는 매트릭스가 된다. 행렬식이 0이면 매트릭스에서 몇 개의 항등식들이 포함되며 물리적으로 강체운동을 나타내기 때문이다.

3) **수직행렬 또는 수직매트릭스(Orthogonal Matrix)** : 임의의 매트릭스 $\boldsymbol{A}$ 의 전치매트릭스와 역행렬의 곱이 단위매트릭스가 되는 주어진 매트릭스를 수직매트릭스라고 부른다. 수직매트릭스는 좌표변환매트릭스(Coordinate transformation Matrix)와 모달매트릭스(Modal Matrix)가 대표적이다.

[2] 행렬식(Determinant)

행렬식은 $|\boldsymbol{A}|$ 또는 $\det(\boldsymbol{A})$ 로 표기하며 역행렬 결정, 고유치 결정 등 공학문제해결에 널리 사용된다. 행렬식 표시에서 알 수 있듯이 매트릭스의 절대크기를 나타내며 성분이 숫자이면 행렬식은 하나의 숫자로 계산되지만 성분이 방정식이면 행렬식도 식으로 계산될 것이다. 이러한 의미에서 행렬식이라고 명명하고 있다. 본절은 공학수학이나 수치해석교재가 아니므로 행렬식에 대한 자세한 설명을 피하고 자주 사용되는 저차의 매트릭스에 대한 행렬식을 소개하기로 한다. 수치성분을 가진 고차의 매트릭스에 대한 행렬식은 Gauss 소거법 등으로 쉽게 결정할 수 있다. 행렬식의 연산특징과 법칙은 공학수학교재 또는 수치해석교재를 참조하기 바란다.

$$\text{If } \boldsymbol{A} = \begin{bmatrix} a_{11} & a_{12} \\ a_{21} & a_{22} \end{bmatrix} \rightarrow |\boldsymbol{A}| = a_{11}a_{22} - a_{12}a_{21}$$

$$\text{If } \boldsymbol{A} = \begin{bmatrix} a_{11} & a_{12} & a_{13} \\ a_{21} & a_{22} & a_{23} \\ a_{31} & a_{32} & a_{33} \end{bmatrix} \to |\boldsymbol{A}| = \begin{pmatrix} a_{11}a_{22}a_{33} + a_{12}a_{23}a_{31} + a_{13}a_{21}a_{32} \\ - a_{13}a_{22}a_{31} - a_{12}a_{21}a_{33} - a_{11}a_{23}a_{32} \end{pmatrix}$$

[3] 매트릭스의 사칙연산

1) 덧셈과 뺄셈 : 동일한 크기의 매트릭스 $\boldsymbol{A}, \boldsymbol{B}$ 의 덧셈은 $\boldsymbol{A} \pm \boldsymbol{B} = \boldsymbol{C}$ 로부터 매트릭스 $\boldsymbol{C}$ 룰 결정할 수 있다. 덧셈과 뺄셈에 이용한 매트릭스 $\boldsymbol{A}, \boldsymbol{B}, \boldsymbol{C}$ 는 반드시 동일한 크기를 가져야 한다. 연산은 매트릭스의 해당위치의 성분끼리 더하거나 뺌으로서 매트릭스 $\boldsymbol{C}$ 의 성분을 결정된다.

2) 곱셈 : 크기 $m \times p$ 인 매트릭스 $\boldsymbol{A}$ 와 크기 $(p \times n)$인 매트릭스 $\boldsymbol{B}$ 를 곱하면 크기 $(m \times n)$인 매트릭스 $\boldsymbol{C} = [c_{ij}]$ 를 결정할 수 있다. 매트릭스 곱셈은 전승할 매트릭스의 열과 후승할 매트릭스의 행의 수가 일치하여야 한다. 매트릭스 곱셈연산은 아래식과 같다. 이러한 이유로 2개의 매트릭스 순서를 바꾸면 연산결과도 다르다. 즉, $\boldsymbol{AB} \neq \boldsymbol{BA}$ 인 특성을 나타낸다. 반면에 매트릭스의 나눗셈은 존재하지 않는다. 나눗셈대신 역행렬을 사용하여야 한다.

$$c_{ij} = a_{i1}b_{1j} + a_{i2}b_{2j} + \cdots + a_{ip}b_{pj} = \sum_{k=1}^{p} a_{ik}b_{kj}$$

[4] 2개 이상의 매트릭스 곱으로 분해(Matrix Factorization or Decomposition)

2개 이상의 매트릭스들을 곱하여 하나의 매트릭스를 결정할 수 있다. 역으로 모든 매트릭스는 2개 이상의 매트릭스들의 곱으로 표현할 수 있다. 매트릭스 곱으로 표현하기 위하여, 2개 이상의 매트릭스를 결정하는 과정을 Matrix Factorization 또는 Matrix Decomposition이라고 한다. 예를 들어, 정방매트릭스 $\boldsymbol{A}$를 하삼각매트릭스 $\boldsymbol{L}$과 하삼각매트릭스 $\boldsymbol{U}$의 곱으로 표현할 수 있다. 마찬가지로 임의의 정방매트릭스 $\boldsymbol{A}$를 하삼각매트릭스 $\boldsymbol{L}$, 대각매트릭스 $\boldsymbol{D}$, 하삼각매트릭스 $\boldsymbol{U}$의 곱으로 표현할 수 있다.

$$\boldsymbol{A} = \boldsymbol{LU} \ : \ \begin{bmatrix} 2 & 4 & 2 \\ 1 & 4 & 3 \\ 0 & 1 & 3 \end{bmatrix} = \begin{bmatrix} 2 & 0 & 0 \\ 1 & 2 & 0 \\ 0 & 1 & 2 \end{bmatrix} \begin{bmatrix} 1 & 2 & 1 \\ 0 & 1 & 1 \\ 0 & 0 & 1 \end{bmatrix}$$

$$\boldsymbol{A} = \boldsymbol{LDU} \ : \ \begin{bmatrix} 2 & 4 & 0 \\ 1 & 4 & 2 \\ 0 & 1 & 5 \end{bmatrix} = \begin{bmatrix} 2 & 0 & 0 \\ 1 & 2 & 0 \\ 0 & 1 & 2 \end{bmatrix} \begin{bmatrix} 1 & 0 & 0 \\ 0 & 1 & 0 \\ 0 & 0 & 2 \end{bmatrix} \begin{bmatrix} 1 & 2 & 0 \\ 0 & 1 & 1 \\ 0 & 0 & 1 \end{bmatrix}$$

[5] 2개 이상의 매트릭스 합으로 분해

2개 이상의 매트릭스들을 합하여 하나의 매트릭스를 결정할 수 있다. 역으로 모든 매트릭스는 2개 이상의 매트릭스들의 합으로 표현할 수 있다. 매트릭스의 합으로 표현한 2개 이상의 매트릭스는 반복법이라는 선형대수문제에서 사용하고 있다. 예를 들어, 정방매트릭스 $\boldsymbol{A}$를 하삼각매트릭스 $\boldsymbol{L}$과 하삼각매트릭스 $\boldsymbol{U}$의 합으로 표현할 수 있다. 마찬가지로, 임의의 정방매트릭스 $\boldsymbol{A}$를 하삼각매트릭스 $\boldsymbol{L}$, 대각매트릭스 $\boldsymbol{D}$ 또는 단위매트릭스 $\boldsymbol{I}$, 하삼각매트릭스 $\boldsymbol{U}$의 합으로 표현할 수 있다.

$$\boldsymbol{A}=\boldsymbol{L}+\boldsymbol{U}\ :\ \begin{bmatrix}3&2&1\\1&3&1\\0&1&3\end{bmatrix}=\begin{bmatrix}2&0&0\\1&2&0\\0&1&2\end{bmatrix}+\begin{bmatrix}1&2&1\\0&1&1\\0&0&1\end{bmatrix}$$

$$\boldsymbol{A}=\boldsymbol{L}+\boldsymbol{D}+\boldsymbol{U}\ :\ \begin{bmatrix}4&2&0\\1&4&2\\0&1&5\end{bmatrix}=\begin{bmatrix}0&0&0\\1&0&0\\0&1&0\end{bmatrix}+\begin{bmatrix}4&0&0\\0&4&0\\0&0&5\end{bmatrix}+\begin{bmatrix}0&2&0\\0&0&2\\0&0&0\end{bmatrix}$$

$$\boldsymbol{A}=\boldsymbol{L}+\boldsymbol{I}+\boldsymbol{U}\ :\ \begin{bmatrix}5&2&0\\1&5&2\\0&1&5\end{bmatrix}=\begin{bmatrix}2&0&0\\1&2&0\\0&1&2\end{bmatrix}+\begin{bmatrix}1&0&0\\0&1&0\\0&0&1\end{bmatrix}+\begin{bmatrix}2&2&0\\0&2&2\\0&0&2\end{bmatrix}$$

[6] 특별한 매트릭스 곱과 특성

공학문제에서 자주 접할 수 있는 2개 이상의 매트릭스들의 곱에 대한 전치(Transpose)와 3개의 매트릭스 곱을 나타내는 2차 형식과 Similar Matrix의 특성을 살펴보아야 한다.

1) **매트릭스 곱에 대한 전치** : 2개 이상의 매트릭스들의 곱에 대한 전치는 아래와 같이 순서가 바뀐다. 매트릭스가 몇 개이던 이러한 연산순서는 변하지 않는다. 예를 들어, 야코비(Jacobi)의 고유벡터 결정과정에서 찾아볼 수 있다. 여기서 $\boldsymbol{A}$는 주어진 매트릭스, $\boldsymbol{R}_k$는 k번째 시도매트릭스(Trial Matrix), $\boldsymbol{\Phi}_n$는 근사적인 Modal Matrix이다. 모달매트릭스는 동역학에서 사용하는 대표적인 매트릭스이나 임의의 주어진 매트릭스를 대각항만 남기고 비대각항을 모두 0으로 만드는 매트릭스의 대각화(Diagonalization)에 사용되는 유일한 매트릭스이다.

$$(\boldsymbol{AB})^T=\boldsymbol{B}^T\boldsymbol{A}^T,\ (\boldsymbol{ABC})^T=\boldsymbol{C}^T\boldsymbol{B}^T\boldsymbol{A}^T,\ \cdots$$

$$\boldsymbol{\Phi}_n=(\boldsymbol{R}_n^T\cdots\boldsymbol{R}_2^T\boldsymbol{R}_1^T)\boldsymbol{A}(\boldsymbol{R}_1\boldsymbol{R}_2\cdots\boldsymbol{R}_n)$$

임의의 매트릭스 $\boldsymbol{A}$에 매트릭스 $\boldsymbol{Q}$를 후승하고 전치매트릭스 $\boldsymbol{Q}^T$를 전승함으로서 매트릭스 $\boldsymbol{B}$가 결정되었다고 하자. 매트릭스 $\boldsymbol{B}$는 매트릭스 $\boldsymbol{A}$와 유사하다는 의미로 Similar Matrix라고 부른다. 비슷하다는 의미는 고유벡터(Eigenvector)는 다르지만 고유치(Eigenvalue)가 동일하다는 뜻이다. 이러한 3개의 매트릭스 곱을 2차 형식(Quadratic Form)이라고 부른다.

$$\boldsymbol{B}=\boldsymbol{Q}^T\boldsymbol{A}\boldsymbol{Q}$$

2) 2차 형식과 특성 : 좌표변환매트릭스 $\boldsymbol{T}$를 이용하여 국부좌표계의 강성도매트릭스 $\boldsymbol{k}$를 전체좌표계의 강성도매트릭스 $\boldsymbol{K}$로 변환하는 과정에서 2차 형식 $\boldsymbol{K}=\boldsymbol{T}^T\boldsymbol{k}\boldsymbol{T}$이 사용된다. 동역학에서 강성도와 질량매트릭스의 대각화과정도 2차 형식이 나타난다. 예를 들어, 고유벡터들이 성분인 행벡터를 Modal Matrix $\boldsymbol{\Phi}$라고 정의한다. 강성도매트릭스 $\boldsymbol{K}$에 $\boldsymbol{\Phi}^T$를 전승, $\boldsymbol{\Phi}^T$를 후승하면 즉, $\boldsymbol{\Lambda}=\boldsymbol{\Phi}^T\boldsymbol{K}\boldsymbol{\Phi}$를 실행하면 대각매트릭스 $\boldsymbol{\Lambda}$가 결정되며 이를 Stiffness Orthogonality 라고 부른다. 마찬가지로 질량매트릭스에 동일한 방법을 적용 즉, $\boldsymbol{I}=\boldsymbol{\Phi}^T\boldsymbol{M}\boldsymbol{\Phi}$를 수행하면 단위매트릭스가 계산되며 이를 Mass Orthonormality 라고 부른다. 이와 같이 임의의 매트릭스의 대각화는 모달매트릭스의 2차 형식이 유일한 방법이다.

[7] 특별한 벡터의 곱

공학문제에서 2개 이상의 벡터곱은 내적, 외적, 승적(다이애드) 등 3가지로 구분된다. 예를 들어, 2개의 벡터 $\boldsymbol{a},\boldsymbol{b}$가 주어졌을 때 내적, 외적, 승적은 다음과 같이 요약할 수 있다.

1) 내적(Inner/Scalar/Dot Product) : 내적은 $\boldsymbol{a}\cdot\boldsymbol{b}=c$로 정의하며 여기서 c는 스칼라이다. 내적은 하나의 벡터를 다른 벡터 방향으로 투영한 길이와의 곱을 나타낸다. 그러므로 동일선상에 2개의 벡터가 존재하므로 이를 내적이라고 부른다. 또한 계산결과가 스칼라이므로 스칼라곱, 수학기호 dot를 사용하므로 Dot Product라고도 부른다. 물리적으로 에너지(Energy) 또는 일(Work)을 계산할 때 내적을 사용하고 있다.

2) 외적(Outer/Vector/Cross Product) : 외적은 $\boldsymbol{a}\times\boldsymbol{b}=\boldsymbol{c}$로 정의하며 여기서 $\boldsymbol{c}$는 두 벡터 $\boldsymbol{a},\boldsymbol{b}$와 수직한 벡터이다. 외적은 두 벡터 $\boldsymbol{a},\boldsymbol{b}$의 크기를 가진 평행사변형의 면적을 나타낸다. 평행사변형이 이루는 평면과 바깥쪽으로 수직한 벡터이므로 외적이라고 부른다. 계산결과가 벡터이므로 벡터곱, 수학기호 cross를 사용하므로 Cross Product라고도 부른다. 물리적으로 비틀림, 면적 등을 계산할 때 외적을 사용하고 있다.

3) 승적(Dyad Product) : 승적은 $\boldsymbol{a}\boldsymbol{b}^T=\boldsymbol{C}$ 로 정의하며 $\boldsymbol{C}$는 매트릭스를 의미한다. 두 벡터 $\boldsymbol{a},\boldsymbol{b}$로부터 매트릭스를 구성하는 벡터곱이다. 물리적으로 관성모멘트, 응력 및 변형률텐서를 결정할 때 승적을 사용하고 있다. x,y축으로 구성된 평면의 단면특성치는 $\int <x\ y> \begin{Bmatrix} x \\ y \end{Bmatrix} dA$로 정의된다. 이는 $\int \begin{bmatrix} x^2 & xy \\ yx & y^2 \end{bmatrix} dA = \begin{bmatrix} I_y & I_{xy} \\ I_{yx} & I_x \end{bmatrix}$가 되어 승적을 나타낸다.

예를 들어, 2개의 벡터 $\boldsymbol{a},\boldsymbol{b}$가 각각 3개의 성분들로 구성되었을 때, 두 벡터들의 내적, 외적, 승적은 다음과 같이 계산할 수 있다.

Let $\boldsymbol{a}=\begin{Bmatrix} a_1 \\ a_2 \\ a_3 \end{Bmatrix}, \boldsymbol{b}=\begin{Bmatrix} b_1 \\ b_2 \\ b_3 \end{Bmatrix}, \boldsymbol{c}=\begin{Bmatrix} c_1 \\ c_2 \\ c_3 \end{Bmatrix}$; $(\boldsymbol{e}_1 \ \ \boldsymbol{e}_2 \ \ \boldsymbol{e}_3)$=벡터 $\boldsymbol{c}$ 의 기저벡터 성분

$$\boldsymbol{a} \cdot \boldsymbol{b} = (\boldsymbol{a}, \boldsymbol{b}) = \boldsymbol{a}^T \boldsymbol{b} = a_1 b_1 + a_2 b_2 + a_3 b_3$$

$$\boldsymbol{a} \times \boldsymbol{b} = \langle \boldsymbol{a}, \boldsymbol{b} \rangle = \begin{vmatrix} \boldsymbol{e}_1 & \boldsymbol{e}_2 & \boldsymbol{e}_3 \\ a_1 & a_2 & a_3 \\ b_1 & b_2 & b_3 \end{vmatrix} = (a_2 b_3 - a_3 b_2)\boldsymbol{e}_1 + (a_3 b_1 - a_1 b_3)\boldsymbol{e}_2 + (a_1 b_2 - a_2 b_1)\boldsymbol{e}_3$$

$$= \boldsymbol{c} = c_1 \boldsymbol{e}_1 + c_2 \boldsymbol{e}_2 + c_3 \boldsymbol{e}_3 \ ; \ c_1 = a_2 b_3 - a_3 b_2, \ c_2 = a_3 b_1 - a_1 b_3, \ c_3 = a_1 b_2 - a_2 b_1$$

$$\boldsymbol{a}\boldsymbol{b}^T = \begin{Bmatrix} a_1 \\ a_2 \\ a_3 \end{Bmatrix} \langle b_1 \ \ b_2 \ \ b_3 \rangle = \begin{bmatrix} a_1 b_1 & a_1 b_2 & a_1 b_3 \\ a_2 b_1 & a_2 b_2 & a_2 b_3 \\ a_3 b_1 & a_3 b_2 & a_3 b_3 \end{bmatrix}$$

[8] 매트릭스와 벡터로 구성된 2차 형식

매트릭스와 벡터로 구성된 2차 형식은 $u = \boldsymbol{x}^T \boldsymbol{A} \boldsymbol{x}$ 로 표현된다. 공학문제에서 이러한 2차 형식은 복원에너지 산정에서 접할 수 있다. 예를 들어, 스프링상수가 k 이고 변위 x 가 발생한 스프링의 복원에너지는 $u = kx^2/2$ 이다. 즉 에너지는 x 의 2차식으로 표현된다. 이러한 2차식을 벡터와 매트릭스에서 2차 형식이라고 부른다. 따라서 구조시스템이 외력을 받아 변형이 발생하였다고 하자. 이때 변위벡터는 $\boldsymbol{x}$, 강성도매트릭스는 $\boldsymbol{K}$ 라면 변형에너지 U 는 다음과 같은 2차 형식으로 정의할 수 있다.

$$U = \frac{1}{2} \boldsymbol{x}^T \boldsymbol{K} \boldsymbol{x}$$

[9] 매트릭스의 고유치

매트릭스의 고유치는 고유치방정식 $\boldsymbol{A}\boldsymbol{x} = \lambda \boldsymbol{x} = \lambda \boldsymbol{I} \boldsymbol{x}$ 로부터 결정된다. 예를 들어, 아래와 같은 2차원 매트릭스를 고려해 보자.

$$\boldsymbol{A} = \begin{bmatrix} 2 & 1 \\ 1 & 2 \end{bmatrix} \rightarrow \begin{bmatrix} 2-\lambda & 1 \\ 1 & 2-\lambda \end{bmatrix} \begin{Bmatrix} x_1 \\ x_2 \end{Bmatrix} = \begin{Bmatrix} 0 \\ 0 \end{Bmatrix}$$

$$\rightarrow \begin{vmatrix} 2-\lambda & 1 \\ 1 & 2-\lambda \end{vmatrix} = \lambda^2 - 4\lambda + 3 = (\lambda - 1)(\lambda - 3) = 0 \ \rightarrow \lambda = 1,3$$

2차원 매트릭스 $\boldsymbol{A}$ 는 2개의 고유치 $(1, 3)$ 을 가지며 임의의 매트릭스 $\boldsymbol{B}$ 로 2차 형식을 적용하여도 고유치는 항상 일정한 값을 나타낸다. 이러한 이유로 이를 고유치라는 부르며 고유벡터와 함께 주어진 매트릭스 $\boldsymbol{A}$ 의 대표값이 된다.

2.3 선형대수

선형대수는 선형연립방정식의 해를 결정하는 과정을 의미한다. 2.2.1절에서 설명한 3원 연립방정식을 보자. 선형연립방정식은 아래와 같이 매트릭스 방정식으로 정리할 수 있다. 따라서 선형대수는 매트릭스 방정식의 근을 결정하는 문제에 해당한다.

$$\begin{cases} 2x+y=3 \\ x+2y+z=4 \\ y+2z=3 \end{cases} \text{ or } \begin{bmatrix} 2 & 1 & 0 \\ 1 & 2 & 1 \\ 0 & 1 & 2 \end{bmatrix} \begin{Bmatrix} x \\ y \\ z \end{Bmatrix} = \begin{Bmatrix} 3 \\ 4 \\ 3 \end{Bmatrix} \text{ or } \boldsymbol{Ax}=\boldsymbol{b} \quad ; \boldsymbol{A} = \begin{bmatrix} 2 & 1 & 0 \\ 1 & 2 & 1 \\ 0 & 1 & 2 \end{bmatrix}, \boldsymbol{x} = \begin{Bmatrix} x \\ y \\ z \end{Bmatrix}, \boldsymbol{b} = \begin{Bmatrix} 3 \\ 4 \\ 3 \end{Bmatrix}$$

아래표와 같이 선형연립방정식의 근 결정방법은 다양하다. 다양한 방법이 제시되었다는 의미는 빠른 속도로 정확한 해를 결정하기 위한 다양한 시도가 있었음을 알 수 있다. 간접법은 소거법, 반복법, 분해법으로 구분하며 1차 연립방정식의 해를 결정하는 가장 대표적인 방법이 소거법이다. 모든 방법들이 소거법과 유사한 연산과정들을 포함하므로 가우스소거법을 설명하기로 한다. 그밖의 해법들의 상세한 설명은 수치해석교재를 참조하기 바란다.

종류			특징
간접법	소거법	Gauss 소거법	$\boldsymbol{Ax}=\boldsymbol{b} \rightarrow \boldsymbol{Ux}=\tilde{\boldsymbol{b}}$
		Gauss-Jordan 소거법	$\boldsymbol{Ax}=\boldsymbol{b} \rightarrow \boldsymbol{Dx}=\tilde{\boldsymbol{b}}$
	반복법	Jacobi 방법	$\boldsymbol{A}=\boldsymbol{I}+\widetilde{\boldsymbol{A}}$
		Gauss-Seidel 방법	$\boldsymbol{A}=\boldsymbol{D}-\boldsymbol{L}-\boldsymbol{U}$
		SOR 반복법	$\omega\boldsymbol{A}=\boldsymbol{D}-\omega\boldsymbol{L}-(1-\omega)\boldsymbol{D}-\omega\boldsymbol{U}$
	분해법	LU 분해법	$\boldsymbol{A}=\boldsymbol{LU}$
		Doolittle 분해법	$\boldsymbol{A}=\boldsymbol{LU}$ for $l_{ii}=1$
		Crout 분해법	$\boldsymbol{A}=\boldsymbol{LU}$ for $u_{ii}=1$
		Choleski 분해법	$\boldsymbol{A}=\boldsymbol{LL}^T$ for $a_{ii}=l_{ii}^2$
		LDLT 분해법	$\boldsymbol{A}=\boldsymbol{LDL}^T$ for symmetric matrix
직접법	역매트릭스법 또는 역행열법		$\boldsymbol{A}^{-1}$

2.3.1 소거법

매트릭스 방정식의 근을 결정하는 방법 중에서 가장 널리 사용하는 방법이 소거법이다. 소거법은 매트릭스 성분들을 일정한 순서로 소거하여 상삼각매트릭스로 변환한 후 근을 결정하는 방법이다. 이러한 소거법은 매트릭스 특성에 따라 소거과정을 단축시킬 수 있다. 특히, 공학문제는 양정치(positive definite) 특성을 가진 대칭(symmetric) 매트릭스이며 밴드를 가진 매트릭스(banded matrix)의 특성을 나타낸다. 양정치특성과 밴드 특성을 나타내는 매트릭스는 기억용량과 연산반복회수를 감소시킬 수 있다.

소거법은 기본적으로 다음과 같은 4가지 변환법칙을 적용하고 있다. 4가지 변환법칙을 모든 소거법에서 적용되며 방정식의 근에 아무런 영향을 주지 않는다.

(1) 0이 아닌 상수를 양변에 곱하거나 나누거나 더하거나 빼도 방정식은 변하지 않는다.

(2) 두 방정식의 위치를 서로 교환 즉, 방정식은 어느 것을 먼저 표현하여도 좋다.

(3) 임의의 방정식에서 다른 방정식을 더하거나 빼도 방정식은 변함이 없다.

(4) 미분, 적분과 같은 수학도구를 양변에 적용하여도 방정식은 변함이 없다.

2.3.2 Gauss 소거법

[1] Gauss 소거법의 개념

가우스소거법은 아래그림과 같이 매트릭스 $\boldsymbol{A}$ 를 전방소거(forward sweeping 또는 elimination)하여 상삼각매트릭스 $\boldsymbol{U}$ 로 변환하고 역방향대입(backward substitution)으로 근을 결정하는 과정으로 구성되어 있다. 주어진 매트릭스 $\boldsymbol{A}$ 를 상삼각매트릭스 $\boldsymbol{U}$ 로 변환하는 이유는 역방향으로 순차대입하여 쉽게 근을 결정할 수 있기 때문이다.

$$\boldsymbol{A}\boldsymbol{x} = \boldsymbol{b} \quad \rightarrow \quad \boldsymbol{U}\boldsymbol{x} = \tilde{\boldsymbol{b}}$$

$$\begin{bmatrix} a_{11} & a_{12} & \cdots & a_{1n} \\ a_{21} & a_{22} & \cdots & a_{2n} \\ \vdots & \vdots & \ddots & \vdots \\ a_{n1} & a_{n2} & \cdots & a_{nn} \end{bmatrix} \begin{Bmatrix} x_1 \\ x_2 \\ \vdots \\ x_n \end{Bmatrix} = \begin{Bmatrix} b_1 \\ b_2 \\ \vdots \\ b_n \end{Bmatrix} \rightarrow \begin{bmatrix} u_{11} & u_{12} & \cdots & u_{1n} \\ 0 & u_{22} & \cdots & u_{2n} \\ \vdots & \vdots & \ddots & \vdots \\ 0 & 0 & \cdots & u_{nn} \end{bmatrix} \begin{Bmatrix} x_1 \\ x_2 \\ \vdots \\ x_n \end{Bmatrix} = \begin{Bmatrix} \tilde{b}_1 \\ \tilde{b}_2 \\ \vdots \\ \tilde{b}_n \end{Bmatrix}$$

가우스 소거법의 알고리즘을 요약하면 다음과 같이 소거단계와 대입단계로 구분된다.

$$\begin{cases} u_{jk} = a_{jk} - \dfrac{a_{ji}}{a_{ii}} a_{ik} \\ \tilde{b}_j = b_j - \dfrac{a_{ji}}{a_{ii}} b_i \end{cases} \qquad \text{단, } \begin{cases} i = 1, (n-1) \\ j = (i+1), n \\ k = (i+1), n \end{cases}$$

$$\begin{cases} x_n = \dfrac{\tilde{b}_n}{u_{nn}} \\ x_i = \dfrac{1}{u_{ii}} \left(\tilde{b}_i - \displaystyle\sum_{j=i-1}^{n} u_{ij} x_j \right) \end{cases} \qquad \text{단, } i = (n-1), 1, -1$$

[2] Gauss 소거법의 적용예

예를 들어, 4개의 미지변수와 4개의 방정식으로 구성된 연립방정식들은 아래와 같이 매트릭스 방정식 $\boldsymbol{Ax}=\boldsymbol{b}$로 나타낼 수 있다. 연산과정을 요약하면 아래와 같다.

$$\begin{cases} 2x_1 - x_2 - x_3 = 0 \\ -x_1 + 2x_2 - x_3 - x_4 = -1 \\ -x_2 - x_3 + 2x_4 = 0 \\ -x_1 - x_2 + 2x_3 - x_4 = -1 \end{cases} \text{ 또는 } \begin{bmatrix} 2 & -1 & -1 & 0 \\ -1 & 2 & -1 & -1 \\ 0 & -1 & -1 & 2 \\ -1 & -1 & 2 & -1 \end{bmatrix} \begin{Bmatrix} x_1 \\ x_2 \\ x_3 \\ x_4 \end{Bmatrix} = \begin{Bmatrix} 0 \\ -1 \\ 0 \\ -1 \end{Bmatrix} \text{ 또는 } \boldsymbol{Ax}=\boldsymbol{b}$$

1) 피봇 a_{11}을 선택하여 성분 $a_{21}=a_{31}=a_{41}=0$이 되도록 소거하면 아래와 같다.

$$\begin{bmatrix} 1 & -1/2 & -1/2 & 0 \\ -1 & 2 & -1 & -1 \\ 0 & -1 & -1 & 2 \\ -1 & -1 & 2 & -1 \end{bmatrix} \begin{Bmatrix} x_1 \\ x_2 \\ x_3 \\ x_4 \end{Bmatrix} = \begin{Bmatrix} 0 \\ -1 \\ 0 \\ -1 \end{Bmatrix} \rightarrow \begin{bmatrix} 1 & -1/2 & -1/2 & 0 \\ 0 & 3/2 & -3/2 & -1 \\ 0 & -1 & -1 & 2 \\ 0 & -3/2 & 3/2 & -1 \end{bmatrix} \begin{Bmatrix} x_1 \\ x_2 \\ x_3 \\ x_4 \end{Bmatrix} = \begin{Bmatrix} 0 \\ -1 \\ 0 \\ -1 \end{Bmatrix}$$

2) 피봇 a_{22}을 선택하여 성분 $a_{32}=a_{42}=0$이 되도록 소거하면 아래와 같다. 여기서 1번째 행은 원 상태로 재작성하여도 된다.

$$\begin{bmatrix} 2 & -1 & -1 & 0 \\ 0 & 1 & -1 & -2/3 \\ 0 & -1 & -1 & 2 \\ 0 & -1 & 1 & -2/3 \end{bmatrix} \begin{Bmatrix} x_1 \\ x_2 \\ x_3 \\ x_4 \end{Bmatrix} = \begin{Bmatrix} 0 \\ -2/3 \\ 0 \\ -2/3 \end{Bmatrix} \rightarrow \begin{bmatrix} 2 & -1 & -1 & 0 \\ 0 & 1 & -1 & -2/3 \\ 0 & 0 & -2 & 4/3 \\ 0 & 0 & 0 & -4/3 \end{bmatrix} \begin{Bmatrix} x_1 \\ x_2 \\ x_3 \\ x_4 \end{Bmatrix} = \begin{Bmatrix} 0 \\ -2/3 \\ -2/3 \\ -4/3 \end{Bmatrix}$$

3) 피봇 a_{33}을 선택하여 성분 $a_{43}=0$이 되도록 소거. 그러나 이미 $a_{43}=0$이므로 소거과정을 종료한다.

4) 상삼각매트릭스의 4번째 행에서 변수 x_4를 결정하고 역방향 대입으로 x_3, x_2, x_1를 순서대로 결정한다.

$$\begin{cases} -\dfrac{4}{3}x_4 = -\dfrac{4}{3} \rightarrow x_4 = 1 \\ -2x_3 + \dfrac{4}{3}x_4 = -\dfrac{2}{3} \rightarrow -2x_3 = -2 \rightarrow x_3 = 1 \\ x_2 - x_3 - \dfrac{2}{3}x_4 = -\dfrac{2}{3} \rightarrow x_2 = 1 \\ 2x_1 - x_3 - x_3 = 0 \rightarrow 2x_1 = 2 \rightarrow x_1 = 1 \end{cases}$$

[3] Gauss 소거법의 물리적 의미

아래그림과 같이 스프링상수 k인 4개의 스프링이 직렬 연결된 구조에서 절점 4에 수평하중 P가 작용하고 있다. 각 절점변위와 절점하중은 그림에 표시하였다.

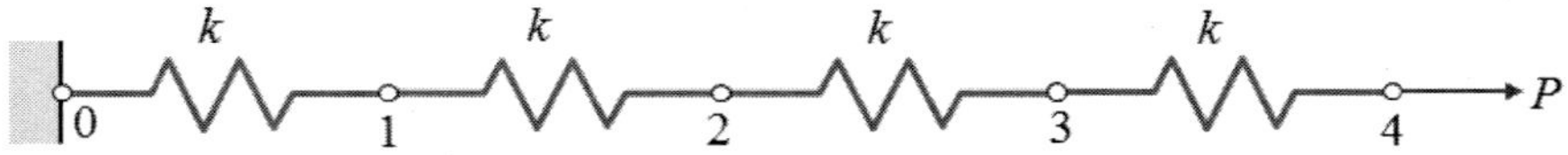

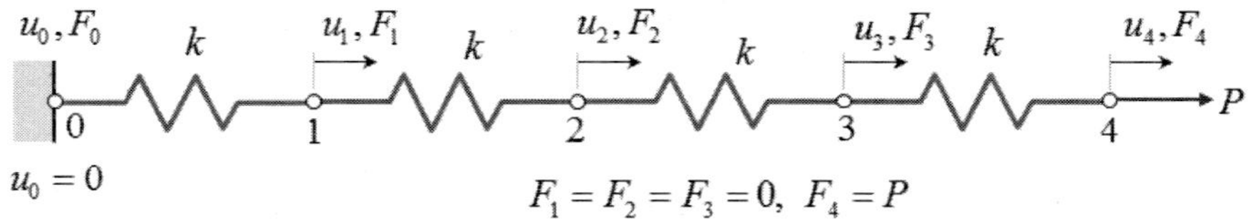

미지변수와 4개의 방정식으로 구성된 연립방정식들은 아래와 같이 매트릭스 방정식 $\boldsymbol{A}\boldsymbol{x} = \boldsymbol{b}$로 나타낼 수 있다. 연산과정을 요약하면 아래와 같다. 1번째 그림에서 등가스프링상수 $2k$는 1번째 매트릭스 성분 a_{11}과 일치한다. 2번째 그림에서 등가스프링상수 $3k/2$는 2번째 매트릭스 성분 a_{22}와 일치한다. 3번째 그림에서 등가스프링상수 $4k/3$는 3번째 매트릭스 성분 a_{33}와 일치한다. 4번째 그림에서 등가스프링상수 $k/4$는 4번째 매트릭스 성분 a_{44}와 일치한다. 즉, 상삼각매트릭스 대각항은 해당자유도만으로 구성된 스프링구조의 등가스프링상수에 해당한다.

$$k\begin{bmatrix} 2 & -1 & 0 & 0 \\ -1 & 2 & -1 & 0 \\ 0 & -1 & 2 & -1 \\ 0 & 0 & -1 & 1 \end{bmatrix}\begin{Bmatrix} u_1 \\ u_2 \\ u_3 \\ u_3 \end{Bmatrix} = \begin{Bmatrix} 0 \\ 0 \\ 0 \\ P \end{Bmatrix}$$

$$k\begin{bmatrix} 2 & -1 & 0 & 0 \\ 0 & 3/2 & -1 & 0 \\ 0 & -1 & 2 & -1 \\ 0 & 0 & -1 & 1 \end{bmatrix}\begin{Bmatrix} u_1 \\ u_2 \\ u_3 \\ u_3 \end{Bmatrix} = \begin{Bmatrix} 0 \\ 0 \\ 0 \\ P \end{Bmatrix}$$

$$k\begin{bmatrix} 2 & -1 & 0 & 0 \\ 0 & 3 & -2 & 0 \\ 0 & 0 & 4/3 & -1 \\ 0 & 0 & -1 & 1 \end{bmatrix}\begin{Bmatrix} u_1 \\ u_2 \\ u_3 \\ u_3 \end{Bmatrix} = \begin{Bmatrix} 0 \\ 0 \\ 0 \\ P \end{Bmatrix}$$

$$k\begin{bmatrix} 2 & -1 & 0 & 0 \\ 0 & 3 & -2 & 0 \\ 0 & 0 & 4 & -3 \\ 0 & 0 & 0 & 1/4 \end{bmatrix}\begin{Bmatrix} u_1 \\ u_2 \\ u_3 \\ u_3 \end{Bmatrix} = \begin{Bmatrix} 0 \\ 0 \\ 0 \\ P \end{Bmatrix}$$

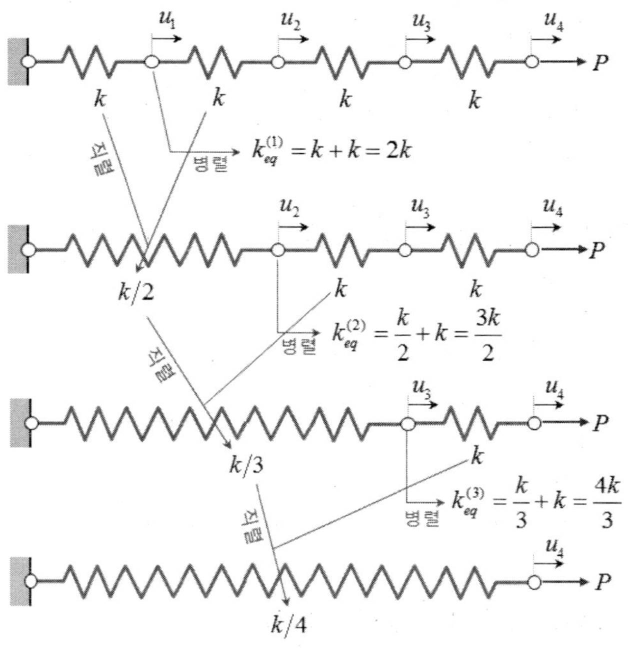

2.4 보간함수

평면에서 2점 x_0, x_1의 함수 y_0, y_1이 주어졌을 때, 2점 사이 임의점 x의 함수는 얼마인가? 임의점의 함수는 정확하지 않으나 누구나 이해하는 함수로 가정할 필요가 있다. 이렇게 선택한 함수를 보간함수(Interpolation Function)라고 부른다. 만일 특정점을 벗어난 임의점의 함수를 결정한다면 이를 보외함수(Extrapolation Function)라고 부른다. 2점의 함수를 알고 있으므로 누구나 2점의 함수를 통과하는 1차 함수로 가정하고 임의점 x의 함수를 결정할 것이다. 이와 같이 특정점의 함수가 주어지면, 이 점들을 통과하는 함수를 가정하고 특정점 사이에 있는 임의점의 함수를 결정하게 된다. 이러한 함수를 라그랑주(Lagrange) 보간함수라고 부른다. 반면에 2점의 함수 f_0, f_1과 1차 도함수 f_0', f_1'를 알고 있을 때, 임의점 x의 함수값은 얼마인가? 이 경우도 2점의 함수와 1차 도함수를 만족시키는 함수를 가정하고 임의점에 대한 함수값을 결정하게 된다. 이러한 함수는 에르미트(Hermite) 보간함수라도 부른다. 본절은 공학문제에서 널리 적용하는 1차 라그랑주 보간함수와 3차 에르미트 보간함수를 소개하기로 한다.

2.4.1 Lagrange 보간함수

평면에서 2점의 좌표가 주어지면 2점을 잇는 1차 함수 또는 선형함수를 가정할 수 있다. 마찬가지로 3점 좌표가 주어지면 2차함수를, 4점의 좌표가 주어지면 3차함수를 가정하게 된다. 즉, 주어진 점의 좌표가 n개이면, $(n-1)$차 함수를 가정하게 된다. 이와 같이 특정점의 함수만을 이용하여 함수를 가정하였다면, 이러한 보간함수를 라그랑주 보간함수라고 한다. 만일 2점 x_0, x_1의 변위가 각각 y_0, y_1일 때, 임의점 $x\,(x_0 \leqq x \leqq x_1)$의 변위를 결정하려면 어떻게 할까? 누구나 라그랑주 보간함수를 선택하고 임의점의 변위를 결정할 것이다. 이는 함수대신 변위를 사용하였을 뿐, 보간함수를 사용한다는 점이 동일하다. 변위가 아니라 힘이어도 마찬가지이다. 이렇듯 공학문제는 보간함수를 적용하는 경우가 많다.

예를 들어, 아래그림과 같이 2개의 기지점 좌표를 (x_0, f_0), (x_1, f_1)라고 가정하자. 여기서 $p_1(x)$는 1차 라그랑주 보간함수이며 아래와 같은 연산과정으로 결정된다.

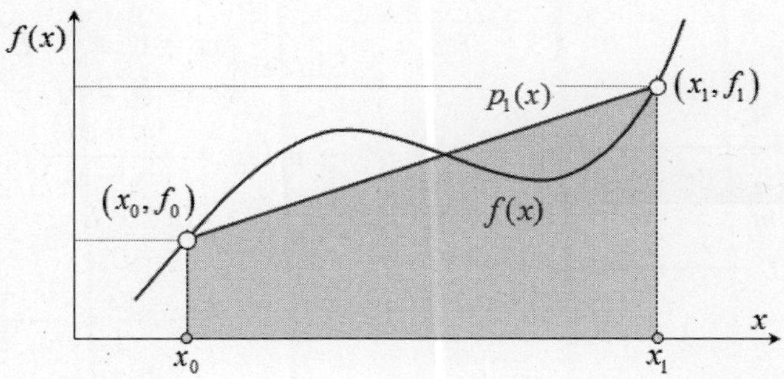

$$p_1(x) = a_0 + a_1 x \rightarrow \begin{cases} f_0 = a_0 + a_1 x_0 \\ f_1 = a_0 + a_1 x_1 \end{cases} \Rightarrow \begin{cases} a_0 = \dfrac{(x_1 f_0 - x_0 f_1)}{(x_1 - x_0)} = \dfrac{(x_1 f_0)}{(x_1 - x_0)} + \dfrac{(-x_0 f_1)}{(x_1 - x_0)} \\ a_1 = \dfrac{f_1 - f_0}{x_1 - x_0} = \dfrac{f_1}{x_1 - x_0} + \dfrac{-f_0}{x_1 - x_0} \end{cases}$$

$$p_1(x) = \frac{(x - x_1)}{(x_0 - x_1)} f_0 + \frac{(x - x_0)}{(x_1 - x_0)} f_1 = L_0(x) f_0 + L_1(x) f_1$$

여기서 함수 $L_0(x) = \dfrac{(x - x_1)}{(x_0 - x_1)}$, $L_1(x) = \dfrac{(x - x_0)}{(x_1 - x_0)}$ 는 라그랑주 1차함수이다.

1차 라그랑주 보간함수를 도시하면 아래그림과 같다. $L_0(x)$는 시점 x_0의 값이 1이고 종점 x_1의 값이 0을 나타낸다. 즉, 어떤 물리량이 x_0에서 1, x_1에서 0을 나타낼 때, 2점 사이 임의점 x에서 얼마인가를 나타내는 영향함수이다. 마찬가지로, $L_1(x)$는 시점 x_0의 값이 0이고 종점 x_1의 값이 1인 함수이다. 이 함수도 어떤 물리량이 x_0에서 0, x_1에서 1을 나타낼 때, 2점 사이 임의점 x에서 얼마인가를 나타내는 영향함수이다. 1차 라그랑주 보간함수를 사용하는 공학문제는 해당부분에서 설명하기로 한다.

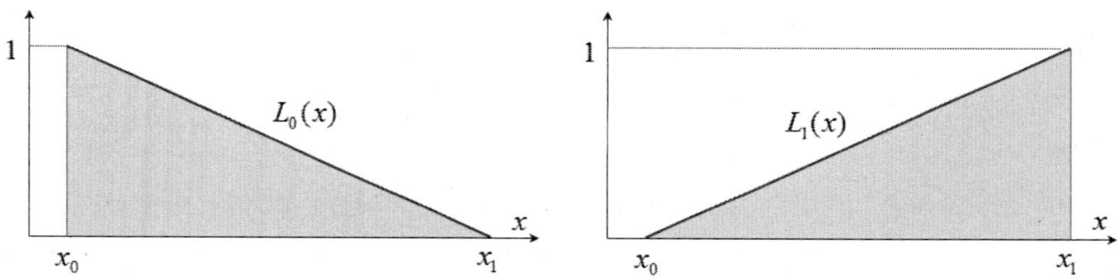

● 1차 라그랑주 보간함수의 적용

아래그림과 같이 절점 a, b를 잇는 길이 L인 봉부재의 좌·우단 변위가 각각 u_a, u_b일 때, 봉부재의 중앙점 m의 변위 u_m을 결정하려고 한다.

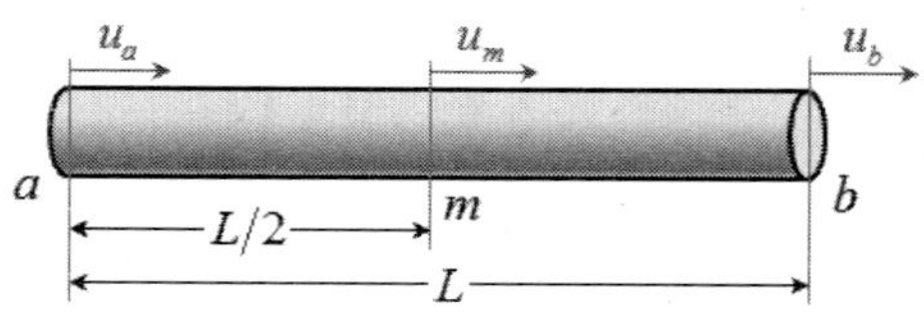

$$\text{Since } \begin{cases} x_0 = 0,\, x_1 = L \\ x = L/2,\, f_0 = u_a,\, f_1 = u_b \end{cases}$$

$$\rightarrow p_1(x) = \frac{(x - x_1)}{(x_0 - x_1)} f_0 + \frac{(x - x_0)}{(x_1 - x_0)} f_1$$

$$\rightarrow u_m = \frac{(L/2 - L)}{-L} u_a + \frac{L/2}{L} u_b$$

$$= \frac{u_a}{2} + \frac{u_b}{2} = \frac{u_a + u_b}{2}$$

2.4.2 Hermite 보간함수

평면상에서 2점의 함수와 1차 도함수를 알고 있을 때, 2점을 연결하는 3차 다항식을 얻을 수 있다. 임의의 한 점 x_0에서 함수값 f_0과 1차 도함수 f_0', 또다른 한 점 x_1에서 함수값 f_1과 1차 도함수 f_1'을 알고 있으면, 4개의 조건식이 있으므로 3차 다항식을 근사함수로 선택할 수 있다. 또, 2점의 함수와 1차도함수가 제시되면 3차 다항식, 함수와 1차와 2차 도함수가 자세되면 5차 다항식을 결정할 수 있다. 이와 같이 2점의 함수와 1차 도함수를 이용한 근사함수를 3차 에르미트 보간함수라고 부른다. 에르미트 보간함수는 라그랑주 보간함수와 비교하여 도함수를 사용한다는 것이 다르다. n차 도함수까지 주어지면 $(2n+1)$차 에르미트 보간함수를 결정할 수 있다. 공학문제에서 3차 에르미트 보간함수는 기울기변화를 야기하는 휨변형을 모사할 때, 유용한 근사함수이며 사용성이 매우 높다.

아래그림과 같이 2개의 기지점의 자료 (x_0, f_0, f_0'), (x_1, f_1, f_1')가 주어졌다고 가정하자. 여기서 f_0'와 f_1'는 시점 x_0와 x_1의 1차 도함수이며 $p_3(x)$는 3차 에르미트 보간함수로서 아래와 같은 연산과정을 통해 결정된다. 다항식 $H_1(x), H_2(x). H_3(x), H_4(x)$를 에르미트 3차 보간함수라고 부른다. 이러한 에르미트 3차 보간함수는 미분가능한 smooth한 곡선변형을 나타내는 보부재, 라멘부재의 구조해석에서 사용하고 있다. 그 이외에 아치, 평판, 쉘 등과 같이 휨거동을 나타내는 구조해석모델에 사용할 수 있는 보간함수이다.

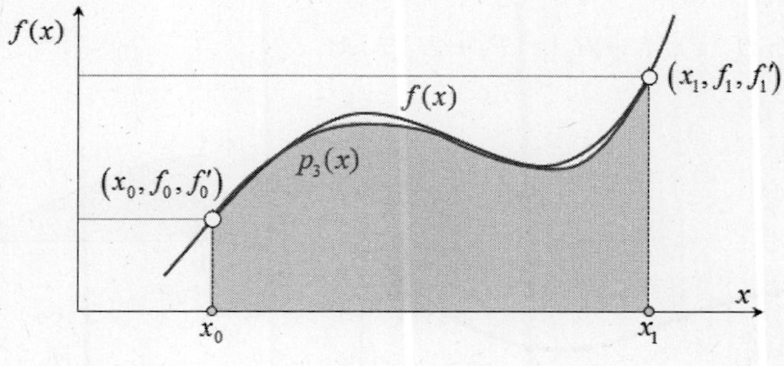

$$p_3(x) = a_0 + a_1 x + a_2 x^2 + a_3 x^3 \quad : \begin{cases} f(x_0) = f_0 & : \ f_0 = a_0 + a_1 x_0 + a_2 x_0^2 + a_3 x_0^3 \\ f'(x_0) = f_0' & : \ f_0' = a_1 + 2a_2 x_0 + 3a_3 x_0^2 \\ f(x_1) = f_1 & : \ f_1 = a_0 + a_1 x_1 + a_2 x_1^2 + a_3 x_1^3 \\ f'(x_1) = f_1' & : \ f_1' = a_1 + 2a_2 x_1 + 3a_3 x_1^2 \end{cases}$$

$$\rightarrow \begin{bmatrix} 1 & x_0 & x_0^2 & x_0^3 \\ 0 & 1 & 2x_0 & 3x_0^2 \\ 1 & x_1 & x_1^2 & x_1^3 \\ 0 & 1 & 2x_1 & 3x_1^2 \end{bmatrix} \begin{Bmatrix} a_0 \\ a_1 \\ a_2 \\ a_2 \end{Bmatrix} = \begin{Bmatrix} f_0 \\ f_0' \\ f_1 \\ f_1' \end{Bmatrix} \rightarrow \begin{Bmatrix} a_0 \\ a_1 \\ a_2 \\ a_2 \end{Bmatrix} = \begin{bmatrix} 1 & x_0 & x_0^2 & x_0^3 \\ 0 & 1 & 2x_0 & 3x_0^2 \\ 1 & x_1 & x_1^2 & x_1^3 \\ 0 & 1 & 2x_1 & 3x_1^2 \end{bmatrix}^{-1} \begin{Bmatrix} f_0 \\ f_0' \\ f_1 \\ f_1' \end{Bmatrix}$$

$$p_3(x) = H_1(x) f_0 + H_2(x) f_0' + H_3(x) f_1 + H_4(x) f_1'$$

$$\begin{cases} H_1(x) = 1 - 3\xi^2 + 2\xi^3 = (1-\xi)^2(1+2\xi) \\ H_2(x) = L(\xi - 2\xi^2 + \xi^3) = L\xi(1-\xi)^2 \\ H_3(x) = 3\xi^2 - 2\xi^3 = \xi^2(3-2\xi) \\ H_4(x) = L(\xi^3 - \xi^2) = -L\xi^2(1-\xi) \end{cases} ; \begin{cases} \xi = \dfrac{x - x_0}{L} \\ L = x_1 - x_0 \end{cases}$$

● 에르미트 3차 보간함수의 적용

참고로 대표적인 보부재의 구조거동특성과 3차 에르미트 보간함수를 설명하기로 한다. 보의 처짐은 에르미트 3차 다항식의 조합으로 나타낼 수 있다. 함수 H_1은 $x=0$에서 처짐이 1일 때, 임의점 x의 w값, H_2는 $x=0$에서 기울기가 1일 때, 임의점 x의 w값을 나타낸다. 함수 H_3는 $x=L$에서 처짐이 1일 때, 임의점 x의 w값을 나타낸다. 함수 H_4는 $x=L$에서 기울기가 1일 때, 임의점 x의 w값을 나타낸다. 만일 시점 $x=0$에서 처짐과 기울기가 각각 w_i, θ_i이고 종점 $x=L$에서 처짐과 기울기가 각각 w_j, θ_j일 때, 임의점 x의 처짐 $w(x)$는 아래와 같이 표현할 수 있다. 마찬가지로, 시점 $x=0$에서 연직방향 힘과 모멘트가 각각 P_i, M_i이고 $x=L$에서 P_j, M_j일 때, 임의의 점 x의 힘 $P(x)$도 동일한 형태로 가정할 수 있다.

$$w(x) = H_1(x) w_i + H_2(x)\theta_i + H_3(x) w_j + H_4(x)\theta_j$$

$$P(x) = H_1(x) P_i + H_2(x) M_i + H_3(x) P_j + H_4(x) M_j$$

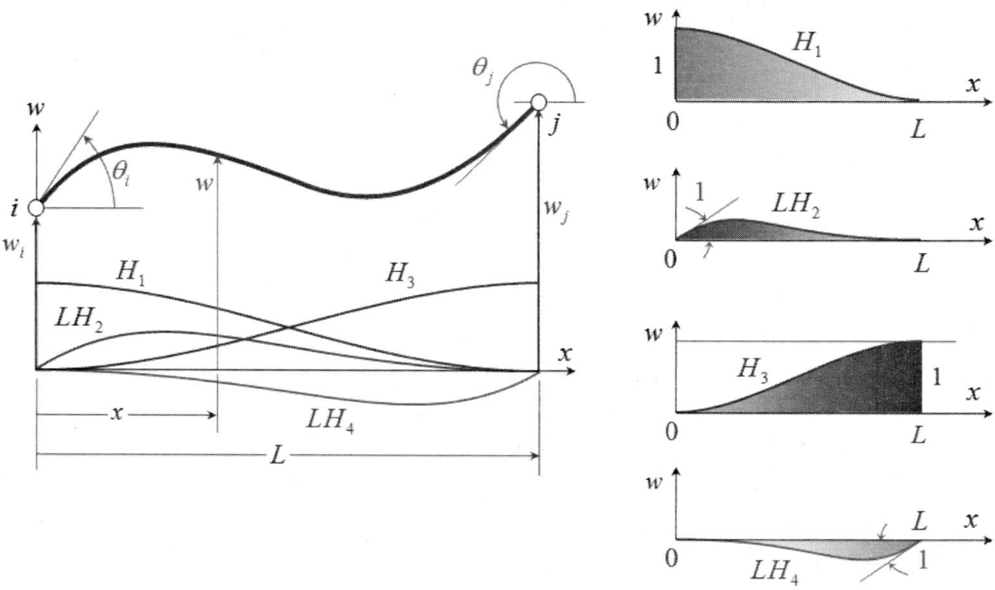

2.5 수치적분

일반적인 정적분은 좌측그림과 같이 a에서 b까지 함수 $f(x)$와 dx의 곱인 미소띠 $f(x)dx$를 연속적으로 합하는 누적합을 의미한다. 반면에 수치적분은 우측그림과 같이 구간 a에서 b까지를 n토막으로 분할하고, 분할점 x_i의 함수 f_i와 분할구간 h의 곱인 사각띠를 누적시키는 방법을 사용한다. 이러한 방법을 구간구적법이라고 부른다. 따라서 수치적분법의 기본개념은 아래와 같이 요약할 수 있다.

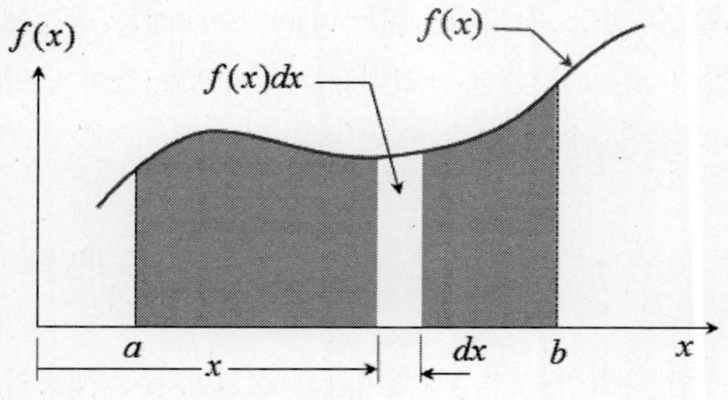

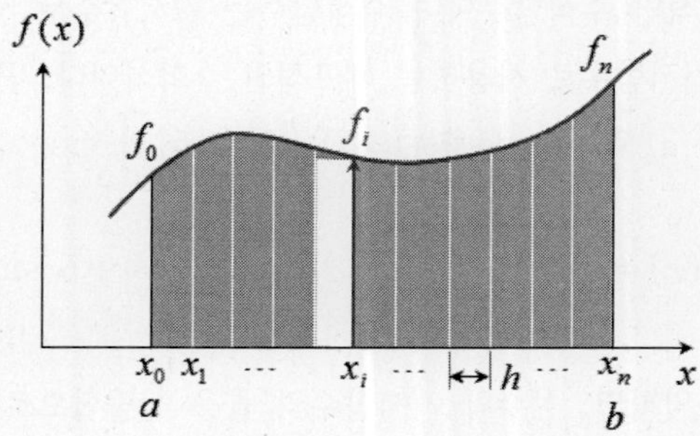

$$\int_a^b f(x)dx \rightarrow \sum_i^n f_i h \ : \ h = \frac{b-a}{n}, \begin{cases} x_i = a + i\,h \quad (i = 1, \cdots, n), x_0 = a, x_n = b \\ f_0 = f(x_0) = f(a), f_i = f(x_i), f_n = f(x_n) = f(b) \end{cases}$$

수치적분법은 리만합이라고 불리는 고전적인 구분구적법으로서 구간의 왼쪽함수, 오른쪽함수 또는 중앙점의 함수와 분할구간을 곱한 사각띠를 누적시키는 방법이 대표적이다. 그밖에 사다리꼴 공식, 심슨 1/3 공식, 심슨 3/8 공식, 뉴톤-코티스 공식, 롬베르그 공식, 가우스-르장드르 공식 등 다양한 공식들이 소개되어 있다. 각 수치적분에 대한 자세한 설명은 수치해석교재를 참조하기 바라며 본절은 가우스-르장드르 적분공식을 소개하기로 한다.

2.5.1 직교다항식과 근사함수

근사함수를 정의하기 위하여, 우선적으로 선형조합(Linear Combination)의 의미를 이해하여야 한다. 물리문제나 공학문제에서 널리 사용하는 좌표계가 Rectangular Coordinates System이라는 Cartesian 좌표계일 것이다. 이 좌표계는 수평축을 x(기저벡터 $\boldsymbol{i}$)로 표시하고 수직축을 y(기저벡터 $\boldsymbol{j}$)로 표시하고 있다. 기저벡터들 사이에 내적(Dot Product)이 다음과 같을 때, x, y축은 수직하다고 정의하며 가능한 크기가 1인 단위벡터를 사용하고 있다.

$$\boldsymbol{i} \cdot \boldsymbol{i} = (\boldsymbol{i}, \boldsymbol{i}) = 1, \quad \boldsymbol{j} \cdot \boldsymbol{j} = (\boldsymbol{j}, \boldsymbol{j}) = 1, \quad \boldsymbol{i} \cdot \boldsymbol{j} = \boldsymbol{j} \cdot \boldsymbol{i} = (\boldsymbol{i}, \boldsymbol{j}) = (\boldsymbol{j}, \boldsymbol{i}) = 0$$

어떤 점 p가 좌표 (x_p, y_p)에 위치할 때, 위치벡터 $\boldsymbol{P}$는 $\boldsymbol{P} = x_p\boldsymbol{i} + y_p\boldsymbol{j} = (x_p, y_p)$로 표기하고 있다. 벡터의 내적, 좌표 및 위치벡터는 성분들을 소괄호 속에 나열하는 한다는 점에서 동일한 표기법이 사용된다. 위치벡터 $\boldsymbol{P}$는 각 방향성분 x_p, y_p과 해당방향 기저벡터 $\boldsymbol{i}, \boldsymbol{j}$의 곱에 대한 산술합으로 표기하고 있다. 이와 같이 스칼라와 수직함수(또는 수직벡터)의 곱에 대한 산술합을 선형조합이라고 부른다.

만일 수평축 x를 기준하여 반시계방향 회전각 θ만큼 기울어진 방향에 단위벡터 $\boldsymbol{u}$가 위치하면 수평분력과 수직분력은 각각 $\boldsymbol{u}\cdot\boldsymbol{i} = (\boldsymbol{u}\cdot\boldsymbol{i}) = u_z = \cos\theta$, $\boldsymbol{u}\cdot\boldsymbol{j} = (\boldsymbol{u}\cdot\boldsymbol{j}) = u_y = \sin\theta$가 된다. 단위벡터는 $\boldsymbol{u} = (u_x, u_y) = (\cos\theta, \sin\theta) = u_x\boldsymbol{i} + u_y\boldsymbol{j}$로 표기할 수 있다. 삼각함수인 $\sin\theta$와 $\cos\theta$는 대표적인 수직함수이며 수직함수는 기저함수로 사용할 수 있다. 푸리에급수(Fourier Series)는 삼각함수를 기저함수로 사용하는 대표적인 수학식이다. 근사함수 $p(x)$에 대한 푸리에급수는 아래와 같이 임의의 상수 a_n와 cosine 함수의 곱, 상수 b_n와 sine 함수의 곱을 산술적으로 합한 식이다.

$$p(x) = a_0 + a_1\cos x + a_2\cos 2x + \cdots + b_1\sin x + b_2\sin 2x + \cdots = \sum_{k=0}^{n} a_k\cos kx + \sum_{k=1}^{n} b_k\sin kx$$

요약하면, 상수와 기저함수의 곱을 산술합으로 표현한 수학식을 선형조합이라고 정의한다. 선형조합으로 표현한 식은 수학적으로 선형성을 의미하며 공학적으로 중첩의 원리를 의미한다. 거의 모든 공학문제는 미소변형이론에 의한 중첩의 원리를 적용하므로 물리량을 선형조합으로 표현하고 있다. 특히, 불규칙하가니 복잡한 일련의 시계열자료들, 비선형이 높거나 민감한 함수 및 불연속함수조차도 푸리에 급수로 근사화할 수 있다. 푸리에 급수로 표현한 근사함수는 연산가능한 연속함수들의 선형조합이므로 연산이 용이하고 연산속도도 탁월하다는 장점이 있다. 특히, 선형조합은 수직성을 가진 기저함수를 사용하므로 연산이 복잡한 함수도 선형조합으로 재구성하여 쉬운 연산을 도모할 수 있다. 기저함수는 수직성을 보장하여야 하며 수직성을 가진 다항식도 기저함수로 사용된다. 이를 수직다항식(Orthogonal Polynomial)이라고 부르며 에르미트 다항식, 라게레(Kaguerre) 다항식, 야코비(Jacobi) 다항식, 체비세프(Chebyshev) 다항식, 르장드르(Legendre) 다항식 등 많은 수직다항식이 소개되어 있다. 본절은 르장드르 다항식을 기저함수로 사용하는 수치적분법을 설명하기로 한다.

2.5.2 가우스-르장드르 공식(Gauss-Legendre Formula)

가우스-르장드르(Gauss-Legendre) 수치적분법은 대표적인 가우스 적분법(Gauss quadrature)이다. 적분구간 $(-1, 1)$을 가진 피적분함수(Integrand) $f(x)$에 대한 가우스적분법은 아래와 같이 적분구간 내의 특정점에 대한 함수값에 대한 가중합(Weighted Sum)으로 정의하고 있다.

$$\int_{-1}^{1} f(x)\,dx \approx \sum_{i=1}^{n} w_i f(x_i) \ ; \ -1 < x_i < 1$$

만일 피적분함수를 수직다항식 $g(x)$와 기지의 가중함수 $w(x)$의 곱으로 근사화하면 아래와 같이 특정점에 대한 함수값과 가중치의 곱을 이용한 가중합으로 정의할 수 있다. 이러한 수치적분법을 가우스 수치적분법이라고 부른다. 또한 수직다항식 $g(x)$를 누구의 다항식을 선택하는가에 따라 수치적분법의 이름이 다르다. 르장드르 다항식을 수직다항식으로 선택하면, 가우스-르장드르 수치적분법이라고 부른다. 또, 에르미트 다항식을 수직다항식으로 선택하면 가우스-에르미트 수치적분법이라고 부르며 라게레 다항식을 선택하면 가우스-라게게 수치적분법, 체비세프 다항식을 선택하면 가우스-체비세프 수치적분법이라고 부른다. 어떤 수치적분법을 선택하는가는 피적분함수특성과 적분구간에 따른다.

$$\int_{-1}^{1} f(x)\,dx = \int_{-1}^{1} w(x)\,g(x)\,dx \approx \sum_{k=1}^{n} w_k f(x_k) \;\; ; \; -1 \leqq x_k \leqq 1$$

르장드르 다항식은 공학수학교재를 참조하기 바라며 르장드르 다항식 $p_i(x)$의 수직성과 가중치는 아래와 같이 요약할 수 있다. 기저벡터처럼 차수가 동일한 다항식의 곱에 대한 적분인 0이 아닌 값을 가지나 차수가 다른 다항식의 곱에 대한 적분은 항상 0이 되면 다항식은 수직하다고 정의한다.

$$\begin{cases} \displaystyle\int_{-1}^{1} p_i(x)\,p_j(x)\,dx = A(\neq 0) & \text{for } i = j \\ \displaystyle\int_{-1}^{1} p_i(x)\,p_j(x)\,dx = 0 & \text{for } i \neq j \end{cases} , \; w_k = \int_{-1}^{1} \prod_{\substack{i=1 \\ i \neq k}}^{n} \frac{(x - x_i)}{(x_k - x_i)} dx$$

대표적인 0~5차 르장드르 다항식과 이에 대응하는 함수형상을 도시하면 아래도표를 같다.

르장드르 다항식

$$\begin{cases} p_0(x) = 1 \\ p_1(x) = x \\ p_2(x) = \dfrac{3x^2 - 1}{2} \\ p_3(x) = \dfrac{5x^3 - 3x}{2} \\ p_4(x) = \dfrac{35x^4 - 30x^2 + 3}{8} \\ p_5(x) = \dfrac{63x^5 - 70x^3 + 15x}{8} \end{cases}$$

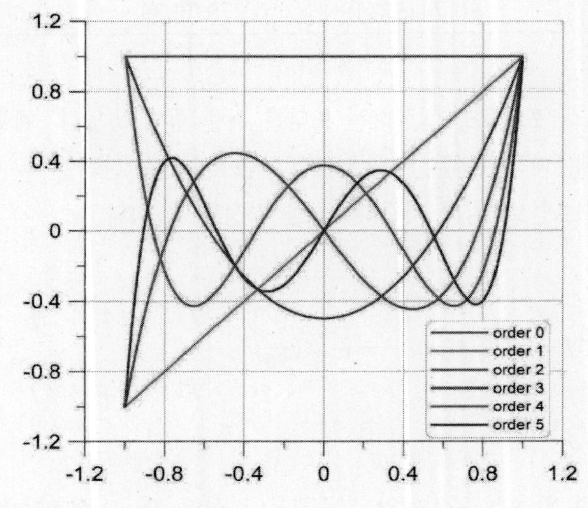

가우스 포인트는 르장드르 다항식의 근을 의미한다. 가우스-르장드르 수치적분법에서 1개의 가우스 포인트를 사용할 때, 가우스 포인트는 1차 다항식 $p_1(x)$의 근을 이용하게 된다. 즉, $p_1(x)=0$의 근을 결정하면, $x=0$이 가우스 포인트가 된다. 마찬가지로, 2개의 가우스 포인트를 사용할 경우 $p_2(x)=0$로부터 $x=\pm 1/\sqrt{3}$을 가우스 포인트로 사용된다. 1개부터 10개의 가우스 포인트를 사용할 경우, 가우스 포인트와 가중치를 정리하면 아래표와 같다.

	가우스 포인트(z_k)	가중치(w_k)	n	가우스 포인트(z_k)	가중치(w_k)
1	0.00000000	2.00000000		±0.94910791	0.12948497
2	±0.57735027	1.00000000	8	±0.18343464	0.36268378
3	0.00000000	0.88888889		±0.52553241	0.31370665
	±0.77459667	0.55555556		±0.79666648	0.22238103
4	±0.33998104	0.65214515		±0.96028986	0.10122854
	±0.86113631	0.34785485	9	0.00000000	0.33023936
5	0.00000000	0.56888889		±0.32425342	0.31234708
	±0.53846931	0.47862867		±0.61337143	0.26061070
	±0.90617985	0.23692689		±0.83603111	0.18064816
6	±0.23861919	0.46791393		±0.96816024	0.08127439
	±0.66120939	0.36076157	10	±0.14887434	0.29552422
	±0.93246951	0.17132449		±0.43339539	0.26926672
7	0.00000000	0.41795918		±0.67940957	0.21908636
	±0.40584515	0.38183005		±0.86506337	0.14945135
	±0.74153119	0.27970539		±0.97390653	0.06667134

가우스 포인트를 결정하는 또다른 쉬운 방법도 있다. 예를 들어, 1개의 가우스 포인트와 가중치를 결정할 때, 피적분함수 $f(x)=1$과 $f(x)=x$을 선택할 수 있다. 적분이 간단하므로 아래와 같이 1개의 가우스 포인트 x_0와 가중치 w_0를 결정할 수 있다.

$$I=\int_{-1}^{1} f(x)dx = w_0 f(x_0) \;\; ; \begin{cases} f(x)=1 \; : \; \int_{-1}^{1} 1\,dx = 2 = w_0 \\ f(x)=x \; : \; \int_{-1}^{1} x\,dx = 0 = w_0 x_0 \end{cases} \rightarrow \begin{cases} x_0 = 0 \\ w_0 = 2 \end{cases}$$

2개의 가우스 포인트와 가중치를 결정할 때, 피적분함수 $f(x)=1$, $f(x)=x$, $f(x)=x^2$을 선택할 수 있다. 수계산으로 쉽게 적분이 가능하므로 가우스 포인트 $x_1, -x_1$ 와 가중치 w_1, w_2 를 아래와 같이 결정할 수 있다.

$$I = \int_{-1}^{1} f(x)dx = w_1 f(-x_1) + w_2 f(x_1)$$

$$\begin{cases} f(x) = 1 & : \int_{-1}^{1} 1\,dx = 2 = w_1 + w_2 \\ f(x) = x & : \int_{-1}^{1} x\,dx = 0 = -w_1 x_1 + w_2 x_1 \\ f(x) = x^2 & : \int_{-1}^{1} x^2\,dx = \dfrac{2}{3} = w_1 x_1^2 + w_2 x_1^2 \end{cases} \rightarrow \begin{cases} x_0 = \dfrac{1}{\sqrt{3}} \\ w_1 = 1 \\ w_2 = 1 \end{cases}$$

3개의 가우스 포인트와 가중치를 결정할 때, 올림차순으로 6개의 피적분함수 $f(x) = 1, f(x) = x$, $f(x) = x^2, f(x) = x^3, f(x) = x^4, f(x) = x^5$ 을 선택할 수 있다. 수계산으로 쉽게 적분이 가능하므로 가우스 포인트 $-x_1, x_0, x_1$ 와 대응하는 가중치를 w_1, w_2, w_3 을 결정할 수 있다.

$$I = \int_{-1}^{1} f(x)dx = w_1 f(-x_1) + w_2 f(x_0) + w_3 f(x_1)$$

$$\begin{cases} f(x) = 1 & : \int_{-1}^{1} 1\,dx = 2 = w_1 + w_2 + w_3 \\ f(x) = x & : \int_{-1}^{1} x\,dx = 0 = -w_1 x_1 + w_2 x_1 \\ f(x) = x^2 & : \int_{-1}^{1} x^2\,dx = \dfrac{2}{3} = w_1 x_1^2 + w_2 x_1^2 + w_3 x_1^2 \\ f(x) = x^3 & : \int_{-1}^{1} x^3\,dx = 0 = -w_1 x_1^3 + w_2 x_0^2 + w_3 x_1^2 \\ f(x) = x^4 & : \int_{-1}^{1} x^4\,dx = \dfrac{2}{5} = w_1 x_1^4 + w_2 x_0^2 + w_3 x_1^4 \\ f(x) = x^5 & : \int_{-1}^{1} x^5\,dx = 0 = -w_1 x_1^5 + w_2 x_0^5 + w_3 x_1^5 \end{cases} \rightarrow \begin{cases} x_0 = 0 \\ x_1 = \sqrt{\dfrac{3}{5}} \\ w_1 = \dfrac{5}{9} \\ w_2 = \dfrac{8}{9} \\ w_3 = \dfrac{5}{9} \end{cases}$$

마찬가지 방법으로 4개 이상의 가우스 포인트와 가중치를 결정할 때, 적절한 피적분함수들을 선택하여 가우스 포인트와 가중치를 결정할 수 있다. 아무리 쉬운 적분이어도 반복적인 연산과정이 지루하므로 가우스 포인트와 가중치를 결정할 수 있는 프로그램을 작성할 필요가 있다. 프로그램은 상기방법보다 르장드르 다항식의 근을 결정하는 방법이 프로그램 작성이 용이하다. 이러한 내용들은 수치해석교재를 참조하기 바란다.

일반적으로 적분구간은 임의의 영역 $[a, b]$ 을 가진 경우가 대부분이다. 적분구간이 $[a, b]$ 인 적분은 적분구간을 $[-1,1]$로 변환하여 가우스-르장드르 수치적분법을 적용시킬 수 있다. 즉, 아래와 같이 독립변수 x를 새로운 변수 z의 함수로 정의하고 정의역을 변환시켜야 한다. 이러한 변환은 일종의 매핑함수이다. 정의역 변환함수를 적용하면, 피적분함수 $f(x)$는 새로운 변수 z의 함수 $f(z)$로 변환되며 새로운 함수 $f(z)$를 적분구간 $[-1,1]$에 대하여 가우스-르장드르 수치적분법을 적용한다.

$$x = \frac{b-a}{2}z + \frac{a+b}{2} \rightarrow \begin{cases} x = a \rightarrow z_a = -1 \\ x = b \rightarrow z_b = 1 \end{cases}, \; dx = \frac{b-a}{2}dz$$

$$\int_a^b f(x)\,dx = \int_{-1}^{1} f\left(\frac{b-a}{2}z + \frac{a+b}{2}\right)\frac{b-a}{2}dz \approx \frac{b-a}{2}\sum_{k=1}^{n} f\left(\frac{b-a}{2}z_k + \frac{a+b}{2}\right)w_k$$

2.5.3 가우스 수치적분의 적용예

[1] 함수 $\int_0^1 2x\,dx$의 수치적분

상기적분은 $f(x) = 2x$; $I = \int_a^b f(x)\,dx = \int_0^1 2x\,dx = [x^2]_0^1 = 1$으로 결정된다. 적분구간 $[0,1]$을 $[-1,1]$로 변환하고 가우스-르장드르 수치적분식을 유도하면 다음과 같다.

$$\text{Since } a = 0, b = 1, x = g(z) = \frac{b-a}{2}z + \frac{a+b}{2} = \frac{z+1}{2}, \; dx = \frac{\partial g(z)}{\partial z}dz = \frac{1}{2}dz$$

$$\rightarrow I_N = \int_a^b f(x)\,dx = \int_0^1 2\left(\frac{z+1}{2}\right)\frac{dz}{2} = \sum_{k=1}^{N}\frac{1}{2}\left(\frac{z_k+1}{2}\right)w_k = \frac{1}{2}\sum_{k=1}^{N}(z_k+1)\,w_k$$

가우스 포인트를 3개까지 선택하여 수치적분을 수행하면 다음과 같다.

1) $N = 1$: $I_1 = \frac{1}{2}(z_1+1)\,w_1 = \frac{1}{2}(0+1)\times 2 = 1$

2) $N = 2$: $$I_2 = \frac{1}{2}\{(z_1+1)w_1 + (z_2+1)w_2\} = \frac{1}{2}\left\{\left(-\frac{1}{\sqrt{3}}+1\right)\times 1 + \left(\frac{1}{\sqrt{3}}+1\right)\times 1\right\}$$
$$= \frac{1}{2}\left\{\frac{(-1+\sqrt{3})}{\sqrt{3}} + \frac{(1+\sqrt{3})}{\sqrt{3}}\right\} = 1$$

3) $N = 3$: $$I_3 = \frac{1}{2}\{(z_1+1)w_1 + (z_2+1)w_2 + (z_3+1)w_3\}$$
$$= \frac{1}{2}\left\{\left(-\sqrt{\frac{3}{5}}+1\right)\times\frac{5}{9} + (0+1)\times\frac{8}{9} + \left(\sqrt{\frac{3}{5}}+1\right)\times\frac{5}{9}\right\}$$
$$= \frac{1}{2}\left\{\frac{(-\sqrt{15}+5)}{5}\frac{5}{9} + (1)\frac{8}{9} + \frac{(\sqrt{15}+5)}{5}\frac{5}{9}\right\} = \frac{1}{2}\left\{\frac{10}{9}+\frac{8}{9}\right\} = 1$$

피적분함수가 1차 다항식이며 1개 이상의 가우스 포인트를 적용하여도 정확한 적분결과를 나타낸다.

[2] 함수 $\int_0^1 3x^2\,dx$ 의 수치적분

상기적분은 $f(x)=3x^2$; $I=\int_a^b f(x)\,dx=\int_0^1 3x^2\,dx=\left[x^3\right]_0^1=1$ 으로 결정된다. 적분구간 $[0,1]$ 을 $[-1,1]$ 로 변환하고 가우스-르장드르 수치적분식을 유도하면 다음과 같다.

$$\text{Since } a=0,\, b=1,\, x=g(z)=\frac{b-a}{2}z+\frac{a+b}{2}=\frac{z+1}{2},\ dx=\frac{\partial g(z)}{\partial z}dz=\frac{1}{2}dz$$

$$\rightarrow I_N=\int_0^1 3\left(\frac{z+1}{2}\right)^2\frac{dz}{2}=\frac{3}{2}\sum_{k=1}^{N}\left(\frac{z_k+1}{2}\right)^2 w_k=\frac{3}{8}\sum_{k=1}^{N}(z_k+1)^2 w_k$$

가우스 포인트를 3개까지 선택하여 수치적분을 수행하면 다음과 같다.

1) $N=1$: $I_1=\frac{3}{8}(z_1+1)^2 w_1=\frac{3}{8}(0+1)^2\times 2=\frac{3}{4}$

2) $N=2$: $I_2=\frac{3}{8}\left\{(z_1+1)^2 w_1+(z_2+1)^2 w_2\right\}=\frac{3}{8}\left\{\left(-\frac{1}{\sqrt{3}}+1\right)^2\times 1+\left(\frac{1}{\sqrt{3}}+1\right)^2\times 1\right\}$

$$=\frac{3}{8}\left\{\frac{(-1+\sqrt{3})^2}{3}+\frac{(1+\sqrt{3})^2}{3}\right\}=\frac{1}{8}\left\{(-1+\sqrt{3})^2+(1+\sqrt{3})^2\right\}=1$$

3) $N=3$: $I_3=\frac{3}{8}\left\{(z_1+1)^2 w_1+(z_2+1)^2 w_2+(z_3+1)^2 w_3\right\}$

$$=\frac{3}{8}\left\{\left(-\sqrt{\frac{3}{5}}+1\right)^2\frac{5}{9}+(0+1)^2\frac{8}{9}+\left(\sqrt{\frac{3}{5}}+1\right)^2\frac{5}{9}\right\}$$

$$=\frac{3}{8}\left\{\frac{(-\sqrt{3}+\sqrt{5})^2}{9}+\frac{8}{9}+\frac{(\sqrt{3}+\sqrt{5})^2}{9}\right\}=\frac{1}{24}\{16+8\}=1$$

피적분함수가 2차 다항식이며 2개 이상의 가우스 포인트를 적용하여도 정확한 적분결과를 나타낸다.

이상의 예제를 보면, n 차 다항식에 대한 적분은 n 개 이상의 가우스 포인트 수를 선택하면, 정확한 적분결과를 얻을 수 있다. 즉, 가우스 수치적분법에서 정해와 일치하는 최소한의 가우스 포인트 수는 다항식의 차수가 되어야 한다. 만일 n 차 다항식에 대한 가우스 수치적분에서 n 개의 가우스 포인트 수를 선택하였다면 이를 완전적분(Exact Integral)이라고 부른다. 실제 공학문제에서 피적분함수의 차수는 쉽게 나타나지 않는 경우가 대부분이다. 그러므로 적정한 가우스 포인트 수를 결정하는 문제는 이론적으로 선택할 수 없으므로 몇 번의 시도를 통해 선택할 수밖에 없다.

2.6 연습문제

2.6.1 기본개념 설명문제

[1] 다음 용어들을 정의하라.

(1) 매트릭스(Matrix)가 무엇인지를 정의하라.
(2) 벡터(Vector)가 무엇인지를 정의하라.
(3) 행렬식(Determinant)가 무엇인지를 정의하라.
(4) 역행렬(Inverse Matrix)가 무엇인지를 정의하라.
(5) 삼대각매트릭스(Tri-Diagonal Matrix)를 정의하라.
(6) 상삼각매트릭스(Upper Triangular Matrix)를 정의하라.
(7) 밴디드 매트릭스(Banded Matrix)가 왜 발생하는가를 정의하라.
(8) 좌표변환매트릭스(Coordinate Transformation Matrix)를 정의하라.
(9) 모달매트릭스(Modal Matrix)를 정의하라.
(10) 2차 형식(Quadratic Form)을 정의하라.
(11) 고유치문제(Eigenvalue Problem)이 무엇인지를 정의하라.
(12) 선형대수(Linear Algebra)가 무엇인지를 정의하라.
(13) 보간함수(Interpolation Function)를 정의하라.
(14) 수직함수(Orthogonal Function)을 정의하라.
(15) 좌표변환매트릭스(Coordinate Transformation Matrix)가 무엇인지를 정의하라.

[2] 다음 질문에 대한 자신의 의견을 기술하라.

(1) 수직매트릭스가 되기 위한 조건은 설명하라.
(2) 영(0) 의 행렬식(Zero Determinant)의 의미를 설명하라.
(3) 매트릭스의 고유치가 0이라는 의미를 설명하라.
(4) Matrix Decomposition의 방법을 설명하라.
(5) 매트릭스의 특성과 연산법칙을 설명하라.
(6) 2개의 벡터에 의한 내적, 외적, 승적을 예를 들어 설명하라.
(7) 보간함수의 필요성을 기술하라.
(8) 1차 라그랑주 다항식을 설명하라.
(9) 3차 에르미트 다항식을 설명하라.
(10) 직교함수가 되기 위한 조건을 설명하라.

(11) 수치적분의 필요성을 설명하라.

2.6.2 해석과 적용문제

다음문제는 기본수학의 공식들을 유도하거나 증명, 프로그램작성을 위한 지식, 전산작업을 통한 수학문제의 이해 등을 확인하기 위한 문제들이다. 필요한 경우 모든 소프트웨어, 상용프로그램 등을 사용할 수 있으며 반드시 해석결과를 검증하여야 한다.

[1] 다음 질문에 대하여 증명하거나 공식을 유도하라.

(1) Similar Matrix의 고유치가 주어진 매트릭스와 동일함을 증명하라.

(2) Modal Matrix가 주어진 매트릭스를 대각화함을 증명하라.

(3) 좌표변환 매트릭스가 수직함을 증명하라.

[2] 선형대수의 매트릭스가 아래와 같을 때, 가우스 소거법에 대한 알고리즘을 작성하라.

(1) 주어진 매트릭스가 Unsymmetric Full Matrix인 경우

(2) 주어진 매트릭스가 Symmetric Full Matrix인 경우

(3) 주어진 매트릭스가 Symmetric Banded Matrix인 경우

[3] 가우스 소거법에 따라 선형대수 $\boldsymbol{Ax}=\boldsymbol{b}$ or $\begin{bmatrix} 2 & -1 & 0 \\ -1 & 2 & -1 \\ 0 & -1 & 2 \end{bmatrix}\begin{Bmatrix} x_1 \\ x_2 \\ x_3 \end{Bmatrix}=\begin{Bmatrix} 1 \\ 0 \\ 1 \end{Bmatrix}$의 근을 결정하라.

[4] 다음조건에 따라, 0에서 L까지 분포하는 3차 에르미트 다항식 $f(x)$을 유도하라.

(1) $f(0)=1, f'(0)=0, f(L)=0, f'(L)=0$

(2) $f(0)=0, f'(0)=1, f(L)=0, f'(L)=0$

(3) $f(0)=0, f'(0)=0, f(L)=1, f'(L)=0$

(4) $f(0)=0, f'(0)=0, f(L)=0, f'(L)=1$

(5) $f(0)=1, f''(0)=0, f(L)=0, f'(L)=0$

(6) $f(0)=0, f'(0)=0, f(L)=1, f''(L)=0$

[5] 르장드르 다항식(Legendre Polynomial)을 대하여 다음 질문에 답하라.

(1) 차수가 n인 르장드르 다항식을 유도하고 $p_n(x)=0$인 근을 결정하라. 단 $n=1, \cdots, 5$ 까지로 제한한다.

(2) 르장드르 다항식이 수직하다는 것을 증명하라.

[6] 아래와 같은 조건하에서 룬게함수(Runge function) $f(x)=1/(1+25x^2)$를 $-1 \leqq x \leqq 1$ 범위에서 수치적분하려고 한다. 적분결과를 도시하고 설명하라.

(1) 전체를 하나의 구간으로 선택, 가우스 포인트 수의 증가에 따라 가우스-르장드르 수치적분 수행

(2) 분할구간수의 증가에 따라 가우스 포인트 1점을 이용한 가우스-르장드르 수치적분 수행

(3) 분할구간수의 증가에 따라 가우스 포인트 2점을 이용한 가우스-르장드르 수치적분 수행

(4) 분할구간수의 증가에 따라 가우스 포인트 3점을 이용한 가우스-르장드르 수치적분 수행

2.6.3 프로젝트 연구문제

[1] 크기가 매우 큰 매트릭스를 선형대수에서 근을 결정하는 수치해석방법을 어떤 것이 있으며 그 방법을 설명하라.

[2] 연직하중 P, 무게 w_1, w_2가 스프링상수 k_1, k_2인 3개의 스프링으로 연결된 구조계에서 각 무게들의 연직처짐 x_1, x_2를 결정하기 위한 방정식을 유도하라.

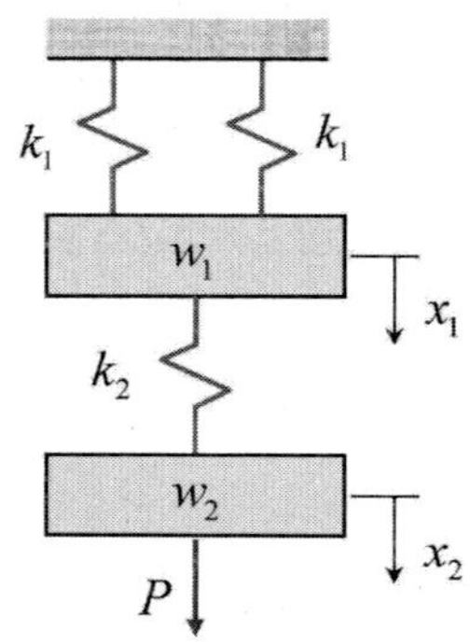

[3] 휨강성은 EI, 길이 L인 보부재의 강성도매트릭스 성분 k_{ij}는 $k_{ij}=\dfrac{EI}{L^3}\displaystyle\int_0^L H_i''(x)\,H_j''(x)\,dx$과 같다. 여기서 $H_i(x)$는 3차 에르미트 다항식이고, $H_i''(x)$는 $H_i''(x)=\dfrac{d^2H_i(x)}{dx^2}$을 의미한다. 또 첨자 $i, j=1,2,3,4$를 나타낸다.

(1) 강성도매트릭스의 성분을 수계산으로 결정하라.

(2) 가우스 포인트 수의 증가에 따라 가우스-르장드르 수치적분법으로 강성도매트릭스의 성분을 결정하라. 이때 가장 적당한 가우스 포인트 수는 몇 개인가?

3 구조해석이론

3.1 개요

토목공학은 인간의 편리하고 안락한 삶을 위한 모든 시설물을 해석, 설계, 제작 및 이용하는 일련의 과정을 의미한다. 시설물은 시스템(System)의 일종이며 본 교재는 교량, 건물 등과 같이 강재나 콘크리트로 제작한 구조물로 제한한다. 토목공학의 최종목표인 시설물은 인간이 직접 사용하므로 안정성, 편의성, 사용성을 확보하여야 한다. 특히, 시설물의 안정성은 법칙과 원리, 원인과 효과, 상호작용, 기준과 허용한계 등을 명확히 규명함으로서 보장받을 수 있다.

여기서 법칙은 주로 강체에 대한 물리법칙을, 원리는 변형체에 대한 역학이론과 역학원리들을 의미한다. 원인은 외력처럼 시스템에 전달되는 모든 Excitation을 의미하며 효과는 시스템의 형상변화와 내부변형 등과 같은 구조응답을 의미한다. 원인이 없는 효과가 없고 효과가 없는 원인은 존재하지 않는다. 즉, 원인과 효과는 서로 긴밀한 연관성을 가지며 이를 상호작용이라고 한다. 상호작용은 하중사이, 시스템사이 및 하중과 시스템사이 등 서로 영향을 미치는 관계를 나타낸다. 그러나 작용하는 하중크기와 시스템의 형상변화는 무한대의 값을 나타낼 수 없다. 이러한 한계치를 규정한 것이 설계기준이며 허용한계는 구조응답의 한계치들을 의미한다.

매트릭스구조해석은 토목구조물을 설계하기 위한 해석과 시스템의 안정성, 기능성, 사용성을 확인하기 위한 해석 등을 취급하는 분야이다. 그동안 학습한 응용역학, 구조역학 등과 같은 역학분야와 달리 매트릭스구조해석은 수치해석과 컴퓨터프로그램 작성과 사용능력을 필요로 한다. 기존역학은 주로 소규모 구조물에 대하여 거동이론, 접근방법 및 수계산에 의한 해석해 결정 등을 취급하고 있다. 반면에 매트릭스구조해석은 대규모 구조물을 포함한 모든 구조물에 대하여 해석방법, 접근방법 및 컴퓨터프로그램 이용방법을 취급하고 있다. 매트릭스구조해석을 완전히 이해하려면, 스스로 프로그래밍하고 프로그램을 통해 다양한 구조거동을 이해하려는 노력이 요구된다.

3.2절은 고체역학의 중요한 원리와 법칙 등 기본역학을 요약하였다. 3.3절은 토목구조물의 해석모델, 고전적인 해석개념, 매트릭스구조해석의 기초가 되는 근사해법 등 해석이론을 정리하였다. 해석종류는 하중계, 구조계 등에 따라 다양한 이름으로 구분되지만 본 교재는 미소변형이론에 근거한 선형탄성 정적해석이론으로 제한하였다. 3.4절은 강도법과 유연도법, 정적해석과 동적해석 등 다양한 종류의 해석법들을 소개하기로 한다. 3.5절은 매트릭스구조해석분야에서 널리 사용하는 직접강성도법을 요약, 정리하였다. 직접강성도법은 8장에서 자세히 설명하고 본절은 기본개념, 해석절차와 적용방법을 설명하였다. 3.6절은 역학원리에 대한 기본문제, 매트릭스구조해석법에 대한 적용문제, 향후 고려할 수 있는 구조해석에 대한 연구문제로 구분한 연습문제를 수록하였다.

3.2 시스템의 표현

3.2.1 역학과 해석

시스템(System)은 움직임이나 변화를 나타내는 객체나 객체군을 의미한다. 변화를 나타내는 객체들은 눈이 보일 수도 있고 눈에 보이지 않을 수도 있다. 이러한 객체들을 통칭 자연(Nature)이라고도 부른다. 움직임과 변화는 규칙적하거나 불규칙적일 수도 있다. 이러한 변화들을 현상(Phenomenon)이라고도 부른다. 자연의 변화가 발생하려면 반드시 원인(Cause)이나 외부 자극(Excitation)이 작용하였을 것이다. 외부원인이 없이 시스템이 변화는 기대할 수 없기 때문이다. 외부자극을 받은 자연이 어떤 효과(Effect)를 나타내는지, 일정한 규칙이나 원리를 찾는 학문을 물리(Physics)라고 부른다. 자연현상으로부터 쉽게 원리를 찾으려면 시스템을 단순화(Simplification)하여 해석이 가능한 모델로 이상화(Idealization)하여야 한다, 이러한 모델을 수학적 모델(Mathematical Model)이라고 부른다.

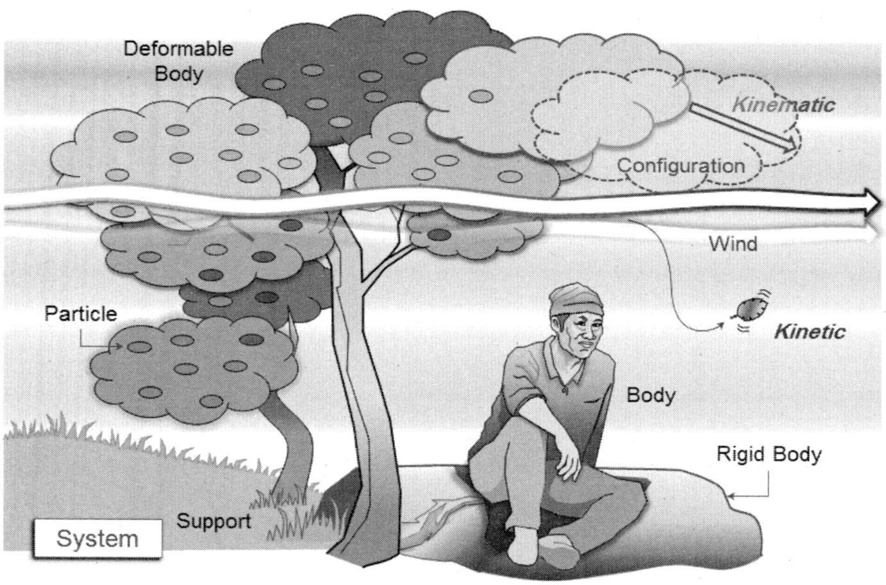

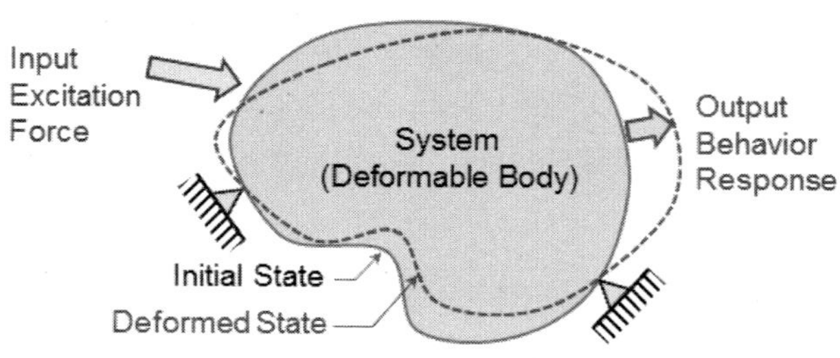

역학(Mechanics)도 물리학과 유사하다. 인위적인 구조물(Structure)을 시스템, 외력(External Force)을 외부자극으로 선택하지만 분석과정은 정확히 일치한다. 물리학은 강체, 또는 내부변화가 없고 외부변화만 발생하는 물체를 주로 시스템으로 선택한다. 반면에 역학은 구조물의 움직임과 같은 외부변화뿐만 아니라 구조물의 변형과 같은 내부변화도 시스템으로 선택한다. 그러므로 물리학은 운동에너지(Kinetic Energy)와 포텐셜에너지(Potential Energy)의 합을 역학적 에너지(Mechanical Energy)라고 정의하고 시스템의 변화를 역학적 에너지의 변화로 설명하고 있다, 여기서 시스템의 변화를 Configuration의 변화라고 부른다. 반면에 역학은 물체의 내부 변형에너지(Strain Energy)를 포텐셜에너지에 포함하고 있다. 특히, 속도가 없는 물체는 운동에너지를 무시할 수 있으므로 포텐셜에너지만으로 나타낼 수 있다. 강체의 위치에너지를 포함하지 않는다면 역학은 변형에너지만으로 표현할 수 있다. 여기서 협의의 포텐셜에너지는 강체의 위치에너지를 나타내며 광의의 포텐셜에너지는 강체의 위치에너지뿐만 아니라 복원에너지 즉, 외력이 제거되는 원상태로 되돌아가려는 탄성에너지 또는 변형에너지를 포함하고 있다.

공학(Engineering)은 구조물을 해석(Analysis), 설계(Design), 제작(Construction), 관리하는 전 과정을 의미한다. 구조물은 반드시 안전하고 사용하기 쉬워야 하며 제기능도 충분히 발휘되어야 하며 경제적인 제작이 가능하여야 한다. 구조물의 안정성이 높다는 말은 구조물이 튼튼하다는 의미이다. 이러한 조건을 설계조건이라고 부르며 최근 시대적 흐름에 따라 환경성, 경관성 및 미관성을 추가로 요구하고 있다. 그럼에도 공학문제는 안정성이 가장 중요한 설계조건이다. 일반적으로 구조물의 안정성을 높이면 경제성이 낮아지고, 안정성을 낮추면 경제성이 높아진다. 공학문제도 최소비용에 의한 최대효과라는 경제원리가 적용된다. 이렇듯 경제원리를 만족하면서 안정성이 높은 구조물을 설계할 때, 가장 중요한 과정이 해석(Analysis)이다. 모든 구조설계과목에서 정확한 해석이 무엇이며 어떻게 적용하는가를 중점적으로 교육하고 해석의 중요성을 강조하는 것도 구조물의 안정성 확보가 매우 중요하기 때문이다.

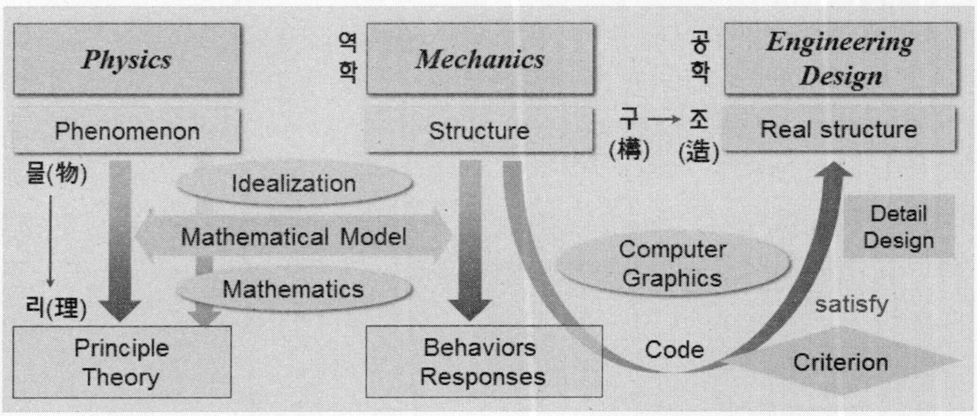

해석(Analysis)은 구조물을 단순화, 이상화하여 해석모델(Analysis Model)을 선정하고 해석모델에 대한 공식화(Formulation)과정을 통해 정확한 구조거동(Structural Behavior)이나 응답(Response)을 얻어내는 과정이다. 소규모 구조물의 해석은 공식화가 용이하여 해석해를 결정하거나 수계산만으로 정확한

해를 얻을 수 있다. 반면에 대규모 구조물의 해석은 그리 쉬운 일이 아니다. 공식화가 어렵고 수계산이 불가능한 경우가 많기 때문이다. 이러한 경우 이산화구조계로 이상화시켜 특정점을 응답만으로 구성된 근사식을 유도함으로서 원하는 정도의 근사해를 얻을 수 있다.

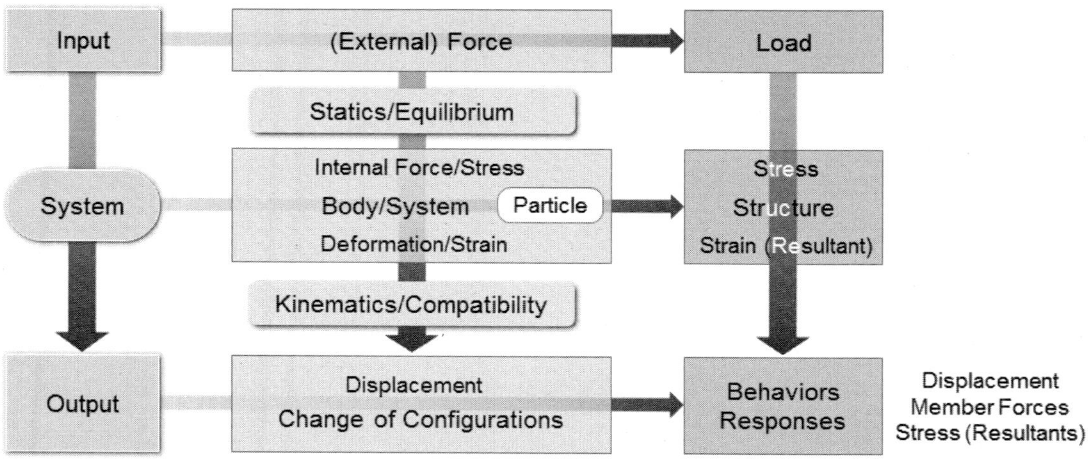

예를 들어, 교량을 설계하려고 한다. 설계기준에 따라 작용하중을 가정할 수 있으나 교량의 규모나 크기는 설계자가 결정하여야 한다. 따라서 설계자는 충분한 설계경험이 요구된다. 설계경험은 작용하중과 설계환경에 따라 교량의 규모나 크기를 쉽게 결정하도록 도와준다. 설계는 구조해석을 동반하므로 설계경험이 많다는 것은 구조해석경험도 많을 수 있다. 그럼에도 구조해석은 설계경험과 무관하다. 구조해석은 전공별, 분야별, 작업순서별로 구분, 수행하며 사용하는 프로그램이 다르기 때문이다. 대용량, 초고속의 컴퓨터와 해석프로그램이 소개되면서 개인용 컴퓨터에서 대규모 구조해석을 수행할 수 있게 되었다. 그러나 설계자의 지식보다 프로그램 Output File에 의존하는 단점을 보이기도 한다. 설계전용 프로그램도 소개되면서 설계자의 판단이 경시되고 설계자의 능력도 낮아지고 있다. 이러한 이유로 구조해석능력은 설계능력과 연관성을 잃어가고 있다. 구조해석능력을 키우려면 역학과 공학, 해석과 설계이론을 확립하고 해석을 위한 수학도구와 컴퓨터프로그래밍 능력을 향상시켜야 한다.

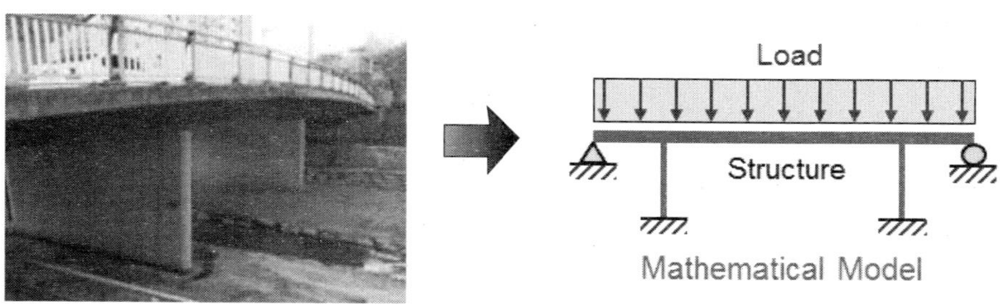

3.2.2 연속계와 이산계

[1] 연속계

임의의 시스템에 외력(External Force)이나 하중(Load)이 작용하고 있다. 하중이 작용하지 않는 시스템의 형상을 초기형상(Initial/Undeformed Configuration/State)이라고 부른다. 반면에 하중이 작용하여 시스템의 위치와 형태가 변한 시스템의 형상을 변형형상(Deformed Configuration/State)이라고 부른다. 시스템의 움직임을 제어하는 점을 지점(Support)라고 부르며 특정방향 움직임을 제어한다는 의미로 경계조건(Boundary Condition)이라고도 부른다.

외력은 시스템을 움직이거나 형상을 변하게 만든다. 즉, 외력이 작용하면 하중재하점을 포함한 모든 점들의 위치가 변하게 될 것이다. 임의점의 위치변화를 변위(Displacement)라고 부르며 직선이동을 나타내는 직선변위(Translation)와 회전이동을 나타내는 회전각변위(Rotation) 또는 기울기(Slope)로 구분된다. 일반적으로 변위라는 용어는 직선변위를 의미하며 회전변위를 회전각변위라는 용어로 구분하고 있다. 특정점의 변위와 회전각변위를 자유도(DOF : Degree of Freedom)라도 부른다. 자유도는 자유롭게 움직임을 나타낸다는 의미이다. 각 자유도는 독립성을 나타내므로 전체 시스템의 변화를 자유도로 표현할 수 있다. 또한 자유도는 시스템의 변화와 변형을 표현하는 수학식의 기저(Basis)로 사용된다.

외력에 의하여 시스템의 크기와 모양이 변하였다면, 시스템 내의 미소입자 A는 A'로 움직이며 미소요소의 크기와 모양도 변하게 된다. 예를 들어, 미소입자의 초기모양이 정사각형이었다면, 하중작용으로 미소입자는 마름모꼴 부채모양으로 변하며 이에 따라 모서리각도도 변할 것이다. 모서리각도의 변화를 미소입자 모양을 바꾼다. 이와 같은 미소입자의 상대변위(Relative Displacement)와 모양의 변화를 변형(Deformation)이라고 부른다. 변형은 미소입자의 초기형상을 기준하여 크기변화비율과 모서리 각도변화 비율을 야기한다. 이러한 변화비율을 변형률(Strain)이라고 정의하며 변형률은 크기변화비율을 수직변형률(Normal Strain)과 모서리 각도변화비율을 전단변형률(Shear Strain)로 구분하고 있다.

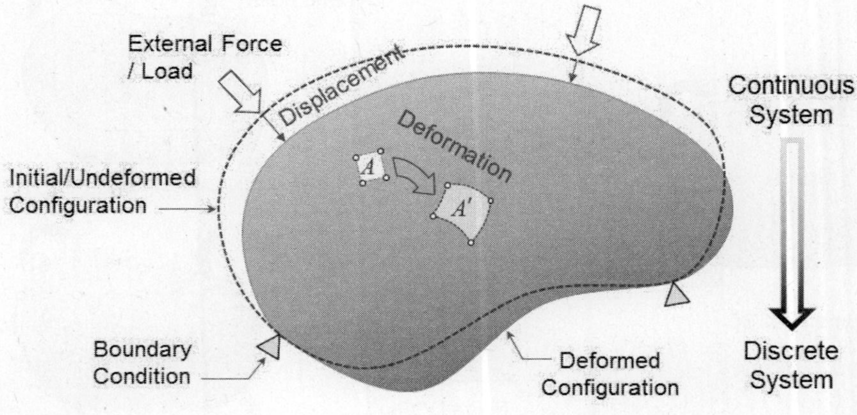

[2] 이산계와 자유도

시스템에 외력이 작용하면 시스템을 구성하는 미소입자는 움직이거나 정지된 질점(Particle)이 있을 것이다. 미소입자의 움직임을 자유도라고 부르며 선택한 좌표계와 변형과 거동의 개수에 따라 각 미소입자는 1개 이상의 자유도를 나타낸다. 만면에 움직임이 발생하지 않거나 일정크기로 제한된 경계면상의 점을 지점(Support)이라고 부른다. 지점의 움직임 크기지정을 경계조건(BC : Boundary Condition)이라고 부른다. 경계조건은 디리클레(Dirichlet), 뉴먼(Neumann), 코시(Cauchy)조건 등 3가지로 구분하고 있다. 예를 들어, 시스템을 하나의 독립변수로 표현하였다면 정의역 양단의 함수를 상수로 지정하면 디리클레 조건, 함수의 도함수를 상수로 지정하면 뉴먼 조건, 함수와 도함수를 상수로 지정하면 코시 조건이라고 부른다. 질점 변위를 함수로 표현하면 디리클레 조건을 기하학적 경계조건(Geometrical Boundary Condition)이라고 부른다. 또 변위의 도함수는 적용하는 힘 또는 압력을 나타내므로 뉴먼 조건을 힘이나 압력을 지정한 경계조건을 의미하며 이를 Natural Boundary Condition이라고 부른다.

시스템은 무한개의 질점으로 구성되며 각 질점은 1개 이상의 자유도를 나타내므로 전체 시스템은 무한개의 자유도를 나타낼 것이다. 이러한 시스템을 연속계(Continuous System)라고 부르며 연속계는 보통 적분방정식(Integral Equation)으로 표현된다. 적분방정식은 미분방정식보다 해를 결정할 수 있는 범위가 매우 제한적이다. 아래그림과 같은 시스템을 가정해 보자. 시스템을 격자 형태로 분할하여 교차점의 유한개 자유도로 표현한 분할시스템을 이산계(Discrete System)라고 부르며 이산계는 보통 미분방정식(Differential Equation)으로 표현된다. 이산계의 분할점을 절점(Node), 분할한 사각형을 요소(Element) 또는 부재(Member)라고 부르며 하나의 요소는 4개의 절점으로 구성된다. 그러나 시스템이 1차원이면 하나의 요소를 선요소(Line Element) 또는 선부재(Line Member)라고 부르며 1개의 선부재는 2개의 절점으로 구성된다. 선부재로 분할한 1차원 시스템은 매트릭스구조해석에서, 평면이나 입체부재로 분할한 2차원 이상인 시스템은 유한요소해석(Finite Element Analysis)에서 취급한다.

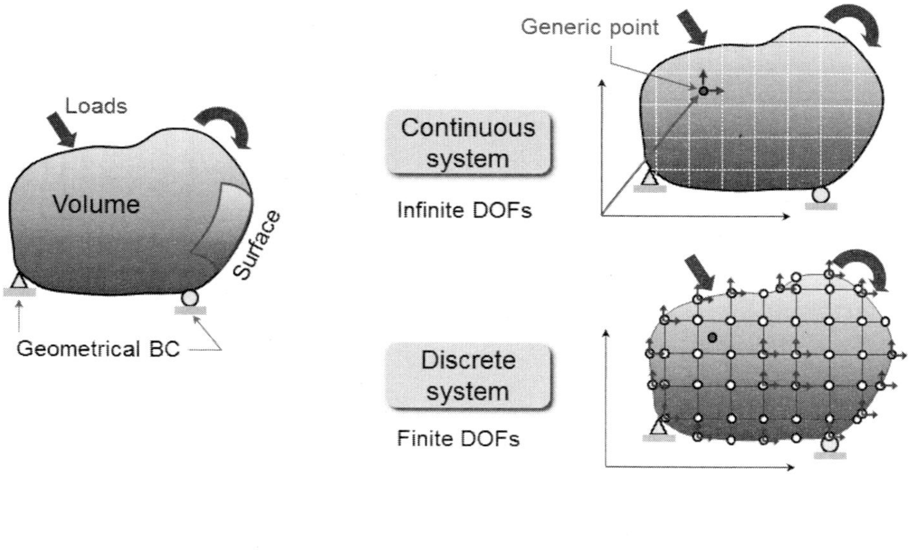

3.3 기본 구조역학

3.3.1 좌표계와 구조계

[1] 좌표계

시스템은 어디에 위치하고 크기는 얼마인가? 물체의 위치와 크기는 정량적으로 표현하려면, 위치는 절대거리로, 크기는 상대거리로 표현하게 된다. 물리량을 거리로 표현하려면 기준점이 요구되며 기준점을 원점이라고 부른다. 원점이 결정되면 시스템의 임의점까지의 거리를 손쉽게 나타낼 수 있다. 구조역학에서 시스템은 하나의 부재, 요소뿐만 아니라 구조계를 나타내기도 한다.

구조계의 크기와 위치를 표현하려면 원점을 선정하고 좌표계를 선택하여야 한다. 기준이 되는 좌표계라는 의미로 기준좌표계(Reference Frame)이라고 부른다. 일반적으로 기준좌표계로 사용하는 대표적인 좌표계가 사각좌표계(RCS : Rectangular Coordinate System) 또는 데카르트좌표계(DCS : Cartesian Coordinate System)이다. RCS와 DCS는 이름만 다를 뿐 동일한 좌표계이다. 좁은 의미의 직교좌표계는 RCS(DCS)를 의미한다. 또한 데카르트좌표계는 평면과 공간구조 모두에 적용하는 좌표계이다. 그밖에 극좌표계(PCS : Polar Coordinate System)는 평면구조에, 원통좌표계(CCS : Cylindrical Coordinate System)와 구형좌표계(SCS : Spherical Coordinate System)는 공간구조에 사용하는 직교좌표계이다.

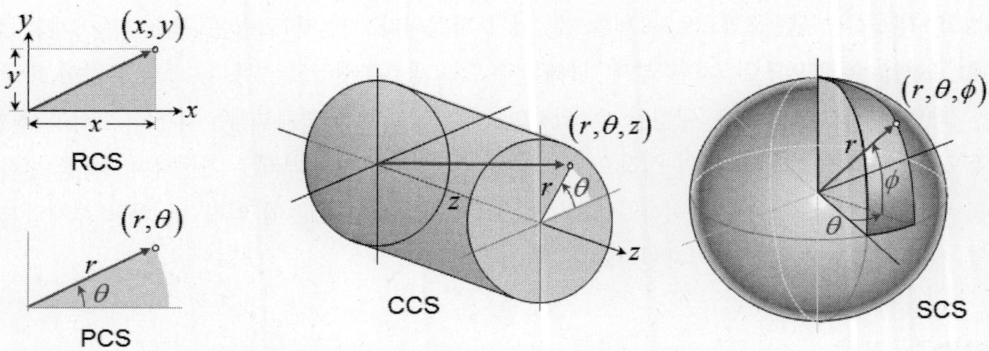

RCS, PCS, CCS, SCS 등 모든 직교좌표계는 각 축이 서로 직교하므로 물리량을 선형조합으로 표현할 수 있다. 데카르트(Cartesian)좌표계는 모든 구조물을 쉽게 표현할 수 있고 이해하기 쉽기 때문에 가장 널리 사용하는 좌표계이다. 본 교재는 데카르트(Cartesian)좌표계 즉, 좁은 의미의 직교좌표계인 RCS을 주로 사용하기로 한다. 극좌표계(PCS)는 평면 원운동 구조계에 효과적이다. 원통좌표계(CCS)와 구형좌표계(SCS)는 각각 원통과 구형 구조를 표현할 때 효과적인 좌표계들이다.

[2] 구조계

구조계를 표시하려고 선택한 좌표축 개수에 따라 몇 차원 구조계인가를 정의한다. 우측그림과 같이 변형 전·후의 구조계를 생각해 보자. 각 부재가 외력을 받아 변형이 발생한 상태를 굵은 실선으로 표시하였다. 또 초기상태 모서리 절점은 아라비아 숫자로, 변형상태 모서리 절점은 숫자의 대시로 구분하였다.

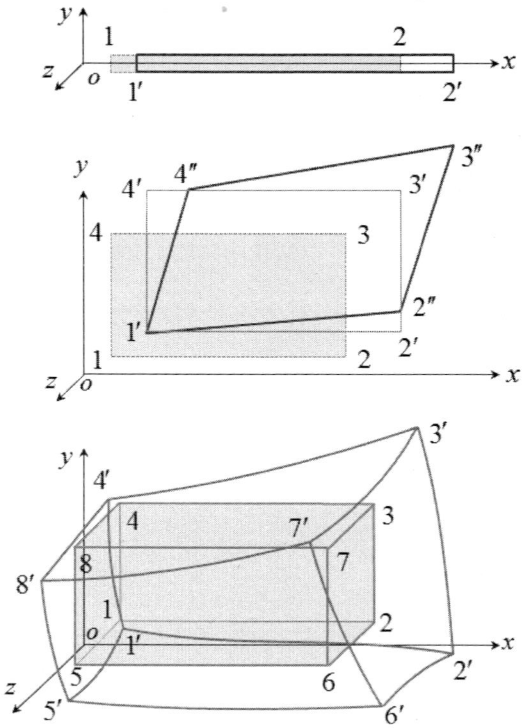

1번째 그림은 구조계를 1개의 축 x만을 표현할 수 있으므로 1차원 부재 또는 선부재(Line Member)라고 정의한다. 선부재는 2개의 양단 1,2 절점으로 구성한 부재이다. 2번째 그림은 구조계를 2개의 직교축 x, y로 표현할 수 있으므로 2차원 부재 또는 평면부재라고 부른다. 평면부재는 4개의 모서리 절점 1,2,3,4로 구성되어 있다. 평면부재는 반드시 3개의 절점으로 구성된 3각형 부재도 있다. 마찬가지로 2개의 절점으로 구성되었어도 평면부재로 정의할 수도 있다. 여기서 직교좌표축 x, y를 이용하는 이유는 평면 내 임의점을 2개의 축방향 기저들의 선형조합으로 표현할 수 있기 때문이다. 3번째 그림은 구조계를 3개의 직교축 x, y, z로 표현할 수 있으므로 3차원 부재, 입체부재 또는 공간부재라고 부른다, 그림과 같이 하나의 공간부재는 8개의 모서리 절점으로 구성될 수 있지만 삼각뿔 형태의 입체부재는 4개의 모서리 절점으로 구성될 수도 있다. 마찬가지로 2개의 절점으로 구성된 부재이어도 공간부재로 가정하여 3차원 변화를 모사할 수도 있다. 결국, 구조계를 표시하기 위하여 선택한 좌표축의 개수에 따라 몇 차원 부재인가를 정의하며 몇 개의 절점으로 구성된 부재인가와 관계가 없다.

3.3.2 **변형과 거동**

[1] 부재평면, 하중평면 및 거동평면

구조물을 이루는 부재들이 하나의 동일평면에 존재하면, 이를 부재평면(Member Plane)이라고 정의한다. 하중들이 동일한 평면에 존재할 때, 하중들이 이루는 평면을 하중평면(Loading Plane)이라고 정의한다. 하중으로 인한 변위(Displacement), 변형률(Strain), 응력(Stress), 부재력(Member Force) 등을 거동(Behavior) 또는 응답(Response)이라고 정의한다. 강성도법(Stiffness Method)에 의한 구조해석결과는 하중작용으로 먼저 변위가 결정되며 변위를 이용하여 변형률, 응력, 부재력이 간접적으로 계산된다.

그러므로 변위를 1차 거동(Primary Behavior), 그 이외의 거동을 2차 거동(Secondary Behavior)이라고 부른다. 만일 1차 거동인 변위들이 하나의 평면을 이루면 이를 거동평면(Behavior Plane)이라고 정의한다.

[2] 변형의 종류

구조계에 외력이 작용하면 부재는 변위를 발생시키고 상대변위에 따라 변형을 정의하고 있다. 외력을 받는 부재의 단면 내 임의점에 발생하는 응력은 수직응력(Normal Stress)과 전단응력(Shear Stress)이 발생한다. 단면과 수직한 방향으로 단위면적당 힘을 수직응력이라고 정의하며 주로 휨변형으로 인하여 발생하므로 이를 휨응력(Flexural Stress)이라고도 부른다. 반면에 단면과 접하는 방향으로 단위면적당 힘을 전단응력 또는 접선응력(Tangential Stress)이라고도 부른다.

변형을 구분하는 방법은 응력에 기초한 구분과 변형특성에 따른 구분 등 2가지로 구분한다. 첫째는 응력의 종류가 무엇인가에 따른 구분으로서 간단히 수직변형과 전단변형으로 구별하는 방법이다. 둘째는 변형특성에 따른 구분으로서 축변형(Axial Deformation), 휨변형(Flexural Deformation), 전단변형(Shear Deformation), 비틀림변형(Torsional Deformation), 워핑변형(Warping Deformation), 뒤틀림변형(Distorsion Deformation) 등 6가지로 구분하는 방법이다.

부재에 축력이 작용하면, 축방향 길이가 늘어나는 인장변형과 줄어드는 압축변형이 발생한다. 이를 축변형이라고 부른다. 부재축과 수직한 하중이 작용하면 부재는 휘어지면서 하중방향 수직변위와 부재축방향으로 처짐식의 기울기 변화가 발생한다. 이러한 변화를 휨변형이라고 부른다. 부재가 아래방향으로 휘어지면 상부단면은 압축응력, 하부단면은 인장응력이 발생할 것이다. 즉, 휨변형은 하나의 단면에서 인장변형과 압축변형이 동시에 발생한다. 따라서 휨변형은 단면 내에서 인장변형과 압축변형이 발생하지만 축변형은 단면 전체가 동일한 변형만을 나타낸다. 부재축과 수직한 하중이 작용하면, 전단력(Shear)이라는 단면력이 발생한다. 이러한 전단력은 전단응력을 유발한다. 부재축에 따라 비틀림모멘트가 작용하면, 비틀림응력이 발생할 것이다. 비틀림응력은 단면형태에 따라 전단응력과 수직응력을 발생시킨다. 이와 같이 전단응력에 의한 변형도 전단변형이라고 부른다. 원형단면을 가진 직선부재에 비틀림이 작용하면, 부재는 전단응력만을 발생시킨다. 이를 St. Venant Torsion이라고 부른다. 반면에 원형단면이 아닌 단면을 가진 직선부재에 비틀림이 작용하면, 부재는 수직응력도 발생시킨다. 이를 워핑응력 또는 뒴응력이라고 부른다. 이러한 워핑응력에 의한 변형을 워핑변형이라고 부른다.

직선부재에 비틀림이 작용하면 전단응력뿐만 아니라 수직응력도 발생시킨다. 전단응력은 전단변형을 나타내며 수직응력은 워핑변형 즉, 단면이 울퉁불퉁하게 변하는 변형을 유발한다. 이는 주로 단면의 대각선 방향을 대칭축으로 하여 대칭축방향으로 단면의 함몰이 발생하면 대칭축과 수직한 방향으로 융기하는 단면변화를 발생한다. 그러나 휨변형을 단면의 주축에 따라 상하부는 함몰과 융기로 일정한 단면변화를 나타낸다. 그밖에 단면향상을 변하게 만드는 뒤틀림변형과 격벽설치에 따라 부분적으로 단면을 유지하는 격벽효과 등이 있다.

[3] 구조거동의 종류

구조거동은 3가지 관점(거동을 나타내는 차원, 거동특성을 나타내는 평면, 거동특성)에서 구분할 수 있다. 첫째는 거동을 나타내는 차원으로 구별하는 방법이다. 구조계를 좌표계로 나타내듯이 거동도 좌표계로 표현할 수 있다. 즉, 거동을 표현하는 축이 몇 개인가에 따라 1차원, 2차원, 3차원 거동으로 구별할 수 있다. 즉, 변위함수의 독립변수가 몇 개인가로 구분하는 방법이다. 만일 하나의 선부재를 1차원으로 정의하였다면 변위함수도 1차원 함수가 될 것이다. 하나의 선부재를 2차원으로 정의하였다면 변위함수도 2차원 함수가 될 것이다. 또 하나의 선부재를 3차원으로 정의하였다면 변위함수도 3차원 함수가 될 것이다. 일반적인 구조역학에서 구조계를 정의한 차원에 따라 거동도 동일한 차원을 나타낸다. 차원별 거동 구분법은 거동이 하중작용에 의존적인 특성을 생각하지 못한 구분법이므로 다른 거동구분법을 생각할 필요가 있다. 그 방법이 거동특성을 발생하는 평면으로 구분하는 방법이다.

둘째는 거동특성을 나타내는 평면으로 구분하는 방법이다. 구조거동은 크게 면내(In-plane)거동, 면외(Out-of-Plane)거동, 연계(Coupling)거동, 복합(Complex)거동 등 4가지로 구분하고 있다. 부재평면, 하중평면, 거동평면이 일치할 때 이를 면내거동이라고 부르며 주로 축변형을 나타내는 경우가 많다. 구조해석모델 중 봉(Bar)부재, 트러스(Truss)부재, 아치(Arch)부재, 평면응력문제(Plane Stress Problem), 평면변형률문제(Plane Strains Problem) 등이 면내거동을 나타내는 대표적인 모델들이다. 부재평면과 수직한 방향으로 하중평면과 거동평면이 나타나면 이를 면외거동이라고 부르며 주로 휨변형을 나타내는 경우가 대표적이다. 면외거동을 나타내는 구조모델은 축대칭문제(Axisymmetric Priblem), 보(Beam), 그리드(Grid) 및 평판(Plate) 등이 대표적이다. 부재평면과 하중평면이 일치하여도 거동평면이 수직하면 연계거동이라고 부르며 비틀림 변형이 대표적인 연계거동이다. 즉, 비틀림 하중은 면내하중이나 구조거동은 면외거동이기 때문이다. 반면에 면내거동, 면외거동 및 연계거동이 동시에 나타나면 복합거동이라고 부른다. 휨과 축변형뿐만 아니라 비틀림 변형까지 연계된 3차원 보(Beam)부재 또는 라멘(Rahmen)부재, 그리드(Grid)부재 등이 복합거동을 나타내며 면내거동과 면외거동이 지배적인 쉘(Shell)부재도 복합거동의 대표적인 모델이다

셋째는 거동특성만으로 구분하는 방법이 있다. 한마디로, 변형의 분류에서 설명한 것과 같이 거동특성을 이용한 구분법은 매우 간단하다. 하중작용으로 발생한 거동이 무엇인가에 따라 구분하는 방법이다. 외력에 의하여 축방향 길이변화가 발생하면 이를 축변형(Axial Deformation), 부재가 휘어지면 휨변형(Flexural Deformation), 전단력이나 비틀림이 작용하여 발생하는 전단변형(Shear Deformation), 부재에 비틀림 또는 비틀림모멘트가 작용하여 발생하는 비틀림변형(Torsional Deformation)이라고 부른다. 축변형은 인장변형과 압축변형으로 구분되며 휨변형은 부재축과 수직한 방향의 변위와 기울기가 발생한다. 비틀림변형은 부재축을 중심으로 한 모멘트방향 즉, 부재가 비틀림각을 유발하는 변형이다. 비틀림이

작용하면 단면형상에 따라 비틀림각의 변화뿐만 아니라 단면의 면외방향으로 수직한 변위들이 발생할 수도 있다. 비틀림에 의하여 단면이 상하로 울퉁불퉁하게 접히는 현상을 뒴 또는 워핑(Warping)이라고 부르며, 단면의 모서리각이 변하는 뒤틀림(Distorsion)도 발생한다.

[4] 부재 형상, 작용하중 및 구조거동의 연관성

2점을 잇는 부재는 1차원 부재에 해당한다. 또한 2점을 잇는 부재는 직선형태와 곡선형태가 있을 수 있다. 전자를 직선부재, 후자를 곡선부재라고 정의한다. 2점을 잇는 직선부재에 작용하는 축력을 면내하중이라고 한다. 직선부재에 면내하중이 작용하면 당연히 면내거동을 나타낸다. 이러한 부재를 축부재(Axial Member)라고 부른다. 반면에 직선부재축과 수직한 방향으로 수직력이 작용하면 이 수직력을 면외하중이 된다. 직선부재에 면외하중이 작용하면 면외거동을 나타낼 것이다. 이러한 부재를 휨부재(Flexural Member)라고 부른다.

2점을 잇는 곡선부재의 구조거동은 면내거동과 면외거동을 나타낼 수 있다. 면내부재, 면내하중과 면내거동을 나타내는 곡선부재를 아치(Arch)라고 부른다. 반면에 면외하중, 면외거동을 나타내는 곡선부재를 곡선보(Curved Beam)라고 부른다. 동일한 형태의 구조계에서 하중평면이 다르면 구조거동도 다르다. 즉, 구조거동은 하중방향에 의존적이다. 그러므로 부재를 구별할 때, 한가지의 분류법으로 정의하기 어렵다. 가능한 구조거동으로 구분하는 것이 바람직하며 어떤 변형이 지배적인가를 판단하여 구별하는 것이 적절하다.

3.3.3 구조해석모델

[1] 구조해석의 중요한 선택

물리문제와 역학문제에서 가장 중요한 부분은 구조계를 이상화한 수학적 모델의 선택이다. 수학적 모델을 어떻게 설정하는가에 따라 수학식의 적용과 공식화과정이 쉽기 때문이다. 또 수학적 모델의 선택에 따라 적정한 구조계를 모사할 수 있기 때문이다. 마찬가지로 구조해석문제에서 가장 중요한 부분으로서 첫 번째는 구조해석모델의 설정이다. 해석경험이 많은 기술자는 적절한 구조계의 거동과 변형을 예상하고 이에 걸맞은 구조해석모델을 손쉽게 선택할 수 있을 것이다. 해석경험이 많아지면 어떤 구조거동이 지배적이고 어떤 부분에서 구조거동의 변화가 예상되는가를 쉽게 판단할수록 도와줄 것이다. 그러나 해석경험이 적은 기술자들은 향후 발생할 수 있는 구조계의 거동과 변형을 적절히 예상하지 못하거나 부절한 해석모델을 가정하게 될 것이다. 어떻게 하면 빠른 시간에 적정한 구조해석모델을 선정할 것인가? 이러한 질문에 적당한 대답은 없다. 많은 경험만이 해결방법이기 때문이다. 그럼에도 많은 경험보다 많은 생각과 밀도 있는 사유를 추천하고 싶다.

두 번째로 중요한 선택과정이 이산화 구조계의 설정과 자유도 수의 선택일 것이다. 평면문제의 이산화과정에서 응력집중이 예산되는 부분을 세밀한 분할을 요구하고 있다. 전체구조물을 지나치게 세분화할 경우, 연산량이 많고 연산속도도 늦어지기 때문에 적정한 세분화를 요구하고 있다. 적정한 분할수가 얼마인가에 대한 수학적 접근이나 증명결과가 없다. 따라서 이러한 선택과정에도 정답이 없다. 많은 경험과 많은 생각이 요구되는 항목이기 때문이다.

세 번째는 입력절차의 용의성과 평의성이다. 대부분의 해석프로그램들은 사용자를 위하여 작성하고 있으므로 입력자료를 보다 쉽고 편하고 정확하게 입력할 수 있도록 배려하고 있다. 최근에 소개된 프로그램들은 그래픽을 근거로 정량적인 숫자들보다 가독성이 높은 그림으로 입력을 유도하고 확인하는 프리프로세서가 제공되고 있다. 쉽고 빠른 입력은 연산시간을 감소시키며 정확한 입력은 연산오류를 최소화하기 때문에 입력도구의 편의성이 중요한 선택이다. 그럼에서 프로그램마다 그 차이가 있고 사용자의 특징에 따라 그 차이가 클 수도 있다.

네 번째는 해석모델의 정확한 결과를 주는 프로그램의 선택과 고용량, 고성능 하드웨어의 선택이다. 구조해석문제를 해결할 수 없는 프로그램은 의미가 없다. 그러므로 사용자는 프로그램의 사용범위와 해석결과의 정확성을 사전에 분석할 필요가 있다. 하드웨어도 마찬가지이다. PC 기준에서 해결할 수 없으면 중대형 컴퓨터를 사용할 수밖에 없는 경우도 있다. 특히, 정밀도를 요구하는 연산인 경우 자료전송방법이 중대형컴퓨터와 개인용 컴퓨터는 매우 큰 차이를 나타내기 때문이다. 최근 PC의 발전이 거듭되면서 하드웨어에 대한 문제는 그리 크지 않더라도 연산결과의 신뢰성을 위하여 확인할 필요가 있다.

이상과 같은 선택의 중요성은 유한요소해석이던 고전적인 매트릭스구조해석이던 동일하다. 학부의 매트릭스구조해석은 이론의 이해와 프로그램의 작성이 매우 중요하다. 프로그램 작성과정에서 해석이론이 어느 정도 숙지되기 때문이다. 그러나 매트릭스연산을 도와주는 다양한 Utility가 제공되어 있으므로 프로그램작성의 중요성이 점차 무시되고 있다. 매우 안타까운 일이다.

매트릭스구조해석에서 취급하는 대표적인 선부재의 특징과 거동을 요약하면 아래도표와 같다.

선부재	차원	부재 절점수	절점 자유도	부재 자유도	부재의 변형과 거동
스프링	1	2	1	2	축변형 → 1차원 거동
	2	2	2	4	축변형 → 2차원 거동
트러스	2	2	2	4	축변형 → 2차원 거동
	3	2	3	6	축변형 → 3차원 거동
보	2	2	2	4	1축 휨변형
뼈대라멘	2	2	3	6	1축 휨변형+축변형
	3	2	6	12	2축 휨변형+축변형+비틀림변형
			7	14	2축 휨변형+축변형+비틀림변형+워핑
			9	18	2축 휨변형+축변형+비틀림변형+워핑+뒤틀림+격벽효과
아치	2	2	3	6	1축 휨변형+축변형 → 면내거동
케이블	2	2	2	4	축변형 → 면내거동

[2] 대표적인 구조해석모델과 구조거동

대표적인 구조해석모델은 요약하면 아래그림과 같다. 매트릭스구조해석에서는 주로 봉부재, 보부재, 샤프트, 트러스, 및 라멘구조 등 선부재로 구성된 구조계만을 취급한다.

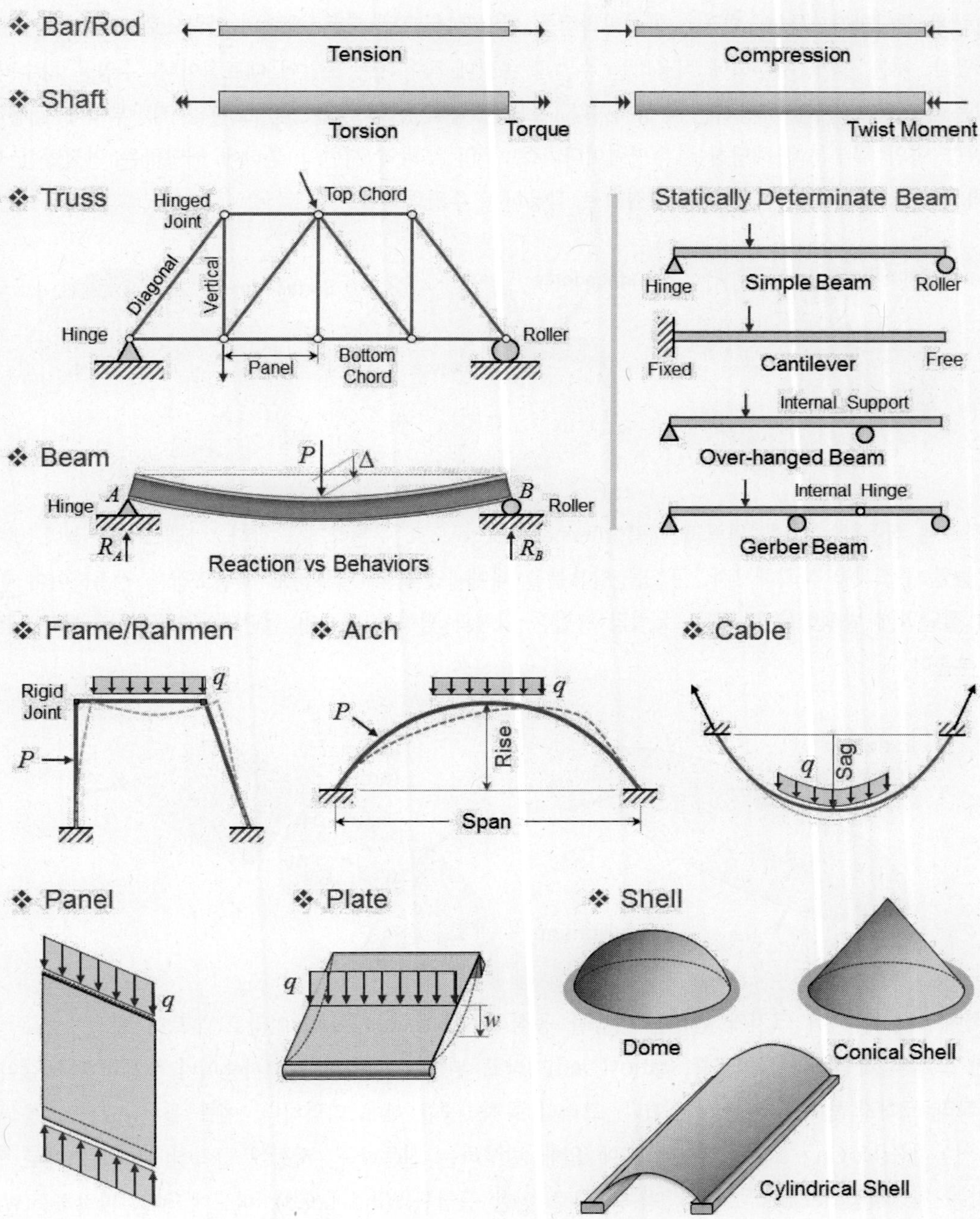

[3] 대표적인 하중모델

토목공학에서 하중(Load)은 물리학의 외력(External Force)에 해당한다. 외력의 발생 원인으로 구분하여 체력(Body Force)와 면력(Surface Force)로 구분한다. 체력은 구조계의 체적에 따라 크기가 변하는 힘으로서 자중(Self Weight)이 대표적이다. 면력은 구조물 표면에 작용하는 힘으로서 대부분의 하중이 면력에 해당한다. 특히, 체력은 공식화과정을 어렵게 하므로 모든 체력은 면력으로 변환하여 적용시키고 있다. 예를 들어, 차수벽에 작용하는 수압과 옹벽에 작용하는 토압이 대표적이다. 수압은 차수벽 뒤에 있는 물기둥 무게에 해당하는 수평력이다. 토압은 옹벽 뒤에 있는 쐐기모양의 지반부피에 대응하는 연직방향 힘의 일부분에 해당하는 수평력이다. 즉, 물의 부피와 지반의 부피에 해당하는 연직방향 힘이 차수벽 뒷면과 옹벽 뒷면에 수직한 방향으로 작용하는 수평력이다.

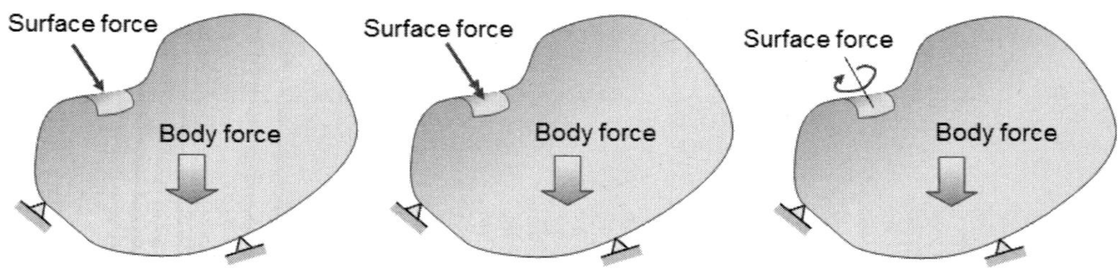

구조계에 작용하는 힘을 외력과 내력(Internal Force)으로 구분하기도 한다. 아래그림과 같이 평형상태에 놓인 구조계를 생각해보자. 구조물 일부분을 떼어내었을 때 일부분도 평형조건을 만족하여야 한다. 이 때 절단면에 발생하는 힘 또는 응력의 총합은 외력과 평형을 이루며 절단면에 발생하는 힘을 내력이라고 부른다.

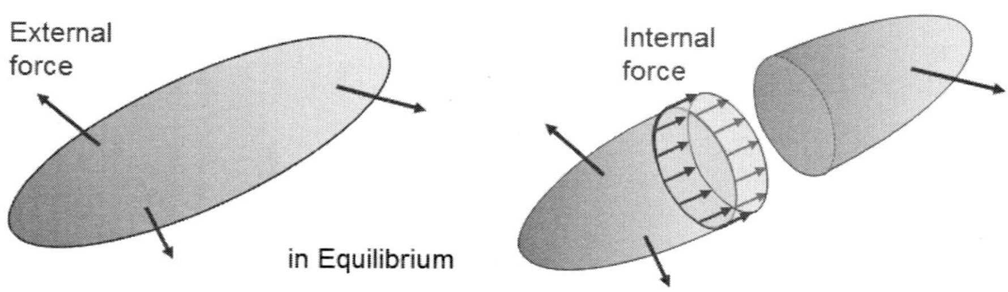

외력이 시간에 따라 크기가 변하는 하중을 동적하중(Dynamic Load)이라고 부르며 시간과 무관하게 일정한 크기의 하중이면 정적하중(Static Load)이라고 부른다. 정적하중은 자중이나 상재하중과 같이 시간에 따라 크기가 변하지 않는 하중이다. 그러나 동적하중은 매우 다양하다. 예를 들어, 교량 위를 주행하는 이동하중(Moving Load), 노면조도에 의해 발생하는 진동하중, 지점에 급격한 가속도변화로 인해 발생하는 지진하중(Seismic Load), 풍속변화로 인한 풍하중(Wind Load), 파도에 의한 파랑하중(Wave

Load), 회전기기에 의한 진동하중(Machine Load), 충격하중(Impact Load), Shock 등 다양한 동적하중이 구조해석에 사용되고 있다. 충격하중과 유사하지만 지속시간 매우 짧은 경우를 Shock이라고 부른다. 동적하중을 하나의 그림으로 표현하면 아래와 같다.

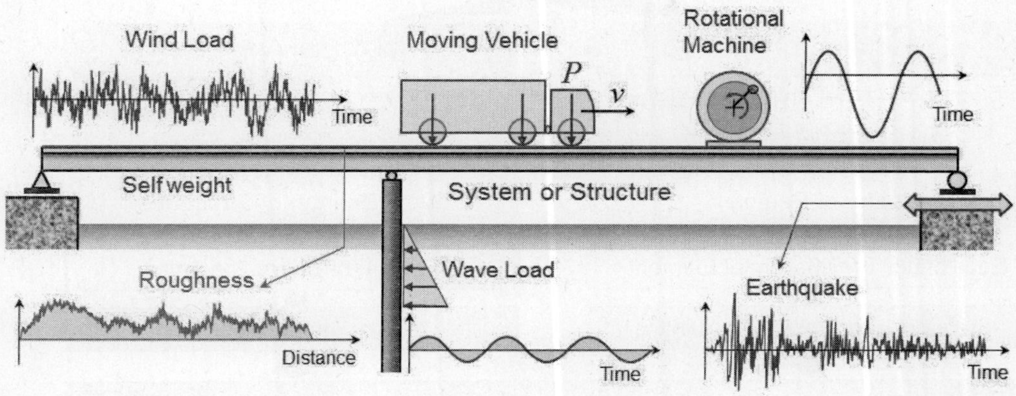

일반적으로 동적하중은 수학식으로 표현되는 결정론적 하중(Deterministic Load)과 불규칙하게 분포하는 랜덤하중(Random Load)으로 구분할 수 있다. 이때 랜덤하중은 푸리에 급수를 이용하여 선형조합의 하중으로 가정할 수 있다. 푸리에 급수는 불규칙이나 불연속인 자료로부터 연속함수로 변환할 수 있는 유일한 수학도구이며 고려하는 항수가 증가하면 정확한 값에 수렴한다는 장점이 있다.

그밖에 중력의 작용에 의한 연직방향 중력하중(Gravitational Force), 2개의 면이 접하면서 발생하는 접촉하중(Contact Force). 원운동하는 물체에 발생하는 원심력(Centrifugal Force)과 원주방향 원환하중(Circumferential Force) 등이 다양한 하중들이 존재한다. 여러 가지 원인에 의해 구분하는 하중의 종류는 다양하나 실제 구조해석에서 적용하는 하중은 간단히 정적하중과 동적하중으로 구분하고 있다. 정적하중이 작용하면 정적해석을 수행하고 동적하중이 작용하면 동적해석을 수행하게 된다. 즉, 하중의 종류에 따라 해석방법이 다르다.

3.3.4 구조해석단계

[1] 지배방정식 유도

고전역학에서 구조계의 지배방정식을 유도하는 방법은 벡터법과 에너지법 등 2가지로 구분한다. 벡터법은 3단계 연산과정으로 이루어진다. 첫째, 시스템을 구성하는 미소입자에 대하여 물리법칙을 적용하고 힘의 평형조건을 적용한다. 둘째, 전체 영역에 대해 적분을 수행한다. 셋째, 경계조건을 적용하여 적분상수를 결정하면 미분방정식 형태의 지배방정식이 결정된다. 에너지법도 3단계 연산과정으로 이루어진다. 첫째, 가상일의 원리를 이용하여 하중이 한 일(Work)을 결정한다. 둘째, 내부에 저장되는 변형에너지를 결정한다. 셋째, 1차 변분을 통해 미분방정식 형태의 시스템 지배방정식을 얻는다.

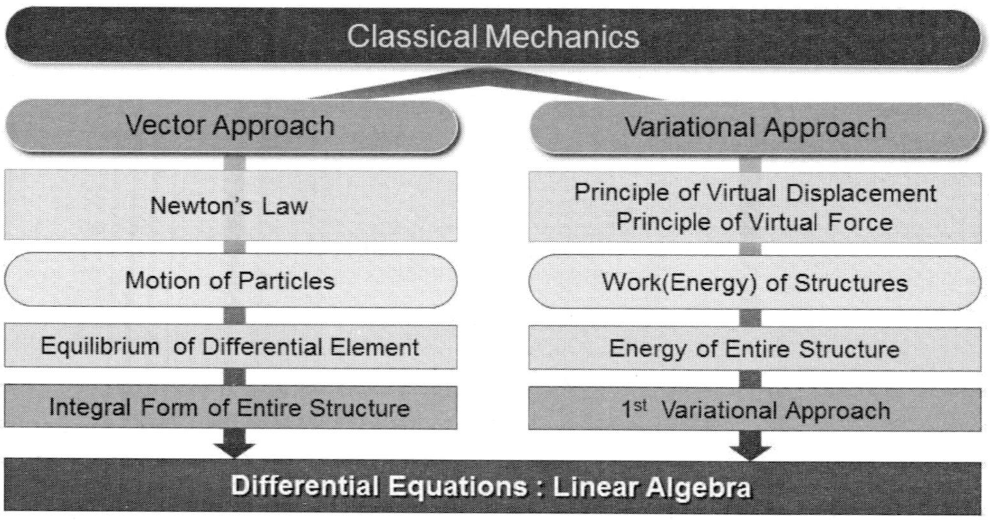

[2] 이산계의 Neighborhood

이산계는 시스템을 분할하여 교차점의 거동만으로 표현되는 유한개의 자유도를 가진 상태방정식을 얻게 된다. 미분방정식에 교차점의 거동조건을 대입하면 선형연립방정식 형태의 지배방정식을 얻을 수 있다. 선형연립방정식은 선형대수를 이용하여 손쉽게 근을 결정할 수 있다. 이때 특정점의 거동이 영향을 미치는 점을 Neighborhood라고 부른다. 예를 들어, 아래 우측그림에서 특정점의 거동이 선형분포라면, 바로 이웃점까지를 Neighborhood라고 부른다. 마찬가지로, 특정점의 거동이 2차방정식 분포라면, 이웃의 이웃점까지를 Neighborhood라고 한다. 즉, Neighborhood는 특정점의 거동이 영향을 주는 이웃점까지의 거리를 의미한다. 이러한 이유로 매트릭스구조해석에서 강성도매트릭스는 Band를 가진 매트릭스로 결정된다. 또 Neighborhood가 클수록 매트릭스의 Band는 증가하며 정해에 수렴성이 높아진다.

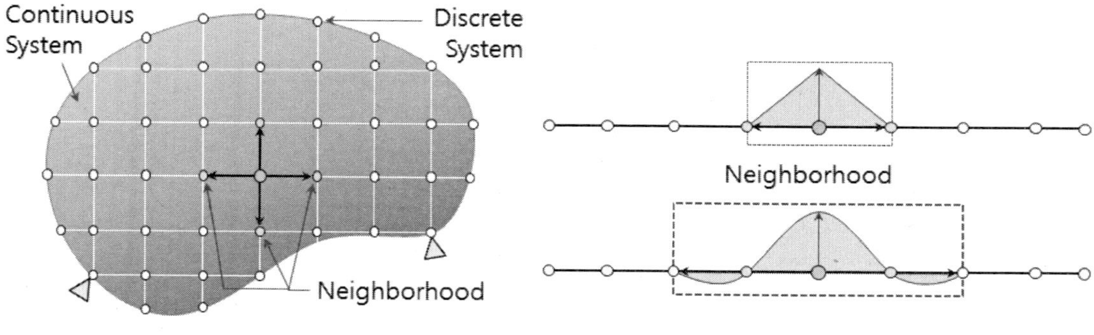

[3] 구조해석절차

토목분야에서 구조해석(Structural Analysis)은 외력(external force) 또는 하중(load)이 작용하는 구조계의 처짐(deflection)을 결정하는 과정이다. 결정한 처짐을 이용하여 변형률(Strain), 응력(Stress)를 구하고 단면력(Section Force) 또는 부재력(Member Force)을 순차적으로 결정하게 된다.

구조공학문제는 봉(bar), 보(beam), 트러스 (truss), 라멘(frame), 평판(plate), 쉘(shell) 등과 같은 시스템을 사용하며 평형방정식(equilibrium equation), 운동방정식(equation of motion)과 같은 수학식(mathematical formulation)을 가진 수학적 모델(mathematical model)을 사용하고 있다. 간단한 해석모델은 수계산으로 정해(exact solution)를 얻을 수 있으나 복잡한 수학식이나 많은 자유도를 가진 연립방정식으로 표현되는 수학적 모델은 수계산이 어려워진다.

구조해석절차는 보통 아래 흐름도와 같이 8단계로 구분할 수 있다. 첫째, 주어진 정보를 분석하여 문제를 정확히 정의하여 한다. 둘째, 물리계를 이해하고 구조계를 이상화하여야 한다. 셋째. 수학적 모델을 설정하고 해석전략을 전개한다. 넷째, 수학도구를 이용하여 모든 원리를 확인하고 방정식에 적용하여야 한다. 다섯째, 문제를 가시화할 수 있도록 충분히 그림을 그려본다. 여섯째, 공학적 감각을 이용하여 해를 예측해 본다. 일곱째, 수학 능력을 발휘하여 지배방정식으로부터 해를 결정한다. 여덟째, 경험과 공학적 감각을 이용하여 실제 응답을 확인하고 예측했던 결과와 비교함으로서 모순점이 없는지를 확인한다.

그 어떤 공학문제도 아래 흐름도와 같은 절차로 해를 결정하지 않는 문제는 없다. 8가지 절차 중에서 가장 중요한 절차는 수학적 모델의 설정이며 이를 위하여 문제를 정확히 정의하여야 한다. 정확히 정의하지 못한 수학적 모델은 해를 예측할 수도 없으며 계산한 해의 신뢰성도 매우 낮기 때문이다. 매트릭스 구조해석의 연산절차도 동일하다. 구조해석은 주어진 문제의 해를 결정하는 과정이 단순하여도 항상 올바르게 정의하고 검증하는 노력이 필요하다.

Definition of Problem	Identify the information given.
Idealization	Understand the physical system involved.
Mathematical Model	Develop a strategy.
Mathematics	Identify all principles and equations to be applied.
Visualization	Draw diagrams to visualize the problem.
Engineering Senses	Predict an answer.
Mathematical technique	Try solving the equations.
Engineering Senses and Experience	Do a reality check and compare against the Prediction to see if it is reasonable.

[4] 매트릭스구조해석개념

매트릭스가 무엇인가를 묻는 경우가 있다. 매트릭스는 사각형 형태로 숫자 또는 수식을 성분으로 나열한 것에 불과하다. 다만 각 성분의 어떤 의미를 담고 있는가에 따라, 행과 열이 어떤 의미인가에 따라 매트릭스는 물리적 의미, 수학적 의미, 역학적 의미, 공학적 의미를 나타내게 된다. 예를 들어, 이산계 절점의 자유도를 3개의 미지수 x_1, x_2, x_3로 선택하고 각 자유도별 3개의 평형방정식을 아래와 같이 표현하였다고 하자. 즉, 구조물은 모두 자유도 x_1, x_2, x_3만으로 표현하겠다는 의미이며 구조물의 미지수를 변위 항으로 표현하는 방법을 변위법이라고 부른다. 벡터 $\boldsymbol{x}$는 전체 구조물의 자유도 x_1, x_2, x_3을 성분으로, 벡터 $\boldsymbol{f}$는 각 자유도에 대응하는 힘 f_1, f_2, f_3을 성분으로 한 벡터이다. 따라서 1번째 매트릭스 방정식 $f_1 = k_{11}x_1 + k_{12}x_2 + k_{13}x_3$은 자유도 1에 대응하는 평형방정식을 나타낸다. 2,3번째 매트릭스 방정식도 각 자유도에 대응하는 평형방정식이 된다. 매트릭스 성분 k_{11}은 $x_1 = 1, x_2 = x_3 = 0$일 때, 자유도 1에 해당하는 힘의 성분을 나타낸다. 그러므로 임의의 매트릭스 성분 k_{ij}는 $x_j = 1$이고 나머지 자유도가 0일 때, i번째 자유도방향 힘을 나타낸다. 이러한 매트릭스 성분 k_{ij}을 강성도 영향계수(Stiffness Influence Coefficient)라고 부른다.

$$\begin{cases} f_1 = k_{11}x_1 + k_{12}x_2 + k_{13}x_3 \\ f_2 = k_{21}x_1 + k_{22}x_2 + k_{23}x_3 \\ f_3 = k_{31}x_1 + k_{32}x_2 + k_{33}x_3 \end{cases} \quad \text{또는} \quad \begin{Bmatrix} f_1 \\ f_2 \\ f_3 \end{Bmatrix} = \begin{bmatrix} k_{11} & k_{12} & k_{13} \\ k_{21} & k_{22} & k_{23} \\ k_{31} & k_{32} & k_{33} \end{bmatrix} \begin{Bmatrix} x_1 \\ x_2 \\ x_3 \end{Bmatrix} \quad \text{또는} \quad \boldsymbol{f} = \boldsymbol{K}\boldsymbol{x}$$

매트릭스구조해석은 무엇인가? 그 어떤 해석이론과 해석방법을 적용하였어도 구조계를 매트릭스방정식으로 표현하고 이로부터 해를 결정하였다면 이는 무조건 매트릭스구조해석이다. 따라서 구조계를 표현하는 대표적인 벡터들과 상호관계를 먼저 이해할 필요가 있다.

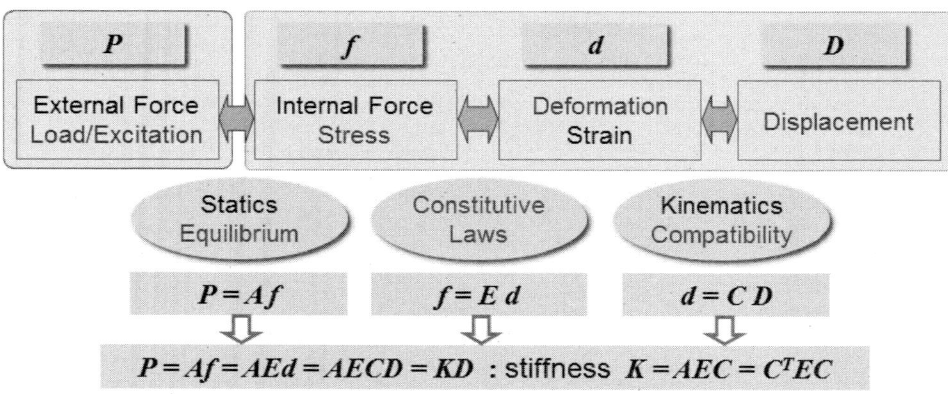

모든 구조계는 4개의 대표적인 벡터들로 나타낼 수 있다. 대표적인 벡터는 절점하중을 나타내는 외력

벡터 $\boldsymbol{P}$, 부재력을 나타내는 내력벡터 $\boldsymbol{f}$, 변형을 나타내는 변형벡터 $\boldsymbol{d}$, 그리고 변위를 나타내는 변위벡터 $\boldsymbol{D}$ 이다. 외력과 내력의 관계는 평형(Equilibrium, Statics)조건으로 부르며 이를 평형매트릭스 $\boldsymbol{A}$ 로 표기한다. 외역과 내력의 평형조건은 매트릭스 방정식 $\boldsymbol{P} = \boldsymbol{A}\boldsymbol{f}$로 나타낼 수 있다. 변형과 변위의 관계를 적합(Compatibility, Kinematics)조건이라고 부르며 이를 적합매트릭스 $\boldsymbol{B}$ 로 표기한다. 변형과 변위의 적합조건은 매트릭스 방정식 $\boldsymbol{d} = \boldsymbol{B}\boldsymbol{D}$로 나타낼 수 있다. 내력과 변형의 관계는 실험에 의하여 결정되며 이를 구성방정식(Constitutive Law)라고 부른다. 만일 구조물이 선형탄성재료이면 구성방정식을 탄성매트릭스라고 부르며 이를 매트릭스 $\boldsymbol{E}$ 로 표기하고 내력과 변형의 관계는 $\boldsymbol{f} = \boldsymbol{E}\boldsymbol{d}$로 표현할 수 있다. 이러한 상호관계를 이용하여 하중벡터 $\boldsymbol{P}$와 변위벡터 $\boldsymbol{D}$ 로 표현하면 다음과 같다. 여기서 가상일의 원리를 적용하면 $\boldsymbol{A} = \boldsymbol{B}^T$ 인 관계식을 얻을 수 있다. 이 연산과정은 변위법에 대한 연산과정이다.

$$\boldsymbol{P} = \boldsymbol{A}\boldsymbol{f} = \boldsymbol{A}\boldsymbol{E}\boldsymbol{d} = \boldsymbol{A}\boldsymbol{E}\boldsymbol{B}\boldsymbol{D} = \boldsymbol{K}\boldsymbol{D} \quad ; \boldsymbol{D} = \boldsymbol{A} = \boldsymbol{B}^T\boldsymbol{E}\boldsymbol{B}$$

구조해석방법은 강성도법(Stiffness Method)과 유연도법(Flexibility Method)으로 구분할 수 있다. 이 분류법은 주로 부정정구조물의 해석법으로 알려져 있다. 부정정구조물의 해석과정에서 각 해석법을 쉽게 이해하고 구분할 수 있기 때문이다. 각 해석법을 요약하면 아래그림과 같다.

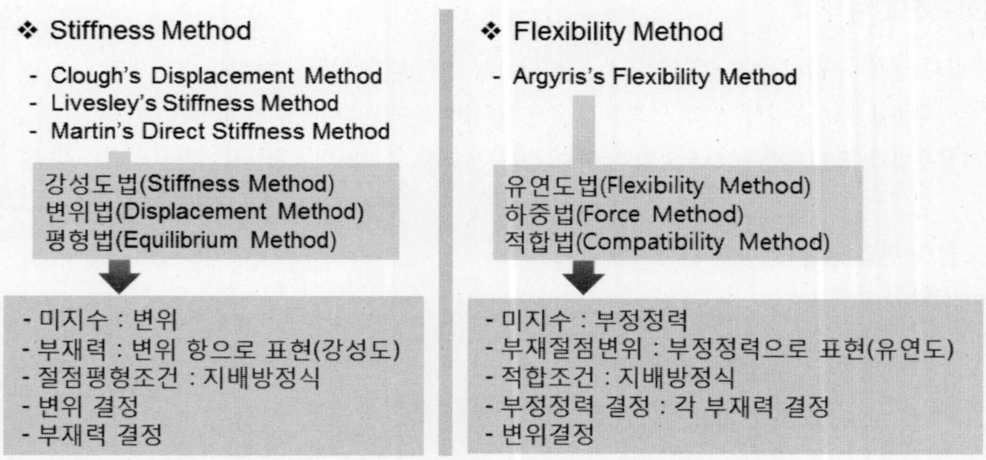

강성도법은 절점변위를 미지수로 선택하므로 변위법(Displacement Method), 평형조건을 적용하여 지배방정식을 결정하므로 평형법(Equilibrium Method)이라고도 부른다. 전술한 바와 같이 연산절차는 이산화 구조계를 몇 개의 미지수 즉, 절점변위로 표현하면서 시작된다. 각 절점의 부재력을 절점변위로 표현한 후 절점평형조건을 적용함으로서 지배방정식을 결정한다. 선형대수를 이용하여 지배방정식의 근을 결정하여 절점변위를 결정한다. 절점변위가 결정이 되면 부재력들도 손쉽게 얻게 된다. 변위법은 구조계의 변화를 고려하지 않고 정정구조이건 부정정구조이건 절점변위만으로 구조계를 나타내므로 사용성과 적용성이 탁월하다. 또 전산작업이 용이한 장점이 있다.

유연도법은 주로 부정정구조물의 해석에 이용하는 방법이다. 부정정구조물은 평형조건보다 반력이 많으므로 정정구조에 해당하는 반력을 제외한 잉여반력들을 하중으로 가정한다. 가정한 정정구조를 기본구조(Basic/Primary/Released Structure)라고 부르며 잉여반력을 부정정력(Redundant)이라고 부른다. 따라서 실제하중과 부정정력이 작용하는 정정구조물을 해석하는 방법이다. 부정정력을 외력으로 가정하므로 하중법(Load Method), 절점변위에 대한 적합조건을 적용하므로 적합법(Compatibility Method), 지배방정식을 유연도계수로 표현하므로 유연도법이라고 부른다. 유연도법은 소규모 부정정구조물 해석에 효과적이다. 구조해석의 개념을 이해하기 쉽고 소규모 부정정구조 해석에 효과적이므로 유연도법을 명확히 이해할 필요가 있다. 그러나 복잡하거나 대규모 구조는 유연도법을 적용하기 어렵다. 유연도법은 구조물을 하중과 부정정력이 작용하는 기본구조물을 가정하면서 시작된다. 각자 연산선호도가 다르며 어떤 형태의 기본구조를 선택하는가도 매우 다양하다. 이러한 이유로 유연도법을 일정한 형식으로 전산화하기 난해하다. 여기서 난해하다는 의미는 전산작업 즉, 프로그래밍이 어렵지 않으나 기본구조의 선택이 다양하여 표준화시키기 어렵다는 의미이다.

● 부정정구조의 해석 예

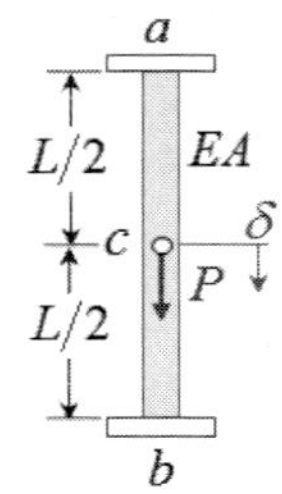

우측그림과 같이 축강성 EA, 길이가 L인 양단고정 봉 ab가 있다. 중앙점 c에 연직하중 P가 작용할 때, 중앙점 c의 연직처짐 δ를 결정하고 각 부재력을 결정하자. 해석방법은 강성도법과 유연도법을 사용하기로 한다. 연산결과를 요약하면 다음과 같다.

1) 강성도법/변위법/평형법

미지수 선택 : $\delta_c = \delta$

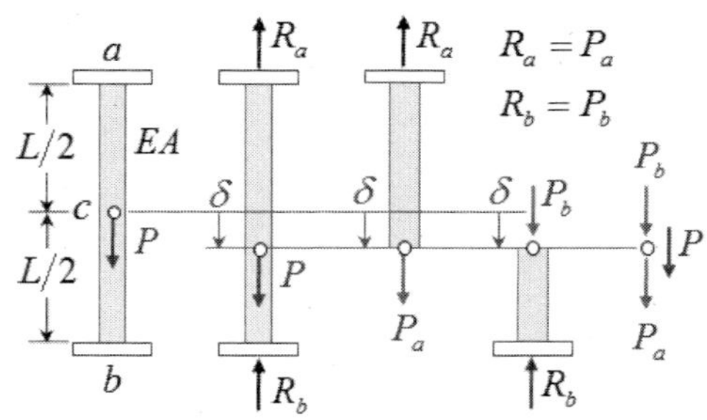

부재력 가정 : $\begin{cases} P_a = \dfrac{EA}{L/2}\delta = \dfrac{2EA}{L}\delta \\ P_b = \dfrac{EA}{L/2}\delta = \dfrac{2EA}{L}\delta \end{cases}$

평형조건 : $P = P_a + P_b = \dfrac{4EA}{L}\delta$

처짐 계산 : $\delta = \dfrac{PL}{4EA}$

부재력과 반력 계산 : $\begin{cases} P_a = \dfrac{2EA}{L}\dfrac{PL}{4EA} = \dfrac{P}{2} = R_a \\ P_b = \dfrac{2EA}{L}\dfrac{PL}{4EA} = \dfrac{P}{2} = R_a \end{cases}$

2) 유연도법/하중법/적합법

부정정력 : $R_a = R$

절점 변위 : $\delta_a^P = \dfrac{PL}{2EA}$, $\delta_a^R = \dfrac{RL}{2EA}$

적합조건 : $\Delta_a = \delta_a^R - \delta_a$

$= \dfrac{RL}{EA} - \dfrac{PL}{2EA} = 0$

부정정력 : $R = \dfrac{P}{2} = R_a$

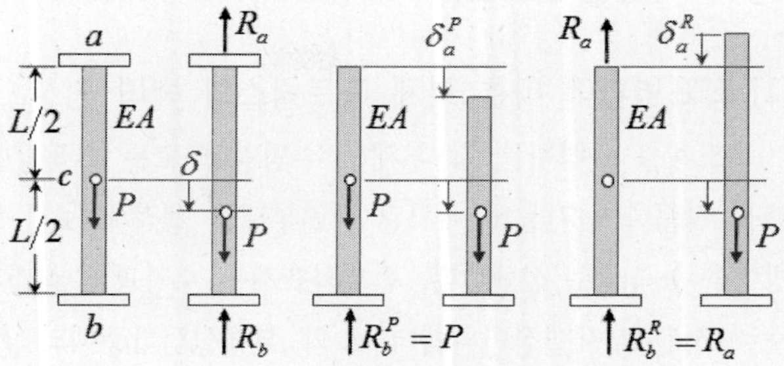

Primary Structure

나머지 반력 : $R_b = P - R_a = \dfrac{P}{2}$: $R_a + R_b = P$ (평형조건)

중앙점 변위 : $\delta_c = \delta_a^P - \dfrac{\delta_a^R}{2} = \dfrac{PL}{2EA} - \dfrac{PL}{4EA} = \dfrac{PL}{4EA}$

● 변위법에 기초한 매트릭스구조해석의 흐름도

변위법에 기초한 매트릭스구조해석을 요약하면 아래그림과 같이 4개의 과정으로 구성된다. 첫째, 구조물을 분할하여 구조해석모델을 설정한다. 구조해석모델은 시스템의 수학적 모델뿐만 아니라 하중모델까지 포함한 모델이다. 둘째, 시스템의 지배방정식을 도출하는 과정이다. 부재의 공학매트릭스나 벡터들을 결정하고 전체구조물의 시스템매트릭스와 벡터로 변환시켜 지배방정식을 유도한다. 첫번째 점선 표시부분은 전체좌표계에서 각 부재의 매트릭스와 벡터를 계산하고 직접 전체시스템에 대입하는 과정이다. 이 부분이 직접강성도법의 특징이다. 이는 다음절에 보충 설명하기로 한다. 셋째, 경계조건을 고려한 선형대수 방정식으로부터 근을 결정한다. 넷째, 변위와 부재력 등을 출력하는 과정이다.

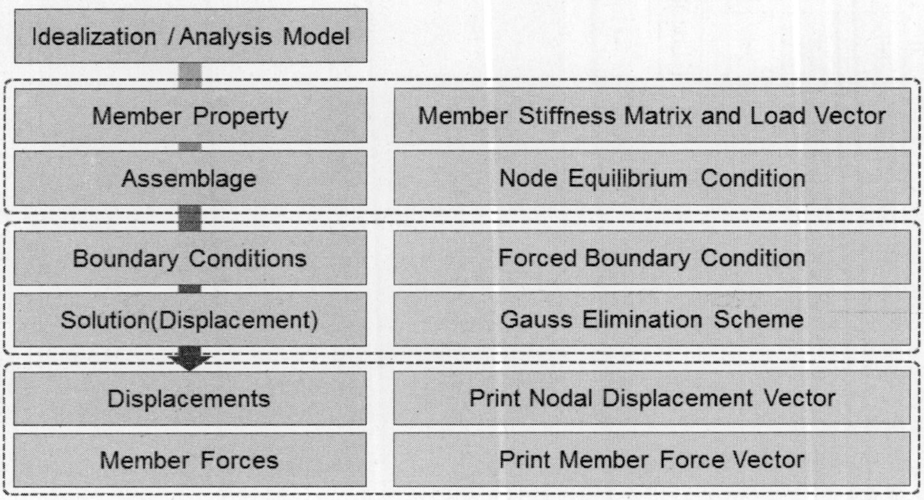

3.3.5 **직접강성도법**(Direct Stiffness Method)

[1] 좌표변환에 따른 부재 매트릭스와 벡터 연산

구조계를 구성하는 각 부재는 수평방향 또는 수직방향으로만 배치되어 있지 않다. 전체좌표계의 수평축을 기준하여 기울게 배치된 평면부재를 생각해 보자. 국부좌표계는 부재길이방향을 x 축, 이와 수직한 방향을 y 축으로 선택한다. 전체좌표계는 수평과 수직방향을 각각 X, Y 으로 선택하게 된다. 국부좌표계로 표시된 부재절점변위벡터 $\boldsymbol{d}_e$ 와 부재절점하중벡터 $\boldsymbol{f}_e$ 는 전체좌표계로 표시한 부재절점변위벡터 $\boldsymbol{D}_e$ 와 부재절점하중벡터 $\boldsymbol{F}_e$ 의 방향이 다를 것이다. 벡터합대신 산술합을 사용하려면, 동일한 방향 성분으로 표시하여야 한다. 부재좌표변환매트릭스 $\boldsymbol{T}_e$ 는 전체좌표계로 정의한 부재절점벡터를 국부좌표계로 표현한 부재절점벡터로 변환시키는 매트릭스이다. 전체좌표계의 부재강성도매트릭스 $\boldsymbol{K}_e$ 는 국부좌표계의 부재강성도매트릭스 $\boldsymbol{k}_e$ 의 2차 형식 $\boldsymbol{T}_e^T \boldsymbol{k}_e \boldsymbol{T}_e$ 으로 표현할 수 있다. 마찬가지로 국부좌표계의 벡터들 $\boldsymbol{f}_e$, $\boldsymbol{d}_e$ 도 부재 좌표변환매트릭스를 이용하여 전체좌표계의 벡터들 $\boldsymbol{F}_e$, $\boldsymbol{D}_e$ 로 변환된다.

[2] 전체 시스템 매트릭스와 벡터의 구성

구조계의 각 부재들의 물리량이 전체좌표계로 표현되었다면, 해당위치에 대입하여 전체좌표계로 표현한 시스템 매트릭스와 벡터를 손쉽게 구성할 수 있다. 이를 직접강성도법이라고 하며 아래그림과 같다. 본절은 개념도만 보여주고 해석모델별 매트릭스구조해석 4~7장에서 보충설명하기로 한다.

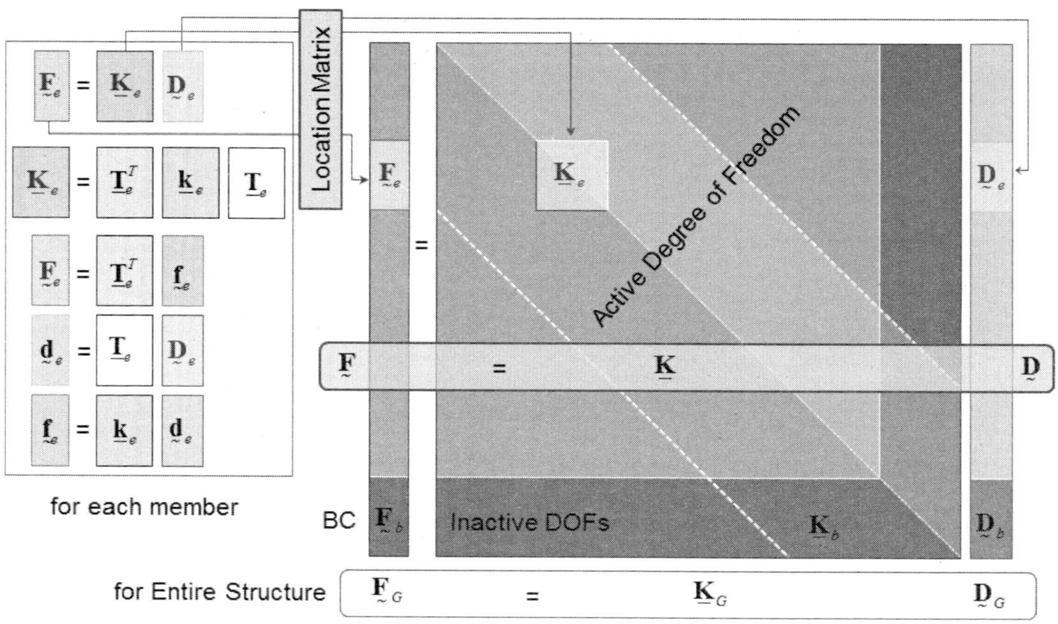

3.4 연습문제

3.4.1 기본개념 설명문제

(1) 시스템(System)이 무엇인지 정의하라.
(2) 수학적 모델(Mathematical Model)이 무엇인지 정의하라.
(3) 변위(Displacement)와 변형(Deformation)의 차이점을 설명하라.
(4) 일(Work)과 에너지(Energy)를 설명하라.
(5) 평형(Equilibrium)조건이 무엇인지 설명하라.
(6) 적합(Compatibility)조건이 무엇인지 설명하라.
(7) 연속계(Continuous System)와 이산계(Discrete System)를 비교 설명하라.
(8) 자유물체도(Free Body Diagram)과 자유도(Degree of Freedom)을 설명하라.
(9) 경계조건(Boundary Condition)이 무엇인지 설명하라.

3.4.2 해석과 적용문제

(1) 구조물의 설계할 때 설계자가 우선적으로 고려할 조건은 어떤 것들이 있을까?
(2) 구조물의 안정성(Stability)을 만족시키려면 어떤 조건을 고려하여야 할까?
(3) 구조공학에서 사용하는 구조해석모델은 어떤 것들이 있는지 설명하라.
(4) 8단계 구조해석절차를 설명하라.
(5) 해석모델별 해석방법을 설명하라.
(6) 하중특성별 해석방법을 설명하라.
(7) 기본해석과 상세해석의 차이점을 비교·설명하라.
(8) 시공단계해석과 완성계해석의 차이점을 비교·설명하라.
(9) 정적하중(Static Load)과 동적하중(Dynamic Load)을 정의하라.
(10) 정적해석과 동적해석의 차이점을 비교·설명하라.
(11) 선형해석과 비선형해석의 차이점을 비교·설명하라.
(12) 강도법과 유연도법의 차이점을 비교·설명하라.
(13) 직접강성도법과 Clough 변위법의 연산과정 차이점을 비교·설명하라.
(14) 경계치문제는 3가지로 구분한다. 3가지 경계치 문제의 차이점을 비교·설명하라.
(15) 고전적인 근사해법(Collocation, Subdomain, Least Square, Galerkin)을 설명하라,
(16) 매트릭스구조해석과 유한요소법(Finite Element Method)의 차이점을 설명하라.

3.4.3 프로젝트 연구문제

(1) 고유치해석 중에서 좌굴해석과 고유치해석의 차이점을 비교·설명하라.

(2) 재료비선형 해석과 기하비선형해석의 차이점을 비교·설명하라.

(3) 시간의존적 해석이 무엇이며 적용사례를 기술하라.

(4) 강제진동해석 중에서 시간이력해석, 모드중첩법을 비교·설명하라.

(5) 열 해석과 온도해석의 차이점을 비교·설명하라.

(6) 자유장 해석이 무엇이며 적용사례를 설명하라

(7) 지진해석과 내진해석을 설명하라.

(8) 풍 해석과 내풍해석을 설명하라.

(9) 축강성 EA, 길이 L 인 봉 ab 와 축강성 EA, 길이 $2L$ 인 봉 bc 가 점 b 에서 완전연결된 구조물이 있다. 점 b 에 수평하중 P 가 작용할 때 점 b 의 수평변위 δ 와 각 부재력 f_{ab}, f_{bc} 를 결정하려고 한다. 강성도법과 유연도법을 적용하여 해석하고 해석절차와 해석결과를 비교·설명하라.

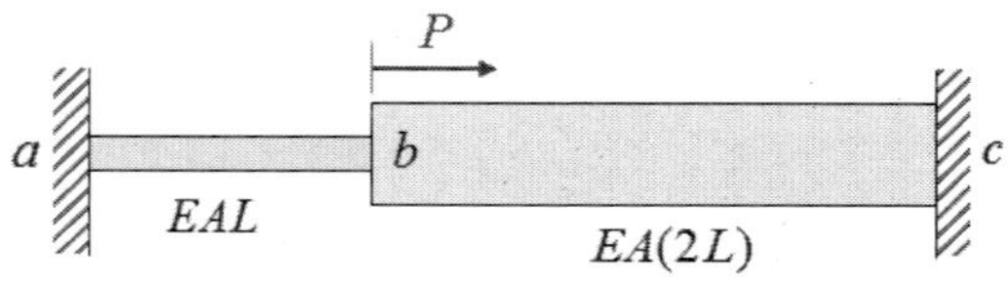

(10) 휨강성 EI. 길이 L 이고 양단에 모멘트하중 M_0 가 작용하는 단순보의 지배방정식이 아래와 같다. 고전적인 가중잔차법(Weighted Residual Method) 중에서 Collocation 방법, Subdomain 방법, Least Square 방법, Galerkin 방법으로 계산하고 해석결과를 비교·설명하라.

Governing Equation $EI\dfrac{d^2y}{dx^2} - M(x) = 0$

with BCs $y(0) = y(L) = 0$

Exact Solution $y(x) = \dfrac{M_0}{2EI}x(x-L)$

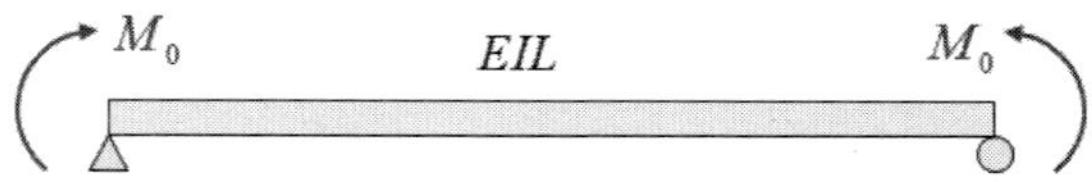

(11) 상기문제(10)에 대하여 Ritz 방법을 적용하여 계산하고 위의 4가지 방법과 비교·설명하라.

(12) 가상일의 원리를 사용하여 평형매트릭스 $\boldsymbol{A}$ 와 적합매트릭스 $\boldsymbol{B}$ 의 관계식 $\boldsymbol{A} = \boldsymbol{B}^T$ 을 증명하라.

(13) 직접강성도법과 Clough 변위법의 차이점을 설명하라.

4 스프링구조

4.1 개요

스프링은 스프링상수라는 특성치만으로 표현되고 축변형만을 나타내는 해석모델이다. 스프링부재는 양단절점을 연결하는 직선부재이므로 선부재라고 부른다. 부재길이방향과 이에 수직인 축을 국부좌표계로 선택하면, 절점당 1개의 자유도를 나타내므로 케이블부재는 부재당 2개의 자유도를 나타낸다. 여러 개의 수평방향 스프링이 조합되어 하나의 시스템을 이루면, 이를 스프링구조라고 부른다. 이때 스프링의 연결을 위하여 강체블록이 필요할 수도 있다. 강체블록의 수평운동을 1개의 자유도로 선택할 수 있다. 그러나 스프링구조에 경사스프링이 배치되면, 전체좌표계에서 각 절점은 수직과 수평방향 변위성분을 나타낼 것이다. 이러한 경우, 스프링구조의 연결부는 절점당 2개의 자유도를 나타낸다.

일반적으로 스프링부재는 다음과 같은 기본가정을 적용하고 있다.

1) 스프링은 미소변형이론에 근거한 선형탄성거동으로 제한한다.
2) 스프링은 내부스프링과 경계스프링으로 구분하지만 본장은 주로 내부스프링을 중점적으로 설명하기로 한다. 내부스프링은 양단절점변위를 허용하지만 경계스프링은 한단의 변위만을 허용하는 스프링이다. 내부스프링은 부재와 부재, 또는 절점과 절점 상에 위치하며 경계스프링은 지점과 절점 사이에 위치하며 주로 지점반력을 계산할 때 적용하고 있다.
3) 본장은 몇 개의 스프링만으로 구성된 순수 스프링구조계를 다룬다.
4) 본장의 스프링구조는 하나의 평면에 존재하고 변형과 거동도 동일평면에 발생하는 평면문제로 제한하였다. 즉, 공간 스프링구조는 논외로 한다.
4) 스프링의 비선형거동은 지반스프링과 케이블 모사에 사용된다. 스프링에 부재축방향 하중이 작용하면 횡방향으로 변형할 수도 있으나 이는 탄성거동을 벗어나므로 취급하지 않는다.

4.2절은 하나의 스프링, 2개의 스프링연결, 경사스프링에 대한 기본이론을 구분·정리하였다. 특히, 고전적인 평형조건과 에너지방법에 의한 평형방정식 유도과정을 설명하였고 직렬연결과 병렬연결 케이블구조 및 경사스프링의 좌표변환매트릭스를 설명하였다. 마지막으로 비선형특성을 나타내는 특별한 스프링과 탄성지지보에 대한 기본사항을 수록하였다. 4.3절은 스프링의 이론숙지와 접근법을 이해할 수 있도록 대표적인 해석예를 소개하였다. 4.4절은 컴퓨터프로그램 작성을 위한 기본지식으로서 Location Matrix의 정의와 사용법, Gauss 소거법의 물리적 의미를 설명하였다. 독자들의 스스로 학습을 위하여, 해석프로그램을 수록하지 않기로 한다. 4.5절은 기본개념문제, 해석과 프로그램 적용문제, 프로젝트 연구문제로 구분하여 대표적인 연습문제들을 수록하였다.

4.2 기본이론

4.2.1 하나의 스프링

강체운동을 나타내는 하나의 스프링으로 구성된 구조계를 생각해 보자. 이때, 스프링상수는 k 이고 좌·우측단 변위가 각각 δ_1, δ_2 만큼 발생하고 단부에 작용하는 부재력을 각각 f_1, f_2 라고 정의하자. 부재절점하중벡터와 부재절점변위벡터를 각각 $\boldsymbol{f} = \{f_1, f_2\}, \boldsymbol{d} = \{\delta_1, \delta_2\}$ 로 정의한다. 좌·우측단 변위는 구조계의 자유도를 의미하며 각 자유도에 대하여 절점평형조건을 적용하여 구조계의 연립방정식을 얻을 수 있다. 일반적으로 구조계의 연립방정식은 벡터접근법, 에너지접근법으로 결정한다. 벡터접근법은 각 절점 자유도에 대하여 힘의 평형조건을 적용하는 방법이다. 에너지접근법은 절점변위로 표현한 부재의 변형에너지에 대하여 카스틸리아노 정리 또는 정류에너지원리를 적용하는 방법이다.

[1] 벡터접근법

좌측단에 변위 δ_1 이 발생하였을 때 좌우측단의 부재력을 각각 $f_1^{(1)}, f_2^{(1)}$ 라고 정의하자. 우측단에 변위 δ_2 가 발생하였을 때 좌우측단의 부재력을 각각 $f_1^{(2)}, f_2^{(2)}$ 라고 정의하자. 좌우측단의 변위 δ_1, δ_2 가 동시에 발생하였다면, 중첩의 원리에 의하여 부재력은 각각 $f_1 = f_1^{(1)} + f_1^{(2)}$, $f_2 = f_2^{(1)} + f_2^{(2)}$ 로 나타낼 수 있다.

1) 좌측단에 변위 δ_1 만 발생 : 그림(1) 참조

$$f_1^{(1)} = k\delta_1$$
$$f_2^{(1)} = -f_1^{(1)} = -k\delta_1$$

2) 우측단에 변위 δ_2 만 발생 : 그림(2) 참조

$$f_1^{(2)} = -k\delta_2$$
$$f_2^{(2)} = -f_1^{(2)} = k\delta_2$$

3) 좌·우측단 변위 δ_1, δ_2 발생 : 그림(3) 참조

$$f_1 = f_1^{(1)} + f_1^{(2)} = k\delta_1 - k\delta_2$$
$$f_2 = f_2^{(1)} + f_2^{(2)} = -k\delta_1 + k\delta_2$$

4) 부재력과 절점변위의 관계

$$\begin{Bmatrix} f_1 \\ f_2 \end{Bmatrix} = k\begin{bmatrix} 1 & -1 \\ -1 & 1 \end{bmatrix}\begin{Bmatrix} \delta_1 \\ \delta_2 \end{Bmatrix}$$

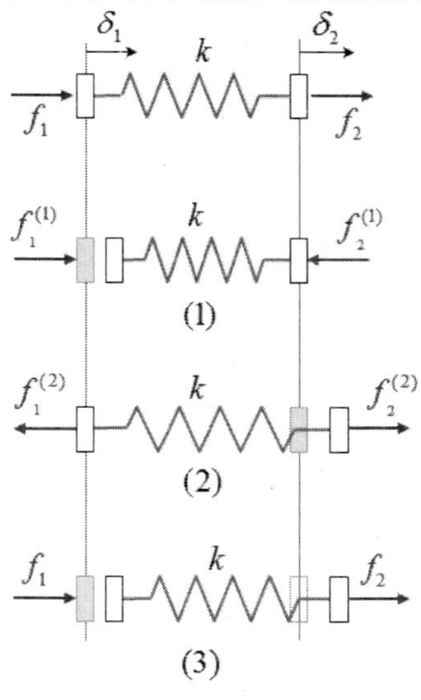

[2] 에너지접근법

부재의 좌우측단 절점변위가 δ_1, δ_2 이면 부재의 신축량은 $\delta = \delta_2 - \delta_1$ 이 된다. 이러한 신축량 δ 을 가진 부재의 변형에너지 U 를 결정한 후, 카스틸리아노 제1정리를 적용하면 부재의 절점하중벡터와 절점변위벡터의 관계식을 결정할 수 있다. 카스틸리아노 제1정리는 평형조건을 나타내며 강성도는 에너지의 2계 미분 $k_{ij} = (\partial^2 U)/(\partial \delta_i \partial \delta_j)$ 로 표현할 수 있다.

<table>
<tr><td>1) 신축량 δ
$\delta = \delta_2 - \delta_1$</td><td rowspan="4">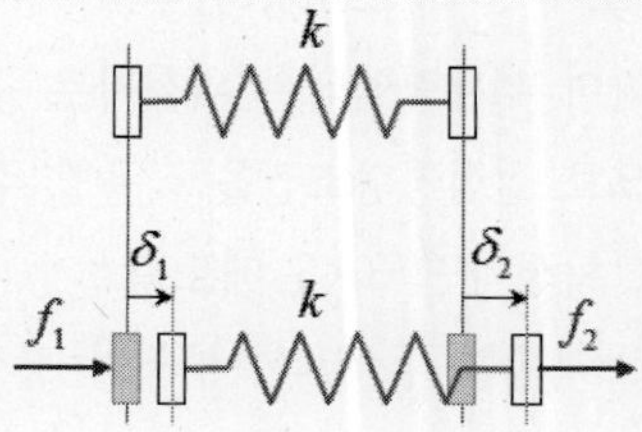</td></tr>
<tr><td>2) 변형에너지 U
$$U = \frac{1}{2}k\delta^2 = \frac{1}{2}k(\delta_2 - \delta_1)^2 = \frac{1}{2}k\left(\delta_2^2 - 2\delta_2\delta_1 + \delta_1^2\right)$$</td></tr>
<tr><td>3) 카스틸리아노 정리 : $\dfrac{\partial U}{\partial \delta_i} = f_i$
$$\frac{\partial U}{\partial \delta_1} = k(\delta_1 - \delta_2) = f_1$$
$$\frac{\partial U}{\partial \delta_2} = k(\delta_2 - \delta_1) = f_2$$</td></tr>
<tr><td>4) 부재력과 절점변위의 관계
$$\begin{Bmatrix} f_1 \\ f_2 \end{Bmatrix} = k\begin{bmatrix} 1 & -1 \\ -1 & 1 \end{bmatrix}\begin{Bmatrix} \delta_1 \\ \delta_2 \end{Bmatrix}$$</td></tr>
</table>

[3] 매트릭스 방정식

하나의 부재 좌우측단에 발생하는 절점변위가 δ_1, δ_2 이고 절점하중이 f_1, f_2 일 때, 부재절점하중벡터와 부재절점변위벡터를 각각 $\boldsymbol{f} = \{f_1, f_2\}, \boldsymbol{d} = \{\delta_1, \delta_2\}$ 로 정의할 수 있다. 여기서 소문자 볼트체는 벡터를 나타내며 중괄호는 열벡터를 나타낸다. 부재력과 절점변위의 관계는 부재강성도매트릭스 $\boldsymbol{k}$ 를 이용하여 다음과 같은 매트릭스방정식으로 표현할 수 있다. 여기서 k 는 스프링상수를 나타낸다. 특히, 부재강성도매트릭스 $\boldsymbol{k}$ 는 행렬식이 0인 특이행렬로서 역행렬이 존재하지 않는다.

$\boldsymbol{f} = \boldsymbol{K}\boldsymbol{d}$ 여기서, $\boldsymbol{f} = \begin{Bmatrix} f_1 \\ f_2 \end{Bmatrix}, \boldsymbol{d} = \begin{Bmatrix} \delta_1 \\ \delta_2 \end{Bmatrix}, \boldsymbol{k} = k\begin{bmatrix} 1 & -1 \\ -1 & 1 \end{bmatrix}$ 이다.

4.2.2 두개의 스프링 연결

[1] 직렬연결

스프링상수가 k_1 인 스프링이 절점 1,2와 연결되고 스프링상수가 k_2 인 스프링이 절점 2,3과 연이어 연결된 직렬연결구조를 가정하자. 2개의 스프링이 연이어 연결된 직렬연결 스프링구조계의 총 자유도는 3개로서 구조변위벡터는 $\{\delta_1, \delta_2, \delta_3\}$ 가 되며 이에 대응하는 구조하중벡터는 $\{f_1, f_2, f_3\}$ 가 표현된다. 직렬연결구조에서 각 스프링의 부재력은 동일한 값을 나타낸다. 따라서 절점하중벡터와 부재력벡터를 구분되어야 하며 부재력벡터는 위첨자로 구분하였다. 또한 부재력벡터는 내력에 해당하며 절점하중은 외력에 해당하므로 절점평형조건을 적용할 수 있다. 각 스프링의 강성도매트릭스의 크기는 2×2이나 이를 전체자유도로 확장하면 3×3 매트릭스가 된다. 예를 들어 스프링(1)은 절점3과 무관하므로 강성도 성분을 모두 0으로 대체할 수 있다. 부재의 강성도는 이웃절점 자유도에만 영향을 나타내므로 이러한 매트릭스의 확장이 가능하다. 스프링부재는 LCS와 GCS가 일치하므로 GCS의 값도 소문자로 표현하기로 한다.

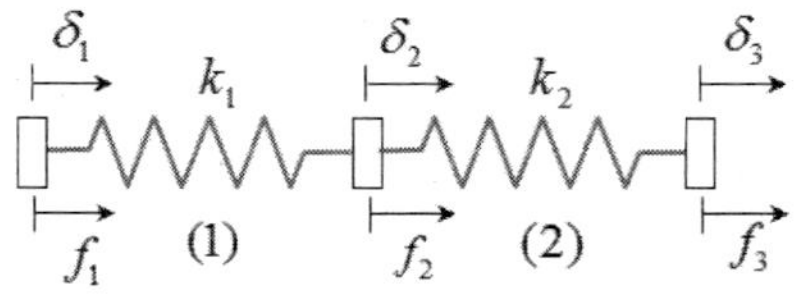

1) 스프링(1)

$$\begin{Bmatrix} f_1^{(1)} \\ f_2^{(1)} \end{Bmatrix} = \begin{bmatrix} k_1 & -k_1 \\ -k_1 & k_1 \end{bmatrix} \begin{Bmatrix} \delta_1 \\ \delta_2 \end{Bmatrix}$$

$$\text{확장} \rightarrow \begin{Bmatrix} f_1^{(1)} \\ f_2^{(1)} \\ f_3^{(1)} \end{Bmatrix} = \begin{bmatrix} k_1 & -k_1 & 0 \\ -k_1 & k_1 & 0 \\ 0 & 0 & 0 \end{bmatrix} \begin{Bmatrix} \delta_1 \\ \delta_2 \\ \delta_3 \end{Bmatrix}$$

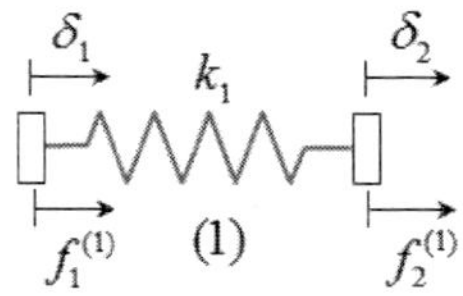

2) 스프링(2)

$$\begin{Bmatrix} f_2^{(2)} \\ f_3^{(2)} \end{Bmatrix} = \begin{bmatrix} k_2 & -k_2 \\ -k_2 & k_2 \end{bmatrix} \begin{Bmatrix} \delta_2 \\ \delta_3 \end{Bmatrix}$$

$$\text{확장} \rightarrow \begin{Bmatrix} f_1^{(2)} \\ f_2^{(2)} \\ f_3^{(2)} \end{Bmatrix} = \begin{bmatrix} 0 & 0 & 0 \\ 0 & k_2 & -k_2 \\ 0 & -k_2 & k_2 \end{bmatrix} \begin{Bmatrix} \delta_1 \\ \delta_2 \\ \delta_3 \end{Bmatrix}$$

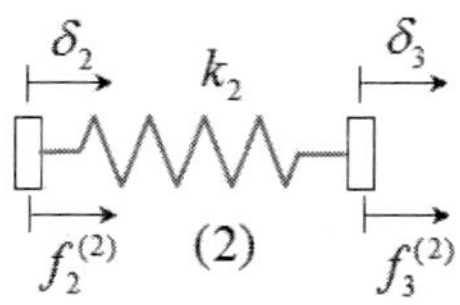

3) 절점 평형조건(Nodal Equilibrium)

$$\begin{Bmatrix} f_1 \\ f_2 \\ f_3 \end{Bmatrix} = \begin{Bmatrix} f_1^{(1)} + f_1^{(2)} \\ f_2^{(1)} + f_2^{(2)} \\ f_3^{(1)} + f_3^{(2)} \end{Bmatrix} = \begin{Bmatrix} f_1^{(1)} \\ f_2^{(1)} + f_2^{(2)} \\ f_3^{(2)} \end{Bmatrix}$$

4) 조합(Assemblage)

$$\begin{Bmatrix} f_1 \\ f_2 \\ f_3 \end{Bmatrix} = \begin{bmatrix} k_1 & -k_1 & 0 \\ -k_1 & k_1 + k_2 & -k_2 \\ 0 & -k_2 & k_2 \end{bmatrix} \begin{Bmatrix} \delta_1 \\ \delta_2 \\ \delta_3 \end{Bmatrix}$$

● 에너지방법

스프링상수가 k_1, k_2 인 2개의 직렬연결 스프링구조계는 에너지방법을 적용하여 연립방정식과 강성도 매트릭스를 유도할 수 있다. 1, 2번째 스프링의 신축량은 각각 $(\delta_2-\delta_1), (\delta_3-\delta_2)$ 이므로 변형에너지 U 와 카스틸리아노정리에 의한 평형방정식은 다음과 같이 결정된다.

$$U=\frac{1}{2}k_1(\delta_2-\delta_1)^2+\frac{1}{2}k_2(\delta_3-\delta_2)^2=\frac{1}{2}\left\{k_1\delta_1^2+(k_1+k_2)\delta_2^2+k_2\delta_3^2\right\}-k_1\delta_1\delta_2-k_2\delta_2\delta_3$$

$$\begin{cases}\dfrac{\partial U}{\partial\delta_1}=k_1\delta_1-k_1\delta_2=f_1\\ \dfrac{\partial U}{\partial\delta_2}=(k_1+k_2)\delta_2-k_1\delta_1-k_2\delta_3=f_2\\ \dfrac{\partial U}{\partial\delta_3}=k_2\delta_3-k_2\delta_2=f_3\end{cases}\rightarrow\begin{Bmatrix}f_1\\f_2\\f_3\end{Bmatrix}=\begin{bmatrix}k_1 & -k_1 & 0\\ -k_1 & (k_1+k_2) & -k_2\\ 0 & -k_2 & k_2\end{bmatrix}\begin{Bmatrix}\delta_1\\\delta_2\\\delta_3\end{Bmatrix}$$

연립방정식은 아래와 같이 구조하중벡터 $\boldsymbol{f}$, 구조변위벡터 $\boldsymbol{d}$와 구조강성도매트릭스 $\boldsymbol{k}$를 이용하여 매트릭스방정식으로 표현할 수 있다.

$$\boldsymbol{f}=\boldsymbol{k}\boldsymbol{d}\qquad \text{여기서 } \boldsymbol{f}=\begin{Bmatrix}f_1\\f_2\\f_3\end{Bmatrix},\ \boldsymbol{d}=\begin{Bmatrix}\delta_1\\\delta_2\\\delta_3\end{Bmatrix},\ \boldsymbol{k}=\begin{bmatrix}k_1 & -k_1 & 0\\ -k_1 & (k_1+k_2) & -k_2\\ 0 & -k_2 & k_2\end{bmatrix}$$

참고로 강성도매트릭스의 성분은 $k_{ij}=\dfrac{\partial^2 U}{\partial\delta_i\partial\delta_j}$ 으로부터 결정할 수 있으므로 강성도매트릭스의 각 성분은 아래와 같이 결정할 수도 있다.

$$\begin{cases}k_{11}=\dfrac{\partial^2 U}{\partial\delta_1^2}=k_1\\ k_{12}=\dfrac{\partial^2 U}{\partial\delta_1\partial\delta_2}=-k_1\\ k_{13}=\dfrac{\partial^2 U}{\partial\delta_1\partial\delta_2}=0\end{cases},\quad\begin{cases}k_{21}=\dfrac{\partial^2 U}{\partial\delta_2\partial\delta_1}=-k_1\\ k_{22}=\dfrac{\partial^2 U}{\partial\delta_2^2}=(k_1+k_2)\\ \dfrac{\partial U}{\partial\delta_2\partial\delta_3}=-k_2\end{cases},\quad\begin{cases}k_{31}=\dfrac{\partial^2 U}{\partial\delta_3\partial\delta_1}=0\\ k_{32}=\dfrac{\partial^2 U}{\partial\delta_1\partial\delta_2}=-k_2\\ k_{33}=\dfrac{\partial^2 U}{\partial\delta_2^2}=k_2\end{cases}$$

[2] 병렬연결

병렬연결은 스프링상수 k_1, k_2 인 2개의 스프링이 동일한 좌우측단 절점 1,2에 연결된 상태를 나타낸다. 그러므로 병렬연결 스프링구조계는 2개의 자유도를 나타내며 절점변위벡터는 $\{\delta_1, \delta_2\}$ 이며 절점하중벡터는 $\{f_1, f_2\}$ 로 표현된다. 병렬연결구조는 2개의 스프링 양단이 동일한 절점변위를 나타내므로 각 스프링의 상대변위는 동일하다. 반면에 각 부재력은 상대변위와 스프링상수의 곱으로 표현되므로 스프링 상수가 다르면 다른 값을 나타낸다. 절점평형조건을 고려하면 절점하중 f_1, f_2는 각 스프링의 부재력의 합으로 표현된다.

1) 스프링(1)

$$\begin{Bmatrix} f_1^{(1)} \\ f_2^{(1)} \end{Bmatrix} = \begin{bmatrix} k_1 & -k_1 \\ -k_1 & k_1 \end{bmatrix} \begin{Bmatrix} \delta_1 \\ \delta_2 \end{Bmatrix}$$

2) 스프링(2)

$$\begin{Bmatrix} f_2^{(2)} \\ f_3^{(2)} \end{Bmatrix} = \begin{bmatrix} k_2 & -k_2 \\ -k_2 & k_2 \end{bmatrix} \begin{Bmatrix} \delta_2 \\ \delta_3 \end{Bmatrix}$$

3) 절점 평형조건(Nodal Equilibrium)

$$\begin{Bmatrix} f_1 \\ f_2 \end{Bmatrix} = \begin{Bmatrix} f_1^{(1)} + f_1^{(2)} \\ f_2^{(1)} + f_2^{(2)} \end{Bmatrix}$$

4) 조합(Assemblage)

$$\begin{Bmatrix} f_1 \\ f_2 \end{Bmatrix} = \begin{bmatrix} k_1 + k_1 & -k_1 - k_2 \\ -k_1 - k_2 & k_1 + k_2 \end{bmatrix} \begin{Bmatrix} \delta_1 \\ \delta_2 \end{Bmatrix}$$

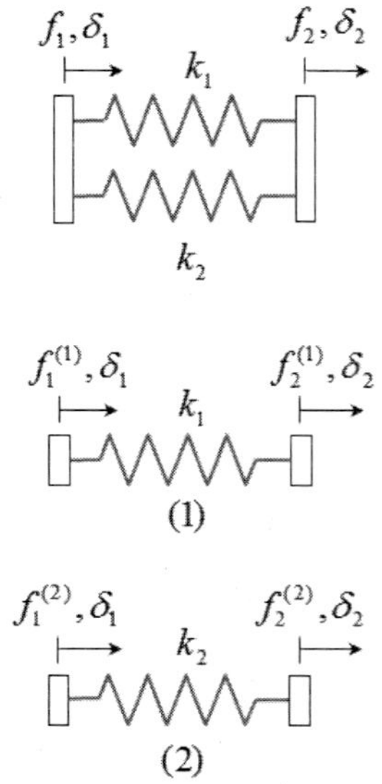

● 병렬연결에서 주의할 점

아래와 같이 스프링상수 k_1, k_2인 상단이 고정이며 하단이 강체봉으로 연결된 병렬연결 스프링구조에 연직하중 P가 강체봉에 작용한다고 가정하자. 좌측 스프링은 강체봉과 연결된 하단에서 하중작용점까지 a 만큼, 우측 스프링은 강체봉과 연결된 하단에서 하중작용점까지 b 만큼 떨어진 위치에 작용한다.

지금까지 2개의 스프링이 병렬연결된 구조계의 등가스프링상수는 각 스프링상수의 합이라고 배워왔다. 여기서 등가스프링상수는 2개의 스프링을 단하나의 스프링으로 이상화한 구조계의 스프링상수를 의미한다. 등가스프링상수를 각 스프링의 합으로 정의하는 경우, 강체봉이 수평을 유지한다는 의미이다. 만일 강체봉의 기울기를 고려하면 등가스프링상수 k_{eq}는 얼마인가를 생각하여야 한다.

스프링상수가 다른 2개의 스프링이 병렬로 연결되면 기본적으로 단부변위는 다른 값을 나타낸다. 강체봉에 연직하중이 작용하면 각 스프링 부재력이 상이하므로 강체봉은 어느 정도 기울기를 나타낼 것이다. 강체봉의 기울기 θ를 미소한 값이라고 가정하면 기울기를 하중재하점의 연직처짐 δ_{st}의 항으로 표현할 수 있다. 이러한 기울기효과를 고려한 등가스프링상수는 아래 식과 같이 표현할 수 있다. 따라서 등가스프링상수가 $k_{eq} = k_1 + k_2$이 되기 위한 필요충분조건은 $k_1 a = k_2 b$가 된다.

$$k_{eq} = (k_1 + k_2) - \frac{(k_1 a - k_2 b)^2}{k_1 a^2 + k_2 b^2}$$

1) 각 스프링의 변형

$$\begin{cases} \delta_1 = \delta_{st} - a\theta \\ \delta_2 = \delta_{st} + b\theta \end{cases}$$

2) 스프링 부재력

$$\begin{cases} P_1 = k_1\delta_1 = k_1(\delta_{st} - a\theta) \\ P_2 = k_2\delta_2 = k_2(\delta_{st} + b\theta) \end{cases}$$

3) 절점 평형조건(Nodal Equilibrium)

$$\begin{cases} P = P_1 + P_2 = k_1(\delta_{st} - a\theta) + k_2(\delta_{st} + b\theta) \\ P_1 a = P_2 b \rightarrow k_1 a(\delta_{st} - a\theta) = k_2 b(\delta_{st} + b\theta) \end{cases}$$

$$\text{Since } \theta = \frac{k_1 a - k_2 b}{k_1 a^2 + k_2 b^2},$$

$$P = \left\{ (k_1 + k_2) - \frac{(k_1 a - k_2 b)^2}{k_1 a^2 + k_2 b^2} \right\} \delta_{st} = k_{eq}\delta_{st}$$

4) 등가스프링상수(Equivalent Spring Constant)

$$k_{eq} = (k_1 + k_2) - \frac{(k_1 a - k_2 b)^2}{k_1 a^2 + k_2 b^2}$$

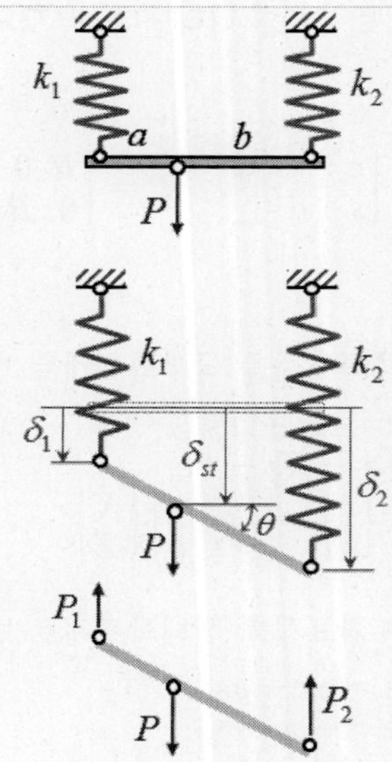

4.2.3 경사스프링

실제 구조물에서 스프링부재는 반드시 수평축과 평행하게 배치되는 경우가 드물다. 임의의 기울기를 기잔 스프링부재의 배치가 요구되는 경우가 많다. 그러므로 절점변위와 부재력들은 통일된 좌표계를 적용하여 벡터성분들의 산술합을 이용하게 된다. 이를 위하여 구조해석은 아래그림과 같이 전체좌표계(구조좌표계) (X, Y)라는 공통좌표계와 부재마다 다른 국부좌표계(부재좌표계)를 (x, y) 등 2가지 좌표계를 사용하고 있다. 직교좌표(X, Y)는 각각 수평축과 수직축을 나타낸다. 또다른 직교좌표계 (x, y)는 스프링 부재축과 이와 수직한 축을 나타낸다. 따라서 임의점 p의 좌표는 전체좌표계로 (X, Y), 국부좌표계로 (x, y)로 표현할 수 있다. 원점에서 임의점 p까지를 나타내는 위치벡터는 기울기 θ를 가진 스프링의 부재축방향을 나타낸다. 국부좌표계의 물리량은 전체좌표계의 물리량으로 표현할 수 있어야 한다. 역으로 전체좌표계의 물리량은 국부좌표계의 물리량으로 표현할 수 있어야 한다. 2개의 좌표계로 서로 변환해 주는 매트릭스를 좌표변환(Coordinate Transformation)매트릭스 $\boldsymbol{T}$ 또는 회전(Rotation)매트릭스 $\boldsymbol{R}$이라고 부른다. 식을 간단히 표현하기 위하여 $c=\cos\theta, s=\sin\theta$라고 하자. $\boldsymbol{R}$과 $\boldsymbol{T}$는 하나의 절점 또는 하나의 부재에 대한 좌표변환매트릭스를 나타낸다. 그러나 본절은 절점의 좌표변환매트릭스와 부재의 좌표변환매트릭스를 구분하기로 한다. 즉, $\boldsymbol{R}$은 절점의 좌표변환매트릭스, $\boldsymbol{T}$는 부재의 좌표변환매트릭스를 나타낸다. 부재의 좌표변환매트릭스 $\boldsymbol{T}$는 아래식과 같다.

$$\boldsymbol{R}=\begin{bmatrix} c & -s \\ s & c \end{bmatrix}\ ,\quad \boldsymbol{T}=\begin{bmatrix} \boldsymbol{R} & \boldsymbol{0} \\ \boldsymbol{0} & \boldsymbol{R} \end{bmatrix}=\begin{bmatrix} c & s & 0 & 0 \\ -s & c & 0 & 0 \\ 0 & 0 & c & s \\ 0 & 0 & -s & c \end{bmatrix}$$

1) 전체좌표계를 국부좌표계로 변환

$$\begin{cases} x = Xc + Ys \\ y = -Xs + Yc \end{cases}$$

$$\rightarrow \begin{Bmatrix} x \\ y \end{Bmatrix} = \begin{bmatrix} c & s \\ -s & c \end{bmatrix} \begin{Bmatrix} X \\ Y \end{Bmatrix}$$

2) 국부좌표계를 전체좌표계로 변환

$$\begin{cases} X = xc - ys \\ Y = -xs + yc \end{cases}$$

$$\rightarrow \begin{Bmatrix} X \\ Y \end{Bmatrix} = \begin{bmatrix} c & -s \\ s & c \end{bmatrix} \begin{Bmatrix} x \\ y \end{Bmatrix}$$

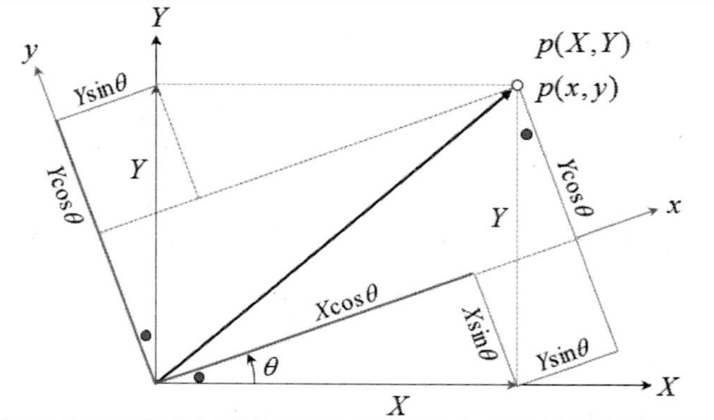

스프링상수 k이고 절점 a,b를 잇는 하나의 스프링을 생각해 보자.

1) 부재절점변위

$$\begin{Bmatrix} \Delta_X^a \\ \Delta_Y^a \\ \Delta_X^b \\ \Delta_Y^b \end{Bmatrix} = \begin{bmatrix} c & 0 \\ s & 0 \\ 0 & c \\ 0 & s \end{bmatrix} \begin{Bmatrix} \delta_a \\ \delta_b \end{Bmatrix}$$

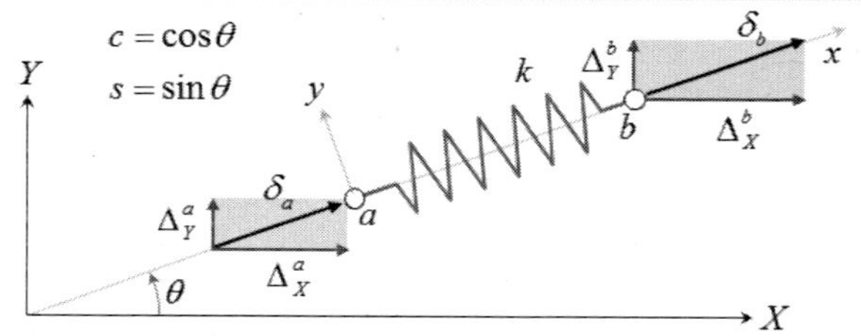

2) 부재의 절점부재력

$$\begin{Bmatrix} F_X^a \\ F_Y^a \\ F_X^b \\ F_Y^b \end{Bmatrix} = \begin{bmatrix} c & 0 \\ s & 0 \\ 0 & c \\ 0 & s \end{bmatrix} \begin{Bmatrix} f_a \\ f_b \end{Bmatrix}$$

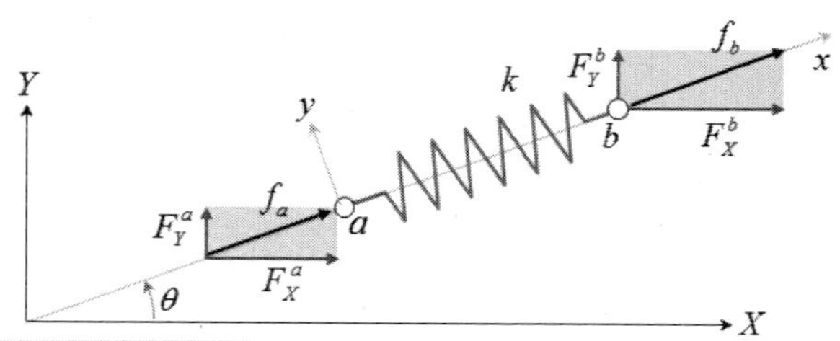

절점 a,b의 부재축 변위를 각각 (δ_a, δ_b), 절점 a의 전체좌표 변위성분을 $\left(\Delta_X^a, \Delta_Y^a\right)$, 절점 b의 전

체좌표 변위성분을 (Δ^b_X, Δ^b_Y)로 표현하자. 마찬가지로 스프링 부재력을 (f_a, f_b), 절점 a, b의 전체좌표 부재력성분을 각각 $(F^a_X, F^a_Y), (F^b_X, F^b_Y)$라고 표현하자. 여기서 대문자는 전체좌표계, 소문자는 국부좌표계에서 정의한 물리량이다. 또, 식을 간단히 표현하기 위하여 $c = \cos\theta, s = \sin\theta$로 표기하기로 한다. 절점 a, b의 부재력, 전체 변위성분, 전체 부재력성분은 아래와 같이 표현된다.

$$\begin{cases} f_a = k(\delta_a - \delta_b) \\ f_b = k(\delta_b - \delta_a) \end{cases}, \quad \begin{cases} \Delta^a_X = \delta_a c \\ \Delta^a_Y = \delta_a s \end{cases}, \quad \begin{cases} \Delta^b_X = \delta_b c \\ \Delta^b_Y = \delta_b s \end{cases}, \quad \begin{cases} F^a_X = f_a c \\ F^a_Y = f_a s \end{cases}, \quad \begin{cases} F^b_X = f_b c \\ F^b_Y = f_b s \end{cases}$$

국부좌표계의 절점변위를 전체좌표계의 절점변위성분으로 표시하면 다음과 같다.

$$\begin{cases} \delta_a = \Delta^a_X c + \Delta^a_Y s \\ \delta_b = \Delta^b_X x + \Delta^b_Y s \end{cases} \rightarrow \begin{cases} \delta_a - \delta_b = \Delta^a_X c + \Delta^a_Y s - \Delta^b_X c - \Delta^b_Y s \\ \delta_b - \delta_a = \Delta^b_X c + \Delta^b_Y s - \Delta^a_X c + \Delta^a_Y s \end{cases}$$

그러므로 전체좌표계의 부재력 성분 $F^a_X, F^a_Y, F^b_X, F^b_Y$는 다음과 같이 변위성분으로 결정된다.

$$\begin{cases} F^a_X = f_a c = k(\delta_a - \delta_b)c = k(\Delta^a_X c^2 + \Delta^a_Y cs - \Delta^b_X c^2 - \Delta^b_Y cs) \\ F^a_Y = f_a s = k(\delta_a - \delta_b)s = k(\Delta^a_X cs + \Delta^a_Y s^2 - \Delta^b_X cs - \Delta^b_Y s^2) \\ F^b_X = f_b c = k(\delta_b - \delta_a)c = k(-\Delta^a_X c^2 - \Delta^a_Y cs + \Delta^b_X c^2 + \Delta^b_Y cs) \\ F^b_Y = f_b s = k(\delta_b - \delta_a)s = k(-\Delta^a_X cs - \Delta^a_Y s^2 + \Delta^b_X cs + \Delta^b_Y s^2) \end{cases}$$

전체좌표계에서 절점하중벡터, 변위벡터, 강성도매트릭스를 각각 $\boldsymbol{F}, \boldsymbol{D}, \boldsymbol{K}$로 표현하면 다음과 같이 매트릭스 방정식을 얻게 된다.

$$\boldsymbol{F} = \begin{Bmatrix} F^a_X \\ F^a_Y \\ F^b_X \\ F^b_Y \end{Bmatrix} = k \begin{bmatrix} c^2 & cs & -c^2 & -cs \\ cs & s^2 & -cs & -s^2 \\ -c^2 & -cs & c^2 & cs \\ -cs & -s^2 & cs & s^2 \end{bmatrix} \begin{Bmatrix} \Delta^a_X \\ \Delta^a_Y \\ \Delta^b_X \\ \Delta^b_Y \end{Bmatrix} = \boldsymbol{KD}$$

전체좌표계의 강성도매트릭스 $\boldsymbol{K}$는 국부좌표계의 강성도매트릭스 $\boldsymbol{k}$와 좌표변환매트릭스 $\boldsymbol{T}$를 이용하여 아래와 같이 결정할 수도 있다.

$$\boldsymbol{K} = \boldsymbol{T}^T \boldsymbol{k} \boldsymbol{T} \quad ; \quad \boldsymbol{T} = \begin{bmatrix} c & s & 0 & 0 \\ -s & c & 0 & 0 \\ 0 & 0 & c & s \\ 0 & 0 & -s & c \end{bmatrix}, \ \boldsymbol{k} = k \begin{bmatrix} 1 & 0 & -1 & 0 \\ 0 & 0 & 0 & 0 \\ -1 & 0 & 1 & 0 \\ 0 & 0 & 0 & 0 \end{bmatrix}$$

4.2.4 특별한 스프링부재

[1] 내부스프링과 경계스프링

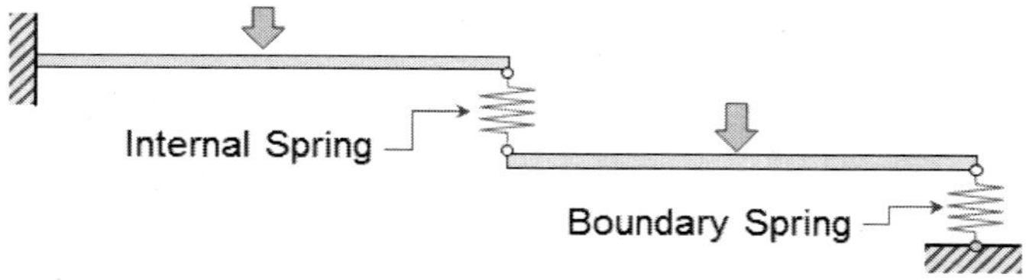

일반적으로 스프링부재는 트러스, 뼈대 및 아치 등과 같은 다른 형식의 부재들과 혼용된 구조에서 쉽게 찾아 볼 수 있다. 예를 들어, 우측그림과 같이 보부재와 스프링부재를 사용한 혼합구조물을 고려해 보자. 왼쪽 캔틸레버 자유단과 우측 단순보의 좌측단 사이에 스프링부재를 설치하였다면 이러한 스프링을 내부스프링(Internal Spring)이라고 부른다. 한마디로 내부스프링은 양단의 절점자유도가 있는 스프링이다. 지금까지 설명한 내용들은 모두 내부스프링에 대한 이론들이다. 반면에 단순보 우측단과 지점사이에 스프링부재를 설치하였다면 이를 경계스프링(Boundary Spring)이라고 부른다. 경계스프링은 스프링의 한쪽 단부를 자유도가 없는 지점에 설치한 부재이다. 실무에서 지점반력을 결정할 때, 다른 방법으로 반력계산이 가능하지만 특정방향의 반력(예를 들어, 경사면에 놓인 지점반력 등)을 결정하기 위하여, 의도적으로 경계스프링을 지점에 사용할 수도 있다.

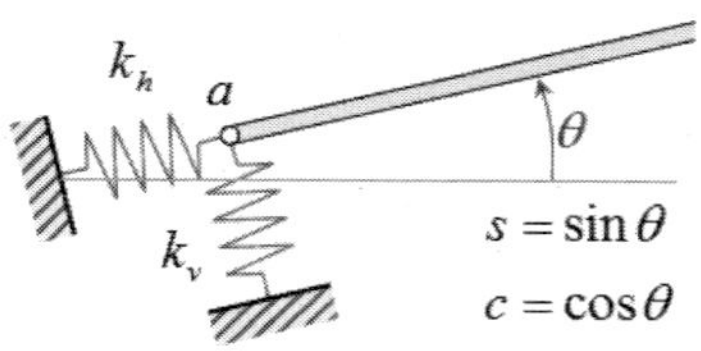

우측그림은 스프링상수가 각각 k_h, k_v 이며 서로 수직한 2개의 스프링을 보의 단부에 설치한 경계스프링을 나타낸다. 보부재와 스프링 k_h 는 동일선상에 있고 수평축과 기울기 θ 를 이루며 스프링 k_v 는 기울기 $\theta + (\pi/2)$ 를 나타낸다. 스프링 k_h, k_v 에 의하여 발생하는 아래와 같은 강성도매트릭스 성분을 절점 a 에 해당하는 전체강성도 성분에 합산하여야 한다.

$$\begin{bmatrix} k_h c^2 + k_v s^2 & (k_h - k_v)cs \\ (k_h - k_v)cs & k_h s^2 + k_v c^2 \end{bmatrix}$$

[2] 초기부재력이 있는 스프링

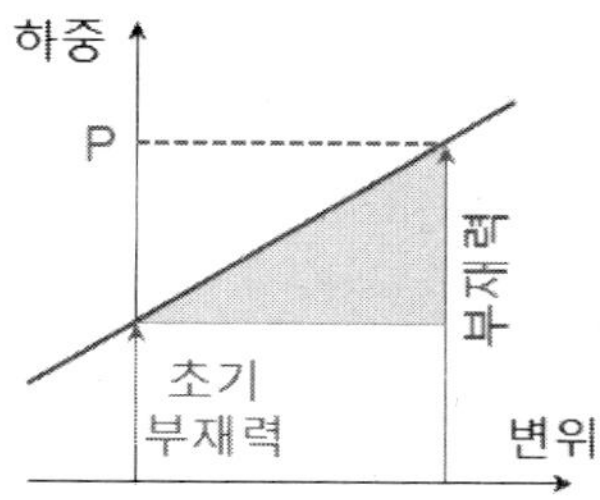

스프링 부재에 이미 부재력을 지니고 있는 스프링부재가 있다면 이를 초기부재력을 가진 스프링이라고 부른다. 스프링은 선형탄성재료이며 미소변형이론에 근거한 구조거동을 나타낸다고 하자. 외력이 작용할 때, 초기부재력을 가진 스프링의 부재력 산정은 조심할 필요가 있다. 현재상태의 부재력 산정에서 초기부재력을 포함한 부재력을 결정하여야 한다. 현재의 부재력이 변형률과 강성도에 큰 영향을 주는 비선형문제는 부재력 산정에 유념하여야 한다. 선형탄성거동을 나타내는 스프링일 경우, 현재의 부재력은 초기부재력을 산술적으로 더하여 결정하면 충분하다.

[3] 재료비선형과 기하학적 비선형 스프링

강재의 재료실험은 응력-변형률 곡선을 얻는다. 그러나 스프링 시험은 하중-변위곡선을 얻을 수 있다. 스프링 단면이 매우 작고 신장량이 매우 크기 때문이다. 만일 응력과 변형률 관계가 비선형이면 이를 재료비선형(Material Nonlinear)이라 부른다. 반면에 재료는 선형탄성범위이나 하중과 변위가 비선형곡선을 나타내면 이를 기하비선형(Geometrical Nonlinear)이라고 부른다. 탄성지반을 모사하는 스프링을 지반스프링이라고 부르며 압축저항력만을 나타낸다. 반면에 케이블은 초기부재력을 지닌 인장스프링으로 모사할 수 있다. 지반스프링처럼 압축저항력만 가진 스프링과 케이블부재처럼 인장저항력만 가진 스프링은 모두 비선형스프링에 해당한다. 비선형문제는 우측그림과 같이 하중증가에 따라 강성도가 증가하거나 감소하는 경우로 구분된다. 전자는 주로 지반모사에서 발생하며 후자는 기하비선형문제에서 찾아볼 수 있다.

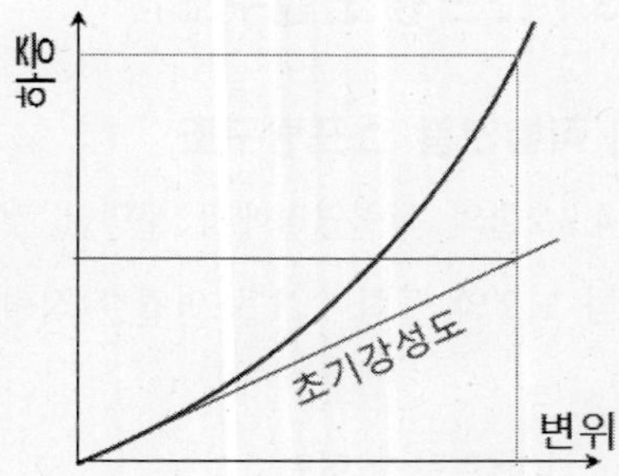

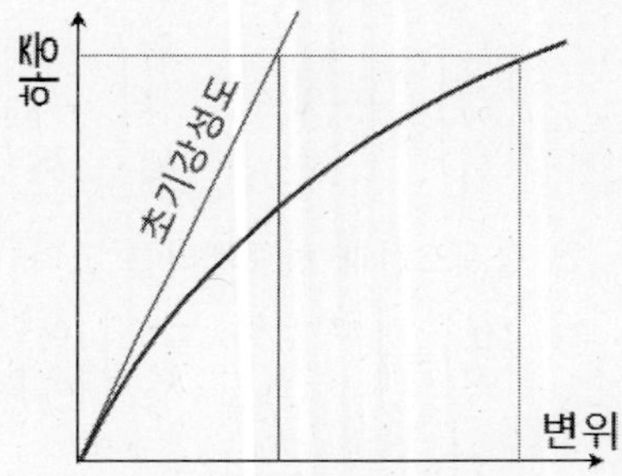

[4] 탄성지지보(BEF : Beam on the Foundation)

탄성지지보는 선형탄성거동을 나타내는 연속된 일련의 스프링 위에 놓은 보를 의미한다. 여기서 연속된 일련의 스프링은 마치 분포하중처럼 단위길이당 스프링상수로 표현되며 스프링이 연속적으로 분포된 스프링군을 의미한다. 탄성지지보를 사용할 수 있는 구조계는 철도레일, 탄성지반, 격벽이론, 횡하중을 받는 쉘구조 등이 있다. 실무에서 탄성지지보를 보의 양단을 지지하는 스프링으로 모사하고 분할수를 증가시키는 방법을 적용하고 있다. 그러나 이는 부적절한 해석모델이다. 보의 양단을 지지하는 스프링은 해당 보에만 영향을 나타내지만 탄성지지보는 이웃요소에도 영향을 나타내기 때문이다. 또한 탄성지지보는 하중크기와 하중분포형태에 따라 영향범위가 다르며 영향범위를 정확히 정의할 수 없기 때문이다. 이는 마치 연약지반에 연직하중이 작용하면 하중작용점 근처부위가 부풀어 오르는 히빙(Heaving) 현상을 연상하면 된다. 이러한 탄성지지보 해석모듈을 탑재한 상용프로그램은 소개된 바가 없고 학내에서 작성한 교육용프로그램만 소개되고 있다. 여하튼 탄성지지보이론은 학습범위를 벗어나므로 자세히 설명하지 않기로 한다.

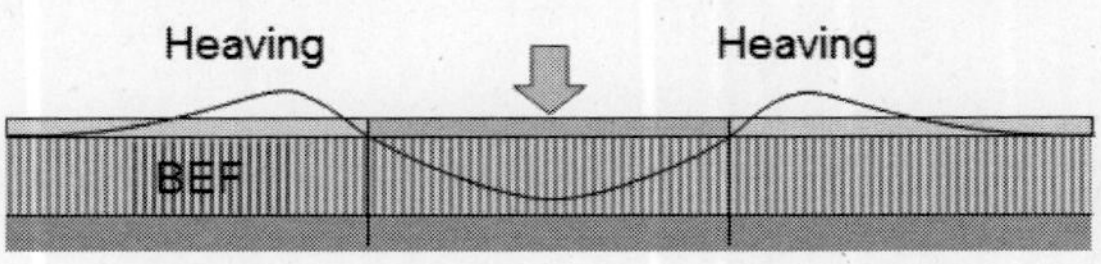

4.3 해석 예

4.3.1 스프링 연결구조1

[1] 직렬연결 스프링구조

4.2.2절의 직렬연결에서 설명한 것처럼 절점변위 $\delta_1 = 0$ 이고 스프링상수가 $k_1 . k_2$ 인 2개의 스프링이 절점 1,2와 절점 2,3을 연결한 직렬연결구조에 절점하중 $f_3 = P$ 만이 작용한다고 가정하자.

1) 매트릭스 연립방정식

$$\begin{Bmatrix} f_1 \\ f_2 \\ f_3 \end{Bmatrix} = \begin{bmatrix} k_1 & -k_1 & 0 \\ -k_1 & k_1+k_2 & -k_2 \\ 0 & -k_2 & k_2 \end{bmatrix} \begin{Bmatrix} \delta_1 \\ \delta_2 \\ \delta_3 \end{Bmatrix}$$

2) 경계조건과 하중벡터를 고려

$$\begin{Bmatrix} 0 \\ P \end{Bmatrix} = \begin{bmatrix} k_1+k_2 & -k_2 \\ -k_2 & k_2 \end{bmatrix} \begin{Bmatrix} \delta_2 \\ \delta_3 \end{Bmatrix}$$

$$\rightarrow \begin{cases} \delta_2 = \dfrac{k_2}{k_1+k_2}\delta_3 \\ \left(k_2 - \dfrac{k_2^2}{k_1+k_2}\right)\delta_3 = P \end{cases}$$

3) 절점 변위

$$\begin{cases} \delta_3 = \dfrac{k_1+k_2}{k_1 k_2}P \\ \delta_2 = \dfrac{P}{k_1} \end{cases}$$

4) 검토

$$\frac{1}{k_{eq}} = \frac{1}{k_1} + \frac{1}{k_2} \rightarrow k_{eq} = \frac{k_1 k_2}{k_1+k_2}$$

$$\rightarrow \delta_3 = \frac{P}{k_{eq}} = \frac{k_1+k_2}{k_1 k_2}P$$

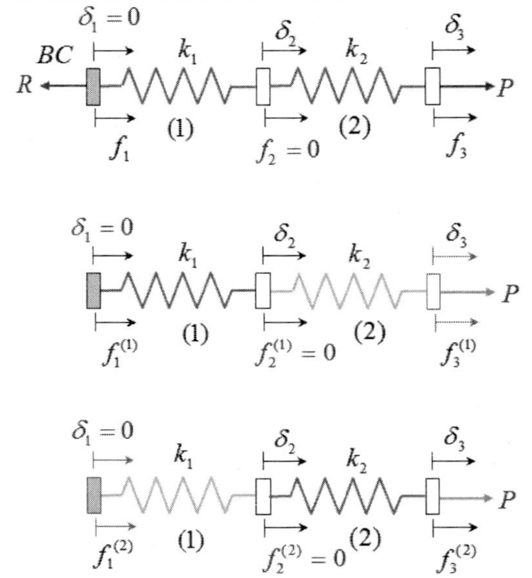

[2] 병렬연결 스프링구조

상기예제와 같은 스프링구조에서 절점변위 $\delta_1 = \delta_3 = 0$ 이고 스프링상수가 $k_1 . k_2$ 인 2개의 스프링이 절점 1,2와 절점 2,3을 연결한 병렬연결구조에 절점하중 $f_2 = P$ 만이 작용한다고 가정하자.

1) 매트릭스 연립방정식 $\begin{Bmatrix} f_1 \\ f_2 \\ f_3 \end{Bmatrix} = \begin{bmatrix} k_1 & -k_1 & 0 \\ -k_1 & k_1+k_2 & -k_2 \\ 0 & -k_2 & k_2 \end{bmatrix} \begin{Bmatrix} \delta_1 \\ \delta_2 \\ \delta_3 \end{Bmatrix}$	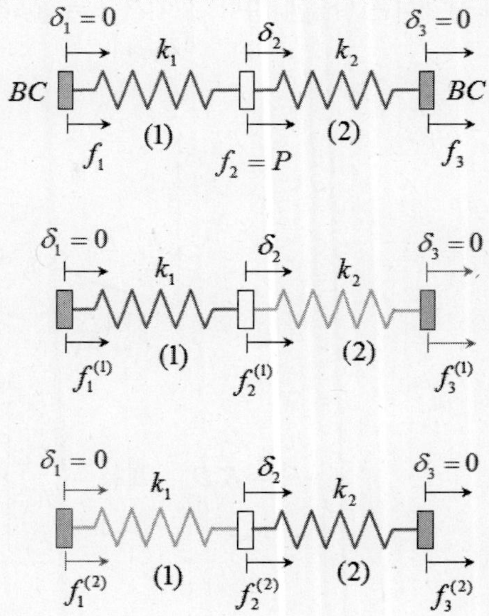
2) 경계조건과 하중벡터를 고려 $\{P\} = [\,k_1 + k_2\,]\{\delta_2\}$	
3) 절점 변위 $\delta_2 = \dfrac{P}{k_1 + k_2}$	
4) 검토 $k_{eq} = k_1 + k_2 \rightarrow \delta_2 = \dfrac{P}{k_{eq}} = \dfrac{P}{k_1 + k_2}$	

4.3.2 경사스프링구조

절점 a에 연직하중 P가 작용하고 스프링상수 k인 3개의 스프링이 아래그림과 같이 연결된 스프링 구조계를 가정하자.

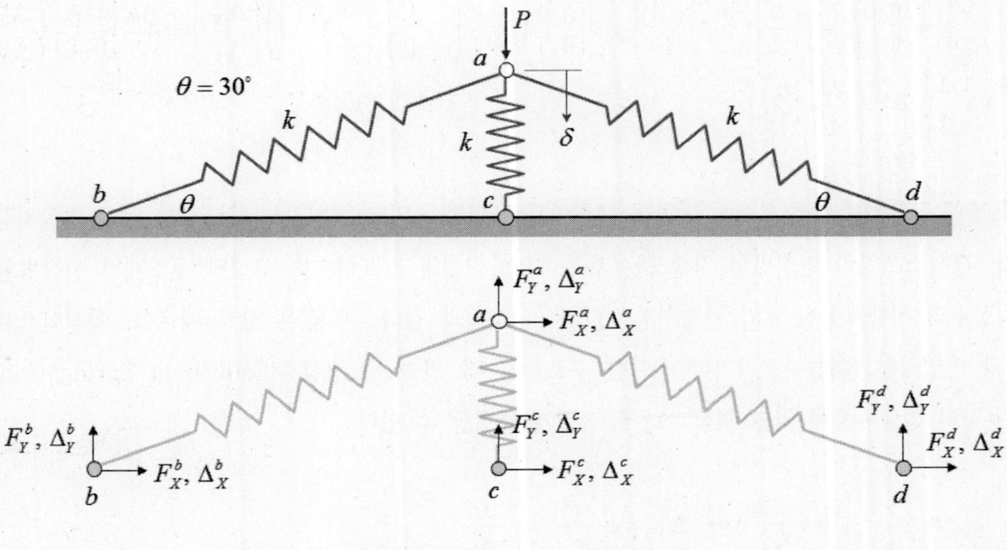

4.2.3절에서 설명한 것처럼 하나의 경사스프링 i, j에 대하여 전체좌표계의 절점하중벡터와 절점변위

벡터의 관계식은 다음과 같다. 여기서 $c=\cos\theta$, $s=\sin\theta$ 를 나타내며 스프링상수는 k 이다.

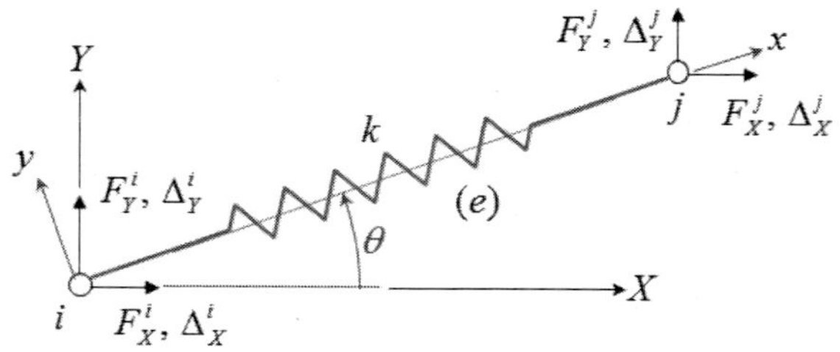

$$\boldsymbol{F}=\boldsymbol{KD} \quad \text{또는} \quad \begin{Bmatrix} F_X^i \\ F_Y^i \\ F_X^j \\ F_Y^j \end{Bmatrix} = k\begin{bmatrix} c^2 & cs & -c^2 & -cs \\ cs & s^2 & -cs & -s^2 \\ -c^2 & -cs & c^2 & cs \\ -cs & -s^2 & cs & s^2 \end{bmatrix}\begin{Bmatrix} \Delta_X^i \\ \Delta_Y^i \\ \Delta_X^j \\ \Delta_Y^j \end{Bmatrix}$$

스프링 ba의 기울기 30°, 스프링 ca의 기울기 90°, 스프링 da의 기울기 150°를 대입하여 각 스프링의 강성도매트릭스를 결정하고 이를 조합하면 3개로 구성된 스프링구조계의 절점하중벡터 $\boldsymbol{F}$와 절점변위벡터 $\boldsymbol{D}$의 관계식을 결정할 수 있다. 경계조건 $\Delta_X^b=\Delta_Y^b=\Delta_X^c=\Delta_Y^c=\Delta_X^d=\Delta_Y^d=0$을 고려하고 하중 P를 적용하면 다음과 같은 연산과정을 통해 절점변위를 결정할 수 있다.

$$\begin{Bmatrix} F_X^a \\ F_Y^a \end{Bmatrix} = \begin{Bmatrix} 0 \\ -P \end{Bmatrix} = \left(\frac{k}{4}\begin{bmatrix} 3 & \sqrt{3} \\ \sqrt{3} & 1 \end{bmatrix} + k\begin{bmatrix} 0 & 0 \\ 0 & 1 \end{bmatrix} + \frac{k}{4}\begin{bmatrix} 3 & -\sqrt{3} \\ -\sqrt{3} & 1 \end{bmatrix}\right)\begin{Bmatrix} \Delta_X^a \\ \Delta_Y^a \end{Bmatrix} = \frac{3k}{2}\begin{bmatrix} 1 & 0 \\ 0 & 1 \end{bmatrix}\begin{Bmatrix} \Delta_X^a \\ \Delta_Y^a \end{Bmatrix}$$

$$\rightarrow \begin{Bmatrix} \Delta_X^a \\ \Delta_Y^a \end{Bmatrix} = -\frac{2P}{3k}\begin{Bmatrix} 0 \\ 1 \end{Bmatrix}$$

구조계와 작용하중이 수직축에 대하여 대칭이므로 절점 a의 수평변위는 발생하지 않고 연직처짐만 발생한다. 경사스프링의 연직방향 강성도는 ks^2 이므로 3개의 스프링으로 구성된 구조계의 연직방향 등가스프링상수와 하중작용점 a의 연직처짐 Δ_Y^a는 아래식과 같다. 이 값은 상기 매트릭스방정식으로 결정한 근과 동일하다. 대칭구조이거나 간단한 구조물일 때, 등가스프링상수(Equivalent Spring Constant)를 적용하여 절점하중에 의한 처짐 Δ_y^a를 손쉽게 결정할 수 있다.

$$k_{eq}=2ks^2+k=\frac{3k}{2} \rightarrow \Delta_Y^a=-\frac{P}{k_{eq}}=-\frac{2P}{3k}$$

4.3.3 스프링 연결구조2

아래그림과 같이 7개의 스프링(스프링상수 $k_{11}, k_{21}, k_{31}, k_{41}, k_{12}, k_{23}, k_{42}$)이 상·하벽과 3개의 강체판에 연결된 구조가 있다. 상·하벽은 변위가 고정되고 강체판이 상하운동을 나타내는 3개의 자유도를 가진 구조계이다. 강체판 1,2,3의 연직방향 변위를 각각 $\delta_1, \delta_2, \delta_3$이라고 표시하고 강체판에 작용하는 힘을 각각 f_1, f_2, f_3라고 표기하자. 강체판에 연결된 각 스프링에 작용하는 힘은 각 강체판의 자유물체도에 표기하였다.

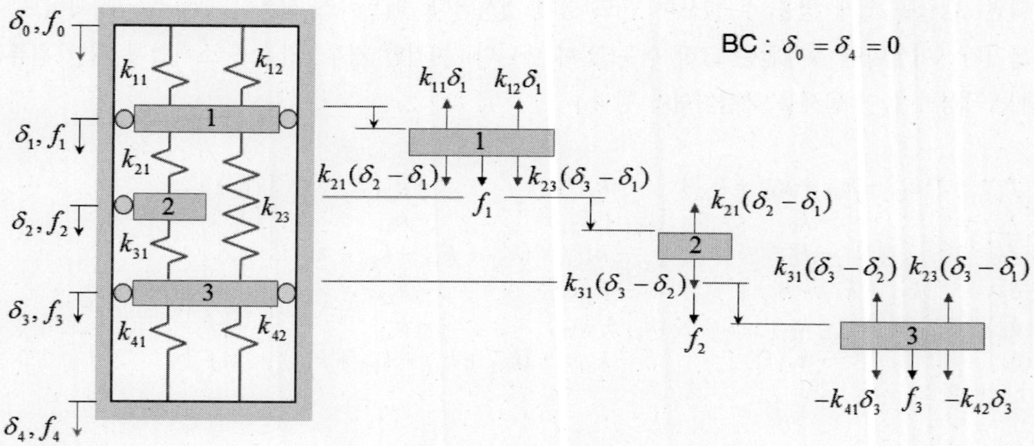

각 스프링에 작용하는 힘-변위관계식 및 강성도매트릭스는 아래표와 같다.

자유도	좌측 스프링	우측 스프링
0~1	$\begin{Bmatrix} f_0 \\ f_1 \end{Bmatrix} = k_{11}\begin{bmatrix} 1 & -1 \\ -1 & 1 \end{bmatrix}\begin{Bmatrix} \delta_0 \\ \delta_1 \end{Bmatrix}$	$\begin{Bmatrix} f_0 \\ f_1 \end{Bmatrix} = k_{12}\begin{bmatrix} 1 & -1 \\ -1 & 1 \end{bmatrix}\begin{Bmatrix} \delta_0 \\ \delta_1 \end{Bmatrix}$
1~2~3	$\begin{Bmatrix} f_1 \\ f_2 \end{Bmatrix} = k_{21}\begin{bmatrix} 1 & -1 \\ -1 & 1 \end{bmatrix}\begin{Bmatrix} \delta_1 \\ \delta_2 \end{Bmatrix}$ $\begin{Bmatrix} f_2 \\ f_3 \end{Bmatrix} = k_{31}\begin{bmatrix} 1 & -1 \\ -1 & 1 \end{bmatrix}\begin{Bmatrix} \delta_2 \\ \delta_3 \end{Bmatrix}$	$\begin{Bmatrix} f_1 \\ f_3 \end{Bmatrix} = k_{23}\begin{bmatrix} 1 & -1 \\ -1 & 1 \end{bmatrix}\begin{Bmatrix} \delta_1 \\ \delta_3 \end{Bmatrix}$
3~4	$\begin{Bmatrix} f_3 \\ f_4 \end{Bmatrix} = k_{41}\begin{bmatrix} 1 & -1 \\ -1 & 1 \end{bmatrix}\begin{Bmatrix} \delta_3 \\ \delta_4 \end{Bmatrix}$	$\begin{Bmatrix} f_1 \\ f_4 \end{Bmatrix} = k_{42}\begin{bmatrix} 1 & -1 \\ -1 & 1 \end{bmatrix}\begin{Bmatrix} \delta_1 \\ \delta_4 \end{Bmatrix}$

각 스프링에 작용하는 힘-변위관계를 조합하면 다음과 같은 강성도매트릭스를 얻을 수 있다. 강성도매트릭스는 대칭이며 각 성분은 각 스프링상수의 해당자유도별로 합산함으로서 결정된다.

$$\begin{Bmatrix} f_0 \\ f_1 \\ f_2 \\ f_3 \\ f_4 \end{Bmatrix} = \begin{bmatrix} a_{11} & a_{12} & 0 & 0 & 0 \\ a_{12} & a_{22} & a_{23} & a_{24} & 0 \\ 0 & a_{23} & a_{33} & a_{34} & 0 \\ 0 & a_{24} & a_{34} & a_{44} & a_{45} \\ 0 & 0 & 0 & a_{45} & a_{55} \end{bmatrix} \begin{Bmatrix} \delta_0 \\ \delta_1 \\ \delta_2 \\ \delta_3 \\ \delta_4 \end{Bmatrix} ; \begin{cases} a_{11} = (k_{11} + k_{12}),\, a_{12} = -(k_{11} + k_{12}) \\ a_{22} = (k_{11} + k_{21} + k_{12} + k_{23}),\, a_{23} = -k_{21},\, a_{24} = -k_{23} \\ a_{33} = (k_{21} + k_{31}),\, a_{34} = -k_{31} \\ a_{44} = (k_{31} + k_{41} + k_{23} + k_{42}),\, a_{45} = -(k_{41} + k_{42}) \\ a_{55} = (k_{41} + k_{41}) \end{cases}$$

경계조건 $\delta_0 = \delta_4 = 0$를 대입하면, 3개의 자유도를 가진 3개의 연립방정식을 얻을 수 있다. 주어진 강성도 성분이 문자이므로 쉽게 역행렬을 결정할 수 없다. 만일 문자연산이 가능한 전자계산기 TI 를 가지고 있다면, 행렬을 쉽게 얻을 수 있으며 근도 쉽게 결정된다. 매트릭스 성분이 숫자로 구성되어도 매트릭스 크기가 4이상이면 수계산은 그리 쉬운 일이 아니다. 이러한 경우, 가우스 소거법에 대한 컴퓨터 프로그램을 작성하여 이 문제를 해결하여야 한다.

$$\begin{Bmatrix} f_1 \\ f_2 \\ f_3 \end{Bmatrix} = \begin{bmatrix} (k_{11} + k_{21} + k_{12} + k_{23}) & -k_{21} & -k_{23} \\ -k_{21} & (k_{21} + k_{31}) & -k_{31} \\ -k_{23} & -k_{31} & (k_{31} + k_{41} + k_{23} + k_{42}) \end{bmatrix} \begin{Bmatrix} \delta_1 \\ \delta_2 \\ \delta_3 \end{Bmatrix}$$

$$\rightarrow \begin{Bmatrix} \delta_1 \\ \delta_2 \\ \delta_3 \end{Bmatrix} = \begin{bmatrix} (k_{11} + k_{21} + k_{12} + k_{23}) & -k_{21} & -k_{23} \\ -k_{21} & (k_{21} + k_{31}) & -k_{31} \\ -k_{23} & -k_{31} & (k_{31} + k_{41} + k_{23} + k_{42}) \end{bmatrix}^{-1} \begin{Bmatrix} f_1 \\ f_2 \\ f_3 \end{Bmatrix}$$

문제를 쉽게 이해할 수 있도록, 모든 스프링상수가 k 이고 $f_2 = P, f_1 = f_3 = 0$ 라고 가정하자. 스프링구조계의 연립방정식과 이에 해당하는 근은 아래와 같이 정리할 수 있다.

$$\begin{Bmatrix} 0 \\ P \\ 0 \end{Bmatrix} = k \begin{bmatrix} 4 & -1 & -1 \\ -1 & 2 & -1 \\ -1 & -1 & 4 \end{bmatrix} \begin{Bmatrix} \delta_1 \\ \delta_2 \\ \delta_3 \end{Bmatrix} \rightarrow \begin{Bmatrix} \delta_1 \\ \delta_2 \\ \delta_3 \end{Bmatrix} = \frac{P}{4k} \begin{Bmatrix} 1 \\ 3 \\ 1 \end{Bmatrix}$$

스프링상수가 k_{ij} 인 스프링의 부재력을 f_{ij} 라고 정의하면 각 스프링의 부재력은 다음과 같다.

$$\begin{cases} f_{11} = k(\delta_1) = P/4 \\ f_{21} = k(\delta_2 - \delta_1) = P/2 \\ f_{31} = k(\delta_3 - \delta_2) = -P/2 \\ f_{41} = k(-\delta_3) = -P/4 \end{cases} , \begin{cases} f_{12} = k(\delta_1) = P/4 \\ f_{23} = k(\delta_3 - \delta_1) = 0 \\ f_{41} = k(-\delta_1) = -P/4 \end{cases}$$

4.4 프로그램적용

일반적으로 모든 구조해석프로그램의 입력과정은 거의 동일한 형식으로 구성되어 있다. 이를 쉽게 이해하기 위하여, 아래그림과 같은 7개의 스프링과 3개의 수평변위를 가진 강체블록으로 구성된 구조계를 선택하자. 강체블록은 수평변위만을 발생하며 기울기가 발생하지 않는다고 가정하자. 각 강체블록의 자유물체도는 그림과 같다.

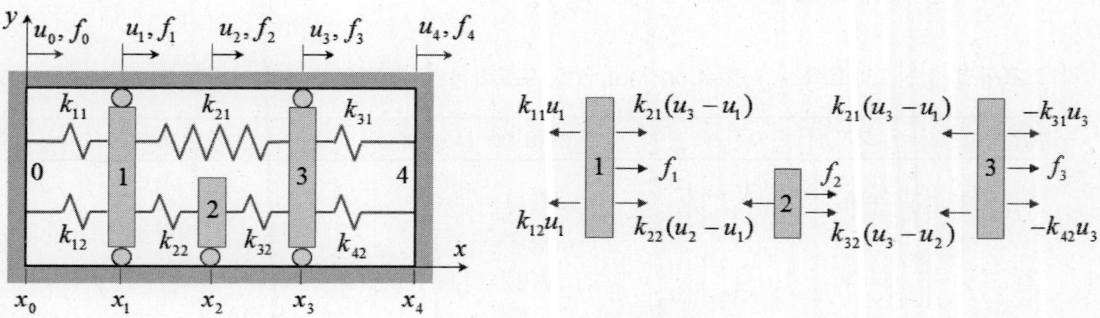

절점번호와 절점특성자료와 각 스프링의 연결정보(Connectivity)는 아래표와 같이 정리할 수 있다.

절점번호	좌표	변위	자유도(DOF)	비고
0	x_0	u_0	0	• 움직이는 변위만 일련번호 • 자유도가 0이면 고정단 • 절점당 자유도는 1개
1	x_1	u_1	1	
2	x_2	u_2	2	
3	x_3	u_3	3	
4	x_4	u_4	0	

4.4.1 Location Matrix(위치 매트릭스)

요소 번호	스프링 상수	연결절점		방정식(DOF)		비고
		시작 절점번호	종료 절점번호	시작절점번호 자유도번호	종료절점번호 자유도번호	
1	k_{11}	0	1	0	1	• 각 부재는 2개의 절점 • 각 부재는 2개의 자유도 • 굵은 선 박스가 위치매트릭스(LM : Location Matrix) • LM은 강성도 조합에 적용
2	k_{21}	1	3	1	3	
3	k_{31}	3	4	3	0	
4	k_{12}	0	1	0	1	
5	k_{22}	1	2	1	2	
6	k_{23}	2	3	2	3	
7	k_{24}	3	4	3	0	

위치매트릭스(Location Matrix)는 스프링요소의 절점자유도와 전체강성도에 저장될 성분위치를 지정한 매트릭스이다. 각 절점에 절점평형조건을 적용하면 다음과 같이 요약할 수 있다.

$$\begin{cases} \Sigma F_x = f_1 + k_{21}(u_3 - u_1) + k_{22}(u_2 - u_1) - k_{11}u_1 - k_{12}u_1 = 0 & \text{for } node\ 1 \\ \Sigma F_x = f_2 + k_{32}(u_3 - u_2) - k_{22}(u_2 - u_1) = 0 & \text{for } node\ 2 \\ \Sigma F_x = f_3 - k_{31}u_3 - k_{42}u_3 - k_{21}(u_3 - u_1) - k_{32}(u_3 - u_2) = 0 & \text{for } node\ 3 \end{cases}$$

$$\rightarrow \begin{cases} f_1 = -k_{21}(u_3 - u_1) - k_{22}(u_2 - u_1) + k_{11}u_1 + k_{12}u_1 & \text{for } node\ 1 \\ f_2 = -k_{32}(u_3 - u_2) + k_{22}(u_2 - u_1) & \text{for } node\ 2 \\ f_3 = k_{31}u_3 + k_{42}u_3 + k_{21}(u_3 - u_1) + k_{32}(u_3 - u_2) & \text{for } node\ 3 \end{cases}$$

각 스프링별 강성도매트릭스, Location Matrix를 도표화하면 아래표와 같다.

스프링	부재력-변위관계	Location Matrix	비고
k_{11}	$\begin{Bmatrix} f_0 \\ f_1 \end{Bmatrix} = k_{11}\begin{bmatrix} 1 & -1 \\ -1 & 1 \end{bmatrix}\begin{Bmatrix} u_0 \\ u_1 \end{Bmatrix}$	$LM(1) = [0\ 1]$	• 각 스프링의 양단절점의 자유도 수만큼 요소자유도가 생성 • 각 스프링의 Location Matrix는 2개의 성분으로 구성됨 • 스프링 수만큼 Location Matrix 라는 배열을 선언 • 각 스프링의 강성도 성분을 결정 • 각 스프링 부재의 강성도 성분은 해당 Location Matrix의 해당 자유도에 산술합으로 전체강성도 매트릭스의 성분을 결정
k_{21}	$\begin{Bmatrix} f_1 \\ f_3 \end{Bmatrix} = k_{21}\begin{bmatrix} 1 & -1 \\ -1 & 1 \end{bmatrix}\begin{Bmatrix} u_1 \\ u_3 \end{Bmatrix}$	$LM(2) = [1\ 3]$	
k_{31}	$\begin{Bmatrix} f_3 \\ f_0 \end{Bmatrix} = k_{31}\begin{bmatrix} 1 & -1 \\ -1 & 1 \end{bmatrix}\begin{Bmatrix} u_3 \\ u_0 \end{Bmatrix}$	$LM(3) = [3\ 0]$	
k_{12}	$\begin{Bmatrix} f_0 \\ f_1 \end{Bmatrix} = k_{12}\begin{bmatrix} 1 & -1 \\ -1 & 1 \end{bmatrix}\begin{Bmatrix} u_0 \\ u_1 \end{Bmatrix}$	$LM(4) = [0\ 1]$	
k_{22}	$\begin{Bmatrix} f_1 \\ f_2 \end{Bmatrix} = k_{22}\begin{bmatrix} 1 & -1 \\ -1 & 1 \end{bmatrix}\begin{Bmatrix} u_1 \\ u_2 \end{Bmatrix}$	$LM(5) = [1\ 2]$	
k_{23}	$\begin{Bmatrix} f_2 \\ f_3 \end{Bmatrix} = k_{23}\begin{bmatrix} 1 & -1 \\ -1 & 1 \end{bmatrix}\begin{Bmatrix} u_2 \\ u_3 \end{Bmatrix}$	$LM(6) = [2\ 3]$	
k_{24}	$\begin{Bmatrix} f_3 \\ f_4 \end{Bmatrix} = k_{42}\begin{bmatrix} 1 & -1 \\ -1 & 1 \end{bmatrix}\begin{Bmatrix} u_3 \\ u_4 \end{Bmatrix}$	$LM(7) = [3\ 0]$	

- 이해를 돕기 위하여, 3개의 스프링 강성도 성분만을 Location Matrix를 이용하여 전체강성도매트릭스를 구성함
- Node는 절점번호, DOF는 전체강성도매트릭스의 행으로서 방정식번호를 나타냄
- 애를 들면, 스프링 k_{11}의 강성도 성분은 전체 강성도매트릭스의 방정식 번호 0,1 위치에 저장됨

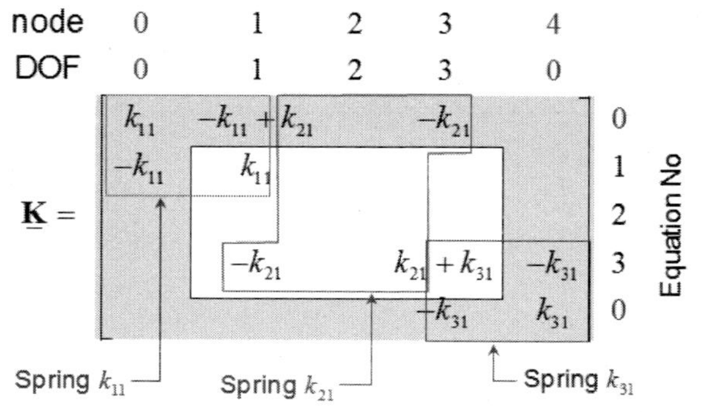

4.4.2 Gauss-소거법의 물리적 의미

3개의 스프링 k_1, k_2, k_3 으로 구성되고 전체 자유도가 2인 구조계가 있다. 1번째 그림의 블록 1과 블록 2를 연결하는 2개의 스프링 k_2, k_3 이 병렬연결이므로 등가스프링상수는 $k_{eq}^{12} = k_2 + k_3$ 가 된다. 이는 2번째 그림에 표현하였고 위첨자는 블록번호를 나타낸다. 스프링 k_1 와 k_{eq}^{12} 은 직렬연결이므로 등가스프링상수 $k_{eq}^{02} = k_{eq}$ 를 계산하면 다음과 같다.

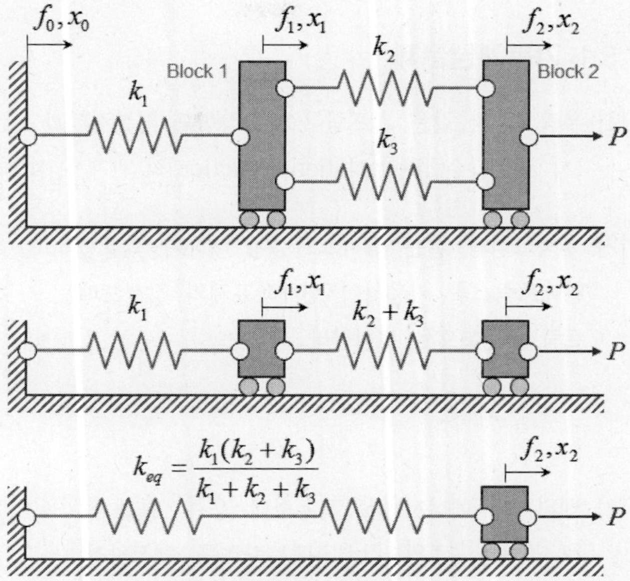

$$\frac{1}{k_{eq}} = \frac{1}{k_1} + \frac{1}{k_2 + k_3}$$
$$\rightarrow k_{eq} = \frac{k_1 (k_2 + k_3)}{k_1 + k_2 + k_3}$$

블록 1과 블록 2를 연결하는 2개의 스프링이 병렬연결상태에 대하여 구조계의 평형방정식을 다음과 같이 표현된다.

$$\begin{bmatrix} (k_1 + k_2 + k_3) & -(k_2 + k_3) \\ -(k_2 + k_3) & (k_2 + k_3) \end{bmatrix} \begin{Bmatrix} x_1 \\ x_2 \end{Bmatrix} = \begin{Bmatrix} 0 \\ P \end{Bmatrix}$$

Gauss소거법에 의하여 2번째 줄, 1번째 열의 성분이 0이 되도록 소거하려면 2번째 식에서 1번째 방정식에 계수$(k_2 + k_3) / (k_1 + k_2 + k_3)$를 곱하여 빼면 2번째 방정식은 다음과 같이 표현된다.

$$\left\{(k_1 + k_2 + k_3)(k_2 + k_3) - (k_2 + k_3)^2\right\} x_3 = (k_1 + k_2 + k_3) P$$
$$\rightarrow \frac{k_1 (k_2 + k_3)}{(k_1 + k_2 + k_3)} x_3 = P$$

상기방정식 2번째 식의 좌변계수는 전체구조물을 하나의 스프링으로 모사한 등가스프링상수와 정확히 일치한다. 즉, 가우스소거법의 각 소거단계의 강성도 성분은 몇 개의 스프링을 하나의 스프링으로 이상화한 등가스프링상수를 의미한다.

4.5 연습문제

4.5.1 기본개념문제

[1] 우측그림과 같은 스프링구조의 강성도 성분결정과 Lagrange의 1차 보간함수(Interpolation Function)의 관계를 설명하라.

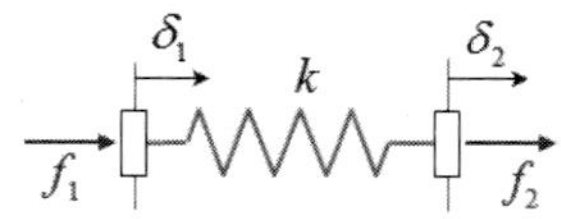

[2] 우측그림과 같은 경사스프링에 대하여 좌표변환매트릭스를 이용하여 전체좌표계의 강성도매트릭스 성분으로 표현하라.

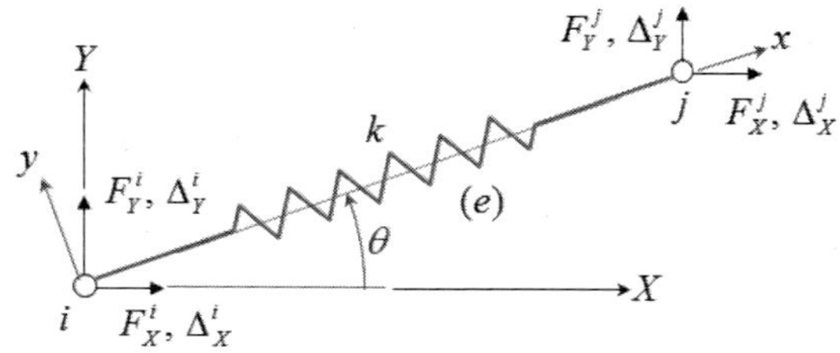

[3] 벡터법과 에너지법을 적용하여 우측그림과 같은 스프링구조의 강성도매트릭스를 결정하라. 여기서 강체봉은 수평변위만을 고려하자.

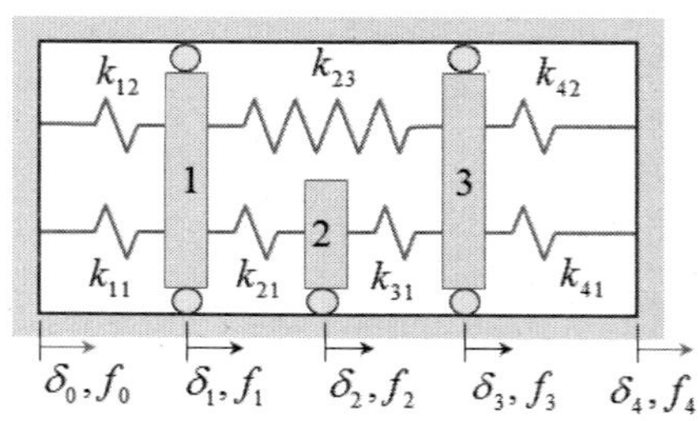

[4] 벡터법과 에너지법을 적용하여 우측그림과 같은 스프링구조의 강성도매트릭스를 결정하라. 여기서 강체봉은 수평변위와 회전각변위를 고려한다.

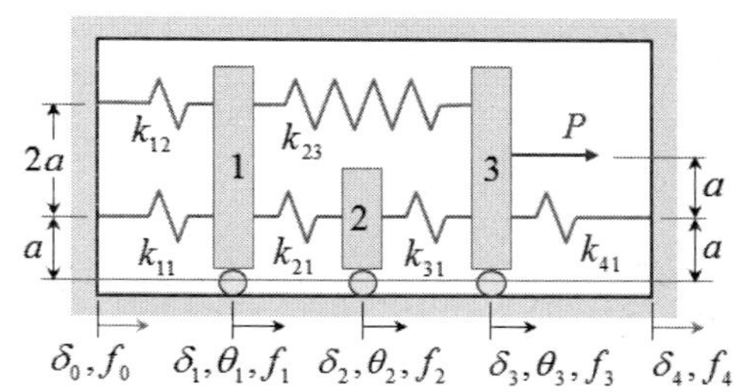

[5] 경계스프링의 강성도매트릭스는 우측과 같이 표현된다. 경계스프링의 강성도매트릭스 성분을 유도하라.

$$\begin{bmatrix} k_h c^2 + k_v s^2 & (k_h - k_v)cs \\ (k_h - k_v)cs & k_h s^2 + k_v c^2 \end{bmatrix}$$

[6] 경사스프링과 연직스프링이 그림과 같이 연결된 스프링구조계의 절점 a에 경사하중 $2P$가 작용할 때 구조계의 평형방정식을 유도하라.

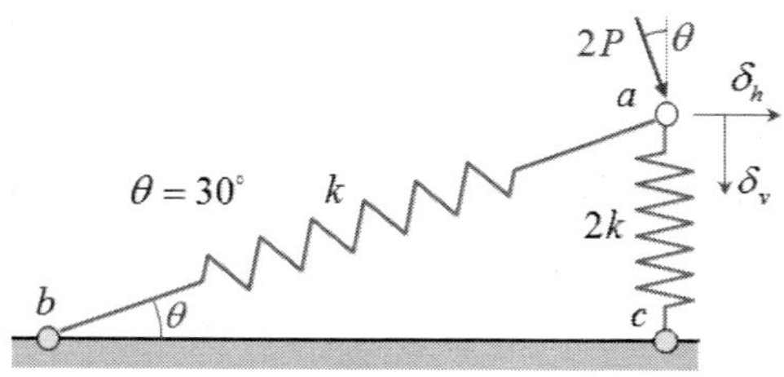

4.5.2 해석과 프로그램적용문제

다음문제의 해석은 자신이 작성한 프로그램, 매트릭스연산이 가능한 모든 소프트웨어, 상용프로그램을 사용할 수 있으며 반드시 수계산으로 해석결과를 검증하여야 한다.

[1] 스프링상수가 k인 2개의 경사스프링과 스프링상수가 $2k$인 연직스프링이 그림과 같이 연결된 스프링구조의 절점 a에 연직하중 P가 작용할 때, 절점 a의 연직처짐과 각 부재력을 결정하라.

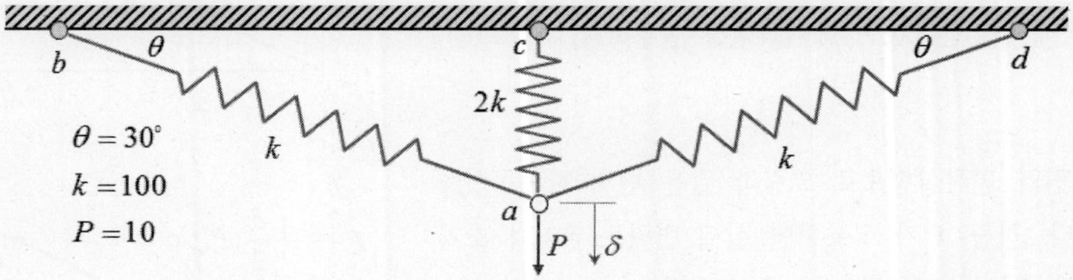

[2] 상기 문제에서 열팽창계수 α인 연직스프링에 온도변화 ΔT가 발생하였을 때, 절점 a의 연직처짐과 각 부재력을 결정하라,

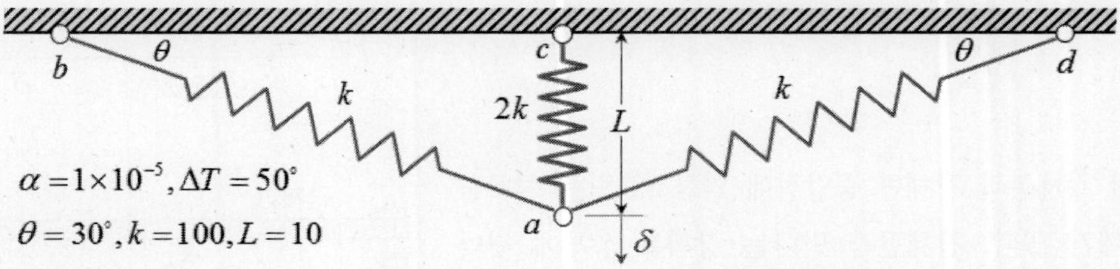

[3] 6개의 스프링과 3개의 강체봉이 아래그림과 같이 연결된 2가지의 스프링구조에 대하여 수평하중 P가 작용할 때 강체봉의 수평변위와 부재력을 결정하라. 여기서 좌측그림은 강체봉은 기울기가 발생하지 않고 수평변위만이 발생한다. 반면에 우측 그림의 강체봉은 수평변위와 회전각변위가 발생한다.

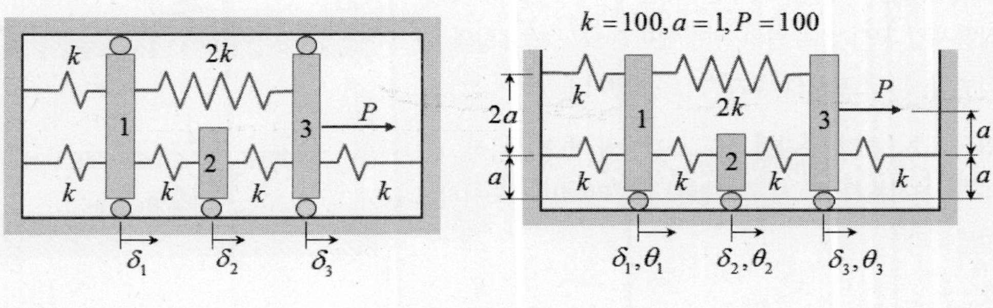

4.5.3 프로젝트 연구문제

[1] 스프링의 인장실험으로 그림과 같은 변위-하중곡선을 얻었다. 하중 P가 작용하면 실제 처짐은 δ이나 초기 강성도 k_0와 변위 δ의 곱인 하중은 $P/2$이었다.

(1) 하중 f를 변위 x의 2차함수로 표현하라.

(2) 시험결과와 같은 변위-하중곡선을 가진 스프링구조를 해석예제로 선택하여 해석과정을 설명하라.

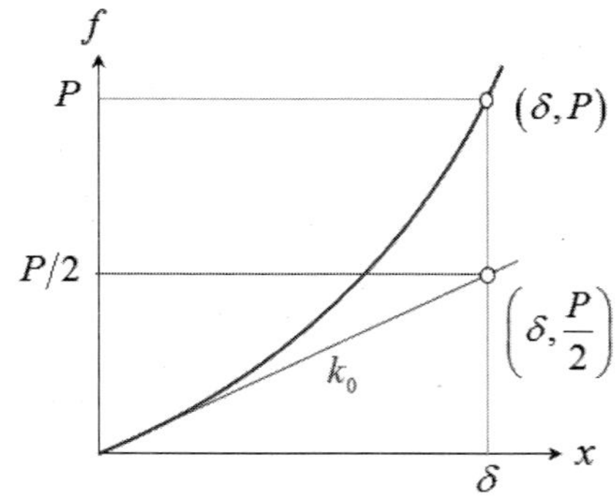

[2] 스프링의 인장실험으로 그림과 같은 변위-하중곡선을 얻었다. 하중 P가 작용하면 실제 변위는 δ이나 초기 강성도 k_0와 변위 $\delta/2$의 곱인 하중은 P이었다.

(1) 하중 f를 변위 x의 무리함수로 표현하라.

(2) 시험결과와 같은 변위-하중곡선을 가진 스프링구조를 해석예제로 선택하여 해석과정을 설명하라.

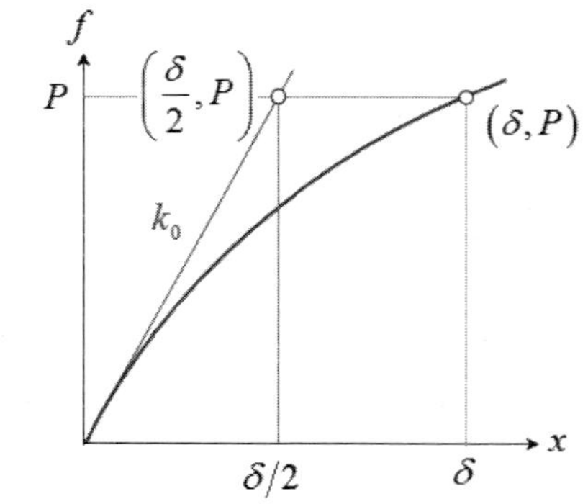

[3] 2개의 강체봉과 강체판 중앙점에 연직스프링을 설치한 구조계가 있다. 강체판과 만나는 강체봉 상부에 윗나사를 설치하고 바닥판과 강체판의 거리는 L이다.

(1) 강체판 상부에 설치한 윗나사를 회전시켜 강체봉에 설치한 아래나사까지 스프링에 초기변형 Δ를 발생시켰을 때, 스프링의 부재력을 결정하라.

(2) 아래나사를 제거한 상태를 기준하여 연직하중 P를 작용시켰다면, 스프링의 변형에너지 U, 스프링의 연직변위 δ, 스프링의 부재력 f는 얼마인가?

(3) 연직하중 P가 증가할 때, 스프링의 변형에너지 U, 추가 연직처짐 δ 및 부재력 f의 변화를 도시하고 설명하라.

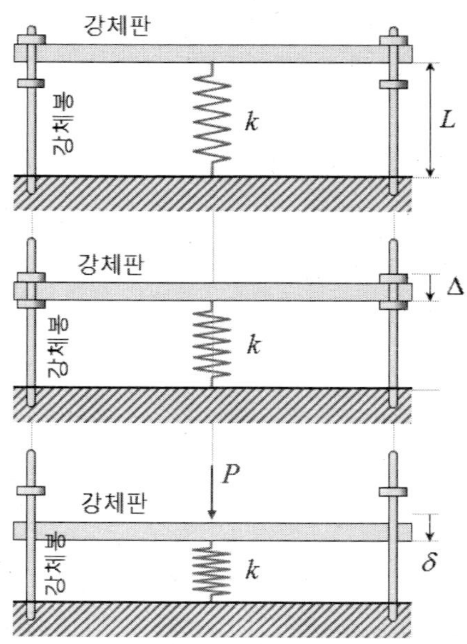

5 트러스구조

5.1 개요

축강성 EA, 길이 L 이고 축변형만이 나타나는 직선부재를 트러스부재라고 부른다. 트러스부재의 강성도는 EA/L 이고 스프링부재의 강성도는 k 로 표기할 뿐, 스프링과 트러스는 동일한 구조거동을 나타낸다. 스프링구조와 같이, 국부좌표계는 부재의 길이방향과 이와 수직한 방향을 선택하고 있다. 국부좌표계에서 절점당 부재축방향 변위만을 나타내므로 하나의 트러스부재는 2개의 자유도로 표현할 수 있다. 일반적으로 전체좌표계는 수평방향과 연직방향을 좌표로 선택한다. 국부좌표계와 전체좌표계가 일치하고 한 방향만으로 연결되면 이를 봉(Bar)부재라고 부른다.

평면트러스구조는 3개의 부재를 이용하여 3각형 모양으로 초기형상을 만들고 그 후에 2개의 부재들로 3각형 추가형상을 만들면서 전체 트러스구조를 완성한다. 이와 같이 트러스부재들을 조합한 구조를 트러스구조라고 부르며 경사트러스부재를 포함할 때가 많다. 국부좌표계와 전체좌표계가 다르므로 국부좌표축에서 구한 값들은 전체좌표계의 값들로 변환시켜야 한다. 전체좌표계로 변환된 절점변위는 각 절점변위는 산술합으로 결정할 수 있기 때문이다. 입체(또는 공간)트러스구조는 3차원 좌표변환과정만 차이가 있고 여타의 연산과정이 동일하다. 따라서 평면트러스구조에 대한 설명으로 제한하기로 한다.

일반적으로 트러스부재는 다음과 같은 기본가정을 적용하고 있다.

1) 트러스는 미소변형이론에 근거한 선형탄성거동을 나타낸다.
2) 트러스는 등단면 직선부재로서 변형전과 후에 길이변화만 발생하고 직선부재를 유지한다.
3) 하중은 반드시 절점에만 작용하며 부재 중간에 작용하는 하중은 없다.
4) 평면트러스구조는 하중평면, 부재평면, 거동평면이 일치하는 면내거동을 나타낸다.
5) 트러스의 비선형거동은 지반트러스와 케이블 모사에 사용된다. 트러스에 부재축방향 하중이 작용하면 횡방향으로 변형할 수도 있으나 이는 탄성거동을 벗어나므로 취급하지 않는다.

5.2절은 국부좌표계에서 정의한 하나의 경사트러스에 대한 기본이론을 정리하였다. 특히, 트러스부재에 대하여 고전적인 평형조건과 에너지방법에 의한 평형방정식 유도과정을 설명하였고 경사트러스의 좌표변환매트릭스를 설명하였다. 구조해석부분에서 평면트러스와 입체트러스구조로 구분하여 설명하였다. 3차원 트러스구조의 해석을 위하여 3차원 트러스에 대한 좌표변환매트릭스를 추가 설명하였다. 4.3절은 트러스의 이론숙지와 접근법을 이해할 수 있도록 대표적인 해석예를 소개하였다. 4.4절은 트러스구조에 대한 컴퓨터프로그램 작성을 위하여 Location Matrix를 설명하였다. 4.5절은 기본개념문제, 해석과 프로그램 적용문제, 프로젝트 연구문제로 구분하여 연습문제들을 수록하였다.

5.2 기본이론

5.2.1 트러스부재

부재축방향을 x 축, 이와 수직한 방향을 y 축으로 선택한 국부좌표계에 축강성 EA, 길이 L 인 트러스 1,2를 생각해 보자. 국부좌표계에서 좌측절점 1의 변위와 부재력은 δ_1, f_1 으로, 우측절점 2의 변위와 부재력은 δ_2, f_2 으로 표시하자. 2개의 절점변위들 δ_1, δ_2 과 절점하중 f_1, f_2 도 동일한 x 축방향을 나타낸다. 이 성분들은 하나의 트러스부재에 대하여 부재절점변위벡터 $\boldsymbol{d}_e$ 와 부재절점부재력벡터 $\boldsymbol{f}_e$ 로 표현하면 각각 $\boldsymbol{d_e} = \{\delta_1, \delta_2\}$ 와 $\boldsymbol{f}_e = \{f_1, f_2\}$ 로 표현된다. 구조계의 연립방정식은 벡터접근법, 에너지접근법으로 결정된다. 벡터접근법은 각 절점 자유도방향에 대하여 힘의 평형조건을 적용하는 방법이며 에너지접근법은 절점변위로 표현한 부재의 변형에너지에 대하여 카스틸리아노 정리를 적용하는 방법이다.

[1] 벡터접근법

만일 좌측단에 변위 δ_1 이 발생하였을 때, 좌우측단의 부재력을 각각 $f_1^{(1)}, f_2^{(1)}$ 라고 정의하자. 우측단에 변위 δ_2 가 발생하였을 때, 좌우측단의 부재력을 각각 $f_1^{(2)}, f_2^{(2)}$ 라고 정의하자. 좌우측단의 변위 δ_1, δ_2 가 동시에 발생하면 중첩의 원리에 의하여 부재력은 각각 $f_1 = f_1^{(1)} + f_1^{(2)}$, $f_2 = f_2^{(1)} + f_2^{(2)}$ 로 나타낼 수 있다. 이를 절점평형조건이라고 부른다.

• 좌측단에 변위 δ_1 만 발생 : 2번째 그림

$$f_1^{(1)} = \frac{EA}{L}\delta_1 \,,\; f_2^{(1)} = -f_1^{(1)} = -\frac{EA}{L}\delta_1$$

• 우측단에 변위 δ_2 만 발생 : 3번째 그림

$$f_1^{(2)} = -\frac{EA}{L}\delta_2 \,,\; f_2^{(2)} = -f_1^{(2)} = \frac{EA}{L}\delta_2$$

• 좌·우측단 변위 δ_1, δ_2 발생 : 4번째 그림

$$f_1 = f_1^{(1)} + f_1^{(2)} = \frac{EA}{L}\delta_1 - \frac{EA}{L}\delta_2$$
$$f_2 = f_2^{(1)} + f_2^{(2)} = -\frac{EA}{L}\delta_1 + \frac{EA}{L}\delta_2$$

• 부재력과 절점변위의 관계

$$\begin{Bmatrix} f_1 \\ f_2 \end{Bmatrix} = \frac{EA}{L}\begin{bmatrix} 1 & -1 \\ -1 & 1 \end{bmatrix}\begin{Bmatrix} \delta_1 \\ \delta_2 \end{Bmatrix}$$

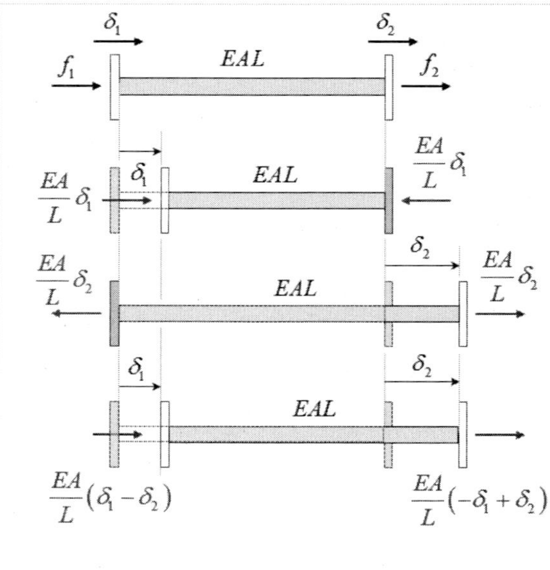

[2] 에너지접근법

부재의 좌우측 절점변위가 δ_1, δ_2 이면 부재의 신축량은 $\delta = \delta_2 - \delta_1$ 이 된다. 이러한 신축량 δ 을 가진 부재의 변형에너지 U 를 결정한 후, 카스틸리아노 제1정리를 적용하면 부재절점하중벡터 $\boldsymbol{f}_e$ 와 부재절점 변위벡터 $\boldsymbol{d}_e$ 의 관계식을 아래와 같이 결정할 수 있다.

- 신축량 δ : $\delta = \delta_2 - \delta_1$
- 변형에너지 U : $U = \dfrac{1}{2}\dfrac{EA}{L}\delta^2 = \dfrac{1}{2}\dfrac{EA}{L}(\delta_2 - \delta_1)^2 = \dfrac{1}{2}\dfrac{EA}{L}\left(\delta_2^2 - 2\delta_2\delta_1 + \delta_1^2\right)$
- 카스틸리아노 정리 : $\dfrac{\partial U}{\partial \delta_i} = f_i \rightarrow \begin{cases} \dfrac{\partial U}{\partial \delta_1} = \dfrac{EA}{L}(\delta_1 - \delta_2) = f_1 \\ \dfrac{\partial U}{\partial \delta_2} = \dfrac{EA}{L}(\delta_2 - \delta_1) = f_2 \end{cases}$
- 부재력과 절점변위의 관계 : $\begin{Bmatrix} f_1 \\ f_2 \end{Bmatrix} = \dfrac{EA}{L}\begin{bmatrix} 1 & -1 \\ -1 & 1 \end{bmatrix}\begin{Bmatrix} \delta_1 \\ \delta_2 \end{Bmatrix}$

● 1차 라그랑주 보간함수 이용

수치해석의 보간함수에서 설명한 1차 라그랑주를 이용하여 부재 내 임의점 x 의 변위함수 $\delta(x)$ 를 다음과 같이 모사할 수 있다. 미소요소 dx 에 대한 변형률 $\epsilon_x = \partial\delta(x)/\partial x$ 를 결정하고 에너지 증분 dU 를 전 영역에 대하여 적분하면 변형에너지 U 가 계산된다. 강성도 성분 k_{ij} 은 변형에너지를 변위자유도로 2번 미분함으로서 쉽게 결정한다.

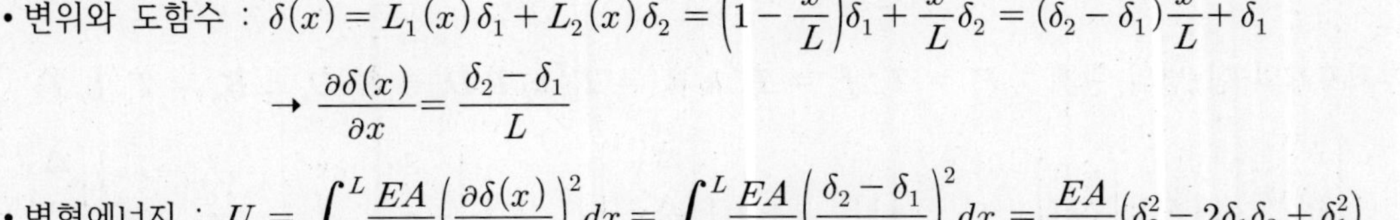

- 변위와 도함수 : $\delta(x) = L_1(x)\,\delta_1 + L_2(x)\,\delta_2 = \left(1 - \dfrac{x}{L}\right)\delta_1 + \dfrac{x}{L}\delta_2 = (\delta_2 - \delta_1)\dfrac{x}{L} + \delta_1$

  $\rightarrow \dfrac{\partial\delta(x)}{\partial x} = \dfrac{\delta_2 - \delta_1}{L}$
- 변형에너지 : $U = \displaystyle\int_0^L \frac{EA}{2}\left(\frac{\partial\delta(x)}{\partial x}\right)^2 dx = \int_0^L \frac{EA}{2}\left(\frac{\delta_2 - \delta_1}{L}\right)^2 dx = \frac{EA}{2L}\left(\delta_2^2 - 2\delta_1\delta_2 + \delta_1^2\right)$
- 강성도성분 : $k_{ij} = \dfrac{\partial^2 U}{\partial\delta_i \partial\delta_j} \rightarrow k_{11} = \dfrac{\partial^2 U}{\partial\delta_q^2} = \dfrac{EA}{L}, k_{12} = \dfrac{\partial^2 U}{\partial\delta_1 \partial\delta_2} = -\dfrac{EA}{L}, k_{22} = \dfrac{\partial^2 U}{\partial\delta_2^2} = \dfrac{EA}{L}$

[3] 매트릭스 방정식

하나의 부재 좌우측 절점변위가 각각 δ_1, δ_2 이고 부재력이 각각 f_1, f_2 이면 부재절점하중벡터와 부재절점변위벡터를 각각 $\boldsymbol{f}_e = \{f_1, f_2\}, \boldsymbol{d}_e = \{\delta_1, \delta_2\}$ 로 정의할 수 있다. 소문자 볼트체는 벡터를 나타내며 중괄호는 열벡터를 나타낸다. 부재절점하중벡터와 절점변위벡터의 관계는 부재강성도매트릭스 $\boldsymbol{k}_e$ 를 이용하여 다음과 같은 매트릭스방정식으로 표현할 수 있다. 여기서 EA/L 는 트러스의 강성도를 나타낸다. 특히, 부재강성도매트릭스 $\boldsymbol{k}_e$ 는 행렬식이 0인 특이행렬로서 역행렬이 존재하지 않는다.

$$\boldsymbol{f}_e = \boldsymbol{k}_e \boldsymbol{d}_e \quad ; \boldsymbol{f}_e = \begin{Bmatrix} f_1 \\ f_2 \end{Bmatrix}, \ \boldsymbol{d}_e = \begin{Bmatrix} \delta_1 \\ \delta_2 \end{Bmatrix}, \ \boldsymbol{k}_e = \frac{EA}{L}\begin{bmatrix} 1 & -1 \\ -1 & 1 \end{bmatrix}$$

5.2.2 경사트러스부재

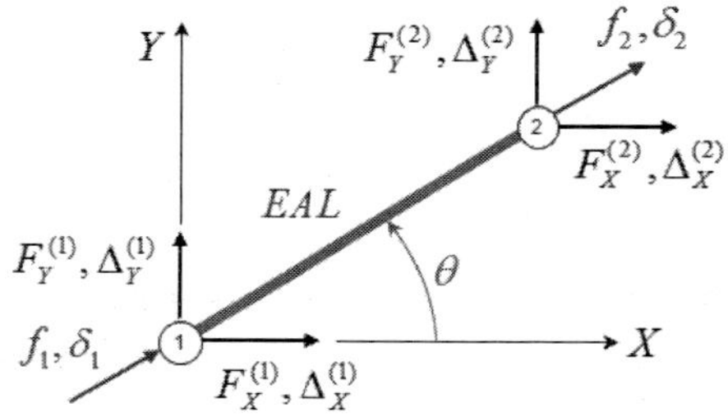

부재축 x 가 전체좌표계의 수평축 X과 반시계방향으로 θ 만큼 경사져 있는 트러스부재가 있다. 국부좌표계의 부재강성도매트릭스 $\boldsymbol{k}_e$ 를 전체좌표계의 부재강성도매트릭스 $\boldsymbol{K}_e$ 로 변환하려고 한다. 전체좌표계의 부재절점하중벡터와 부재절점변위벡터를 각각 $\boldsymbol{F}_e, \boldsymbol{D}_e$ 라고 정의하고 국부좌표계의 부재절점하중벡터와 부재절점변위벡터를 각각 $\boldsymbol{f}_e, \boldsymbol{d}_e$ 라고 정의하자. 부재좌표변환매트릭스를 $\boldsymbol{T}_c$ 라고 하자. 여기서 $c = \cos\theta$, $s = \sin\theta$ 를 나타낸다. 절점 평형조건과 적합조건은 아래와 같이 표현할 수 있다. 아래첨자는 좌표축방향을 나타내며 위첨자는 절점번호를 나타낸다.

$$\text{평형: } \boldsymbol{F}_e = \begin{Bmatrix} F_X^{(1)} \\ F_Y^{(1)} \\ F_X^{(2)} \\ F_Y^{(2)} \end{Bmatrix} = \begin{bmatrix} c & 0 \\ s & 0 \\ 0 & c \\ 0 & s \end{bmatrix} \begin{Bmatrix} f_1 \\ f_2 \end{Bmatrix} = \boldsymbol{T}_c^T \boldsymbol{f}_e \ , \ \text{적합: } \boldsymbol{d}_e = \begin{Bmatrix} \delta_1 \\ \delta_2 \end{Bmatrix} = \begin{bmatrix} c & s & 0 & 0 \\ 0 & 0 & c & s \end{bmatrix} \begin{Bmatrix} \Delta_X^{(1)} \\ \Delta_Y^{(1)} \\ \Delta_X^{(2)} \\ \Delta_Y^{(2)} \end{Bmatrix} = \boldsymbol{T}_c \boldsymbol{D}_e$$

$$\text{국부좌표계의 힘-변위 관계 : } \boldsymbol{f}_e = \begin{Bmatrix} f_1 \\ f_2 \end{Bmatrix} = \frac{EA}{L}\begin{bmatrix} 1 & -1 \\ -1 & 1 \end{bmatrix} \begin{Bmatrix} \delta_1 \\ \delta_2 \end{Bmatrix} = \boldsymbol{k}_e \boldsymbol{d}_e \quad ; \ \boldsymbol{k}_e = \frac{EA}{L}\begin{bmatrix} 1 & -1 \\ -1 & 1 \end{bmatrix}$$

$$\text{국부좌표계의 힘-변위 관계 : } \boldsymbol{F}_e = \boldsymbol{T}_c^T \boldsymbol{f}_e = \boldsymbol{T}_c^T \boldsymbol{k}_e \boldsymbol{d}_e = \boldsymbol{T}_c^T \boldsymbol{k}_e \boldsymbol{T}_c \boldsymbol{D}_e = \boldsymbol{K}_e \boldsymbol{D}_e \quad ; \ \boldsymbol{K}_e = \boldsymbol{T}_c^T \boldsymbol{k}_e \boldsymbol{T}_c$$

$$\begin{Bmatrix} F_X^{(1)} \\ F_Y^{(1)} \\ F_X^{(2)} \\ F_Y^{(2)} \end{Bmatrix} = \frac{EA}{L} \begin{bmatrix} c & 0 \\ s & 0 \\ 0 & c \\ 0 & s \end{bmatrix} \begin{bmatrix} 1 & -1 \\ -1 & 1 \end{bmatrix} \begin{bmatrix} c & s & 0 & 0 \\ 0 & 0 & c & s \end{bmatrix} \begin{Bmatrix} \Delta_X^{(1)} \\ \Delta_Y^{(1)} \\ \Delta_X^{(2)} \\ \Delta_Y^{(2)} \end{Bmatrix} = \frac{EA}{L} \begin{bmatrix} c^2 & cs & -c^2 & -cs \\ cs & s^2 & -cs & -s^2 \\ -c^2 & -cs & c^2 & cs \\ -cs & -s^2 & cs & s^2 \end{bmatrix} \begin{Bmatrix} \Delta_X^{(1)} \\ \Delta_Y^{(1)} \\ \Delta_X^{(2)} \\ \Delta_Y^{(2)} \end{Bmatrix}$$

5.2.3 평면(2차원)트러스구조

전체좌표계의 수평축과 연직축을 각각 X, Y축으로 선택하고 평면트러스부재 ab(축강성 EA, 길이 L)의 길이방향을 국부좌표계의 x축으로 선택하자. 전체좌표계의 부재절점변위벡터와 부재절점하중벡터를 각각 $\boldsymbol{D}_e, \boldsymbol{F}_e$로 표현하고 국부좌표계의 부재절점변위벡터와 부재절점하중벡터를 각각 $\boldsymbol{d}_e, \boldsymbol{f}_e$로 표현하자. 경사트러스부재의 양단절점 (1), (2)가 a, b로 대체되었고 모든 표기는 동일하다. 표기의 편의를 위하여 축강성도 EA/L을 k로 표기하고 $c=\cos\theta, s=\sin\theta$로 표기하기로 한다.

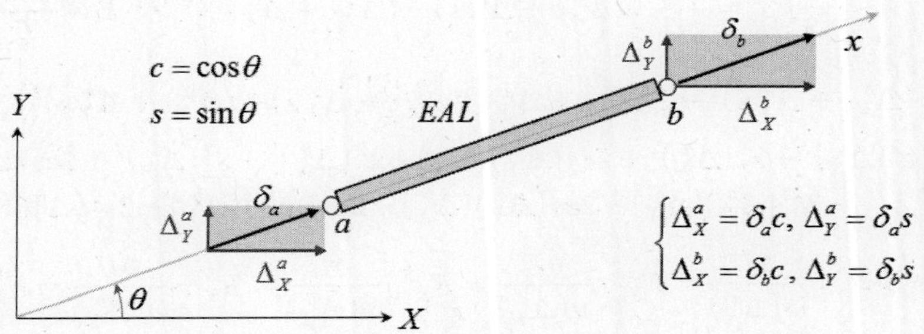

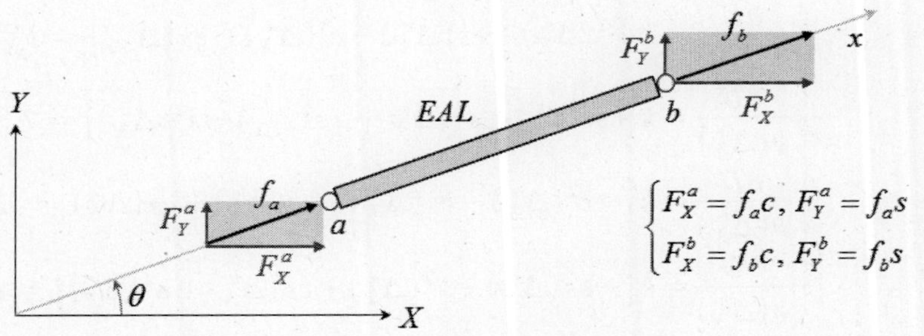

[1] 벡터법에 의한 평형방정식

- 국부좌표계에서 절점하중 : $f_a = k(\delta_a - \delta_b)$, $f_b = k(-\delta_a + \delta_b)$
- 전체좌표계에서 절점하중 : $\begin{cases} F_X^a = f_a c = k(\delta_a - \delta_b)c \\ F_Y^a = f_a s = k(\delta_a - \delta_b)s \end{cases}$, $\begin{cases} F_X^b = f_b c = k(-\delta_a + \delta_b)c \\ F_Y^b = f_b s = k(-\delta_a + \delta_b)s \end{cases}$
- 적합조건 : $\begin{cases} \delta_a = \Delta_X^a c + \Delta_Y^a s \\ \delta_b = \Delta_X^b c + \Delta_Y^b s \end{cases} \rightarrow \begin{cases} \delta_a - \delta_b = \Delta_X^a c + \Delta_Y^a s - \Delta_X^b c - \Delta_Y^b s \\ -\delta_a + \delta_b = -\Delta_X^a c - \Delta_Y^a s + \Delta_X^b c + \Delta_Y^b s \end{cases}$
- 전체좌표계의 평형방정식 : $\begin{cases} F_X^a = k(\delta_a - \delta_b)c = k(\Delta_X^a c^2 + \Delta_Y^a cs - \Delta_X^b c^2 - \Delta_Y^b cs) \\ F_Y^a = k(\delta_a - \delta_b)s = k(\Delta_X^a cs + \Delta_Y^a s^2 - \Delta_X^b cs - \Delta_Y^b s^2) \end{cases}$

$$\begin{cases} F_X^b = k(-\delta_a + \delta_b)c = k(-\Delta_X^a c^2 - \Delta_Y^a cs + \Delta_X^b c^2 + \Delta_Y^b cs) \\ F_Y^b = k(-\delta_a + \delta_b)s = k(-\Delta_X^a cs - \Delta_Y^a s^2 + \Delta_X^b cs + \Delta_Y^b s^2) \end{cases}$$

• 매트릭스방정식 : $\begin{Bmatrix} F_X^a \\ F_Y^a \\ F_X^b \\ F_Y^b \end{Bmatrix} = k \begin{bmatrix} c^2 & cs & -c^2 & -cs \\ cs & s^2 & -cs & -s^2 \\ -c^2 & -cs & c^2 & cs \\ -cs & -s^2 & cs & s^2 \end{bmatrix} \begin{Bmatrix} \Delta_X^a \\ \Delta_Y^a \\ \Delta_X^b \\ \Delta_Y^b \end{Bmatrix}$

[2] 에너지법에 의한 평형방정식

• 신장량 : $\delta = \delta_b - \delta_a = (\Delta_X^b c + \Delta_Y^b s) - (\Delta_X^a c + \Delta_Y^a s)$

• 변형에너지 : $U = \dfrac{1}{2}k\delta^2 = \dfrac{EA}{2L}\left[(\Delta_X^b c + \Delta_Y^b s) - (\Delta_X^a c + \Delta_Y^a s)\right]^2 \quad ; \ k = \dfrac{EA}{L}$

$$U = \frac{k}{2}\left[(\Delta_X^b c + \Delta_Y^b s)^2 - 2(\Delta_X^a c + \Delta_Y^a s)(\Delta_X^b c + \Delta_Y^b s) + (\Delta_X^a c + \Delta_Y^a s)^2\right]$$
$$= \frac{k}{2}\left[\begin{array}{l} c^2(\Delta_X^a)^2 + s^2(\Delta_Y^a)^2 + 2cs(\Delta_Y^a)(\Delta_X^a) + c^2(\Delta_X^b)^2 + s^2(\Delta_Y^b)^2 + 2cs(\Delta_Y^b)(\Delta_X^b) \\ \quad - 2c^2(\Delta_X^a)(\Delta_X^b) - 2cs(\Delta_Y^a)(\Delta_X^b) - 2cs(\Delta_X^a)(\Delta_Y^b) - 2s^2(\Delta_Y^a)(\Delta_Y^b) \end{array}\right]$$

• 카스틸리아노 정리 : $\dfrac{\partial U}{\partial(\Delta_X^a)} = F_X^a$, $\dfrac{\partial U}{\partial(\Delta_Y^a)} = F_Y^a$, $\dfrac{\partial U}{\partial(\Delta_X^b)} = F_X^b$, $\dfrac{\partial U}{\partial(\Delta_Y^b)} = F_Y^b$

$$\begin{cases} \dfrac{\partial U}{\partial(\Delta_X^a)} = k\left[c^2(\Delta_X^a) + cs(\Delta_Y^a) - c^2(\Delta_X^b) - cs(\Delta_Y^b)\right] = F_X^a \\ \dfrac{\partial U}{\partial(\Delta_Y^a)} = k\left[cs(\Delta_X^a) + s^2(\Delta_Y^a) - cs(\Delta_X^b) - s^2(\Delta_Y^b)\right] = F_Y^a \\ \dfrac{\partial U}{\partial(\Delta_X^b)} = k\left[-c^2(\Delta_X^a) - cs(\Delta_Y^a) + c^2(\Delta_X^b) + cs(\Delta_Y^b)\right] = F_X^b \\ \dfrac{\partial U}{\partial(\Delta_Y^b)} = k\left[-cs(\Delta_X^a) - s^2(\Delta_Y^a) + cs(\Delta_X^b) + s^2(\Delta_Y^b)\right] = F_Y^b \end{cases}$$

• 매트릭스방정식 : $\begin{Bmatrix} F_X^a \\ F_Y^a \\ F_X^b \\ F_Y^b \end{Bmatrix} = k \begin{bmatrix} c^2 & cs & -c^2 & -cs \\ cs & s^2 & -cs & -s^2 \\ -c^2 & -cs & c^2 & cs \\ -cs & -s^2 & cs & s^2 \end{bmatrix} \begin{Bmatrix} \Delta_X^a \\ \Delta_Y^a \\ \Delta_X^b \\ \Delta_Y^b \end{Bmatrix}$

● 트러스구조

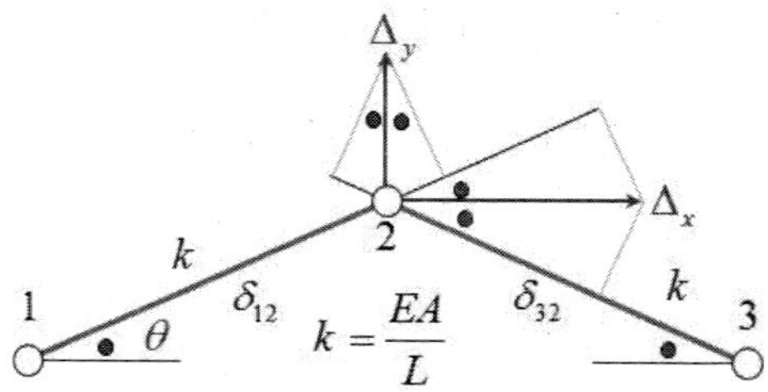

• 변형 : $\begin{cases} \delta_{12} = \Delta_X c + \Delta_Y s \\ \delta_{32} = -\Delta_X c + \Delta_Y s \end{cases}$

• 변형에너지 : $U = \dfrac{EA}{2L}\delta_{12}^2 + \dfrac{EA}{2L}\delta_{32}^2$

$$U = \frac{EA}{2L}(\Delta_X c + \Delta_Y s)^2 + \frac{EA}{2L}(-\Delta_X c + \Delta_Y s)^2 = \frac{EA}{L}\left(\Delta_X^2 c^2 + \Delta_Y^2\right)$$

$$\bullet \text{ 구조강성도성분 : } K_{ij} = \frac{\partial^2 U}{\partial \Delta_i \, \partial \Delta_j} \rightarrow \begin{cases} K_{11} = \dfrac{\partial^2 U}{\partial \Delta_X^2} = \dfrac{2EA}{L} c^2 \\ K_{12} = K_{21} = \dfrac{\partial^2 U}{\partial \Delta_X \, \partial \Delta_Y} = 0 \\ K_{22} = \dfrac{\partial^2 U}{\partial \Delta_Y^2} = \dfrac{2EA}{L} s^2 \end{cases}$$

$$\bullet \text{ 구조강성도매트릭스 : } \boldsymbol{K}_e = \begin{bmatrix} K_{11} & K_{12} \\ K_{21} & K_{22} \end{bmatrix} = \frac{2EA}{L} \begin{bmatrix} c^2 & 0 \\ 0 & s^2 \end{bmatrix}$$

5.2.4 입체(3차원)트러스구조

[1] 좌표계

평면문제에서 좌표축이 서로 수직하면 직교좌표계라고 부르며 데카르트좌표계(Cartesian Coordinate System), 극좌표계 등이 직교좌표계이다. 공간문제도 좌표축이 서로 수직하면 직교좌표계라고 부르며 데카르트좌표계, 원통좌표계, 구형좌표계 등은 직교좌표계이다. 즉, 직교좌표계는 좌표축이 서로 수직한 좌표계를 나타낸다. 모든 공간구조문제는 3차원 직교좌표계를 사용하고 있다. 곡면이나 원운동과 같이 특별한 형상과 거동을 나타낼 때, 공식화가 쉬운 원통좌표계, 구형좌표계를 사용할 수도 있다. 곡면좌표계를 사용하여 구조모델을 설정하고 구조해석을 수행하였어도 해석결과를 직교좌표계로 표현하기도 한다. 이러한 결과는 경험적으로 친숙하고 이해하기 쉽기 때문이다. 이로 인해 구조해석결과를 오해하는 경우도 발생한다. 예를 들어, 원통좌표계를 기준하여 원주방향 거동이 지배적인 구조물의 해석결과를 직교좌표계로 표현하면, 지배적인 구조거동방향을 쉽게 이해하지 못하게 된다. 이러한 오해는 곡선보, 쉘구조 등과 같은 곡선부재의 진동모드에서도 쉽게 찾아 볼 수 있다.

편의상 데카르트좌표계를 직교좌표계라고 부르고 곡선이나 곡면에 적합한 극, 원통, 구형좌표계를 통칭 곡면좌표계라고 부르기로 한다. 곡선좌표계(Curvilinear Coordinate System)는 별도로 정의가 필요하므로 이를 구분하기 위하여 곡면좌표계라고 명명하자. 여하튼, 좁은 의미의 직교좌표계는 가장 널리 사용하는 데카르트좌표계를 의미한다. 데카르트좌표계에서 표현한 물리량은 사용성, 친숙도, 판독성 및 공간이해도가 높기 때문이다. 그러므로 본 교재도 데카르트좌표계를 직교좌표계라고 부르기로 한다.

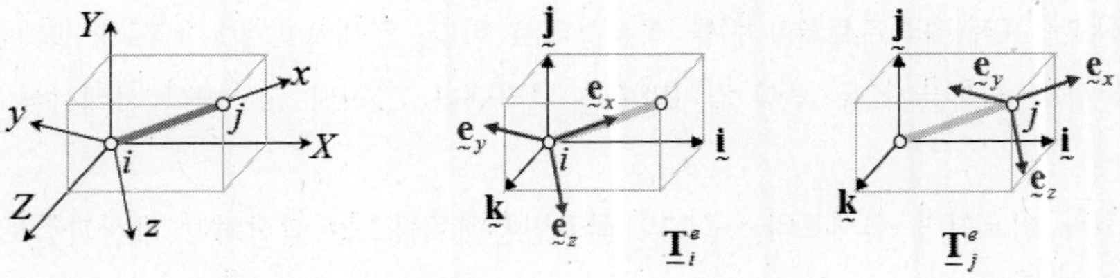

공간상에 임의의 트러스부재 ij 를 가정하자. 전체좌표계는 직교좌표축 (X, Y, Z)를 선택하고 기저벡터는 $(\boldsymbol{i}, \boldsymbol{j}, \boldsymbol{k})$로 표기하자. 국부좌표계는 부재의 길이방향을 x 축으로 가정한 직교좌표축 (x, y, z)를 선택하고 기저벡터는 $(\boldsymbol{e}_x, \boldsymbol{e}_y, \boldsymbol{e}_z)$로 표기하자. 보통 기저벡터들은 단위벡터들을 선택한다.

실제 구조해석에서 y 축의 선택이 중요하다. 좌표축의 수직성으로 y 축의 선택에 따라 z 축이 자동적으로 결정된다. 부재 길이방향을 x 축으로 선택하면 y, z 축은 단면을 나타낸다. 단면의 도심(Centroid)을 원점으로, 단면의 주축을 y, z 축으로 선택하는 것이 일반적이다. 단면이 2축 대칭(y, z 축에 대하여 대칭)이면 적절한 선택이다. 단면이 비대칭(우측그림 참조)이면 구조거동에 따라 도심뿐만 아니라 전단중심(Shear Center)도 고려하여야 한다. 전단중심을 중심으로 나타나는 거동이 있기 때문이다. 예를 들어, 단면 내 2축에 대하여 비대칭단면을 가진 보를 고려해 보자. 비대칭단면의 도심에 연직방향하중이 작용하면 비틀림이 추가로 발생한다. 비틀림은 도심이 아니라 전단중심을 기준하여 작용한다. 따라서 도심과 전단중심의 거리에 의하여 비틀림이 추가적으로 발생한다. 휨부재 단면도심에 연직하중이 작용하여 추가로 비틀림이 발생하는 연관관계를 연계성(Coupling)이라고 부른다. 단면력이나 거동이 독립적이지 않고 서로 영향을 미친다는 의미이다. 그 영향은 크지 않을 수도 있으나 구조형상에 따라 무시할 수 없는 경우도 있다. 그러나 전체 구조물 규모에 비해 단면은 작으며 단면의 도심과 전단중심과의 거리는 무시할 정도로 매우 작다. 이러한 이유로, 본 교재는 양단 절점을 직선으로 잇는 2축 대칭단면을 가진 등단면 트러스부재만을 고려하기로 한다.

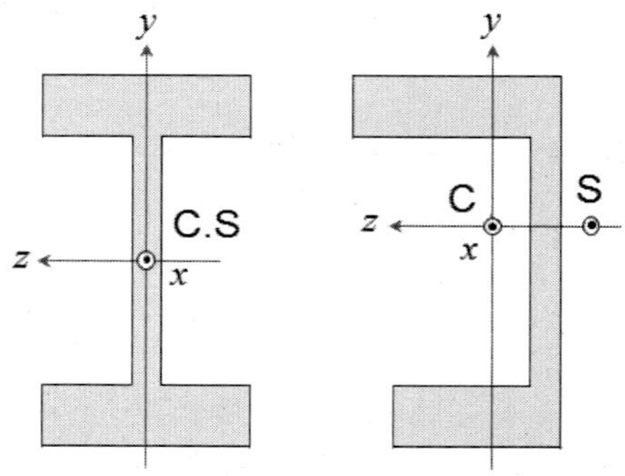

[2] 기저벡터와 좌표변환

좌표변환매트릭스를 설명하기 위한 몇 가지 부호규약을 정하자. 국부좌표계는 요소좌표계, 부재좌표계, 지역좌표계라고도 부르며 전체좌표계는 구조좌표계라고 부르기도 한다. 본 교재는 국부좌표계와 전체좌표계라는 용어를 주로 사용하기로 한다. 2차원 구조로 설계한 스프링, 트러스, 라멘부재에 대한 좌표변환매트릭스의 결정은 매우 간단하다. 스프링과 트러스의 좌표변환은 동일하며 휨변형을 나타내는 라멘부재의 좌표변환은 회전각변위에 대한 자유도가 추가된다. 평면트러스부재의 좌표변환은 스프링과 동일하므로 생략하고 공간트러스부재의 좌표변환매트릭스만 설명하기로 한다. 아치와 케이블구조를 제외한 모든 부재들은 직교좌표계(데카르트좌표계)를 적용하기로 한다. 전체좌표계를 (X, Y, Z), 국부좌표계를 (x, y, z)로 표현하고 x 축은 보통 부재 길이방향을 나타낸다, 그러나 교재마다 선택하는 좌표방향이 다를 수 있다.

평면트러스구조와 비교하여 입체트러스구조의 좌표변환매트릭스는 복잡하고 계산과정도 난해하다. 그 이유는 단면좌표(y, z)의 선택이 다양하기 때문이다. 스프링이나 트러스구조와 같이, 공간 속의 한 점이 국부좌표계에서 x, y, z방향 변위자유도, 전체좌표계에서 X, Y, Z 방향 변위자유도를 가진다고 가정하자. 임의의 부재 e는 양단 절점 i, j로 구성되어 있다. 하나의 공간트러스는 절점당 3개의 자유도를, 부재당 6개의 자유도를 나타낸다. 임의점에서 국부좌표계의 자유도를 전체좌표계의 자유도로 변환시키는 매트릭스를 절점좌표변환매트릭스 $\boldsymbol{T}_0$라고 하자(참고로 p84의 $\boldsymbol{T}_c$와 비교할 것). 매트릭스 $\boldsymbol{T}_0$의 크기 (3×3)를 나타낸다. 부재의 양단인 절점 i와 j의 기본좌표변환매트릭스를 $\boldsymbol{T}_i^e$와 $\boldsymbol{T}_j^e$로 표시하면 $\boldsymbol{T}_i^e = \boldsymbol{T}_i^e = \boldsymbol{T}_0$인 관계가 성립한다. 그러므로 하나의 부재의 좌표변환매트릭스를 $\boldsymbol{T}_e$로 표현하면 그 크기는 (6×6)이 된다. 좌표변환매트릭스 $\boldsymbol{T}_e$는 다음과 같은 연관관계가 성립한다.

$$\boldsymbol{T}_e = \begin{bmatrix} \boldsymbol{T}_i^e & \mathbf{0} \\ \mathbf{0} & \boldsymbol{T}_j^e \end{bmatrix} = \begin{bmatrix} \boldsymbol{T}_0 & \mathbf{0} \\ \mathbf{0} & \boldsymbol{T}_0 \end{bmatrix} \ ; \ \boldsymbol{T}_i^e = \boldsymbol{T}_i^e = \boldsymbol{T}_0$$

$$\boldsymbol{T}_0 = \begin{bmatrix} \cos\theta_{xX} & \cos\theta_{xY} & \cos\theta_{zZ} \\ \cos\theta_{yX} & \cos\theta_{yY} & \cos\theta_{yZ} \\ \cos\theta_{zX} & \cos\theta_{zY} & \cos\theta_{zZ} \end{bmatrix} = \begin{bmatrix} \boldsymbol{e}_x\cdot\boldsymbol{i} & \boldsymbol{e}_x\cdot\boldsymbol{j} & \boldsymbol{e}_x\cdot\boldsymbol{k} \\ \boldsymbol{e}_y\cdot\boldsymbol{i} & \boldsymbol{e}_y\cdot\boldsymbol{j} & \boldsymbol{e}_y\cdot\boldsymbol{k} \\ \boldsymbol{e}_z\cdot\boldsymbol{i} & \boldsymbol{e}_z\cdot\boldsymbol{j} & \boldsymbol{e}_z\cdot\boldsymbol{k} \end{bmatrix} = \begin{bmatrix} (\boldsymbol{e}_x, \boldsymbol{i}) & (\boldsymbol{e}_x, \boldsymbol{j}) & (\boldsymbol{e}_x, \boldsymbol{k}) \\ (\boldsymbol{e}_y, \boldsymbol{i}) & (\boldsymbol{e}_y, \boldsymbol{j}) & (\boldsymbol{e}_y, \boldsymbol{k}) \\ (\boldsymbol{e}_z, \boldsymbol{i}) & (\boldsymbol{e}_z, \boldsymbol{j}) & (\boldsymbol{e}_z, \boldsymbol{k}) \end{bmatrix}$$

여기서 $\mathbf{0}$는 크기 (3×3)인 제로(zero)매트릭스이며 제로매트릭스는 모든 성분들이 0인 매트릭스를 말한다. θ_{xY}는 2개의 축 x, Y이 이루는 사잇각이며 $\cos\theta_{xY}$는 방향여현(Direction Cosine)이라고 한다. 마찬가지로 $\boldsymbol{e}_x\cdot\boldsymbol{j}$와 $(\boldsymbol{e}_x, \boldsymbol{j})$는 2개의 기저벡터의 내적을 나타내는 수학표기이다. 기저벡터들의 내적(Dot Product) 연산들 중에서 몇 가지 예를 들면 아래와 같다.

$$\begin{aligned} \boldsymbol{e}_x\cdot\boldsymbol{j} &= (\boldsymbol{e}_x, \boldsymbol{j}) = |\boldsymbol{e}_x||\boldsymbol{j}|\cos\theta_{xY} = \cos\theta_{xY} \\ \boldsymbol{e}_y\cdot\boldsymbol{k} &= (\boldsymbol{e}_y, \boldsymbol{k}) = |\boldsymbol{e}_y||\boldsymbol{k}|\cos\theta_{yZ} = \cos\theta_{yZ} \\ &\vdots \end{aligned}$$

● 기저(Basis)벡터 관계

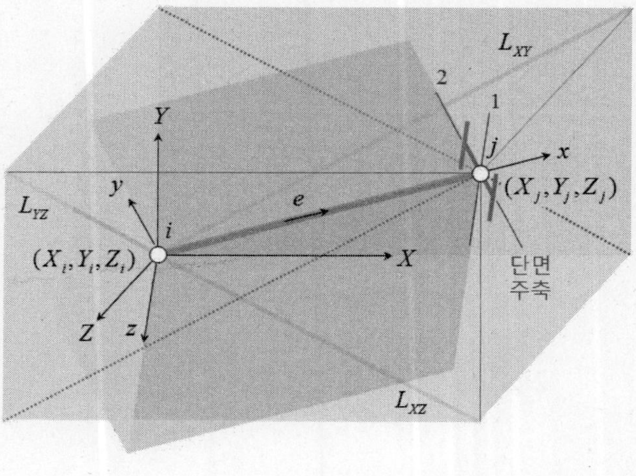

2개 절점 i, j를 잇는 부재 e를 $e(i,j)$라고 표현하자, 전체좌표계에서 절점 i, j의 좌표를 $i(X_i, Y_i, Z_i)$, $j(X_j, Y_j, Z_j)$로 표기하자. 국부좌표계서 절점 i를 원점으로 선택하고 부재길이가 L이면 $i(0,0,0)$, $j(L,0,0)$이 된다. 전체좌표계의 기저벡터는 $(\boldsymbol{i}, \boldsymbol{j}, \boldsymbol{k})$, 국부좌표계의 기저벡터는 $(\boldsymbol{e}_x, \boldsymbol{e}_y, \boldsymbol{e}_z)$로 표

현하자. 전체좌표계로 표현한 각 축방향의 투영길이 dX, dY, dZ 와 부재길이 L, 그리고 XY, YZ, XZ 면에 투영된 투영길이는 각각 L_{XY}, L_{YZ}, L_{XZ} 로 정의하면 다음과 같다.

$$\begin{cases} dX = X_j - X_i \\ dY = Y_j - Y_i \\ dZ = Z_j - Z_i \end{cases}, \quad L = \sqrt{dX^2 + dY^2 + dZ^2}, \quad \begin{cases} L_{XY} = \sqrt{dX^2 + dY^2} \\ L_{YZ} = \sqrt{dY^2 + dZ^2} \\ L_{XZ} = \sqrt{dX^2 + dZ^2} \end{cases}$$

부재길이에 대한 투영길이의 비율을 나타내는 상수들을 c_x, c_y, c_z 라고 정의하면 기저벡터 $\boldsymbol{e}_x$ 의 성분이 된다. 즉, 기저벡터 $\boldsymbol{e}_x$ 의 성분 c_x, c_y, c_z 은 양단의 좌표가 주어지면 자동적으로 계산된다. 국부좌표계의 부재축방향 기저벡터 $\boldsymbol{e}_x$ 는 성분 c_x, c_y, c_z 과 기저벡터 $\boldsymbol{i}, \boldsymbol{j}, \boldsymbol{k}$ 의 선형조합으로 표현할 수 있다.

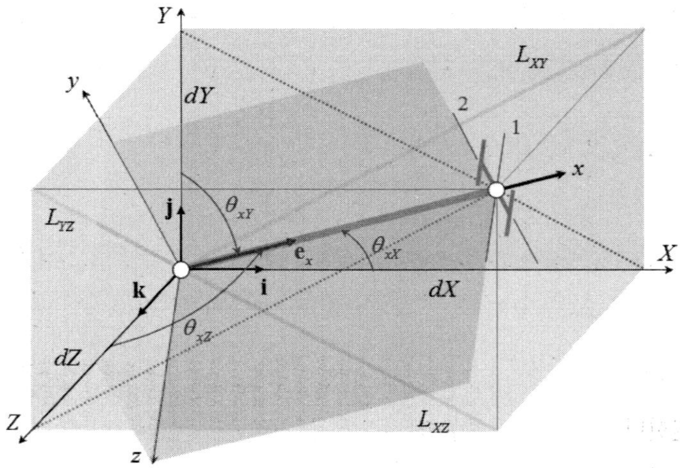

$$c_x = \frac{dX}{L}, c_y = \frac{dY}{L}, c_z = \frac{dZ}{L}$$

$$\boldsymbol{e}_x = c_x\boldsymbol{i} + c_y\boldsymbol{j} + c_z\boldsymbol{k} = \frac{dX}{L}\boldsymbol{i} + \frac{dY}{L}\boldsymbol{j} + \frac{dZ}{L}\boldsymbol{k} \quad ; \quad \begin{cases} \boldsymbol{e}_x \cdot \boldsymbol{i} = \cos\theta_{xX} = c_x \\ \boldsymbol{e}_x \cdot \boldsymbol{j} = \cos\theta_{xY} = c_y \\ \boldsymbol{e}_x \cdot \boldsymbol{k} = \cos\theta_{xZ} = c_z \end{cases}$$

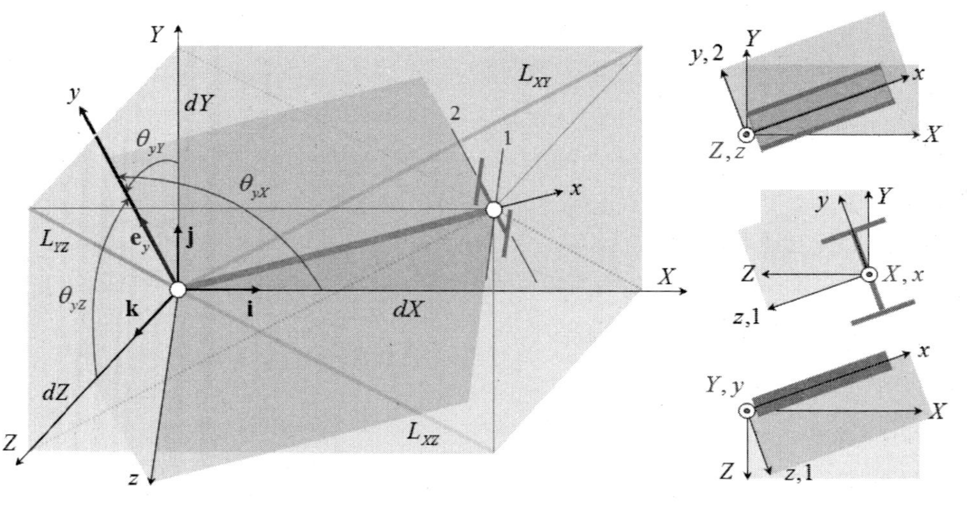

국부좌표계의 기저벡터 $\boldsymbol{e}_y$이 성분 g_x, g_y, g_z을 가진다고 가정하자. 기저벡터 $\boldsymbol{e}_y$를 전체좌표계로 표현하면 성분 g_x, g_y, g_z과 기저벡터 $\boldsymbol{i}, \boldsymbol{j}, \boldsymbol{k}$의 선형조합으로 표현할 수 있다. 기저벡터 $\boldsymbol{e}_y$와 기저벡터 $\boldsymbol{i}, \boldsymbol{j}, \boldsymbol{k}$의 내적은 성분 g_x, g_y, g_z을 나타낸다.

$$\boldsymbol{e}_y = g_x\boldsymbol{i} + g_y\boldsymbol{j} + g_z\boldsymbol{k} \rightarrow \begin{cases} \boldsymbol{e}_y \cdot \boldsymbol{i} = \cos\theta_{yX} = g_x \\ \boldsymbol{e}_y \cdot \boldsymbol{j} = \cos\theta_{yY} = g_y \\ \boldsymbol{e}_y \cdot \boldsymbol{k} = \cos\theta_{yZ} = g_z \end{cases}$$

마찬가지 방법으로, 국부좌표계의 기저벡터 $\boldsymbol{e}_z$는 성분 h_x, h_y, h_z을 가진다고 가정하자. 국부좌표계에서 기저벡터 $\boldsymbol{e}_z$의 성분은 기저벡터 $\boldsymbol{e}_x, \boldsymbol{e}_y$의 외적으로부터 결정할 수 있다.

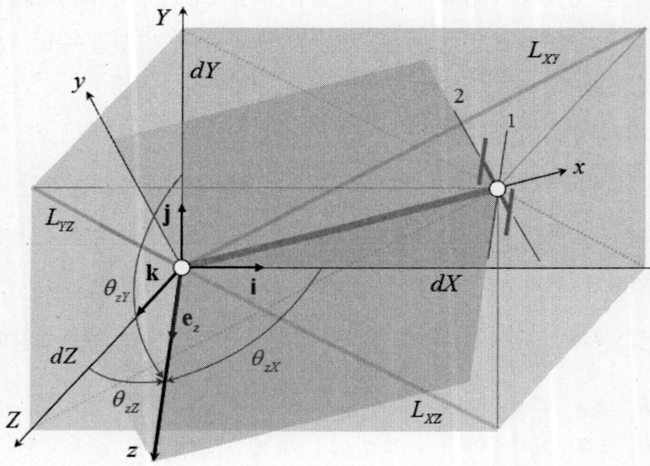

$$\boldsymbol{e}_z = \boldsymbol{e}_x \times \boldsymbol{e}_y = \begin{vmatrix} \boldsymbol{i} & \boldsymbol{j} & \boldsymbol{k} \\ c_x & c_y & c_z \\ g_x & g_y & g_z \end{vmatrix}$$

$$\rightarrow \begin{cases} h_x = c_y g_z - c_z g_y \\ h_y = c_z g_x - c_x g_z \\ h_z = c_x g_y - c_y g_x \end{cases}$$

기저벡터 $\boldsymbol{e}_z$와 기저벡터 $\boldsymbol{i}, \boldsymbol{j}, \boldsymbol{k}$의 내적으로부터 기저벡터 $\boldsymbol{e}_z$의 성분 h_x, h_y, h_z을 아래와 같이 계산할 수 있다.

$$\begin{cases} \boldsymbol{e}_z \cdot \boldsymbol{i} = \cos\theta_{zX} = h_x = c_y g_z - c_z g_y \\ \boldsymbol{e}_z \cdot \boldsymbol{j} = \cos\theta_{zY} = h_y = c_z g_x - c_x g_z \\ \boldsymbol{e}_z \cdot \boldsymbol{k} = \cos\theta_{zZ} = h_z = c_x g_y - c_y g_x \end{cases}$$

* 모든 기저(Basis)벡터의 결정

1) 기저벡터 $\boldsymbol{e}_x$의 성분 c_x, c_y, c_z은 양단의 좌표가 주어지면 자동적으로 계산된다.

2) 만일 기저벡터 $\boldsymbol{e}_y$의 성분 g_x, g_y, g_z을 가정하면 기저벡터 $\boldsymbol{e}_z$의 성분 h_x, h_y, h_z도 계산된다.

3) 여기서 기저벡터 $\boldsymbol{e}_y$의 성분 g_x, g_y, g_z중 하나만 가정하여도 기저벡터 $\boldsymbol{e}_z$를 결정할 수 있다.

4) 역으로 기저벡터 $\boldsymbol{e}_z$의 성분 h_x, h_y, h_z을 가정하면 기저벡터 $\boldsymbol{e}_y$의 성분 g_x, g_y, g_z도 계산된다.

[3] 좌표변환매트릭스(Coordinate Transformation Matrix)

부재의 좌표변환매트릭스를 결정하는 방법은 다음과 같이 5가지 방법으로 구분할 수 있다. 첫째, 하나의 기저벡터 $\boldsymbol{e}_y$ 또는 $\boldsymbol{e}_z$를 가정하는 방법이다. 둘째, 부재축의 회전각을 가정하는 방법이며 이 방법은 좌표변환을 기하학적으로 이해하므로 이해하기 쉽고 전산작용도 용이하다. 그러므로 2번째 방법을 가장 널리 사용하고 있다. 셋째, 단면의 약축을 포함하는 평면을 가정하는 방법이다. 평면을 가정하기 위하여 임의의 절점이 필요하게 된다. 이러한 가상적인 절점을 k-node 방법이라고도 부른다. 넷째, 부재축과 구조축이 일치한다고 가정하는 방법이다. 이 방법은 구조계에 따라 적용이 불가능할 수 있다. 다섯째, 부재평면을 정의하는 방법이다. 이 방법은 부재평면(Local Plane)을 어떻게 정의하는가에 따라 좌표변환매트릭스가 다르므로 연산결과를 판단할 때 혼돈이 발생할 수도 있다.

(1) 기저벡터 가정법

먼저, 기저벡터 $\boldsymbol{e}_y$이 성분 g_x, g_y, g_z을 가진다고 가정하자. 기저벡터 $\boldsymbol{e}_z$의 성분 h_x, h_y, h_z는 다음과 같이 계산할 수 있다. 이로부터 기본적인 절점좌표매트릭스 $\boldsymbol{T}_0$는 다음과 같이 정리하여 표현하면 된다. 역으로 기저벡터 $\boldsymbol{e}_z$를 가정하면 기저벡터 $\boldsymbol{e}_y$이 계산되며 이로부터 성분 g_x, g_y, g_z을 계산할 수 있다. 이 계산은 순서만 바뀌었을 뿐 연산과정이 동일하므로 생략하기로 한다.

$$\begin{cases} h_x = \boldsymbol{e}_z \cdot \boldsymbol{i} = \cos\theta_{zX} = c_y g_z - c_z g_y \\ h_y = \boldsymbol{e}_z \cdot \boldsymbol{j} = \cos\theta_{zY} = c_z g_x - c_x g_z \\ h_z = \boldsymbol{e}_z \cdot \boldsymbol{k} = \cos\theta_{zZ} = c_x g_y - c_y g_x \end{cases}$$

$$\rightarrow \boldsymbol{T}_0 = \begin{bmatrix} c_x & c_y & c_z \\ g_x & g_y & g_z \\ h_x & h_y & h_z \end{bmatrix} = \begin{bmatrix} c_x & c_y & c_z \\ g_x & g_y & g_z \\ (c_y g_z - c_z g_y) & (c_z g_z - c_x g_z) & (c_z g_y - c_y g_x) \end{bmatrix}$$

마찬가지로, 성분 g_x, g_y, g_z도 2가지 하나의 성분만을 가정하여도 나머지 성분은 결정된다. 여기서 하나의 성분 g_x를 가정하자.

- 기저벡터의 외적 $\begin{cases} \boldsymbol{e}_x \cdot \boldsymbol{e}_y = c_x g_x + c_y g_y + c_z g_z = 0 \\ \boldsymbol{e}_x \cdot \boldsymbol{e}_z = c_x (c_y g_z - c_z g_y) + c_y (c_z g_x - c_x g_z) + c_z (c_x g_y - c_y g_x) = 0 \\ \boldsymbol{e}_y \cdot \boldsymbol{e}_z = g_x (c_y g_z - c_z g_y) + g_y (c_z g_x - c_x g_z) + g_z (c_x g_y - c_y g_x) = 0 \end{cases}$

- 2,3번째 방정식으로부터 $\begin{cases} (c_y c_z - c_y c_z) g_x + (c_x c_z - c_x c_z) g_y + (c_x c_y - c_x c_y) g_z = 0 \\ (c_z - c_z) g_x g_y + (c_x - c_x) g_y g_z + (c_y - c_y) g_x g_z = 0 \end{cases}$

- 1번째 방정식으로부터 $c_x g_x + c_y g_y + c_z g_z = 0 \rightarrow g_y = -\dfrac{1}{c_y}(c_x g_x + c_z g_z)$

• 단위벡터 $\boldsymbol{e}_y$ 의 특성 $\boldsymbol{e}_y \cdot \boldsymbol{e}_y = g_x^2 + g_y^2 + g_z^2 = g_x^2 + \dfrac{1}{c_y^2}(c_x g_x + c_z g_z)^2 + g_z^2 = 1$

• g_z 에 대한 2차 방정식 $c_y^2 g_x^2 + (c_x g_x + c_z g_z)^2 + c_y^2 g_z^2 = c_y^2$

$$(c_y^2 + c_z^2) g_z^2 + 2(c_x c_z g_x) g_z + (c_x^2 + c_y^2) g_x^2 - c_y^2 = 0$$

• 근 $g_z = \dfrac{-c_x c_z g_x + \sqrt{(-c_x c_z g_x)^2 - (c_y^2 + c_z^2)\left\{(c_x^2 + c_y^2) g_x^2 - c_y^2\right\}}}{(c_y^2 + c_z^2)}$

보조계산 : $(-c_x c_z g_x)^2 - (c_y^2 + c_z^2)\left\{(c_x^2 + c_y^2) g_x^2 - c_y^2\right\}$

$$\begin{aligned}
&= c_x^2 c_z^2 g_x^2 - (c_y^2 + c_z^2)(c_x^2 + c_y^2) g_x^2 + (c_y^2 + c_z^2) c_y^2 \\
&= \left\{c_x^2 c_z^2 - c_z^2 (c_x^2 + c_y^2)\right\} g_x^2 + \left\{(c_y^2 + c_z^2) - (c_x^2 + c_y^2) g_x^2\right\} c_y^2 \\
&= \left\{-c_z^2 g_x^2 + (c_y^2 + c_z^2) - (c_x^2 + c_y^2) g_x^2\right\} c_y^2 \\
&= \left\{(c_y^2 + c_z^2) - (c_x^2 + c_y^2 + c_z^2) g_x^2\right\} c_y^2
\end{aligned}$$

$$\boldsymbol{e}_x \cdot \boldsymbol{e}_x = c_x^2 + c_y^2 + c_z^2 = 1$$

$$\rightarrow \left\{(c_y^2 + c_z^2) - (c_x^2 + c_y^2 + c_z^2) g_x^2\right\} c_y^2 = \left(c_y^2 + c_z^2 - g_x^2\right) c_y^2$$

$$g_z = \frac{-c_x c_z g_x + \sqrt{\left(c_y^2 + c_z^2 - g_x^2\right) c_y^2}}{(c_y^2 + c_z^2)} = \frac{-c_x c_z g_x + c_y \sqrt{c_y^2 + c_z^2 - g_x^2}}{(c_y^2 + c_z^2)}$$

$$g_y = -\frac{1}{c_y}(c_x g_x + c_z g_z) = -\frac{1}{c_y}\left[c_x g_x + c_z \left\{\frac{-c_x c_z g_x + c_y \sqrt{c_y^2 + c_z^2 - g_x^2}}{(c_y^2 + c_z^2)}\right\}\right]$$

$$= \frac{-(c_x c_y^2 + c_x c_z^2) g_x + c_x c_z^2 g_x - c_y c_z \sqrt{c_y^2 + c_z^2 - g_x^2}}{c_y (c_y^2 + c_z^2)} = -\frac{c_x c_y g_x + c_z \sqrt{c_y^2 + c_z^2 - g_x^2}}{(c_y^2 + c_z^2)}$$

• 정리하면, g_x 가 주어졌을 때, $\begin{cases} g_z = \dfrac{-c_x c_z g_x + c_y \sqrt{c_y^2 + c_z^2 - g_x^2}}{c_y^2 + c_z^2} \\ g_y = -\dfrac{c_x c_y g_x + c_z \sqrt{c_y^2 + c_z^2 - g_x^2}}{c_y^2 + c_z^2} \end{cases}$ 가 된다.

(2) 부재축 회전법 1

이 방법은 초기에 국부좌표축과 전체좌표축이 일치한다고 가정하고 각 축을 회전시키면서 국부좌표축의 변화를 이용하는 방법이다. 각 축을 회전시키는 과정은 당연히 3단계로 구성된다. 첫째, 축 y를 중심으로 왼쪽방향 β 만큼 회전시키면 y축의 수직면 xz 는 동일한 방향으로 회전한다. 즉, 축 x, z는 각각 축 X, Z 로부터 β만큼 회전할 것이다. 둘째, 축 z를 중심으로 오른쪽방향 θ 만큼 회전시키면 z 축의 수직면 xy 면이 회전한다. 즉, 축 x, y은 각각 축 x', y' 로 β 만큼 회전할 것이다. 셋째, 축 x'를 중심으로 오른쪽방향 α 만큼 회전하면 x' 축의 수직면 $y' z'$는 회전한다. 즉, 축 y', z' 는 각각 y'', z'' 로 α 만큼 회전한다. 이상과 같이 3개의 국부좌표축 회전방법은, 어떤 방향으로 부재들이 존재하여도, 모든 부재의 국부좌표계를 모사할 수 있게 된다. 각 부재축이 명확히 정의되므로 국부좌표변환매트릭스는 손쉽게 계산된다. 그러므로 부재축 회전방법은 이해도가 높고 전산작업이 용이하므로 널리 적용하는 방법이기도 하다.

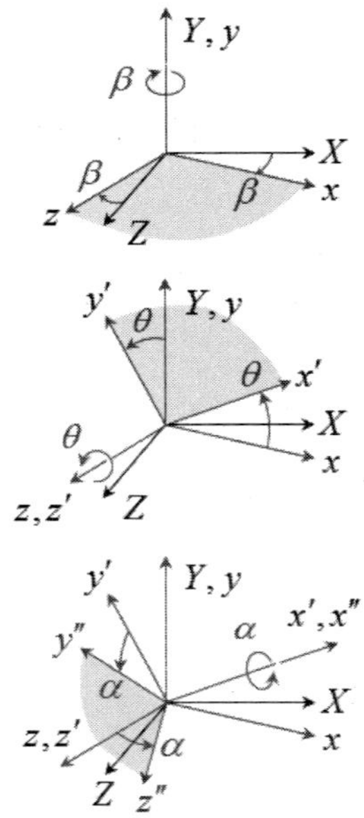

- y, z', x' 축에 대한 회전각의 방향여현

$$\begin{cases} c_\beta = \cos\beta \\ s_\beta = \sin\beta \end{cases}, \quad \begin{cases} c_\theta = \cos\theta \\ s_\theta = \sin\theta \end{cases}, \quad \begin{cases} c_\alpha = \cos\alpha \\ s_\alpha = \sin\alpha \end{cases}$$

- 절점의 좌표변화매트릭스 $\boldsymbol{T}_0$ 는 회전매트릭스 $\boldsymbol{R}_\alpha, \boldsymbol{R}_\theta, \boldsymbol{R}_\beta$ 의 곱으로 결정

$$\boldsymbol{T}_0 = \boldsymbol{R}_\alpha \boldsymbol{R}_\theta \boldsymbol{R}_\beta = \begin{bmatrix} 1 & 0 & 0 \\ 0 & c_\alpha & s_\alpha \\ 0 & -s_\alpha & c_\alpha \end{bmatrix} \begin{bmatrix} c_\theta & s_\theta & 0 \\ -s_\theta & c_\theta & 0 \\ 0 & 0 & 1 \end{bmatrix} \begin{bmatrix} c_\beta & 0 & s_\beta \\ 0 & 1 & 0 \\ -s_\beta & 0 & c_\beta \end{bmatrix}$$

$$= \begin{bmatrix} c_\theta c_\beta & s_\theta & c_\theta s_\beta \\ (-c_\alpha s_\theta c_\beta - s_\alpha s_\beta) & c_\alpha c_\theta & (-c_\alpha s_\theta s_\beta + s_\alpha c_\beta) \\ (s_\alpha s_\theta c_\beta - c_\alpha s_\beta) & -s_\alpha c_\theta & (s_\alpha s_\theta s_\beta + c_\alpha c_\beta) \end{bmatrix}$$

- 계수 $c_\theta = \dfrac{L_{xz}}{L}, s_\theta = \dfrac{dY}{L}$ 와 $c_\beta = \dfrac{dX}{L_{xz}}, s_\beta = \dfrac{dZ}{L_{xz}}$ 라 놓으면

$$\boldsymbol{T}_0 = \begin{bmatrix} \dfrac{L_{xz}}{L}\dfrac{dX}{L_{xz}} & \dfrac{dY}{L} & \dfrac{L_{xz}}{L}\dfrac{dZ}{L_{xz}} \\ \left(-c_\alpha \dfrac{dY}{L}\dfrac{dX}{L_{xz}} - s_\alpha \dfrac{dZ}{L_{xz}}\right) & c_\alpha \dfrac{L_{xz}}{L} & \left(-c_\alpha \dfrac{dY}{L}\dfrac{dZ}{L_{xz}} + s_\alpha \dfrac{dX}{L_{xz}}\right) \\ \left(s_\alpha \dfrac{dY}{L}\dfrac{dX}{L_{xz}} - c_\alpha \dfrac{dZ}{L_{xz}}\right) & -s_\alpha \dfrac{L_{xz}}{L} & \left(s_\alpha \dfrac{dY}{L}\dfrac{dZ}{L_{xz}} + c_\alpha \dfrac{dX}{L_{xz}}\right) \end{bmatrix} \quad \text{또는}$$

$$\boldsymbol{T}_0 = \begin{bmatrix} \dfrac{dX}{L} & \dfrac{dY}{L} & \dfrac{dZ}{L} \\ \left(-c_\alpha \dfrac{dY}{L}\dfrac{dX}{L_{xz}} - s_\alpha \dfrac{dZ}{L_{xz}}\right) & c_\alpha \dfrac{L_{xz}}{L} & \left(-c_\alpha \dfrac{dY}{L}\dfrac{dZ}{L_{xz}} + s_\alpha \dfrac{dX}{L_{xz}}\right) \\ \left(s_\alpha \dfrac{dY}{L}\dfrac{dX}{L_{xz}} - c_\alpha \dfrac{dZ}{L_{xz}}\right) & -s_\alpha \dfrac{L_{xz}}{L} & \left(s_\alpha \dfrac{dY}{L}\dfrac{dZ}{L_{xz}} + c_\alpha \dfrac{dX}{L_{xz}}\right) \end{bmatrix}$$

- 계수 $c_x = \dfrac{dX}{L}, c_y = \dfrac{dY}{L}, c_z = \dfrac{dZ}{L}$ 과 $c_{xy} = \dfrac{L_{xy}}{L}, c_{xz} = \dfrac{L_{xz}}{L}$ 로 놓으면,

$$\boldsymbol{T}_0 = \begin{bmatrix} c_x & c_y & c_z \\ \dfrac{-c_\alpha c_y c_x - s_\alpha c_z}{c_{xz}} & c_\alpha c_{xz} & \dfrac{-c_\alpha c_y c_z + s_\alpha c_x}{c_{xz}} \\ \dfrac{s_\alpha c_y c_x - c_\alpha c_z}{c_{xz}} & -s_\alpha c_{xz} & \dfrac{s_\alpha c_y c_z + c_\alpha c_x}{c_{xz}} \end{bmatrix}$$

• 계수 $\dfrac{dX}{L} = \dfrac{dY}{L} = 0$, $c_{xy} = 1$ 일 때,

$$\boldsymbol{T}_0 = \begin{bmatrix} c_x & c_y & c_z \\ \dfrac{-s_\alpha c_z c_x - c_\alpha c_y}{c_{xy}} & \dfrac{-s_\alpha c_y c_z + c_\alpha c_x}{c_{xy}} & s_\alpha c_{xy} \\ \dfrac{-c_\alpha c_z c_x + s_\alpha c_y}{c_{xy}} & \dfrac{-c_\alpha c_y c_z - s_\alpha c_x}{c_{xy}} & c_\alpha c_{xy} \end{bmatrix}$$

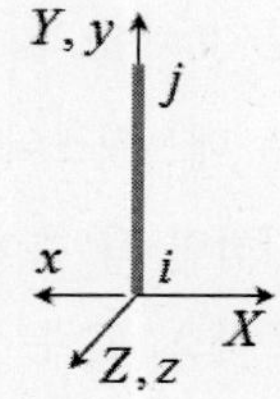

• 계수 $c_x = c_z = s_\alpha = 0$, $c_\alpha = c_y = c_{xy} = 1$일 때, $\boldsymbol{T}_0 = \begin{bmatrix} 0 & 1 & 0 \\ -1 & 0 & 0 \\ 0 & 0 & 1 \end{bmatrix}$

(3) 부재축 회전방법 2

부재의 양단이 절점 i, j 이고 부재축 x와 임의의 수직축 y를 선택하였다고 하자. 이때 2개의 축 x, y와 수직한 또다른 축 z를 선정할 수 있다. 또, x, y축을 포함하는 평면을 양(+)의 z-면(z-plane)이라고 부른다.

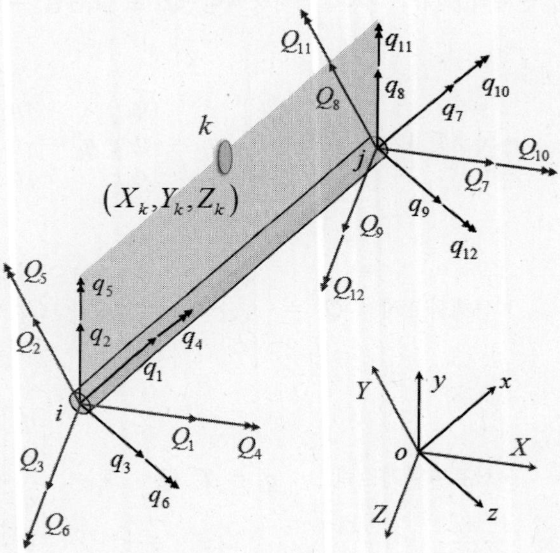

양의 z-평면에 임의의 절점 k를 선택하면 좌표는 (X_k, Y_k, Z_k)로 표현할 수 있다. 절점 k는 자유도가 없으므로 구조계의 지배방정식에 영향을 주지 못하는 절점이다. 이러한 절점을 가상절점 또는 k-node라고 부르며 국부좌표계의 기저벡터를 선택하고 좌표변환매트릭스를 결정할 때 사용된다.

국부좌표계에서 부재의 왼쪽절점 i에 작용하는 좌표축방향 힘들 (q_1, q_2, q_3)은 절점하중벡터 $\boldsymbol{q}_i^d$를 나타내며 모멘트성분 (q_4, q_5, q_6)은 절점모멘트하중벡터 $\boldsymbol{q}_i^r$을 나타낸다. 절점 i의 절점하중벡터는 $\boldsymbol{q}_i = \left\{\boldsymbol{q}_i^d, \boldsymbol{q}_i^r\right\}$로 표현한다. 마찬가지로, 오른쪽 절점 j에 작용하는 좌표축방향 힘들 (q_7, q_8, q_9)은 절점하중벡터 $\boldsymbol{q}_j^d$를, 모멘트성분 (q_{10}, q_{11}, q_{12})은 절점모멘트하중벡터 $\boldsymbol{q}_j^r$를 나타낸다. 절점 j의 절점하중벡터는 $\boldsymbol{q}_j = \left\{\boldsymbol{q}_j^d, \boldsymbol{q}_j^r\right\}$와 같이 표현된다.

동일한 방법으로, 전체좌표계에서 절점 i의 절점하중벡터는 $\boldsymbol{Q}_i^d = \{Q_1, Q_2, Q_3\}$, 절점모멘트하중벡터는 $\boldsymbol{Q}_i^r = \{Q_4, Q_5, Q_6\}$로 표현된다. 절점 i의 절점하중벡터는 $\boldsymbol{Q}_i = \left\{\boldsymbol{Q}_i^d, \boldsymbol{Q}_i^r\right\}$와 같이 표현된

다. 절점 j의 절점하중벡터는 $\boldsymbol{Q}_j^d = \{Q_7, Q_8, Q_9\}$, 절점모멘트하중벡터는 $\boldsymbol{Q}_j^r = \{Q_{10}, Q_{11}, Q_{12}\}$로 표현한다. 절점 j의 절점하중벡터는 $\boldsymbol{Q}_j = \{\boldsymbol{Q}_j^d, \boldsymbol{Q}_j^r\}$로 표현한다.

하나의 부재에 대한 절점하중벡터는 국부좌표계에서 $\boldsymbol{q}_e = \{\boldsymbol{q}_i, \boldsymbol{q}_j\}$, 전체좌표계에서 $\boldsymbol{Q}_e = \{\boldsymbol{Q}_i, \boldsymbol{Q}_j\}$로 표시할 수 있다. 좌표변환매트릭스 $\boldsymbol{T}_e$는 국부좌표계의 물리량을 전체좌표계의 물리량으로 변환시키는 매트릭스이다. 절점을 통과하는 3개의 직교좌표 방향의 물리량에 대한 좌표변환매트릭스를 $\boldsymbol{T}_0$로 표기하면 각 축에 대한 회전방향자유도 방향 자유도도 벡터이므로 모멘트하중에 대한 기본적인 좌표변환매트릭스 $\boldsymbol{T}_0$는 동일하다. 일반적으로 국부좌표계는 소문자, 전체좌표계는 대문자를 표시하자. 공간트러스 부재는 모멘트하중을 고려하지 않으나 입체라멘(Rahmen)부재는 모멘트하중까지를 포함하고 있다.

아래와 같은 연산절차에 따라, 국부좌표계의 부재절점하중벡터 $\boldsymbol{q}_e$는 좌표변환매트릭스 $\boldsymbol{T}_e$를 이용하여 전체좌표계의 부재절점하중벡터 $\boldsymbol{Q}_e$로 표현할 수 있다.

• 국부좌표계 : $\boldsymbol{q}_i^d = \begin{Bmatrix} q_1 \\ q_2 \\ q_2 \end{Bmatrix}, \boldsymbol{q}_i^r = \begin{Bmatrix} q_4 \\ q_5 \\ q_6 \end{Bmatrix}, \boldsymbol{q}_j^d = \begin{Bmatrix} q_7 \\ q_8 \\ q_9 \end{Bmatrix}, \boldsymbol{q}_j^r = \begin{Bmatrix} q_{10} \\ q_{11} \\ q_{12} \end{Bmatrix} \rightarrow \boldsymbol{q}_e = \begin{Bmatrix} \boldsymbol{q}_i^d \\ \boldsymbol{q}_i^d \\ \boldsymbol{q}_j^d \\ \boldsymbol{q}_j^r \end{Bmatrix}$

• 전체좌표계 : $\boldsymbol{Q}_i^d = \begin{Bmatrix} Q_1 \\ Q_2 \\ Q_2 \end{Bmatrix}, \boldsymbol{Q}_i^r = \begin{Bmatrix} Q_4 \\ Q_5 \\ Q_6 \end{Bmatrix}, \boldsymbol{Q}_j^d = \begin{Bmatrix} Q_7 \\ Q_8 \\ Q_9 \end{Bmatrix}, \boldsymbol{Q}_j^r = \begin{Bmatrix} Q_{10} \\ Q_{11} \\ Q_{12} \end{Bmatrix} \rightarrow \boldsymbol{Q}_e = \begin{Bmatrix} \boldsymbol{Q}_i^d \\ \boldsymbol{Q}_i^r \\ \boldsymbol{Q}_j^d \\ \boldsymbol{Q}_j^r \end{Bmatrix}$

• 좌표변환매트릭스 : $\boldsymbol{q}_e = \boldsymbol{T}_e \, \boldsymbol{Q}_e$ 또는 $\begin{Bmatrix} \boldsymbol{q}_i^d \\ \boldsymbol{q}_i^d \\ \boldsymbol{q}_j^d \\ \boldsymbol{q}_j^r \end{Bmatrix} = \begin{bmatrix} \boldsymbol{T}_0 & 0 & 0 & 0 \\ 0 & \boldsymbol{T}_0 & 0 & 0 \\ 0 & 0 & \boldsymbol{T}_0 & 0 \\ 0 & 0 & 0 & \boldsymbol{T}_0 \end{bmatrix} \begin{Bmatrix} \boldsymbol{Q}_i^d \\ \boldsymbol{Q}_i^r \\ \boldsymbol{Q}_j^d \\ \boldsymbol{Q}_j^r \end{Bmatrix}$

여기서 $\boldsymbol{T}_0 = \begin{bmatrix} l_{ox} & m_{ox} & n_{ox} \\ l_{oy} & m_{oy} & n_{oy} \\ l_{oz} & m_{oz} & n_{oz} \end{bmatrix}$

$$\begin{cases} l_{ox} = dX/L \\ l_{oy} = dY/L \\ l_{oz} = dZ/L \end{cases}$$

$$\begin{cases} dX = X_j - X_i \\ dY = Y_j - Y_i \\ dZ = Z_j - Z_i \end{cases}$$

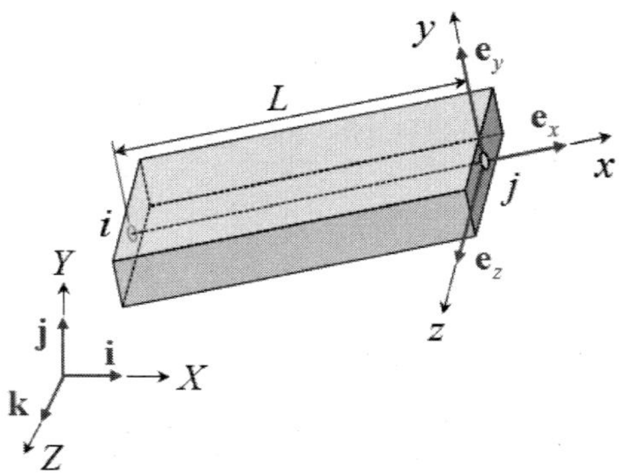

이 방법에서 부재의 양단 절점의 좌표로 l_{ox}, l_{oy}, l_{oz}는 쉽게 결정된다. 반면에 나머지 성분들은 어떻게 결정하는가를 주목하여야 한다. 첫째, 축 z, Z이 일치하는 경우 즉, z축이 XZ-면과 평행한 경우를 생각해 보자. 이때, 좌표변환을 다음과 같이 정의하자.

$$\begin{Bmatrix} x \\ y \\ z \end{Bmatrix} = \boldsymbol{T}_1 \begin{Bmatrix} X \\ Y \\ Z \end{Bmatrix}$$

둘째, 부재축 x를 중심으로 각 α만큼 회전시킨 경우는 다음과 같이 표현할 수 있다.

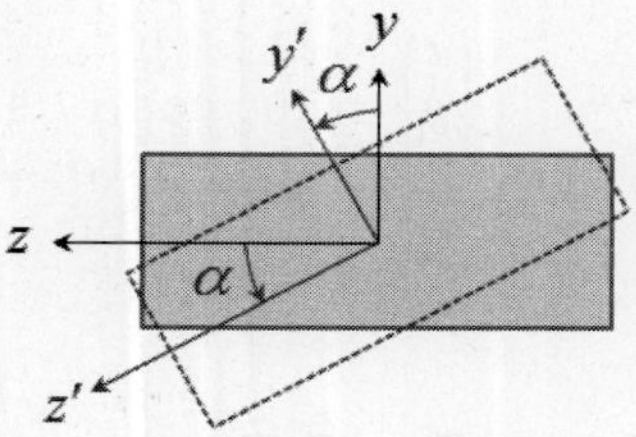

$$\begin{Bmatrix} x \\ y \\ z \end{Bmatrix} = \boldsymbol{T}_2 \begin{Bmatrix} X \\ Y \\ Z \end{Bmatrix} = \boldsymbol{T}_2\, \boldsymbol{T}_1 \begin{Bmatrix} X \\ Y \\ Z \end{Bmatrix} \rightarrow \boldsymbol{T} = \boldsymbol{T}_2\, \boldsymbol{T}_1$$

이 방법은 이상과 같은 2가지 형태의 좌표회전을 반복적으로 사용하는 방법이다. 그러나 이 방법은 비교적 간단한 좌표회전이므로 자세히 설명하지 않고 6단계 연산절차만을 소개하기로 한다.

1) 전체좌표계 (X, Y, Z)에 대하여 부재축 x의 방향여현 결정

$$dX = X_j - X_i\ ,\ dY = Y_j - Y_i\ ,\ dZ = Z_j - Z_i$$

$$L = \sqrt{dX^2 + dY^2 + dZ^2}\ ,\ l_{ox} = \frac{dX}{L}, l_{oy} = \frac{dY}{L}, l_{oz} = \frac{dZ}{L}$$

2) z축과 평행한 기저벡터 $\boldsymbol{e}_z$는 Y축과 평행한 기저벡터 $\boldsymbol{j}$와 x축과 평행한 기저벡터 $\boldsymbol{e}_x$와 수직하다는 조건을 적용한다.

$$\boldsymbol{e}_z = \frac{\boldsymbol{e}_x \times \boldsymbol{j}}{\|\boldsymbol{e}_x \times \boldsymbol{j}\|} = \frac{1}{d}\begin{vmatrix} \boldsymbol{i} & \boldsymbol{j} & \boldsymbol{k} \\ l_{ox} & l_{oy} & l_{oz} \\ 0 & 1 & 0 \end{vmatrix} = \frac{-\boldsymbol{i}\, l_{oz} + \boldsymbol{k}\, l_{ox}}{d}\ ;\ d = \sqrt{l_{ox}^2 + n_{ox}^2}$$

$$l_{ox} = -\frac{n_{ox}}{d}\ ,\ m_{oz} = 0\ ,\ n_{oz} = \frac{l_{ox}}{d}$$

3) y축(기저벡터 $\boldsymbol{e}_y$)은 x (기저벡터 $\boldsymbol{e}_x$)와 z축(기저벡터 $\boldsymbol{e}_z$)과 수직하다는 조건을 적용한다.

$$\boldsymbol{e}_y = \boldsymbol{e}_z \times \boldsymbol{e}_x = \begin{vmatrix} \boldsymbol{i} & \boldsymbol{j} & \boldsymbol{k} \\ l_{oz} & -m_{oz} & n_{oz} \\ l_{ox} & m_{ox} & n_{ox} \end{vmatrix} = \frac{1}{d}\left\{(-l_{ox} m_{ox})\boldsymbol{i} - (-n_{ox}^2 - l_{ox}^2)\boldsymbol{j} + (-m_{ox} n_{ox})\boldsymbol{k}\right\}$$

전체좌표계 (X, Y, Z)에 대한 z축의 방향여현

$$l_{oy} = -\frac{l_{ox} m_{ox}}{d}, \; m_{oy} = \frac{n_{ox}^2 + l_{ox}^2}{d}, \; n_{oy} = -\frac{m_{ox} n_{ox}}{d}$$

4) 첫번째 변환매트릭스

$$\boldsymbol{T}_1 = \begin{bmatrix} l_{ox} & m_{ox} & n_{ox} \\ l_{oy} & m_{oy} & n_{oy} \\ l_{oz} & m_{oz} & n_{oz} \end{bmatrix} = \begin{bmatrix} l_{ox} & m_{ox} & n_{ox} \\ -(l_{ox} m_{ox})/d & (n_{ox}^2 + l_{ox}^2)/d & -(m_{ox} n_{ox})/d \\ -n_{ox}/d & 0 & l_{ox}/d \end{bmatrix}$$

5) 두번째 변환매트릭스

$$\begin{Bmatrix} x \\ y \\ z \end{Bmatrix} = \begin{bmatrix} 1 & 0 & 0 \\ 0 & \cos\alpha & \sin\alpha \\ 0 & -\sin\alpha & \cos\alpha \end{bmatrix} \begin{Bmatrix} x' \\ y' \\ z' \end{Bmatrix} = \boldsymbol{T}_2 \begin{Bmatrix} x' \\ y' \\ z' \end{Bmatrix} \quad ; \quad \boldsymbol{T}_2 = \begin{bmatrix} 1 & 0 & 0 \\ 0 & \cos\alpha & \sin\alpha \\ 0 & -\sin\alpha & \cos\alpha \end{bmatrix}$$

6) 전체 변환매트릭스

$$\boldsymbol{T} = \boldsymbol{T}_2 \boldsymbol{T}_1 = \begin{bmatrix} 1 & 0 & 0 \\ 0 & \cos\alpha & \sin\alpha \\ 0 & -\sin\alpha & \cos\alpha \end{bmatrix} \begin{bmatrix} l_{ox} & m_{ox} & n_{ox} \\ -(l_{ox} m_{ox})/d & (n_{ox}^2 + l_{ox}^2)/d & -(m_{ox} n_{ox})/d \\ -n_{ox}/d & 0 & l_{ox}/d \end{bmatrix}$$

$$= \begin{bmatrix} l_{ox} & m_{ox} & n_{ox} \\ -\frac{l_{ox} m_{ox}}{d}\cos\alpha - \frac{n_{oz}}{d}\sin\alpha & \frac{n_{ox}^2 + l_{ox}^2}{d}\cos\alpha & -\frac{m_{ox} n_{ox}}{d}\cos\alpha + \frac{l_{ox}}{d}\sin\alpha \\ \frac{l_{ax} m_{ax}}{d}\sin\alpha - \frac{n_{ox}}{d}\cos\alpha & -\frac{n_{ox}^2 + l_{ox}^2}{d}\sin\alpha & \frac{m_{ox} n_{ox}}{d}\sin\alpha + \frac{l_{ox}}{d}\cos\alpha \end{bmatrix}$$

만일 $\alpha = 0 \rightarrow \boldsymbol{T} = \begin{bmatrix} l_{ox} & m_{ox} & n_{ox} \\ -\frac{l_{ox} m_{ox}}{d} & \frac{n_{ox}^2 + l_{ox}^2}{d} & -\frac{m_{ox} n_{ox}}{d} \\ -\frac{n_{ox}}{d} & 0 & \frac{l_{ox}}{d} \end{bmatrix}$

(4) 부재단면약축과 부재축이 이루는 평면에 가상절점지정

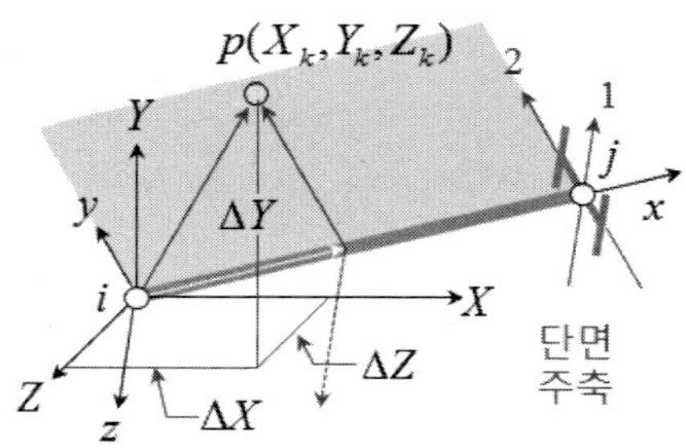

부재단면의 주축을 (1,2)라고 하자. 여기서 주축 1은 강축이며 주축 2는 약축을 나타낸다. 국부좌표계의 축 y를 약축과 일치하게 선택하자. 부재축 x와 약축 2(y축)가 이루는 평면에 수직한 축이 z축이 된다. 국부좌표계의 3개의 축 x, y, z의 기저벡터를 각각 $\boldsymbol{e}_x, \boldsymbol{e}_y, \boldsymbol{e}_z$이라고 하면 전체좌표계의 기저벡터 $\boldsymbol{i}, \boldsymbol{j}, \boldsymbol{k}$와 아래와 같은 관계식이 성립된다고 가정하자. 기저벡터의 성분들은 절점의 기본적인 좌표변환매트릭스 $\boldsymbol{T}_0$를 구성한다. 또한 기저벡터 $\boldsymbol{e}_z$는 $\boldsymbol{e}_x$와 $\boldsymbol{e}_y$의 외적으로 표현되며 각 성분은 아래와 같은 관계식이 성립한다. 기저벡터 $\boldsymbol{e}_x, \boldsymbol{e}_y$의 성분들 c_x, c_y, c_z와 c_{21}, c_{22}, c_{23}으로부터 기저벡터 $\boldsymbol{e}_z$의 성분 c_{31}, c_{32}, c_{33}을 결정할 수 있다.

• 기저벡터와 기본절점 좌표변환매트리스

$$\begin{cases} \boldsymbol{e}_x = c_{11}\boldsymbol{i} + c_{12}\boldsymbol{j} + c_{13}\boldsymbol{k} = (c_x\ ,\ c_y\ ,\ c_z) \\ \boldsymbol{e}_y = c_{21}\boldsymbol{i} + c_{22}\boldsymbol{j} + c_{23}\boldsymbol{k} = (c_{21}\ ,\ c_{22}\ ,\ c_{23}) \\ \boldsymbol{e}_z = c_{31}\boldsymbol{i} + c_{32}\boldsymbol{j} + c_{33}\boldsymbol{k} = (c_{21}\ ,\ c_{32}\ ,\ c_{33}) \end{cases} \rightarrow \boldsymbol{T}_0 = \begin{bmatrix} c_{11} & c_{12} & c_{13} \\ c_{21} & c_{22} & c_{23} \\ c_{31} & c_{32} & c_{33} \end{bmatrix} = \begin{bmatrix} c_x & c_y & c_z \\ c_{21} & c_{22} & c_{23} \\ c_{31} & c_{32} & c_{33} \end{bmatrix}$$

• 기저벡터의 성분

$$\boldsymbol{e}_z = \boldsymbol{e}_x \times \boldsymbol{e}_y = \begin{vmatrix} \boldsymbol{i} & \boldsymbol{j} & \boldsymbol{k} \\ c_{11} & c_{12} & c_{13} \\ c_{21} & c_{22} & c_{23} \end{vmatrix} = \begin{vmatrix} \boldsymbol{i} & \boldsymbol{j} & \boldsymbol{k} \\ c_x & c_y & c_z \\ c_{21} & c_{22} & c_{23} \end{vmatrix} = c_{31}\boldsymbol{i} + c_{32}\boldsymbol{j} + c_{33}\boldsymbol{k}$$
$$= (c_{12}c_{23} - c_{13}c_{22})\boldsymbol{i} + (c_{13}c_{21} - c_{11}c_{23})\boldsymbol{j} + (c_{11}c_{22} - c_{12}c_{21})\boldsymbol{k}$$
$$= (c_y c_{23} - c_z c_{22})\boldsymbol{i} + (c_z c_{21} - c_x c_{23})\boldsymbol{j} + (c_x c_{22} - c_y c_{21})\boldsymbol{k}$$

$$\begin{cases} c_{31} = (c_{12}c_{23} - c_{13}c_{22}) = (c_y c_{23} - c_z c_{22}) \\ c_{32} = (c_{13}c_{21} - c_{11}c_{23}) = (c_z c_{21} - c_x c_{23}) \\ c_{33} = (c_{11}c_{22} - c_{12}c_{21}) = (c_x c_{22} - c_y c_{21}) \end{cases}$$

＊ 국부좌표계에서 기저벡터 $\boldsymbol{e}_z$의 방향여현 결정

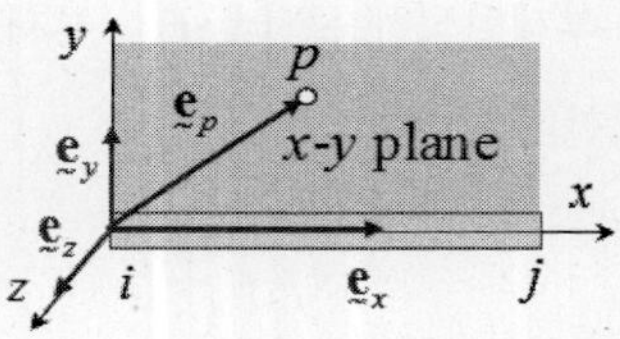

기저벡터 $\boldsymbol{e}_x$의 성분은 부재양단 절점좌표로부터 쉽게 계산되므로 기저벡터 $\boldsymbol{e}_y$를 어떻게 가정하는가를 고민할 필요가 있다. 단면의 약축을 포함하는 xy 면의 가상절점 p의 국부좌표계 좌표 $p(x_k, y_k, z_k)$를 기지의 값으로 가정하자.

$$\boldsymbol{e}_z = \boldsymbol{e}_x \times \boldsymbol{e}_p = (\cos\theta_{zX}, \cos\theta_{zY}, \cos\theta_{zZ})$$
$$= \frac{z_x}{|z|}\boldsymbol{i} + \frac{z_y}{|z|}\boldsymbol{j} + \frac{z_z}{|z|}\boldsymbol{k} = \begin{vmatrix} \boldsymbol{i} & \boldsymbol{j} & \boldsymbol{k} \\ dx & dy & dz \\ \Delta x & \Delta y & \Delta z \end{vmatrix}$$

새로운 계수를 다음과 같이 정의하자.

$$\begin{cases} dx = x_j - x_i \\ dy = y_j - y_i \\ dz = z_j - z_i \end{cases},\ \begin{cases} \Delta x = x_p - x_i \\ \Delta y = y_p - y_i \\ \Delta z = z_p - z_i \end{cases},\ \begin{cases} z_x = dy\,\Delta z - dz\,\Delta y \\ z_y = dz\,\Delta x - dx\,\Delta z \\ z_z = dx\,\Delta y - dy\,\Delta z \end{cases}$$

그러므로 기저벡터 $\boldsymbol{e}_z$의 방향여현은 다음과 같다.

$$\cos\theta_{zX} = \frac{z_x}{|z|}, \cos\theta_{zY} = \frac{z_y}{|z|}, \cos\theta_{zZ} = \frac{z_z}{|z|}\ ;\ |z| = \sqrt{z_x^2 + z_y^2 + z_z^2}$$

✻ 국부좌표계에서 기저벡터 $\boldsymbol{e}_y$ 의 방향여현 결정

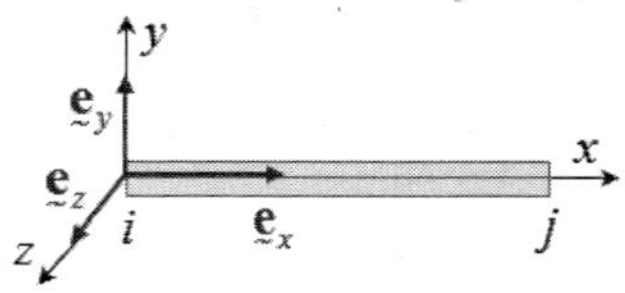

마찬가지 방법으로 기저벡터 $\boldsymbol{e}_y$ 의 방향여현은 다음과 같다.

$$\begin{aligned}\boldsymbol{e}_y = \boldsymbol{e}_z \times \boldsymbol{e}_x &= \frac{y_x}{|y|}\boldsymbol{i} + \frac{y_y}{|y|}\boldsymbol{j} + \frac{y_z}{|y|}\boldsymbol{k} \\ &= (\cos\theta_{yX},\ \cos\theta_{yY},\ \cos\theta_{yZ}) \\ &= \begin{vmatrix} \boldsymbol{i} & \boldsymbol{j} & \boldsymbol{k} \\ \cos\theta_{zX} & \cos\theta_{zY} & \cos\theta_{zZ} \\ \cos\theta_{xX} & \cos\theta_{xY} & \cos\theta_{xZ} \end{vmatrix}\end{aligned}$$

$$\begin{cases} y_x = \cos\theta_{zY}\cos\theta_{xZ} - \cos\theta_{zZ}\cos\theta_{xY} \\ y_y = \cos\theta_{zZ}\cos\theta_{xX} - \cos\theta_{zX}\cos\theta_{xZ} \\ y_z = \cos\theta_{zX}\cos\theta_{xY} - \cos\theta_{zY}\cos\theta_{xX} \end{cases}$$

$$\cos\theta_{yX} = \frac{y_x}{|y|},\ \cos\theta_{yY} = \frac{y_y}{|y|},\ \cos\theta_{yZ} = \frac{y_z}{|y|}\ ;\quad |y| = \sqrt{y_x^2 + y_y^2 + y_z^2}$$

[4] 부재강성도매트릭스(Member Stiffness Matrix)

(1) 국부좌표계의 부재강성도매트릭스

부재절점하중벡터 $\boldsymbol{f}_e$, 부재절점변위벡터 $\boldsymbol{d}_e$, 부재강성도매트릭스 $\boldsymbol{k}_e$ 라고 정의하면 $\boldsymbol{f}_e = \boldsymbol{k}_e \boldsymbol{d}_e$ 이 성립한다.

$$\boldsymbol{f}_e = \begin{Bmatrix} \boldsymbol{f}_i^e \\ \boldsymbol{f}_j^e \end{Bmatrix} = \begin{Bmatrix} f_{xi} \\ f_{yi} \\ f_{zi} \\ f_{xj} \\ f_{yj} \\ f_{zj} \end{Bmatrix},\quad \boldsymbol{d}_e = \begin{Bmatrix} \boldsymbol{d}_i^e \\ \boldsymbol{d}_j^e \end{Bmatrix} = \begin{Bmatrix} d_{xi} \\ d_{yi} \\ d_{zi} \\ d_{xj} \\ d_{yj} \\ d_{zj} \end{Bmatrix}$$

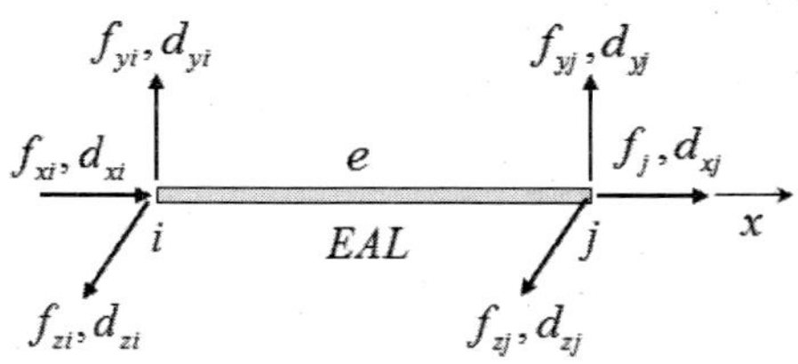

$$\boldsymbol{k}_e = \frac{EA}{L}\begin{bmatrix} 1 & 0 & 0 & -1 & 0 & 0 \\ 0 & 0 & 0 & 0 & 0 & 0 \\ 0 & 0 & 0 & 0 & 0 & 0 \\ -1 & 0 & 0 & 1 & 0 & 0 \\ 0 & 0 & 0 & 0 & 0 & 0 \\ 0 & 0 & 0 & 0 & 0 & 0 \end{bmatrix} \rightarrow \boldsymbol{f}_e = \boldsymbol{k}_e \boldsymbol{d}_e$$

(2) 전체좌표계의 부재강성도매트릭스

전체좌표계에서 좌표변환매트릭스 $\boldsymbol{T}_e$, 부재강성도매트릭스 $\boldsymbol{K}_e$, 부재절점변위벡터 $\boldsymbol{D}_e$, 부재절점하중벡터 $\boldsymbol{F}_e$ 라고 하자. 전체좌표계에서 $\boldsymbol{D}_e$ 와 $\boldsymbol{F}_e$ 에 대한 표기는 대문자를 사용하는 차이만 있고 표기순서

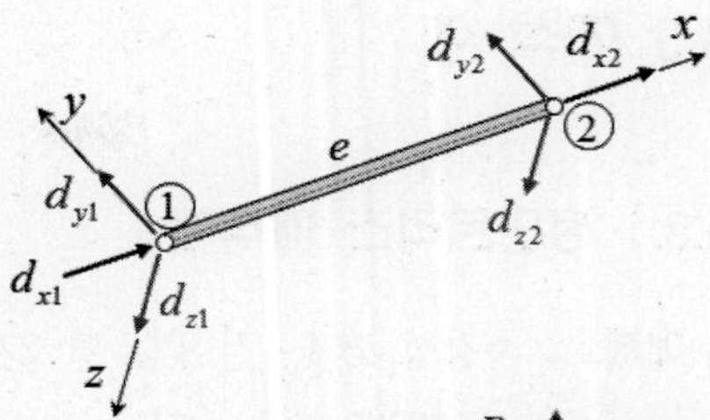

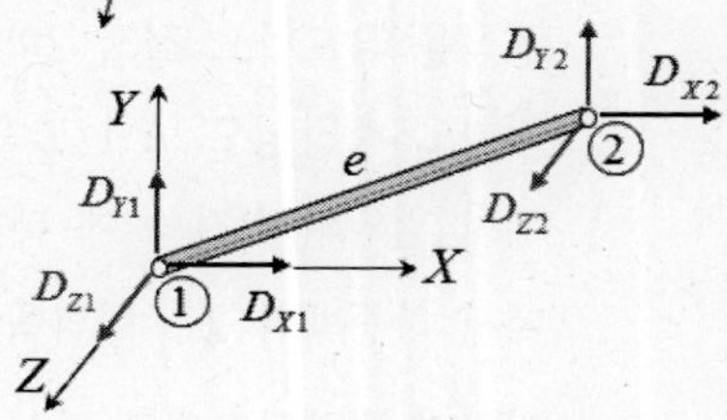

와 방법이 동일하다. 좌표변환매트릭스 $\boldsymbol{T}_e$와 전체좌표계의 부재하중벡터와 부재변위벡터를 곱하면 국부좌표계의 부재하중벡터와 부재변위벡터를 얻게 된다. 여기서 좌표변환매트릭스 $\boldsymbol{T}_e$는 기본 좌표변환매트릭스 $\boldsymbol{T}_0$를 성분으로 한다. 또한, 전체좌표계의 강성도매트릭스 $\boldsymbol{K}_e$는 $\boldsymbol{T}_e$와 $\boldsymbol{k}_e$의 2차 형식으로 표현된다. 아래첨자 G는 전체좌표계를 나타내고 아래첨자 a는 변위가 발생하는 자유도이며 b는 변위가 구속된 자유도를 나타낸다.

- 좌표변환매트릭스 : $\boldsymbol{T}_e = \begin{bmatrix} \boldsymbol{T}_0 & \boldsymbol{0} \\ \boldsymbol{0} & \boldsymbol{T}_0 \end{bmatrix}$

  여기서 $\boldsymbol{T}_0 = \begin{bmatrix} \cos\theta_{xX} & \cos\theta_{xY} & \cos\theta_{zZ} \\ \cos\theta_{yX} & \cos\theta_{yY} & \cos\theta_{yZ} \\ \cos\theta_{zX} & \cos\theta_{zY} & \cos\theta_{zZ} \end{bmatrix}$

- 부재절점변위벡터와 부재절점하중벡터 : $\boldsymbol{d}_e = \boldsymbol{T}_e \boldsymbol{D}_e$, $\boldsymbol{f}_e = \boldsymbol{T}_e \boldsymbol{F}_e$
- 부재강성도매트릭스 : $\boldsymbol{K}_e = \boldsymbol{T}_e^T \boldsymbol{k}_e \boldsymbol{T}_e$
- 부재의 평형방정식 : $\boldsymbol{F}_e = \boldsymbol{K}_e \boldsymbol{D}_e$; $\boldsymbol{F}_e = \boldsymbol{T}_e^T \boldsymbol{f}_e = \boldsymbol{T}_e^T \boldsymbol{k}_e \boldsymbol{d}_e = \boldsymbol{T}_e^T \boldsymbol{k}_e \boldsymbol{T}_e \boldsymbol{D}_e = \boldsymbol{K}_e \boldsymbol{D}_e$
- 전체구조의 강성도매트릭스 : $\boldsymbol{K}_G = \sum_e^n \boldsymbol{K}_e = \begin{bmatrix} \boldsymbol{K}_{aa} & \boldsymbol{K}_{ab} \\ \boldsymbol{K}_{ab}^T & \boldsymbol{K}_{bb} \end{bmatrix} = \begin{bmatrix} \boldsymbol{K} & \boldsymbol{K}_{ab} \\ \boldsymbol{K}_{ab}^T & \boldsymbol{K}_{bb} \end{bmatrix}$; $\boldsymbol{K}_{aa} = \boldsymbol{K}$

  전체구조의 하중벡터 $\boldsymbol{F}_G = \begin{Bmatrix} \boldsymbol{F}_a \\ \boldsymbol{F}_b \end{Bmatrix} = \begin{Bmatrix} \boldsymbol{F} \\ \boldsymbol{F}_b \end{Bmatrix}$, 전체구조의 변위벡터 $\boldsymbol{D}_G = \begin{Bmatrix} \boldsymbol{D}_a \\ \boldsymbol{D}_b \end{Bmatrix} = \begin{Bmatrix} \boldsymbol{D} \\ \boldsymbol{D}_b \end{Bmatrix}$

- 전체구조에 대한 평형방정식 $\boldsymbol{F}_G = \boldsymbol{K}_e \boldsymbol{D}_e$, $\begin{Bmatrix} \boldsymbol{F} \\ \boldsymbol{F}_b \end{Bmatrix} = \begin{bmatrix} \boldsymbol{K} & \boldsymbol{K}_{ab} \\ \boldsymbol{K}_{ab}^T & \boldsymbol{K}_{bb} \end{bmatrix} \begin{Bmatrix} \boldsymbol{D} \\ \boldsymbol{D}_b \end{Bmatrix}$, $\begin{cases} \boldsymbol{F} = \boldsymbol{K}\boldsymbol{D} + \boldsymbol{K}_{ab}\boldsymbol{D}_b \\ \boldsymbol{F}_b = \boldsymbol{K}_{ab}^T \boldsymbol{D} + \boldsymbol{K}_{bb}\boldsymbol{D}_b \end{cases}$
- 경계조건 적용과 변위계산 : 만일 $\boldsymbol{D}_b = \boldsymbol{0}$이면 $\boldsymbol{F} = \boldsymbol{K}\boldsymbol{D} \rightarrow \hat{\boldsymbol{D}} = \boldsymbol{K}^{-1}\boldsymbol{F}$

  만일 $\boldsymbol{D}_b \neq \boldsymbol{0}$인 기지의 값이면 $\boldsymbol{K}\boldsymbol{D} = \boldsymbol{F} - \boldsymbol{K}_{ab}\boldsymbol{D}_b \rightarrow \hat{\boldsymbol{D}} = \boldsymbol{K}^{-1}(\boldsymbol{F} - \boldsymbol{K}_{ab}\boldsymbol{D}_b)$

  여기서 hat (ˆ)은 계산된 결과를 의미한다.

- 반력계산 : $\boldsymbol{F}_b = \boldsymbol{K}_{ab}^T \hat{\boldsymbol{D}} + \boldsymbol{K}_{bb}\boldsymbol{D}_b = \boldsymbol{K}_{ab}^T \boldsymbol{K}^{-1}(\boldsymbol{F} - \boldsymbol{K}_{ab}\boldsymbol{D}_b) + \boldsymbol{K}_{bb}\boldsymbol{D}_b$
- 부재력계산 : $\hat{\boldsymbol{D}}$로부터 $\hat{\boldsymbol{D}}_e$를 추출 → $\boldsymbol{F}_e = \boldsymbol{K}_e \hat{\boldsymbol{D}}_e$

5.3 해석 예

5.3.1 평면트러스 해석예

예제1 : 축강성 EA, 길이 L 인 2개의 부재로 구성된 대칭 평면트러스구조가 있다. 구조계의 평형방정식을 유도하고 절점 2의 변위를 계산하자. 연산기호를 축약하여 $c=\cos\theta, s=\sin\theta$ 로 표기하고 축강성도 EA/L을 k로 표기하자. 기본이론에서 자세히 기술하였으므로 국부좌표계에서 임의의 부재 e에 대하여 하중벡터 $\boldsymbol{f}_e$, 변위벡터 $\boldsymbol{d}_e$, 강성도매트릭스 $\boldsymbol{k}_e$ 와 전체좌표계에서 하중벡터 $\boldsymbol{F}$, 변위벡터 $\boldsymbol{D}_e$, 강성도매트릭스 $\boldsymbol{K}_e$, 좌표변환매트릭스 $\boldsymbol{T}_e$ 은 동일하게 표기하며 전체좌표계의 강성도매트릭스는 $\boldsymbol{K}_e = \boldsymbol{T}_e^T \boldsymbol{k}_e \boldsymbol{T}_e$ 와 같다. 각 부재의 기울기 θ는 전체좌표계의 수평축 X과 부재축 x이루는 반시계방향 각도를 나타낸다. 부재 1,2는 시작절점이 1, 종료절점이 2라는 의미이다. 마찬가지로 부재 3,2는 시작절점이 3, 종료절점이 2라는 의미가 된다. 부재 1,2의 기울기가 θ이며 부재 3,2의 기울기는 $\pi-\theta$가 된다. 연산과정은 자세히 설명하였으므로 각 부재의 강성도매트릭스 $\boldsymbol{K}_e$를 직접 사용하기로 한다.

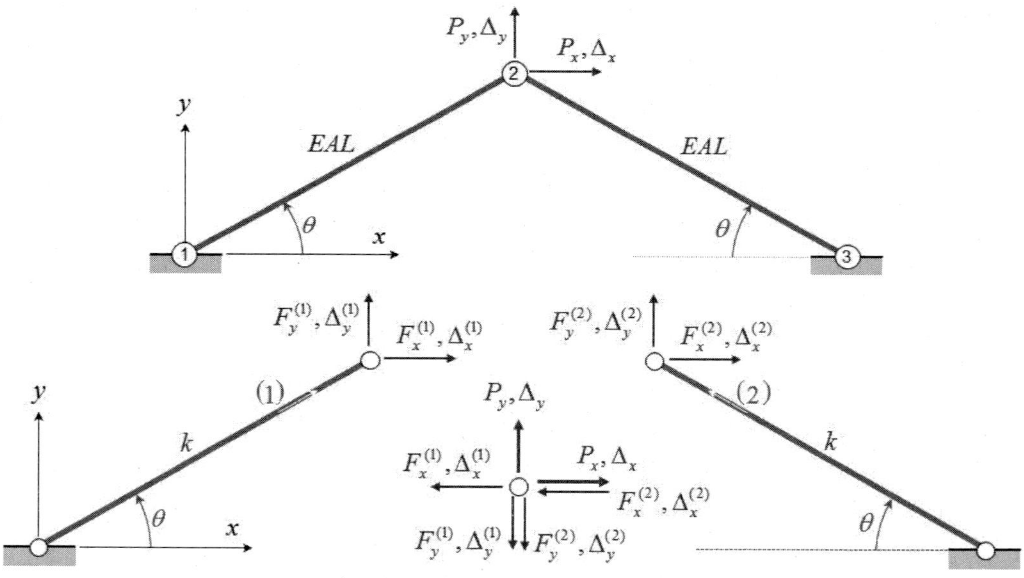

부재	시작절점	종료절점	기울기	축강성	길이	부재자유도
1,2	1	2	θ	EA	L	4
3,2	3	2	$\pi-\theta$	EA	L	4

• 전체좌표계에서 부재 1,2의 강성도매트릭스 : $\begin{Bmatrix} F_X^{(1)} \\ F_Y^{(1)} \\ F_X^{(2)} \\ F_Y^{(2)} \end{Bmatrix} = k \begin{bmatrix} c^2 & cs & -c^2 & -cs \\ cs & s^2 & -cs & -s^2 \\ -c^2 & -cs & c^2 & cs \\ -cs & -s^2 & cs & s^2 \end{bmatrix} \begin{Bmatrix} \Delta_X^{(1)} \\ \Delta_Y^{(1)} \\ \Delta_X^{(2)} \\ \Delta_Y^{(2)} \end{Bmatrix}$

• 전체좌표계에서 부재 3,2의 강성도매트릭스 : $\begin{Bmatrix} F_X^{(3)} \\ F_Y^{(3)} \\ F_X^{(2)} \\ F_Y^{(2)} \end{Bmatrix} = k \begin{bmatrix} c^2 & -cs & -c^2 & cs \\ -cs & s^2 & cs & -s^2 \\ -c^2 & -cs & c^2 & -cs \\ cs & -s^2 & -cs & s^2 \end{bmatrix} \begin{Bmatrix} \Delta_X^{(3)} \\ \Delta_Y^{(3)} \\ \Delta_X^{(2)} \\ \Delta_Y^{(2)} \end{Bmatrix}$

부재의 시작절점 3, 종료절점 2로 선택하였으므로 수평축과 부재가 이루는 기울기는 $\pi-\theta$이다.

$$\therefore \quad \cos(\pi-\theta) = -\cos\theta\ ,\ \sin(\pi-\theta) = \sin\theta$$

• 부재 1,2의 자유도와 부재 3,2의 자유도가 다르므로 전체 자유도에 해당하는 성분들을 산술합하고 자유도가 없으면 0으로 대체하면 된다. 전체 구조계의 평형방정식은 다음과 같다.

$$\begin{Bmatrix} F_X^{(1)} \\ F_Y^{(1)} \\ F_X^{(2)} \\ F_Y^{(2)} \\ F_X^{(3)} \\ F_Y^{(3)} \end{Bmatrix} = k \begin{bmatrix} c^2 & cs & -c^2 & -cs & 0 & 0 \\ cs & s^2 & -cs & -s^2 & 0 & 0 \\ -c^2 & -cs & c^2+c^2 & cs-cs & -c^2 & -cs \\ -cs & -s^2 & cs-cs & s^2+s^2 & cs & -s^2 \\ 0 & 0 & -c^2 & cs & c^2 & -cs \\ 0 & 0 & -cs & -s^2 & -cs & s^2 \end{bmatrix} \begin{Bmatrix} \Delta_X^{(1)} \\ \Delta_Y^{(1)} \\ \Delta_X^{(2)} \\ \Delta_Y^{(2)} \\ \Delta_X^{(3)} \\ \Delta_Y^{(3)} \end{Bmatrix}$$

• 경계조건 $\Delta_x^{(1)} = \Delta_Y^{(1)} = \Delta_x^{(3)} = \Delta_Y^{(3)} = 0$을 대입하여 매트릭스방정식을 재정리

$$\begin{Bmatrix} F_X^{(2)} \\ F_Y^{(2)} \end{Bmatrix} = k \begin{bmatrix} 2c^2 & 0 \\ 0 & 2s^2 \end{bmatrix} \begin{Bmatrix} \Delta_X^{(2)} \\ \Delta_Y^{(2)} \end{Bmatrix} = 2k \begin{bmatrix} c^2 & 0 \\ 0 & s^2 \end{bmatrix} \begin{Bmatrix} \Delta_X^{(2)} \\ \Delta_Y^{(2)} \end{Bmatrix} \rightarrow \begin{Bmatrix} P_x \\ P_y \end{Bmatrix} = \frac{2EA}{L} \begin{bmatrix} c^2 & 0 \\ 0 & s^2 \end{bmatrix} \begin{Bmatrix} \Delta_x \\ \Delta_y \end{Bmatrix}$$

• 변위결정 : $\begin{Bmatrix} \Delta_x \\ \Delta_y \end{Bmatrix} = \dfrac{L}{2EA} \begin{bmatrix} 1/c^2 & 0 \\ 0 & 1/s^2 \end{bmatrix} \begin{Bmatrix} P_x \\ P_y \end{Bmatrix}$ 또는 $\Delta_x = \dfrac{P_x L}{2c^2 EA}\ ,\ \Delta_y = \dfrac{P_y L}{2s^2 EA}$

• 반력결정 : $\begin{Bmatrix} F_X^{(1)} \\ F_Y^{(1)} \end{Bmatrix} = \dfrac{EA}{L} \begin{bmatrix} -c^2 & -cs \\ -cs & -s^2 \end{bmatrix} \begin{Bmatrix} \Delta_x \\ \Delta_y \end{Bmatrix},\ \begin{Bmatrix} F_X^{(3)} \\ F_Y^{(3)} \end{Bmatrix} = k \begin{bmatrix} -c^2 & cs \\ cs & -s^2 \end{bmatrix} \begin{Bmatrix} \Delta_x \\ \Delta_y \end{Bmatrix}$

• 부재력결정 : $\boldsymbol{f}_e = \begin{Bmatrix} f_x^a \\ f_y^a \\ f_x^b \\ f_y^b \end{Bmatrix} = \boldsymbol{k}_e \boldsymbol{d}_e = \boldsymbol{k}_e \boldsymbol{T}_0^{(e)} \boldsymbol{D}_e = \dfrac{EA}{L} \begin{bmatrix} 1 & 0 & -1 & 0 \\ 0 & 0 & 0 & 0 \\ -1 & 0 & 1 & 0 \\ 0 & 0 & 0 & 0 \end{bmatrix} \begin{bmatrix} c & s & 0 & 0 \\ -s & c & 0 & 0 \\ 0 & 0 & c & s \\ 0 & 0 & -s & c \end{bmatrix} \begin{Bmatrix} \Delta_x^a \\ \Delta_y^a \\ \Delta_x^b \\ \Delta_y^b \end{Bmatrix}$

$= \dfrac{EA}{L} \begin{bmatrix} c & s & -c & -s \\ 0 & 0 & 0 & 0 \\ -c & -s & c & s \\ 0 & 0 & 0 & 0 \end{bmatrix} \begin{Bmatrix} \Delta_x^a \\ \Delta_y^a \\ \Delta_x^b \\ \Delta_y^b \end{Bmatrix}$에 의하여 부재력 산정(산정과정 생략)

예제2 : 부재 ba, da는 길이가 L, 수직부재 ca는 $L\sin\theta$이고 축강성 EA인 3개 부재로 구성된 평면트러스구조의 절점 a에 연직하중 P가 작용하고 있다. 부재 ba는 수평축을 기준하여 반시계방향 기울기 θ로 배치되고 부재 da는 시계방향 기울기 θ로 배치된 대칭구조이다. 부재의 개수는 3개, 절점의 총수는 4개이며 절점당 2개의 자유도를 나타낸다. 따라서 8개인 전체구조의 자유도는 6개의 구속된 자유도($\Delta_X^b = \Delta_Y^b = \Delta_X^c = \Delta_Y^c = \Delta_X^d = \Delta_Y^d = 0$)를 제외하면, 지배방정식은 (2×2)의 매트릭스 방정식이 된다. 예제1과 같이, 국부좌표계로 표현한 부재의 절점변위벡터 $\boldsymbol{d}_e$, 절점하중벡터 $\boldsymbol{f}_e$, 강성도매트릭스 $\boldsymbol{k}_e$, 좌표변환매트릭스 $\boldsymbol{T}_e$는 생략하고 전체좌표계로 변환된 강성도매트릭스 $\boldsymbol{K}_e$를 중점적으로 설명하기로 한다.

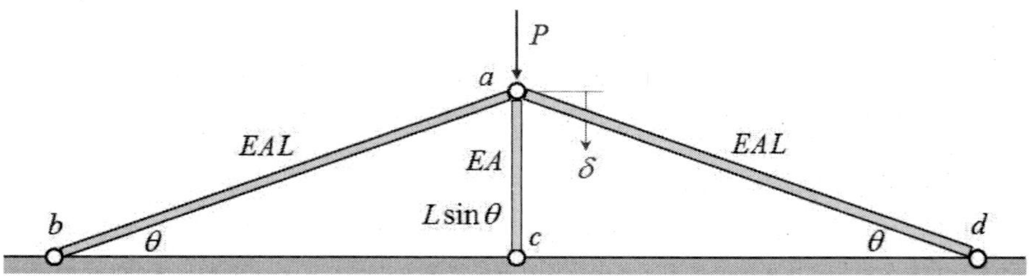

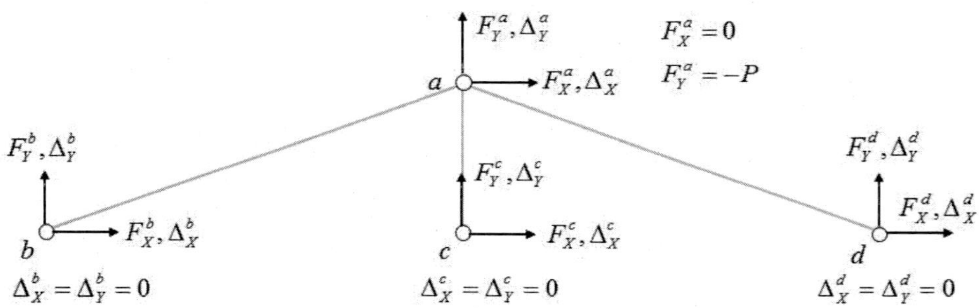

부재	시작절점	종료절점	기울기	축강성	길이	부재자유도
ba	b	a	θ	EA	L	4
ca	c	a	$\pi/2$	EA	L	4
da	d	a	$\pi-\theta$	EA	$L\sin\theta$	4

• 부재 ba : $\begin{Bmatrix} F_X^b \\ F_Y^b \\ F_X^a \\ F_Y^a \end{Bmatrix} = \dfrac{EA}{L}\begin{bmatrix} c^2 & cs & -c^2 & -cs \\ cs & s^2 & -cs & -s^2 \\ -c^2 & -cs & c^2 & cs \\ -cs & -s^2 & cs & s^2 \end{bmatrix}\begin{Bmatrix} \Delta_X^b \\ \Delta_Y^b \\ \Delta_X^a \\ \Delta_Y^a \end{Bmatrix}$; $\begin{cases} c = \cos\theta \\ s = \sin\theta \end{cases}$

• 부재 ca :
$$\begin{Bmatrix} F_X^c \\ F_Y^c \\ F_X^a \\ F_Y^a \end{Bmatrix} = \frac{EA}{L}\begin{bmatrix} 0 & 0 & 0 & 0 \\ 0 & 1 & 0 & 0 \\ 0 & 0 & 0 & 0 \\ 0 & -1 & 0 & 1 \end{bmatrix}\begin{Bmatrix} \Delta_X^c \\ \Delta_Y^c \\ \Delta_X^a \\ \Delta_Y^a \end{Bmatrix} \quad ; \begin{cases} c = \cos\dfrac{\pi}{2} = 0 \\ s = \sin\dfrac{\pi}{2} = 1 \end{cases}$$

• 부재 da :
$$\begin{Bmatrix} F_X^d \\ F_Y^d \\ F_X^a \\ F_Y^a \end{Bmatrix} = \frac{EA}{L}\begin{bmatrix} c^2 & -cs & -c^2 & cs \\ -cs & s^2 & cs & -s^2 \\ -c^2 & cs & c^2 & -cs \\ cs & -s^2 & -cs & s^2 \end{bmatrix}\begin{Bmatrix} \Delta_X^d \\ \Delta_Y^d \\ \Delta_X^a \\ \Delta_Y^a \end{Bmatrix} \quad ; \begin{cases} \cos(\pi-\theta) = -\cos\theta \\ \sin(\pi-\theta) = \sin\theta \end{cases}$$

• 모든 부재강도매트릭스를 조합, 경계조건 대입 → 지배 매트릭스방정식 산정 → 변위계산
$$\begin{Bmatrix} F_X^a \\ F_Y^a \end{Bmatrix} = \begin{Bmatrix} 0 \\ -P \end{Bmatrix} = \frac{EA}{Ls}\begin{bmatrix} 2c^2 s & 0 \\ 0 & 2s^3+1 \end{bmatrix}\begin{Bmatrix} \Delta_X^a \\ \Delta_Y^a \end{Bmatrix} \rightarrow \begin{Bmatrix} \Delta_X^a \\ \Delta_Y^a \end{Bmatrix} = -\frac{s}{2s^3+1}\frac{PL}{EA}\begin{Bmatrix} 0 \\ P \end{Bmatrix}$$

• 반력과 부재력은 예제1과 동일한 방법을 적용

예제3 : 그림과 같이 축강성 EA 인 4개의 부재(수직재 bd, 상현재 bc, 사재 ab 와 dc)로 구성된 평면 트러스구조가 있다. 사재는 $\pi/4$ 의 기울기이며 각 부재의 제원과 특성을 도표화하였다. 3개의 절점 a, d 가 구속되어 있으므로 크기가 (4×4)인 구조강성도매트릭스를 가진 배방정식을 얻게 된다. 예제1과 같이, 국부좌표계로 표현한 부재의 절점변위벡터 $\boldsymbol{d}_e$, 절점하중벡터 $\boldsymbol{f}_e$, 강성도매트릭스 $\boldsymbol{k}_e$, 좌표변환매트릭스 $\boldsymbol{T}_e$ 는 생략하고 전체좌표계로 변환된 강성도매트릭스 $\boldsymbol{K}_e$ 를 중점적으로 설명하기로 한다. 4~7장은 직접강성도법에 의한 매트릭스구조해석을 구조해석별로 구분하여 설명하기 위함이다. 반력과 부재력 결정은 독자에게 맡기고 변위만 결정하기로 한다.

n	m	$(EA)_i$	L_i	$(EA)_i/L_i$
1	ab	EA	$\sqrt{2}L$	$\sqrt{2}EA/2L$
2	bc	EA	L	EA/L
3	bd	EA	L	EA/L
4	cd	EA	$\sqrt{2}L$	$\sqrt{2}EA/2L$

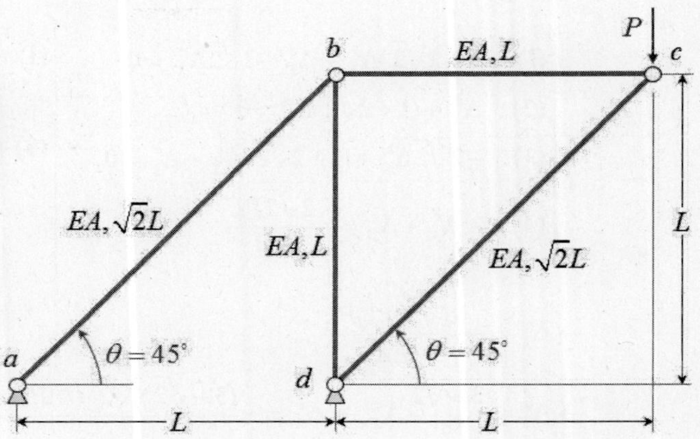

• 전체좌표계로 표현한 각 부재의 힘과 변위의 관계

$$\begin{cases}\text{Member } ab: \\ \theta = 45^\circ \\ c = s = 1/\sqrt{2}\end{cases} : \begin{Bmatrix} F_X^a \\ F_Y^a \\ F_X^b \\ F_Y^b \end{Bmatrix} = \frac{EA}{2\sqrt{2}L}\begin{bmatrix} 1 & 1 & -1 & -1 \\ 1 & 1 & -1 & -1 \\ -1 & -1 & 1 & 1 \\ -1 & -1 & 1 & 1 \end{bmatrix}\begin{Bmatrix} \Delta_X^a \\ \Delta_Y^a \\ \Delta_X^b \\ \Delta_Y^b \end{Bmatrix}$$

$$\begin{cases}\text{Member } bc: \\ \theta = 0^\circ \\ c = 1, s = 0\end{cases} : \begin{Bmatrix} F_X^b \\ F_Y^b \\ F_X^c \\ F_Y^c \end{Bmatrix} = \frac{EA}{L}\begin{bmatrix} 1 & \cdot & -1 & \cdot \\ \cdot & \cdot & \cdot & \cdot \\ -1 & \cdot & 1 & \cdot \\ \cdot & \cdot & \cdot & \cdot \end{bmatrix}\begin{Bmatrix} \Delta_X^b \\ \Delta_Y^b \\ \Delta_X^c \\ \Delta_Y^c \end{Bmatrix} = \frac{EA}{2\sqrt{2}L}\begin{bmatrix} 2\sqrt{2} & \cdot & -2\sqrt{2} & \cdot \\ \cdot & \cdot & \cdot & \cdot \\ -2\sqrt{2} & \cdot & 2\sqrt{2} & \cdot \\ \cdot & \cdot & \cdot & \cdot \end{bmatrix}\begin{Bmatrix} \Delta_X^b \\ \Delta_Y^b \\ \Delta_X^c \\ \Delta_Y^c \end{Bmatrix}$$

$$\begin{cases}\text{Member } bd: \\ \theta = -90^\circ \\ c = 0, s = -1\end{cases} : \begin{Bmatrix} F_X^b \\ F_Y^b \\ F_X^d \\ F_Y^d \end{Bmatrix} = \frac{EA}{L}\begin{bmatrix} \cdot & \cdot & \cdot & \cdot \\ \cdot & 1 & \cdot & -1 \\ \cdot & \cdot & \cdot & \cdot \\ \cdot & -1 & \cdot & 1 \end{bmatrix}\begin{Bmatrix} \Delta_X^b \\ \Delta_Y^b \\ \Delta_X^d \\ \Delta_Y^d \end{Bmatrix} = \frac{EA}{2\sqrt{2}L}\begin{bmatrix} \cdot & \cdot & \cdot & \cdot \\ \cdot & 2\sqrt{2} & \cdot & -2\sqrt{2} \\ \cdot & \cdot & \cdot & \cdot \\ \cdot & -2\sqrt{2} & \cdot & 2\sqrt{2} \end{bmatrix}\begin{Bmatrix} \Delta_X^b \\ \Delta_Y^b \\ \Delta_X^d \\ \Delta_Y^d \end{Bmatrix}$$

$$\begin{cases}\text{Member } cd: \\ \theta = -45^\circ \\ c = 1/\sqrt{2}, s = -1/\sqrt{2}\end{cases} : \begin{Bmatrix} F_X^c \\ F_Y^c \\ F_X^d \\ F_Y^d \end{Bmatrix} = \frac{EA}{2\sqrt{2}L}\begin{bmatrix} 1 & -1 & -1 & 1 \\ -1 & 1 & 1 & -1 \\ -1 & 1 & 1 & -1 \\ 1 & -1 & -1 & 1 \end{bmatrix}\begin{Bmatrix} \Delta_X^c \\ \Delta_Y^c \\ \Delta_X^d \\ \Delta_Y^d \end{Bmatrix}$$

• 경계조건을 대입한 지배방정식과 변위계산(여기서는 수계산을 이용함)

$$\frac{EA}{2\sqrt{2}L}\begin{bmatrix} 1+2\sqrt{2} & 1 & -2\sqrt{2} & 0 \\ 1 & 1+2\sqrt{2} & 0 & 0 \\ -2\sqrt{2} & 0 & 1+2\sqrt{2} & -1 \\ 0 & 0 & -1 & 1 \end{bmatrix}\begin{Bmatrix} \Delta_X^b \\ \Delta_Y^b \\ \Delta_X^c \\ \Delta_Y^c \end{Bmatrix} = \begin{Bmatrix} F_X^b \\ F_Y^b \\ F_X^c \\ F_Y^c \end{Bmatrix} = -\begin{Bmatrix} 0 \\ 0 \\ 0 \\ P \end{Bmatrix}$$

$$\begin{cases}(1):\ (1+2\sqrt{2})\Delta_X^b + \Delta_Y^b - 2\sqrt{2}\Delta_X^c = 0 \\ (2):\ \Delta_X^b + (1+2\sqrt{2})\Delta_Y^b = 0 \\ (3):\ -2\sqrt{2}\Delta_X^b + (1+2\sqrt{2})\Delta_X^c - \Delta_Y^c = 0 \\ (4):\ -\Delta_X^c + \Delta_Y^c = -\dfrac{2\sqrt{2}PL}{EA}\end{cases} \rightarrow \begin{cases}(1)+(2):\ \Delta_X^b = \dfrac{(1+2\sqrt{2})}{2(1+\sqrt{2})}\Delta_X^c = \dfrac{3-\sqrt{2}}{2}\Delta_X^c \\ (3)+(4):\ -\Delta_X^b + \Delta_X^c = \left(1 - \dfrac{3-\sqrt{2}}{2}\right)\Delta_X^c \\ \qquad = \dfrac{\sqrt{2}-1}{2}\Delta_X^c = -\dfrac{PL}{EA}\end{cases}$$

$$\rightarrow \Delta_X^c = -\frac{2(\sqrt{2}+1)PL}{EA}$$

$$\rightarrow \Delta_X^b = \frac{3-\sqrt{2}}{2}\Delta_X^c \rightarrow \Delta_X^b = -\frac{(3-\sqrt{2})(\sqrt{2}+1)PL}{EA}$$

$$\begin{cases} (1):\ (1+2\sqrt{2})\Delta_X^b + \Delta_Y^b - 2\sqrt{2}\Delta_X^c = 0 \\ (2):\ \Delta_X^b + (1+2\sqrt{2})\Delta_Y^b = 0 \\ (3):\ -2\sqrt{2}\Delta_X^b + (1+2\sqrt{2})\Delta_X^c - \Delta_Y^c = 0 \\ (4):\ -\Delta_X^c + \Delta_Y^c = -\dfrac{2\sqrt{2}PL}{EA} \end{cases} \rightarrow \begin{cases} (1)+(2):\ \Delta_X^b = \dfrac{(1+2\sqrt{2})}{2(1+\sqrt{2})}\Delta_X^c = \dfrac{3-\sqrt{2}}{2}\Delta_X^c \\ (3)+(4):\ -\Delta_X^b + \Delta_X^c = \left(1-\dfrac{3-\sqrt{2}}{2}\right)\Delta_X^c \\ \qquad\qquad = \dfrac{\sqrt{2}-1}{2}\Delta_X^c = -\dfrac{PL}{EA} \end{cases}$$

$$\rightarrow \begin{cases} \Delta_X^c = -2(\sqrt{2}+1)\dfrac{PL}{EA} \\ \Delta_X^b = \dfrac{3-\sqrt{2}}{2}\Delta_X^c \rightarrow \Delta_X^b = -(3-\sqrt{2})(\sqrt{2}+1)\dfrac{PL}{EA} \\ \Delta_Y^b = -\dfrac{2\sqrt{2}-1}{7}\Delta_X^b = \dfrac{2(2\sqrt{2}-1)(\sqrt{2}+1)}{7}\dfrac{PL}{EA} \rightarrow \Delta_Y^b = \dfrac{2(3+\sqrt{2})}{7}\dfrac{PL}{EA} \\ \Delta_Y^c = -\dfrac{2\sqrt{2}PL}{EA} + \Delta_X^c = -\dfrac{2\sqrt{2}PL}{EA} - 2(\sqrt{2}+1)\dfrac{PL}{EA} \rightarrow \Delta_Y^c = -2(2\sqrt{2}+1)\dfrac{PL}{EA} \end{cases}$$

5.3.2 평면트러스 프로그램 사용예

예제4 : 예제2와 유사한 문제를 해석프로그램을 이용하여 구조해석을 수행하려고 한다. 상대적인 구조해석결과만 확인하는 문제이로 자료들의 크기는 가능한 1로 주고 상대적인 크기만을 고려하기로 한다. 자유도는 총 8개이나 구속변위를 고려하면 시스템은 2개의 자유도로 표현된다.

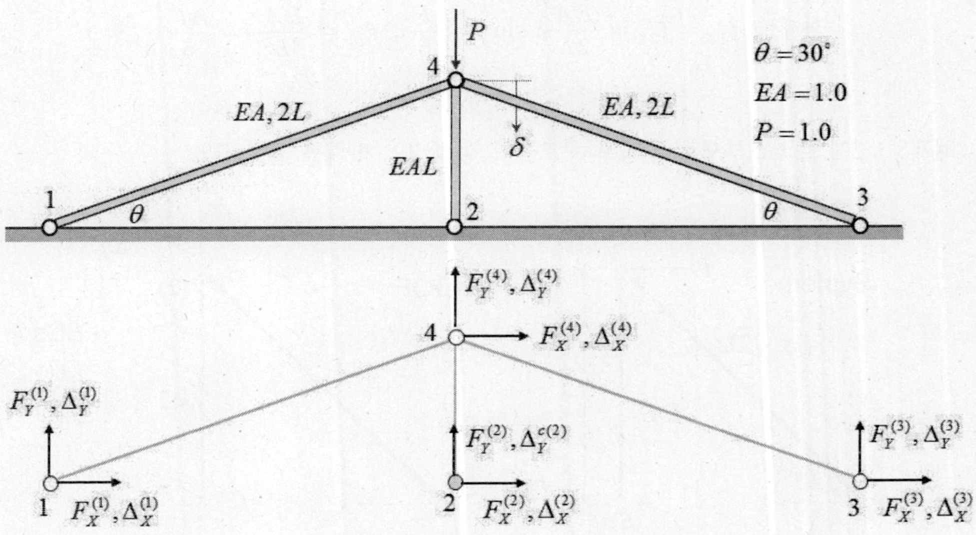

• 입력파일과 출력파일은 다음과 같다.

```
4 3                                   ! node,eLem
1 1 1   -1.732 0.0   0.0  0.0         ! n,BC,cord,cLod
2 1 1    0.0   0.0   0.0  0.0
3 1 1    1.732 0.0   0.0  0.0
4 0 0    0.0   1.0   0.0 -1.0
1 1 4  1.0  1.0   0.0                 ! n,inod,jnod,E,A,tens
2 2 4  1.0  1.0   0.0
3 3 4  1.0  1.0   0.0
```

```
 D I S P L A C E M E N T S   (P/EA)

    n        disp_X       disp_Y

    1       0.000000     0.000000
    2       0.000000     0.000000
    3       0.000000     0.000000
    4       0.000000    -0.799989


 M E M B E R   F O R C E S   (P)

    e      i    j      Length       Axial_F

    1      1    4      2.000      -0.200006
    2      2    4      1.000      -0.799989
    3      3    4      2.000      -0.200006
```

• 해석결과를 확인하기 위하여 등가스프링상수를 이용하자.

등가스프링상수 $k_{eq} = 2\dfrac{EA}{1L}\sin^2\theta + \dfrac{EA}{L} = \dfrac{4EA}{4L} \quad \because\ \theta = 30^\circ \rightarrow \sin\theta = \dfrac{1}{2}$

연직변위 $\delta = \dfrac{P}{k_{eq}} = \dfrac{4PL}{5EA} = 0.8\dfrac{PL}{EA}$

부재력 $f_{14} = f_{34} = \dfrac{EA}{2L}\delta\sin\theta = \dfrac{P}{5}\ ,\ f_{24} = \dfrac{EA}{L}\delta = \dfrac{4P}{5}$

예제5 : 2개 트러스부재로 구성된 구조물의 절점 2의 변위를 결정하라.

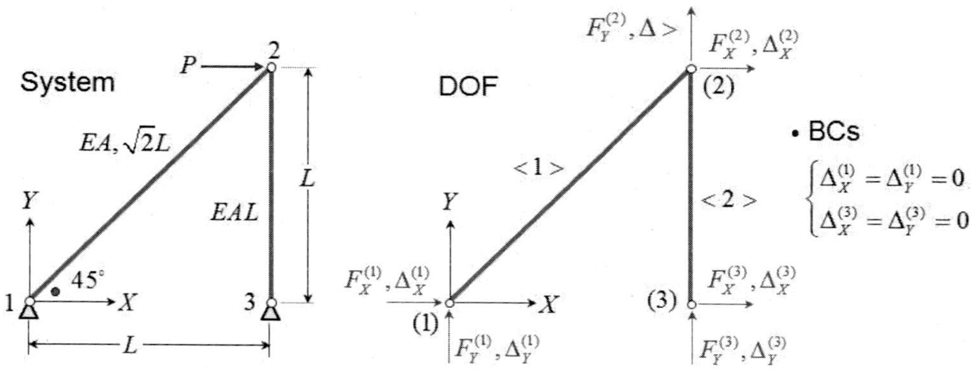

• 입력파일과 출력파일은 다음과 같다.

```
3  2                                  ! node,eLem
1  1 1   0.0  0.0   0.0  0.0   ! n,BC,cord,cLod
2  0 0   1.0  1.0   1.0  0.0
3  1 1   1.0  0.0   0.0  0.0
1  1 2  1.0  1.0    0.0           ! n,inod,jnod,E,A,tens
2  3 2  1.0  1.0    0.0
```

```
D I S P L A C E M E N T S   (P/EA)

   n         disp_X       disp_Y

   1       0.000000     0.000000
   2       3.828427    -1.000000
   3       0.000000     0.000000


M E M B E R   F O R C E S   (P)

   e      i     j        Length         Axial_F

   1      1     2         1.414        1.414214
   2      3     2         1.000       -1.000000
```

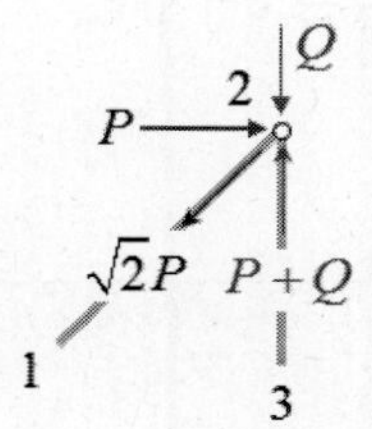

• 해석결과를 확인하기 위하여 에너지방법을 이용하자.

변형에너지 : $U=\dfrac{(\sqrt{2}\,P)^2(\sqrt{2}\,L)}{2EA}+\dfrac{(P+Q)^2L}{2EA}=\dfrac{\sqrt{2}\,P^2L}{EA}+\dfrac{(P+Q)^2L}{2EA}$

연직변위 : $\delta=\left[\dfrac{\partial U}{\partial Q}\right]_{Q=0}=\dfrac{L}{EA}[P+Q]_{Q=0}=\dfrac{PL}{EA}$

수평변위 : $\Delta=\left[\dfrac{\partial U}{\partial P}\right]_{Q=0}=\dfrac{L}{EA}[(2\sqrt{2}+1)P+Q]_{Q=0}=\dfrac{(2\sqrt{2}+1)PL}{EA}$

부재력 : $\begin{cases} f_{12}=\dfrac{EA}{\sqrt{2}\,L}\delta_{12}=\dfrac{EA}{\sqrt{2}\,L}(\Delta c+\delta s)=\dfrac{P}{2}(2\sqrt{2}+1-1)=\sqrt{2}\,P \\ f_{32}=\dfrac{EA}{L}\delta_{32}=\dfrac{EA}{L}\delta=-P \end{cases}$

5.3.3 입체트러스 프로그램 사용예

자유도가 매우 적고 구조계가 간단하고 단순한 경우를 제외하고, 수계산으로 입체트러스구조를 해석하는 일은 지루하고 어리석은 일이다. 거의 모든 3차원 구조계는 컴퓨터프로그램을 이용하고 있다. 본절은 공간트러스 구조는 본 교재작성을 위한 해석프로그램을 이용하였고 해석결과는 입출력파일을 보여주고 가능한 설명을 배제하기로 한다. 독자는 각자 프로그램을 이용하여 구조계를 이해하고 해석결과의 의미를 이해하면 만족이다. 관심이 있는 독자는 해석과정을 이해하고 전산화하려는 또다른 노력이 필요할 것이다. 본절은 특정부재의 온도변화와 초기결함을 포함한 해석예를 소개하였다.

예제6 : 3개 부재로 구성된 트러스의 절점 a에 연직하중 P가 작용할 때 절점 a의 변위와 부재력을 계산하라. 좌표와 축강성은 그림을 참조하기 바란다. 여기서 값들은 구조계를 이해하고 계산의 편의성을 위하여 선택한 비현실적인 무차원 자료들이다. 축강성이 $EA=20000$으로 가정하자. 이 구조의 지점 b, c, d는 각 방향 움직임이 제어된 고정단이다. 절점 수는 4개이고 부재 수는 3개이다.

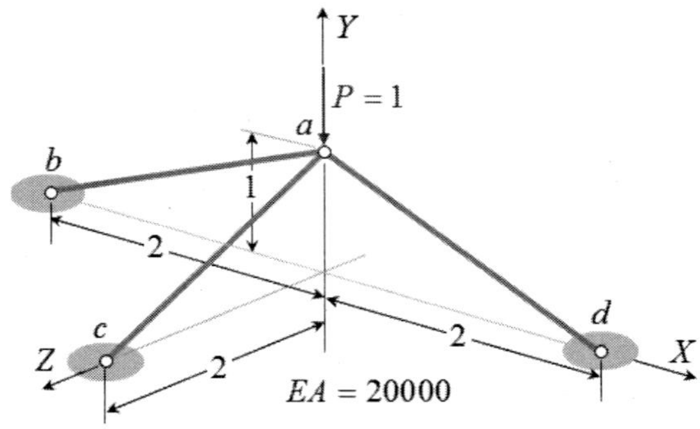

• 입력파일

```
4 3 0                                          ! node,eLem,nLod
1  0 0 0  0.0  1.0  0.0  0.0 -1.0 0.0  ! n,BC,XY
2  1 1 1 -2.0  0.0  0.0  0.0  0.0 0.0
3  1 1 1  0.0  0.0  2.0  0.0  0.0 0.0
4  1 1 1  2.0  0.0  0.0  0.0  0.0 0.0
1  1 2  20000.0 1.0  0.0 0.0               ! n,ni,nj,E,A,temp,miss
2  1 3  20000.0 1.0  0.0 0.0
3  1 4  20000.0 1.0  0.0 0.0
```

• 연산 중간과정을 확인하기 위한 출력파일로서 각 요소의 한 절점에 대한 좌표변환매트릭스와 각 부재들을 조합한 구조강성도매트릭스와 하중벡터를 출력하였다.

▪ **Intermediate Calculation**

```
S Y S T E M   M A T R I X  &  V E C T O R

 Stiffness Matrix

                 1            2            3
   1    0.1431E+05  0.0000E+00  0.0000E+00
   2    0.0000E+00  0.5367E+04 -0.3578E+04
   3    0.0000E+00 -0.3578E+04  0.7155E+04

 Assemble Load Vector

  eq         Load
   1    0.0000E+00
   2   -0.1000E+01
   3    0.0000E+00
```

```
Joint Transformation matrix in LCS : C(nDof,nDof)

  eL =    1     nodes =    1    2     Rotation Matrix

                 1               2               3
   1   -0.894427E+00  -0.447214E+00   0.000000E+00
   2   -0.447214E+00   0.894427E+00   0.000000E+00
   3    0.000000E+00   0.000000E+00  -0.100000E+01

  eL =    2     nodes =    1    3     Rotation Matrix

                 1               2               3
   1    0.000000E+00  -0.447214E+00   0.894427E+00
   2    0.000000E+00   0.894427E+00   0.447214E+00
   3   -0.100000E+01   0.000000E+00   0.000000E+00

  eL =    3     nodes =    1    4     Rotation Matrix

                 1               2               3
   1    0.894427E+00  -0.447214E+00   0.000000E+00
   2    0.447214E+00   0.894427E+00   0.000000E+00
   3    0.000000E+00   0.000000E+00   0.100000E+01
```

• 출력파일은 다음과 같다. 출력파일 내용 중에서 입력정보 및 중간과정은 모두 생략하고 변위와 부재력들만 출력하였다.

```
DISPLACEMENTS

  no        Dis_X          Dis_Y          Dis_Z
   1   0.000000E+00  -0.279508E-03  -0.139754E-03
   2   0.000000E+00   0.000000E+00   0.000000E+00
   3   0.000000E+00   0.000000E+00   0.000000E+00
   4   0.000000E+00   0.000000E+00   0.000000E+00

MEMBER FORCES

  eL     i     j        Axial_F
   1     1     2         -1.118
   2     1     3          0.000
   3     1     4         -1.118
```

예제7 : 연직하중이 없다는 차이점을 제외하고 구조계는 예제5와 동일하며 모든 조건도 동일하다. 연직하중대신 부재 ab에 온도차이 50을 고려하기로 한다. 모든 부재의 축강성은 $EA=20000$이고 열팽창계수는 1×10^{-5}이다.

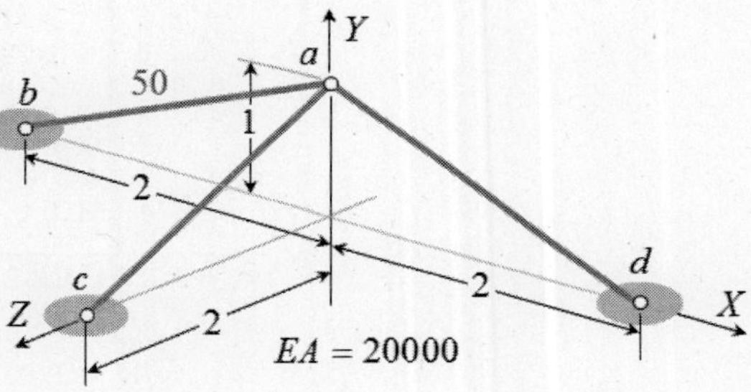

• 입력과 출력파일은 다음과 같다. 외력이 작용하지 않으므로 부재력은 발생하지 않으며 일부분의 부재에 온도하중이 작용하는 정정구조이므로 출력파일의 부재력이 0임을 알 수 있다.

```
4 3 0                                  ! node,eLem,nLod
1  0 0 0  0.0  1.0  0.0  0.0  0.0 0.0  ! n,BC,XY
2  1 1 1 -2.0  0.0  0.0  0.0  0.0 0.0
3  1 1 1  0.0  0.0  2.0  0.0  0.0 0.0
4  1 1 1  2.0  0.0  0.0  0.0  0.0 0.0
1  1 2  20000.0 1.0 50.0 0.0           ! n,ni,nj,E,A,temp,miss
2  1 3  20000.0 1.0  0.0 0.0
3  1 4  20000.0 1.0  0.0 0.0
```

```
DISPLACEMENTS

  no        Dis_X          Dis_Y          Dis_Z
   1   0.625000E-03   0.125000E-02   0.625000E-03
   2   0.000000E+00   0.000000E+00   0.000000E+00
   3   0.000000E+00   0.000000E+00   0.000000E+00
   4   0.000000E+00   0.000000E+00   0.000000E+00

MEMBER FORCES

  eL     i     j        Axial_F
   1     1     2          0.000
   2     1     3          0.000
   3     1     4          0.000
```

예제8 : 예제7과 동일한 공간트러스구조물이다. 제작과정에서 0.02 만큼 크게 제작된 부재 ac 을 강제로 절점 c 와 연결하였다. 이러한 문제를 제작착오(Misfit)라고 부른다. 이러한 공간트러스에 대하여 제작착오가 있는 공간트러스를 해석하자. 축강성은 $EA = 20000$이라고 가정하자.

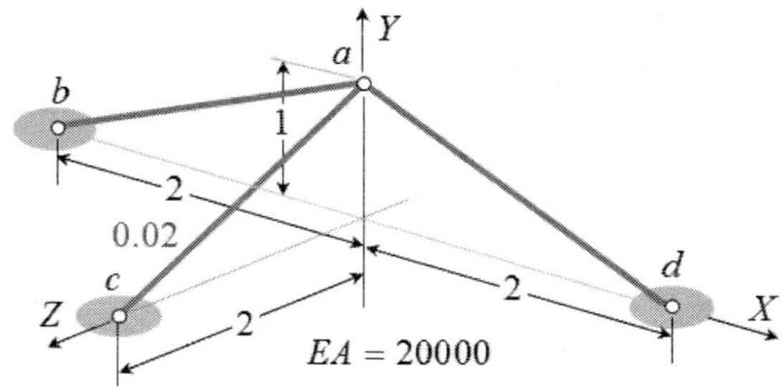

• 입력과 출력파일은 다음과 같다. 외력이 작용하지 않으므로 부재력은 발생하지 않으며 일부분의 부재에 초기변형하중이 작용하는 정정구조이므로 출력파일의 부재력이 0임을 알 수 있다.

```
4 3 0                                           ! node,eLem,nLod
1  0 0 0  0.0  1.0  0.0  0.0  0.0  0.0 0.0  ! n,BC,XY
2  1 1 1 -2.0  0.0  0.0  0.0  0.0  0.0 0.0
3  1 1 1  0.0  0.0  2.0  0.0  0.0  0.0 0.0
4  1 1 1  2.0  0.0  0.0  0.0  0.0  0.0 0.0
1  1 2  20000.0 1.0 0.0 0.0                 ! n,ni,nj,E,A,temp,miss
2  1 3  20000.0 1.0 0.0 0.02
3  1 4  20000.0 1.0 0.0 0.0
```

```
D I S P L A C E M E N T S

    no        Dis_X          Dis_Y          Dis_Z
     1    0.000000E+00   0.000000E+00  -0.223607E-01
     2    0.000000E+00   0.000000E+00   0.000000E+00
     3    0.000000E+00   0.000000E+00   0.000000E+00
     4    0.000000E+00   0.000000E+00   0.000000E+00

M E M B E R   F O R C E S

    eL      i     j        Axial_F
     1      1     2         0.000
     2      1     3         0.000
     3      1     4         0.000
```

예제9 : 절점의 총수 4, 부재의 총수 4개이고 절점 a에 연직하중 $P = 1$ 이 작용하는 부정정 공간트러스가 있다. 모든 부재의 축강성은 동일하다. 계산을 간단히 수행하기 위하여 연산에서 요구되는 모든 제원들을 가상적인 값으로 지정하였다. 해석프로그램을 이용하여 이러한 부정정 공간트러스구조를 해석하려고 한다.

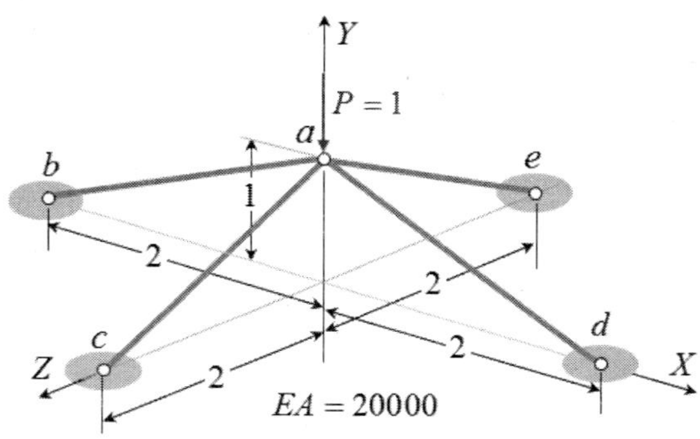

• 입력파일은 다음과 같고 자세한 입력내용은 기술하지 않기로 한다.

```
5 4 0                                        ! node,eLem,nLod
1  0 0 0  0.0  1.0  0.0  0.0 -1.0 0.0  ! n,BC,XY
2  1 1 1 -2.0  0.0  0.0  0.0  0.0 0.0
3  1 1 1  0.0  0.0  2.0  0.0  0.0 0.0
4  1 1 1  2.0  0.0  0.0  0.0  0.0 0.0
5  1 1 1  0.0  0.0 -2.0  0.0  0.0 0.0
1  1 2  20000.0 1.0  0.0 0.0              ! n,ni,nj,E,A,temp,miss
2  1 3  20000.0 1.0  0.0 0.0
3  1 4  20000.0 1.0  0.0 0.0
4  1 5  20000.0 1.0  0.0 0.0
```

• 중간파일은 구조시스템 매트릭스와 좌표변환매트릭스를 확인하는 내용들이다.

▪ **Intermediate Calculation**

```
S Y S T E M   M A T R I X  &  V E C T O R

 Stiffness Matrix

                  1           2           3
    1    0.1431E+05  0.0000E+00  0.0000E+00
    2    0.0000E+00  0.7155E+04  0.0000E+00
    3    0.0000E+00  0.0000E+00  0.1431E+05

Assemble Load Vector

   eq         Load
    1    0.0000E+00
    2   -0.1000E+01
    3    0.0000E+00
```

```
Joint Transformation matrix in LCS : C(nDof,nDof)

 eL =   1    nodes =    1    2      Rotation Matrix

                   1              2              3
    1   -0.894427E+00  -0.447214E+00   0.000000E+00
    2   -0.447214E+00   0.894427E+00   0.000000E+00
    3    0.000000E+00   0.000000E+00  -0.100000E+01

 eL =   2    nodes =    1    3      Rotation Matrix

                   1              2              3
    1    0.000000E+00  -0.447214E+00   0.894427E+00
    2    0.000000E+00   0.894427E+00   0.447214E+00
    3   -0.100000E+01   0.000000E+00   0.000000E+00

 eL =   3    nodes =    1    4      Rotation Matrix

                   1              2              3
    1    0.894427E+00  -0.447214E+00   0.000000E+00
    2    0.447214E+00   0.894427E+00   0.000000E+00
    3    0.000000E+00   0.000000E+00   0.100000E+01

 eL =   4    nodes =    1    5      Rotation Matrix

                   1              2              3
    1    0.000000E+00  -0.447214E+00  -0.894427E+00
    2    0.000000E+00   0.894427E+00  -0.447214E+00
    3    0.100000E+01   0.000000E+00   0.000000E+00
```

• 출력파일은 절점변위와 각 부재력을 수록하였다.

```
D I S P L A C E M E N T S

   no          Dis_X          Dis_Y          Dis_Z
    1   0.000000E+00  -0.139754E-03   0.000000E+00
    2   0.000000E+00   0.000000E+00   0.000000E+00
    3   0.000000E+00   0.000000E+00   0.000000E+00
    4   0.000000E+00   0.000000E+00   0.000000E+00
    5   0.000000E+00   0.000000E+00   0.000000E+00

M E M B E R   F O R C E S

   eL      i      j          Axial_F
    1      1      2           -0.559
    2      1      3           -0.559
    3      1      4           -0.559
    4      1      5           -0.559
```

• 출력파일의 마지막 부분은 절점의 잔류력을 출력하였다. 지점반력을 계산하는 방법도 몇 가지를 생각할 수 있으며 절점잔류력 또는 절점 잔류하중의 산정도 반력계산에 유용하다.

```
N O D E   R E S I D U A L   F O R C E S (Reactions)

   node          res_FX         res_FY         res_FZ
     1         0.000000       0.000000       0.000000
     2         0.500000       0.250000       0.000000
     3         0.000000       0.250000      -0.500000
     4        -0.500000       0.250000       0.000000
     5         0.000000       0.250000       0.500000
```

예제 10 : 연직하중이 없다는 차이점을 제외하고 구조계는 예제9와 동일하며 모든 조건도 동일하다. 연직하중대신 부재 ab에 온도차이 50을 고려하기로 한다. 모든 부재의 축강성은 $EA = 20000$이고 열팽창계수는 1×10^{-5}이다.

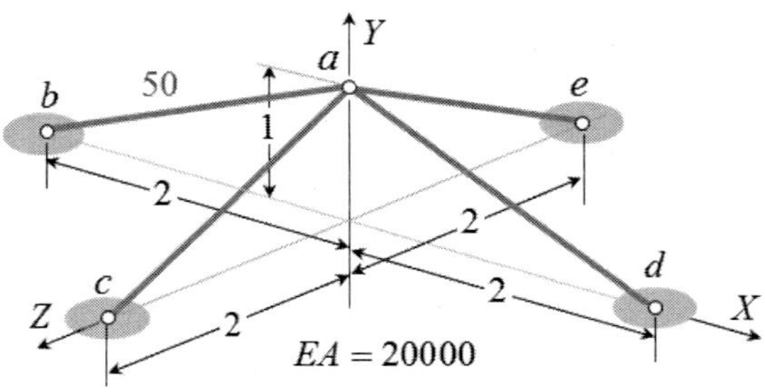

• 입출력파일은 다음과 같다. 부정정구조에서 온도변화는 절점변위뿐만 아니라 부재력도 발생시킨다는 것을 알 수 있다.

```
5 4 0                                          ! node,eLem,nLod
1  0 0 0  0.0  1.0  0.0  0.0  0.0 0.0          ! n,BC,XY
2  1 1 1 -2.0  0.0  0.0  0.0  0.0 0.0
3  1 1 1  0.0  0.0  2.0  0.0  0.0 0.0
4  1 1 1  2.0  0.0  0.0  0.0  0.0 0.0
5  1 1 1  0.0  0.0 -2.0  0.0  0.0 0.0
1  1 2  20000.0 1.0 50.0 0.0                   ! n,ni,nj,E,A,temp,miss
2  1 3  20000.0 1.0  0.0 0.0
3  1 4  20000.0 1.0  0.0 0.0
4  1 5  20000.0 1.0  0.0 0.0
```

```
D I S P L A C E M E N T S

   no          Dis_X          Dis_Y          Dis_Z
    1    0.625000E-03   0.625000E-03   0.000000E+00
    2    0.000000E+00   0.000000E+00   0.000000E+00
    3    0.000000E+00   0.000000E+00   0.000000E+00
    4    0.000000E+00   0.000000E+00   0.000000E+00
    5    0.000000E+00   0.000000E+00   0.000000E+00

M E M B E R   F O R C E S

   eL      i      j          Axial_F
    1      1      2           -2.500
    2      1      3            2.500
    3      1      4           -2.500
    4      1      5            2.500
```

예제 11 : 예제10과 동일한 구조계에서 부재 ac에 초기변형 0.02가 발생하였을 때 부정정 공간트러스구조를 해석하려고 한다. 축강성은 $EA = 20000$이며 부재 ac의 제작오차가 0.02만큼 크게 제작되었다.

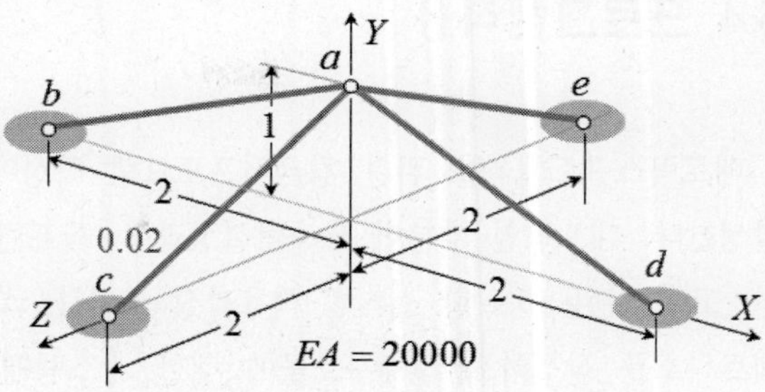

• 입출력파일은 다음과 같다. 정정구조에서 제작오차는 절점변위를 발생시키며 부재력은 발생하지 않는다. 반면에 부정정구조에서 제작오차는 절점변위뿐만 아니라 부재력도 발생시킨다. 선형탄성해석에서 절점 잔류력은 일반 절점에서 평형을 이루므로 항상 0이지만 지점은 반력으로 산정된다. 선형탄성해석에서 부재력의 계산은 초기상태에서 계산하기 때문이다. 그러나 비선형해석에서 절점 잔류력은 다음단계 반복연산여부를 판단하는 값으로 사용될 정도로 일반절점에도 잔류하중이 존재하게 된다. 비선형해석은 학습범위를 넘으므로 설명을 멈추기로 한다.

```
5 4 0                                          ! node,eLem,nLod
1  0 0 0  0.0  1.0  0.0  0.0  0.0 0.0          ! n,BC,XY
2  1 1 1 -2.0  0.0  0.0  0.0  0.0 0.0
3  1 1 1  0.0  0.0  2.0  0.0  0.0 0.0
4  1 1 1  2.0  0.0  0.0  0.0  0.0 0.0
5  1 1 1  0.0  0.0 -2.0  0.0  0.0 0.0
1  1 2  20000.0 1.0  0.0 0.0                   ! n,ni,nj,E,A,temp,miss
2  1 3  20000.0 1.0  0.0 0.02
3  1 4  20000.0 1.0  0.0 0.0
4  1 5  20000.0 1.0  0.0 0.0
```

```
D I S P L A C E M E N T S

   no        Dis_X           Dis_Y           Dis_Z
    1   0.000000E+00    0.111803E-01   -0.111803E-01
    2   0.000000E+00    0.000000E+00    0.000000E+00
    3   0.000000E+00    0.000000E+00    0.000000E+00
    4   0.000000E+00    0.000000E+00    0.000000E+00
    5   0.000000E+00    0.000000E+00    0.000000E+00

M E M B E R   F O R C E S

   eL      i      j          Axial_F
    1      1      2           44.721
    2      1      3          -44.721
    3      1      4           44.721
    4      1      5          -44.721

N O D E   R E S I D U A L   F O R C E S (Reactions)

   node          res_FX          res_FY          res_FZ
      1        0.000000        0.000000        0.000000
      2      -40.000000      -20.000000        0.000000
      3        0.000000       20.000000      -40.000000
      4       40.000000      -20.000000        0.000000
      5        0.000000       20.000000       40.000000
```

5.4 프로그램적용

매트릭스구조해석을 위한 컴퓨터프로그램 작성에서 역학이론과 해석이론을 스스로 자문하는 경우가 발생한다. 대표적인 부분이 부재력결정과정, 좌표변환매트릭스의 이론과 작성과정, 전체구조계로 조합과정, 고속연산용 정확한 소거법 적용과정 등이다. 각 경우에 대한 설명은 보류하기로 하고 본 절은 특성매트릭스를 작성하고 전체구조물에 대한 시스템매트릭스를 구성하는 과정에서 Location Matrix(약칭, LM이라고 부르자)의 활용을 구조해석 예를 들어 설명하기로 한다. 또, 3차원 구조해석에서 사용할 수 있는 좌표변환매트리스를 소개하기로 한다.

5.4.1 평면트러스구조의 Location Matrix

아래 좌측그림과 같이 2개의 부재로 구성된 트러스구조이다. 우측그림은 절점변위자유도와 절점하중벡터성분을 도시한 그림이다. 2개의 지점에 대한 경계조건은 $\Delta_X^{(1)} = \Delta_Y^{(1)} = \Delta_X^{(3)} = \Delta_Y^{(3)} = 0$ 이 된다.

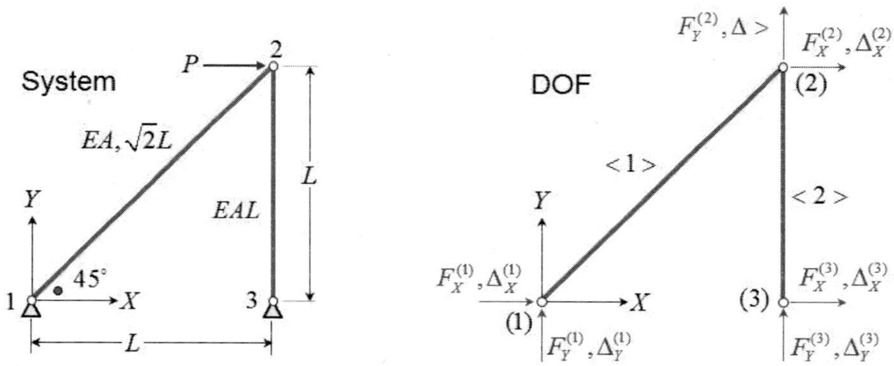

• 절점정보와 부재정보는 아래 도표와 같이 요약할 수 있다.

node	Coord		Disp		DOF no	
i	x_i	y_i	u_i	v_i	n_X^i	n_Y^i
1	x_1	y_1	$\Delta_X^{(1)}$	$\Delta_Y^{(1)}$	0	0
2	x_2	y_2	$\Delta_X^{(2)}$	$\Delta_Y^{(2)}$	1	2
3	x_3	y_3	$\Delta_X^{(3)}$	$\Delta_Y^{(3)}$	0	0

el	A.Rgd.	Leng	stiffness	conne-ctivity		eqn no			
$< k >$	EA	L_i	EA/L_i	(i)	(j)	$n_X^{(i)}$	$n_Y^{(i)}$	$n_X^{(j)}$	$n_Y^{(j)}$
$< 1 >$	EA	$\sqrt{2}L$	$EA/\sqrt{2}L$	(1)	(2)	0	0	1	2
$< 2 >$	EA	L	EA/L	(3)	(2)	0	0	1	2

Location Matrix

[1] 부재 매트릭스 구성

일반 토목구조와 마찬가지로 평면트러스구조도 동일한 해석단계로 구성된다. 먼저, 구조물을 이상화한 구조해석모델을 설정한다. 구조해석모델은 자유도가 무엇이며 변형과 거동을 예측하고 수식화가 가능하여야 한다. 이를 위하여 좌표계를 선택하고 국부좌표계와 전체좌표계에 대하여 부재절점하중벡터, 부재절점변위벡터, 국부좌표변환매트릭스를 결정하여야 한다. 즉, 직접강성도법은 하나의 부재에 대하여 전체좌표계의 부재강성도매트릭스와 부재하중벡터를 계산하여야 한다. 또, 각 부재를 조합하면서 해당부재의 강성도매트릭스와 하중벡터들도 누적되어야 한다. 이때 LM을 이용하게 된다. 이러한 연산과정을 요약하면 아래와 같다.

❖ Member Matrices and Vectors

- $\underset{\sim}{\mathbf{F}}_e = \begin{Bmatrix} F_x^{(1)} \\ F_y^{(1)} \\ F_x^{(2)} \\ F_y^{(2)} \end{Bmatrix}$, $\underset{\sim}{\mathbf{D}}_e = \begin{Bmatrix} \Delta_x^{(1)} \\ \Delta_y^{(1)} \\ \Delta_x^{(2)} \\ \Delta_y^{(2)} \end{Bmatrix}$, $\underline{\mathbf{k}}_e = \dfrac{EA}{L}\begin{bmatrix} 1 & -1 \\ -1 & 1 \end{bmatrix}$, $\underline{\mathbf{T}}_c = \begin{bmatrix} c & s & 0 & 0 \\ 0 & 0 & c & s \end{bmatrix}$, $\underline{\mathbf{K}}_e = \underline{\mathbf{T}}_c^T \underline{\mathbf{k}}_e \underline{\mathbf{T}}_c \rightarrow \underset{\sim}{\mathbf{F}}_e = \underline{\mathbf{K}}_e \underset{\sim}{\mathbf{D}}_e$

- Matrix form $\underset{\sim}{\mathbf{F}}_e = \begin{Bmatrix} F_X^a \\ F_Y^a \\ F_X^b \\ F_Y^b \end{Bmatrix} = \underline{\mathbf{K}}_e \underset{\sim}{\mathbf{D}}_e = \underline{\mathbf{T}}_c^T \underline{\mathbf{k}}_e \underline{\mathbf{T}}_c \underset{\sim}{\mathbf{D}}_e = k\begin{bmatrix} c^2 & cs & -c^2 & -cs \\ cs & s^2 & -cs & -s^2 \\ -c^2 & -cs & c^2 & cs \\ -cs & -s^2 & cs & s^2 \end{bmatrix}\begin{Bmatrix} \Delta_X^a \\ \Delta_Y^a \\ \Delta_X^b \\ \Delta_Y^b \end{Bmatrix}$

❖ Assemble $\underset{\sim}{\mathbf{F}}_G = \sum \underset{\sim}{\mathbf{F}}_e$, $\underset{\sim}{\mathbf{D}}_G = \sum \underset{\sim}{\mathbf{D}}_e$, $\underline{\mathbf{K}}_G = \sum \underline{\mathbf{K}}_e \rightarrow \underset{\sim}{\mathbf{F}}_G = \underline{\mathbf{K}}_G \underset{\sim}{\mathbf{D}}_G$

❖ Member Stiffness Matrix

- member $<1>$: $\underset{\sim}{\mathbf{F}}_{<1>} = \begin{Bmatrix} F_X^1 \\ F_Y^1 \\ F_X^2 \\ F_Y^2 \end{Bmatrix} = \dfrac{EA}{2\sqrt{2}L}\begin{bmatrix} 1 & 1 & -1 & -1 \\ 1 & 1 & -1 & -1 \\ -1 & -1 & 1 & 1 \\ -1 & -1 & 1 & 1 \end{bmatrix}\begin{Bmatrix} \Delta_X^1 \\ \Delta_Y^1 \\ \Delta_X^2 \\ \Delta_Y^2 \end{Bmatrix}$

- member $<2>$: $\underset{\sim}{\mathbf{F}}_{<2>} = \begin{Bmatrix} F_X^3 \\ F_Y^3 \\ F_X^2 \\ F_Y^2 \end{Bmatrix} = \dfrac{EA}{L}\begin{bmatrix} \cdot & \cdot & \cdot & \cdot \\ \cdot & 1 & \cdot & -1 \\ \cdot & \cdot & \cdot & \cdot \\ \cdot & -1 & \cdot & 1 \end{bmatrix}\begin{Bmatrix} \Delta_X^3 \\ \Delta_Y^3 \\ \Delta_X^2 \\ \Delta_Y^2 \end{Bmatrix}$

❖ Member Location Matrix

- member $<1>$: $LM(1) = [0 \quad 0 \quad 1 \quad 2]$
- member $<2>$: $LM(2) = [0 \quad 0 \quad 1 \quad 2]$

[3] 시스템 매트릭스 구성과 해석결과

각 부재의 공학매트릭스와 벡터들의 성분들을 해당자유도에 산술합으로 누적하는 단계를 Assemble 이라고 부른다. 첫번째 부재는 전체시스템의 1~4번째 자유도에 누적되며 두번째 부재는 3~6번째 자유도에 누적된다. 자유도가 있는 부분만을 추출하면 지배방정식이 구성되며 이를 가우스소거법을 이용하여 근을 결정한다. 여기서 근은 절점변위를 나타낸다.

❖ Assemble System Matrix by Location Matrix

$$\underline{\mathbf{K}} = \begin{bmatrix} a & a & -a & -a & \cdot & \cdot \\ a & a & -a & -a & \cdot & \cdot \\ -a & -a & a & a & \cdot & \cdot \\ -a & -a & a & a & \cdot & \cdot \\ \cdot & \cdot & \cdot & \cdot & \cdot & \cdot \\ \cdot & \cdot & \cdot & \cdot & \cdot & \cdot \end{bmatrix} \begin{matrix} 0 \\ 0 \\ 1 \\ 2 \\ \cdot \\ \cdot \end{matrix} \qquad \text{columns: } 0 \; 0 \; 1 \; 2 \; \cdot \; \cdot$$

$; a = \dfrac{EA}{2\sqrt{2}L}$ for member $<1>$

Location Matrix 가 아래와 같다.

$$LM(2) = [0 \quad 0 \quad 1 \quad 2]$$

그럼에도 전체 강성도 매트릭스에 해당하는 성분들이 제 위치에 적절히 누적.

$$\underline{\mathbf{K}} = \begin{bmatrix} \cdot & \cdot & \cdot & \cdot & \cdot & \cdot \\ \cdot & \cdot & \cdot & \cdot & \cdot & \cdot \\ \cdot & \cdot & 0 & 0 & 0 & 0 \\ \cdot & \cdot & 0 & b & 0 & -b \\ \cdot & \cdot & 0 & 0 & 0 & 0 \\ \cdot & \cdot & 0 & -b & 0 & b \end{bmatrix} \begin{matrix} \cdot \\ \cdot \\ 1 \\ 2 \\ 0 \\ 0 \end{matrix} \qquad \text{columns: } \cdot \; \cdot \; 1 \; 2 \; 0 \; 0$$

$; b = \dfrac{EA}{L}$ for member $<2>$

➢ Compose the Final Structure Stiffness Matrix

$$\underline{\mathbf{K}}_G = \begin{bmatrix} a & a & -a & -a & \cdot & \cdot \\ a & a & -a & -a & \cdot & \cdot \\ -a & -a & a+b & a & \cdot & -b \\ -a & -a & a & a & \cdot & \cdot \\ \cdot & \cdot & \cdot & \cdot & \cdot & \cdot \\ \cdot & \cdot & -b & \cdot & \cdot & b \end{bmatrix} \begin{matrix} 0 \\ 0 \\ 1 \\ 2 \\ 0 \\ 0 \end{matrix} \qquad \text{DOF: } 0 \; 0 \; 1 \; 2 \; 0 \; 0$$

where $a = \dfrac{EA}{2\sqrt{2}L},\ b = \dfrac{EA}{L}$

❖ Apply to BC $\quad \hat{\underline{\mathbf{K}}}_G = \begin{bmatrix} a+b & a \\ a & a \end{bmatrix} \rightarrow \hat{\mathbf{F}}_G = \begin{Bmatrix} F_X^{(2)} \\ F_Y^{(2)} \end{Bmatrix} = \hat{\underline{\mathbf{K}}}_G \hat{\mathbf{D}}_G = \begin{bmatrix} a+b & a \\ a & a \end{bmatrix} \begin{Bmatrix} \Delta_X^{(2)} \\ \Delta_Y^{(2)} \end{Bmatrix}$

❖ Solution $\quad \hat{\mathbf{D}}_G = \begin{Bmatrix} \Delta_X^{(2)} \\ \Delta_Y^{(2)} \end{Bmatrix} = \hat{\underline{\mathbf{K}}}_G^{-1} \hat{\mathbf{F}}_G = \begin{bmatrix} a+b & a \\ a & a \end{bmatrix}^{-1} \begin{Bmatrix} F_X^{(2)} \\ F_Y^{(2)} \end{Bmatrix}$ by Gauss Elimination

5.4.2 Transformation Matrix

본절은 부재축회전각 가정법과 단면약축 면에 k-node 지정법 등 대표적인 3차원 좌표변환매트릭스의 프로그램이다. 이에 대한 의미와 내용은 본장의 해당부분을 참조하기 바란다.

```
   ........
   dx=Nodes(nj)%XY(1)-Nodes(ni)%XY(1) ; dy=Nodes(nj)%XY(2)-Nodes(ni)%XY(2)
   dz=Nodes(nj)%XY(3)-Nodes(ni)%XY(3) ; dL=SQRT(dx*dx+dy*dy+dz*dz)

   CALL Transformation_Psi   ! dL,dx,dy,dz,C(3,3) : 전역변수로 전달

   Tran=0.0 ; Tran(1:3,1:3)=C(1:3,1:3)
              Tran(4:6,4:6)=C(1:3,1:3)
   ........
```

```
SUBROUTINE Transformation_Matrix    ! dL,dx,dy,dz,C(3,3) : 전역변수로 전달
   IMPLICIT NONE
   REAL(8) :: psi,cx,cy,cz,cxy,cxz,Sp,Cp,L

   L=dL ; cx=dx/L ; cy=dy/L ; cz=dz/L ; phi=0.0D0
   Sp=SIN(psi) ; cxy=SQRT(cx*cx+cy*cy)
   Cp=COS(psi) ; cxz=SQRT(cx*cx+cz*cz)

   C=0.0D0
   IF (cx==0.0D0 .AND. cz==0.0D0) THEN
      C(1,1)=cx                       ; C(1,2)=cy                        ; C(1,3)=cz
      C(2,1)=(-cx*cz*Sp-cy*Cp)/cxy ; C(2,2)=(-cy*cz*Sp+cx*Cp)/cxy ; C(2,3)=cxy*Sp
      C(3,1)=(-cx*cz*Cp+cy*Sp)/cxy ; C(3,2)=(-cy*cz*Cp-cx*Sp)/cxy ; C(3,3)=cxy*Cp
   ELSE
      C(1,1)=cx                       ; C(1,2)= cy     ; C(1,3)=cz
      C(2,1)=(-cx*cy*Cp-cz*Sp)/cxz ; C(2,2)= cxz*Cp ; C(2,3)=(-cy*cz*Cp+cx*Sp)/cxz
      C(3,1)=( cx*cy*Sp-cz*Cp)/cxz ; C(3,2)=-cxz*Sp ; C(3,3)=( cy*cz*Sp+cx*Cp)/cxz
   ENDIF
END SUBROUTINE Transformation_Matrix
```

```
SUBROUTINE Transformation          ! dx,dy,dz,L,C(3,3) 전달인수
   IMPLICIT NONE
   INTEGER :: i,iz,izc(1)
   REAL(8) :: xk,yk,zk,a1,a2,a3,b1,b2,b3,aa,ab,Large
   REAL(8) :: u1,u2,u3,uu,Large,cz,cMax,Cxx(nDof)

   Large=1.0D6 ; C=0.0D0
   C(1,1)=dx/L ; C(1,2)=dy/L ; C(1,3)=dz/L
   ! compute direction cosines of LocaL y-axis
   Cxx(1)=dx ; Cxx(2)=dy ; Cxx(3)=dz
   izc=MAXLOC(Cxx) ; iz=izc(1)
   xk=(xi+xj)/2.0 ; yk=(yi+yj)/2.0 ; zk=(zi+zj)/2.0
       IF(iz==1) THEN ; zk=zk*Large
   ELSEIF(iz==2) THEN ; xk=xk*Large
   ELSEIF(iz==3) THEN ; yk=yk*Large
   ELSE               ; STOP '   Not exist this case'
   ENDIF
   b1=xk-xi ; b2=yk-yi ; b3=zk-zi ; ab=dx*b1+dy*b2+dz*b3
   u1=L*b1-ab*dz ; u2=L*b2-ab*dy ; u3=L*b3-ab*dz
   uu=SQRT(u1*u1+u2*u2+u3*u3)  ; IF(uu<=0.0D0) STOP ' uu <= 0'
   C(2,1)=u1/uu ; C(2,2)=u2/uu ; C(2,3)=u3/uu
   ! compute direction cosines of LocaL z-axis
   C(3,1)=C(1,2)*C(2,3)-C(1,3)*C(2,2)
   C(3,2)=C(1,3)*C(2,1)-C(1,1)*C(2,3)
   C(3,3)=C(1,1)*C(2,2)-C(1,2)*C(2,1)
END SUBROUTINE Transformation
```

5.4.3 Truss 해석프로그램의 작성예

[1] 주프로시저 : 트러스해석용 프로그램의 일부분이다. 주프로그램은 아래와 같다. 주프로그램은 프로그램 전체를 제어하는 프로시저이며 포트란77 사용자를 위하여 모듈프로시저를 사용하지 않았다.

```
!----------------------------------------
PROGRAM AbaLysis_Program_For_2_Dim_TRUSS
!----------------------------------------
   IMPLICIT NONE
   INTEGER , PARAMETER :: inp=95,out=96
   INTEGER , PARAMETER :: nDim=2,eNod=2,nDof=2,eDof=4
   INTEGER :: node,eLem,neq,band,soLver=0
   INTEGER :: BC(nDof),LM(eDof)
   REAL(8) :: xi,yi,xj,yj,dx,dy,L
   REAL(8) :: cord(nDim),cLod(nDof),C(nDof,nDof),memF(eDof)
   REAL(8) :: S(eDof,eDof),T(eDof,eDof),Dis(nDof),eDis(eDof)

   TYPE Node_Property
      INTEGER :: BC(Ndof)       ! BC
      REAL(8) :: Cord(Ndim)     ! Coordinates
      REAL(8) :: cLod(nDof)     ! Concentrated Load
   END TYPE Node_Property
   TYPE(Node_Property), ALLOCATABLE :: Nodes(:)

   TYPE Truss_Property
      INTEGER :: Conn(eNod)        ! Node Connectivity
      INTEGER :: LM(eDof)          ! Location Matrix
      REAL(8) :: E,A,L,tens        ! Axial Rigidity, Length
      REAL(8) :: S(eDof,eDof)      ! ELement Stiffness Matrix
      REAL(8) :: T(eDof,eDof)      ! ELement Rotation Matrix
   END TYPE Truss_Property
   TYPE(Truss_Property), ALLOCATABLE :: Truss(:)

   REAL(8) , ALLOCATABLE :: GK(:,:),GB(:)
```

선언문들
...

```
   CALL Openning
   CALL ControL_Data
   CALL Node_Informations
   CALL ELement_Informations
   CALL AssembLe_System_Matrix
   IF(soLver==0) CALL SimuLtaneous_Equation(GK,GB,neq)
   IF(soLver==1) CALL Band_SoLver(GK,GB,neq,band)
   CALL DispLacement
   CALL Member_Force

   WRITE(out,"(/'  ',20('>'),' You are a rare Genius !'/)")
   WRITE(*,"(/5X,'You are a rare Genius !')")

   CONTAINS
```

실행문들
...

```
  SUBROUTINE Openning

  END SUBROUTINE Openning

  SUBROUTINE ControL_Data

  END SUBROUTINE ControL_Data

           :

END PROGRAM AnaLysis_Program_for_2_Dim_TRUSS
```

내부 부프로시저
...

[2] **절점 정보** : 절점정보를 입력하고 저장하는 서브루틴 부프로시저이다. 절점정보는 절점번호, 자유도 구속조건(구속이면 1, 그렇지 않으면 0), 절점좌표 등을 입력·저장하게 된다. 좌표는 향후 부재길이와 좌표변환매트릭스의 각 성분을 계산할 때 절대적으로 요구된 자료들이다. 독자는 구속조건에 따라 방정식의 일련번호를 부여하는 과정을 참조하기 바란다. 입력파일에서 절점의 자유도 구속조건(1이면 구속되고 0이면 변위가 발생하는 자유도)을 지정하게 된다. 여기서 자유도가 구속된다는 의미는 지점 변위와 같이 변위가 0인 조건을 의미한다. 절점좌표와 함께 구속조건이 입력될 때 자유도가 0이면 방정식 번호와 일치하는 일련번호를 부여하게 된다. 자유도가 1이면 다시 0으로 재지정하여 방정식 조합에서 제외시킨다. 따라서 절점정보 입력단계에서 가장 중요한 부분은 자유도 구속조건에 따른 일련의 방정식 번호를 지정하는 일이 될 것이다.

$$
\begin{array}{c|cccccc|c}
 & 0 & 0 & 1 & 2 & \cdot & \cdot & \\
\hline
 & a & a & -a & -a & \cdot & \cdot & 0 \\
 & a & a & -a & -a & \cdot & \cdot & 0 \\
\underline{\mathbf{K}} = & -a & -a & a & a & \cdot & \cdot & 1 \\
 & -a & -a & a & a & \cdot & \cdot & 2 \\
 & \cdot & \cdot & \cdot & \cdot & \cdot & \cdot & \cdot \\
 & \cdot & \cdot & \cdot & \cdot & \cdot & \cdot & \cdot
\end{array}
$$

절점당 2개의 자유도를 가진 트러스부재는 부재당 4개의 자유도로 표현할 수 있다. 이는 LM이라는 변수명으로 4칸의 기억장소를 가진 배열로 지정될 것이다. 처음 2칸은 시작절점의 자유도, 나머지 2칸은 종료절점의 자유도를 저장하게 된다. 만일 임의의 부재의 해당자유도에 4개의 방정식번호가 저장되었다면 우측그림과 같이 부재강성도매트릭스 성분들을 전체 구조강성도매트릭스의 해당방정식에 누적시킬 수가 있다. 이러한 장점이외에 많은 장점이 있으므로 직접강성도법에서 LM의 사용은 필수적이다.

```
SUBROUTINE Node_Informations
   IMPLICIT NONE
   INTEGER :: k,n,i,eq

   WRITE(*,"(5X,'NODE INFORMATION')")
   WRITE(out,"(///' N O D E   I N F O R M A T I O N' &
   &           /' ------------------------------' &
   &           //5X,'n',6X,'u    v',11X,'X',9X,'Y',10X,'Fx',8X,'Fy'/)")

   ALLOCATE(Nodes(node))

   neq=0
   DO k=1,node
      READ(inp,*) n,BC,cord,cLod
      DO i=1,nDof
         eq=BC(i)
         IF(eq==0) THEN
            neq=neq+1 ; Nodes(n)%BC(i)=neq
         ELSE
            Nodes(n)%BC(i)=0
         ENDIF
      ENDDO
      Nodes(n)%cord=cord
      Nodes(n)%cLod=cLod
   ENDDO
   DO n=1,node
      WRITE(out,"(I6,2X,2I5,2(2X,2F10.2))") n,Nodes(n)
   ENDDO
END SUBROUTINE Node_Informations
```

Equation Number

Node Coordinate

Concentrated Load

[3] 부재 정보와 Location Matrix : 부재정보를 입력하고 필요한 값으로 변환하는 저장하는 서브루틴 부프로시저이다. 특히, 각 부재들의 Location Matrix(LM이라고 부르자) 구성과정을 집중하기 바란다. LM은 구조계의 시스템 매트릭스(강성도와 질량매트릭스 등)와 시스템벡터(하중벡터)를 계산할 때 활용되며 부재력계산을 위한 해당자유도의 변위성분 추출에도 사용된다.

```
SUBROUTINE ELement_Informations
   IMPLICIT NONE
   INTEGER :: n,inod,jnod,i,k,eq,eMax,eMin,ndif,yss=0
   REAL(8) :: E,A,EA,eK,psi=0.0D0
   REAL(8) :: tens,ss,sn

   WRITE(*,"(5X,'ELEMENT INFORMATION')")
   WRITE(out,"(///' E L E M E N T   I N F O R M A T I O N' &
   &          /' -------------------------------------' &
   &          //5X,'e',6X,'i    j     Rigidity(EA)',8X,'Leng',8X,'Tens'/)")

   ALLOCATE(Truss(eLem))

   band=0
   DO k=1,eLem
      READ(inp,*) n,inod,jnod,E,A,tens
      Truss(n)%Conn(1)=inod ; Truss(n)%Conn(2)=jnod              Connectivity
      Truss(n)%E=E ; Truss(n)%A=A ; Truss(n)%tens=tens

      LM=0 ; LM(1:nDof)=Nodes(inod)%BC(1:nDof)
             LM(3:eDof)=Nodes(jnod)%BC(1:nDof) ; Truss(n)%LM=LM   Location Matrix

      eMax=0 ; eMin=1000
      DO i=1,eDof
         eq=LM(i) ; IF(eq<=0) CYCLE
         IF(eq>eMax) eMax=eq                                      Determine Badwidth
         IF(eq<eMin) eMin=eq
      ENDDO
      ndif=eMax-eMin+1 ; IF(ndif>band) band=ndif
      xi=Nodes(inod)%Cord(1) ; xj=Nodes(jnod)%Cord(1) ; dx=xj-xi
      yi=Nodes(inod)%Cord(2) ; yj=Nodes(jnod)%Cord(2) ; dy=yj-yi
      L=SQRT(dx*dx+dy*dy)    ; Truss(n)%L=L

      EA=E*A  ; ss=EA/L
                sn=tens/L
      S=0.0D0 ; S(1,1)=ss ; S(1,3)=-ss ; S(3,1)=-ss ; S(3,3)=ss   Stiffness Matrix
                S(2,2)=sn ; S(2,4)=-sn ; S(4,2)=-sn ; S(4,4)=sn
      Truss(n)%S=S

      CALL Transformation                                         Transformation Matrix

      T(1:2,1:2)=C(1:2,1:2) ; T(3:4,3:4)=C(1:2,1:2) ; Truss(n)%T=T
      WRITE(out,"(I6,2X,2I5,E17.6,2F12.2)") n,inod,jnod,EA,L,tens
   ENDDO
END SUBROUTINE ELement_Informations

SUBROUTINE Transformation
   IMPLICIT NONE                                   Determine Element
   REAL(8) :: cx,sx,cs                             Transformation Matrix

   cx=dx/L ; sx=dy/L ; cs=cx*sx
   C=0.0D0 ; C(1,1)= cx ; C(1,2)=sx
             C(2,1)=-sx ; C(2,2)=cx
END SUBROUTINE Transformation
```

[4] Location Matrix를 이용한 구조강성도매트릭스 구성 : 각 부재들에 따라 LM과 강성도매트릭스, 좌표변환매트릭스를 불러서 전체좌표계의 부재강성도매트릭스를 계산하고 이를 LM을 이용하여 구조계 전체 강성도매트릭스를 구성한다. 즉, LM은 자유도가 있는 위치는 방정식번호를, 자유도가 없는 위치는 0으로 저장되어 있으므로 값이 0일 때 연산을 skip하게 된다. 또. 이 프로시저는 변수 solver의 값이 0이면 Full Matrix, 1이면 Banded Matrix를 이용할 수 있도록 작성하였다.

```
SUBROUTINE Assemble_System_Matrix
   IMPLICIT NONE
   INTEGER :: n,i,j,row,col

   IF(solver==0) ALLOCATE(GK(neq,neq))
   IF(solver==1) ALLOCATE(GK(neq,band))
                 ALLOCATE(GB(neq))
   GK=0.0D0 ; GB=0.0D0

   WRITE(*,"(5X,'ASSEMBLE SYSTEM MATRIX & VECTOR')")
   WRITE(out,"(///'  S Y S T E M   M A T R I X  &  V E C T O R'  &
   &           /'  ----------------------------------------'  &
   &          //5X,'Number of Equations ',I5    &
   &           /5X,'Max. half bandwidth ',I5)") neq,band

   DO n=1,elem
      LM=Truss(n)%LM
      S=Truss(n)%S ; T=Truss(n)%T
      S=MATMUL(MATMUL(TRANSPOSE(T),S),T)          ! Stiffness Matrix in GCS
      DO i=1,eDof
         row=LM(i) ; IF(row<=0) CYCLE
         DO j=1,eDof
            col=LM(j) ; IF(col<=0) CYCLE
            IF(solver==0) THEN
               GK(row,col)=GK(row,col)+S(i,j)
            ELSEIF(solver==1) THEN
               col=col-row+1 ; IF(col<=0) CYCLE
               GK(row,col)=GK(row,col)+S(i,j)
            ENDIF
         ENDDO
      ENDDO
   ENDDO
   WRITE(out,"(//5X,'i',7X,'Stiffness Matrix ',13('.')/)")
   WRITE(out,"(8X,100I12)") (i,i=1,neq)
   DO i=1,neq
      IF(solver==0) WRITE(out,"(I6,2X,100E12.4)") i,GK(i,1:neq)
      IF(solver==1) WRITE(out,"(I6,2X,100E12.4)") i,GK(i,1:band)
   ENDDO

   DO n=1,node
      DO i=1,nDof
         row=Nodes(n)%BC(i) ; IF(row<=0) CYCLE
         GB(row)=GB(row)+Nodes(n)%cLod(i)
      ENDDO
   ENDDO
   WRITE(out,"(//5X,'n',7X,'Nodal Load Vector ',12('.')/)")
   DO n=1,neq
      WRITE(out,"(I6,E14.4,2E12.4)") n,GB(n)
   ENDDO
END SUBROUTINE Assemble_System_Matrix
```

5.5 연습문제

5.5.1 기본개념 문제

[1] 다음과 같은 용어를 설명하라.

(1) 기저벡터의 정의　(2) 기저벡터의 특성　(3) 기저벡터와 좌표변환 관계

(4) 단면의 주축　(5) 도심과 전단중심　(6) 라그랑주 1차 보간함수

(7) 영향계수　(8) 곡선좌표계(Curvilinear Coordinate System)

[2] 다음 질문에 따라 트러스부재의 매트릭스를 설명하고 결정하라.

(1) 트러스부재에 좌표변환매트릭스

(2) 국부좌표계에서 트러스부재의 강성도매트릭스

(3) 전체좌표계에서 트러스부재의 강성도매트릭스

[3] 다음질문에 답하라.

(1) 트러스부재의 변위를 라그랑주 1차 보간함수로 모사할 수 있는 이유를 설명하라.

(2) 트러스부재의 변형에너지 식을 유도하고 설명하라.

(3) 강성도 성분이 변형에너지의 2차 도함수임을 설명하라.

(4) 트러스 구조의 평형방정식 유도방법의 종류와 유도과정을 설명하라.

5.5.2 해석과 프로그램 적용문제

[1] 본장의 예제 1~3의 트러스구조 문제에 대하여 각 부재력을 결정하라.

[2] 부재강성도매트릭스와 좌표변환매트릭스를 이용하여 예제 5의 부재력을 결정하라.

[3] 다음그림과 같이 트러스구조를 해석하라.

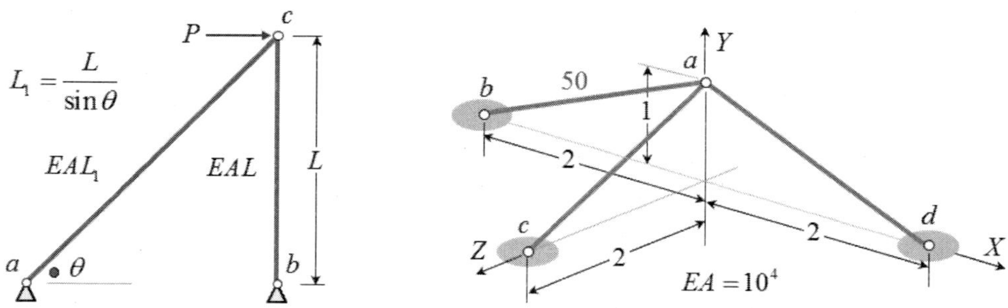

5.5.3 프로젝트 연구문제

[1] 국부좌표계에서 부재축방향 기저벡터는 $\boldsymbol{e}_x = (c_x, c_y, c_z)$ 이고 기저벡터 $\boldsymbol{e}_x$ 와 수식한 축에 대한 기저벡터를 $\boldsymbol{e}_y = (g_x, g_y, g_z)$ 라고 하자. 만일 기저벡터 $\boldsymbol{e}_y$ 의 성분 g_x 가 주어졌다고 가정할 때, 나머지 성분 g_y, g_z 를 결정하라.

[2] 좌표변환매트릭스를 결정하는 Subroutine 부프로서저를 작성하고 검증하라.

[3] Gauss Elimination 방법을 이용한 선형대수의 근을 결정하는 Subroutine 부프로서저를 작성하고 검증하라.

[4] 부재축 방향으로 변하는 단면을 가진 트러스 부재가 있다. 변단면 트러스부재의 부재강성매트릭스 성분을 결정하라. 단, 단면은 원형이며 길이방향으로 직경이 변한다고 가정하자. 주어진 변화조건에 맞추어 각자 직경을 가정할 것.

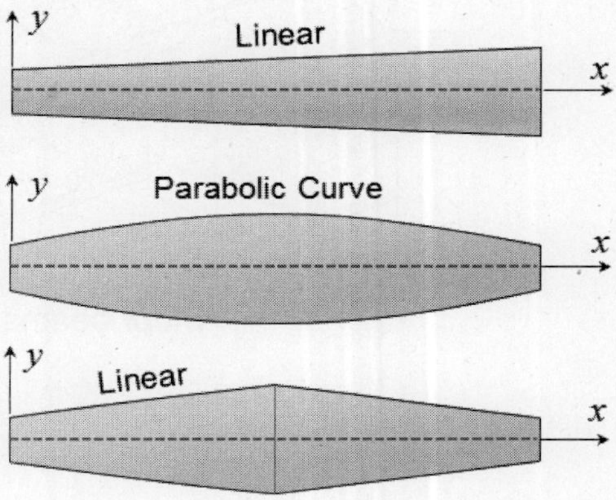

(1) 부재축방향으로 선형으로 변화하는 단면

(2) 부재축방향으로 2차 포물선 함수로 변화하는 단면. 부재 중앙부에서 최대 직경이며 양단으로 대칭인 단면

(3) 부재 중앙부까지 선형으로 증가하고 그후 선형으로 감소하는 단면. 부재 중앙부에서 최대직경을 나타내고 양단으로 대칭인 단면.

[4] 축강성 $EA = 100\,MPa$ 인 4개의 부재 ab, ac, ad, ae 들로 구성된 공간트러스구조가 있다. 절점 a에 x 축방향 하중 $P = 20\,kN$ 이 작용하였을 때 절점변위를 결정하고 각 부재력을 계산하라. 계산방법은 수계산과 해석프로그램을 이용하여 비교할 것. 해석프로그램은 구조해석이 가능한 그 어떤 프로그램을 이용할 수 있으며 각자 스스로 찾아서 사용할 것. 주어진 자료는 비현실적인 자료일 수도 있으니 확인결과가 좋지 않으면 수정하고 사용할 수도 있음. 다만, 자료값을 수정한 이유로 제시할 것.

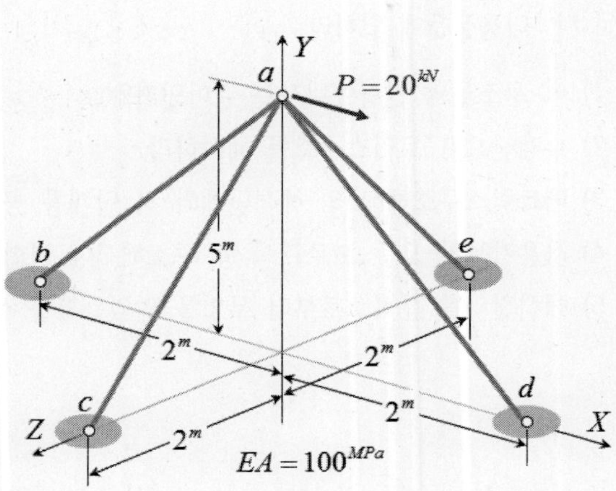

[5] 아래그림은 교량에서 사용되는 트러스구조이며 이를 트러스교량이라고 한다. 다음절차에 따라 트러스교량을 해석하려고 한다.

1) 국내 설치되어 있는 실제 트러스교량을 해석대상으로 선택하여 해석모델을 설정하라.

2) 작용하중을 가정하여 구조해석을 수행하라. 해석방법은 컴퓨터프로그램을 사용하고 해석결과를 분석하라. 해석결과는 절점변위, 부재력을 의미하며 분석은 변위와 부재력이 허용범위를 만족하는가를 확인하는 작업이다.

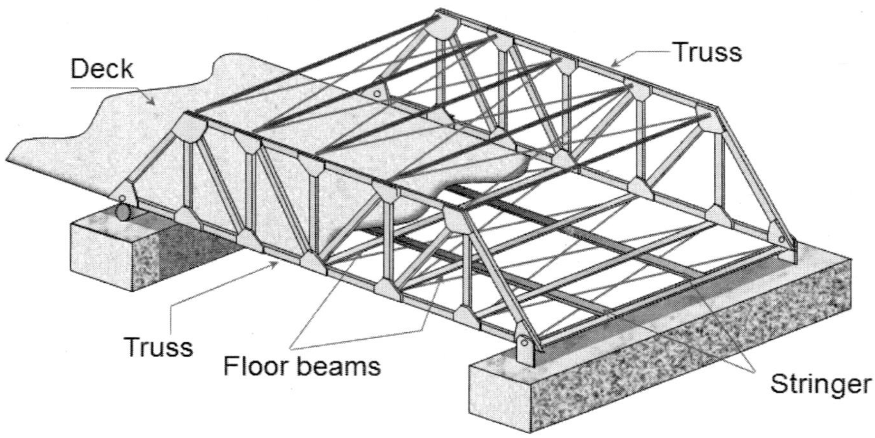

[5] 정삼각형 모양의 트러스구조에 수평하중 P가 작용하고 있다. 이 구조물 중에서 왼쪽 사재의 축강성이 무한대인 강체이다. 매트릭스구조해석으로 이 구조물을 해석하려고 한다. 필요한 값이 있으면 각자 가정할 수 있다. 다음질문에 답하라.

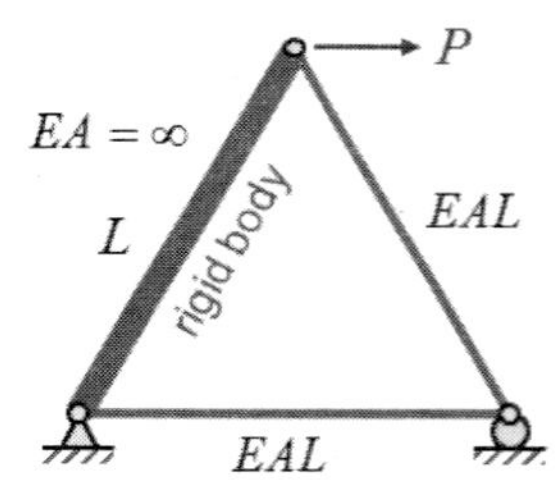

1) 이 구조물의 변형에너지는 얼마인가?

2) 수계산으로 트러스구조를 해석하라.

3) 매트릭스구조해석 의 해석단계와 각 단계를 공식화하라.

4) 사용가능한 모든 프로그램 중 구조해석에 적합한 방법을 찾아 구조해석을 수행하라.

5) 해석결과를 분석으로부터 무엇을 얻었는가를 설명하라.

6 보구조

6.1 개요

트러스부재와 마찬가지로 보(Beam)부재도 2개의 절점을 잇는 직선부재이다. 그러나 트러스부재는 축변형만을 고려하는 부재이나 보부재는 휨변형을 고려하는 부재이다. 트러스부재에 작용하는 하중은 부재양단 절점에만 작용하지만 보부재는 양단절점뿐만 아니라 부재내부에 부재축과 수직한 방향으로 작용하는 부재이다. 부재축과 수직한 방향으로 작용하는 하중을 수직하중(Transverse Load)라고 부르며 수직하중은 집중하중(Concentrated Load) 또는 분포하중(Distributed Load)으로 구분할 수 있다. 집중하중은 한 점에 작용하는 힘이며 분포하중은 단위길이당 작용하는 힘을 나타낸다. 트러스부재는 절점에 작용하는 집중하중만 고려하므로 분포하중을 고려할 필요가 없다. 반면에 보부재는 부재길이당 일정부분에 단위길이당 작용하는 분포하중이 작용할 수 있다. 만일 단위길이당 일정한 크기의 하중이 작용하면 이를 등분포하중(Uniformly Distributed Loaf)이라고 부른다,

양단절점이 고정된 상태에서 수직하중이 작용하면, 보부재는 곡선형태로 변하게 될 것이다. 부재가 휘어지는 변화를 휨거동(Flexural Behavior), 부재내부변화를 휨변형(Flexural Deformation)이라고 부른다. 수직하중에 의해 보부재가 변하는 곡선형상을 변위곡선(Displacement Curve), 처짐곡선(Deflection Curve), 탄성곡선(Elastic Curve)이라고 부른다. 곡선의 함수값은 수직변위(Transverse Displacement), 1차 도함수는 회전각(Rotation)변위 또는 기울기(Slope)를 나타낸다. 1차 도함수의 변화율에 해당하는 2차 도함수는 근사적인 곡률(Curvature)을 나타낸다. 여기서 곡률은 휨모멘트(Bending Moment)라는 내력(Internal Force)과 연관성을 가지고 있다. 부재의 내력을 부재력(Member Force) 또는 잘린 단면에 나타난다는 의미로 단면력(Section Force)이라고도 부른다. 보부재의 내력은 전단력과 휨모멘트로 구분하며 전자는 전단변형(Shear Deformation), 후자는 휨변형을 유발한다. 일반적으로 보부재는 휨변형이 지배적이며 전단변형을 무시하고 있다. 휨변형만 고려하는 보를 오일러보(Euler Beam)라고 부르며 이를 고전보라고 부른다. 휨변형과 전단변형을 동시에 고려하는 보를 티모센코보(Timoshenko Beam) 또는 깊은보(Deep Beam)라고 부른다. 본 장은 주로 오일러보를 취급한다.

6.2절은 기본이론으로서 보부재의 휨변형과 휨거동을 정리하였다. 재료역학과 구조역학에서 가장 기본적인 해석모델이 보부재이므로 보부재에 대한 다양한 해석이론과 해석방법들이 각 교과목에 소개되어 있다. 하나의 보부재만으로 보구조를 이루므로 보부재이건 보구조이건 간단히 보(Beam)라고도 부른다. 보는 지점형태에 따라 분류하고 있으며 6.3절은 보구조의 종류별 해석사례를 소개하였다. 이론적 해석뿐만 아니라 매트릭스구조해석방법을 비교·설명하였다. 6.4절은 해석프로그램 적용방법을 설명하였고 마지막으로 6.5절은 기본문제, 적용문제, 연구문제로 구분하여 연습문제를 수록하였다.

6.2 기본이론

6.2.1 보의 해석모델

[1] 가정조건과 특성

보(Beam)는 휨변형이 지배적이며 다음과 같은 가정과 범위에서 이론과 해석을 적용하기로 한다.

1) 일반적으로 보는 일정단면(Prismatic Section)의 직선부재(Straight Member)이다.
2) 보의 단면은 대칭단면(Symmetric Section)과 비대칭단면으로 구분할 수 있다. 여기서 대칭은 점대칭이 아니라 축대칭을 의미하며 대칭단면은 1축 대칭단면, 2축 대칭단면으로 구분한다. 대칭단면은 도심과 전단중심이 일치하므로 수직하중에 의한 내력의 연계성이 발생하지 않는다. 반면에 수직하중이 도심에 작용하는 비대칭단면은 도심과 전단중심의 편심량으로 비틀림모멘트가 추가 발생한다. 본장은 대칭단면을 가진 일반보가 해석대상이다.
3) 수직하중이 작용한 후, 보의 단면은 부재축과 수직하다. 즉, 수직하중이 작용하는 보의 단면은 처짐곡선이 된 부재축과 항상 수직성을 유지한다는 의미이다. 이를 베르누이(Bernoulli) 가정 또는 단면유지가정이라고 부르며 단면유지가정을 적용하는 보를 오일러보라고 부른다. 보통 휨변형은 단면유지가정을 만족하는 변형을 의미한다. 반면에 전단변형은 단면의 수직성이 유지되지 못한다. 이러한 보를 티모센코보 또는 깊은보라고 부른다. 본장은 주로 오일러보를 취급한다.
4) 수직하중이 작용하면 보는 곡선형태로 휘어지며 이를 휨거동이라고 부른다. 보가 선형탄성범위에서 휨거동을 나타낼 때, 집중하중은 3차 방정식, 등분포하중은 4차 방정식, 1차 분포하중은 4차 방정식으로 거동을 나타낸다. 또한 수직하중은 휨모멘트와 전단력이라는 보의 내력을 나타낸다. 거동이 구조계의 변화모습이라면 변형은 부재내부에 발생하는 변화에 해당한다. 휨모멘트에 의한 변형을 휨변형, 전단력에 의한 변형을 전단변형이라고 부른다. 휨변형만을 고려한 보를 오일러 보, 전단변형도 포함하면 깊은보라고 부른다. 본 장은 주로 휨변형을 고려하는 오일러보를 해석대상으로 선택하였다.
5) 수직하중에 의한 보의 거동은 하중작용방향의 변위와 기울기로 표현된다. 변위는 처짐방정식의 함수, 기울기는 1차도함수로 표현된다. 따라서 보의 임의점에 대한 거동은 처짐과 기울기라는 2개의 자유도로 표현된다. 즉, 절점당 2개의 자유도로 표현되므로 하나의 보는 4개의 자유도를 표현할 수 있다. 따라서 매트릭스구조해석에서 보부재의 강성도매트릭스는 (4×4)의 크기를 나타낸다.

[2] 구조계

보의 종류는 단면형상, 지점수, 부재형상에 따라 구분할 수 있다. 첫째, 단면형상에 따른 구분은 단면의 모양이 아니라 단면의 대칭축 존재에 따른 구분이다. 즉, 단면이 대칭단면(2축 대칭단면)이면 대칭단면(Symmetric Section)보, 1축대칭단면이면 1축대칭단면보, 비대칭단면이면 비대칭단면(Unsymmetric Section)보라고 부른다. 둘째, 지점수(또는 반력의 개수)에 따라 보는 정정보(Statically Determinate Beam)와 부정정보(Statically Indeterminate Beam)로 구분할 수 있다. 다시 말해, 평형조건(Equilibrium Condition)만으로 모든 지점반력이 결정되면 정정보, 평형조건보다 지점반력수가 많으면 부정정보라고 부른다. 정정보는 단순보(Simple Beam), 캔틸레버(Cantilever), 내민보(Overhang) 등이 있다. 부정정보는 연속보(Continuous Beam)가 대표적이다. 셋째, 부재형상에 따른 구분은 부재축이 직선인가 곡선인가를 의미한다. 부재축이 직선이면 직선보, 곡선이면 곡선보(Curved Beam)라고 부른다. 일반적으로 보는 대칭단면을 가진 직선보를 나타낸다. 부재축이 원형곡선이면 원형곡선보라고 부르며 부재평면(곡선부재를 포함하는 평면)과 수직한 하중이 작용하는 부재이다. 부재평면 내에 하중이 작용하면, 곡선보가 아니라 아치(Arch)라고 부른다. 부재형상은 동일하지만 하중작용방향에 따라 곡선보와 아치로 구분되며 부재 내부에 발생하는 변형에도 차이를 나타낸다.

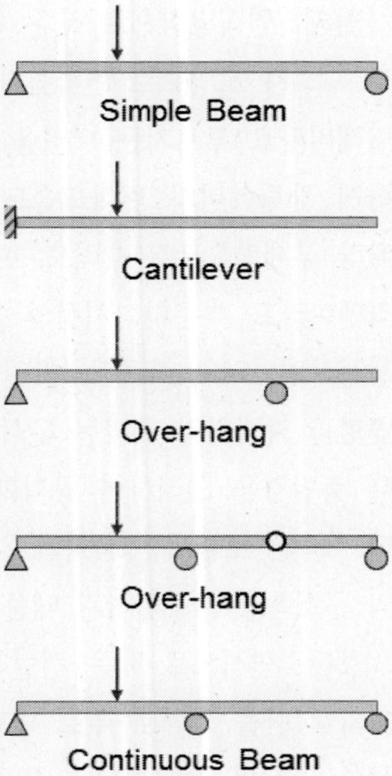

곡선보는 휨거동과 비틀림거동(Torsional Behavior)을 나타낸다. 아치는 휨변형이외에 축변형이 발생하며 축변형을 무시할 수 없다. 휨변형과 축변형을 함께 고려하는 보들이 서로 연결된 구조를 뼈대(Skeleton Structure), 프레임(Frame), 라멘(Rahmen)이라고 부른다. 참고로 기준좌표계를 Reference Frame이라 부르며 구조공학의 Frame과 다른 의미이다.

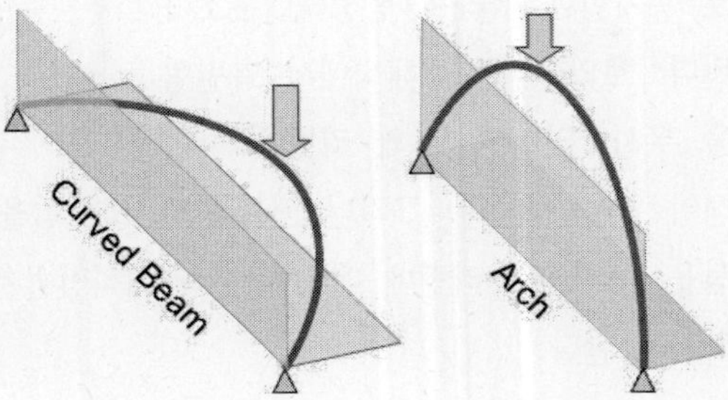

● 구조계의 변화

먼저 우측그림과 단순보를 가정하자. 보의 중앙점을 중심으로 'ㅅ'자 모양으로 변한 구조계와 2개의 절점을 구부려 'ㅁ'자 모양으로 변한 구조계를 가정해 보자. 부재의 일부분을 구부려 모양이 바뀐 구조계는 어떤 하중이 작용하는가에 따라 축변형을 나타낼 수도 있다, 만일 축변형을 무시할 수 없는 구조계로 변하였다면 이를 라멘이라고 부른다. 보와 라멘은 대표적인 휨거동 부재이지만 축변형을 고려하는가에 무시하는가에 따라 구분할 수 있다. 그런데 라멘도 축변형을 무시하고 계산하는 경우가 대부분이다. 라멘구조는 축변형을 고려하는 부재들이지만 축변형 효과를 무시하고 해석한다는 의미이다.

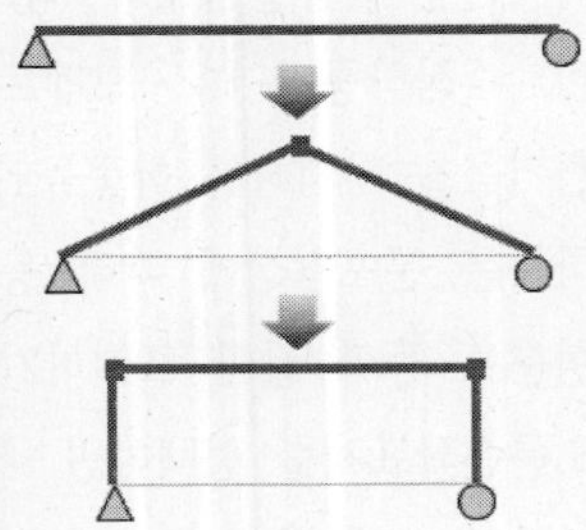

둘째, 연직방향으로 새운 캔틸레버를 순차적으로 구부려 'ㄱ'자, 'ㄷ'자 모양으로 변하였다고 하자. 이렇게 변한 구조물을 캔틸레버라고 부르기는 어려울 것이다. 단순보의 변화모습과 동일하게 캔틸레버의 변화모습도 동일한 특성을 나타낸다. 하중에 따라 부재력으로서 축력도 포함될 수 있으므로 변화된 구조계는 라멘이라고 부른다. 지점의 변화가 없으므로 정정구조물들이며 정정라멘이라고 부른다. 라멘의 특성상 축력은 있으나 축변형을 무시할 수 있다. 라멘구조는 보통 전단변형과 축변형의 효과는 무시할 정도로 작기 때문이다. 그럼에도 라멘구조는 매트릭스구조해석에 적용할 때 축변형을 고려하여 공식화하는 구조이다. 이러한 이유로 라멘부재를 3차원 보부재라고 부르기도 한다. 3차원 보부재는 축력과 2개의 단면축에 대한 휨모멘트 및 비틀림까지 고려하는 부재이므로 라멘부제의 구조특성과 동일하기 때문이다.

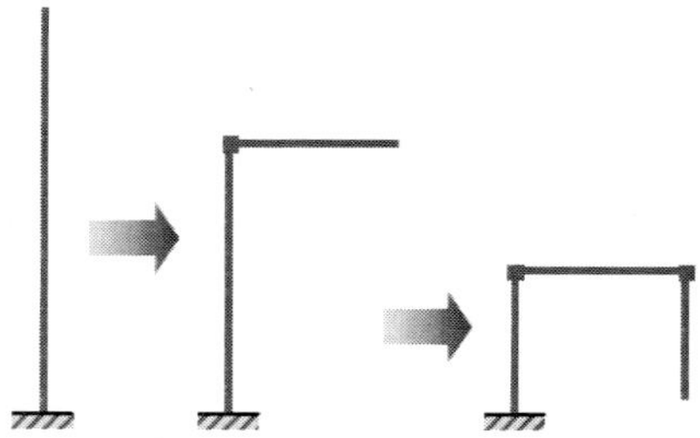

셋째, 연직으로 세운 캔틸레버 부재의 상단을 그대로 두고 단면과 지점을 쪼개어 순차적으로 벌린 모습들을 상상해 보자. 지점의 수가 2개로 증가함에 따라 부정정라멘구조가 된다. 보와 라멘의 해석에서 축변형을 무시하였다면, 보와 라멘은 차이점이 없을 것이다. 그러나 매트릭스구조해석을 적용할 때, 축변형의 존재여부에 따라 보와 라멘은 차이점을 나타낸다. 라멘에 대한 이론과 해석방법은 7장에서 설명하기로 하고 6장은 보부재로 제한하여 설명하기로 한다.

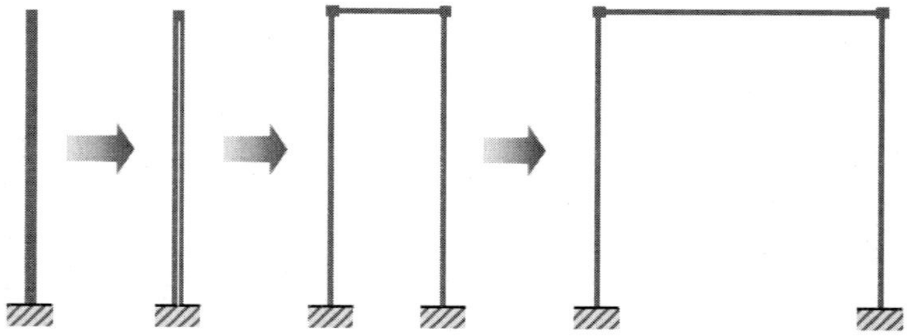

[3] 하중계

보에 작용하는 하중은 휨거동을 야기하는 하중들이다. 우측그림과 같이 수직하중이거나 모멘트하중들이 휨거동을 야기하는 하중들이다. 분포하중은 분포형상에 따라 등분포, 선형분포 등과 같이 표현하기도 한다. 오른손좌표계를 선택하면, 부재축을 x축, 연직 상방향을 y축, 지면 앞으로 향하는 방향이 z축이 된다. 따라서 보에 작용하는 모멘트의 방향은 z축에 대한 회전력이다. z축을 중심으로 xy면이 회전하므로 이를 면외방향 모멘트라고 부르기도 한다.

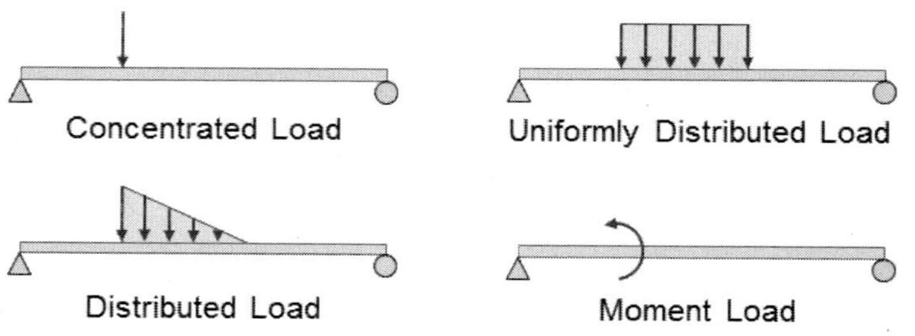

[4] 하중과 거동 관계

자극이 없으면 반응이 없듯이 하중이 작용하지 않으면 거동은 나타나지 않는다. 경험적으로 어떤 부재에 어떤 하중들이 작용하여 어떤 변화와 변형을 발생시키는가를 기준하여 구조모델을 구분하며 트러스, 보, 라멘 등이 대표적인 구조해석모델들이다. 거동은 하중에 의한 구조계의 변화 즉, 부재길이가 줄고 늘거나, 휘고 뒤틀리는 등을 통칭하는 용어이다. 하중을 Action이라고 정의하면 구조계의 형상변화와 지점반력 등을 Reaction이라고 정의한다. 좁은 의미의 Reaction은 지점반력이며 넓은 의미의 Reaction은 모든 거동을 포함한다. 또 동적하중에 의한 구조물 특정점에 발생하는 변위, 속도, 가속도 및 변형률과 응력의 시간이력 등을 응답(Response)이라고 부르며 거동보다 포괄적인 의미를 나타낸다.

여하튼, 보는 휨거동을 나타내는 부재이며 휨거동은 휨변형과 전단변형을 야기한다. 휨변형은 부재단면을 유지하고 단면에 수직한 응력을 발생시킨다. 전단변형은 단면의 형상을 바꾸며 휨강성도를 감소시켜 처짐을 증가시킨다. 일반단면을 가진 보는 전단변형의 효과가 크지 않으므로 이를 무시하고 있다. 그러나 단면의 폭에 비해 높이가 크면, 전단효과는 무시할 수 없다. 이러한 보를 깊은보 또는 티모센코보라고 부르며 이는 별도로 설명하기로 한다.

6.2.2 **보의 해석이론**

[1] 곡률과 에너지

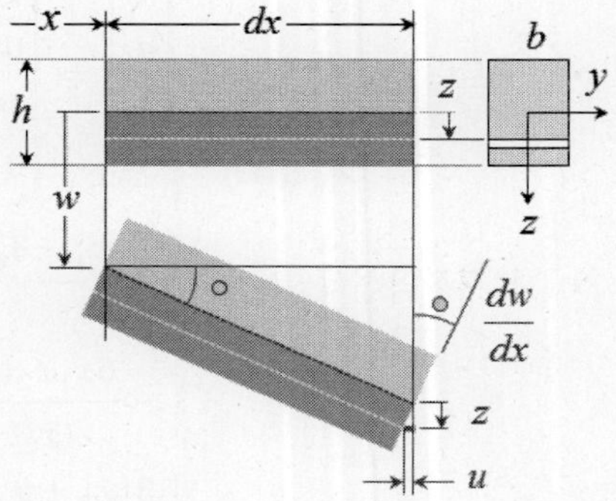

- 기하학적 조건 $u = -\dfrac{dw}{dx}$
- 수직변형률 $\epsilon = \dfrac{du}{dx} = -z\left(\dfrac{d^2w}{dx^2}\right) = -z\kappa$
- 곡률 $\kappa = \dfrac{1}{\rho} = \dfrac{d\theta}{ds} \cong \dfrac{d}{dx}\dfrac{dw}{dx} = \dfrac{d^2w}{dx^2}$
- 응력-변형률 관계 $\sigma = E\epsilon = E\dfrac{du}{dx} = -Ez\dfrac{d^2w}{dx^2}$
  $= -Ez\kappa$
- 휨모멘트 $M = \int_A \sigma z\, dA = -E\kappa \int_A z^2 dA = -EI\kappa \quad ; \quad I = \int_A z^2\, dA$
- 응력-휨모멘트 관계 $\sigma = -Ez\kappa = Ez\left(\dfrac{M}{EI}\right) = \dfrac{M}{I}z$
- 변형에너지 $U = \int_V \dfrac{\sigma\epsilon}{2} dV = \int_0^L \left(\dfrac{E}{2}\int_A \epsilon^2 dA\right)dx = \int_0^L \left(\dfrac{E\kappa^2}{2}\int_A z^2 dA\right)dx$

$$= \frac{EI}{2}\int_0^L \kappa^2\, dx = \frac{EI}{2}\int_0^L \left(\frac{d^2w}{dx^2}\right)^2 dx$$

[2] 부재 내 변위

보부재의 변형에너지는 변위함수의 2차 도함수를 필요로 한다. 따라서 변위함수를 결정할 필요가 있다. 임의의 보부재의 좌측단 절점의 수직변위와 기울기를 y_1, y_1' 라고 하고 우측단 절점의 수직변위와 기울기를 y_2, y_2' 라고 하자. 양단의 함수와 1차 도함수를 알고 있을 때 에르미트 3차 다항식으로 모사할 수 있으며 보부재의 처짐식과 정확히 일치한다. 본절은 설명을 가능한 배제하고 기본식만 소개한다.

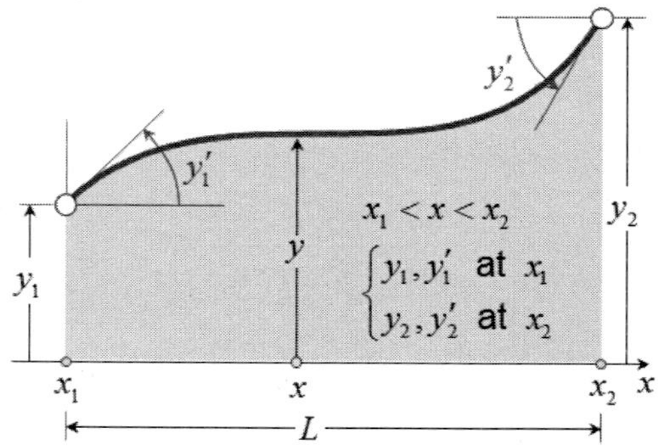

- 양단절점의 경계조건

$$\begin{cases} y(x_1) = y_1 \,,\, y'(x_1) = y_1' \\ y(x_2) = y_2 \,,\, y'(x_2) = y_2' \end{cases}$$

- 3차 처짐곡선식 가정

$$\begin{cases} y = a_0 + a_1 x + a_2 x^2 + a_3 x^3 \\ y' = a_1 + 2a_2 x + 3a_3 x^2 \end{cases}$$

- 경계조건 대입 $\begin{Bmatrix} y_1 \\ y_1' \\ y_2 \\ y_2' \end{Bmatrix} = \begin{bmatrix} 1 & x_1 & x_1^2 & x_1^3 \\ 0 & 1 & 2x_1 & 3x_1^3 \\ 1 & x_2 & x_2^2 & x_2^3 \\ 0 & 1 & 2x_2 & 3x_2^3 \end{bmatrix} \begin{Bmatrix} a_0 \\ a_1 \\ a_2 \\ a_3 \end{Bmatrix}$

- 역매트릭스를 결정하면 $\begin{Bmatrix} a_0 \\ a_1 \\ a_2 \\ a_3 \end{Bmatrix} = \begin{bmatrix} 1 & x_1 & x_1^2 & x_1^3 \\ 0 & 1 & 2x_1 & 3x_1^3 \\ 1 & x_2 & x_2^2 & x_2^3 \\ 0 & 1 & 2x_2 & 3x_2^3 \end{bmatrix}^{-1} \begin{Bmatrix} y_1 \\ y_1' \\ y_2 \\ y_2' \end{Bmatrix}$

- 3차 처짐곡선식

$$\begin{aligned} y = & \left\{ \frac{x_2^2(x_2 - 3x_1)y_1 + x_1^2(3x_2 - x_1)y_2}{(x_2 - x_1)^3} - \frac{x_1 x_2^2 y_1' + x_1^2 x_2 y_2'}{(x_2 - x_1)^2} \right\} \\ & + \left\{ -\frac{6x_1 x_2 (y_2 - y_1)}{(x_2 - x_1)^3} + \frac{(x_2 + 2x_1)x_2 y_1' + (2x_2 + x_1)x_1 y_2'}{(x_2 - x_1)^2} \right\} x \\ & + \left\{ \frac{3(x_2 + x_1)(y_2 - y_1)}{(x_2 - x_1)^3} - \frac{(2x_2 + x_1)y_1' + (x_2 + 2x_1)y_2'}{(x_2 - x_1)^2} \right\} x^2 \\ & + \left\{ \frac{(y_2' + y_1')}{(x_2 - x_1)^3} - \frac{2(y_2 - y_1)}{(x_2 - x_1)^2} \right\} x^3 \end{aligned}$$

$$y = H_1(\xi)y_1 + H_2(\xi)y_1' + H_2(\xi)y_2 + H_4(\xi)y_2'$$

에르미트 3차 다항식 $\begin{cases} H_1(\xi) = 1 - 3\xi^2 + 2\xi^3 \\ H_2(\xi) = L(\xi - 2\xi^2 + \xi^3) \\ H_3(\xi) = 3\xi^2 - 2\xi^3 \\ H_4(\xi) = L(-2\xi^2 + \xi^3) \end{cases}$, $\xi = \dfrac{x}{L}$

● 에르미트 3차 다항식을 매트릭스 식으로 계산

- 3차 처짐곡선식 가정 $\begin{cases} y = ax^3 + bx^2 + cx + d \\ y' = 3ax^2 + 2bx + c \end{cases}$, for $0 \leqq x \leqq L$

- 경계조건 $y(0) = y_1$, $y'(0) = y_1'$, $y(L) = y_2$, $y'(L) = y_1'$

- 함수 $y = \langle x^3 \ x^2 \ x \ 1 \rangle \begin{Bmatrix} a \\ b \\ c \\ d \end{Bmatrix} \to \begin{Bmatrix} y_1 \\ y_1' \\ y_2 \\ y_2' \end{Bmatrix} = \begin{bmatrix} 0 & 0 & 0 & 1 \\ 0 & 0 & 1 & 0 \\ L^3 & L^2 & L & 1 \\ 3L^2 & 2L & 1 & 0 \end{bmatrix} \begin{Bmatrix} a \\ b \\ c \\ d \end{Bmatrix} \to \begin{Bmatrix} a \\ b \\ c \\ d \end{Bmatrix} = \begin{bmatrix} 0 & 0 & 0 & 1 \\ 0 & 0 & 1 & 0 \\ L^3 & L^2 & L & 1 \\ 3L^2 & 2L & 1 & 0 \end{bmatrix}^{-1} \begin{Bmatrix} y_1 \\ y_1' \\ y_2 \\ y_2' \end{Bmatrix}$

$$\to y = \langle x^3 \ x^2 \ x \ 1 \rangle \begin{bmatrix} 0 & 0 & 0 & 1 \\ 0 & 0 & 1 & 0 \\ L^3 & L^2 & L & 1 \\ 3L^2 & 2L & 1 & 0 \end{bmatrix}^{-1} \begin{Bmatrix} y_1 \\ y_1' \\ y_2 \\ y_2' \end{Bmatrix} = \langle H_1 \ H_2 \ H_3 \ H_4 \rangle \begin{Bmatrix} y_1 \\ y_1' \\ y_2 \\ y_2' \end{Bmatrix}$$

$$\begin{cases} H_1(x) = \dfrac{2x^3}{L^3} - \dfrac{3x^2}{L^2} + 1 \\ H_2(x) = L\left(\dfrac{x^3}{L^3} - \dfrac{2x^2}{L^3} + \dfrac{x}{L}\right) \end{cases}, \quad \begin{cases} H_3(x) = -\dfrac{2\xi^3}{L^3} + \dfrac{3x^2}{L^2} \\ H_4(x) = L\left(\dfrac{x^3}{L^3} - \dfrac{x^2}{L^2}\right) \end{cases}$$

* 3차 다항식 결정을 위한 보조계산

- 3차 다항식 가정과 1차 도함수 $\begin{cases} y = ax^3 + bx^2 + cx + d \\ y' = 3ax^2 + 2bx + c \end{cases}$

- 좌측절점 경계조건 $\begin{cases} y(0) = y_1 \to d = y_1 \\ y'(0) = y_1' \to c = y_1' \end{cases} \to \begin{cases} y = ax^3 + bx^2 + y_1'x + y_1 \\ y' = 3ax^2 + 2bx + y_1' \end{cases}$

- 우측절점 경계조건 $\begin{cases} y(L) = y_2 \to aL^3 + bL^2 + y_1'L = y_2 - y_1 \\ y'(L) = y_2' \to 3aL^2 + 2bL = y_2' - y_1' \end{cases} \to \begin{cases} aL^3 + bL^2 = y_2 - y_1 - y_1'L \\ 3aL^2 + 2bL = y_2' - y_1' \end{cases}$

계수 결정 $\begin{cases} aL + b = \dfrac{y_2 - y_1}{L^2} - \dfrac{y_1'}{L} \\ 3aL + 2b = \dfrac{y_2' - y_1'}{L} \end{cases} \to \begin{cases} a = \dfrac{2(y_1 - y_2)}{L^3} + \dfrac{y_1' + y_2'}{L^2} \\ b = -\dfrac{3(y_1 - y_2)}{L^2} - \dfrac{2y_1' + y_2'}{L} \end{cases}$

- 3차 다항식 결정

$$y = \left\{\frac{2(y_1 - y_2)}{L^3} + \frac{y_1' + y_2'}{L^2}\right\}x^3 + \left\{-\frac{3(y_1 - y_2)}{L^2} - \frac{2y_1' + y_2'}{L}\right\}x^2 + y_1'x + y_1$$
$$= \left(\frac{2x^3}{L^3} - \frac{3x^2}{L^2} + 1\right)y_1 + L\left(\frac{x^3}{L^3} - \frac{2x^2}{L^2} + \frac{x}{L}\right)y_1' + \left(-\frac{2x^3}{L^3} + \frac{3x^2}{L^2}\right)y_2 + L\left(\frac{x^3}{L^3} - \frac{x^2}{L^2}\right)y_2'$$

$$y = (2\xi^3 - 3\xi^2 + 1)y_1 + L(\xi^3 - 2\xi^2 + \xi)y_1' + (-2\xi^3 + 3\xi^2)y_2 + L(\xi^3 - \xi^2)y_2'$$

$$= H_1 y_1 + H_2 y_1' + H_3 y_2 + H_4 y_2' \;;\; \begin{cases} H_1(\xi) = 2\xi^3 - 3\xi^2 + 1 \\ H_2(\xi) = L(\xi^3 - 2\xi^2 + \xi) \end{cases},\; \begin{cases} H_3(\xi) = -2\xi^3 + 3\xi^2 \\ H_4(\xi) = L(\xi^3 - \xi^2) \end{cases}$$

• 만일 $y_1 = \delta_1$, $y_1' = \theta_1$, $y_2 = \delta_2$, $y_2' = \theta_2$ 이고 임의점의 처짐을 δ 라고 놓으면

$$\delta = H_1\delta_1 + H_2\theta_1 + H_3\delta_2 + H_4\theta_2$$

● 에르미트 3차 다항식의 의미

에르미트 3차 다항식은 영향함수의 의미를 나타낸다.

• $y = H_1\delta_1 + H_2\theta_1 + H_3\delta_2 + H_4\theta_2$ for $0 \leqq x \leqq L$

$$\begin{cases} H_1(x) = 2\left(\dfrac{x}{L}\right)^3 - 3\left(\dfrac{x}{L}\right)^2 + 1 \\ H_2(x) = L\left\{\left(\dfrac{x}{L}\right)^3 - 2\left(\dfrac{x}{L}\right)^2 + \left(\dfrac{x}{L}\right)\right\} \\ H_3(x) = -2\left(\dfrac{x}{L}\right)^3 + 3\left(\dfrac{x}{L}\right)^2 \\ H_4(x) = L\left\{\left(\dfrac{x}{L}\right)^3 - \left(\dfrac{x}{L}\right)^2\right\} \end{cases}$$

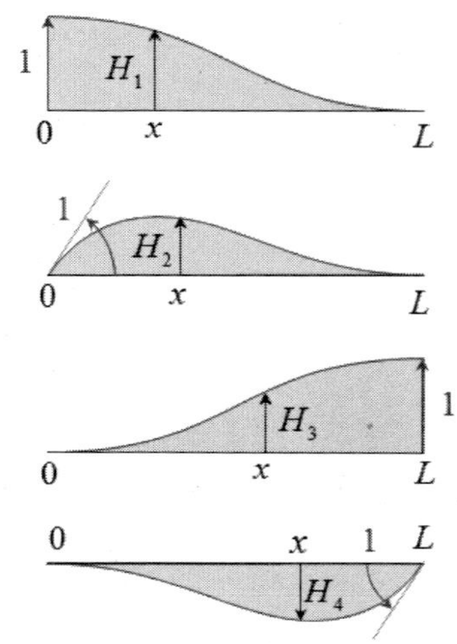

$y = H_1\delta_1 + H_2\theta_1 + H_3\delta_2 + H_4\theta_2$ for $0 \leqq \xi \leqq 1$

$$\begin{cases} H_1(\xi) = 2\xi^3 - 3\xi^2 + 1 \\ H_2(\xi) = L(\xi^3 - 2\xi^2 + \xi) \\ H_3(\xi) = -2\xi^3 + 3\xi^2 \\ H_4(\xi) = L(\xi^3 - \xi^2) \end{cases}$$

※ 보부재

에르미트 3차 다항식은 양단고정보의 지점이동에 대한 처짐식과 일치한다.

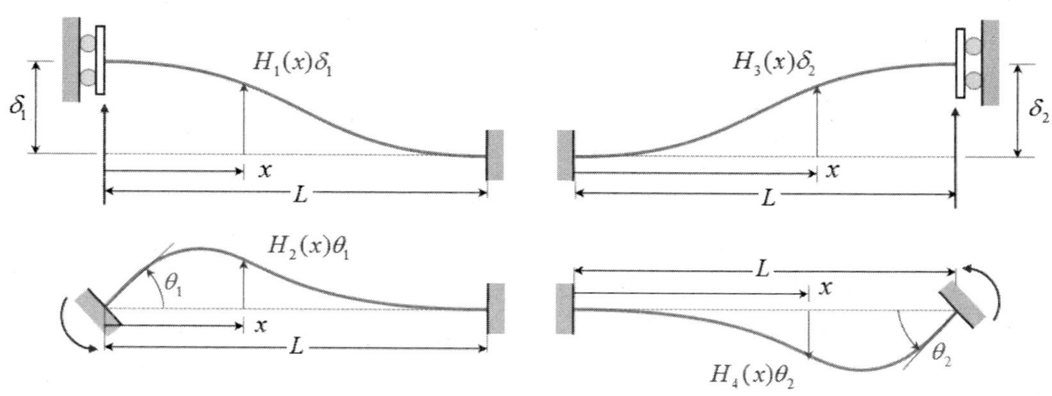

[3] 곡률과 변형에너지

• 곡률 $\dfrac{\partial^2 w}{\partial x^2} = H_1''(x)\,\delta_1 + H_2''(x)\,\theta_1 + H_3''(x)\,\delta_2 + H_4''(x)\,\theta_2$

$$\begin{cases} H_1 = \dfrac{2x^3}{L^3} - \dfrac{3x^2}{L^2} + 1 \\ H_2 = L\left(\dfrac{x^3}{L^3} - \dfrac{2x^2}{L^2} + \dfrac{x}{L}\right) \\ H_3 = -\dfrac{2x^3}{L^3} + \dfrac{3x^2}{L^2} \\ H_4 = L\left(\dfrac{x^3}{L^3} - \dfrac{x^2}{L^2}\right) \end{cases} \rightarrow \begin{cases} H_1' = \dfrac{6x^2}{L^3} - \dfrac{6x}{L^2} \\ H_2' = L\left(\dfrac{3x^2}{L^3} - \dfrac{4x}{L^2} + \dfrac{1}{L}\right) \\ H_3' = -\dfrac{6x^2}{L^3} + \dfrac{6x}{L^2} \\ H_4' = L\left(\dfrac{3x^2}{L^3} - \dfrac{2x}{L^2}\right) \end{cases} \rightarrow \begin{cases} H_1'' = \dfrac{12x}{L^3} - \dfrac{6}{L^2} \\ H_2'' = L\left(\dfrac{6x}{L^3} - \dfrac{4}{L^2}\right) \\ H_3'' = -\dfrac{12x}{L^3} + \dfrac{6x}{L^2} \\ H_4'' = L\left(\dfrac{6x}{L^3} - \dfrac{2}{L^2}\right) \end{cases}$$

매트릭스형식 $\dfrac{\partial^2 w}{\partial x^2} = \langle H_1''\ H_2''\ H_3''\ H_4'' \rangle \begin{Bmatrix} \delta_1 \\ \theta_1 \\ \delta_2 \\ \theta_2 \end{Bmatrix}$

• 변형에너지 $U = \dfrac{EI}{2}\displaystyle\int_0^L \left(\dfrac{\partial^2 w}{\partial x^2}\right)^2 dx = \dfrac{EI}{2}\displaystyle\int_0^L \left(H_1''\delta_1 + H_2''\theta_1 + H_3''\delta_2 + H_4''\theta_2\right)^2 dx$

매트릭스형식 $U = \dfrac{EI}{2}\langle \delta_1\ \theta_1\ \delta_2\ \theta_2 \rangle \left(\displaystyle\int_0^L \begin{Bmatrix} H_1'' \\ H_2'' \\ H_3'' \\ H_4'' \end{Bmatrix} \langle H_1''\ H_2''\ H_3''\ H_4'' \rangle\, dx\right) \begin{Bmatrix} \delta_1 \\ \theta_1 \\ \delta_2 \\ \theta_2 \end{Bmatrix}$

$$U = \frac{EI}{2}\langle \delta_1\ \theta_1\ \delta_2\ \theta_2 \rangle \left(\int_0^L \begin{bmatrix} H_1''H_1'' & H_1''H_2'' & H_1''H_3'' & H_1''H_4'' \\ H_2''H_1'' & H_2''H_2'' & H_2''H_3'' & H_2''H_4'' \\ H_3''H_1'' & H_3''H_2'' & H_3''H_3'' & H_3''H_4'' \\ H_4''H_1'' & H_4''H_2'' & H_4''H_3'' & H_4''H_4'' \end{bmatrix} dx\right) \begin{Bmatrix} \delta_1 \\ \theta_1 \\ \delta_2 \\ \theta_2 \end{Bmatrix}$$

[4] 강성도매트릭스

• 양단 절점변위 $\delta_1 = u_1,\ \theta_1 = u_2,\ \delta_2 = u_3,\ \theta_2 = u_4$

• 변형에너지 $U = \dfrac{EI}{2}\displaystyle\int_0^L \left(H_1''u_1 + H_2''u_2 + H_3''u_3 + H_4''u_4\right)^2 dx = \dfrac{EI}{2}\displaystyle\int_0^L \left(\sum_{k=1}^{4} H_k''u_k\right)^2 dx$

• 강성도매트릭스 성분 $k_{ij} = \dfrac{\partial^2 U}{\partial u_i \partial u_j} = \dfrac{\partial}{\partial}u_i\left\{\displaystyle\int_0^L \left(\sum_{k=1}^{4} H_k''u_k\right) H_j''\, dx\right\} = EI\displaystyle\int_0^L H_i''H_j''\, dx$

매트릭스형식 $\begin{Bmatrix} f_1 \\ m_1 \\ f_2 \\ m_2 \end{Bmatrix} = \begin{bmatrix} k_{11} & k_{12} & k_{13} & k_{14} \\ k_{21} & k_{22} & k_{23} & k_{24} \\ k_{31} & k_{32} & k_{33} & k_{34} \\ k_{41} & k_{42} & k_{43} & k_{44} \end{bmatrix} \begin{Bmatrix} \delta_1 \\ \theta_1 \\ \delta_2 \\ \theta_2 \end{Bmatrix}$

$$\begin{Bmatrix} f_1 \\ m_1 \\ f_2 \\ m_2 \end{Bmatrix} \equiv EI \begin{bmatrix} \int_0^L H_1'' H_1'' dx & \int_0^L H_1'' H_2'' dx & \int_0^L H_1'' H_3'' dx & \int_0^L H_1'' H_4'' dx \\ \int_0^L H_2'' H_1'' dx & \int_0^L H_2'' H_2'' dx & \int_0^L H_2'' H_3'' dx & \int_0^L H_2'' H_4'' dx \\ \int_0^L H_3'' H_1'' dx & \int_0^L H_3'' H_2'' dx & \int_0^L H_3'' H_3'' dx & \int_0^L H_3'' H_4'' dx \\ \int_0^L H_4'' H_1'' dx & \int_0^L H_4'' H_2'' dx & \int_0^L H_4'' H_3'' dx & \int_0^L H_4'' H_4'' dx \end{bmatrix} \begin{Bmatrix} \delta_1 \\ \theta_1 \\ \delta_2 \\ \theta_2 \end{Bmatrix}$$

$$= \frac{EI}{L^3} \begin{bmatrix} 12 & 6L & -12 & 6L \\ 6L & 4L^2 & -6L & 2L^2 \\ -12 & -6L & 12 & -6L \\ 6L & 2L^2 & -6L & 4L^2 \end{bmatrix} \begin{Bmatrix} \delta_1 \\ \theta_1 \\ \delta_2 \\ \theta_2 \end{Bmatrix}$$

● 처짐각법(Slope-Deflection Method)에 의한 강성도매트릭스

• 고전적인 해석기법인 처짐각법으로 보부재의 강성도매트릭스를 결정할 수 있다.

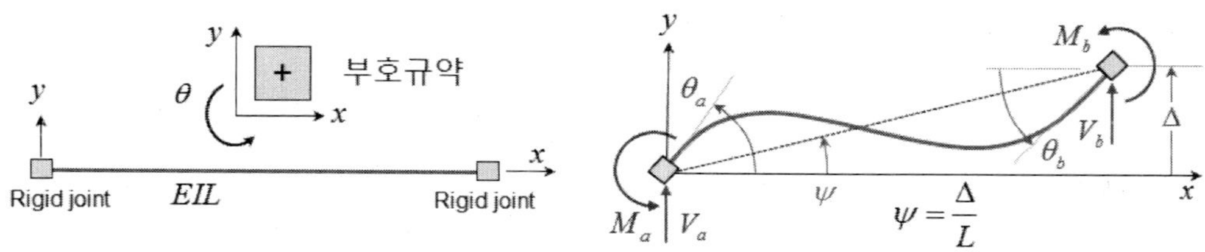

• 처짐각방정식 $\begin{cases} M_{ab} = \dfrac{2EI}{L}\left(2\theta_a + \theta_b - \dfrac{3\Delta}{L}\right) + C_{ab} \\ M_{ba} = \dfrac{2EI}{L}\left(\theta_a + 2\theta_b - \dfrac{3\Delta}{L}\right) + C_{ba} \end{cases}$, $\begin{cases} V_{ab} = \dfrac{M_{ab} + M_{ba}}{L} \\ V_{ba} = -V_{ab} = -\dfrac{M_{ab} + M_{ba}}{L} \end{cases}$

• 단부변위를 적용

$$M_{ab} = M_{ba} = \frac{6EI}{L^2}\delta_1\,,\ V_{ab} = -V_{ba} = \frac{12EI}{L^3}\delta_1$$

$$M_{ab} = \frac{4EI}{L}\theta_1\,,\ M_{ba} = \frac{2EI}{L}\theta_1\,,\ V_{ab} = -V_{ba} = \frac{6EI}{L^2}\theta_1$$

$$M_{ab} = M_{ba} = -\frac{6EI}{L^2}\delta_2\,,\ V_{ab} = -V_{ba} = -\frac{12EI}{L^3}\delta_2$$

$$M_{ab} = \frac{2EI}{L}\theta_2\,,\ M_{ba} = \frac{4EI}{L}\theta_2\,,\ V_{ab} = -V_{ba} = \frac{6EI}{L^2}\theta_2$$

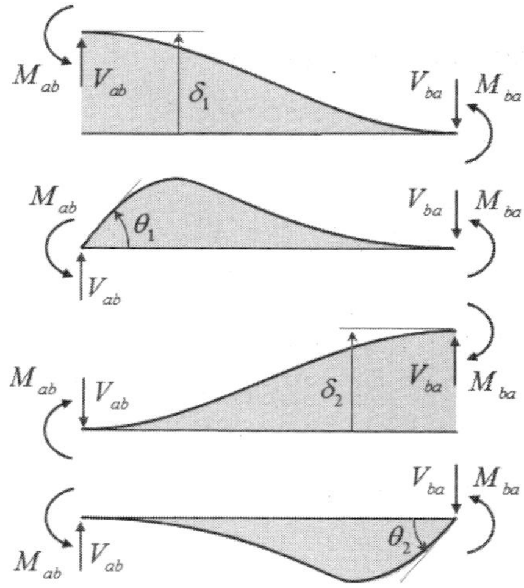

• 평형조건 $\begin{Bmatrix} V_{ab} \\ M_{ab} \\ V_{ba} \\ M_{ba} \end{Bmatrix} = \dfrac{EI}{L^3}\begin{bmatrix} 12 & 6L & -12 & 6L \\ 6L & 4L^2 & -6L & 2L^2 \\ -12 & -6L & 12 & -6L \\ 6L & 2L^2 & -6L & 4L^2 \end{bmatrix}\begin{Bmatrix} \delta_1 \\ \theta_1 \\ \delta_2 \\ \theta_2 \end{Bmatrix}$

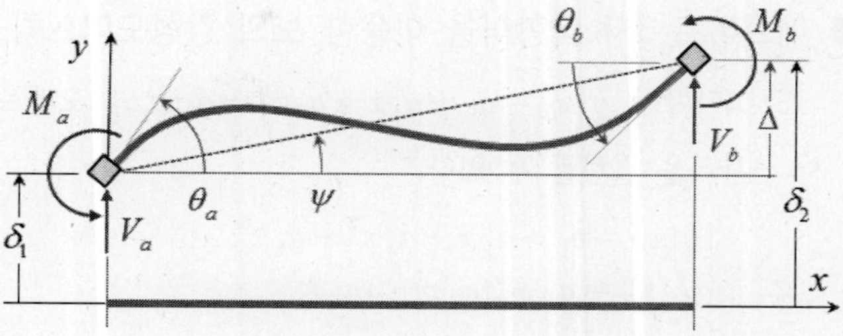

6.2.3 내부힌지를 가진 보의 강성도매트릭스

[1] 좌측단이 내부힌지(End-Release)인 보

• 일반보의 평형방정식 $\begin{Bmatrix} V_1 \\ M_1 \\ V_2 \\ M_2 \end{Bmatrix} = \dfrac{EI}{L^3}\begin{bmatrix} 12 & 6L & -12 & 6L \\ 6L & 4L^2 & -6L & 2L^2 \\ -12 & -6L & 12 & -6L \\ 6L & 2L^2 & -6L & 4L^2 \end{bmatrix}\begin{Bmatrix} \delta_1 \\ \theta_1 \\ \delta_2 \\ \theta_2 \end{Bmatrix}$

• 좌측단이 힌지라는 의미는 좌측단의 휨모멘트($M_1 = 0$)인 보부재를 나타낸다.

• 계산식을 간단히 표현하기 위하여 새로운 변수를 정의하자. 즉 $k_0 = L^3/EI$ 를 적용하여 식을 간단히 표현하자

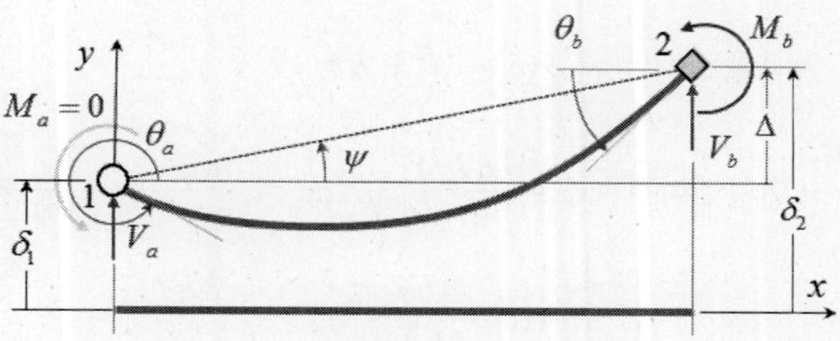

$$\begin{cases} k_0 V_1 = 12\delta_1 + 6L\theta_1 - 12\delta_2 + 6L\theta_2 \\ k_0 M_1 = 6L\delta_1 + 4L^2\theta_1 - 6L\delta_2 + 2L^2\theta_2 = 0 \\ k_0 V_2 = -12\delta_1 - 6L\theta_1 + 12\delta_2 - 6L\theta_2 \\ k_0 M_2 = 6L\delta_1 + 2L^2\theta_1 - 6L\delta_2 + 4L^2\theta_2 \end{cases} \rightarrow \theta_1 = \frac{1}{2}\left(-\frac{3\delta_1}{L} + \frac{3\delta_2}{L} - \theta_2\right)$$

$$\rightarrow \begin{cases} k_0 V_1 = 12\delta_1 + 3L\left(-\dfrac{3\delta_1}{L} + \dfrac{3\delta_2}{L} - \theta_2\right) - 12\delta_2 + 6L\theta_2 \\ k_0 V_2 = -12\delta_1 - 3L\left(-\dfrac{3\delta_1}{L} + \dfrac{3\delta_2}{L} - \theta_2\right) + 12\delta_2 - 6L\theta_2 \\ k_0 M_2 = 6L\delta_1 + L^2\left(-\dfrac{3\delta_1}{L} + \dfrac{3\delta_2}{L} - \theta_2\right) - 6L\delta_2 + 4L^2\theta_2 \end{cases} \rightarrow \begin{cases} k_0 V_1 = 3(\delta_1 - \delta_2 + L\theta_2) \\ k_0 V_2 = 3(-\delta_1 + \delta_2 - L\theta_2) \\ k_0 M_2 = 3L(\delta_1 - \delta_2 + L\theta_2) \end{cases}$$

• 평형방정식 $\begin{Bmatrix} V_1 \\ V_2 \\ M_2 \end{Bmatrix} = \dfrac{3EI}{L^3}\begin{bmatrix} 1 & -1 & L \\ -1 & 1 & -L \\ L & -L & L^2 \end{bmatrix}\begin{Bmatrix} \delta_1 \\ \delta_2 \\ \theta_2 \end{Bmatrix}$

● 에르미트 3차 다항식을 이용한 보의 강성도매트릭스

3차 다항식 $y(x) = a_0 + a_1 x + a_2 x^2 + a_3 x^3$ 와 모멘트방정식 $M = EI\kappa = EIy''$ 를 사용하여 3차 근사식을 결정할 수 있다.

$$\begin{cases} y(x) = a_0 + a_1 x + a_2 x^2 + a_3 x^3 \\ y'(x) = a_1 + 2a_2 x + 3a_3 x^2 \\ y''(x) = 2a_2 + 6a_3 x \end{cases}$$

• 좌측단이 힌지인 보 : 경계조건 $\begin{cases} y(0) = \delta_1 \\ y''(0) = 0 \end{cases}$ 와 $\begin{cases} y(L) = \delta_2 \\ y'(L) = \theta_2 \end{cases}$ 를 적용

• 경계조건 $\begin{cases} y(0) = \delta_1 = a_0 \\ y''(0) = a_2 = 0 \end{cases} \rightarrow \begin{cases} y = \delta_1 + a_1 x + a_3 x^3 \\ y' = a_1 + 3a_3 x^2 \\ y'' = 6a_3 x \end{cases} \rightarrow \begin{cases} y(L) = \delta_2 = \delta_1 + a_1 L + a_3 L^3 \\ y'(L) = \theta_2 = a_1 + 3a_3 L^2 \end{cases}$

$$\rightarrow \begin{cases} a_1 L + a_3 L^3 = \delta_2 - \delta_1 \\ a_1 L + 3a_3 L^3 = L\theta_2 \end{cases} \rightarrow \begin{cases} a_3 = \dfrac{1}{2L^3}(\delta_1 - \delta_2 + L\theta_2) \\ a_1 = \dfrac{1}{2L}(3\delta_2 - 3\delta_1 - L\theta_2) \end{cases}$$

• 곡률 $y'' = \dfrac{3}{L^3}(\delta_1 - \delta_2 + L\theta_2)x$

• 변형에너지 $U = \dfrac{EI}{2}\displaystyle\int_0^L y''^2 dx = \dfrac{9EI}{2L^6}(\delta_1 - \delta_2 + L\theta_2)^2 \int_0^L x^2 dx = \dfrac{3EI}{2L^3}(\delta_1 - \delta_2 + L\theta_2)^2$

• 강성도성분 $\begin{cases} k_{11} = \dfrac{3EI}{L^3} \,.\, k_{12} = -\dfrac{3EI}{L^3},\ k_{13} = \dfrac{3EI}{L^2} \\ k_{21} = -\dfrac{3EI}{L^3} \,.\, k_{22} = \dfrac{3EI}{L^3},\ k_{23} = -\dfrac{3EI}{L^2} \\ k_{31} = \dfrac{3EI}{L^2} \,.\, k_{32} = -\dfrac{3EI}{L^2},\ k_{33} = \dfrac{3EI}{L} \end{cases}$

• 평형방정식 $\begin{Bmatrix} V_1 \\ V_2 \\ M_2 \end{Bmatrix} = \dfrac{3EI}{L^3}\begin{bmatrix} 1 & -1 & L \\ -1 & 1 & -L \\ L & -L & L^2 \end{bmatrix}\begin{Bmatrix} \delta_1 \\ \delta_2 \\ \theta_2 \end{Bmatrix}$

[2] 우측단이 내부힌지인 보

• 좌측단이 힌지인 보와 동일한 방법으로 평형방정식을 유도하고 부재강성도매트릭스를 산정하자.

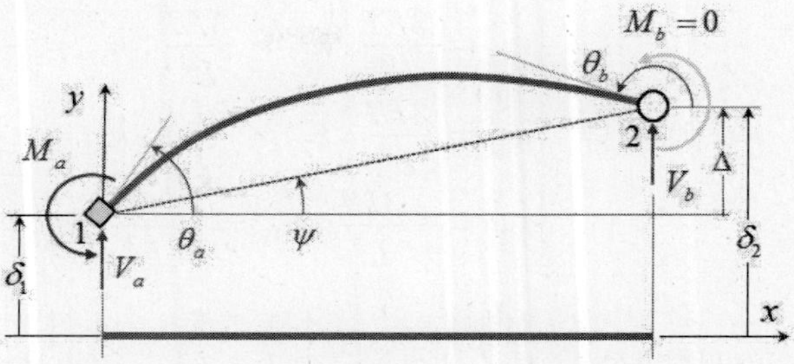

- 우측단이 힌지라는 의미는 우측단의 휨모멘트($M_2 = 0$)인 보부재를 나타낸다.
- 계산식을 간단히 표현하기 위하여 새로운 변수를 정의하자. 즉 $k_0 = L^3/EI$ 를 적용하여 식을 간단히 표현하자

$$\begin{cases} k_0 V_1 = 12\delta_1 + 6L\theta_1 - 12\delta_2 + 6L\theta_2 \\ k_0 M_1 = 6L\delta_1 + 4L^2\theta_1 - 6L\delta_2 + 2L^2\theta_2 \\ k_0 V_2 = -12\delta_1 - 6L\theta_1 + 12\delta_2 - 6L\theta_2 \\ k_0 M_2 = 6L\delta_1 + 2L^2\theta_1 - 6L\delta_2 + 4L^2\theta_2 = 0 \end{cases} \rightarrow \theta_2 = \frac{1}{2}\left(-\frac{3\delta_1}{L} - \theta_1 + \frac{3\delta_2}{L}\right)$$

$$\rightarrow \begin{cases} k_0 V_1 = 12\delta_1 + 6L\theta_1 - 12\delta_2 + 3L\left(-\frac{3\delta_1}{L} - \theta_1 + \frac{3\delta_2}{L}\right) \\ k_0 M_1 = 6L\delta_1 + 4L^2\theta_1 - 6L\delta_2 + L^2\left(-\frac{3\delta_1}{L} - \theta_1 + \frac{3\delta_2}{L}\right) \\ k_0 V_2 = -12\delta_1 - 6L\theta_1 + 12\delta_2 - 3L\left(-\frac{3\delta_1}{L} - \theta_1 + \frac{3\delta_2}{L}\right) \end{cases} \rightarrow \begin{cases} k_0 V_1 = 3(\delta_1 + L\theta_1 - \delta_2) \\ k_0 M_1 = 3(L\delta_1 + L^2\theta_1 - L\delta_2) \\ k_0 V_2 = 3(-\delta_1 - L\theta_1 + \delta_2) \end{cases}$$

- 평형방정식 $\begin{Bmatrix} V_1 \\ M_1 \\ V_2 \end{Bmatrix} = \frac{3EI}{L^3}\begin{bmatrix} 1 & L & -1 \\ L & L^2 & -L \\ -1 & -L & 1 \end{bmatrix}\begin{Bmatrix} \delta_1 \\ \theta_1 \\ \delta_2 \end{Bmatrix}$

● 에르미트 3차 다항식을 이용한 보의 강성도매트릭스

- 우측단이 힌지인 보 : 경계조건 $\begin{cases} y(0) = \delta_1 \\ y'(0) = \theta_1 \end{cases}$ 와 $\begin{cases} y(L) = \delta_2 \\ y''(L) = 0 \end{cases}$ 를 적용
- 경계조건 $\begin{cases} y(0) = a_0 = \delta_1 \\ y'(0) = a_1 = \theta_1 \end{cases} \rightarrow \begin{cases} y(x) = \delta_1 + \theta_1 x + a_2 x^2 + a_3 x^3 \\ y'(x) = \theta_1 + 2a_2 x + 3a_3 x^2 \\ y''(x) = 2a_2 + 6a_3 x \end{cases}$

$$\begin{cases} y''(L) = 0 \rightarrow a_2 = -3a_3 L \\ y(L) = \delta_1 + \theta_1 L + a_2 L^2 + a_3 L^3 = \delta_2 \end{cases} \rightarrow \begin{cases} a_3 = \frac{\delta_1 - \delta_2}{2L^3} + \frac{\theta_1}{2L^2} \\ a_2 = -\left\{\frac{3(\delta_1 - \delta_2)}{2L^2} + \frac{3\theta_1}{2L}\right\} \end{cases}$$

- 곡률 $y''(x) = \frac{3}{L^3}(\delta_1 - \delta_2 + L\theta_1)(x - L)$
- 변형에너지 $U = \frac{EI}{2}\int_0^L y''^2 dx = \frac{9EI}{2L^6}(\delta_1 - \delta_2 + L\theta_1)^2 \int_0^L (x-L)^2 dx$

$$= \frac{3EI}{2L^3}(\delta_1 + L\theta_1 - \delta_2)^2$$

• 강성도성분 $\begin{cases} k_{11} = \dfrac{3EI}{L^3}\ .\ k_{12} = \dfrac{3EI}{L^2}\ ,\ k_{13} = -\dfrac{3EI}{L^3} \\ k_{21} = \dfrac{3EI}{L^2}\ .\ k_{22} = \dfrac{3EI}{L}\ ,\ k_{23} = -\dfrac{3EI}{L^2} \\ k_{31} = -\dfrac{3EI}{L^3}\ .\ k_{32} = -\dfrac{3EI}{L^2}\ ,\ k_{33} = \dfrac{3EI}{L^3} \end{cases}$

• 평형방정식 $\begin{Bmatrix} V_1 \\ M_1 \\ V_2 \end{Bmatrix} = \dfrac{3EI}{L^3}\begin{bmatrix} 1 & L & -1 \\ L & L^2 & -L \\ -1 & -L & 1 \end{bmatrix}\begin{Bmatrix} \delta_1 \\ \theta_1 \\ \delta_2 \end{Bmatrix}$

6.2.4 축변형을 고려한 보(라멘부재)의 해석이론

• 축력 N_1 , N_2 와 축변위 ζ_1 , ζ_2 라고 가정하자.

$$\begin{Bmatrix} N_1 \\ N_2 \end{Bmatrix} = \frac{EA}{L}\begin{bmatrix} 1 & -1 \\ -1 & 1 \end{bmatrix}\begin{Bmatrix} \zeta_1 \\ \zeta_2 \end{Bmatrix}$$

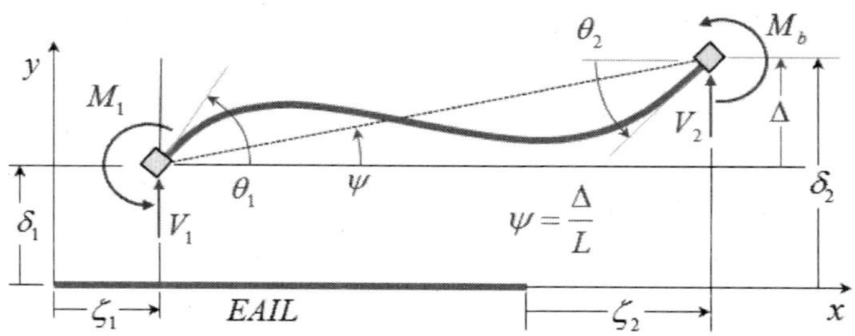

- 축변형과 연관된 강성도매트릭스 성분을 보의 강성도매트릭스 해당자유도에 넣는다.
- 강성도매트릭스 성분을 간단히 표현하기 위하여 기둥부재에서 사용하는 세장비 λ를 도입한다. 세장비 $\lambda = L/r$ 이며 r은 단면의 회전반경으로서 $I = Ar^2$ 즉, $r = \sqrt{I/A}$ 로 표현한다. 만일 λ가 0이면 축거동이 지배하며 λ가 무한대를 나타내면 휨거동이 지배적인 부재가 된다.

$$\lambda = \frac{L}{r} = \frac{L}{\sqrt{I/A}} \rightarrow \lambda^2 = \frac{AL^2}{I}$$

• 강성도매트릭스 $\begin{Bmatrix} N_1 \\ V_1 \\ M_1 \\ N_2 \\ V_2 \\ M_2 \end{Bmatrix} = \dfrac{EI}{L^3}\begin{bmatrix} \lambda^2 & 0 & 0 & -\lambda^2 & 0 & 0 \\ 0 & 12 & 6L & 0 & -12 & 6L \\ 0 & 6L & 4L^2 & 0 & -6L & 2L^2 \\ -\lambda^2 & 0 & 0 & \lambda^2 & 0 & 0 \\ 0 & -12 & -6L & 0 & 12 & -6L \\ 0 & 6L & 2L^2 & 0 & -6L & 4L^2 \end{bmatrix}\begin{Bmatrix} \zeta_1 \\ \delta_1 \\ \theta_1 \\ \zeta_2 \\ \delta_2 \\ \theta_2 \end{Bmatrix}$

6.2.5 전단변형을 고려한 보

단면높이에 비해 단면폭이 매우 작은 박벽단면 보는 전단변형을 무시할 수 없다. 전단변형을 고려하는 보를 티모센코보 또는 깊은보라고 부른다. 전단변형 분포는 단면도심으로부터 단면높이 방향으로 선형분포로 가정하면 1차 전단변형, 포물선 변화로 가정하면 3차 전단변형 등으로 모사할 수 있다. 이러한 분포는 재료특성에 따라 선택하게 된다. 실제로 전단응력분포를 정확히 공식화하고 표준화할 수 없으므로 실험에 의존할 수밖에 없다. 이러한 이유로 실무 또는 매트릭스구조해석 부문에서, 전단변형효과는 전단응력이 집중적으로 분포하는 전단면적(Shear Area)으로 모사하고 있다. 즉, 전단면적은 실제 단면적을 축소시켜 사용하는 방법으로서 아래 수식의 A/α 로 표현된 면적을 의미한다. 예를 들어, 사각단면 보는 실제 단면의 약 83% 정도이다. 그러나 일반보는 전단변형을 고려하지 않으므로 본절은 전단변형과 연관된 변형과 전단변형에너지 식을 소개하기로 한다.

- 전단응력 : $\tau = \dfrac{SQ}{Ib}$
- 전단변형에너지 : $U_s = \displaystyle\int_0^L \frac{\alpha\, S^2\, dx}{2GA}$ ′; $\alpha = \dfrac{A}{I^2}\displaystyle\int \frac{A^2\, d\eta}{b}$

  직사각형 단면의 전단보정계수 $\alpha = 1.2$

  또는 $U_s = \dfrac{1}{2}\displaystyle\int_0^L \beta\, S dx = \frac{\alpha}{2GA}\int_0^L S^2\, dx$; $\beta = \dfrac{\alpha\, S}{GA}$ =전단력에 의한 전단변형률

  또는 $U_s = \dfrac{1}{2}\displaystyle\int_0^L \eta\, \beta^2\, dx$; $S = \eta\, \beta\, ,\, \eta = \dfrac{GA}{\alpha} = x$ 의 함수
- 휨곡률과 휨변형에너지 : $\dfrac{M}{EI} = y'' - \beta'$ → $U_b = \displaystyle\int_0^L \frac{M^2\, dx}{2EI} = \frac{EI}{2}\int_0^L (y'' - \beta')^2\, dx$
- 전체 에너지 : $U = U_b + U_s = \dfrac{EI}{2}\displaystyle\int_0^L (y'' - \beta')^2\, dx + \frac{1}{2}\int_0^L \eta\, \beta^2\, dx$
- 경계조건 : 고정단은 $\begin{cases} y = 0 \\ y' - \beta = 0 \end{cases}$, 힌지단은 $\begin{cases} y = 0 \\ y'' - \beta' = 0 \end{cases}$, 자유단은 $\begin{cases} y'' - \beta' = 0 \\ y''' - \beta'' = 0 \end{cases}$ 을 선택할 수 있다.

6.2.6 부재절점하중벡터

[1] 집중하중

트러스부재와 달리, 보부재는 절점의 수직하중뿐만 아니라 부재 내부에 분포하중도 작용한다. 부재 내에 작용하는 분포하중은 절점수직하중과 절점모멘트하중으로 변환시켜야 한다. 예를 들어, 휨강성 EI, 길이 L 인 캔틸레버를 3개의 부재로 분할하였다고 하자. 첫번째 부재 1,2의 부재길이는 $l = L/3$ 이며 연직하중 P 는 자유단으로부터 거리 a 에 작용한다고 가정하자. 여기서 하중작용점은 절점이 아니며 부재 1,2 내부에 위치한다. 이산계는 모든 거동을 절점만의 자유도만으로 표현하는 시스템이므로 작용하중

들은 절점에만 작용하여야 한다. 따라서 부재 내부에 작용하는 하중들은 모두 절점하중으로 변환시켜야 한다. 하중변환은 양단고정보의 반력결정방법과 에르미트 3차 다항식을 이용하는 방법이 있다. 양단고정보의 반력결정방법은 구조역학교재에서 쉽게 찾아볼 수 있으므로 본절은 에르미트 3차 다항식 이용법을 설명하기로 한다.

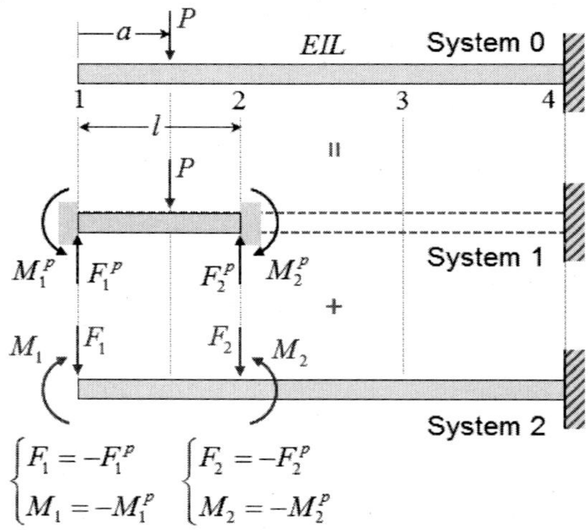

무차원 변수 $\xi = x/l$를 이용하여 에르미트 3차 다항식을 아래와 같이 나타낼 수 있다. 작용하중을 절점하중으로 변환시키는 함수는 차원변화가 요구되지 않으므로 무차원함수가 적절하다. 여기서 l은 캔틸레버 전체길이 L을 분할한 부재길이이며 x는 부재의 좌측 절점으로부터 하중작용점까지 거리이다.

$$\begin{cases} H_1(\xi) = 2\xi^3 - 3\xi^2 + 1 \quad ; \; H_2(\xi) = l\,(\xi^3 - 2\xi^2 + \xi) \quad \text{for } node\ 1 \\ H_3(\xi) = -2\xi^3 + 3\xi^2 \quad ; \; H_4(\xi) = l\,(\xi^3 - \xi^2) \quad \text{for } node\ 2 \end{cases}$$

다항식 $H_1(\xi)$은 좌측절점 1에 함수값이 1일 때, 임의점 ξ의 함수값을 나타낸다. 다항식 $H_2(\xi)$은 절점 1에 1차 도함수값이 1일 때, 임의점 ξ의 함수값이 된다. 다항식 $H_3(\xi)$, $H_4(\xi)$도 우측절점 2에 각각 함수값, 1차 도함수값이 1일 때, 임의점 ξ의 함수값을 나타낸다. 역으로, 임의점 ξ에 함수값이 1일 때 다항식 $H_1(\xi), H_2(\xi)$로 좌측절점의 함수값과 1차 도함수값을, $H_3(\xi), H_4(\xi)$로 우측절점의 함수값과 1차 도함수값을 결정할 수 있다. 여기서 다항식 $H_4(\xi)$를 이용하여 우측절점 2의 1차 도함수값을 계산할 때, 음(-)의 함수값 사용을 조심하여야 한다. 그림 System 1의 양단고정보 1,2는 오른손좌표계를 사용하므로 절점 2의 회전각은 반대방향이기 때문이다. 따라서 에르미트 3차 다항식만을 이용하여 아래와 같이 양단고정보의 반력들을 손쉽게 계산할 수 있다.

$$\alpha = \frac{a}{l} \rightarrow \begin{cases} F_1^p = H_1(\alpha)P = (2\alpha^3 - 3\alpha^2 + 1)P \\ M_1^p = H_2(\alpha)P = l(\alpha^3 - 2\alpha^2 + \alpha)P \\ F_2^p = H_3(\alpha)P = (-2\alpha^3 + 3\alpha^2)P \\ M_2^p = -H_4(\alpha)P = -l(\xi^3 - \xi^2)P \end{cases}$$

예를 들어, $a = l/2$ 또는 $\alpha = 1/2$이면, 양단고정보의 좌측지점 1의 반력 $F_1^p = \dfrac{P}{2}, M_1^p = \dfrac{Pl}{8}$과 우측지점 2의 반력 $F_2^p = \dfrac{P}{2}, M_2^p = \dfrac{Pl}{8}$이 계산된다.

● 부재력 산정의 고려사항

System 2는 System 1에서 얻은 지점반력들을 반대방향으로 작용시킨 하중계이며 이는 System 0의 원래 하중을 절점의 연직하중과 모멘트하중으로 변환시킨 상태를 나타낸다. 이러한 System 2의 하중계는 System 0의 하중계와 정적등가(Statically Equivalent)을 나타낸다. 따라서 System 0의 연직하중에 의한 캔틸레버의 변형형상은 System 2의 하중계에 의한 구조거동이 정확히 일치한다. 반면에 System 0의 부재력은 System 1과 System 2의 부재력들의 산술합이 되어야 한다. 구조거동이 일치하여도 부재력 계산은 System 2의 부재력만으로 부족하다. 부재내부에 숨어 있은 System 1의 부재력이 있기 때문이며 부재 내부에 하중작용효과가 있기 때문이다.

예를 들어, 길이 L 인 캔틸레버를 3개의 휨부재(길이 $l = L/3$)로 분할하고 자유단으로부터 $a = l/2$ 만큼 떨어진 위치에 연직하중 P 가 System 0과 같이 작용하고 있다. 하나의 휨부재 중앙점에 연직하중 P 가 작용하면 양단절점에 수직반력 $P/2$ 와 모멘트반력 $Pl/8$ 을 얻을 수 있다. 이러한 반력을 반대방향으로 가한 등가하중을 받는 이산화구조계가 System 2이다. 원래하중이 작용하는 System 0와 등가하중이 작용하는 System 2의 단면력을 결정하고 전단력도과 휨모멘트도를 작도하면 아래 그림과 같다. 아래그림의 좌측그림은 전단력도(SFD)이고 우측그림은 휨모멘트도(BMD)이다.

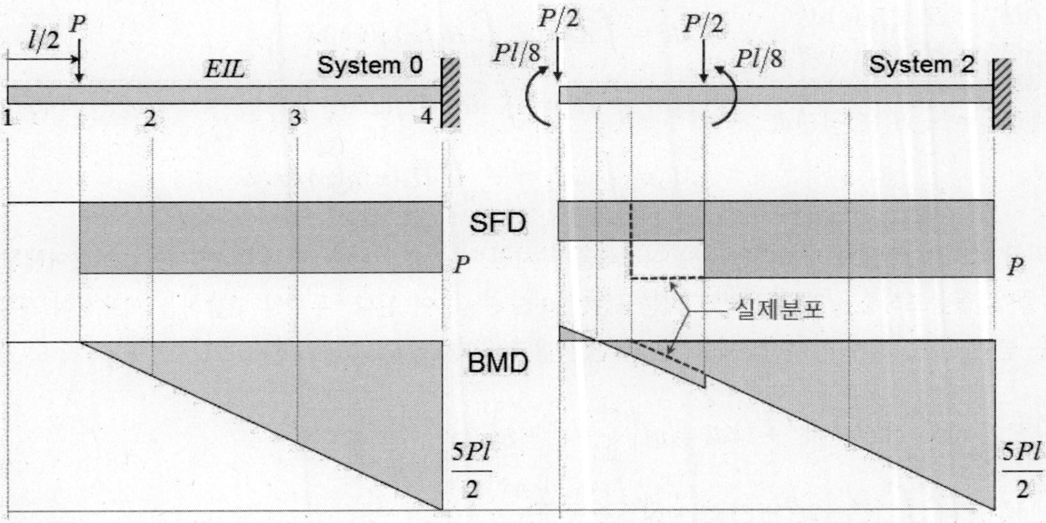

System 0와 System 2에서 고정단 4의 전단력 P 과 휨모멘트 $5Pl/2$ 는 동일한 값을 나타내지만 전체 캔틸레버의 전단력도와 휨모멘트도는 다른 모양을 나타낸다. System 0의 전단력도는 자유단으로부터 하중재하점 $l/2$ 에서 전단력 점프(Shear Jump)가 발생하지만 System 2의 전단력도는 반력에 의한 하중재하점인 자유단 1과 절점 2에서 전단력 점프가 발생한다. System 2의 휨모멘트도도 반력하중점인 자유단 1과 절점 2에 작용하는 모멘트하중으로 인해 휨모멘트도가 원래하중이 작용하는 System 0과 다른 분포를 나타낸다. 즉 자유단과 절점 1에서 모멘트 점프(Moment Jump)가 발생한다. 만일 분할수가 증가하여 부재길이가 감소되면 이러한 편차는 감소할 수 있다. 반대로 분할수가 감소하고 부재길이가 커지면 이러한 편차는 증가한다. 그러므로 부재 내부에 하중이 작용하여 등가하중으로 변환한 부재의 단면력 분포는 System 1의 하중과 반력을 산술적으로 합하여야 원래의 하중계를 모사할 수 있다.

[2] 분포하중

분포하중의 미소구간 $d\xi$에 작용하는 $q(\xi)\,d\xi$을 집중하중으로 가정하면, 수직하중 $q(\xi)\,d\xi$이 작용할 때 미소절점반력 dF_1, dM_1과 dF_2, dM_2를 아래와 같이 결정할 수 있다. 하중작용구간에 따라 적분하면 전체 분포하중에 의한 지점반력을 결정할 수 있게 된다.

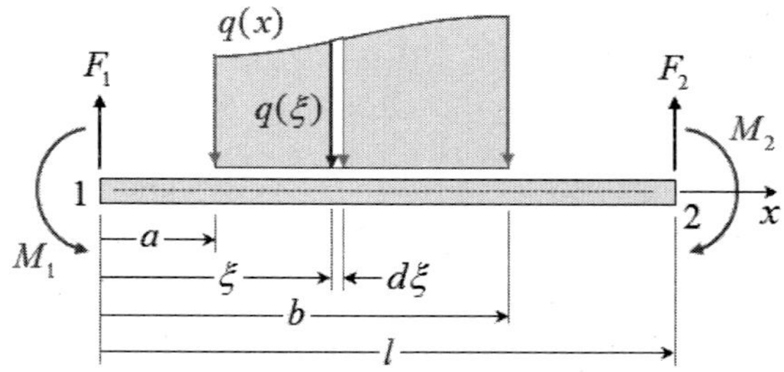

$$\begin{cases} dF_1 = H_1(\xi)\,q(\xi)\,d\xi \\ dM_1 = H_2(\xi)\,q(\xi)\,d\xi \\ dF_2 = H_3(\xi)\,q(\xi)\,d\xi \\ dM_2 = -H_4(\xi)\,q(\xi)\,d\xi \end{cases} \rightarrow \begin{cases} F_1 = \int dF_1 = \int_a^b H_1(x)\,q(x)\,dx \\ M_1 = \int dM_1 = \int_a^b H_2(x)\,q(x)\,dx \\ F_2 = \int dF_2 = \int_a^b H_3(x)\,q(x)\,dx \\ M_2 = \int dM_2 = -\int_a^b H_4(x)\,q(x)\,dx \end{cases}$$

여기서 $dx = l\,d\xi$이며 에르미트 3차 다항식을 무차원 변수 $\xi = x/l$로 변환하면 연산이 용이해진다. 예를 들어, 등분포하중 q가 작용하면 적분구간은 $0 \leq \xi \leq 1$이 된다. 무차원 다항식을 이용하여 등분포하중을 받는 양단고정보의 지점반력을 결정하면 다음과 같다.

$$\begin{cases} F_1 = ql\int_0^1 (2\xi^3 - 3\xi^2 + 1)\,d\xi = ql\left(\dfrac{\xi^4}{2} - \xi^3 + \xi\right)_0^1 = \dfrac{ql}{2} \\ M_1 = ql^2\int_0^1 (\xi^3 - 2\xi^2 + \xi)\,d\xi = ql^2\left(\dfrac{\xi^4}{4} - \dfrac{2\xi^3}{3} + \dfrac{\xi}{2}\right)_0^1 = \dfrac{ql}{12} \\ F_2 = ql\int_0^1 (-2\xi^3 + 3\xi^2)\,d\xi = ql\left(-\dfrac{\xi^4}{2} + \xi^3\right)_0^1 = \dfrac{ql}{2} \\ M_2 = -ql^2\int_0^1 (\xi^3 - \xi^2)\,d\xi = -ql^2\left(\dfrac{\xi^3}{4} - \dfrac{\xi^3}{3}\right)_0^1 = \dfrac{ql^2}{12} \end{cases}$$

6.3 해석예

6.3.1 해석적 접근 예

예제1 : 그림과 같이 휨강성 EI, 길이 L 인 캔틸레버 1,2의 자유단 2에 연직하중 P 가 작용한다. 캔틸레버의 유연도매트릭스(Flexibility Matrix)를 결정하고 강성도 매트릭스와 비교하자.

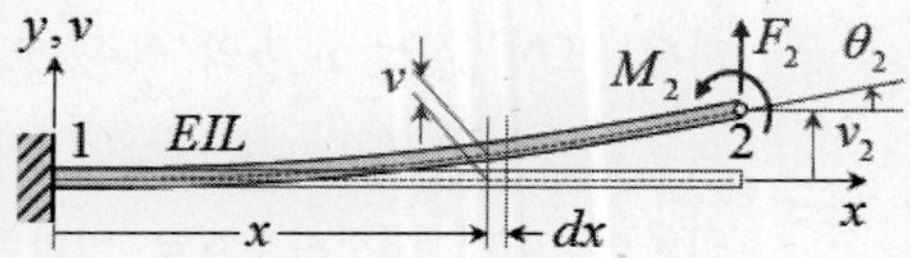

• 탄성곡선식 : $\frac{d^2v}{dx^2} = \frac{M}{EI} = \frac{1}{EI}\{F_2(L-x)+M_2\} \rightarrow \frac{dv}{dx} = \frac{1}{EI}\left\{F_2\left(Lx-\frac{x^2}{2}\right)+M_2x\right\}+C_1$

$$\rightarrow v = \frac{1}{EI}\left\{F_2\left(\frac{Lx^2}{3}-\frac{x^3}{6}\right)+\frac{M_2x^2}{2}\right\}+C_1x+C_2$$

• 경계조건 : $v(0)=C_2=0\,,\ \frac{dv(0)}{dx}=C_1=0 \rightarrow v=\frac{1}{EI}\left\{F_2\left(\frac{Lx^2}{3}-\frac{x^3}{6}\right)+\frac{M_2x^2}{2}\right\}$

• 유연도 영향계수(Flexibility Influence Coefficient) : $v_2=v(L)\,,\ \theta_2=\frac{dv(L)}{dx}$

$$\rightarrow v_2=\frac{F_2L^3}{3EI}+\frac{M_2L^2}{2EI} \text{ 그라고 } \theta_2=\frac{F_2L^2}{2EI}+\frac{M_2L}{EI}$$

• 유연도매트릭스 방정식 : $\begin{Bmatrix} v_2 \\ \theta_2 \end{Bmatrix} = \frac{L}{6EI}\begin{bmatrix} 2L^2 & 3L \\ 3L & 6 \end{bmatrix}\begin{Bmatrix} F_2 \\ M_2 \end{Bmatrix}$

유연도매트릭스의 역행렬 : $\left(\frac{L}{6EI}\begin{bmatrix} 2L^2 & 3L \\ 3L & 6 \end{bmatrix}\right)^{-1} = \frac{2EI}{L^3}\begin{bmatrix} 6 & -3L \\ -3L & 2L^2 \end{bmatrix}$

• 강성도매트릭스 방정식 : $\begin{Bmatrix} F_2 \\ M_2 \end{Bmatrix} = \frac{EI}{L^3}\begin{bmatrix} 12 & -6L \\ -6L & 4L^2 \end{bmatrix}\begin{Bmatrix} v_2 \\ \theta_2 \end{Bmatrix}$

예제2 : 길이가 L 인 보부재의 좌우측 절점의 부재력 성분을 각각 (F_1, M_1)와 (F_2, M_2)이다. 예제1을 통하여 부재력 (F_2, M_2)을 변위성분 (v_2, θ_2)로 표현하였다. 부재력 (F_1, M_1)을 우측절점 변위들로 표현하려고 한다.

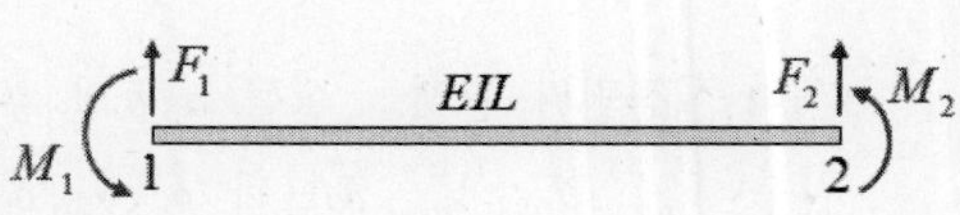

• 정력학매트릭스(Static Matrix) : 평형조건 $\begin{cases} F_1+F_2=0 \\ M_1+F_2L+M_2=0 \end{cases}$

$$\rightarrow \begin{Bmatrix} F_1 \\ M_1 \end{Bmatrix} = \begin{bmatrix} -1 & 0 \\ -L & -1 \end{bmatrix}\begin{Bmatrix} F_2 \\ M_2 \end{Bmatrix} = \frac{EI}{L^3}\begin{bmatrix} -1 & 0 \\ -L & -1 \end{bmatrix}\begin{bmatrix} 12 & -6L \\ -6L & 4L^2 \end{bmatrix}\begin{Bmatrix} v_2 \\ \theta_2 \end{Bmatrix}$$

예제3 : 휨강성 EI, 길이 L 인 단순보 ab의 중앙점 c에 연직하중 P가 작용할 때, 하나의 보부재만을 이용하여 구조해석을 수행하자. 절점 a, b의 변위와 기울기를 각각 $(\delta_a, \theta_a), (\delta_b, \theta_b)$라고 정의하자. 또한, 절점 a, b의 하중 또는 부재력을 각각 $(F_a, M_a), (F_b, M_b)$라고 하자. 구조해석을 위하여, 먼저 절점하중으로 변환할 필요가 있다. 단 하나의 보부재를 사용하므로 중앙점 즉, 절점 c의 자유도를 고려하지 않는다. 따라서 절점 c의 하중은 절점 a, b의 절점하중으로 변환하여야 한다.

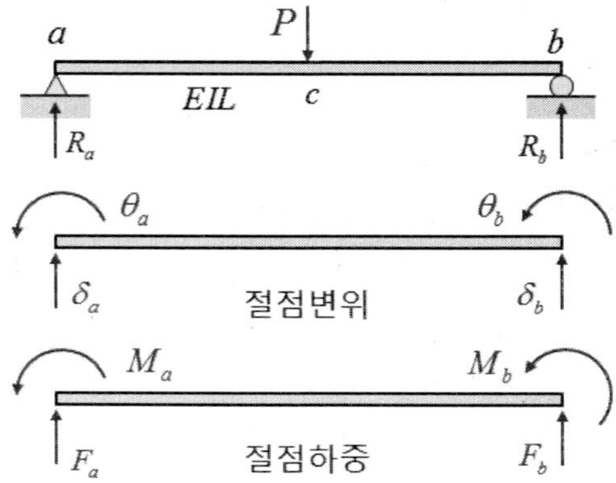

• 절점하중결정 : 자유도가 없는 부재 내부의 하중은 자유도가 있는 이웃 절점에 작용하는 하중으로 변환시켜야 한다. 절점하중결정은 2단계로 진행한다. 우측 1번째 그림은 주어진 구조계와 하중을 도시한 그림이다. 2번째 그림은 양단고정보로 가정하고 지점반력을 결정한 그림이다. 3번째 그림은 주어진 그림에 절점하중을 작용시킨 그림이다.

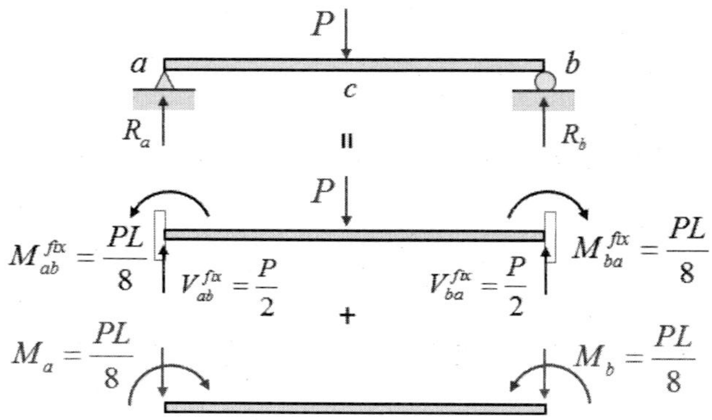

(1) 주어진 보부재를 양단고정보로 가정하고 지점반력을 결정한다. 지점반력은 에르미트 3차 다항식을 이용하여 결정할 수 있다. 연산과정은 생략하고 지점반력만 그림에 표시하였다.

(2) 부호가 반대인 지점반력을 주어진 보부재의 절점하중으로 작용시킨다. 여기서 수직반력은 지점 자유도가 없으므로 고려하지 않으며 반력과 부재력 계산할 때 이용하게 된다.

• 부재력-절점변위 관계 : 절점 a, b의 부재력과 절점변위를 $V_{ab}, M_{ab}, V_{ba}, M_{ba}$과 $\delta_a, \theta_a, \delta_b, \theta_b$,라고 표현하면 부재력과 변위의 관계는 아래와 같다.

$$\begin{Bmatrix} V_{ab} \\ M_{ab} \\ V_{ba} \\ M_{ba} \end{Bmatrix} = \frac{EI}{L^3} \begin{bmatrix} 12 & 6L & -12 & 6L \\ 6L & 4L^2 & -6L & 2L^2 \\ -12 & -6L & 12 & -6L \\ 6L & 2L^2 & -6L & 4L^2 \end{bmatrix} \begin{Bmatrix} \delta_a \\ \theta_a \\ \delta_b \\ \theta_b \end{Bmatrix}$$

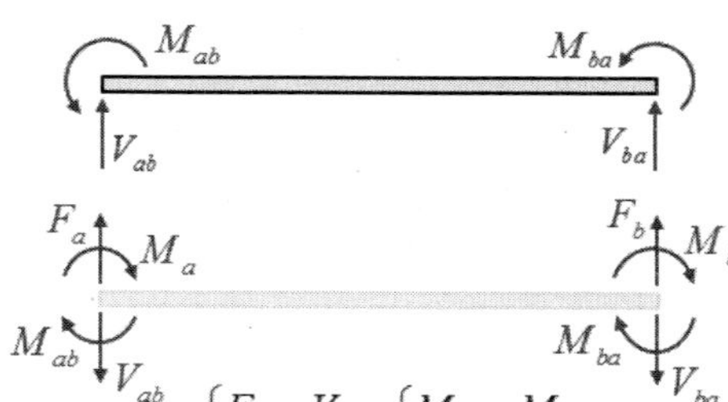

$$\begin{cases} F_a = V_{ab} \\ F_b = V_{ba} \end{cases}, \begin{cases} M_a = M_{ab} \\ M_b = M_{ba} \end{cases}$$

• 경계조건 $\delta_a = \delta_b = 0$ 을 적용 : $\begin{Bmatrix} M_{ab} \\ M_{ba} \end{Bmatrix} = \dfrac{EI}{L^3}\begin{bmatrix} 4L^2 & 2L^2 \\ 2L^2 & 4L^2 \end{bmatrix}\begin{Bmatrix} \theta_a \\ \theta_b \end{Bmatrix} = \dfrac{2EI}{L}\begin{bmatrix} 2 & 1 \\ 1 & 2 \end{bmatrix}\begin{Bmatrix} \theta_a \\ \theta_b \end{Bmatrix}$

• 절점변위 : $\begin{Bmatrix} \theta_a \\ \theta_b \end{Bmatrix} = \dfrac{L}{6EI}\begin{bmatrix} 2 & -1 \\ -1 & 2 \end{bmatrix}\begin{Bmatrix} M_{ab} \\ M_{ba} \end{Bmatrix} = \dfrac{L}{6EI}\begin{bmatrix} 2 & -1 \\ -1 & 2 \end{bmatrix}\dfrac{PL}{8}\begin{Bmatrix} -1 \\ 1 \end{Bmatrix} = \dfrac{PL^2}{16EI}\begin{Bmatrix} -1 \\ 1 \end{Bmatrix}$

• 부재력 : $\begin{Bmatrix} V_a \\ M_a \\ V_b \\ M_b \end{Bmatrix} = \begin{Bmatrix} V_{ab} \\ M_{ab} \\ V_{ba} \\ M_{ba} \end{Bmatrix} = \dfrac{2EI}{L^2}\begin{bmatrix} 3 & 3 \\ 2L & L \\ -3 & -3 \\ L & 2L \end{bmatrix}\begin{Bmatrix} \theta_a \\ \theta_b \end{Bmatrix}$

$$= \frac{2EI}{L^2}\begin{bmatrix} 3 & 3 \\ 2L & L \\ -3 & -3 \\ L & 2L \end{bmatrix}\frac{PL^2}{16EI}\begin{Bmatrix} -1 \\ 1 \end{Bmatrix}$$

$$= \begin{Bmatrix} 0 \\ -PL/8 \\ 0 \\ PL/8 \end{Bmatrix}$$

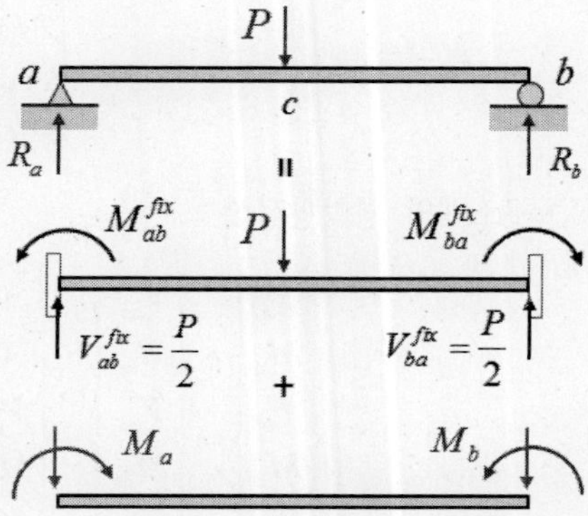

• 최종 부재력 : $\begin{Bmatrix} V_{ab} \\ M_{ab} \\ V_{ba} \\ M_{ba} \end{Bmatrix}_{final} = \begin{Bmatrix} V_{ab}^{fix} \\ M_{ab}^{fix} \\ V_{ba}^{fix} \\ M_{ba}^{fix} \end{Bmatrix} + \begin{Bmatrix} V_{ab} \\ M_{ab} \\ V_{ba} \\ M_{ba} \end{Bmatrix} = \begin{Bmatrix} 0 \\ -PL/8 \\ 0 \\ PL/8 \end{Bmatrix} + \begin{Bmatrix} P/2 \\ PL/8 \\ P/2 \\ -PL/8 \end{Bmatrix} = \begin{Bmatrix} P/2 \\ 0 \\ P/2 \\ 0 \end{Bmatrix}$

＊ 부재 내부하중을 절점하중으로 변환한 경우 해당부재의 부재력은 반드시 양단고정보의 지점반력인 재단반력 V_{ab}^{fix}, V_{ba}^{fix} 과 재단모멘트 M_{ab}^{fix}, M_{ba}^{fix} 를 고려하여야 한다.

예제4 : 예제3의 단순보를 2개의 부재 ac, cb 로 분할하여 구조해석을 수행하려고 한다. 절점 a, b, c 의 수직변위와 회전각변위를 윗그림에, 수직하중과 모멘트하중을 아래그림에 표시하였다.

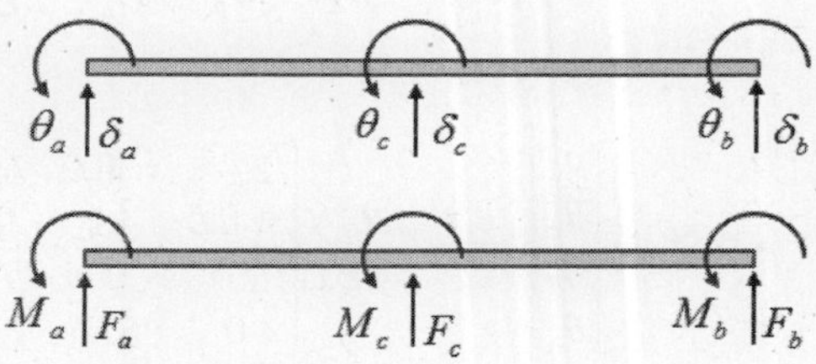

• 자유물체도

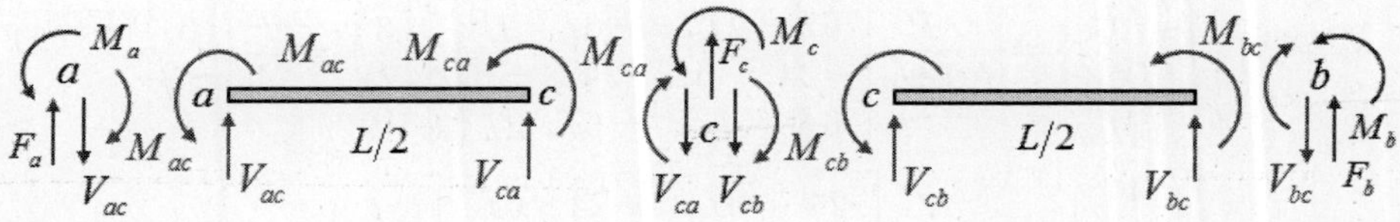

• 절점 a, c, b 의 평형조건 : $\begin{cases} F_a = V_{ac} \\ F_c = V_{ca} + V_{cb} \\ F_b = V_{bc} \end{cases}$ 그리고 $\begin{cases} M_a = M_{ac} \\ M_c = M_{ca} + M_{cb} \\ M_b = M_{bc} \end{cases}$

• 각 부재의 부재력-변위관계 : $\begin{Bmatrix} V_{ac} \\ M_{ac} \\ V_{ca} \\ M_{ca} \end{Bmatrix} = \dfrac{4EI}{L^3} \begin{bmatrix} 24 & 6L & -24 & 6L \\ 6L & 2L^2 & -6L & L^2 \\ -24 & -6L & 24 & -6L \\ 6L & L^2 & -6L & 2L^2 \end{bmatrix} \begin{Bmatrix} \delta_a \\ \theta_a \\ \delta_c \\ \theta_c \end{Bmatrix}$

$$\begin{Bmatrix} V_{cb} \\ M_{cb} \\ V_{bc} \\ M_{bc} \end{Bmatrix} = \frac{4EI}{L^3} \begin{bmatrix} 24 & 6L & -24 & 6L \\ 6L & 2L^2 & -6L & L^2 \\ -24 & -6L & 24 & -6L \\ 6L & L^2 & -6L & 2L^2 \end{bmatrix} \begin{Bmatrix} \delta_c \\ \theta_c \\ \delta_b \\ \theta_b \end{Bmatrix}$$

• 구조계의 평형방정식 :

$$\begin{Bmatrix} F_a \\ M_a \\ F_b \\ M_b \\ F_c \\ M_c \end{Bmatrix} = \begin{Bmatrix} V_{ac} \\ M_{ac} \\ V_{ca} \\ M_{ca} \\ 0 \\ 0 \end{Bmatrix} + \begin{Bmatrix} 0 \\ 0 \\ V_{cb} \\ M_{cb} \\ V_{bc} \\ M_{bc} \end{Bmatrix} = \frac{4EI}{L^3} \begin{bmatrix} 24 & 6L & -24 & 6L & 0 & 0 \\ 6L & 2L^2 & -6L & L^2 & 0 & 0 \\ -24 & -6L & 24+24 & -6L+6L & -24 & 6L \\ 6L & L^2 & -6L+6L & 2L^2+2L^2 & -6L & L^2 \\ 0 & 0 & -24 & -6L & 24 & -6L \\ 0 & 0 & 6L & L^2 & -6L & 2L^2 \end{bmatrix} \begin{Bmatrix} \delta_a \\ \theta_a \\ \delta_c \\ \theta_c \\ \delta_b \\ \theta_b \end{Bmatrix}$$

• 경계조건 : $\delta_a = \delta_b = 0 \ \rightarrow \ \begin{Bmatrix} M_a \\ F_c \\ M_c \\ M_b \end{Bmatrix} = \dfrac{4EI}{L^3} \begin{bmatrix} 2L^2 & -6L & L^2 & 0 \\ -6L & 48 & 0 & 6L \\ L^2 & 0 & 4L^2 & L^2 \\ 0 & 6L & L^2 & 2L^2 \end{bmatrix} \begin{Bmatrix} \delta_c \\ \theta_c \\ \delta_b \\ \theta_b \end{Bmatrix}$

• 하중조건 : $\begin{cases} F_c = -P \\ M_a = M_c = M_b = 0 \end{cases} \rightarrow \ \dfrac{4EI}{L^3} \begin{bmatrix} 2L^2 & -6L & L^2 & 0 \\ -6L & 48 & 0 & 6L \\ L^2 & 0 & 4L^2 & L^2 \\ 0 & 6L & L^2 & 2L^2 \end{bmatrix} \begin{Bmatrix} \delta_c \\ \theta_c \\ \delta_b \\ \theta_b \end{Bmatrix} = -\begin{Bmatrix} 0 \\ P \\ 0 \\ 0 \end{Bmatrix}$

• 변위 : $\begin{Bmatrix} \delta_c \\ \theta_c \\ \delta_b \\ \theta_b \end{Bmatrix} = -\dfrac{L^3}{4EI} \begin{bmatrix} 2L^2 & -6L & L^2 & 0 \\ -6L & 48 & 0 & 6L \\ L^2 & 0 & 4L^2 & L^2 \\ 0 & 6L & L^2 & 2L^2 \end{bmatrix}^{-1} \begin{Bmatrix} 0 \\ P \\ 0 \\ 0 \end{Bmatrix} = -\dfrac{PL^3}{48EI} \begin{Bmatrix} 3 \\ L \\ 0 \\ -3 \end{Bmatrix}$

• 부재력 : $\begin{Bmatrix} V_{ac} \\ M_{ac} \\ V_{ca} \\ M_{ca} \end{Bmatrix} = -\dfrac{P}{12L} \begin{bmatrix} 24 & 6L & -24 & 6L \\ 6L & 2L^2 & -6L & L^2 \\ -24 & -6L & 24 & -6L \\ 6L & L^2 & -6L & 2L^2 \end{bmatrix} \begin{Bmatrix} 0 \\ 3 \\ L \\ 0 \end{Bmatrix} = \dfrac{P}{4} \begin{Bmatrix} 2 \\ 0 \\ -2 \\ L \end{Bmatrix}$

$$\begin{Bmatrix} V_{cb} \\ M_{cb} \\ V_{bc} \\ M_{bc} \end{Bmatrix} = -\frac{P}{12L} \begin{bmatrix} 24 & 6L & -24 & 6L \\ 6L & 2L^2 & -6L & L^2 \\ -24 & -6L & 24 & -6L \\ 6L & L^2 & -6L & 2L^2 \end{bmatrix} \begin{Bmatrix} L \\ 0 \\ 0 \\ -3 \end{Bmatrix} = -\frac{P}{4} \begin{Bmatrix} 2 \\ L \\ -2 \\ 0 \end{Bmatrix}$$

6.3.2 프로그램 사용예

예제5 : 휨강성 EI, 길이 L 인 캔틸레버 자유단에 연직하중 P 가 작용하고 있다. 캔틸레버를 3개의 보부재로 분할하여 구조해석을 하려고 한다. 2번째 그림은 절점에 작용하는 하중들이며 3번째 그림은 절점변위를 나타낸 그림이다. 계산을 편의를 위하여 $EI=1$, $P=1$ 이라고 가정하자.

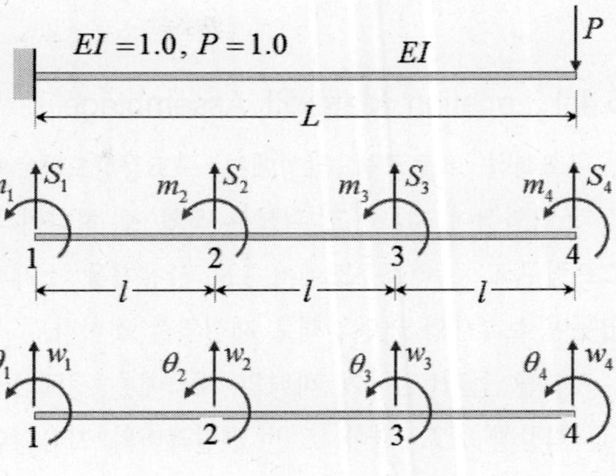

• 입력파일

```
4 3                        ! node,eLem
1  1 1  0.0  0.0  0.0      ! n,BC,cord,cLod
2  0 0  1.0  0.0  0.0
3  0 0  2.0  0.0  0.0
4  0 0  3.0  1.0  0.0
1  1 2  1.0  1.0           ! n,inod,jnod,E,Iz
2  2 3  1.0  1.0
3  3 4  1.0  1.0
```

• 출력파일

```
D I S P L A C E M E N T S)

   n        dis_Y       rot_Z

   1     0.000000    0.000000
   2     1.333333    2.500000
   3     4.666667    4.000000
   4     9.000000    4.500000


M E M B E R   F O R C E S

   e     i    j      Sy_i      Sy_j       Mz_i      Mz_j

   1     1    2    -1.000     1.000     -3.000     2.000    Reaction
   2     2    3    -1.000     1.000     -2.000     1.000
   3     3    4    -1.000     1.000     -1.000     0.000
```

• 계산결과의 검증

$$U=\int_0^L \frac{M_x^2\,dx}{2EI}=\frac{1}{2}\int_0^L (Px+Q)^2\,dx$$

$$=\frac{1}{2EI}\left(\frac{P^2L^3}{3}+PQL^2+Q^2L\right)$$

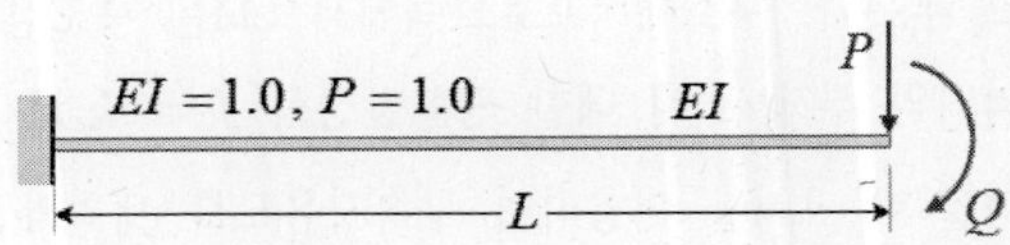

$$\delta=\frac{\partial U}{\partial P}=\frac{PL^3}{3EI}\ ,\ \theta=\frac{\partial U}{\partial Q}=\frac{PL^2}{2EI}$$

6.4 프로그램 적용

6.4.1 Location Matrix와 Assemblage

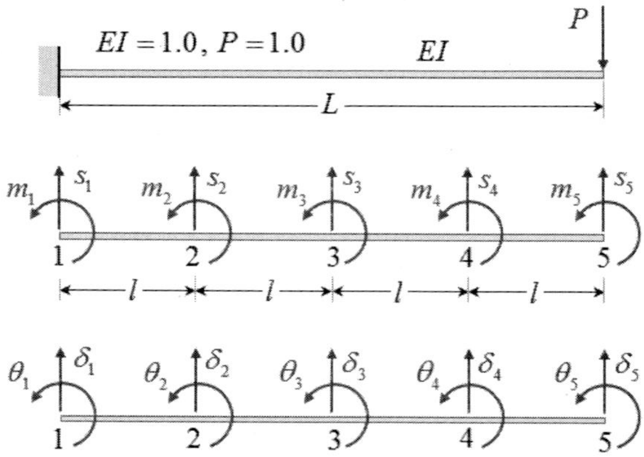

구조해석 프로그램 작성에서 구조강성도매트릭스 조합과정이 지루하고 귀찮은 작업 중 하나이다. 스프링구조, 트러스구조에서 LM 사용법을 소개하였듯이 보부재와 라멘부재도 재설명할 것이다.

이해를 돕기 위하여 하나의 해석예를 선택하였다. 휨강성 EI, 길이 L 인 캔틸레버의 자유단에 연직하중 P 가 작용하고 있다. 캔틸레버를 5개의 절점, 4개의 부재로 분할한 이산계를 해석모델로 선정하려고 한다. 우측그림은 각 절점의 하중성분과 변위성분을 구분하여 도시하였다.

i	x_i	δ_i	θ_i	n_δ	n_θ
1	0.0	δ_1	θ_1	0	0
2	1.0	δ_2	θ_2	1	2
3	2.0	δ_3	θ_3	3	4
4	3.0	δ_4	θ_4	5	6
5	4.0	δ_5	θ_5	7	8

각 절점의 좌표는 x_i, 자유도는 2개 (δ_i, θ_i) 를 가지고 있다. 지점 자유도를 제외하고 각 절점 i 의 자유도에 일련번호 $(n_\delta \cdot n_\theta)$ 를 부여하였다. 자유도의 일련번호는 지배방정식의 번호이기도 하다. 우측도표는 절점정보를 각 절점마다 절점번호, 좌표, 2개의 자유도구분기호, 2개의 자유도 일련번호 순으로 정리한 도표이다. 지점 자유도는 구속되어 있으므로 지배방정식에서 제외되어야 한다. 따라서 구속자유도는 지배방정식에서 제외시키도록 자유도번호를 0으로 지정하였다.

e	n_i	n_j	n_δ^i	n_θ^i	n_δ^j	n_θ^j
1	1	2	0	0	1	2
2	2	3	1	2	3	4
3	3	4	3	4	5	6
4	4	5	5	6	7	8

Location Matrix

우측도표는 부재정보를 정리한 도표이다. 부재정보는 부재를 구성하는 2개의 절점번호 (n_i, n_j) 와 절점자유도 $(\delta_i, \theta_i, \delta_j, \theta_j)$ 에 해당하는 자유도번호 $(n_\delta^i, n_\theta^i, n_\delta^j, n_\theta^j)$ 를 포함하였다. 각 부재에 대한 자유도번호는 매트릭스 형태로 자료값들을 저장하고 필요한 경우 이 값을 사용할 수 있다. 이 자료저장장소를 LM(Location Matrix)이라고 부른다. 구조해석프로그램에서 LM은 구조강성도매트릭스 $\boldsymbol{K}$ 를 구성할 때 효과적으로 사용된다. 즉, 임의의 부재 e 에 대한 평형방정식 $\boldsymbol{f}_e = \boldsymbol{k}_e \boldsymbol{d}_e$ 를 결정하고 전체 구조계의 평형방정식 $\boldsymbol{F} = \boldsymbol{K}\boldsymbol{D}$ 를 구성할 때, LM을 이용하여 구속자유도를 제외하고 산술합으로 누적할 수 있다. LM은 구속자유도를 모두 0으로 지정하여 방정식 구성에서 제외할 준비를 마친 상태이기 때문이다. 이러한 LM은 각 부재마다 반복 사용하여 구조강성도매트릭스를 구성하게 된다. 이 과정은 다음수식으로 간단히 표현할 수 있다.

• 각 부재의 평형방정식 : $\boldsymbol{f}_e = \boldsymbol{k}_e \boldsymbol{d}_e$ 또는 $\begin{Bmatrix} s_1 \\ m_1 \\ s_2 \\ m_2 \end{Bmatrix} = \dfrac{EI}{L^3}\begin{bmatrix} 12 & 6L & -12 & 6L \\ 6L & 4L^2 & -6L & 2L^2 \\ -12 & -6L & 12 & -6L \\ 6L & 2L^2 & -6L & 4L^2 \end{bmatrix}\begin{Bmatrix} \delta_1 \\ \theta_1 \\ \delta_2 \\ \theta_2 \end{Bmatrix}$

• 부재특성매트릭스, 벡터 조합 : $\begin{cases} \boldsymbol{F} = \sum \boldsymbol{f}_e \\ \boldsymbol{D} = \sum \boldsymbol{d}_e \\ \boldsymbol{K} = \sum \boldsymbol{k}_e \end{cases}$

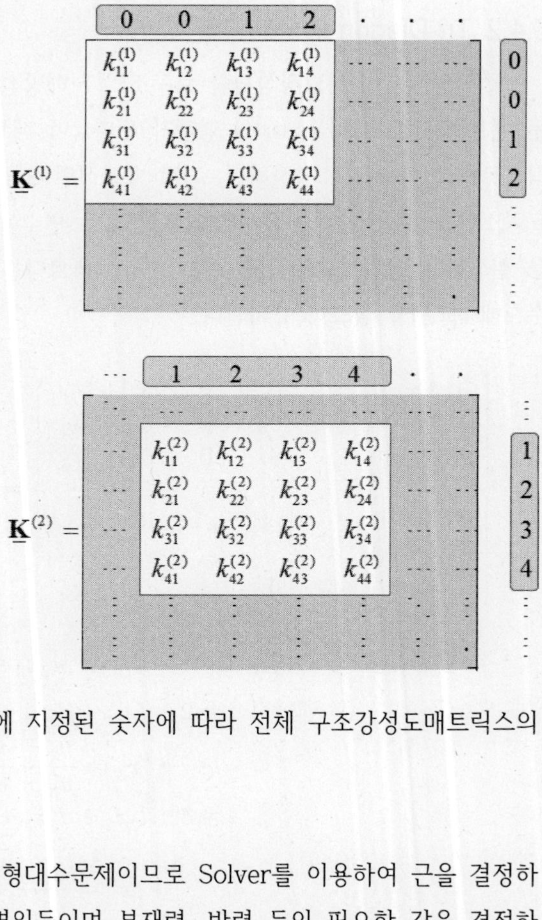

우측그림은 각 부재의 부재강성도매트릭스를 구조특성매트릭스에 누적될 위치를 보여준 그림이다. 예를 들어, 1번째 부재 1,2의 LM은 우측그림에서 노란색 박스에 기술하였다. 구조강성도매트릭스 $\boldsymbol{K}$의 위첨자는 (1)은 부재 (1)의 강성도매트릭스만을 저장할 위치를 표시한 구조강성도매트릭스라는 의미이다. 1번째 부재 1,2의 LM은 숫자 (0,0,1,2)를 포함하고 있다. 처음 2개의 숫자(LM의 1,2번째 성분)는 좌측절점 1의 자유도 (n_δ, n_θ)를 나타내며 나머지 2개의 숫자(LM의 3,4번째 성분)는 우측절점 2의 자유도 (n_δ, n_θ)를 나타낸다. 2번째 부재 2,3의 강성도매트리스 성분들이 마찬가지이다. LM의 성분 1,2,3,4는 구조강성도매트릭스의 저장위치를 나타낸다. 따라서 부재강성도매트릭스 성분들은 LM에 성분에 지정된 숫자에 따라 전체 구조강성도매트릭스의 해당위치에 지정하게 된다.

• 지배방정식 : $\boldsymbol{F} = \boldsymbol{K}\boldsymbol{D}$

지배방정식은 구조계 전체의 평형방정식이며 선형대수문제이므로 Solver를 이용하여 근을 결정하게 된다. 이때 근은 Active DOF에 해당하는 변위들이며 부재력, 반력 등의 필요한 값을 결정하면 된다. 여기서 Solver는 매트릭스 방정식과 같은 선형대수문제에서 근을 결정하는 도구를 통칭하는 용어이다. 대표적인 방법은 양해법, 음해법으로 대별하며 직접법, 간접법, 소거법, 재구성법, 반복법 등 다양한 이름의 Solver 들이 소개되어 있다. 또, 매트릭스 자료들을 컴퓨터에 어떻게 저장하고 효과적으로 저장하는가에 따라 Full Matrix Solver, Banded Matrix Solver, Column

Solver 또는 Skyline Solver, Disk Solver, Frontal Solver, Window Solver 등이 소개되어 있다. 이 방법들은 주어진 방정식과 컴퓨터의 성능에 따라 선택적으로 사용할 수 있다. 그러나 이 방법들이 반드시 효과적인 Solver들이 아니다. 근을 결정하는 문제에서 가장 효과적인 방법이 해석적 방법이 효과적이다. 또 간단한 수계산으로 해결되면 더욱 현명한 방법이 될 것이다. 어쩔 수 없는 문제에서 지루하고 재미없는 반복계산이 있을 때 컴퓨터를 이용하면 된다. 혹시 예민한 손가락으로 지루하고 재미없는 반복계산조차 즐기는 독자가 있으면 절대 말리고 싶지 않다.

6.4.2 Tri-Diagonal Matrix와 Solver

고전적인 유한차분방정식처럼 보구조의 지배방정식은 대각항을 중심으로 총 7개의 띠(Band)를 형성하는 매트릭스(Banded matrix) 형태가 된다. 이 매트릭스를 대각항을 중심으로 총 3개의 띠를 가진 매트릭스로 변환하였다고 가정하면, 가장 효과적인 Solver는 삼대각솔버(Tri-Diagonal Solver)이다. 이는 매트릭스의 연산이 아니고 2번째 이후의 모든 변수들을 1번째 변수로 표현하고 순차적으로 대입하면서 근을 결정하는 방법이므로 연산속도가 매우 빠르다는 장점이 있다. 알고리즘은 아래와 같고 자세한 내용은 수치해석교재를 참고하기 바란다.

$$\begin{bmatrix} d_1 & u_2 & 0 & \cdots & 0 & 0 & 0 \\ l_1 & d_2 & u_3 & \cdots & 0 & 0 & 0 \\ 0 & l_2 & d_3 & \cdots & 0 & 0 & 0 \\ \vdots & \vdots & \vdots & \ddots & \vdots & \vdots & \vdots \\ 0 & 0 & 0 & \cdots & d_{n-2} & u_{n-1} & 0 \\ 0 & 0 & 0 & \cdots & l_{n-2} & d_{n-1} & u_n \\ 0 & 0 & 0 & \cdots & 0 & l_{n-1} & d_n \end{bmatrix} \begin{Bmatrix} x_1 \\ x_2 \\ x_3 \\ \vdots \\ x_{n-2} \\ x_{n-1} \\ x_n \end{Bmatrix} = \begin{Bmatrix} y_1 \\ y_2 \\ y_3 \\ \vdots \\ y_{n-2} \\ y_{n-1} \\ y_n \end{Bmatrix}$$

각 방정식을 정리하면 $i=1$: $d_1x_1 + u_2x_2 = y_1 \rightarrow x_2 = \frac{y_1}{u_2} - \frac{d_1}{u_2}x_1$

$$i=2 : l_1x_1 + d_2x_2 + u_3x_3 = y_2$$

$$\rightarrow x_3 = \frac{y_2}{u_3} - \frac{l_1}{u_3}x_1 - \frac{d_2}{u_3}x_2 = \left(\frac{y_2}{u_3} - \frac{d_2}{u_3}\frac{y_1}{u_2}\right) - \left(\frac{l_1}{u_3} - \frac{d_2}{u_3}\frac{d_1}{u_2}\right)x_1$$

$$i=3 : l_2x_2 + d_3x_3 + u_4x_4 = y_3$$

$$\rightarrow x_4 = \frac{y_2}{u_4} - \frac{l_2}{u_4}x_2 - \frac{d_3}{u_4}x_3 = \left(\frac{y_3}{u_4} - \frac{d_3}{u_4}\frac{y_1}{u_2} + \frac{d_3}{u_4}\frac{d_2}{u_3}\frac{y_1}{u_2}\right) + \left(\frac{l_2}{u_4}\frac{d_1}{u_2} + \frac{d_3}{u_4}\frac{l_1}{u_3} - \frac{d_3}{u_4}\frac{d_2}{u_3}\frac{d_1}{u_2}\right)x_1$$

$$\vdots$$

$$i=n-1 : x_n = C_1 + C_2x_1$$

$$i=n : d_nx_n = y_n \rightarrow x_1 = \frac{y_n}{C_2d_n} - \frac{C_1}{C_2}$$

6.4.3 Beam 해석프로그램의 작성예

[1] 주프로시저 : 보구조 해석용 프로그램의 일부분이며 주프로그램은 아래와 같다. 주프로그램은 프로그램 전체를 제어하는 프로시저이며 모듈프로시저를 사용하지 않았다.

```
!-----------------------------------------
PROGRAM AbaLysis_Program_For_2_Dim_Beam
!-----------------------------------------
   IMPLICIT NONE
   INTEGER , PARAMETER :: inp=95,out=96
   INTEGER , PARAMETER :: nDim=1,eNod=2,nDof=2,eDof=4
   INTEGER :: node,eLem,neq,band,soLver=0
   INTEGER :: BC(nDof),LM(eDof)
   REAL(8) :: xi,xj,L
   REAL(8) :: cord(nDim),cLod(nDof),mF(eDof)
   REAL(8) :: S(eDof,eDof),Dis(nDof),eDis(eDof)

   TYPE Node_Property
      INTEGER :: BC(Ndof)       ! BC
      REAL(8) :: Cord(Ndim)     ! Coordinates
      REAL(8) :: cLod(nDof)     ! Concentrated Load
   END TYPE Node_Property
   TYPE(Node_Property), ALLOCATABLE :: Nodes(:)

   TYPE Beam_Property
      INTEGER :: Conn(eNod)        ! Node Connectivity
      INTEGER :: LM(eDof)          ! Location Matrix
      REAL(8) :: EI,L              ! Bending Rigidity, Length
      REAL(8) :: S(eDof,eDof)      ! ELement Stiffness Matrix
   END TYPE Beam_Property
   TYPE(Beam_Property), ALLOCATABLE :: Beam(:)

   REAL(8) , ALLOCATABLE :: GK(:,:),GB(:)
```
선언문들
...

```
   CALL Openning
   CALL ControL_Data
   CALL Node_Informations
   CALL ELement_Informations
   CALL AssembLe_System_Matrix
   IF(soLver==0) CALL SimuLtaneous_Equation(GK,GB,neq)
   IF(soLver==1) CALL Band_SoLver(GK,GB,neq,band)
   CALL DispLacement
   CALL Member_Force

   WRITE(out,"(/'   ',20('>'),' You are a rare Genius !'/)")
   WRITE(*,"(/5X,'You are a rare Genius !')")

   CONTAINS
```
실행문들
...

```
    SUBROUTINE Openning

    END SUBROUTINE Openning

    SUBROUTINE ControL_Data

    END SUBROUTINE ControL_Data

END PROGRAM AnaLysis_Program_for_2_Dim_Beam
```
내부 부프로시저
...

[2] **절점 정보** : 절점정보를 입력하고 저장하는 서브루틴(Subroutine) 부프로시저이다. 절점정보는 절점번호, 2개의 자유도 (δ_i, θ_i) 구속조건(구속이면 1, 그렇지 않으면 0), x 좌표, 절점하중 $(F_i\ ,\ M_i)$ 등을 입력·저장하게 된다. 절점정보의 중요역할은 절점의 자유도에 방정식 일련번호를 저장하는 일이다. 만일 자유도 일련번호가 0이면, 부재강성도 성분을 구조강성도매트릭스의 해당위치에 누적시키지 않게 된다. 모든 절점정보를 담기 위하여 절점하중정보도 이 서브루틴에 저장하도록 작성하였다.

```
SUBROUTINE Node_Informations
   IMPLICIT NONE
   INTEGER :: k,n,i,eq

   WRITE(*,"(5X,'NODE INFORMATION')")
   WRITE(out,"(//'  N O D E    I N F O R M A T I O N'  &
   &           //5X,'n',8X,'w      sL',11X,'X',10X,'Fy',8X,'Mz'/)")

   ALLOCATE(Nodes(node))

   neq=0
   DO k=1,node
      READ(inp,*) n,BC,cord,cLod
      DO i=1,nDof
         eq=BC(i)
         IF(eq==0) THEN
            neq=neq+1 ; Nodes(n)%BC(i)=neq
         ELSE
            Nodes(n)%BC(i)=0
         ENDIF
      ENDDO
      Nodes(n)%cord=cord
      Nodes(n)%cLod=cLod
   ENDDO
   DO n=1,node
      WRITE(out,"(I6,2X,2I7,2F12.2,F10.2)") n,Nodes(n)
   ENDDO
END SUBROUTINE Node_Informations
```

Equation Number

Node Coordinate

Concentrated Load

프로그램 내용에서 nDof는 절점당 자유도 개수를 지정한 변수이며 Nodes(n)%BC(1:nDof)는 n번째 절점의 자유도를 저장하는 사용자위주의 배열이다. 포트란에서 변수형(Variable Type)은 기본적으로 5가지(Integer, Real, Complex, Character, Logical)이다. 5가지 변수들중 몇가지의 변수형으로 구성된 하나로 묶어 이름을 붙여 하나의 이름을 가진 변수로 지정하는 방법이 사용자위주의 변수 즉, 파생형(Derived Type)이라고 부른다. 파생형 변수 속의 성분을 지정하는 포트란 명령어가 %이다. 즉, Nodes(n)%BC(1:nDof)를 보변, n번째 기억장소에 있는 파생형 변수 Nodes 속에 BC라는 변수에 자료를 지정, 저장하는 명령어이다.

[3] **부재 정보와 Location Matrix** : 각 부재의 정보(부재번호, 좌측절점번호, 우측절점번호, 탄성계수, 단면2차모멘트)를 입력하고 필요한 값으로 변환하는 저장하는 서브루틴 부프로시저이다. 절점당 2개의 자유도(처짐과 기울기)를 나타내므로 하나의 부재는 4개의 기억장소를 가지고 있다. 기억장소는 좌측

절점의 처짐과 기울기에 대한 자유도번호, 우측절점의 처짐과 기울기에 대한 자유도번호를 순서대로 저장하게 된다. 이를 Location Matrix라고 부르며 구조계의 시스템 매트릭스(강성도와 질량매트릭스 등)와 시스템벡터(하중벡터)를 구성할 때 활용되며 부재력계산을 위한 해당자유도의 변위성분 추출에도 사용된다.

```
SUBROUTINE ELement_Informations
   IMPLICIT NONE
   INTEGER :: n,inod,jnod,i,k,eq,eMax,eMin,ndif,yss=0
   REAL(8) :: E,Iz,EI,L2,L3,s12,s06,s04,s02

   WRITE(*,"(5X,'ELEMENT INFORMATION')")
   WRITE(out,"(//' E L E M E N T   I N F O R M A T I O N' &
   &          //5X,'e',6X,'i    j      Rigidity(EI)',8X,'Leng'/)")

   ALLOCATE(Beam(eLem))

   band=0
   DO k=1,eLem
      READ(inp,*) n,inod,jnod,E,Iz
      Beam(n)%Conn(1)=inod ; Beam(n)%Conn(2)=jnod              Connectivity
      Beam(n)%EI=E*Iz

      LM=0 ; LM(1:nDof)=Nodes(inod)%BC(1:nDof)
             LM(3:eDof)=Nodes(jnod)%BC(1:nDof) ; Beam(n)%LM=LM  Location Matrix

      eMax=0 ; eMin=1000
      DO i=1,eDof
         eq=LM(i) ; IF(eq<=0) CYCLE
         IF(eq>eMax) eMax=eq
         IF(eq<eMin) eMin=eq                                    Determine Badwidth
      ENDDO
      ndif=eMax-eMin+1 ; IF(ndif>band) band=ndif
      xi=Nodes(inod)%Cord(1) ; xj=Nodes(jnod)%Cord(1)
      L=xj-xi ; L2=L*L ; L3=L2*L ; Beam(n)%L=L

      EI=E*Iz
      s12=12.0*EI/L3 ; s06=6.0*EI/L2 ; s04=4.0*EI/L ; s02=2.0*EI/L
      S=0.0D0 ; S(1,1)= s12 ; S(1,2)= s06 ; S(1,3)=-s12 ; S(1,4)= s06
                S(2,1)= s06 ; S(2,2)= s04 ; S(2,3)=-s06 ; S(2,4)= s02   Stiffness Matrix
                S(3,1)=-s12 ; S(3,2)=-s06 ; S(3,3)= s12 ; S(3,4)=-s06
                S(4,1)= s06 ; S(4,2)= s02 ; S(4,3)=-s06 ; S(4,4)= s04
      Beam(n)%S=S

      WRITE(out,"(I6,2X,2I5,E17.6,F12.2)") n,inod,jnod,EI,L
   ENDDO
END SUBROUTINE ELement_Informations
```

프로그램 내용에서 eDof는 부재당 자유도 개수를 지정한 변수이며 Beam(n)%S(1:eDof,1:eDof)는 n번째 부재의 강성도 성분을 저장하는 사용자위주의 배열이다. 변수 S는 크기가 (eDof × eDof)인 매트릭스를 나타낸다. 보부제의 nDof, eDof는 각각 2, 4를 나타낸다. 따라서 배열 S는 (4×4)크기의 저장장소를 지정한 매트릭스이름이다. Beam(n)%S=S는 크기 (4×4)인 배열 S의 자료값들을 부재정보인 n번째 파생형 Beam속에 배열 S에 기억하라는 명령어이다. 컴퓨터 프로그램에서 equal은 수학과 달리 우측표현식의 지료를 좌측변수에 저장하라는 의미이다.

[4] Location Matrix를 이용한 구조강성도매트릭스 구성 : 각 부재들에 따라 LM과 강성도매트릭스, 좌표변환매트릭스를 불러서 전체좌표계의 부재강성도매트릭스를 계산하고 이를 LM을 이용하여 구조계 전체 강성도매트릭스를 구성한다.

```
SUBROUTINE Assemble_System_Matrix
   IMPLICIT NONE
   INTEGER :: n,i,j,row,col

   IF(solver==0) ALLOCATE(GK(neq,neq))
   IF(solver==1) ALLOCATE(GK(neq,band))
                 ALLOCATE(GB(neq))
   GK=0.0D0 ; GB=0.0D0

   WRITE(*,"(5X,'ASSEMBLE SYSTEM MATRIX & VECTOR')")
   WRITE(out,"(//' S Y S T E M   M A T R I X  &  V E C T O R'  &
   &          //5X,'Number of Equations ',I5    &
   &           /5X,'Max. half bandwidth ',I5)") neq,band

   DO n=1,elem
      LM=Beam(n)%LM ; S=Beam(n)%S
      DO i=1,eDof
         row=LM(i) ; IF(row<=0) CYCLE
         DO j=1,eDof
            col=LM(j) ; IF(col<=0) CYCLE
            IF(solver==0) THEN
               GK(row,col)=GK(row,col)+S(i,j)
            ELSEIF(solver==1) THEN
               col=col-row+1 ; IF(col<=0) CYCLE
               GK(row,col)=GK(row,col)+S(i,j)
            ENDIF
         ENDDO
      ENDDO
   ENDDO

   DO n=1,node
      DO i=1,nDof
         row=Nodes(n)%BC(i) ; IF(row<=0) CYCLE
         GB(row)=GB(row)+Nodes(n)%cLod(i)
      ENDDO
   ENDDO
   IF(neq<10) THEN
      WRITE(out,"(//5X,'i',7X,'Stiffness Matrix ',13('.')/)")
      WRITE(out,"(8X,100I12)") (i,i=1,neq)
      DO i=1,neq
         IF(solver==0) WRITE(out,"(I6,2X,100E12.4)") i,GK(i,1:neq)
         IF(solver==1) WRITE(out,"(I6,2X,100E12.4)") i,GK(i,1:band)
      ENDDO
      WRITE(out,"(//5X,'n',7X,'Nodal Load Vector ',12('.')/)")
      DO n=1,neq
         WRITE(out,"(I6,E14.4,2E12.4)") n,GB(n)
      ENDDO
   ENDIF
END SUBROUTINE Assemble_System_Matrix
```

Stiffness Matrix in GCS

프로그램 내용에서, 구조강성도매트릭스와 구조하중벡터의 성분들은 부재정보에서 계산한 부재강성도 성분과 절점정보에서 입력한 절점하중성분을 해당위치에 누적시키도록 작성되어 있다. 이때 부재의 자유도번호를 저장한 LM과 절점의 자유도번호를 지정한 Nodes(n)%BC(i)를 사용하고 있다.

6.5 연습문제

6.5.1 기본개념문제

[1] 다음과 같은 용어와 질문에 대하여 설명하라.

(1) 곡률을 정의하라.
(2) 보부재를 정의하라.
(3) 보부재의 거동특성을 설명하라.
(4) 보부재의 변형특성을 설명하라.
(5) 보부재의 기본가정을 설명하라.
(6) 세장비(Slenderness Ratio)를 설명하라.

[2] 다음과 같은 공식을 유도하라.

(1) 에르미트 3차 다항식을 설명하라.

(2) 베르누이-오일러(Bernoulli-Euler)의 보 방정식을 유도하라.

(3) 휨응력 공식 $\sigma = \frac{M}{I} y$ 을 유도하고 수직응력 수직응력은 $\sigma = \frac{P}{A}$ 와의 차이점을 설명하라.

(4) 전단응력 공식 $\tau = \frac{VQ}{Ib}$ 을 유도하고 또다른 전단응력 $\tau = \frac{V}{A}$ 와의 차이점을 설명하라.

6.5.2 해석과 프로그램 적용문제

[1] 보부재의 강성도매트릭스 모든 성분 $k_{ij} = EI \int_0^L H_i^{''} H_j^{''} dx$, $i, j = 1,2,3,4$ 을 결정하라. 여기서 H_i 는 에르미트 3차 다항식이다.

[2] 다음질문에 답하라

(1) 다음조건을 만족하는 3차 라그랑주 다항식 $y(x) = a_0 + a_1 x + a_2 x^2 + a_3 x^3$ 을 결정하라.

$y(x_0) = y_0$, $y(x_1) = y_1$, $y(x_2) = y_2$, $y(x_3) = y_3$

(2) 다음조건을 만족하는 3차 에르미트 다항식 $y(x) = a_0 + a_1 x + a_2 x^2 + a_3 x^3$ 을 결정하라.

$$\begin{cases} y(x_0) = y_0 \, , \, y'(x_0) = y_0^{'} \\ y(x_1) = y_1 \, , \, y'(x_1) = y_1^{'} \end{cases}$$

(3) 질문 (1)과 (2)의 3차 다항식을 비교·설명하라.

[3] 좌측단에 End release 조건이 있는 보의 평형방정식을 유도하라. 또 우측단에 End release 조건이 있는 보의 평형방정식도 유도하고 비교하라.

[4] 좌측단에 Offset이 있는 보의 평형방정식을 유도하라. 또 우측단에 Offset이 있는 보의 평형방정식도 유도하고 비교하라.

6.5.3 프로젝트 연구문제

[1] 연직방향 분포하중 q가 작용하고 휨강성 EI, 길이 L, 좌측단부의 절점 1,2를 잇는 보부재에 있다. 절점 1,2의 수직하중과 모멘트를 각각 $(F_1, M_1), (F_2, M_2)$라고 가정하자. 절점 1,2의 수직변위와 기울기를 각각 $(v_1, \theta_1), (v_2, \theta_2)$라고 하자. 미소요소 dx에 대한 자유물체도에서 전단력과 모멘트는 각각 Q, M으로 표기하자. 부재축 x방향 변위 u, 수직축 y방향 변위 v라고 표시하고 수평과 수직방향 기울기는 각각 $\partial v/\partial x, \partial u/\partial y$가 된다. 일반보처럼 단면의 전단변형률 $\gamma_{xy}=0$이며 단면 깊이방향 변형률을 무시하기로 한다. 부재는 선형탄성재료이므로 탄성계수는 E로 표현한다.

$$\gamma_{xy} = \frac{\partial u}{\partial y} + \frac{\partial v}{\partial x} = 0 \rightarrow \frac{\partial u}{\partial y} = -\frac{\partial v}{\partial x}$$

다음질문에 답하라.

(1) 미소요소 dx에 자유물도에서 평형조건을 적용하고 보의 모멘트방정식을 유도하라.

(2) 부재축 x방향 변위 u를 $u = a(x)x + b(x)y$라고 가정하고 축변형률 ϵ_x과 수직응력 σ_x를 계산하라. 또 축력과 휨모멘트의 정의로부터 수직응력을 축력과 휨모멘트의 항으로 표현하라.

$$\text{축력 } F = \int_A \sigma_x \, dA \quad \text{그리고 휨모멘트 } M = -\int_A \sigma_x y \, dA \quad ; \; dA \text{는 미소단면적}$$

(3) 보의 강도방정식 $EIv'''' = q$로부터 처짐 v를 결정하고 양단의 처짐조건이 $v(0) = v(L) = 0$일 때 처짐 v을 결정하라. 이 처짐을 v_q라고 표현하자.

(4) 분포하중 $q=0$인 조건하에서 처짐 v를 양단변위성분 $v_1, \theta_1, v_2, \theta_2$의 항으로 표현하라. 또한 처짐 v가 에르미트 3차 다항식과 연관성이 있는가를 설명하라. 이 처짐을 v_0라고 표현하자.

(5) 문제 (3)과 (4)에서 결정한 처짐들을 합친 완전해(Complete Solution) $v = v_0 + v_q$를 구하라.

(6) 문제 (5)의 근을 이용하여 절점하중벡터를 절점변위벡터의 항으로 표현하고 이를 설명하라.

[2] 우측그림과 같이 휨강성 EI, 총 길이 $7L/2$인 부정정보에 연작하중 P_0와 모멘트하중 M_0가 작용할 때 수계산(해석적 방법)과 매트릭스구조해석방법으로 절점변위와 부재력을 계산하라. 매트릭스구조해석에서 분할한 부재수가 증가함에 따른 처짐의 변화를 설명하라. 여기서 휨강성, 길이, 연직하중 및 모멘트하중은 각자 적절한 자료값을 사용하여야 한다.

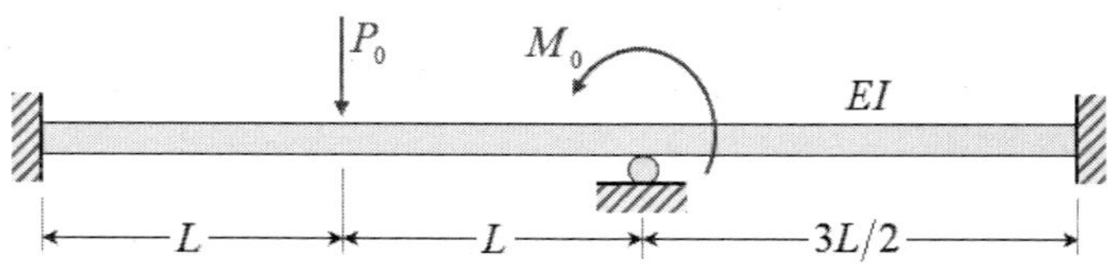

7 라멘구조

7.1 개요

라멘(Rahmen)은 프레임(Frame), 뼈대(Skeleton Structure), 3차원 보(3-Dimensional Beam) 등으로 불리기도 한다. 프레임은 물리학에서 기준좌표계를 의미하고 뼈대는 트러스를 포함하고 3차원 보는 일반적인 평면 보와 구분하기 위하여 라멘으로 통칭하기로 한다. 라멘은 사진틀을 의미하는 독일어로서 휨부재를 대표하는 구조계를 나타내는 토목용어이다. 따라서 본장은 라멘이라는 용어로 통칭하였다.

라멘구조는 1축 휨변형, 축변형을 나타내는 평면(2차원)라멘구조와 2축 휨변형, 축변형, 비틀림변형을 나타내는 입체(3차원)라멘구조로 구분하고 있다. 평면구조는 하나의 평면내에 모든 부재들이 배치된 구조이며 입체구조는 각 부재들이 3차원 공간에서 서로 연결·배치된 구조를 의미한다. 따라서 입체라멘구조를 공간라멘구조라고도 부른다. 라멘구조는 다양한 변형들이 나타내어도 휨변형이 가장 지배적인 변형을 나타낸다. 이러한 이유로 평면라멘구조를 해석적 방법으로 구조거동을 분석할 때, 영향이 적은 전단변형은 물론이고 축변형을 무시하기도 한다.

연직면 내에 여러 개의 라멘부재들이 서로 연결된 라멘구조에서 하나의 라멘부재가 수평면에 존재한다고 가정하자. 부재길이방향을 하나의 좌표축(부재축)으로 선택하면 이 축과 수직한 2개의 축이 부재단면 내에 존재하게 된다. 이를 단면축이라고 부르며 단면축은 연직 상방향 면내축과 연직면과 수직한 면외축으로 구성된다. 보구조와 평면라멘구조는 면외축에 대한 휨거동을 고려하며 입체라멘구조는 면내축에 대한 휨거동도 포함하며 부재축에 대한 회전 즉, 비틀림거동을 포함한다. 따라서 평면라멘구조는 트러스의 축변형과 보의 면외 휨변형을 포함한 구조이다. 반면에 입체라멘구조는 축변형, 면외 휨거동뿐만 아니라 면외 휨변형과 비틀림거동을 포함한 구조이다.

이러한 특성으로 트러스와 보에 대한 기본가정을 라멘구조에서도 적용된다. 모든 부재들은 선형탄성재료로 구성되며 미소변형이론에 근거한 선형거동으로 제한하였다. 각 부재들은 다른 부재들과 한 점에서 완전 강절(Rigid Joint) 연결이라고 가정한다. 트러스의 활절(Hinge) 연결은 모멘트를 전달시키지 못하지만 라멘구조는 연결점에서 모든 힘과 모멘트들을 서로 전달할 수 있다. 불완전한 연결이거나 연결점 사이의 이격거리 등은 복잡한 연계구조거동을 나타내며 학습범위를 벗어나므로 제외하기로 한다.

7.2절은 평면라멘구조와 입체라멘구조로 구분하여 2축 휨거동과 비틀림거동을 정리하였다. 단면형상에 따라 비틀림과 연계성을 나타내는 비대칭단면은 제외하였다. 7.3절은 라멘구조의 해석사례를 소개하였고 온도변화와 초기결함문제를 포함하였다. 해석적 방법뿐만 아니라 매트릭스구조해석방법에 따른 해석결과를 비교·설명하였다. 7.4절은 해석프로그램 작성스킬과 작성예를 소개하였다. 마지막으로 7.5절은 기본문제, 적용문제, 연구문제로 구분하여 연습문제를 수록하였다.

7.2 기본 이론

모든 부재들이 하나의 평면내에 존재하면 이 평면을 부재평면이라고 부른다. 우측윗그림은 부재평면에 존재하는 평면라멘구조 중 수평부재를 도시한 그림이다. 부재평면을 전직면(Rectifying plane)과 일치한다고 가정하자. 부재길이방향을 부재축이라고 부르며 수학적으로 tangental 축이라고 한다. 부재축과 수직한 평면을 법면(Normal plane)이라고 부른다. 부재축과 수직하며 전직면과 법면을 공유하는 축을 면내축이라고 부르며 수학적으로 normal 축이라고 부른다. 이는 부재평면 내에 존재하면서 부재축과 수직한 축이라는 의미이다. 부재축과 면내축에 대하여 각각 수직인 축을 면외축이라고 부르며 수학적으로 binormal 축이라고 부른다. 면외축은 전직면 밖으로 향하는 축이라는 의미이다. 면내축과 수직인 평면을 접면(Osculating plane)이라고 부른다.

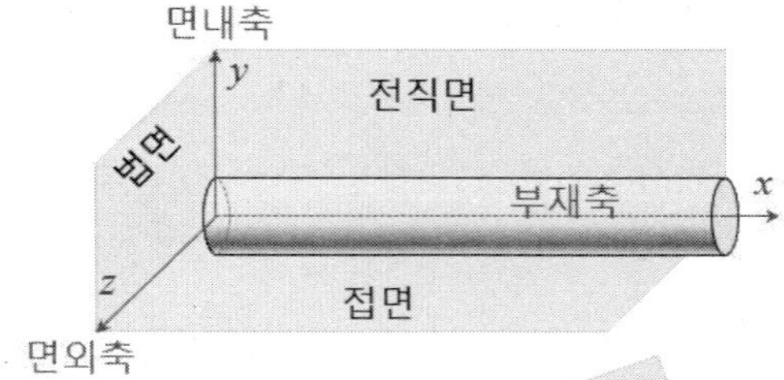

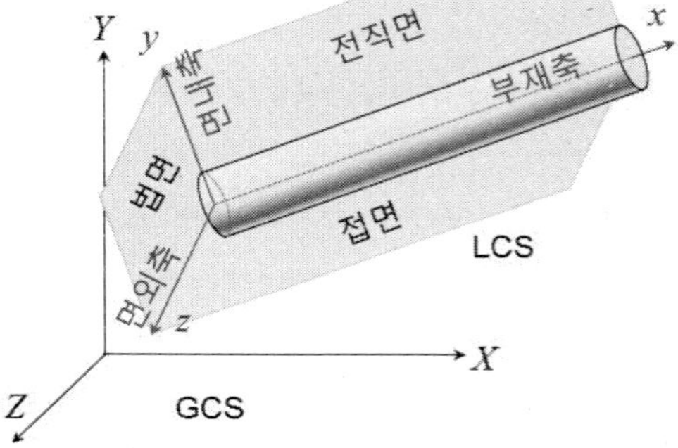

부재의 배치상태는 좌표계로 표현할 수 있으며 각 부재의 배치상태가 다르므로 부재배치에 따른 좌표계를 기준하여 계산한 부재의 절점변위벡터와 절점하중벡터의 산술합이 불가능하다. 일관된 산술합을 위한 방법이 하나의 통일된 좌표계이며 이를 전체좌표계(Global Coordinate System)라고 부른다. 반면에, 부재배치방향에 따른 좌표계를 국부좌표계(Local Coordinate System)라고 부른다. 간단한 용어표기를 위하여, 국부좌표계 (x, y, z)를 LCS로 표현하며 전체좌표계 (X, Y, Z)를 GCS로 표현하기로 한다. 국부좌표계는 부재좌표계, 요소좌표계, 지역좌표계로, 전체좌표계는 구조좌표계라고도 부른다.

라멘구조를 이루는 부재들은 수평, 수직뿐만 아니라 경사부재(아래그림)들로 구성된다. 경사부재는 수평면을 기준으로 부재 양단 중 하나의 절점이 수평면 밖에 위치한 부재라는 의미이다. 즉, 부재축이 수평축과 기울기를 나타내는 부재를 경사부재라고 한다. 일반적인 부재배치를 고려하여 경사부재를 일반부재로 선택하기로 한다. 평면라멘구조이건 입체라멘구조이건 하나의 부재는 2개의 절점(Node, Joint)으로 구성된 선부재(Line Member)이다. 각 절점의 거동은 자유도(Degree of Freedom)로 표현한다. 자유도는 절점의 움직임이 몇 개인가를 의미하며 평면라멘부재는 부재축, 면외축방향의 변위나 힘과 면외축에 대한 회전각변위를 자유도로 선택하고 있다. 반면에 공간라멘부재는 부재축, 면내축, 면외축방향의 변위와 각 축에 대한 회전각변위를 자유도로 선택하고 있다. 따라서 평면과 입체 라멘에서 절점자유도는 각각 3, 6개이며 부재자유도는 각각 6, 12개로 표현된다.

7.2.1 **평면라멘**(Plane Frame/Rahmen)

[1] 절점과 부재력벡터 정의

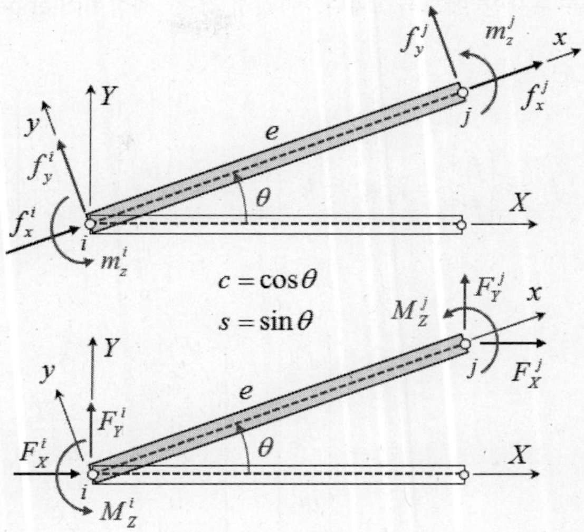

절점 i, j를 잇는 평면라멘부재 e가 있다. LCS에서 부재절점하중벡터 $\boldsymbol{f}_e$와 부재절점변위벡터 $\boldsymbol{d}_e$는 각각 $\boldsymbol{f}_e = \{\boldsymbol{f}_e^i\ \boldsymbol{f}_e^j\}$, $\boldsymbol{d}_e = \{\boldsymbol{d}_e^i\ \boldsymbol{d}_e^j\}$로 표기할 수 있으며 아래첨자는 부재번호 e, 위첨자는 절점번호 i, j를 나타낸다. 절점부재력벡터는 $\boldsymbol{f}_e^i$, $\boldsymbol{f}_e^j$와 절점변위벡터는 $\boldsymbol{d}_e^i$, $\boldsymbol{d}_e^j$로 나타내며 아래첨자는 축방향, 위첨자는 절점번호를 나타낸다. 여기서 f, m은 각각 축방향 힘과 모멘트를 나타낸다. GCS에서도 부재절점하중벡터 $\boldsymbol{F}_e$와 부재절점변위벡터$\boldsymbol{D}_e$는 각각 $\boldsymbol{F}_e = \{\boldsymbol{F}_e^i\ \boldsymbol{F}_e^j\}, \boldsymbol{D}_e = \{\boldsymbol{D}_e^i\ \boldsymbol{D}_e^j\}$로 표기한다. 절점부재력벡터는 $\boldsymbol{F}_e^i$, $\boldsymbol{F}_e^j$와 절점변위벡터는 $\boldsymbol{D}_e^i$, $\boldsymbol{d}_e^j$로 나타낸다. 부재와 절점의 부재력과 변위벡터를 요약하면 아래와 같다. 또 LCS에서 정의한 하나의 부재에 대하여 절점변위성분들과 절점부재력성분들은 나타내며 아래그림과 같다. 마찬가지로 GCS에서 정의한 절점변위성분들과 절점부재력벡터들도 대문자로 표기하고 좌표축과 아래첨자가 X, Y, Z으로 바뀌며 유사한 형태로 표기한다.

$$\boldsymbol{f}_e = \begin{Bmatrix} \boldsymbol{f}_e^i \\ \boldsymbol{f}_e^j \end{Bmatrix} = \begin{Bmatrix} f_x^i \\ f_y^i \\ m_z^i \\ f_x^j \\ f_y^j \\ m_z^j \end{Bmatrix}, \ \boldsymbol{d}_e = \begin{Bmatrix} \boldsymbol{d}_e^i \\ \boldsymbol{d}_e^j \end{Bmatrix} = \begin{Bmatrix} \delta_x^i \\ \delta_y^i \\ \theta_z^i \\ \delta_x^j \\ \delta_y^j \\ \theta_z^j \end{Bmatrix} \text{ 와}$$

$$\boldsymbol{F}_e = \begin{Bmatrix} \boldsymbol{f}_e^i \\ \boldsymbol{f}_e^j \end{Bmatrix} = \begin{Bmatrix} F_x^i \\ F_y^i \\ M_z^i \\ F_x^j \\ F_y^j \\ M_z^j \end{Bmatrix}, \ \boldsymbol{D}_e = \begin{Bmatrix} \boldsymbol{D}_e^i \\ \boldsymbol{D}_e^j \end{Bmatrix} = \begin{Bmatrix} \Delta_X^i \\ \Delta_Y^i \\ \Theta_Z^i \\ \Delta_X^j \\ \Delta_Y^j \\ \Theta_Z^j \end{Bmatrix}$$

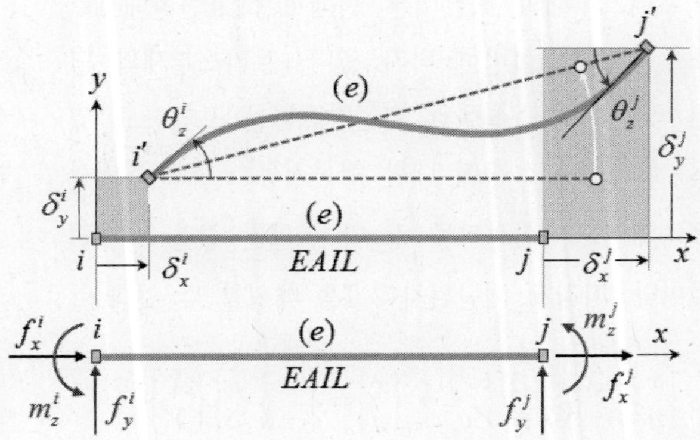

[2] 부재강성도매트릭스

LCS에서 표현한 부재강성도매트릭스는 축변형을 고려한 보의 강성도매트릭스와 정확히 일치한다. 따라서 부재강성도매트릭스 $\boldsymbol{k}_e$ 는 다음과 같이 표현할 수 있다. 이 매트릭스 $\boldsymbol{k}_e$ 는 보부재에서 축변형효과를 추가한 매트릭스이다. 여기서 λ 는 세장비(Slenderness Ration)를 의미하며 $\lambda^2 = AL^2/I$이다.

$$\boldsymbol{f}_e = \begin{Bmatrix} \boldsymbol{f}_e^i \\ \boldsymbol{f}_e^j \end{Bmatrix} = \boldsymbol{k}_e \boldsymbol{d}_e = \boldsymbol{k}_e \begin{Bmatrix} \boldsymbol{d}_e^i \\ \boldsymbol{d}_e^j \end{Bmatrix} \rightarrow \begin{Bmatrix} f_x^i \\ f_y^i \\ m_z^i \\ f_x^j \\ f_y^j \\ m_z^j \end{Bmatrix} = \frac{EI}{L^3} \begin{bmatrix} \lambda^2 & 0 & 0 & -\lambda^2 & 0 & 0 \\ 0 & 12 & 6L & 0 & -12 & 6L \\ 0 & 6L & 4L^2 & 0 & -6L & 2L^2 \\ -\lambda^2 & 0 & 0 & \lambda^2 & 0 & 0 \\ 0 & -12 & -6L & 0 & 12 & -6L \\ 0 & 6L & 2L^2 & 0 & -6L & 4L^2 \end{bmatrix} \begin{Bmatrix} \delta_x^i \\ \delta_y^i \\ \theta_z^i \\ \delta_x^j \\ \delta_y^j \\ \theta_z^j \end{Bmatrix}$$

$$\text{또는} \begin{Bmatrix} f_x^i \\ f_y^i \\ m_z^i \\ f_x^j \\ f_y^j \\ m_z^j \end{Bmatrix} = \begin{bmatrix} \frac{EA}{L} & 0 & 0 & -\frac{EA}{L} & 0 & 0 \\ 0 & \frac{12EI}{L^3} & \frac{6EI}{L^2} & 0 & -\frac{12EI}{L^3} & \frac{6EI}{L^2} \\ 0 & \frac{6EI}{L^2} & \frac{4EI}{L} & 0 & -\frac{6EI}{L^2} & \frac{2EI}{L} \\ -\frac{EA}{L} & 0 & 0 & \frac{EA}{L} & 0 & 0 \\ 0 & -\frac{12EI}{L^3} & -\frac{6EA}{L^2} & 0 & \frac{12EI}{L^3} & -\frac{6EI}{L^2} \\ 0 & \frac{6EI}{L^2} & \frac{2EI}{L} & 0 & -\frac{6EI}{L^2} & \frac{4EI}{L} \end{bmatrix} \begin{Bmatrix} \delta_x^i \\ \delta_y^i \\ \theta_z^i \\ \delta_x^j \\ \delta_y^j \\ \theta_z^j \end{Bmatrix}$$

[3] 부재좌표변환매트릭스

트러스부재의 기본이론 편에서 좌표변환매트릭스를 자세히 설명한 바가 있다. 트러스부재와 달리 라멘부재는 절점의 회전각변위를 포함하고 있다. LCS에서 z 축에 대한 회전거동 r_z, GCS에서 Z축에 대한 회전거동 R_Z와 동일한 값을 나타낼 것이다. 따라서 해당위치에 1을 배정할 수 있다.

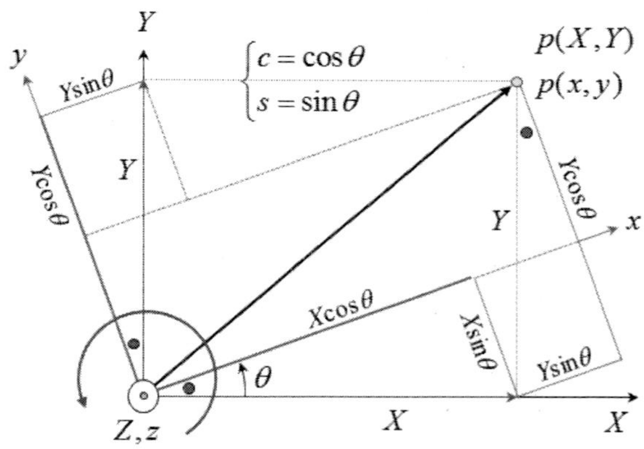

$$\begin{cases} x = Xc + Ys \\ y = -Xs + Yc \end{cases} \rightarrow \begin{Bmatrix} x \\ y \end{Bmatrix} = \begin{bmatrix} c & s \\ -s & c \end{bmatrix} \begin{Bmatrix} X \\ Y \end{Bmatrix}$$

$$\begin{cases} X = xc - ys \\ Y = xs + yc \end{cases} \rightarrow \begin{Bmatrix} X \\ Y \end{Bmatrix} = \begin{bmatrix} c & -s \\ s & c \end{bmatrix} \begin{Bmatrix} x \\ y \end{Bmatrix}$$

$$\begin{Bmatrix} x \\ y \\ r_z \end{Bmatrix} = \begin{bmatrix} c & s & 0 \\ -s & c & 0 \\ 0 & 0 & 1 \end{bmatrix} \begin{Bmatrix} X \\ Y \\ R_Z \end{Bmatrix} \text{ 또는 } \begin{Bmatrix} X \\ Y \\ R_Z \end{Bmatrix} = \begin{bmatrix} c & -s & 0 \\ s & c & 0 \\ 0 & 0 & 1 \end{bmatrix} \begin{Bmatrix} x \\ y \\ r_z \end{Bmatrix}$$

그러므로 부재 i, j의 부재좌표변환매트릭스 $\boldsymbol{T}_e$는 다음과 같이 표현된다. 좌표변환매트릭스 $\boldsymbol{T}_e$는 반드시 수직성 ($\boldsymbol{T}_e^{-1} = \boldsymbol{T}_e^T$)이라는 특성을 지니고 있다.

$$\boldsymbol{T}_e = \begin{bmatrix} \boldsymbol{R}_0^i & 0 \\ 0 & \boldsymbol{R}_0^j \end{bmatrix} = \begin{bmatrix} c & s & 0 & 0 & 0 & 0 \\ -s & c & 0 & 0 & 0 & 0 \\ 0 & 0 & 1 & 0 & 0 & 0 \\ 0 & 0 & 0 & c & s & 0 \\ 0 & 0 & 0 & -s & c & 0 \\ 0 & 0 & 0 & 0 & 0 & 1 \end{bmatrix} \;;\; \boldsymbol{R}_0^i = \boldsymbol{R}_0^j = \begin{bmatrix} c & s & 0 \\ -s & c & 0 \\ 0 & 0 & 1 \end{bmatrix}$$

● 부재의 변위와 부재력 성분

부재 i, j는 GCS의 X축을 기준하여 부재축 x가 θ만큼 반시계방향의 기울기로 배치되어 있다. 아래 좌측그림은 LCS와 GCS에서 부재의 변위성분들을, 우측그림은 부재력성분들을 도시한 그림이다. LCS에서 변위와 부재력성분들은 소문자, GCS에서 변위와 부재력성분들은 대문자로 표시하였다. 아래첨자는 축방향, 위첨자는 절점번호를 나타낸다.

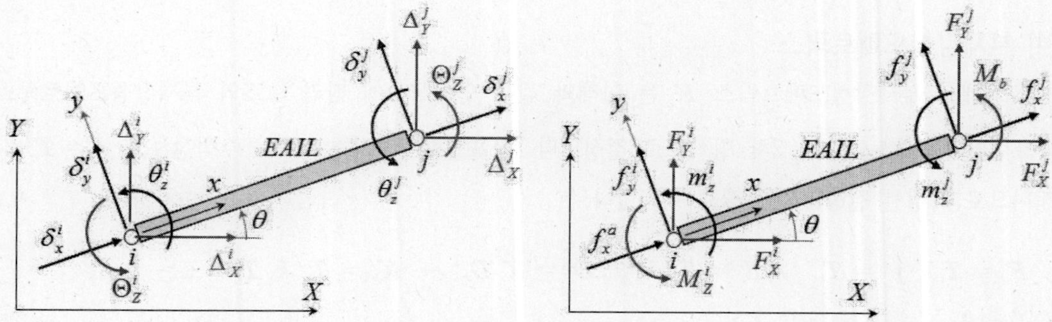

좌표변환매트릭스 $\boldsymbol{T}_e$를 이용하여 LCS에서 정의한 임의의 부재에 대한 부재력벡터 $\boldsymbol{f}_e = \{\boldsymbol{f}_e^i \;\; \boldsymbol{f}_e^j\}$와 변위벡터 $\boldsymbol{d}_e = \{\boldsymbol{d}_e^i \;\; \boldsymbol{d}_e^j\}$는 아래와 같이 GCS의 부재력벡터 $\boldsymbol{F}_e$와 변위벡터 $\boldsymbol{D}_e$로 표시할 수 있다.

$$\boldsymbol{f}_e = \boldsymbol{T}_e \boldsymbol{F}_e \rightarrow \begin{Bmatrix} \boldsymbol{f}_e^i \\ \boldsymbol{f}_e^j \end{Bmatrix} = \begin{bmatrix} \boldsymbol{R}_0^i & 0 \\ 0 & \boldsymbol{R}_0^j \end{bmatrix} \begin{Bmatrix} \boldsymbol{F}_e^i \\ \boldsymbol{F}_e^j \end{Bmatrix},\; \boldsymbol{d}_e = \boldsymbol{T}_e \boldsymbol{D}_e \rightarrow \begin{Bmatrix} \boldsymbol{d}_e^i \\ \boldsymbol{d}_e^j \end{Bmatrix} = \begin{bmatrix} \boldsymbol{R}_0^i & 0 \\ 0 & \boldsymbol{R}_0^j \end{bmatrix} \begin{Bmatrix} \boldsymbol{D}_e^i \\ \boldsymbol{D}_e^j \end{Bmatrix}$$

또는 $$\begin{Bmatrix} f_x^i \\ f_y^i \\ m_z^i \\ f_x^j \\ f_y^j \\ m_z^j \end{Bmatrix} = \begin{bmatrix} c & s & 0 & 0 & 0 & 0 \\ -s & c & 0 & 0 & 0 & 0 \\ 0 & 0 & 1 & 0 & 0 & 0 \\ 0 & 0 & 0 & c & s & 0 \\ 0 & 0 & 0 & -s & c & 0 \\ 0 & 0 & 0 & 0 & 0 & 1 \end{bmatrix} \begin{Bmatrix} F_x^i \\ F_y^i \\ M_z^i \\ F_x^j \\ F_y^j \\ M_z^j \end{Bmatrix},\; \begin{Bmatrix} \delta_x^i \\ \delta_y^i \\ \theta_z^i \\ \delta_x^j \\ \delta_y^j \\ \theta_z^j \end{Bmatrix} = \begin{bmatrix} c & s & 0 & 0 & 0 & 0 \\ -s & c & 0 & 0 & 0 & 0 \\ 0 & 0 & 1 & 0 & 0 & 0 \\ 0 & 0 & 0 & c & s & 0 \\ 0 & 0 & 0 & -s & c & 0 \\ 0 & 0 & 0 & 0 & 0 & 1 \end{bmatrix} \begin{Bmatrix} \Delta_X^i \\ \Delta_Y^i \\ \Theta_Z^i \\ \Delta_X^j \\ \Delta_Y^j \\ \Theta_Z^j \end{Bmatrix}$$

하나의 라멘부재에 대한 변위벡터와 하중벡터를 요약하면 다음 표와 같다.

	GCS to LCS	LCS to GCS
변위	$\begin{Bmatrix} \delta_x^i \\ \delta_y^i \\ \theta_z^i \\ \delta_x^j \\ \delta_y^j \\ \theta_z^j \end{Bmatrix} = \begin{bmatrix} c & s & \cdot & \cdot & \cdot & \cdot \\ -s & c & \cdot & \cdot & \cdot & \cdot \\ \cdot & \cdot & 1 & \cdot & \cdot & \cdot \\ \cdot & \cdot & \cdot & c & s & \cdot \\ \cdot & \cdot & \cdot & -s & c & \cdot \\ \cdot & \cdot & \cdot & \cdot & \cdot & 1 \end{bmatrix} \begin{Bmatrix} \Delta_X^i \\ \Delta_Y^i \\ \Theta_Z^i \\ \Delta_X^j \\ \Delta_Y^j \\ \Theta_Z^j \end{Bmatrix}$	$\begin{Bmatrix} \Delta_X^i \\ \Delta_Y^i \\ \Theta_Z^i \\ \Delta_X^j \\ \Delta_Y^j \\ \Theta_Z^j \end{Bmatrix} = \begin{bmatrix} c & -s & \cdot & \cdot & \cdot & \cdot \\ s & c & \cdot & \cdot & \cdot & \cdot \\ \cdot & \cdot & 1 & \cdot & \cdot & \cdot \\ \cdot & \cdot & \cdot & c & -s & \cdot \\ \cdot & \cdot & \cdot & s & c & \cdot \\ \cdot & \cdot & \cdot & \cdot & \cdot & 1 \end{bmatrix} \begin{Bmatrix} \delta_x^i \\ \delta_y^i \\ \theta_z^i \\ \delta_x^j \\ \delta_y^j \\ \theta_z^j \end{Bmatrix}$
부재력	$\begin{Bmatrix} f_x^i \\ f_y^i \\ m_z^i \\ f_x^j \\ f_y^j \\ m_z^j \end{Bmatrix} = \begin{bmatrix} c & s & \cdot & \cdot & \cdot & \cdot \\ -s & c & \cdot & \cdot & \cdot & \cdot \\ \cdot & \cdot & 1 & \cdot & \cdot & \cdot \\ \cdot & \cdot & \cdot & c & s & \cdot \\ \cdot & \cdot & \cdot & -s & c & \cdot \\ \cdot & \cdot & \cdot & \cdot & \cdot & 1 \end{bmatrix} \begin{Bmatrix} F_X^i \\ F_Y^i \\ M_Z^i \\ F_X^j \\ F_Y^j \\ M_Z^j \end{Bmatrix}$	$\begin{Bmatrix} F_X^i \\ F_Y^i \\ M_Z^i \\ F_X^j \\ F_Y^j \\ M_Z^j \end{Bmatrix} = \begin{bmatrix} c & -s & \cdot & \cdot & \cdot & \cdot \\ s & c & \cdot & \cdot & \cdot & \cdot \\ \cdot & \cdot & 1 & \cdot & \cdot & \cdot \\ \cdot & \cdot & \cdot & c & -s & \cdot \\ \cdot & \cdot & \cdot & s & c & \cdot \\ \cdot & \cdot & \cdot & \cdot & \cdot & 1 \end{bmatrix} \begin{Bmatrix} f_x^i \\ f_y^i \\ m_z^i \\ f_x^j \\ f_y^j \\ m_z^j \end{Bmatrix}$

[4] 부재강성도매트릭스

GCS에서 부재강성도매트릭스 $\boldsymbol{K}_e$ 는 아래와 같은 연산절차에 따라 LCS의 부재강성도매트릭스 $\boldsymbol{k}_e$ 와 좌표변환매트릭스 $\boldsymbol{T}_e$ 의 2차 형식으로 결정된다. 좌표변환매트릭스 $\boldsymbol{T}_e$ 는 수직성 ($\boldsymbol{T}_e^{-1} = \boldsymbol{T}_e^T$) 특성을 지니므로 역행렬 결정과정이 필요하지 않다.

$$\boldsymbol{F}_e = \boldsymbol{T}_e^{-1} \boldsymbol{f}_e = \boldsymbol{T}_e^{-1} \boldsymbol{k}_e \boldsymbol{d}_e = \boldsymbol{T}_e^T \boldsymbol{k}_e \boldsymbol{T}_e \boldsymbol{D}_e = \boldsymbol{K}_e \boldsymbol{D}_e \rightarrow \boldsymbol{K}_e = \boldsymbol{T}_e^T \boldsymbol{k}_e \boldsymbol{T}_e \quad \text{또는}$$

$$\begin{Bmatrix} F_X^i \\ F_Y^i \\ M_Z^i \\ F_X^j \\ F_Y^j \\ M_Z^j \end{Bmatrix} = \frac{EI}{L^3} \begin{bmatrix} \lambda^2 c^2 + 12s^2 & (\lambda^2 - 12)cs & -6Ls & -(\lambda^2 c^2 + 12s^2) & -(\lambda^2 - 12)cs & -6Ls \\ (\lambda^2 - 12)cs & \lambda^2 s^2 + 12c^2 & 6Lc & -(\lambda^2 - 12)cs & -(\lambda^2 s^2 + 12c^2) & 6Lc \\ -6Ls & 6Lc & 4L^2 & 6Ls & -6Lc & 2L^2 \\ -(\lambda^2 c^2 + 12s^2) & -(\lambda^2 - 12)cs & 6Ls & \lambda^2 c^2 + 12s^2 & (\lambda^2 - 12)cs & 6Ls \\ -(\lambda^2 - 12)cs & -(\lambda^2 s^2 + 12c^2) & -6Lc & (\lambda^2 - 12)cs & \lambda^2 s^2 + 12c^2 & -6Lc \\ -6Ls & 6Lc & 2L^2 & 6Ls & -6Lc & 4L^2 \end{bmatrix} \begin{Bmatrix} \Delta_X^i \\ \Delta_Y^i \\ \Theta_Z^i \\ \Delta_X^j \\ \Delta_Y^j \\ \Theta_Z^j \end{Bmatrix}$$

● 특별한 부재배치

(1) 수평부재($\theta = 0 \rightarrow c = 1, s = 0$)

$$\underline{\mathbf{K}}_e = \frac{EI}{L^3} \begin{bmatrix} \lambda^2 & \cdot & \cdot & -\lambda^2 & \cdot & \cdot \\ \cdot & 12 & 6L & \cdot & -12 & 6L \\ \cdot & 6L & 4L^2 & \cdot & -6L & 2L^2 \\ -\lambda^2 & \cdot & \cdot & \lambda^2 & 0 & 0 \\ \cdot & -12 & -6L & 0 & 12 & -6L \\ \cdot & 6L & 2L^2 & 0 & -6L & 4L^2 \end{bmatrix}$$

(2) 수직부재($\theta = \frac{\pi}{2} \to c = 0\,, s = 1$)

$$\underline{\mathbf{K}}_e = \frac{EI}{L^3}\begin{bmatrix} 12 & \cdot & -6L & -12 & \cdot & -6L \\ \cdot & \lambda^2 & \cdot & \cdot & -\lambda^2 & 0 \\ -6L & \cdot & 4L^2 & 6L & \cdot & 2L^2 \\ -12 & \cdot & 6L & 12 & \cdot & 6L \\ \cdot & -\lambda^2 & \cdot & \cdot & \lambda^2 & 0 \\ -6L & \cdot & 2L^2 & 6L & 0 & 4L^2 \end{bmatrix}$$

[5] GCS에서 구조계 평형방정식(구조강성도매트릭스 구성)

각 부재에 대한 강성도매트릭스 $\boldsymbol{K}_e$를 누적하면 전체 구조계의 구조강성도매트릭스 $\boldsymbol{K}_G$를 얻을 수 있다. 여기서 아래첨자 G는 경계조건을 고려하지 않은 전체시스템을 나타낸다. 절점변위벡터 $\boldsymbol{D}_G$와 절점하중벡터 $\boldsymbol{F}_G$도 동일하다. 여기서 변수 nel은 부재의 총수를 나타낸다. 아래첨자 a는 미지의 자유도이며 b는 지점과 같이 기지의 자유도를 의미한다. 즉, b는 경계조건에 해당하는 자유도수이다.

$$\boldsymbol{F}_G = \sum_{e=1}^{nel} \boldsymbol{F}_e\,,\ \boldsymbol{D}_G = \sum_{e=1}^{nel} \boldsymbol{D}_e \text{ 이면, } \boldsymbol{K}_G = \sum_{e=1}^{nel} \boldsymbol{K}_e = \sum_{e=1}^{nel} \boldsymbol{T}_e^T \boldsymbol{k}_e \boldsymbol{T}_e \to \boldsymbol{K}_G = \sum_{e=1}^{nel} \boldsymbol{T}_e^T \boldsymbol{k}_e \boldsymbol{T}_e$$

즉, $\boldsymbol{F}_G = \boldsymbol{K}_G \boldsymbol{D}_G$ 또는 $\begin{Bmatrix} \boldsymbol{F}_a \\ \boldsymbol{F}_b \end{Bmatrix} = \begin{bmatrix} \boldsymbol{K}_{aa} & \boldsymbol{K}_{ab} \\ \boldsymbol{K}_{ba} & \boldsymbol{K}_{bb} \end{bmatrix} \begin{Bmatrix} \boldsymbol{D}_a \\ \boldsymbol{D}_b \end{Bmatrix} = \begin{bmatrix} \boldsymbol{K}_{aa} & \boldsymbol{K}_{ab} \\ \boldsymbol{K}_{ab}^T & \boldsymbol{K}_{bb} \end{bmatrix} \begin{Bmatrix} \boldsymbol{D}_a \\ \boldsymbol{D}_b \end{Bmatrix}$

[6] GCS에서 변위결정

미지의 변위자유도를 가진 항들만 선택하고 $\boldsymbol{F}_a = \boldsymbol{F}$, $\boldsymbol{D}_a = \boldsymbol{D}$라고 놓으면 지배방정식이 된다.

$$\begin{Bmatrix} \boldsymbol{F} \\ \boldsymbol{F}_b \end{Bmatrix} = \begin{bmatrix} \boldsymbol{K} & \boldsymbol{K}_{ab} \\ \boldsymbol{K}_{ab}^T & \boldsymbol{K}_{bb} \end{bmatrix} \begin{Bmatrix} \boldsymbol{D} \\ \boldsymbol{D}_b \end{Bmatrix} \quad \text{또는} \quad \begin{cases} \boldsymbol{F} = \boldsymbol{K}\boldsymbol{D} + \boldsymbol{K}_{ab}\boldsymbol{D}_b \\ \boldsymbol{F}_b = \boldsymbol{K}_{ab}^T \boldsymbol{D} + \boldsymbol{K}_{bb}\boldsymbol{D}_b \end{cases}$$

(1) 만일 $\boldsymbol{D}_b = \mathbf{0}$(기지값), $\begin{cases} \boldsymbol{F} = \boldsymbol{K}\boldsymbol{D} \\ \boldsymbol{F}_b = \boldsymbol{K}_{ab}^T \boldsymbol{D} \end{cases} \to \begin{cases} \boldsymbol{D} = \boldsymbol{K}^{-1}\boldsymbol{F} \\ \boldsymbol{F}_b = \boldsymbol{K}_{ab}^T \boldsymbol{K}^{-1}\boldsymbol{F} \end{cases}$

(2) 만일 $\boldsymbol{D}_b \neq \mathbf{0}$(기지값), $\begin{cases} \boldsymbol{F} = \boldsymbol{K}\boldsymbol{D} + \boldsymbol{K}_{ab}\boldsymbol{D}_b \\ \boldsymbol{F}_b = \boldsymbol{K}_{ab}^T \boldsymbol{D} + \boldsymbol{K}_{bb}\boldsymbol{D}_b \end{cases} \to \begin{cases} \boldsymbol{D} = \boldsymbol{K}^{-1}(\boldsymbol{F} - \boldsymbol{K}_{ab}\boldsymbol{D}_b) \\ \boldsymbol{F}_b = \boldsymbol{K}_{ab}^T \boldsymbol{K}^{-1}\boldsymbol{F} + (\boldsymbol{K}_{bb} - \boldsymbol{K}_{ab}^T \boldsymbol{K}^{-1}\boldsymbol{K}_{ab})\boldsymbol{D}_b \end{cases}$

* 여기서 시스템매트릭스 $\boldsymbol{K}$의 크기가 작으면 손쉽게 역매트릭스 $\boldsymbol{K}^{-1}$를 계산할 수 있다. 그러나 시스템매트릭스가 매우 크면, 역매트릭스 $\boldsymbol{K}^{-1}$의 계산은 그리 간단하지 않다. 수치연산에서 반복횟수가 증가할수록 계산오류는 누적되며 연산속도도 매우 증가하게 된다. 따라서 적은 용량만을 기억하고 계산량을 감소시켜 정확한 해를 결정할 필요가 있다. 실무에서 주로 Column Solver, Disk Solver를 사용한다. Column Solver와 Disk Solver는 대학원 교재를 참고하기 바란다.

[7] LCS에서 부재력결정

(1) LM을 이용하여 변위벡터 $\boldsymbol{D}$ 로부터 부재변위벡터 $\boldsymbol{D}_e$ 를 추출한다.

(2) 부재좌표변환매트릭스 $\boldsymbol{T}_e$ 와 부재변위벡터 $\boldsymbol{D}_e$ 를 이용하여 LCS에서 부재변위벡터 $\boldsymbol{d}_e = \boldsymbol{T}_e\boldsymbol{D}_e$ 를 결정한다.

(3) 부재력벡터 $\boldsymbol{f}_e$ 는 LCS에서 평형방정식 $\boldsymbol{f}_e = \boldsymbol{k}_e\boldsymbol{d}_e = \boldsymbol{k}_e\,\boldsymbol{T}_e\,\boldsymbol{D}_e$을 이용하여 결정한다.

$$\begin{Bmatrix} f_x^i \\ f_y^i \\ m_z^i \\ f_x^j \\ f_y^j \\ m_z^j \end{Bmatrix} = \frac{EI}{L^3}\begin{bmatrix} \lambda^2 & 0 & 0 & -\lambda^2 & 0 & 0 \\ 0 & 12 & 6L & 0 & -12 & 6L \\ 0 & 6L & 4L^2 & 0 & -6L & 2L^2 \\ -\lambda^2 & 0 & 0 & \lambda^2 & 0 & 0 \\ 0 & -12 & -6L & 0 & 12 & -6L \\ 0 & 6L & 2L^2 & 0 & -6L & 4L^2 \end{bmatrix}\begin{bmatrix} c & s & 0 & 0 & 0 & 0 \\ -s & c & 0 & 0 & 0 & 0 \\ 0 & 0 & 1 & 0 & 0 & 0 \\ 0 & 0 & 0 & c & s & 0 \\ 0 & 0 & 0 & -s & c & 0 \\ 0 & 0 & 0 & 0 & 0 & 1 \end{bmatrix}\begin{Bmatrix} \Delta_X^i \\ \Delta_Y^i \\ \Theta_Z^i \\ \Delta_X^j \\ \Delta_Y^j \\ \Theta_Z^j \end{Bmatrix}$$

$$\rightarrow \begin{Bmatrix} f_x^i \\ f_y^i \\ m_z^i \\ f_x^j \\ f_y^j \\ m_z^j \end{Bmatrix} = \frac{EI}{L^3}\begin{Bmatrix} \lambda^2 c\,(\Delta_X^i - \Delta_X^j) + \lambda^2 s\,(\Delta_Y^i - \Delta_Y^j) \\ -12s\,(\Delta_X^i - \Delta_X^j) + 12c\,(\Delta_Y^i - \Delta_Y^j) + 6L\,(\Theta_Z^i + \Theta_Z^j) \\ -6Ls\,(\Delta_X^i - \Delta_X^j) + 6Lc\,(\Delta_Y^i - \Delta_Y^j) + 2L^2\,(2\Theta_Z^i + \Theta_Z^j) \\ -\lambda^2 c\,(\Delta_X^i - \Delta_X^j) - \lambda^2 s\,(\Delta_Y^i - \Delta_Y^j) \\ 12s\,(\Delta_X^i - \Delta_X^j) - 12c\,(\Delta_Y^i - \Delta_Y^j) - 6L\,(\Theta_Z^i + \Theta_Z^j) \\ -6Ls\,(\Delta_X^i - \Delta_X^j) + 6Lc\,(\Delta_Y^i - \Delta_Y^j) + 2L^2\,(\Theta_Z^i + 2\Theta_Z^j) \end{Bmatrix}$$

새로운 변수 $\begin{cases} d\Delta_X = (\Delta_X^i - \Delta_X^j)\,,\ d\Delta_Y = (\Delta_Y^i - \Delta_Y^j) \\ \Theta_m = \dfrac{\Theta_Z^i + \Theta_Z^j}{2}\,,\ \Theta_l = \dfrac{2\Theta_Z^i + \Theta_Z^j}{3}\,,\ \Theta_r = \dfrac{\Theta_Z^i + 2\Theta_Z^j}{3} \end{cases}$ 를 도입하면

$$\rightarrow \begin{Bmatrix} f_x^i \\ f_y^i \\ m_z^i \\ f_x^j \\ f_y^j \\ m_z^j \end{Bmatrix} = \frac{EI}{L^3}\begin{Bmatrix} \lambda^2 c\,(d\Delta_X) + \lambda^2 s\,(d\Delta_Y) \\ -12s\,(d\Delta_X) + 12c\,(d\Delta_Y) + 12L\,(\Theta_m) \\ -6Ls\,(d\Delta_X) + 6Lc\,(d\Delta_Y) + 6L^2\,(\Theta_l) \\ -\lambda^2 c\,(d\Delta_X) - \lambda^2 s\,(d\Delta_Y) \\ 12s\,(d\Delta_X) - 12c\,(d\Delta_Y) - 12L\,(\Theta_m j) \\ -6Ls\,d(\Delta_X) + 6Lc\,(d\Delta_Y) + 6L^2\,(\Theta_r) \end{Bmatrix}$$

* 선형탄성문제에서 부재력벡터는 초기형상에서 결정한다. 정확한 부재력 계산은 그리 간단한 일이 아니다. 평면트러스부재는 변형상태의 부재길이와 초기형상의 부재길이를 쉽게 결정할 수 있으므로 부재력 계산이 매우 간단하다. 그러나 보부재는 회전각변위발생으로 부재길이가 감소하고 축력도 정확한 값이 될 수 없을 것이다. 부재 양단을 잇는 방향을 부재축으로 근사화하고 축력을 계산하고 있으나 양단절점의 회전각변위로 인하여 정확한 축력이 될 수 없다. 정확한 부재력산정은 비선형구조해석에서 요구되며 구조해석과정에서 가장 어려운 부분이기도 하다. 그러나 본장은 미소변형이론에 근거한 선형탄성변형만을 고려하므로 상기방법을 적용하여도 좋다.

7.2.2 **입체라멘**(Space Frame/Rahmen)

[1] 단면축에 대한 휨모멘트

LCS은 도심 c를 원점으로 부재축을 x, 면내축을 y, 면외축을 z로 선택한 좌표계를 사용하고 있다. 여기서 y, z축을 단면축이라고 부른다. 단면 내 미소면적 dA에 부재축방향 응력 σ_x가 작용할 때, y, z축에 대한 휨모멘트는 다음과 같이 정의한다. 면내방향 y축에 대한 휨모멘트를 M_y, 면외방향 z축에 대한 휨모멘트를 M_z라고 표기하자. 2개의 단면축에 대한 휨모멘트 M_y, M_z는 서로 부호가 반대임을 알 수 있다. 이를 위상차라고 부르면 단면축의 휨모멘트는 반드시 반대부호로 표현된다는 의미이다.

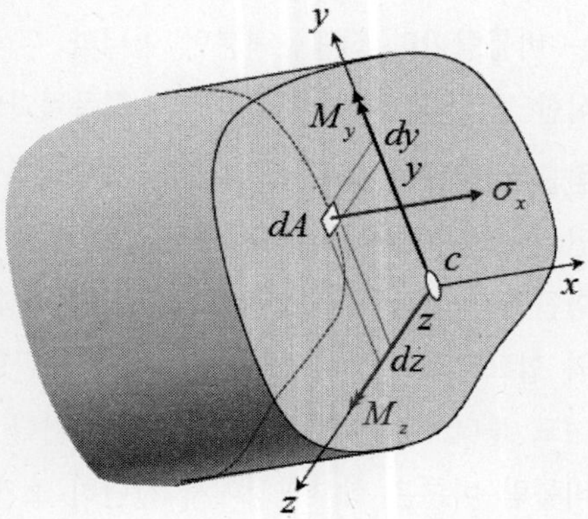

$$M_y = \int_A \sigma_x \, dA \ , \ M_z = -\int_A \sigma_x \, dA$$

[2] 비대칭단면의 국부좌표계

대칭단면은 도심과 전단중심이 일치한다. 반면에 비대칭단면은 도심과 전단중심의 편차(면내축 방향 편차 e_y, 면외축 방향 편차 e_z)가 발생한다. 부재단면이 대칭일 때, 국부좌표계는 도심(전단중심)을 원점으로, 단면의 주축을 단면축으로 선택하면 된다. 반면에 비대칭단면일 때, 국부좌표계는 우측그림과 같이 도심에 3개의 자유도(축력, 면내·외 모멘트)를, 전단중심에 3개의 자유도(면내·외방향 힘, 비틀림)를 선택할 수 있다. 즉, 비대칭단면은 2개의 원점을 선택할 수 있다. 면내외방향 힘 f_y, f_z가 도심에 작용하면 m_x를 발생시키며 역으로 비틀림 m_x가 도심에 작용하면 면내외방향 힘 f_y, f_z를 발생시킨다. 전단중심이 비틀림중심이 되기 때문이다. 이러한 연계성으로 f_y, f_z, m_z는 전단중심을 원점으로 선택하게 된다. 1축 대칭단면은 비대칭단면에서 대칭축 방향의 편심량이 0인 경우에 해당한다. 도심과 전단중심의 편차효과는 그리 크지 않다. 비대칭단면을 가진 입체라멘은 주로 대학원과정에서 취급하므로 본장은 자세히 설명하지 않기로 한다. 본 교재의 입체라멘부재의 단면은 도심과 전단중심이 일치하는 대칭단면부재만을 취급하기로 한다.

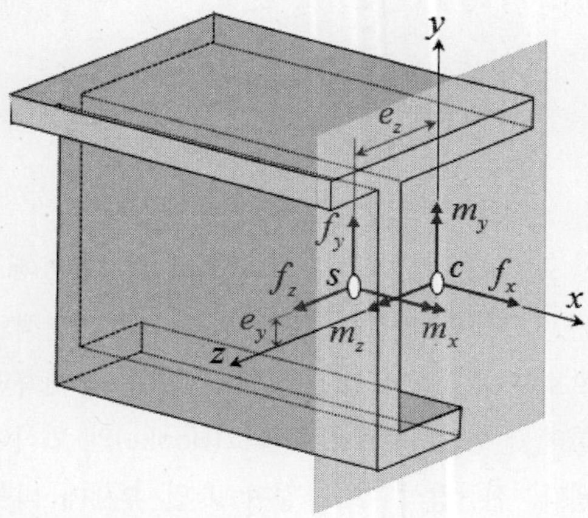

[3] 비틀림거동

비틀림은 균일비틀림(St. Venant Torsion)과 비균일비틀림(Warping Torsion)으로 구분한다. 전자는 원형단면부재에 작용하는 비틀림이며 전단응력만을 발생시킨다. 후자는 원형단면이 아닌 단면에 작용하는 비틀림이며 전단응력뿐만 아니라 수직응력을 발생한다. 여기서 수직응력은 휨변형과 같이 단면에 수직한 방향의 응력을 의미한다. 휨응력과의 차이는 아래그림과 같다. 3번째 그림에서 m_w 는 비균일비틀림을 나타내며 이를 뒴비틀림, 워핑비틀림이라고 부른다. 비균일비틀림은 단면 대각선축에 대하여 대칭인 응력분포를 나타내므로 비균일비틀림이라고 부른다. 비균일비틀림은 개단면(Open Section)이거나 원형단면이 아닌 부재단면에 비틀림이 가해질 때 발생한다. 그러므로 비틀림은 균일비틀림과 비균일비틀림의 합으로 표현된다. 원형단면이나 폐단면(Closed Section)은 비균일비틀림효과가 적으므로 이를 무시하여도 좋다. 그러나 원형단면이 아니거나 개단면이면 비균일비틀림효과가 크므로 무시할 수 없다. 비균일비틀림 이론은 학부과정에서 간단히 소개만 하며 대학원과정에서 취급하고 있다. 비대칭단면에서 이러한 효과가 있어도 비틀림은 균일비틀림만 적용하기로 한다.

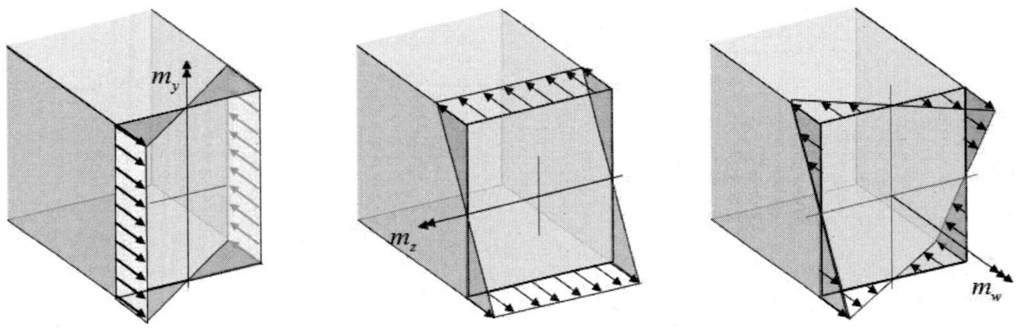

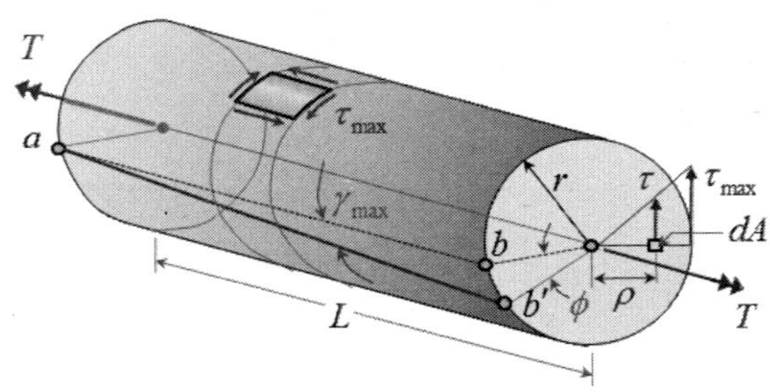

균일비틀림은 우측그림과 같이 원형단면에 작용하는 비틀림이며 전단응력만 발생한다. 기본적인 가정으로서 비틀림에 작용하여도 단면은 부재축과 수직하며 선형탄성재료로서 후크(Hooke)의 법칙이 적용된다. 전단강성 GJ, 길이 L 인 부재에 비틀림 하중 T 가 작용할 때 회전각변위 ϕ 는 다음과 같이 표현된다. 여기서 G 는 전단탄성계수, J 는 비틀림 상수이다. 따라서 비틀림부재의 강성도 k_T 는 GJ/L 이다. 이는 축부재의 EA/L 과 기호만 다르고 동일한 형태이다. 따라서 축부재에 사용하였던 라그랑주 1차 다항식을 비틀림부재에도 적용할 수 있다.

$$T = \frac{GJ}{L}\phi \rightarrow k_T = \frac{GJ}{L}$$

[4] 입체라멘구조의 해석과정

LCS에서 하나의 부재 양단에 작용하는 변위들과 부재력들을 도시하면 우측그림과 같다. 아래첨자는 방향축이며 위첨자는 절점번호를 나타낸다. 부재길이는 L 이다. 재료특성치는 탄성계수 E, 전단탄성계수 G 이다. 단면특성치는 단면적 A, y 축에 대한 단면2차모멘트 I_y, z 축에 대한 단면2차모멘트 I_z, 비틀림상수 J 로 표시하자.

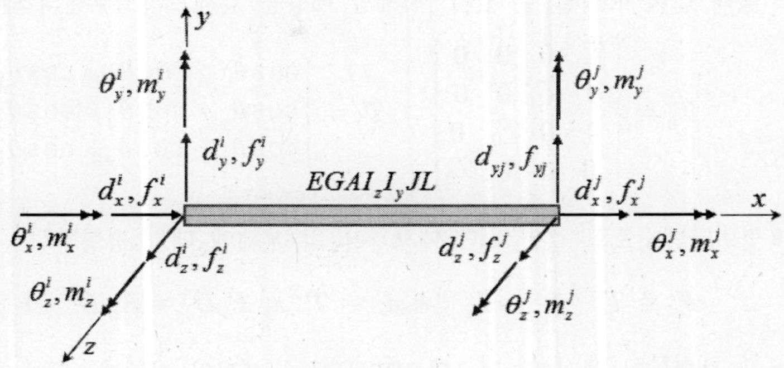

■ 하나의 부재에 대하여 부재력벡터 $\boldsymbol{f}_e$ 와 변위벡터 $\boldsymbol{d}_e$ 를 정리하면 아래와 같다. 절점 i 의 부재력벡터와 변위벡터는 $\boldsymbol{f}_e^i$, $\boldsymbol{d}_e^i$ 로 표시하고 절점 j 의 부재력벡터와 변위벡터는 $\boldsymbol{f}_e^j$, $\boldsymbol{d}_e^j$ 로 표시하였다. 각 절점의 부재력과 변위성분은 아래와 같이 벡터성분으로 표시하였다.

$$\underset{\sim}{\mathbf{f}}_e = \underline{\mathbf{k}}_e \underset{\sim}{\mathbf{d}}_e,\ \begin{Bmatrix} \underset{\sim}{\mathbf{f}}_e^i \\ \underset{\sim}{\mathbf{f}}_e^j \end{Bmatrix} = \begin{bmatrix} \underline{\mathbf{k}}_{ii} & \underline{\mathbf{k}}_{ij} \\ \underline{\mathbf{k}}_{ji} & \underline{\mathbf{k}}_{jj} \end{bmatrix} \begin{Bmatrix} \underset{\sim}{\mathbf{d}}_e^i \\ \underset{\sim}{\mathbf{d}}_e^j \end{Bmatrix};\ \underset{\sim}{\mathbf{f}}_e^i = \begin{Bmatrix} f_x^i \\ f_y^i \\ f_z^i \\ m_x^i \\ m_y^i \\ m_z^i \end{Bmatrix},\ \underset{\sim}{\mathbf{f}}_e^j = \begin{Bmatrix} f_x^j \\ f_y^j \\ f_z^j \\ m_x^j \\ m_y^j \\ m_z^j \end{Bmatrix},\ \underset{\sim}{\mathbf{d}}_e^i = \begin{Bmatrix} d_x^i \\ d_y^i \\ d_z^i \\ \theta_x^i \\ \theta_y^i \\ \theta_z^i \end{Bmatrix},\ \underset{\sim}{\mathbf{d}}_e^j = \begin{Bmatrix} d_x^j \\ d_y^j \\ d_z^j \\ \theta_x^j \\ \theta_y^j \\ \theta_z^j \end{Bmatrix}$$

■ LCS에서 하나의 부재에 대한 평형방정식 $\boldsymbol{f}_e = \boldsymbol{k}_e \boldsymbol{d}_e$ 는 다음과 같다.

$$\begin{Bmatrix} f_x^i \\ f_y^i \\ f_z^i \\ m_x^i \\ m_y^i \\ m_z^i \\ f_x^j \\ f_y^j \\ f_z^j \\ m_x^j \\ m_y^j \\ m_z^j \end{Bmatrix} = \begin{bmatrix}
a & \cdot & \cdot & \cdot & \cdot & \cdot & -a & \cdot & \cdot & \cdot & \cdot & \cdot \\
\cdot & b_{12}^o & \cdot & \cdot & \cdot & b_{06}^o & \cdot & -b_{12}^o & \cdot & \cdot & \cdot & b_{06}^o \\
\cdot & \cdot & c_{12}^o & \cdot & -c_{06}^o & \cdot & \cdot & \cdot & -c_{12}^o & \cdot & -c_{06}^o & \cdot \\
\cdot & \cdot & \cdot & t & \cdot & \cdot & \cdot & \cdot & \cdot & -t & \cdot & \cdot \\
\cdot & \cdot & -c_{06}^o & \cdot & c_{04}^o & \cdot & \cdot & \cdot & c_{06}^o & \cdot & c_{02}^o & \cdot \\
\cdot & b_{06}^o & \cdot & \cdot & \cdot & b_{04}^o & \cdot & -b_{06}^o & \cdot & \cdot & \cdot & b_{02}^o \\
-a & \cdot & \cdot & \cdot & \cdot & \cdot & a & \cdot & \cdot & \cdot & \cdot & \cdot \\
\cdot & -b_{12}^o & \cdot & \cdot & \cdot & -b_{06}^o & \cdot & b_{12}^o & \cdot & \cdot & \cdot & -b_{06}^o \\
\cdot & \cdot & -c_{12}^o & \cdot & c_{06}^o & \cdot & \cdot & \cdot & c_{12}^o & \cdot & c_{06}^o & \cdot \\
\cdot & \cdot & \cdot & -t & \cdot & \cdot & \cdot & \cdot & \cdot & t & \cdot & \cdot \\
\cdot & \cdot & -c_{06}^o & \cdot & c_{02}^o & \cdot & \cdot & \cdot & c_{06}^o & \cdot & c_{04}^o & \cdot \\
\cdot & b_{06}^o & \cdot & \cdot & \cdot & b_{02}^o & \cdot & -b_{06}^o & \cdot & \cdot & \cdot & b_{04}^o
\end{bmatrix} \begin{Bmatrix} d_x^i \\ d_y^i \\ d_z^i \\ \theta_x^i \\ \theta_y^i \\ \theta_z^i \\ d_x^j \\ d_y^j \\ d_z^j \\ \theta_x^j \\ \theta_y^j \\ \theta_z^j \end{Bmatrix};\ \left\{ \begin{aligned} & a = \frac{EA}{L},\ t = \frac{GJ}{L} \\ & b_{12}^o = \frac{12EI_z}{L^3},\ b_{06}^o = \frac{6EI_z}{L^2} \\ & b_{04}^o = \frac{4EI_z}{L},\ b_{02}^o = \frac{2EI_z}{L} \\ & c_{12}^o = \frac{12EI_y}{L^3},\ c_{06}^o = \frac{6EI_y}{L^2} \\ & c_{04}^o = \frac{4EI_y}{L},\ c_{02}^o = \frac{2EI_y}{L} \end{aligned} \right.$$

■ 입체트러스부재의 좌표변환매트릭스에서 설명하였듯이 하나의 부재에 대한 좌표변환매트릭스 $\boldsymbol{T}_e$ 는 다음과 같이 요약할 수 있다. 자세한 내용은 입체트러스부재의 좌표변환매트릭스를 참조하기 바란다.

$$\boldsymbol{T}_e = \begin{bmatrix} \boldsymbol{T}_0 & 0 & 0 & 0 \\ 0 & \boldsymbol{T}_0 & 0 & 0 \\ 0 & 0 & \boldsymbol{T}_0 & 0 \\ 0 & 0 & 0 & \boldsymbol{T}_0 \end{bmatrix} \; ; \; \boldsymbol{T}_0 = \begin{bmatrix} \cos\theta_{xX} & \cos\theta_{xY} & \cos\theta_{zZ} \\ \cos\theta_{yX} & \cos\theta_{yY} & \cos\theta_{yZ} \\ \cos\theta_{zX} & \cos\theta_{yZ} & \cos\theta_{zZ} \end{bmatrix}$$

■ 평면라멘구조와 같이, GCS에서 하나의 부재에 대한 평형방정식 $\boldsymbol{F}_e = \boldsymbol{K}_e \boldsymbol{D}_e$ 는 다음과 같다.

$$\boldsymbol{F}_e = \boldsymbol{T}_e^{-1} \boldsymbol{f}_e = \boldsymbol{T}_e^{-1} \boldsymbol{k}_e \boldsymbol{d}_e = \boldsymbol{T}_e^T \boldsymbol{k}_e \boldsymbol{T}_e \boldsymbol{D}_e = \boldsymbol{K}_e \boldsymbol{D}_e \;\rightarrow\; \boldsymbol{K}_e = \boldsymbol{T}_e^T \boldsymbol{k}_e \boldsymbol{T}_e$$

■ 각 부재들의 특성매트릭스와 벡터들을 누적시켜 전체시스템에 대한 형방정식 $\boldsymbol{F}_G = \boldsymbol{K}_G \boldsymbol{D}_G$ 를 다음과 같이 얻을 수 있다. 여기서 nel 은 부재의 총수를 나타내며 아래첨자 a, b 는 각각 미지의 변위자유도와 기지의 변위자유도를 나타낸다.

$$\boldsymbol{F}_G = \sum_{e=1}^{nel} \boldsymbol{F}_e , \; \boldsymbol{D}_G = \sum_{e=1}^{nel} \boldsymbol{D}_e \text{ 이면, } \boldsymbol{K}_G = \sum_{e=1}^{nel} \boldsymbol{K}_e = \sum_{e=1}^{nel} \boldsymbol{T}_e^T \boldsymbol{k}_e \boldsymbol{T}_e \;\rightarrow\; \boldsymbol{K}_G = \sum_{e=1}^{nel} \boldsymbol{T}_e^T \boldsymbol{k}_e \boldsymbol{T}_e$$

즉, $\boldsymbol{F}_G = \boldsymbol{K}_G \boldsymbol{D}_G$ 또는 $\begin{Bmatrix} \boldsymbol{F}_a \\ \boldsymbol{F}_b \end{Bmatrix} = \begin{bmatrix} \boldsymbol{K}_{aa} & \boldsymbol{K}_{ab} \\ \boldsymbol{K}_{ba} & \boldsymbol{K}_{bb} \end{bmatrix} \begin{Bmatrix} \boldsymbol{D}_a \\ \boldsymbol{D}_b \end{Bmatrix} = \begin{bmatrix} \boldsymbol{K}_{aa} & \boldsymbol{K}_{ab} \\ \boldsymbol{K}_{ab}^T & \boldsymbol{K}_{bb} \end{bmatrix} \begin{Bmatrix} \boldsymbol{D}_a \\ \boldsymbol{D}_b \end{Bmatrix}$

■ 미지의 변위자유도를 가진 항들만 선택하고 $\boldsymbol{F}_a = \boldsymbol{F}$, $\boldsymbol{D}_a = \boldsymbol{D}$ 라고 놓으면 시스템의 지배방정식을 얻을 수 있다. 선형대수를 위한 프로그램 Solver를 이용하여 잘점변위를 계산할 수 있다.

$$\begin{Bmatrix} \boldsymbol{F} \\ \boldsymbol{F}_b \end{Bmatrix} = \begin{bmatrix} \boldsymbol{K} & \boldsymbol{K}_{ab} \\ \boldsymbol{K}_{ab}^T & \boldsymbol{K}_{bb} \end{bmatrix} \begin{Bmatrix} \boldsymbol{D} \\ \boldsymbol{D}_b \end{Bmatrix} \quad \text{또는} \quad \begin{cases} \boldsymbol{F} = \boldsymbol{K}\boldsymbol{D} + \boldsymbol{K}_{ab} \boldsymbol{D}_b \\ \boldsymbol{F}_b = \boldsymbol{K}_{ab}^T \boldsymbol{D} + \boldsymbol{K}_{bb} \boldsymbol{D}_b \end{cases}$$

(1) 만일 $\boldsymbol{D}_b = \boldsymbol{0}$ (기지값), $\begin{cases} \boldsymbol{F} = \boldsymbol{K}\boldsymbol{D} \\ \boldsymbol{F}_b = \boldsymbol{K}_{ab}^T \boldsymbol{D} \end{cases} \rightarrow \begin{cases} \boldsymbol{D} = \boldsymbol{K}^{-1} \boldsymbol{F} \\ \boldsymbol{F}_b = \boldsymbol{K}_{ab}^T \boldsymbol{K}^{-1} \boldsymbol{F} \end{cases}$

(2) 만일 $\boldsymbol{D}_b \neq \boldsymbol{0}$ (기지값), $\begin{cases} \boldsymbol{F} = \boldsymbol{K}\boldsymbol{D} + \boldsymbol{K}_{ab} \boldsymbol{D}_b \\ \boldsymbol{F}_b = \boldsymbol{K}_{ab}^T \boldsymbol{D} + \boldsymbol{K}_{bb} \boldsymbol{D}_b \end{cases} \rightarrow \begin{cases} \boldsymbol{D} = \boldsymbol{K}^{-1} (\boldsymbol{F} - \boldsymbol{K}_{ab} \boldsymbol{D}_b) \\ \boldsymbol{F}_b = \boldsymbol{K}_{ab}^T \boldsymbol{K}^{-1} \boldsymbol{F} + (\boldsymbol{K}_{bb} - \boldsymbol{K}_{ab}^T \boldsymbol{K}^{-1} \boldsymbol{K}_{ab}) \boldsymbol{D}_b \end{cases}$

■ 부재력은 다음과 같은 연산과정을 통해 결정한다.

(1) LM을 이용하여 변위벡터 $\boldsymbol{D}$ 로부터 부재변위벡터 $\boldsymbol{D}_e$ 를 추출한다.

(2) 부재좌표변환매트릭스 $\boldsymbol{T}_e$ 와 부재변위벡터 $\boldsymbol{D}_e$ 를 이용하여 LCS에서 부재변위벡터 $\boldsymbol{d}_e = \boldsymbol{T}_e \boldsymbol{D}_e$ 를 결정한다.

(3) 부재력벡터 $\boldsymbol{f}_e$ 는 LCS에서 평형방정식 $\boldsymbol{f}_e = \boldsymbol{k}_e \boldsymbol{d}_e = \boldsymbol{k}_e \boldsymbol{T}_e \boldsymbol{D}_e$ 을 이용하여 결정한다. 평면라멘구조의 단면력결정에서 설명하였듯이 위식은 미소변형이론에 근거한 선형탄성문제에만 적용할 수 있다. 보다 정확한 부재력을 결정법에 대한 적당한 교재가 없으니 이점 참조하기 바란다.

[5] 그리드(Grid)구조

그리드(격자)구조는 주로 교량구조에 널리 적용하는 구조로서 면내축에 대한 회전자유도만 제외한 입체라멘구조 중 하나이다. 모든 부재배치가 수평면에 존재하므로 부재평면은 수평면이 된다. 그러나 입체라멘구조의 정의와 동일하게 부재평면을 연직면이라고 가정하면 수평면은 접면이 될 것이다. 이때 면내축에 대한 회전자유도를 Drilling DOF라고 부른다. 아래그림은 그리드구조의 대표적인 교량그림이며 교량구조는 거더(Girder), 스트링거(Stringer), 가로보(Cross Beam), 데크(Deck)가 순서대로 설치하게 된다. 부재축을 Longitudinal, 면내축을 Vertical, 면외축을 Lateral방향이라고 부른다.

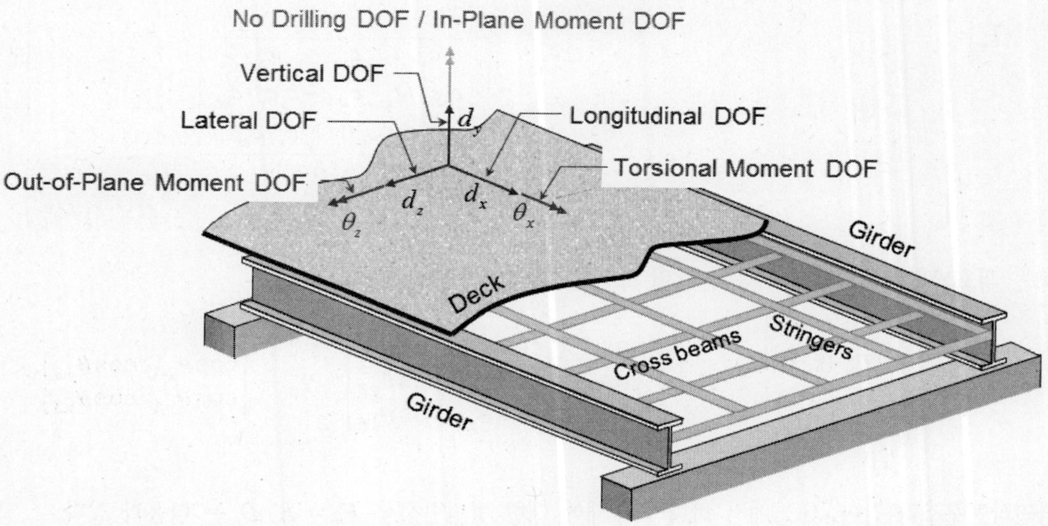

■ Drilling DOF 항이 소거라고 하나의 부재에 대한 평형방정식은 다음과 같이 정리할 수 있다.

$$\underset{\sim}{\mathbf{f}}_e = \begin{Bmatrix} \underset{\sim}{\mathbf{f}}_i \\ \underset{\sim}{\mathbf{f}}_j \end{Bmatrix} = \underset{\sim}{\mathbf{k}}_e \underset{\sim}{\mathbf{d}}_e = \begin{bmatrix} \underset{\sim}{\mathbf{k}}_{ii} & \underset{\sim}{\mathbf{k}}_{ij} \\ \underset{\sim}{\mathbf{k}}_{ji} & \underset{\sim}{\mathbf{k}}_{jj} \end{bmatrix} \begin{Bmatrix} \underset{\sim}{\mathbf{d}}_i \\ \underset{\sim}{\mathbf{d}}_j \end{Bmatrix}$$

$$\begin{Bmatrix} f_{xi} \\ f_{yi} \\ f_{zi} \\ m_{xi} \\ m_{zi} \\ f_{xj} \\ f_{yj} \\ f_{zj} \\ m_{xj} \\ m_{zj} \end{Bmatrix} = \begin{bmatrix} a & \cdot & \cdot & \cdot & \cdot & -a & \cdot & \cdot & \cdot & \cdot \\ \cdot & b_{12}^o & \cdot & \cdot & b_{06}^o & \cdot & -b_{12}^o & \cdot & \cdot & b_{06}^o \\ \cdot & \cdot & c_{12}^o & \cdot & \cdot & \cdot & \cdot & -c_{12}^o & \cdot & \cdot \\ \cdot & \cdot & \cdot & t & \cdot & \cdot & \cdot & \cdot & -t & \cdot \\ \cdot & b_{06}^o & \cdot & \cdot & b_{04}^o & \cdot & -b_{06}^o & \cdot & \cdot & b_{02}^o \\ -a & \cdot & \cdot & \cdot & \cdot & a & \cdot & \cdot & \cdot & \cdot \\ \cdot & -b_{12}^o & \cdot & \cdot & -b_{06}^o & \cdot & b_{12}^o & \cdot & \cdot & -b_{06}^o \\ \cdot & \cdot & -c_{12}^o & \cdot & \cdot & \cdot & \cdot & c_{12}^o & \cdot & \cdot \\ \cdot & \cdot & \cdot & -t & \cdot & \cdot & \cdot & \cdot & t & \cdot \\ \cdot & b_{06}^o & \cdot & \cdot & b_{02}^o & \cdot & -b_{06}^o & \cdot & \cdot & b_{04}^o \end{bmatrix} \begin{Bmatrix} d_{xi} \\ d_{yi} \\ d_{zi} \\ \theta_{xi} \\ \theta_{zi} \\ d_{xj} \\ d_{yj} \\ d_{zj} \\ \theta_{xj} \\ \theta_{zj} \end{Bmatrix} \quad \begin{cases} a = \dfrac{EA}{L}, t = \dfrac{GJ}{L} \\ b_{12}^o = \dfrac{12EI_z}{L^3} \\ b_{06}^o = \dfrac{6EI_z}{L^2} \\ b_{04}^o = \dfrac{4EI_z}{L} \\ b_{02}^o = \dfrac{2EI_z}{L} \\ c_{12}^o = \dfrac{12EI_y}{L^3} \end{cases}$$

■ Drilling DOF 항이 소거라고 하나의 부재에 대한 좌표변환매트릭스도 다음과 같이 정리할 수 있다.

$$\text{Since } \alpha = 0, \begin{pmatrix} c_\alpha = 1 \\ s_\alpha = 0 \end{pmatrix} \rightarrow \underline{\mathbf{T}}_0 = \begin{bmatrix} c_x & c_y & c_z \\ -c_x c_y / c_{xz} & c_{xz} & -c_y c_z / c_{xz} \\ -c_z / c_{xz} & 0 & c_x / c_{xz} \end{bmatrix}$$

$$\underline{\mathbf{T}}_e = \begin{bmatrix} c_x & c_y & c_z & \cdot & \cdot & \cdot & \cdot & \cdot & \cdot & \cdot \\ -c_x c_y / c_{xz} & c_{xz} & -c_y c_z / c_{xz} & \cdot & \cdot & \cdot & \cdot & \cdot & \cdot & \cdot \\ -c_z / c_{xz} & 0 & c_x / c_{xz} & \cdot & \cdot & \cdot & \cdot & \cdot & \cdot & \cdot \\ \cdot & \cdot & \cdot & c_x & c_z & \cdot & \cdot & \cdot & \cdot & \cdot \\ \cdot & \cdot & \cdot & -c_z / c_{xz} & c_x / c_{xz} & \cdot & \cdot & \cdot & \cdot & \cdot \\ \cdot & \cdot & \cdot & \cdot & \cdot & c_x & c_y & c_z & \cdot & \cdot \\ \cdot & \cdot & \cdot & \cdot & \cdot & -c_x c_y / c_{xz} & c_{xz} & -c_y c_z / c_{xz} & \cdot & \cdot \\ \cdot & \cdot & \cdot & \cdot & \cdot & -c_z / c_{xz} & 0 & c_x / c_{xz} & \cdot & \cdot \\ \cdot & \cdot & \cdot & \cdot & \cdot & \cdot & \cdot & \cdot & c_x & c_z \\ \cdot & \cdot & \cdot & \cdot & \cdot & \cdot & \cdot & \cdot & -c_z / c_{xz} & c_x / c_{xz} \end{bmatrix}$$

또는 좌표변환매트릭스를 다음과 같이 표현할 수 있다.

$$\boldsymbol{T}_e = \begin{bmatrix} \boldsymbol{T}_0 & \mathbf{0} & \mathbf{0} & \mathbf{0} \\ \mathbf{0} & \widehat{\boldsymbol{T}}_0 & \mathbf{0} & \mathbf{0} \\ \mathbf{0} & \mathbf{0} & \boldsymbol{T}_0 & \mathbf{0} \\ \mathbf{0} & \mathbf{0} & \mathbf{0} & \widehat{\boldsymbol{T}}_0 \end{bmatrix} \; ; \; \boldsymbol{T}_0 = \begin{bmatrix} \cos\theta_{xX} & \cos\theta_{xY} & \cos\theta_{zZ} \\ \cos\theta_{yX} & \cos\theta_{yY} & \cos\theta_{yZ} \\ \cos\theta_{zX} & \cos\theta_{yZ} & \cos\theta_{zZ} \end{bmatrix}, \; \widehat{\boldsymbol{T}}_0 = \begin{bmatrix} \cos\theta_{xX} & \cos\theta_{zZ} \\ \cos\theta_{zX} & \cos\theta_{zZ} \end{bmatrix}$$

■ 평면라멘구조와 같이, GCS에서 하나의 부재에 대한 평형방정식 $\boldsymbol{F}_e = \boldsymbol{K}_e \boldsymbol{D}_e$ 는 다음과 같다.

$$\boldsymbol{F}_e = \boldsymbol{T}_e^{-1} \boldsymbol{f}_e = \boldsymbol{T}_e^{-1} \boldsymbol{k}_e \boldsymbol{d}_e = \boldsymbol{T}_e^T \boldsymbol{k}_e \boldsymbol{T}_e \boldsymbol{D}_e = \boldsymbol{K}_e \boldsymbol{D}_e \;\rightarrow\; \boldsymbol{K}_e = \boldsymbol{T}_e^T \boldsymbol{k}_e \boldsymbol{T}_e$$

■ 각 부재들의 특성매트릭스와 벡터들을 누적시켜 전체시스템에 대한 형방정식 $\boldsymbol{F}_G = \boldsymbol{K}_G \boldsymbol{D}_G$를 얻는 과정부터 Solver를 이용하여 절점변위를 결정하고 부재력을 산출하는 과정까지 입체라멘구조의 해석 단계와 정확히 일치한다. 차이점은 Drilling DOF에 해당하는 항들을 미리 소거하여 매트릭스와 벡터의 크기가 축소되었다는 점이다.

* 그리드구조를 입체라멘구조로 가정하고 구조해석을 수행해도 될까? 당연히 가능하다. 그리드구조를 입체라멘구조로 해석한 결과를 보면 Drilling DOF방향의 변위값들은 무시할 정도로 작은 값을 나타낸다. 컴퓨터 용량이 크고 연산속도가 높아진 현재는 그리드이론을 정리하고 이를 전산화할 필요가 없다. 컴퓨터의 용량이 적고 연산속도가 느렸던 과거에 반복연속을 가능한 줄이고 빠른 시간에 근을 얻기 위하여 구조계를 간략화하는 노력이 있었다. 노력해야 할 부분이 너무 많기 때문에. 지금 이러한 노력은 매우 무의미한 일이다.

7.3 해석 예

소규모의 평면라멘구조는 해석적 접근(수계산)이 가능하지만 소규모의 입체라멘구조는 수계산이 그리 쉬운 일이 아니다. 이론이 어려워서가 아니라 연산이 많고 복잡하기 때문이다. 그러므로 해석적 접근에는 평면라멘구조로 제한하였고 입체라멘구조는 해석프로그램을 이용한 결과를 기술하기로 한다.

7.3.1 평면라멘구조

예제1 : 아래그림과 같이 축강성 EA, 휨강성 EI, 길이 L 인 2개의 부재가 연결된 평면라멘구조가 있다. 절점 b 에 수평하중 P, 연직하중 Q, 모멘트하중 M 이 작용할 때 절점 b 의 변위를 결정하라. 절점 a, c 는 지점으로서 고정단에 해당한다. 첫번째 그림은

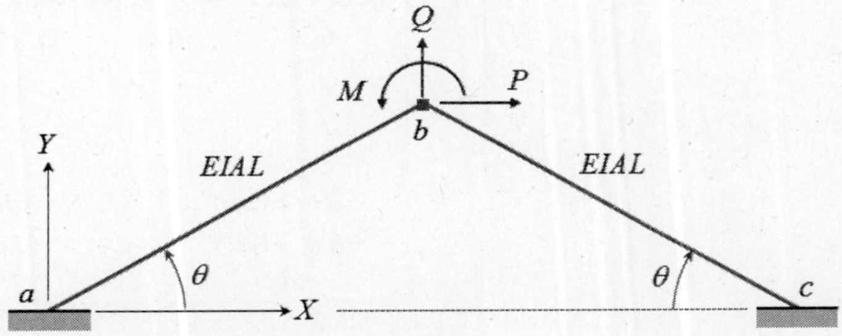

• GCS에서 각 절점의 절점하중과 절점변위를 지정 :

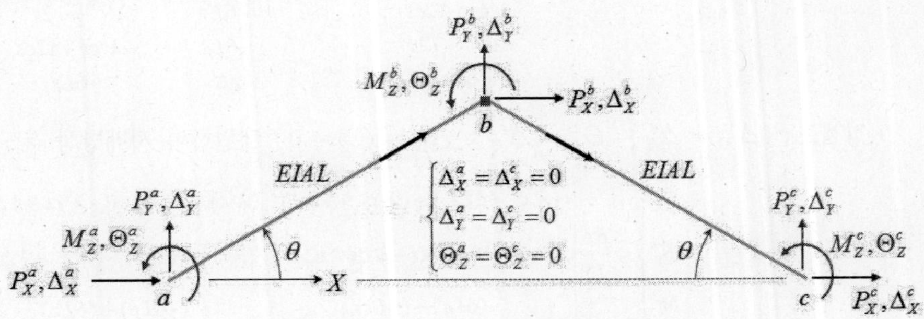

• GCS에서 부재강성도매트릭스 : 부재 ab 는 전술한 구조강성도매트릭스를 사용

$$\underline{\mathbf{k}}_{ab} = \frac{EI}{L^3}\begin{bmatrix} \lambda^2c^2+12s^2 & \lambda^2cs-12cs & -6Ls & -\lambda^2c^2-12s^2 & -\lambda^2cs+12cs & -6Ls \\ \lambda^2cs-12cs & \lambda^2s^2+12c^2 & 6Lc & -\lambda^2cs+12cs & -\lambda^2s^2-12c^2 & 6Lc \\ -6Ls & 6Lc & 4L^2 & 6Ls & -6Lc & 2L^2 \\ -\lambda^2c^2-12s^2 & -\lambda^2cs+12cs & 6Ls & \lambda^2c^2+12s^2 & \lambda^2cs-12cs & 6Ls \\ -\lambda^2cs+12cs & -\lambda^2s^2-12c^2 & -6Lc & \lambda^2cs-12cs & \lambda^2s^2+12c^2 & -6Lc \\ -6Ls & 6Lc & 2L^2 & 6Ls & -6Lc & 4L^2 \end{bmatrix}$$

부재 bc는 기울기가 반대방향이므로 $c \rightarrow c$, $s \rightarrow -s$ 로 대체

$$\underline{\mathbf{k}}_{bc} = \frac{EI}{L^3}\begin{bmatrix} \lambda^2c^2+12s^2 & -\lambda^2cs+12cs & 6Ls & -\lambda^2c^2-12s^2 & \lambda^2cs-12cs & 6Ls \\ -\lambda^2cs+12cs & \lambda^2s^2+12c^2 & 6Lc & \lambda^2cs-12cs & -\lambda^2s^2-12c^2 & 6Lc \\ 6Ls & 6Lc & 4L^2 & -6Ls & -6Lc & 2L^2 \\ -\lambda^2c^2-12s^2 & \lambda^2cs-12cs & -6Ls & \lambda^2c^2+12s^2 & -\lambda^2cs+12cs & -6Ls \\ \lambda^2cs-12cs & -\lambda^2s^2-12c^2 & -6Lc & -\lambda^2cs+12cs & \lambda^2s^2+12c^2 & -6Lc \\ 6Ls & 6Lc & 2L^2 & -6Ls & -6Lc & 4L^2 \end{bmatrix}$$

• GCS에서 구조강성도매트릭스와 평형방정식 유도 :

$$\begin{Bmatrix} F_X^a \\ F_Y^a \\ M_Z^a \\ F_X^b \\ F_Y^b \\ M_Z^b \\ F_X^c \\ F_Y^c \\ M_Z^c \end{Bmatrix} = \frac{EI}{L^3}\begin{bmatrix} \lambda^2c^2+12s^2 & \lambda^2cs-12cs & -6Ls & -\lambda^2c^2-12s^2 & -\lambda^2cs+12cs & -6Ls & \cdot & \cdot & \cdot \\ \lambda^2cs-12cs & \lambda^2s^2+12c^2 & 6Lc & -\lambda^2cs+12cs & -\lambda^2s^2-12c^2 & 6Lc & \cdot & \cdot & \cdot \\ -6Ls & 6Lc & 4L^2 & 6Ls & -6Lc & 2L^2 & \cdot & \cdot & \cdot \\ -\lambda^2c^2-12s^2 & -\lambda^2cs+12cs & 6Ls & (\lambda^2c^2+12s^2)+(\lambda^2c^2+12s^2) & (\lambda^2cs-12cs)+(-\lambda^2cs+12cs) & (6Ls)+(6Ls) & -\lambda^2c^2-12s^2 & \lambda^2cs-12cs & 6Ls \\ -\lambda^2cs+12cs & -\lambda^2s^2-12c^2 & -6Lc & (\lambda^2cs-12cs)+(-\lambda^2cs+12cs) & (\lambda^2s^2+12c^2)+(\lambda^2s^2+12c^2) & (-6Lc)+(6Lc) & \lambda^2cs-12cs & -\lambda^2s^2-12c^2 & 6Lc \\ -6Ls & 6Lc & 2L^2 & (6Ls)+(6Ls) & (-6Lc)+(6Lc) & (4L^2)+(4L^2) & -6Ls & -6Lc & 2L^2 \\ \cdot & \cdot & \cdot & -\lambda^2c^2-12s^2 & \lambda^2cs-12cs & -6Ls & \lambda^2c^2+12s^2 & -\lambda^2cs+12cs & -6Ls \\ \cdot & \cdot & \cdot & \lambda^2cs-12cs & -\lambda^2s^2-12c^2 & -6Lc & -\lambda^2cs+12cs & \lambda^2s^2+12c^2 & -6Lc \\ \cdot & \cdot & \cdot & 6Ls & 6Lc & 2L^2 & -6Ls & -6Lc & 4L^2 \end{bmatrix}\begin{Bmatrix} \Delta_X^a \\ \Delta_Y^a \\ \Theta_Z^a \\ \Delta_X^b \\ \Delta_Y^b \\ \Theta_Z^b \\ \Delta_X^c \\ \Delta_Y^c \\ \Theta_Z^c \end{Bmatrix}$$

• 경계조건($\Delta_X^a = \Delta_Y^a = \Theta_Z^a = \Delta_X^c = \Delta_Y^c = \Theta_Z^c = 0$) 대입하여 지배방정 유도 :

$$\begin{Bmatrix} F_X^b \\ F_Y^b \\ M_Z^b \end{Bmatrix} = \frac{EI}{L^3}\begin{bmatrix} (\lambda^2c^2+12s^2)+(\lambda^2c^2+12s^2) & (\lambda^2cs-12cs)+(-\lambda^2cs+12cs) & (6Ls)+(6Ls) \\ (\lambda^2cs-12cs)+(-\lambda^2cs+12cs) & (\lambda^2s^2+12c^2)+(\lambda^2s^2+12c^2) & (-6Lc)+(6Lc) \\ (6Ls)+(6Ls) & (-6Lc)+(6Lc) & (4L^2)+(4L^2) \end{bmatrix}\begin{Bmatrix} \Delta_X^b \\ \Delta_Y^b \\ \Theta_Z^b \end{Bmatrix}$$

$$= \frac{2EI}{L^3}\begin{bmatrix} \lambda^2c^2+12s^2 & \cdot & 6Ls \\ \cdot & \lambda^2s^2+12c^2 & 0 \\ 6Ls & \cdot & 4L^2 \end{bmatrix}\begin{Bmatrix} \Delta_X^b \\ \Delta_Y^b \\ \Theta_Z^b \end{Bmatrix}$$

• 하중조건($F_X^b = P$, $F_Y^b = Q$, $M_Z^b = M$) 대입 :

$$\begin{Bmatrix} F_X^b \\ F_Y^b \\ M_Z^b \end{Bmatrix} = \begin{Bmatrix} P \\ Q \\ M \end{Bmatrix} \rightarrow \begin{bmatrix} \lambda^2c^2+12s^2 & \cdot & 6Ls \\ \cdot & \lambda^2s^2+12c^2 & \cdot \\ 6Ls & \cdot & 4L^2 \end{bmatrix}\begin{Bmatrix} \Delta_X^b \\ \Delta_Y^b \\ \Theta_Z^b \end{Bmatrix} = \frac{L^3}{2EI}\begin{Bmatrix} P \\ Q \\ M \end{Bmatrix}$$

• 변위결정 :

$$\begin{cases} \Delta_X^b = \dfrac{PL^3}{2(\lambda^2c^2+3s^2)EI} - \dfrac{3sML^2}{4(\lambda^2c^2+3s^2)EI} \\ \Delta_Y^b = \dfrac{QL^3}{2(\lambda^2s^2+12c^2)EI} \\ \Theta_Z^b = -\dfrac{3sPL^2}{4(\lambda^2c^2+3s^2)EI} + \dfrac{(\lambda^2c^2+12s^2)ML}{8(\lambda^2c^2+3s^2)EI} \end{cases} \quad \text{or} \quad \begin{cases} \Delta_X^b = \dfrac{\lambda^2 PL}{2(\lambda^2c^2+3s^2)EA} - \dfrac{3\lambda^2 sM}{4(\lambda^2c^2+3s^2)EA} \\ \Delta_Y^b = \dfrac{\lambda^2 QL}{2(\lambda^2s^2+12c^2)EA} \\ \Theta_Z^b = -\dfrac{3\lambda^2 sP}{4(\lambda^2c^2+3s^2)EA} + \dfrac{\lambda^2(\lambda^2c^2+12s^2)M}{8(\lambda^2c^2+3s^2)EAL} \end{cases}$$

• 참고사항 :

(1) $\lambda = 0$ 이면, $\Delta_X^b = 0$, $\Delta_Y^b = 0$, $\Theta_Z^b = 0$

(2) $\lambda = \infty$ 이면, $\Delta_X^b = 0$, $\Delta_Y^b = 0$, $\Theta_Z^b = \dfrac{ML}{8EI}$

(3) $\theta = 0^\circ$ $(c=1, s=0)$이면, $\Delta_X^b = \dfrac{PL}{2EA}$, $\Delta_Y^b = \dfrac{QL^3}{24EI}$, $\Theta_Z^b = \dfrac{ML}{8EI}$

(4) $\theta = 90^\circ$ $(c=0, s=1)$이면, $\Delta_X^b = \dfrac{PL^3}{6EI}$, $\Delta_Y^b = \dfrac{QL}{2EA}$, $\Theta_Z^b = -\dfrac{PL^3}{4EI} + \dfrac{ML}{2EI}$

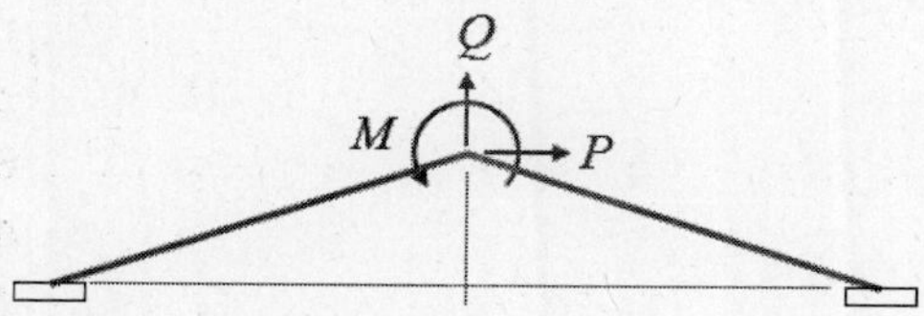

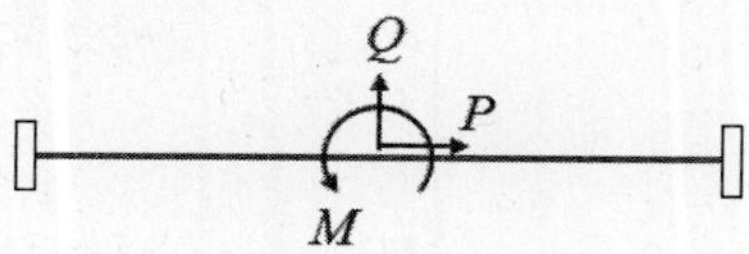

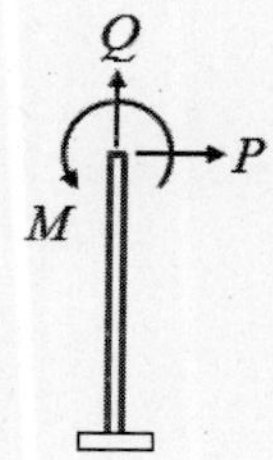

예제2 : 아래그림과 같은 평면라멘에서 절점 b에 연직하중 P가 작용하고 있다. 절점 b의 변위를 결정하라. 모든 부재의 휨강성은 EI이고 길이도 L이다.

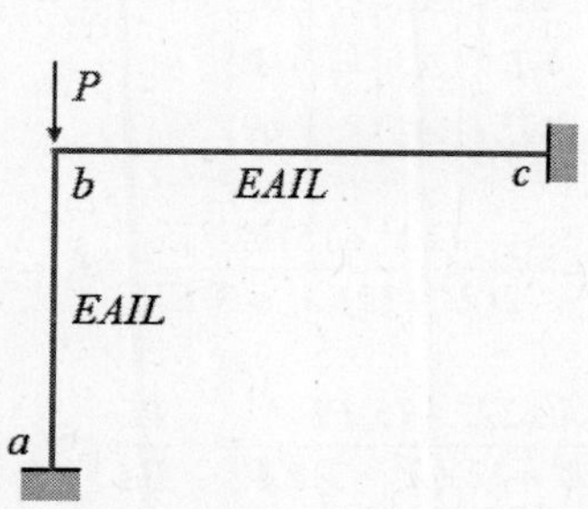

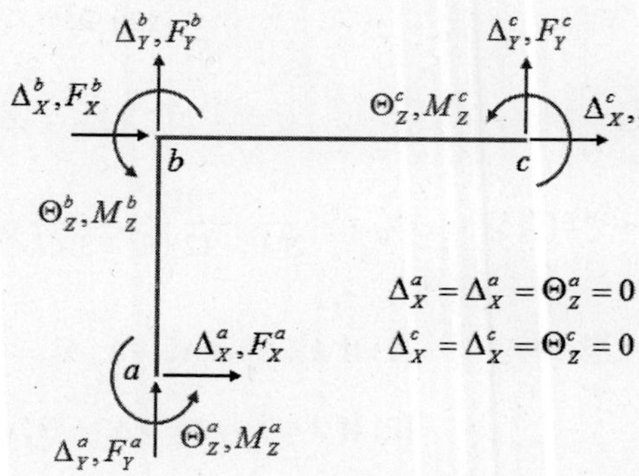

• GCS에서 부재강성도매트릭스 :

• Member ab : $$\underset{\sim}{\mathbf{F}}_{ab}=\begin{Bmatrix}F_X^a\\F_Y^a\\M_Z^a\\F_X^b\\F_Y^b\\M_Z^b\end{Bmatrix}=\frac{EI}{L^3}\begin{bmatrix}12&\cdot&-6L&-12&\cdot&-6L\\0&\lambda^2&\cdot&\cdot&-\lambda^2&\cdot\\-6L&0&4L^2&6L&\cdot&2L^2\\-12&0&6L&12&\cdot&6L\\\cdot&-\lambda^2&\cdot&\cdot&\lambda^2&0\\-6L&0&2L^2&6L&0&4L^2\end{bmatrix}\begin{Bmatrix}\Delta_X^a\\\Delta_Y^a\\\Theta_Z^a\\\Delta_X^b\\\Delta_Y^b\\\Theta_Z^b\end{Bmatrix}$$

• Member bc : $$\underset{\sim}{\mathbf{F}}_{bc}=\begin{Bmatrix}F_X^b\\F_Y^b\\M_Z^b\\F_X^c\\F_Y^c\\M_Z^c\end{Bmatrix}=\frac{EI}{L^3}\begin{bmatrix}\lambda^2&\cdot&\cdot&-\lambda^2&\cdot&\cdot\\\cdot&12&6L&\cdot&-12&6L\\\cdot&6L&4L^2&\cdot&-6L&2L^2\\-\lambda^2&\cdot&\cdot&\lambda^2&\cdot&\cdot\\\cdot&-12&-6L&\cdot&12&-6L\\\cdot&6L&2L^2&\cdot&-6L&4L^2\end{bmatrix}\begin{Bmatrix}\Delta_X^b\\\Delta_Y^b\\\Theta_Z^b\\\Delta_X^c\\\Delta_Y^c\\\Theta_Z^c\end{Bmatrix}$$

• GCS에서 각 부재강성도매트릭스의 조합 :

$$\underset{\sim}{\mathbf{F}}_{G}=\begin{Bmatrix}F_X^a\\F_Y^a\\M_Z^a\\F_X^b\\F_Y^b\\M_Z^b\\F_X^c\\F_Y^c\\M_Z^c\end{Bmatrix}=\frac{EI}{L^3}\begin{bmatrix}12&\cdot&-6L&-12&\cdot&-6L&\cdot&\cdot&\cdot\\\cdot&\lambda^2&\cdot&\cdot&-\lambda^2&\cdot&\cdot&\cdot&\cdot\\-6L&\cdot&4L^2&6L&\cdot&2L^2&\cdot&\cdot&\cdot\\-12&\cdot&6L&12+\lambda^2&\cdot&6L&-\lambda^2&\cdot&\cdot\\\cdot&-\lambda^2&\cdot&\cdot&\lambda^2+12&6L&\cdot&-12&6L\\-6L&0&2L^2&6L&6L&4L^2+4L^2&\cdot&-6L&2L^2\\\cdot&\cdot&\cdot&\cdot&\cdot&\cdot&\lambda^2&\cdot&\cdot\\\cdot&\cdot&\cdot&\cdot&-12&-6L&\cdot&12&-6L\\\cdot&\cdot&\cdot&\cdot&6L&2L^2&\cdot&-6L&4L^2\end{bmatrix}\begin{Bmatrix}\Delta_X^a\\\Delta_Y^a\\\Theta_Z^a\\\Delta_X^b\\\Delta_Y^b\\\Theta_Z^b\\\Delta_X^c\\\Delta_Y^c\\\Theta_Z^c\end{Bmatrix}$$

• 경계조건($\Delta_X^a=\Delta_Y^a=\Theta_Z^a=\Delta_X^c=\Delta_Y^c=\Theta_Z^c=0$)과 하중조건($F_X^b=0$, $F_Y^b=-P$, $M_Z^b=0$)을 대입하여 시스템의 지배방정식 결정 :

$$\frac{EI}{L^3}\begin{bmatrix}12+\lambda^2&\cdot&6L\\\cdot&\lambda^2+12&6L\\6L&6L&8L^2\end{bmatrix}\begin{Bmatrix}\Delta_X^b\\\Delta_Y^b\\\Theta_Z^b\end{Bmatrix}=\begin{Bmatrix}0\\-P\\0\end{Bmatrix}$$

• 변위결정 : $\Delta_X^b=-\dfrac{9PL^3}{2(\lambda^2+12)(\lambda^2+3)EI}$, $\Delta_Y^b=-\dfrac{(2\lambda^2+15)PL^3}{2(\lambda^2+12)(\lambda^2+3)EI}$, $\Theta_Z^b=\dfrac{3PL^2}{4(\lambda^2+3)EI}$

• 참고사항 : (1) If $\lambda=\infty\rightarrow\Delta_X^b=0$, $\Delta_Y^b=-\dfrac{\lambda^2(2\lambda^2+15)PL}{2(\lambda^2+12)(\lambda^2+3)EA}=-\dfrac{PL}{EA}$, $\Theta_Z^b=0$

(2) If $\lambda=0\rightarrow\Delta_X^b=\Delta_Y^b=\Theta_Z^b=0$

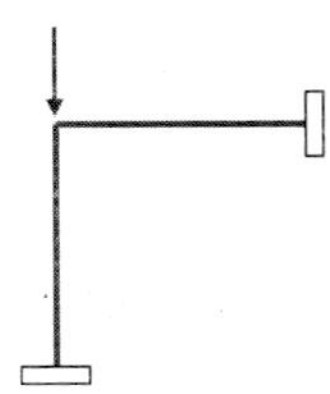

예제3 : 아래그림과 평면라멘구조의 절점 b에 모멘트하중 M이 작용할 때 절점 b의 변위를 결정하라.

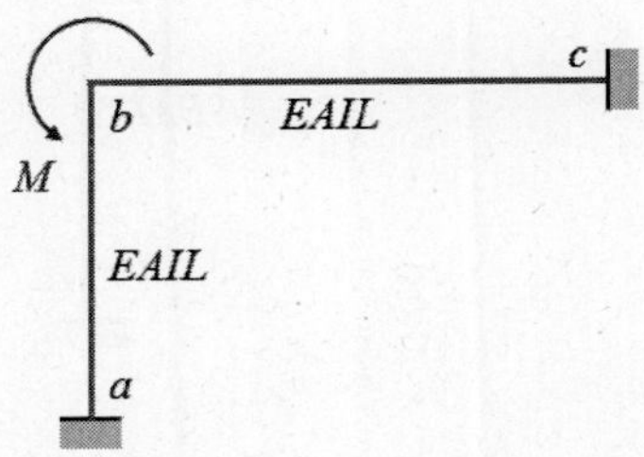

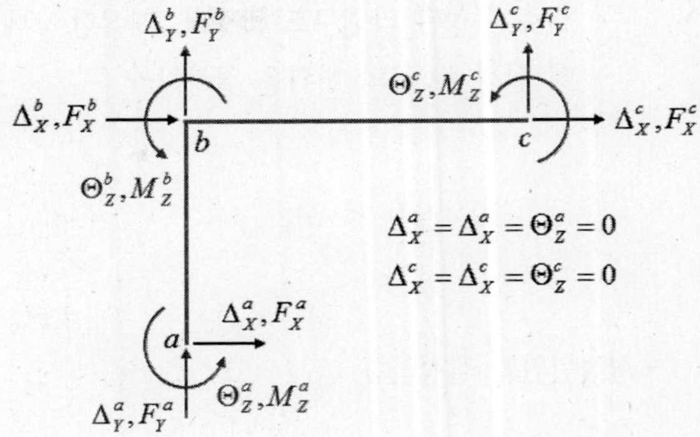

$$\Delta_X^a = \Delta_X^a = \Theta_Z^a = 0$$

$$\Delta_X^c = \Delta_X^c = \Theta_Z^c = 0$$

- Load : $F_X^b = F_Y^b = 0,\ M_b = M$

- System Equation : $\dfrac{EI}{L^3}\begin{bmatrix} (\lambda^2+12) & 0 & 6L \\ 0 & (\lambda^2+12) & 6L \\ 6L & 6L & 8L^2 \end{bmatrix}\begin{Bmatrix} \Delta_X^b \\ \Delta_Y^b \\ \Theta_Z^b \end{Bmatrix} = \begin{Bmatrix} 0 \\ 0 \\ M \end{Bmatrix}$

- Solution : $\Delta_X^b = \Delta_Y^b = -\dfrac{3ML^2}{4(\lambda^2+3)EI}$, $\Theta_Z^b = \dfrac{(\lambda^2+12)ML}{8(\lambda^2+3)EI}$

  or $\Delta_X^b = \Delta_Y^b = -\dfrac{3\lambda^2 M}{4(\lambda^2+3)EA}$, $\Theta_Z^b = \dfrac{\lambda^2(\lambda^2+12)M}{8(\lambda^2+3)EAL}$

- Special Case : $\begin{cases} \text{If } \lambda = \infty \rightarrow \Delta_X^b = \Delta_Y^b = 0,\ \Theta_Z^b = \dfrac{ML}{8EI} \\ \text{If } \lambda = 0 \rightarrow \Delta_X^b = \Delta_Y^b = 0,\ \Theta_Z^b = 0 \end{cases}$

- Slope Deflection Method :

  Since $\theta_a = \theta_c = \Delta_{ab} = \Delta_{bc} = 0$,

$$\rightarrow \begin{cases} M_{ab} = \dfrac{2EI}{L}(2\theta_a + \theta_b) = \dfrac{2EI}{L}\theta_b \\ M_{ba} = \dfrac{2EI}{L}(\theta_a + 2\theta_b) = \dfrac{2EI}{L}(2\theta_b) \end{cases} \quad \text{for member } ab$$

$$\begin{cases} M_{bc} = \dfrac{2EI}{L}(2\theta_b + \theta_c) = \dfrac{2EI}{L}(2\theta_b) \\ M_{cb} = \dfrac{2EI}{L}(\theta_b + 2\theta_c) = \dfrac{2EI}{L}\theta_b \end{cases} \quad \text{for member } bc$$

Joint Equilibrium : $\sum M_b = 0$

$$\sum M_b = -M_{ba} - M_{bc} + M = 0 \rightarrow \frac{2EI}{L}(2\theta_b + 2\theta_b) = M \rightarrow \theta_b = \frac{ML}{8EI}$$

예제4 : 우측그림과 같이 축강성 EA, 휨강성 EI, 길이 L 인 2개의 부재로 구성된 라멘구조가 있다. 자유단 c에 연직하중 P가 작용할 때 절점 b, c 의 변위를 결정하라.

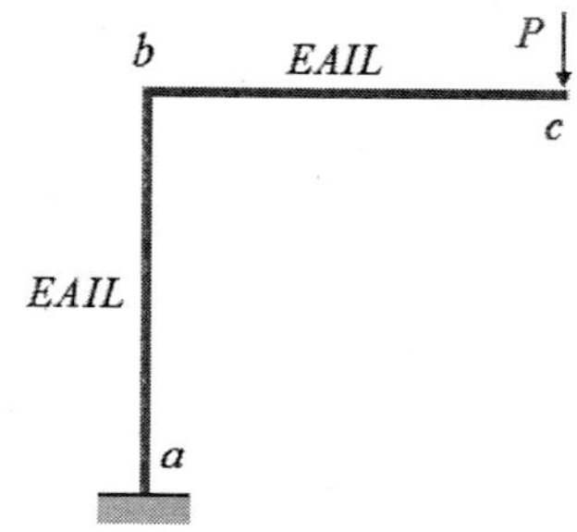

• 절점변위와 절점하중 :

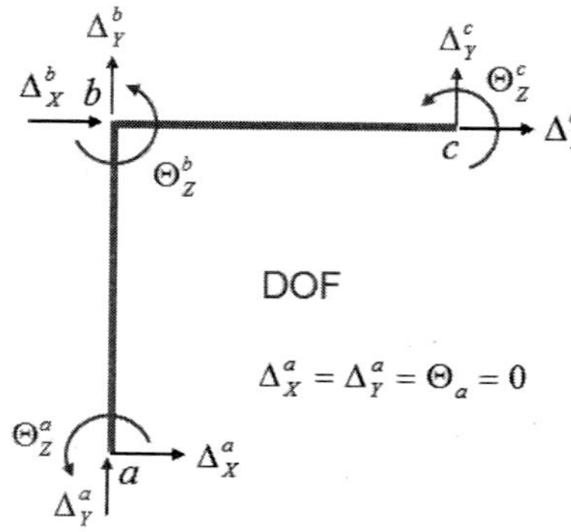

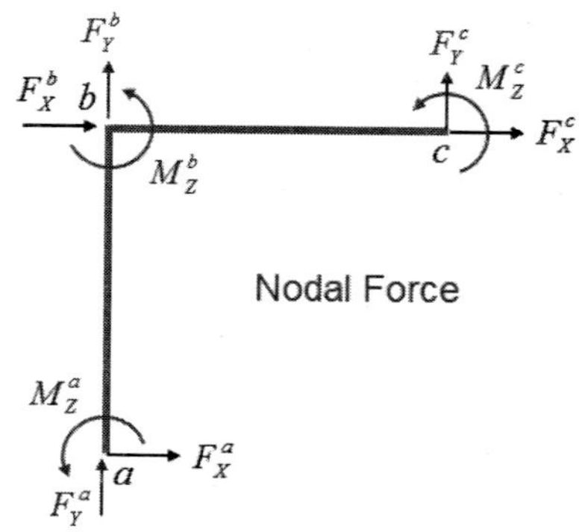

• GCS에서
부재강성도매트릭스 :

$$\theta = 90^\circ, \begin{cases} c = 0 \\ s = 1 \end{cases} \rightarrow \underset{\sim}{\mathbf{F}}^e = \begin{Bmatrix} F_X^a \\ F_Y^a \\ M_Z^a \\ F_X^b \\ F_Y^b \\ M_Z^b \end{Bmatrix} = \frac{EI}{L^3} \begin{bmatrix} 12 & \cdot & -6L & -12 & \cdot & -6L \\ \cdot & \lambda^2 & \cdot & \cdot & -\lambda^2 & \cdot \\ -6L & \cdot & 4L^2 & 6L & \cdot & 2L^2 \\ -12 & \cdot & 6L & 12 & \cdot & 6L \\ \cdot & -\lambda^2 & \cdot & \cdot & \lambda^2 & \cdot \\ -6L & \cdot & 2L^2 & 6L & \cdot & 4L^2 \end{bmatrix} \begin{Bmatrix} \Delta_X^a \\ \Delta_Y^a \\ \Theta_Z^a \\ \Delta_X^b \\ \Delta_Y^b \\ \Theta_Z^b \end{Bmatrix}$$

$$\theta = 0^\circ, \begin{cases} c = 1 \\ s = 0 \end{cases} \rightarrow \underset{\sim}{\mathbf{F}}^e = \begin{Bmatrix} F_X^b \\ F_Y^b \\ M_Z^b \\ F_X^c \\ F_Y^c \\ M_Z^c \end{Bmatrix} = \frac{EI}{L^3} \begin{bmatrix} \lambda^2 & \cdot & \cdot & -\lambda^2 & \cdot & \cdot \\ \cdot & 12 & 6L & \cdot & -12 & 6L \\ \cdot & 6L & 4L^2 & \cdot & -6L & 2L^2 \\ -\lambda^2 & \cdot & \cdot & \lambda^2 & \cdot & \cdot \\ \cdot & -12 & -6L & \cdot & 12 & -6L \\ \cdot & 6L & 2L^2 & \cdot & -6L & 4L^2 \end{bmatrix} \begin{Bmatrix} \Delta_X^b \\ \Delta_Y^b \\ \Theta_Z^b \\ \Delta_X^c \\ \Delta_Y^c \\ \Theta_Z^c \end{Bmatrix}$$

• 시스템 방정식 :

$$\frac{EI}{L^3} \begin{bmatrix} 12+\lambda^2 & \cdot & 6L & -\lambda^2 & \cdot & \cdot \\ \cdot & 12+\lambda^2 & 6L & \cdot & -12 & 6L \\ 6L & 6L & 8L^2 & \cdot & -6L & 2L^2 \\ -\lambda^2 & \cdot & \cdot & \lambda^2 & \cdot & \cdot \\ \cdot & -12 & -6L & \cdot & 12 & -6L \\ \cdot & 6L & 2L^2 & \cdot & -6L & 4L^2 \end{bmatrix} \begin{Bmatrix} \Delta_X^b \\ \Delta_Y^b \\ \Theta_Z^b \\ \Delta_X^c \\ \Delta_Y^c \\ \Theta_Z^c \end{Bmatrix} = \begin{Bmatrix} F_X^b \\ F_Y^b \\ M_Z^b \\ F_X^c \\ F_Y^c \\ M_Z^c \end{Bmatrix} = -\begin{Bmatrix} 0 \\ 0 \\ 0 \\ 0 \\ P \\ 0 \end{Bmatrix}$$

• 절점변위 결정 : $\begin{Bmatrix}\Delta_X^b\\ \Delta_Y^b\\ \Theta_Z^b\end{Bmatrix}=\frac{PL^3}{EI}\begin{Bmatrix}\frac{3}{4}\\ -\frac{1}{\lambda^2}\\ -\frac{1}{L}\end{Bmatrix}$ and $\begin{Bmatrix}\Delta_X^c\\ \Delta_Y^c\\ \Theta_Z^c\end{Bmatrix}=\frac{PL^3}{EI}\begin{Bmatrix}\frac{3}{4}\\ -\frac{(3+4\lambda^2)}{3\lambda^2}\\ -\frac{3}{2L}\end{Bmatrix}$

• 참고사항 : If $\lambda=\infty\rightarrow\begin{Bmatrix}\Delta_X^b\\ \Delta_Y^b\\ \Theta_Z^b\\ \Delta_X^c\\ \Delta_Y^c\\ \Theta_Z^c\end{Bmatrix}=\frac{PL^3}{EI}\lim_{\lambda\to\infty}\begin{Bmatrix}\frac{3}{4}\\ -\frac{1}{\lambda^2}\\ -\frac{1}{L}\\ \frac{3}{4}\\ -\frac{(3+4\lambda^2)}{3\lambda^2}\\ -\frac{3}{2L}\end{Bmatrix}=\frac{PL^3}{EI}\begin{Bmatrix}\frac{3}{4}\\ 0\\ -\frac{1}{L}\\ \frac{3}{4}\\ -\frac{4}{3}\\ -\frac{3}{2L}\end{Bmatrix}$

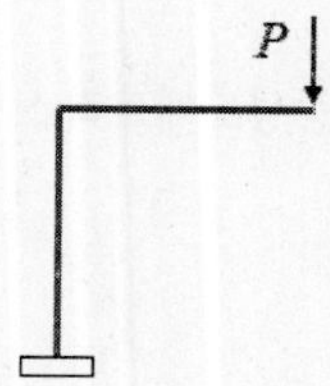

If $\lambda=0\rightarrow\begin{Bmatrix}\Delta_X^b\\ \Delta_Y^b\\ \Theta_Z^b\\ \Delta_X^c\\ \Delta_Y^c\\ \Theta_Z^c\end{Bmatrix}=\frac{PL}{EA}\lim_{\lambda\to 0}\begin{Bmatrix}\frac{3\lambda^2}{4}\\ -1\\ -\frac{\lambda^2}{L}\\ \frac{3\lambda^2}{4}\\ -\frac{(3+4\lambda^2)}{3}\\ -\frac{3\lambda^2}{2L}\end{Bmatrix}=\frac{PL}{EA}\begin{Bmatrix}0\\ -1\\ 0\\ 0\\ -1\\ 0\end{Bmatrix}$

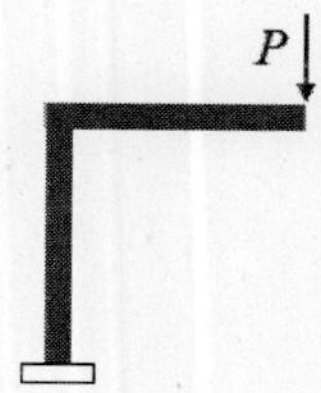

＊λ가 무한대로 수렴한다는 의미는 축변형이 발생하지 않고 휨변형이 지배적인 거동을 나타낸다는 의미이다. 또한 각 부재들이 매우 세장하여 휨거동에 취약하다는 의미가 된다. 반대로 λ가 0으로 수렴한다는 의미는 부재단면이 매우 커서 축변형이 지배적이라는 의미이다. 즉, 각 부재들은 휘어지지 않는다는 뜻이 된다.

예제5 : 우측그림과 같이 축강성 EA, 휨강성 EI, 길이 L인 3개의 부재로 구성된 라멘구조가 있다. 자유단 b에 수평하중 P가 작용할 때 절점 b, c의 변위를 결정하라.

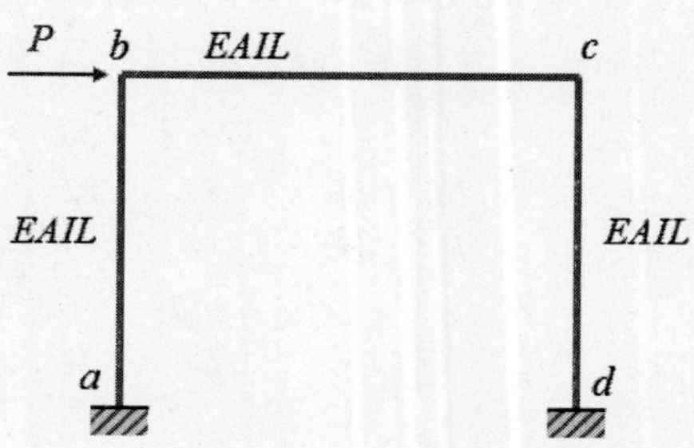

• 절점변위와 절점하중 :

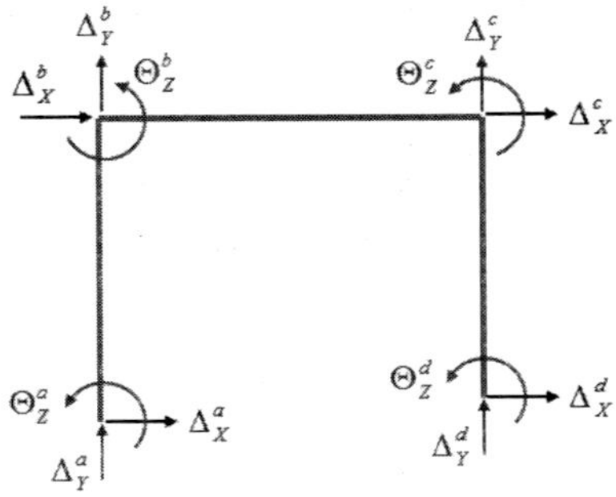

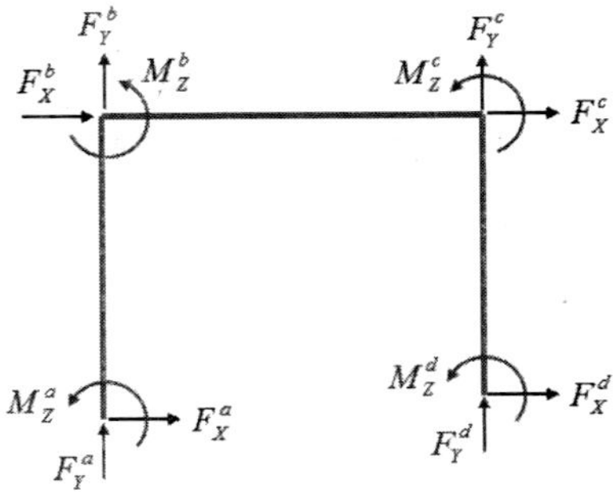

• 부재강성도매트릭스 : $\begin{cases} \text{Member } ab \ : \ \theta = 90^\circ & \rightarrow c = 0, s = 1 \\ \text{Member } bc \ : \ \theta = 0^\circ & \rightarrow c = 1, s = 0 \\ \text{Member } cd \ : \ \theta = -90^\circ & \rightarrow c = 0, s = -1 \end{cases}$; 부재

$$\underset{\sim}{\mathbf{F}}^{ab} = \begin{Bmatrix} F_X^a \\ F_Y^a \\ M_Z^a \\ F_X^b \\ F_Y^b \\ M_Z^b \end{Bmatrix} = \frac{EI}{L^3}\begin{bmatrix} 12 & \cdot & -6L & -12 & \cdot & -6L \\ \cdot & \lambda^2 & \cdot & \cdot & -\lambda^2 & \cdot \\ -6L & \cdot & 4L^2 & 6L & \cdot & 2L^2 \\ -12 & \cdot & 6L & 12 & \cdot & 6L \\ \cdot & -\lambda^2 & \cdot & \cdot & \lambda^2 & \cdot \\ -6L & \cdot & 2L^2 & 6L & \cdot & 4L^2 \end{bmatrix}\begin{Bmatrix} \Delta_X^a \\ \Delta_Y^a \\ \Theta_Z^a \\ \Delta_X^b \\ \Delta_Y^b \\ \Theta_Z^b \end{Bmatrix}$$

$$\underset{\sim}{\mathbf{F}}^{bc} = \begin{Bmatrix} F_X^b \\ F_Y^b \\ M_Z^b \\ F_X^c \\ F_Y^c \\ M_Z^c \end{Bmatrix} = \frac{EI}{L^3}\begin{bmatrix} \lambda^2 & \cdot & \cdot & -\lambda^2 & \cdot & \cdot \\ \cdot & 12 & 6L & \cdot & -12 & 6L \\ \cdot & 6L & 4L^2 & \cdot & -6L & 2L^2 \\ -\lambda^2 & \cdot & \cdot & \lambda^2 & \cdot & \cdot \\ \cdot & -12 & -6L & \cdot & 12 & -6L \\ \cdot & 6L & 2L^2 & \cdot & -6L & 4L^2 \end{bmatrix}\begin{Bmatrix} \Delta_X^b \\ \Delta_Y^b \\ \Theta_Z^b \\ \Delta_X^c \\ \Delta_Y^c \\ \Theta_Z^c \end{Bmatrix}$$

$$\underset{\sim}{\mathbf{F}}^{cd} = \begin{Bmatrix} F_X^c \\ F_Y^c \\ M_Z^c \\ F_X^d \\ F_Y^d \\ M_Z^d \end{Bmatrix} = \frac{EI}{L^3}\begin{bmatrix} 12 & \cdot & 6L & -12 & \cdot & 6L \\ \cdot & \lambda^2 & \cdot & \cdot & -\lambda^2 & \cdot \\ 6L & \cdot & 4L^2 & -6L & \cdot & 2L^2 \\ -12 & \cdot & -6L & 12 & \cdot & -6L \\ \cdot & -\lambda^2 & \cdot & \cdot & \lambda^2 & \cdot \\ 6L & \cdot & 2L^2 & -6L & \cdot & 4L^2 \end{bmatrix}\begin{Bmatrix} \Delta_X^c \\ \Delta_Y^c \\ \Theta_Z^c \\ \Delta_X^d \\ \Delta_Y^d \\ \Theta_Z^d \end{Bmatrix}$$

• 각 부재강성도매트릭스를 조합하고 경계조건 대입하면 시스템방정식 도출 :

$$\frac{EI}{L^3}\begin{bmatrix} 12+\lambda^2 & \cdot & 6L & -\lambda^2 & \cdot & \cdot \\ \cdot & 12+\lambda^2 & 6L & \cdot & -12 & 6L \\ 6L & 6L & 8L^2 & \cdot & -6L & 2L^2 \\ -\lambda^2 & \cdot & \cdot & 12+\lambda^2 & \cdot & 6L \\ \cdot & -12 & -6L & \cdot & 12+\lambda^2 & -6L \\ \cdot & 6L & 2L^2 & 6L & -6L & 8L^2 \end{bmatrix}\begin{Bmatrix} \Delta_X^b \\ \Delta_Y^b \\ \Theta_Z^b \\ \Delta_X^c \\ \Delta_Y^c \\ \Theta_Z^c \end{Bmatrix} = \begin{Bmatrix} F_X^b \\ F_Y^b \\ M_Z^b \\ F_X^c \\ F_Y^c \\ M_Z^c \end{Bmatrix} = \begin{Bmatrix} P \\ 0 \\ 0 \\ 0 \\ 0 \\ 0 \end{Bmatrix}$$

• 절점 b, c 의 변위 :

$$
\begin{cases}
\Delta_X^b = \dfrac{\lambda^2}{12+\lambda^2}\Delta_X^c - \dfrac{6L}{12+\lambda^2}\Theta_Z^b + \dfrac{1}{12+\lambda^2}\dfrac{PL^3}{EI} \\
\Delta_Y^b = -\Delta_Y^c = -\dfrac{6L}{(24+\lambda^2)}(\Theta_Z^b + \Theta_Z^c) \\
\Theta_Z^b = -\left[\dfrac{24+\lambda^2}{\lambda^4+34\lambda^2+96} + \dfrac{(48+20\lambda^2+\lambda^4)(3\lambda^6+110\lambda^4+820\lambda^2+1536)}{4(\lambda^4+34\lambda^2+96)(7\lambda^6+129\lambda^4+612\lambda^2+864)}\right]\dfrac{PL^2}{EI}
\end{cases}
$$

$$
\begin{cases}
\Delta_X^c = 2\Delta_Y^c - \dfrac{L}{3}(\Theta_Z^b + 4\Theta_Z^c) \\
\Delta_Y^c = \dfrac{6L}{(24+\lambda^2)}(\Theta_Z^b + \Theta_Z^c) \\
\Theta_Z^c = -\dfrac{3\lambda^6+110\lambda^4+820\lambda^2+1536}{7\lambda^6+129\lambda^4+612\lambda^2+864}\dfrac{PL^2}{4EI}
\end{cases}
$$

예제6 : 우측그림과 같은 라멘구조에서 절점 b 에 수형하중 P 가 작용하고 있다. 모든 부재의 축강성 EA , 휨강성 EI 는 동일하며 부재 ab 가 기울기 θ 를 가진 경사부재이다. 절점 b, c 의 변위를 결정하라.

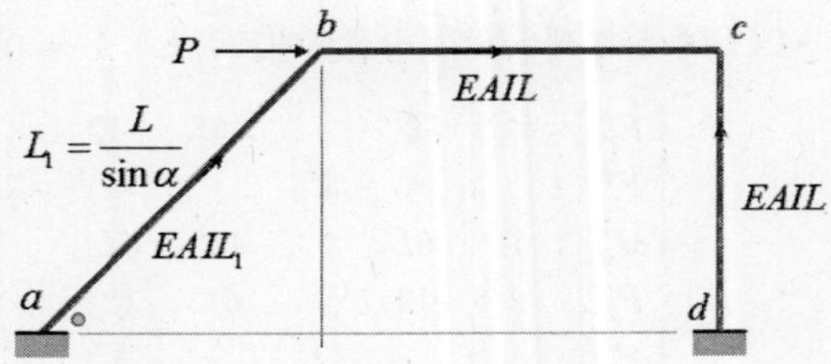

• 절점변위와 절점하중 :

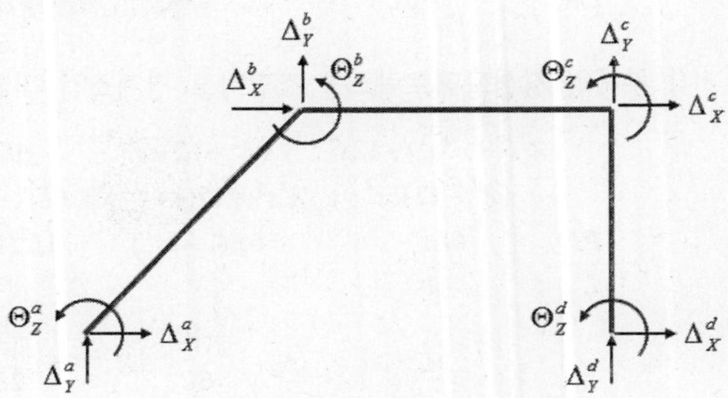

• GCS에서 경사부재 ab 의 강성도매트릭스 :

$$
\begin{Bmatrix} F_X^a \\ F_Y^a \\ M_Z^a \\ F_X^b \\ F_Y^b \\ M_Z^b \end{Bmatrix}
= \frac{EI}{L_1^3}
\begin{bmatrix}
\lambda^2c^2+12s^2 & (\lambda^2-12)cs & -6L_1s & -(\lambda^2c^2+12s^2) & -(\lambda^2-12)cs & -6L_1s \\
(\lambda^2-12)cs & \lambda^2s^2+12c^2 & 6L_1c & -(\lambda^2-12)cs & -(\lambda^2s^2+12c^2) & 6L_1c \\
-6L_1s & 6L_1c & 4L_1^2 & 6L_1s & -6L_1c & 2L_1^2 \\
-(\lambda^2c^2+12s^2) & -(\lambda^2-12)cs & 6L_1s & \lambda^2c^2+12s^2 & (\lambda^2-12)cs & 6L_1s \\
-(\lambda^2-12)cs & -(\lambda^2s^2+12c^2) & -6L_1c & (\lambda^2-12)cs & \lambda^2s^2+12c^2 & -6L_1c \\
-6L_1s & 6L_1c & 2L_1^2 & 6L_1s & -6L_1c & 4L_1^2
\end{bmatrix}
\begin{Bmatrix} \Delta_X^a \\ \Delta_Y^a \\ \Theta_Z^a \\ \Delta_X^b \\ \Delta_Y^b \\ \Theta_Z^b \end{Bmatrix}
$$

$L_1 = L/\sin\theta = L/s$ 를 대입하고 재정리 :

$$\begin{Bmatrix} F_X^a \\ F_Y^a \\ M_Z^a \\ F_X^b \\ F_Y^b \\ M_Z^b \end{Bmatrix} = \frac{EI}{L^3}\begin{bmatrix} \lambda^2c^2s^3+12s^5 & (\lambda^2-12)cs^4 & -6Ls^3 & -(\lambda^2c^2s^3+12s^5) & -(\lambda^2-12)cs^4 & -6Ls^3 \\ (\lambda^2-12)cs^4 & \lambda^2s^5+12c^2s^3 & 6Lcs^2 & -(\lambda^2-12)cs^4 & -(\lambda^2s^5+12c^2s^3) & 6Lcs^2 \\ -6Ls^3 & 6Lcs^2 & 4L^2s & 6Ls^3 & -6Lcs^2 & 2L^2s \\ -(\lambda^2c^2s^3+12s^5) & -(\lambda^2-12)cs^4 & 6Ls^3 & \lambda^2c^2s^3+12s^5 & (\lambda^2-12)cs^4 & 6Ls^3 \\ -(\lambda^2-12)cs^4 & -(\lambda^2s^5+12c^2s^3) & -6Lcs^2 & (\lambda^2-12)cs^4 & \lambda^2s^5+12c^2s^3 & -6Lcs^2 \\ -6Ls^3 & 6Lcs^2 & 2L^2s & 6Ls^3 & -6Lcs^2 & 4L^2s \end{bmatrix}\begin{Bmatrix} \Delta_X^a \\ \Delta_Y^a \\ \Theta_Z^a \\ \Delta_X^b \\ \Delta_Y^b \\ \Theta_Z^b \end{Bmatrix}$$

• GCS에서 부재 bc 의 강성도매트릭스 : $c=1$, $s=0$

$$\begin{Bmatrix} F_X^b \\ F_Y^b \\ M_Z^b \\ F_X^c \\ F_Y^c \\ M_Z^c \end{Bmatrix} = \frac{EI}{L^3}\begin{bmatrix} \lambda^2 & \cdot & \cdot & -\lambda^2 & \cdot & \cdot \\ \cdot & 12 & 6L & \cdot & -12 & 6L \\ \cdot & 6L & 4L^2 & \cdot & -6L & 2L^2 \\ -\lambda^2 & \cdot & \cdot & \lambda^2 & \cdot & \cdot \\ \cdot & -12 & -6L & \cdot & 12 & -6L \\ \cdot & 6L & 2L^2 & \cdot & -6L & 4L^2 \end{bmatrix}\begin{Bmatrix} \Delta_X^b \\ \Delta_Y^b \\ \Theta_Z^b \\ \Delta_X^c \\ \Delta_Y^c \\ \Theta_Z^c \end{Bmatrix}$$

• GCS에서 부재 dc 의 강성도매트릭스 : $c=0$, $s=1$

$$\begin{Bmatrix} F_X^d \\ F_Y^d \\ M_Z^d \\ F_X^c \\ F_Y^c \\ M_Z^c \end{Bmatrix} = \frac{EI}{L^3}\begin{bmatrix} 12 & \cdot & -6L & -12 & \cdot & -6L \\ \cdot & \lambda^2 & \cdot & \cdot & -\lambda^2 & \cdot \\ -6L & \cdot & 4L^2 & 6L & \cdot & 2L^2 \\ -12 & \cdot & 6L & 12 & \cdot & 6L \\ \cdot & -\lambda^2 & \cdot & \cdot & \lambda^2 & \cdot \\ -6L & \cdot & 2L^2 & 6L & \cdot & 4L^2 \end{bmatrix}\begin{Bmatrix} \Delta_X^d \\ \Delta_Y^d \\ \Theta_Z^d \\ \Delta_X^c \\ \Delta_Y^c \\ \Theta_Z^c \end{Bmatrix}$$

• 각 부재의 강성도매트릭스를 조합하고 경계조건 대입하면 시스템방정식 결정 :

$$\frac{EI}{L^3}\begin{bmatrix} \lambda^2(1+c^2s^3)+12s^5 & (\lambda^2-12)cs^4 & 6Ls^3 & -\lambda^2 & \cdot & \cdot \\ (\lambda^2-12)cs^4 & \lambda^2s^5+12(1+c^2s^3) & 6L(1-cs^2) & \cdot & -12 & 6L \\ 6Ls^3 & 6L(1-cs^2) & 4L^2(1+s) & \cdot & -6L & 2L^2 \\ -\lambda^2 & \cdot & \cdot & 12+\lambda^2 & \cdot & 6L \\ \cdot & -12 & -6L & \cdot & 12+\lambda^2 & -6L \\ \cdot & 6L & 2L^2 & 6L & -6L & 8L^2 \end{bmatrix}\begin{Bmatrix} \Delta_X^b \\ \Delta_Y^b \\ \Theta_Z^b \\ \Delta_X^c \\ \Delta_Y^c \\ \Theta_Z^c \end{Bmatrix} = \begin{Bmatrix} F_X^b \\ F_Y^b \\ M_Z^b \\ F_X^c \\ F_Y^c \\ M_Z^c \end{Bmatrix}$$

• 하중벡터 적용 :

$$\begin{bmatrix} \lambda^2(1+c^2s^3)+12s^5 & (\lambda^2-12)cs^4 & 6Ls^3 & -\lambda^2 & 0 & 0 \\ (\lambda^2-12)cs^4 & \lambda^2s^5+12(1+c^2s^3) & 6L(1-cs^2) & 0 & -12 & 6L \\ 6Ls^3 & 6L(1-cs^2) & 4L^2(1+s) & 0 & -6L & 2L^2 \\ -\lambda^2 & 0 & 0 & 12+\lambda^2 & 0 & 6L \\ 0 & -12 & -6L & 0 & 12+\lambda^2 & -6L \\ 0 & 6L & 2L^2 & 6L & -6L & 8L^2 \end{bmatrix}\begin{Bmatrix} \Delta_X^b \\ \Delta_Y^b \\ \Theta_Z^b \\ \Delta_X^c \\ \Delta_Y^c \\ \Theta_Z^c \end{Bmatrix} = \begin{Bmatrix} P \\ 0 \\ 0 \\ 0 \\ 0 \\ 0 \end{Bmatrix}$$

• 휨거동만 고려한 방정식과 절점변위 :

$$\frac{EI}{L^3}\begin{bmatrix} 12s^5 & -12cs^4 & 6Ls^3 & \cdot & \cdot & \cdot \\ -12cs^4 & 12(1+c^2s^3) & 6L(1-cs^2) & \cdot & -12 & 6L \\ 6Ls^3 & 6L(1-cs^2) & 4L^2(1+s) & \cdot & -6L & 2L^2 \\ \cdot & \cdot & \cdot & 12 & \cdot & 6L \\ \cdot & -12 & -6L & 0 & 12 & -6L \\ \cdot & 6L & 2L^2 & 6L & -6L & 8L^2 \end{bmatrix}\begin{Bmatrix} \Delta_X^b \\ \Delta_Y^b \\ \Theta_Z^b \\ \Delta_X^c \\ \Delta_Y^c \\ \Theta_Z^c \end{Bmatrix}=\begin{Bmatrix} P \\ 0 \\ 0 \\ 0 \\ 0 \\ 0 \end{Bmatrix}$$

$$\rightarrow\begin{cases} \Delta_X^b = \dfrac{-26c^2s^3-16c^2s^4+24s+3cs^2+6}{72s^5(1+s)}\dfrac{PL^3}{EI} \\ \Delta_Y^b = -\dfrac{13cs+8cs^2+6}{36s^2(1+s)}\dfrac{PL^3}{EI} \\ \Theta_Z^b = -\dfrac{(6+5cs)}{12s^2(1+s)}\dfrac{PL^2}{EI} \end{cases} \quad \& \quad \begin{cases} \Delta_X^c = -\dfrac{c}{24s}\dfrac{PL^3}{EI} \\ \Delta_Y^c = -\dfrac{44cs+19cs^2+30}{72s^2(1+s)}\dfrac{PL^3}{EI} \\ \Theta_Z^c = -\dfrac{2}{L}\Delta_X^c = \dfrac{c}{12s}\dfrac{PL^2}{EI} \end{cases}$$

• 축변형만 고려한 방정식과 절점변위 :

$$\frac{EA}{L}\begin{bmatrix} (1+c^2s^3) & cs^4 & \cdot & -1 & \cdot & \cdot \\ cs^4 & s^5 & \cdot & \cdot & \cdot & \cdot \\ \cdot & \cdot & \cdot & \cdot & \cdot & \cdot \\ -1 & \cdot & \cdot & 1 & \cdot & \cdot \\ \cdot & \cdot & \cdot & \cdot & 1 & \cdot \\ \cdot & \cdot & \cdot & \cdot & \cdot & \cdot \end{bmatrix}\begin{Bmatrix} \Delta_X^b \\ \Delta_Y^b \\ \Theta_Z^b \\ \Delta_X^c \\ \Delta_Y^c \\ \Theta_Z^c \end{Bmatrix}=\begin{Bmatrix} P \\ 0 \\ 0 \\ 0 \\ 0 \\ 0 \end{Bmatrix}\rightarrow\begin{cases} \Delta_X^b = -\dfrac{PL}{(1-c)c^2s^3EA} \\ \Delta_Y^b = \dfrac{PL}{(1-c)cs^4EA} \\ \Theta_Z^b = 0 \end{cases} \quad \& \quad \begin{cases} \Delta_X^c = -\dfrac{PL}{(1-c)c^2s^3EA} \\ \Delta_Y^c = 0 \\ \Theta_Z^c = 0 \end{cases}$$

7.3.2 프로그램 사용예

예제7 : 축강성 EA, 휨강성 EI, 길이 L인 2개의 경사부재로 구성된 라멘구조를 해석프로그램을 이용하여 절점변위와 부재력을 계산하라. 자료값은 그림에 표시하였다.

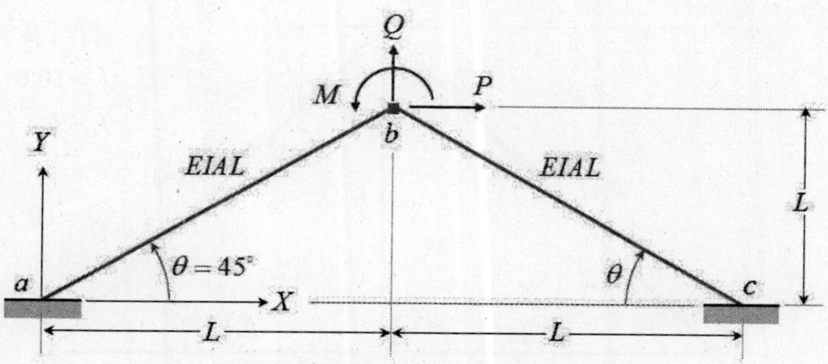

$E=2\times10^4,\ I=10,\ A=1,\ L=4$

$P=10,\ Q=5,\ M=20$

• 입력파일

```
3 2                              ! node,eLem
1  1 1 1   0.0 0.0   0.0 0.0  0.0 ! n, ID, XY, cLod
2  0 0 0   4.0 4.0  10.0 5.0 20.0
3  1 1 1   8.0 0.0   0.0 0.0  0.0
1  1 2  20000.0 1.0 10.0          ! n, Conn, Elas, Area, Inert
2  2 3  20000.0 1.0 10.0
```

• 출력파일

```
 D I S P L A C E M E N T S

   node          dis_X        dis_Y        rot_Z

     1         0.000000     0.000000    0.000000E+00
     2         0.000912     0.000298   -0.100364E-03
     3         0.000000     0.000000    0.000000E+00

 M E M B E R   F O R C E S

   eLem     i    j        fx         fy         mz         fx         fy         mz

     1      1    2     -3.025      1.999      9.202      3.025     -1.999      2.105
     2      2    3      1.537      7.581     17.895     -1.537     -7.581     24.992

 N O D E   R E S I D U A L   F O R C E S (Reactions)

   node        res_FX        res_FY        res_MZ

     1      -3.55263158   -0.72580645    9.20203735
     2       0.00000000    0.00000000    0.00000000
     3      -6.44736842   -4.27419355   24.99151104
```

예제8 : 그림과 같이 5개의 부재로 구성된 라멘구조를 해석프로그램을 이용하여 절점변위와 부재력을 계산하라. 자료값은 그림에 표시하였다.

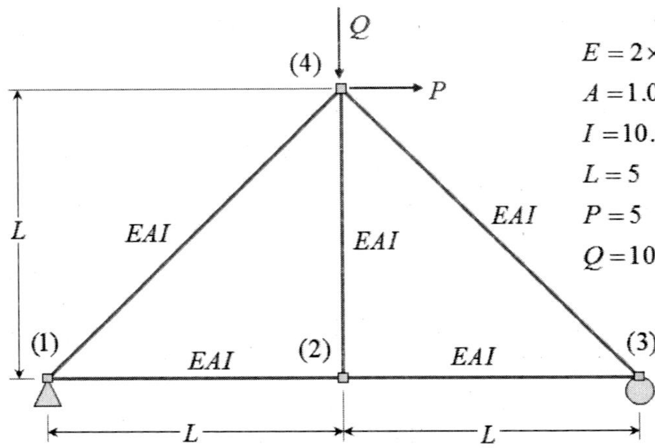

$E = 2\times10^5$
$A = 1.0$
$I = 10.0$
$L = 5$
$P = 5$
$Q = 10$

• 입력파일

```
4 5                                        ! node,eLem
1  1 1 0   0.0 0.0   0.0   0.0 0.0   ! n, ID, XY, cLod
2  0 0 0   5.0 0.0   0.0   0.0 0.0
3  0 1 0  10.0 0.0   0.0   0.0 0.0
4  0 0 0   5.0 5.0   5.0 -10.0 0.0
1  1 2  200000.0 1.0 10.0              ! n, Conn, Elas, Area, Inert
2  2 3  200000.0 1.0 10.0
3  1 4  200000.0 1.0 10.0
4  2 4  200000.0 1.0 10.0
5  3 4  200000.0 1.0 10.0
```

• 출력파일

```
D I S P L A C E M E N T S

    node          dis_X          dis_Y          rot_Z

       1       0.000000       0.000000  -0.232535E-04
       2       0.000068      -0.000062  -0.208265E-05
       3       0.000080       0.000000   0.199636E-04
       4       0.000113      -0.000134  -0.110903E-04

 M E M B E R   F O R C E S

    eLem      i     j        fx        fy        mz        fx        fy        mz

       1      1     2    -2.737    -0.345    -9.330     2.737     0.345     7.606
       2      2     3    -0.459    -3.234   -16.903     0.459     3.234     0.734
       3      1     4     0.411     3.612     9.330    -0.411    -3.612    16.211
       4      2     4     2.889     2.277     9.296    -2.889    -2.277     2.090
       5      3     4     3.342    -2.692    -0.734    -3.342     2.692   -18.301

 N O D E   R E S I D U A L   F O R C E S (Reactions)

    node         res_FX         res_FY         res_MZ

       1    -5.00000000     2.50000000     0.00000000
       2     0.00000000     0.00000000     0.00000000
       3     0.00000000     7.50000000     0.00000000
       4     0.00000000     0.00000000     0.00000000
```

예제9 : 아래좌측그림과 같이 기울기 30° 인 경사부재의 자유단 b에 연직하중 P가 작용할 때 절점 b의 처짐을 결정하라. 축변형을 고려하기 위하여 라멘부재로 이상화하였다.

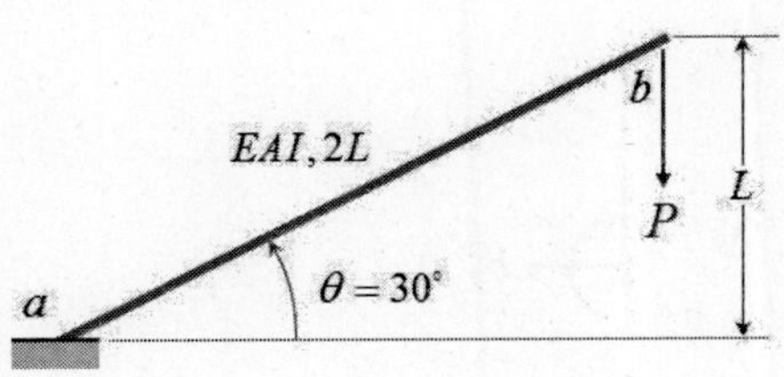

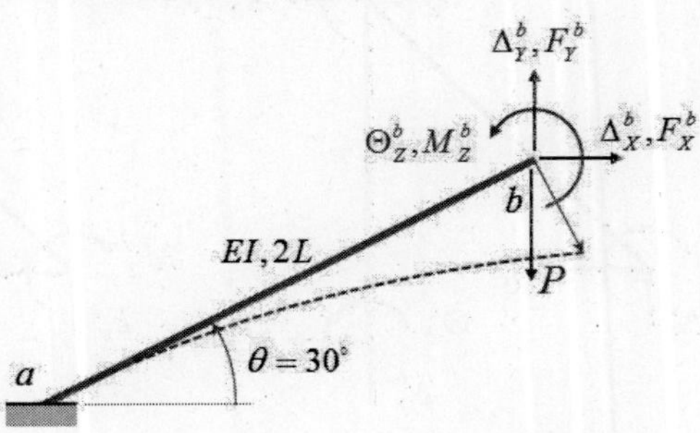

• 입력파일

```
1  1 1 1   0.000 0.0   0.0  0.0 0.0 ! n, ID, XY, cLod
2  0 0 0   1.732 1.0   0.0 -1.0 0.0
1  1 2  1.0 1.0 1.0               ! n, Conn, Elas, Area, Inert
```

• 출력파일

```
 D I S P L A C E M E N T S

    node          dis_X         dis_Y          rot_Z

       1        0.000000      0.000000   0.000000E+00
       2        0.288622     -2.499850  -0.173196E+01

 M E M B E R   F O R C E S

    eLem     i    j         fx          fy          mz          fx          fy          mz

       1     1    2       0.500       0.866       1.732      -0.500      -0.866       0.000

 N O D E   R E S I D U A L   F O R C E S (Reactions)

    node         res_FX         res_FY         res_MZ

       1      0.00000000     1.00000000     1.73200000
       2      0.00000000     0.00000000     0.00000000
```

예제10 : 경사부재와 수직부재로 구성된 라멘구조의 절점 c에 수평하중 P가 작용하고 있다. 이 구조물을 해석하라. 계산의 편의를 위하여 탄성계수, 단면적, 단면2차모멘트, 부재길이는 모두 1이라고 가정하고 기울기는 $\theta = 30^\circ$로 가정하자.

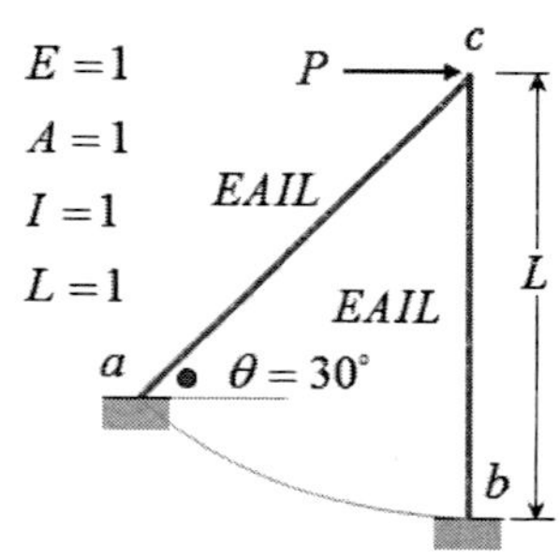

• 절점하중과 절점변위 지정 :

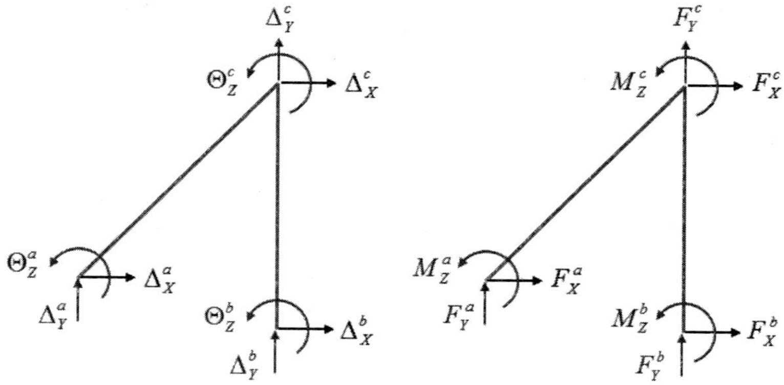

• 입력파일

```
3 2                                    ! node,eLem
1  1 1 1   -0.5  0.232   0.0  0.0 0 0.0 ! n, ID, XY, cLod
2  1 1 1    0.0  0.000   0.0  0.0 0 0.0
3  0 0 0    0.0  1.000   1.0  0.0 0 0.0
1  1 3  1.0 1.0 1.0                     ! n, Conn, Elas, Area, Inert
2  2 3  1.0 1.0 1.0
```

• 출력파일

```
DISPLACEMENTS

    node          dis_X          dis_Y          rot_Z

      1        0.000000       0.000000    0.000000E+00
      2        0.000000       0.000000    0.000000E+00
      3        0.170669       0.038816   -0.226491E+00

MEMBER FORCES

    eLem    i    j       fx        fy        mz        fx        fy        mz

      1     1    3    -0.137     0.282     0.376     0.137    -0.282    -0.118
      2     2    3    -0.039     0.689     0.571     0.039    -0.689     0.118

NODE RESIDUAL FORCES(Reactions)

    node        res_FX        res_FY        res_MZ

      1     -0.31091649    0.03881647    0.37624335
      2     -0.68908351   -0.03881647    0.57103226
      3      0.00000000    0.00000000    0.00000000
```

예제11 : 지점이 힌지-롤러단이고 연직하중 P가 작용하는 라멘구조를 해석하라. 여기서 E, A, I, L은 모두 1이라고 하자.

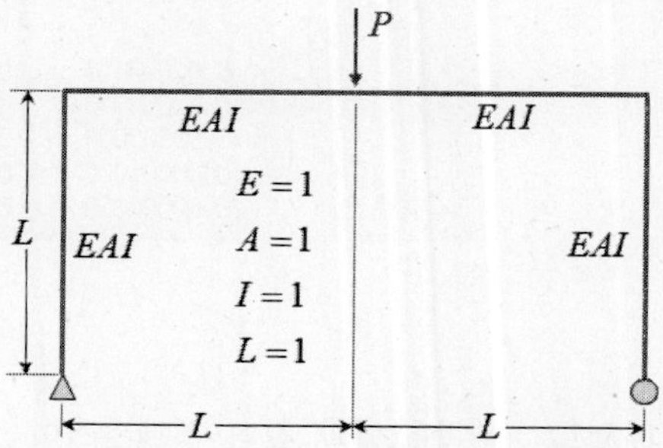

• 절점하중과 절점변위 지정 :

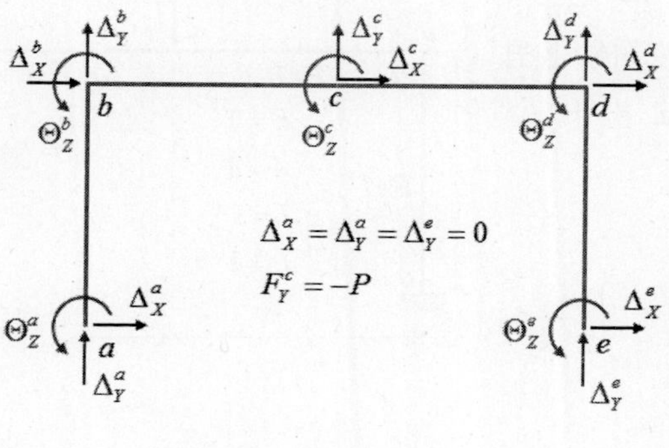

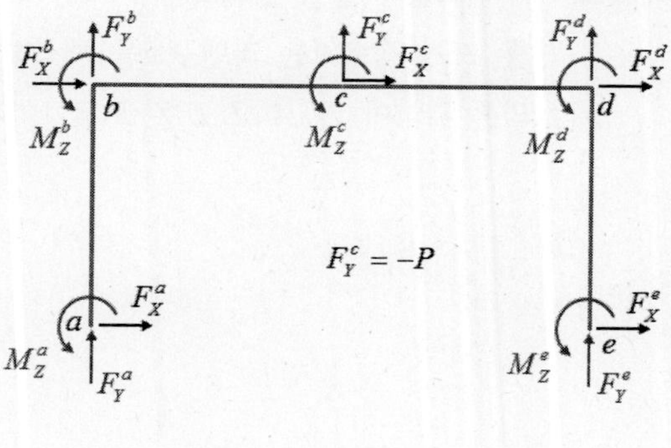

• 입력파일

```
5 4                                  ! node,eLem
1  1 1 0   -1.0  0.0   0.0  0.0 0.0  ! n, ID, XY, cLod
2  0 0 0   -1.0  1.0   0.0  0.0 0.0
3  0 0 0    0.0  1.0   0.0 -1.0 0.0
4  0 0 0    1.0  1.0   0.0  0.0 0.0
5  0 1 0    1.0  0.0   0.0  0.0 0.0
1  1 2  1.0 1.0 1.0                  ! n, Conn, Elas, Area, Inert
2  2 3  1.0 1.0 1.0
3  3 4  1.0 1.0 1.0
4  4 5  1.0 1.0 1.0
```

• 출력파일

```
D I S P L A C E M E N T S

   node        dis_X        dis_Y          rot_Z

      1     0.000000     0.000000   -0.250000E+00
      2     0.250000    -0.500000   -0.250000E+00
      3     0.250000    -0.666667    0.520417E-16
      4     0.250000    -0.500000    0.250000E+00
      5     0.500000     0.000000    0.250000E+00

M E M B E R   F O R C E S

   eLem     i   j       fx        fy        mz        fx        fy        mz

      1     1   2    0.500     0.000     0.000    -0.500     0.000     0.000
      2     2   3    0.000     0.500     0.000     0.000    -0.500     0.500
      3     3   4    0.000    -0.500    -0.500     0.000     0.500     0.000
      4     4   5    0.500     0.000     0.000    -0.500     0.000     0.000

N O D E   R E S I D U A L   F O R C E S (Reactions)

   node        res_FX        res_FY        res_MZ

      1    0.00000000    0.50000000    0.00000000
      2    0.00000000    0.00000000    0.00000000
      3    0.00000000    0.00000000    0.00000000
      4    0.00000000    0.00000000    0.00000000
      5    0.00000000    0.50000000    0.00000000
```

예제12 : 우측그림과 같이 경계조건이 고정-고정이고 연직하중 P가 작용하는 라멘구조를 해석하라. 계산의 편의를 위하여 E, A, I, L 은 모두 1이라고 하자.

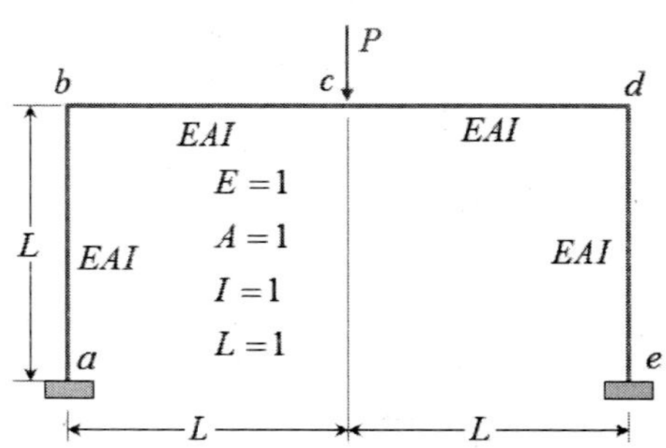

• 절점하중과 절점변위 지정 :

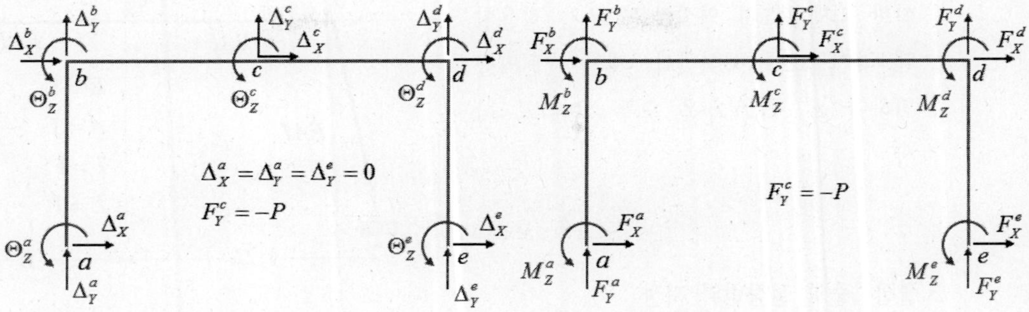

• 입력파일

```
5 4                                    ! node,eLem
1  1 1 1   -1.0  0.0   0.0  0.0 0.0  ! n, ID, XY, cLod
2  0 0 0   -1.0  1.0   0.0  0.0 0.0
3  0 0 0    0.0  1.0   0.0 -1.0 0.0
4  0 0 0    1.0  1.0   0.0  0.0 0.0
5  1 1 1    1.0  0.0   0.0  0.0 0.0
1  1 2  1.0 1.0 1.0                  ! n, Conn, Elas, Area, Inert
2  2 3  1.0 1.0 1.0
3  3 4  1.0 1.0 1.0
4  4 5  1.0 1.0 1.0
```

• 출력파일

```
 D I S P L A C E M E N T S

     node           dis_X          dis_Y          rot_Z
        1        0.000000       0.000000   0.000000E+00
        2        0.051724      -0.500000  -0.112069E+00
        3        0.000000      -0.597701   0.000000E+00
        4       -0.051724      -0.500000   0.112069E+00
        5        0.000000       0.000000   0.000000E+00

 M E M B E R   F O R C E S

     eLem     i    j          fx         fy          mz          fx         fy          mz

        1     1    2       0.500     -0.052       0.086      -0.500      0.052      -0.138
        2     2    3       0.052      0.500       0.138      -0.052     -0.500       0.362
        3     3    4       0.052     -0.500      -0.362      -0.052      0.500      -0.138
        4     4    5       0.500      0.052       0.138      -0.500     -0.052      -0.086

 N O D E   R E S I D U A L   F O R C E S (Reactions)

     node          res_FX         res_FY         res_MZ

        1      0.05172414     0.50000000     0.08620690
        2      0.00000000     0.00000000     0.00000000
        3      0.00000000     0.00000000     0.00000000
        4      0.00000000     0.00000000     0.00000000
        5     -0.05172414     0.50000000    -0.08620690
```

예제13 : 경계조건이 고정-고정이고 경사부재를 포함한 라멘구조에 연직하중 P가 작용할 때 라멘구조를 해석하라. 계산의 편의를 위하여 E, A, I, L은 모두 1이라고 하자.

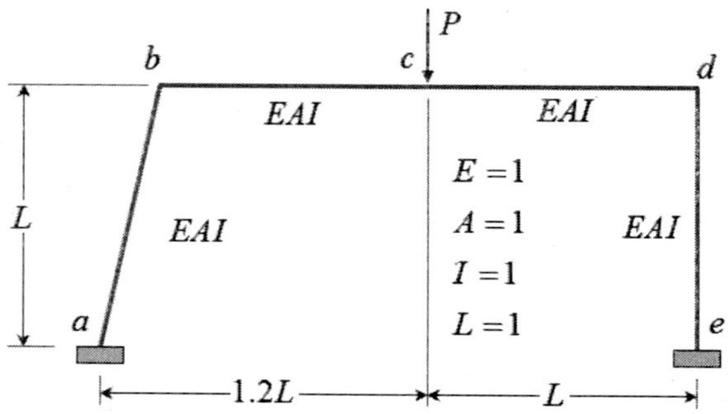

• 절점하중과 절점변위 지정 :

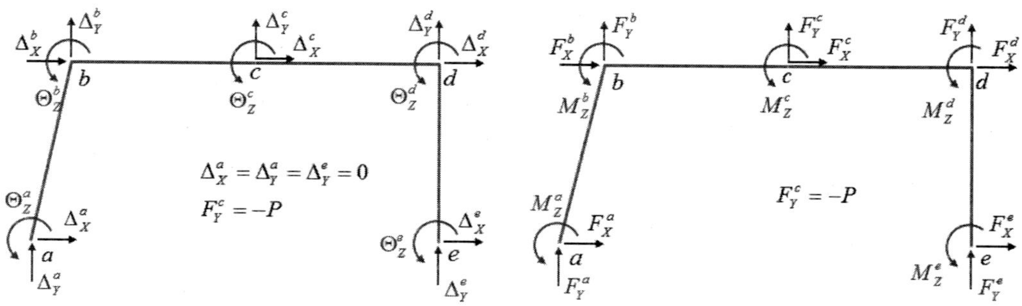

• 입력파일

```
5 4                                ! node,eLem
1  1 1 1   -1.2  0.0   0.0  0.0 0.0 ! n, ID, XY, cLod
2  0 0 0   -1.0  1.0   0.0  0.0 0.0
3  0 0 0    0.0  1.0   0.0 -1.0 0.0
4  0 0 0    1.0  1.0   0.0  0.0 0.0
5  1 1 1    1.0  0.0   0.0  0.0 0.0
1  1 2  1.0 1.0 1.0                 ! n, Conn, Elas, Area, Inert
2  2 3  1.0 1.0 1.0
3  3 4  1.0 1.0 1.0
4  4 5  1.0 1.0 1.0
```

• 출력파일

```
 D I S P L A C E M E N T S

    node          dX          dY            rZ
       1    0.000000    0.000000  0.000000E+00
       2   -0.017147   -0.497150 -0.145197E+00
       3   -0.037773   -0.613233 -0.584693E-02
       4   -0.058399   -0.513266  0.120237E+00
       5    0.000000    0.000000  0.000000E+00

 M E M B E R   F O R C E S

    eLem   i   j       fx       fy       mz       fx       fy       mz
       1   1   2    0.481    0.075    0.181   -0.481   -0.075   -0.104
       2   2   3    0.021    0.487    0.104   -0.021   -0.487    0.383
       3   3   4    0.021   -0.513   -0.383   -0.021    0.513   -0.131
       4   4   5    0.513    0.021    0.131   -0.513   -0.021   -0.110
```

예제14 : 절점 d에 연직하중 P가 작용하고 고정단 a를 가진 입체라멘구조를 해석하라. 가상적인 자료값을 그림에 표시하였다.

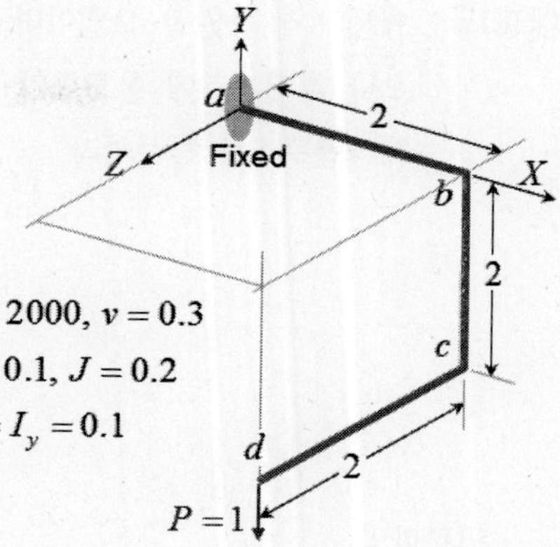

$E = 2000,\ v = 0.3$

$A = 0.1,\ J = 0.2$

$I_z = I_y = 0.1$

• 입력파일

```
4 3 0                                                          ! node,eLem,nLod
1  1 1 1 1 1 1  0.0  0.0  0.0  0.0  0.0 0.0 0 0 0  ! n,BC,XY,cLod
2  0 0 0 0 0 0  2.0  0.0  0.0  0.0  0.0 0.0 0 0 0
3  0 0 0 0 0 0  2.0 -2.0  0.0  0.0  0.0 0.0 0 0 0
4  0 0 0 0 0 0  2.0 -2.0  2.0  0.0 -1.0 0.0 0 0 0
1  1 2  2000.0 0.3 0.1 0.1 0.1 0.2 0.0 0.0   ! n,ni,nj,E,p,A,Zz,Yy,Jc,temp,miss
2  2 3  2000.0 0.3 0.1 0.1 0.1 0.2 0.0 0.0
3  3 4  2000.0 0.3 0.1 0.1 0.1 0.2 0.0 0.0
```

• 출력파일

```
D I S P L A C E M E N T S

   no        dis_X        dis_Y        dis_Z          rot_X          rot_Y          rot_Z

    1     0.000000     0.000000     0.000000   0.000000E+00   0.000000E+00   0.000000E+00
    2    -0.003106    -0.019546    -0.015600  -0.106122E-01   0.101471E-01  -0.162125E-01
    3    -0.039673    -0.029546     0.004400  -0.469388E-02   0.207083E-02  -0.193187E-01
    4    -0.039673    -0.033491     0.004400   0.530612E-02  -0.103541E-02  -0.193187E-01

M E M B E R   F O R C E S

   eL    i         fx_i         fy_i         fz_i         mx_i         my_i         mz_i
         j         fx_j         fy_j         fz_j         mx_j         my_j         mz_j

    1    1        0.311        1.000        1.636        0.816       -2.651        2.621
         2       -0.311       -1.000        1.408       -0.816       -0.621       -0.621
    2    2       -1.000        0.311       -1.408       -0.621        0.816        0.621
         3        1.000       -0.311        0.000        0.621        2.000        0.000
    3    3        0.000        1.000       -0.311        0.000        0.621        2.000
         4        0.000       -1.000        0.000        0.000        0.000        0.000

N O D E   R E S I D U A L   F O R C E S (Reactions)

   node      res_FX       res_FY       res_FZ       res_MX       res_MY       res_MZ

    1      0.310624     1.000000     1.635954     0.816327    -2.650660     2.621248
    2      0.000000     0.000000     0.000000     0.000000     0.000000     0.000000
    3      0.000000     0.000000     0.000000     0.000000     0.000000     0.000000
    4      0.000000     0.000000     0.000000     0.000000     0.000000     0.000000
```

예제15 : 예제14와 동일한 모델이며 연직하중이 작용하지 않으나 부재 ab에 온도증가 50이 발생하였을 때 입체라멘구조를 해석하라.

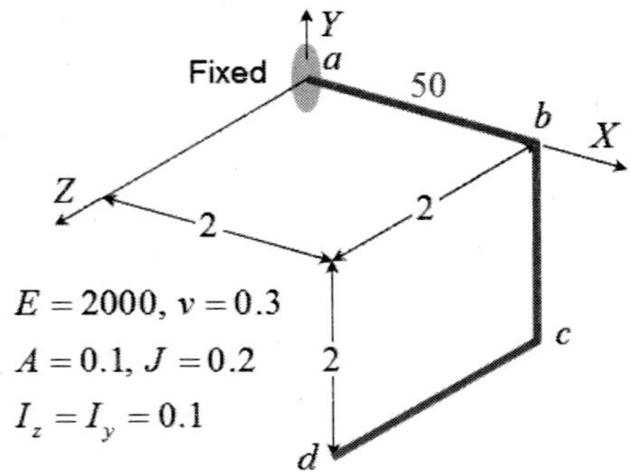

• 입력파일

```
4 3 0                                                   ! node,eLem,nLod
1  1 1 1 1 1 1  0.0  0.0  0.0  0.0  0.0 0.0 0 0 0  ! n,BC,XY,cLod
2  0 0 0 0 0 0  2.0  0.0  0.0  0.0  0.0 0.0 0 0 0
3  0 0 0 0 0 0  2.0 -2.0  0.0  0.0  0.0 0.0 0 0 0
4  0 0 0 0 0 0  2.0 -2.0  2.0  0.0  0.0 0.0 0 0 0
1  1 2  2000.0 0.3 0.1 0.1 0.1 0.2 50.0 0.0   ! n,ni,nj,E,p,A,Zz,Yy,Jc,temp,miss
2  2 3  2000.0 0.3 0.1 0.1 0.1 0.2  0.0 0.0
3  3 4  2000.0 0.3 0.1 0.1 0.1 0.2  0.0 0.0
```

• 출력파일

```
 D I S P L A C E M E N T S

   no        dis_X        dis_Y        dis_Z           rot_X           rot_Y           rot_Z

    1     0.000000     0.000000     0.000000    0.000000E+00    0.000000E+00    0.000000E+00
    2     0.001000     0.000000     0.000000    0.132273E-19   -0.338813E-19    0.108420E-18
    3     0.001000     0.000000     0.000000    0.661363E-20    0.135525E-19    0.162630E-18
    4     0.001000     0.000000     0.000000   -0.162630E-21    0.000000E+00    0.162630E-18

 M E M B E R   F O R C E S

   eL       i     fx_i      fy_i      fz_i      mx_i      my_i      mz_i
            j     fx_j      fy_j      fz_j      mx_j      my_j      mz_j

    1       1    0.000     0.000     0.000     0.000     0.000     0.000
            2    0.000     0.000     0.000     0.000     0.000     0.000
    2       2    0.000     0.000     0.000     0.000     0.000     0.000
            3    0.000     0.000     0.000     0.000     0.000     0.000
    3       3    0.000     0.000     0.000     0.000     0.000     0.000
            4    0.000     0.000     0.000     0.000     0.000     0.000

 N O D E   R E S I D U A L   F O R C E S (Reactions)

   node      res_FX       res_FY       res_FZ       res_MX       res_MY       res_MZ

      1    0.000000     0.000000     0.000000     0.000000     0.000000     0.000000
      2    0.000000     0.000000     0.000000     0.000000     0.000000     0.000000
      3    0.000000     0.000000     0.000000     0.000000     0.000000     0.000000
      4    0.000000     0.000000     0.000000     0.000000     0.000000     0.000000
```

예제16 : 예제14와 동일한 모델이며 연직하중이 작용하지 않으나 부재 bc에 초기결함 0.02가 발생하였을 때 입체라멘구조를 해석하라.

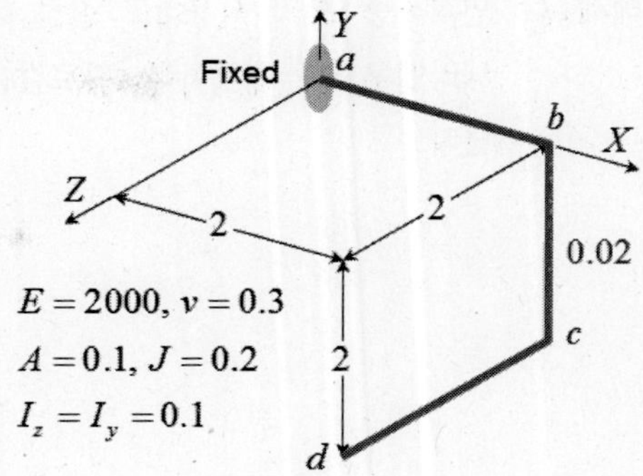

• 입력파일

```
4 3 0                                              ! node,eLem,nLod
1  1 1 1 1 1 1  0.0  0.0  0.0  0.0  0.0 0.0 0 0 0  ! n,BC,XY,cLod
2  0 0 0 0 0 0  2.0  0.0  0.0  0.0  0.0 0.0 0 0 0
3  0 0 0 0 0 0  2.0 -2.0  0.0  0.0  0.0 0.0 0 0 0
4  0 0 0 0 0 0  2.0 -2.0  2.0  0.0  0.0 0.0 0 0 0
1  1 2  2000.0 0.3 0.1 0.1 0.1 0.2  0.0 0.0   ! n,ni,nj,E,p,A,Zz,Yy,Jc,temp,miss
2  2 3  2000.0 0.3 0.1 0.1 0.1 0.2  0.0 0.02
3  3 4  2000.0 0.3 0.1 0.1 0.1 0.2  0.0 0.0
```

• 출력파일

```
 D I S P L A C E M E N T S

   no      dis_X       dis_Y       dis_Z         rot_X          rot_Y          rot_Z

    1   0.000000    0.000000    0.000000   0.000000E+00   0.000000E+00   0.000000E+00
    2   0.000000    0.000000    0.000000   0.173472E-17  -0.173472E-17  -0.173472E-17
    3   0.000000   -0.020000    0.000000   0.867362E-18   0.000000E+00  -0.433681E-18
    4   0.000000   -0.020000    0.000000   0.173472E-17   0.216840E-18  -0.130104E-17

 M E M B E R   F O R C E S

   eL   i        fx_i        fy_i        fz_i        mx_i        my_i        mz_i
        j        fx_j        fy_j        fz_j        mx_j        my_j        mz_j

    1   1       0.000       0.000       0.000       0.000       0.000       0.000
        2       0.000       0.000       0.000       0.000       0.000       0.000
    2   2       0.000       0.000       0.000       0.000       0.000       0.000
        3       0.000       0.000       0.000       0.000       0.000       0.000
    3   3       0.000       0.000       0.000       0.000       0.000       0.000
        4       0.000       0.000       0.000       0.000       0.000       0.000

 N O D E   R E S I D U A L   F O R C E S (Reactions)

   node      res_FX      res_FY      res_FZ      res_MX      res_MY      res_MZ

      1    0.000000    0.000000    0.000000    0.000000    0.000000    0.000000
      2    0.000000    0.000000    0.000000    0.000000    0.000000    0.000000
      3    0.000000    0.000000    0.000000    0.000000    0.000000    0.000000
      4    0.000000    0.000000    0.000000    0.000000    0.000000    0.000000
```

예제17 : 연직하중 P가 작용하고 절점 a, d가 고정단이 입체라멘구조를 해석하라. 자료값은 그림속에 표기하였다.

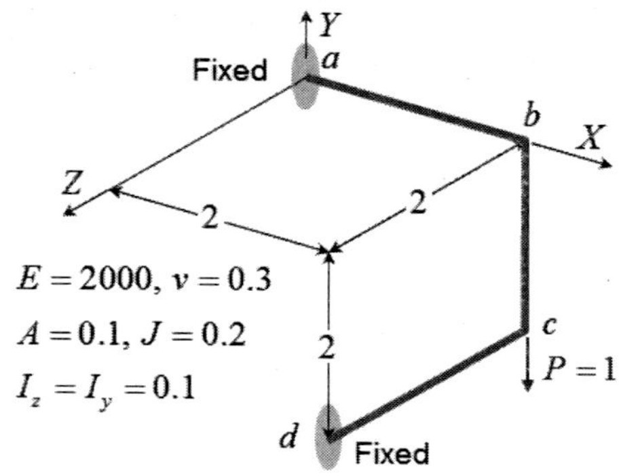

• 입력파일

```
4 3 0                                                    ! node,eLem,nLod
1  1 1 1 1 1 1  0.0  0.0  0.0  0.0  0.0 0.0 0 0 0 0  ! n,BC,XY,cLod
2  0 0 0 0 0 0  2.0  0.0  0.0  0.0  0.0 0.0 0 0 0 0
3  0 0 0 0 0 0  2.0 -2.0  0.0  0.0 -1.0 0.0 0 0 0 0
4  1 1 1 1 1 1  2.0 -2.0  2.0  0.0  0.0 0.0 0 0 0 0
1  1 2  2000.0 0.3 0.1 0.1 0.1 0.2 0.0 0.0   ! n,ni,nj,E,p,A,Zz,Yy,Jc,temp,miss
2  2 3  2000.0 0.3 0.1 0.1 0.1 0.2 0.0 0.0
3  3 4  2000.0 0.3 0.1 0.1 0.1 0.2 0.0 0.0
```

• 출력파일

```
D I S P L A C E M E N T S

   no      dis_X      dis_Y      dis_Z        rot_X          rot_Y          rot_Z

    1   0.000000   0.000000   0.000000   0.000000E+00   0.000000E+00   0.000000E+00
    2   0.000217   0.005969   0.023988   0.237351E-01  -0.162059E-01   0.411440E-02
    3   0.006851   0.011533  -0.024892   0.167212E-01  -0.692357E-02   0.244801E-02
    4   0.000000   0.000000   0.000000   0.000000E+00   0.000000E+00   0.000000E+00

M E M B E R   F O R C E S

   eL   i      fx_i     fy_i     fz_i     mx_i     my_i     mz_i
        j      fx_j     fy_j     fz_j     mx_j     my_j     mz_j

    1   1    -0.022   -0.556   -2.335   -1.826    3.955   -0.968
        2     0.022    0.556   -2.527    1.826    0.714   -0.145
    2   2     0.556   -0.022    2.527    0.714   -1.826    0.145
        3    -0.556    0.022    2.489   -0.714   -3.229   -0.188
    3   3    -2.489   -1.556    0.022    0.188   -0.714   -3.229
        4     2.489    1.556   -0.022   -0.188    0.671    0.116

N O D E   R E S I D U A L   F O R C E S (Reactions)

  node     res_FX      res_FY      res_FZ      res_MX      res_MY      res_MZ

     1  -0.021669   -0.556411   -2.334616   -1.825774    3.955206   -0.967851
     2   0.000000    0.000000    0.000000    0.000000    0.000000    0.000000
     3   0.000000    0.000000    0.000000    0.000000    0.000000    0.000000
     4   0.021669    1.556411    2.489220   -0.115714    0.670688   -0.188308
```

예제18 : 예제17과 같은 모델에서 부재 ab에 50° 의 온도 증가가 발생하였을 때 입체라멘구조를 해석하라. 자료값은 그림 속에 표기하였다.

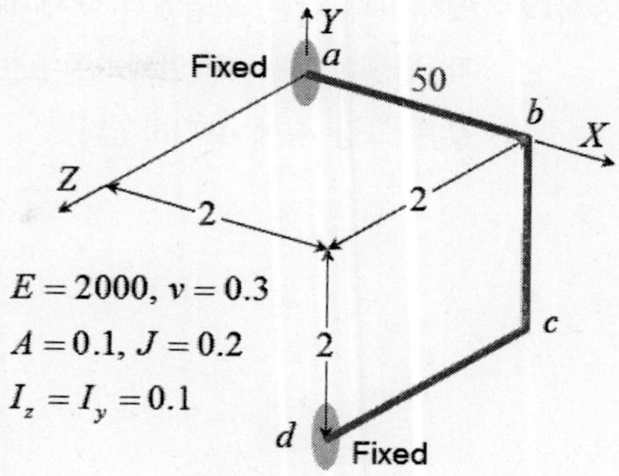

• 입력파일

```
4 3 0                                                   ! node,eLem,nLod
1  1 1 1 1 1 1  0.0  0.0  0.0  0.0  0.0 0.0 0 0 0       ! n,BC,XY,cLod
2  0 0 0 0 0 0  2.0  0.0  0.0  0.0  0.0 0.0 0 0 0
3  0 0 0 0 0 0  2.0 -2.0  0.0  0.0  0.0 0.0 0 0 0
4  1 1 1 1 1 1  2.0 -2.0  2.0  0.0  0.0 0.0 0 0 0
1  1 2  2000.0 0.3 0.1 0.1 0.1 0.2 50.0 0.0  ! n,ni,nj,E,p,A,Zz,Yy,Jc,temp,miss
2  2 3  2000.0 0.3 0.1 0.1 0.1 0.2  0.0 0.0
3  3 4  2000.0 0.3 0.1 0.1 0.1 0.2  0.0 0.0
```

• 출력파일

```
D I S P L A C E M E N T S

  no      dis_X       dis_Y       dis_Z        rot_X          rot_Y          rot_Z

   1    0.000000    0.000000    0.000000   0.000000E+00   0.000000E+00   0.000000E+00
   2    0.000722    0.000164    0.000786   0.997653E-03  -0.558776E-03   0.130997E-04
   3    0.000493    0.000618   -0.001313   0.769609E-03  -0.400069E-03  -0.149719E-03
   4    0.000000    0.000000    0.000000   0.000000E+00   0.000000E+00   0.000000E+00

M E M B E R   F O R C E S

  eL    i      fx_i      fy_i      fz_i      mx_i      my_i      mz_i
        j      fx_j      fy_j      fz_j      mx_j      my_j      mz_j

   1    1     0.028    -0.045    -0.068    -0.077     0.124    -0.047
        2    -0.028     0.045    -0.100     0.077     0.012    -0.044
   2    2     0.045     0.028     0.100     0.012    -0.077     0.044
        3    -0.045    -0.028     0.131    -0.012    -0.122     0.012
   3    3    -0.131    -0.045    -0.028    -0.012    -0.012    -0.122
        4     0.131     0.045     0.028     0.012     0.068     0.032

N O D E   R E S I D U A L   F O R C E S (Reactions)

  node     res_FX      res_FY      res_FZ      res_MX      res_MY      res_MZ

    1     0.027799   -0.045391   -0.068086   -0.076743    0.123963   -0.046701
    2     0.000000    0.000000    0.000000    0.000000    0.000000    0.000000
    3     0.000000    0.000000    0.000000    0.000000    0.000000    0.000000
    4    -0.027799    0.045391    0.131336   -0.031570    0.067806    0.011517
```

예제19 : 예제17과 같은 모델에서 부재 bc에 제작오차 0.02가 발생하였을 때 입체라멘구조를 해석하라. 자료값은 그림 속에 표기하였다.

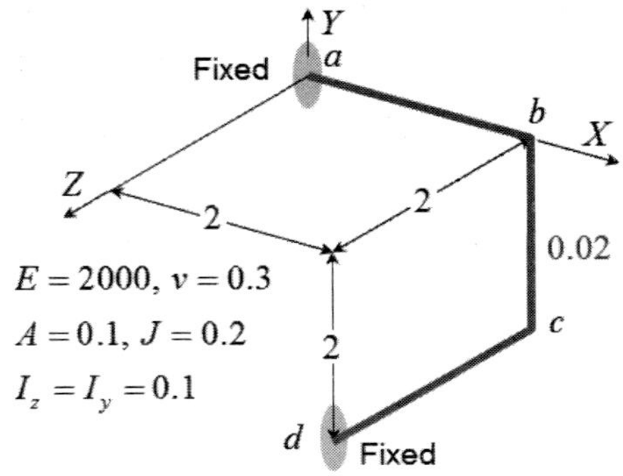

• 입력파일

```
4 3 0                                              ! node,eLem,nLod
1  1 1 1 1 1 1  0.0  0.0  0.0  0.0  0.0 0.0 0 0 0  ! n,BC,XY,cLod
2  0 0 0 0 0 0  2.0  0.0  0.0  0.0  0.0 0.0 0 0 0
3  0 0 0 0 0 0  2.0 -2.0  0.0  0.0  0.0 0.0 0 0 0
4  1 1 1 1 1 1  2.0 -2.0  2.0  0.0  0.0 0.0 0 0 0
1  1 2  2000.0 0.3 0.1 0.1 0.1 0.2 0.0 0.0  ! n,ni,nj,E,p,A,Zz,Yy,Jc,temp,miss
2  2 3  2000.0 0.3 0.1 0.1 0.1 0.2 0.0 0.02
3  3 4  2000.0 0.3 0.1 0.1 0.1 0.2 0.0 0.0
```

• 출력파일

```
D I S P L A C E M E N T S

   no       dis_X        dis_Y        dis_Z        rot_X          rot_Y          rot_Z

    1     0.000000     0.000000     0.000000   0.000000E+00   0.000000E+00   0.000000E+00
    2    -0.002774     0.017796     0.032074   0.341019E-01  -0.219688E-01   0.110594E-01
    3     0.012044     0.018006    -0.038634   0.247421E-01  -0.111195E-01   0.468315E-02
    4     0.000000     0.000000     0.000000   0.000000E+00   0.000000E+00   0.000000E+00

M E M B E R   F O R C E S

   eL     i          fx_i         fy_i         fz_i         mx_i         my_i         mz_i
          j          fx_j         fy_j         fz_j         mx_j         my_j         mz_j

    1     1         0.277       -2.021       -3.031       -2.623        5.228       -3.127
          2        -0.277        2.021       -3.559        2.623        0.835       -0.915
    2     2         2.021        0.277        3.559        0.835       -2.623        0.915
          3        -2.021       -0.277        3.863       -0.835       -4.495       -0.360
    3     3        -3.863       -2.021       -0.277        0.360       -0.835       -4.495
          4         3.863        2.021        0.277       -0.360        1.389        0.453

N O D E   R E S I D U A L   F O R C E S (Reactions)

   node       res_FX       res_FY       res_FZ       res_MX       res_MY       res_MZ

     1      0.277387    -2.020960    -3.031439    -2.623219     5.228317    -3.126904
     2      0.000000     0.000000     0.000000     0.000000     0.000000     0.000000
     3      0.000000     0.000000     0.000000     0.000000     0.000000     0.000000
     4     -0.277387     2.020960     3.863435    -0.453250     1.389335    -0.360242
```

7.4 프로그램적용

7.4.1 프로그램 작성스킬

[1] 공학문제해결과정

문제분석, 처리방법과 처리순서의 결정은 문제의 정의에 해당되며 프로그램의 편집(coding), 번역(compiling), 연계(linking)과정을 프로그램 작성으로 구분할 수 있다. 문제의 정의와 프로그램 작성은 문제해결의 준비단계에 해당하며 실제 문제해결은 프로그램 실행(run)으로 완성된다. 프로그램실행은 입력자료를 이용하고 계산결과는 주로 외부파일(external file)로 표현하게 된다. 이상과 같이 공학문제 해결과정은 다음과 같이 8단계로 구분하여 요약할 수 있다.

(1) **문제분석** : 구조문제를 해결할 때, 처리할 문제의 의미를 정확하게 이해하고 여러 각도에서 분석하여야 한다. 문제의 처리목적이 무엇이며 주어진 자료는 무엇이며 결과자료는 어떤 것들인지를 결정하여야 한다. 또 해석결과의 정확도를 분명히 밝혀 처리할 문제의 범위를 규정하여야 한다. 물리문제뿐만 아니라 공학문제에서, 가장 중요한 단계는 문제의 정확한 분석이며 분석이 잘못되면 해석결과도 신뢰할 수 없다. 구조해석도 문제의 분석단계가 가장 중요한 첫 단계이다.

(2) **처리방법 결정** : 명확하게 분석된 문제들에 대하여 공식화하고 공식화된 수학식 또는 계산식을 어떤 방법을 적용하여 해결한 것인가를 결정한다. 단순화된 문제에 대한 해석모델은 간단한 공식에 의해 손쉽게 계산될 수 있다. 그러나 복잡한 수학식을 요구하는 해석모델에 대한 수학식은 많은 반복계산이 요구되므로 수치적인 오차를 최소화할 수 있는 수학적 기법들은 무엇이 있는가를 결정하여야 한다.

(3) **처리순서 선택** : 공학문제는 수많은 반복계산을 요구하는 경우가 많으므로 어떤 처리순서를 선택하는가에 따라 계산량이 감소하거나 신뢰도 높은 계산결과를 나타난다. 따라서 문제해결을 위한 처리순서도 사전에 준비하여야 한다.

(4) **프로그램 작성** : 해석적 방법으로 수식화된 문제를 해결하는 것이 가장 좋다. 그러나 해결할 수 없는 수식이 대부분이므로 이를 처리하기 위한 도구가 필요하다. 대표적인 도구가 컴퓨터 프로그램이다. 컴퓨어 프로그램이 만능이 아니므로 사용법뿐만 아니라 적용범위와 정확도는 사전에 확인하여야 한다.

(5) **프로그램 실행** : 주어진 자료들을 이용하고 프로그램을 실행하는 과정에도 모델링 선택과 자료입력이 중요하다. 연산과정을 컴퓨터에 의존하므로 사용자가 할 수 있는 일은 입력자료의 준비와 오류없는 입력자료의 제공이 된다. 잘못된 자료는 잘못된 결과를 주기 때문에 신중한 입력자료준비가 필요하다.

(6) **수행결과 분석** : 해석결과를 얻었다고 모든 문제가 해결되는 것이 아니다. 해석결과가 올바른가를 반드시 검증하여야 한다. 동일한 방법으로 결과를 얻기보다 또다른 방법을 동원하여 해석결과를 비교하는 것이 바람직하다. 또 컴퓨터에 의한 계산이 반드시 올바른 결과가 아님을 명심하여야 한다. 계산결과의 옳고 그름을 판단하는 것은 오로지 사용자의 판단에 달려 있다.

(7) **오류발생** : 구조해석은 여러 단계에서 오류를 나타낼 수 있다. 오류를 최소화하는 과정만이 올바른 결과를 나타낸다. 문제의 정의가 그릇된 경우, 해석방법을 잘못 적용한 경우, 연산오류, 자료입력의 오류, 수학식의 부적절한 적용, 해석결과를 오독하는 경우 등 도처에서 오류를 범할 수 있다. 오류를 최소화하는 노력이 필요하다.

(8) **최종결과** : 오류도 발생하지 않았고 제시된 자료에도 잘못이 없다면 올바른 계산결과를 얻게 된다. 그럼에도 최종결과조차도 여타의 방법을 동원하여 검증함을 잊어서는 안 된다.

[2] 구조해석문제 해결과정

구조해석문제 해결과정과 구조해석프로그램 작성과정도 일반적인 공학문제해결과정과 동일하다. 정확한 문제가 무엇인가를 정의하지 않으면 해석결과가 무엇인지를 알 수 없다. 구조해석과정은 매우 간단한 공학문제에 해당한다. 주어진 시스템에 주어진 하중이 작용할 때, 시스템의 어떤 변화를 발생하며 정량적인 결과들이 합리적인가를 분석하는 일련의 과정이다. 이 과정은 지루한 반복연산이 포함되고 복잡한 산술식을 이용하는 경우가 발생한다. 이러한 작업들을 컴퓨터의 도움으로 극복하는 것이 구조해석프로그램의 작성목적이기도 하다.

간단한 평면라멘구조를 예를 들어 보자. 2개의 부재. 3개의 절점으로 구성된 평면라멘구조에서 절점 a, c는 고정단이고 절점 b에 하중이 작용하고 있다, 일반적으로 변위를 알면 하중(또는 반력)을 모르고 하중을 알면 변위를 모르는 배리의 관계가 성립한다. 즉, 절점 b는 작용하중은 기지의 값이나 변위는 미지의 값이다. 반면에 지점 a, c는 변위가 0이라는 것을 알고 있으나 반력의 크기가 미정이다. 전장에서 이미 여러 차례 설명한 것처럼 구조강성도매트릭스 구성이 되면 Solver를 이용하여 근을 결정하는 일은 매우 간단하다. 따라서 본절도 LM의 사용법과 조합과정을 중점적으로 설명하기로 한다.

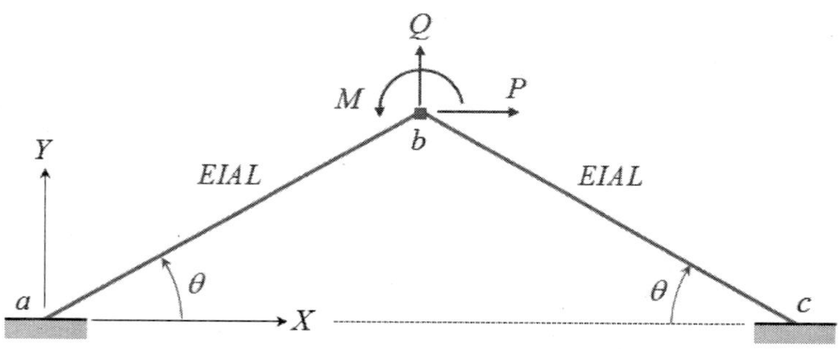

(1) **좌표계의 선택** : 구조해석과정에 추상적이거나 정성적인 자료를 이용되지 않는다. 유일하게 이용되는 것이 수치자료이며 해석결과도 수치자료만 도출된다. 자료구성의 시작은 좌표계이다. 어떤 좌표계를 선택하는가에 따라 구조해석이 쉬워질 수도 있다. 그러나 일반적으로 정해진 좌표계를 사용하므로 큰 혼돈이 발생하지 않을 것이다. 여기서는 전체좌표계와 국부좌표계로 구분하여 부재특성치를 결정하게

된다. 특별한 경우가 아니면 직교좌표계를 사용하므로 수학식 적용도 용이하다.

(1) **자유도의 선택** : 구조해석은 다음 그림과 같이 각 절점의 자유도를 선택하는 일부터 시작된다. 각 구조해석모델은 정해진 자유도수가 있으므로 이를 이용하면 된다.

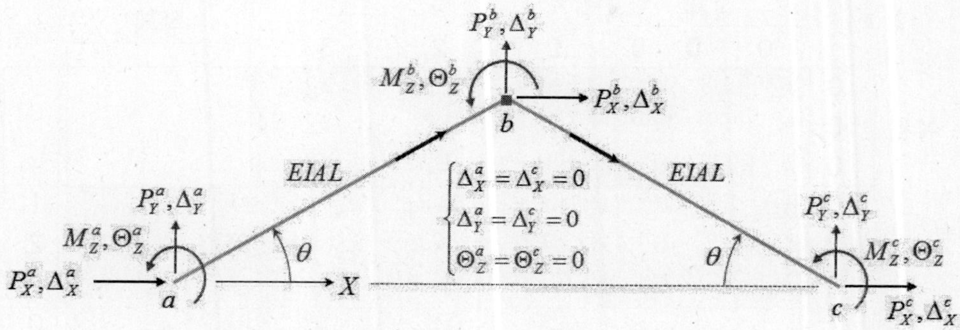

(2) **LM(Location Matrix)의 구성** : 경계조건을 고려하여 각 절점의 자유도에 따라 일련번호 즉, 방정식 번호를 부여하고 각 부재별 LM를 구성해 둔다.

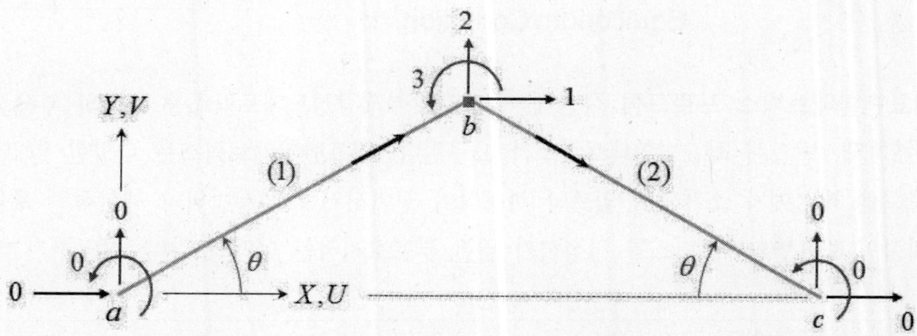

Node	U	V	Θ
1	0	0	0
2	1	2	3
3	0	0	0

절점당 3개 DOF

+

element	i-node	j-node
(1)	a	b
(2)	b	c

요소당 2개 Node

⇨

element	i-node			j-node		
(1)	0	0	0	1	2	3
(2)	1	2	3	0	0	0

요소당 6개 DOF

(3) **LM을 이용한 전체 시스템 매트릭스 구성** : 경계조건에 해당하는 자유도는 모두 0으로 지정하였고 움직임을 나타내는 자유도는 일련번호(전체구조물의 지배방정식에서 방정식번호)을 부여한 상태이다. 따라서 각 부재의 양단절점 자유도에 해당하는 번호(방정식 번호)들을 이용하여 전체 시스템 매트릭스를 손쉽게 조합할 수 있다. 예를 들어, 1번째 부재 ab는 6개의 기억장소에 0, 0, 0, 1, 2, 3이라는 방정식 번호가 저장되어 있다. 여기서 처음 3개의 숫자 0, 0, 0은 절점 a의 자유도 즉, 방정식번호

이며 나머지 3개의 숫자 1, 2, 3은 절점 b의 방정식번호이다. 부재강성도매트릭스의 성분은 전체시스템매트릭스의 해당번호(방정식번호)에 자동적으로 저장 또는 누적된다. 아래 그림은 각 부재의 강성도매트릭스가 전체 구조계의 강성도매트릭스에 저장되는 모습을 보여주고 있다.

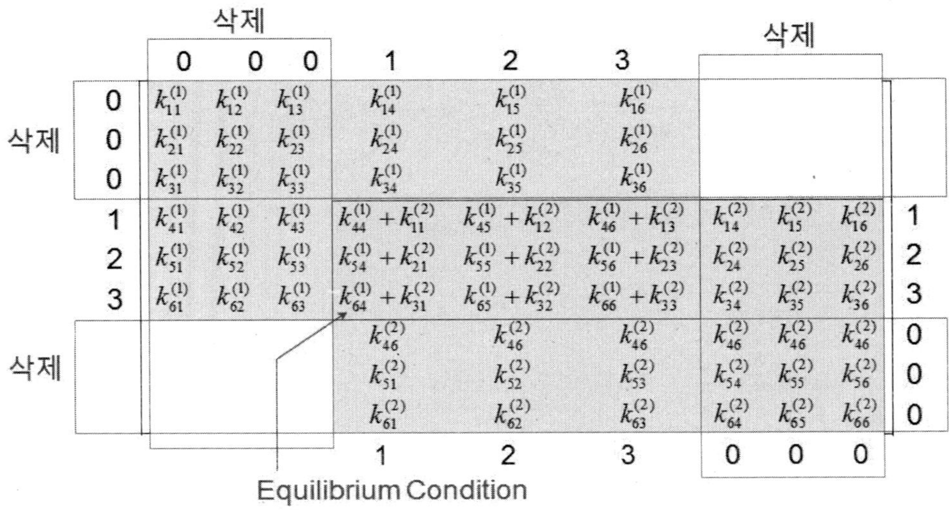

(3) **3차원 좌표변환매트릭스 프로그램 작성예** : LCS의 부재강성도매트릭스를 GCS의 부재강성도매트릭스로 변환할 때, 반드시 좌표변환매트릭스가 요구된다. 좌표변환매트릭스는 다양한 알고리즘과 여러 가지 프로그램 작성예가 소개되어 있으나 사용성이 떨어지거나 적용범위나 제한적인 모듈들이 많다. 가장 효과적인 좌표변환매트릭스를 결정하기 위한 부프로시저는 아래와 같다. 참고하기 바란다.

```
SUBROUTINE Transformation_Psi(psi)
  IMPLICIT NONE
  REAL(8) :: psi,cx,cy,cz,cxy,cxz,Sp,Cp

  cx=dx/L ; cy=dy/L ; cz=dz/L
  Sp=SIN(psi) ; cxy=SQRT(cx*cx+cy*cy)
  Cp=COS(psi) ; cxz=SQRT(cx*cx+cz*cz)
  C=0.0D0
  IF (cx==0.0D0 .AND. cz==0.0D0) THEN
     C(1,1)=cx                   ; C(1,2)=cy                   ; C(1,3)=cz
     C(2,1)=(-cx*cz*Sp-cy*Cp)/cxy ; C(2,2)=(-cy*cz*Sp+cx*Cp)/cxy ; C(2,3)=cxy*Sp
     C(3,1)=(-cx*cz*Cp+cy*Sp)/cxy ; C(3,2)=(-cy*cz*Cp-cx*Sp)/cxy ; C(3,3)=cxy*Cp
  ELSE
     C(1,1)=cx                   ; C(1,2)= cy     ; C(1,3)=cz
     C(2,1)=(-cx*cy*Cp-cz*Sp)/cxz ; C(2,2)= cxz*Cp ; C(2,3)=(-cy*cz*Cp+cx*Sp)/cxz
     C(3,1)=(cx*cy*Sp-cz*Cp)/cxz  ; C(3,2)=-cxz*Sp ; C(3,3)=(cy*cz*Sp+cx*Cp)/cxz
  ENDIF
END SUBROUTINE Transformation_Psi
```

7.4.2 프로그램 작성예(평면라멘구조)

```
!------------------------------------------
PROGRAM PLane_Frame_AnaLysis
!------------------------------------------
   IMPLICIT NONE
   INTEGER,PARAMETER :: inp=95,out=96,txt=97
   INTEGER,PARAMETER :: nDim=2,nDof=3,eDof=6,eNod=2
   INTEGER :: node,eLem,neq
   INTEGER :: n,ni,nj,i,j,k,row,coL,ieq
   REAL(8) :: eLas,Ar,Zi,EA,EI,dx,dy,dL,temp,miss
   INTEGER :: BC(nDof),Conn(eNod),LM(eDof)
   REAL(8) :: XY(nDim),cLod(nDof),dis(nDof),mD(eDof),mF(eDof)
   REAL(8) :: mFt(eDof),mFm(eDof)
   REAL(8) :: S(eDof,eDof),T(eDof,eDof)

   TYPE Node_Property
      INTEGER :: BC(nDof)
      REAL(8) :: XY(nDim)
      REAL(8) :: cLod(nDof)
   END TYPE Node_Property
   TYPE(Node_Property),ALLOCATABLE :: Nodes(:)

   TYPE Frame_eLement_Property
      INTEGER :: ni,nj,LM(eDof)
      REAL(8) :: EA,EI,L,temp,miss
      REAL(8) :: S(eDof,eDof),T(eDof,eDof),mF(eDof)
   END TYPE Frame_eLement_Property
   TYPE(Frame_eLement_Property),ALLOCATABLE :: Frame(:)

   REAL(8),ALLOCATABLE :: gK(:,:),gB(:),Resd(:,:)

   CALL Openning
   CALL ControL_Data
   CALL Node_Informations
   CALL ELement_Informations
   CALL AssembLe_System_Matrix
   CALL AssembLe_Load_Vector
   CALL SimuLtaneous_Equation(gK,gB,neq)
   CALL Get_DispLacements
   CALL Get_Member_Forces
   CALL Get_ResiduaL_Forces

   WRITE(out,"(/'  ',20('>'),' You are a rare Genius !'/)")
   WRITE(*,"(/5X,'You are a rare Genius !')")

   CONTAINS

   SUBROUTINE Openning
      IMPLICIT NONE
      INTEGER :: ichr,idot
      CHARACTER(20) :: Fnam,Finp,Fout,Fdat,Ftxt
```

```
    WRITE(*,"(/5X,'-----------------------------------------'    &
    &         /5X,'     ANALYSIS PROGRAM OF PLANE FRAME     '    &
    &         /5X,'       Programed by YSS 07/05/2017       '    &
    &         /5X,'-----------------------------------------')")

    WRITE(*,"(/15X,'Your Input File name : '₩)")
    READ(*,*) Fnam

    ichr=LEN_TRIM(Fnam)  ; IF(ichr==0) STOP '      Not exist Input file'
    idot=INDEX(Fnam,'.') ; IF(idot>=2) ichr=idot-1

    Finp=Fnam(:ichr)//'.inp' ; OPEN(UNIT=inp, FILE=Finp)
    Fout=Fnam(:ichr)//'.out' ; OPEN(UNIT=out, FILE=Fout)
    Ftxt=Fnam(:ichr)//'.txt' ; OPEN(UNIT=txt, FILE=Ftxt)

    WRITE(out,"(/5X,'-----------------------------------------'    &
    &           /5X,'     ANALYSIS PROGRAM OF PLANE FRAME     '    &
    &           /5X,'       Programed by YSS 07/15/2017       '    &
    &           /5X,'-----------------------------------------')")
END SUBROUTINE Openning

SUBROUTINE ControL_Data
    IMPLICIT NONE

    WRITE(*,"(/5X,'Input Control Data')")
    READ(inp,*) node,eLem
    WRITE(out,"(//'  C O N T R O L   P A R A M E T E R S'  &
    &           //5X,'Number of Nodes     = ',I5      &
    &             5X,'Number of eLements  = ',I5)")   &
    &     node,eLem
END SUBROUTINE ControL_Data

SUBROUTINE Node_Informations
    IMPLICIT NONE

    WRITE(*,"(5X,'Input node peoperties')")
    WRITE(out,"(//'  N O D E   P R O P E R T Y'              &
    &           //6X,'node',7X,'U     V     R',10X,'Xc',8X,'Yc',10X,'FX',8X,'FY',8X,'MZ'/)")

    ALLOCATE(Nodes(node))
    ALLOCATE(Resd(nDof,node)) ; Resd=0.0

    DO i=1,node
       READ(inp,*) n,BC,XY,cLod
       Nodes(n)%BC=BC ; Nodes(n)%XY=XY ; Nodes(n)%cLod=cLod
    ENDDO

    neq=0
    DO i=1,node
       DO j=1,nDof
          ieq=Nodes(i)%BC(j)
          IF(ieq==0) THEn
             neq=neq+1 ; Nodes(i)%BC(j)=neq
```

```
         ELSE
            Nodes(i)%BC(j)=0
         ENDIF
      ENDDO
      WRITE(out,"(I10,2X,3I6,2X,2F10.2,2X,3F10.2)") i,Nodes(i)%BC,Nodes(i)%XY,Nodes(i)%cLod
   ENDDO
END SUBROUTINE Node_Informations

SUBROUTINE ELement_Informations
   IMPLICIT NONE
   REAL(8) :: sz,cz,L1,L2,L3,aLpha=1.0D-5,efor

   WRITE(*,"(5X,'Input element peoperties')")
   WRITE(out,"(//'  E L E M E N T   P R O P E R T Y'            &
   &           //6X,'eLem',6X,'I    J',16X,'E',11X,'A',13X,'Iz',8X,'dT',6X,'miss'/)")

   WRITE(txt,"('  E L E M E N T   P R O P E R T I E S   I N   L C S')")

   ALLOCATE(Frame(eLem))

   DO k=1,eLem
      READ(inp,*) n,ni,nj,eLas,Ar,Zi,temp,miss
      Frame(n)%ni=ni ; Frame(n)%nj=nj
      EA=eLas*Ar ; Frame(n)%EA=EA
      EI=eLas*Zi ; Frame(n)%EI=EI
      Frame(n)%temp=temp ; Frame(n)%miss=miss

      LM=0 ; LM(1:nDof)=Nodes(ni)%BC(1:nDof)
             LM(4:eDof)=Nodes(nj)%BC(1:nDof) ; Frame(n)%LM = LM

      dx=Nodes(nj)%XY(1)-Nodes(ni)%XY(1)
      dy=Nodes(nj)%XY(2)-Nodes(ni)%XY(2)
      L1=SQRT(dx*dx+dy*dy) ; L2=L1*L1 ; L3=L2*L1
      cz=dx/L1 ; sz=dy/L1

      T=0.0 ; T(1,1)= cz ; T(1,2)=sz
              T(2,1)=-sz ; T(2,2)=cz ; T(3,3) = 1.0
              T(4,4)= cz ; T(4,5)=sz
              T(5,4)=-sz ; T(5,5)=cz ; T(6,6) = 1.0
      Frame(n)%T=T ; Frame(n)%L=L1

      S=0.0 ; S(1,1)=    EA/L1 ; S(1,4)=  -EA/L1 ; S(4,1)=   -EA/L1 ; S(4,4)=   EA/L1
              S(2,2)= 12*EI/L3 ; S(2,3)= 6*EI/L2 ; S(2,5)=-12*EI/L3 ; S(2,6)= 6*EI/L2
              S(3,2)=  6*EI/L2 ; S(3,3)= 4*EI/L1 ; S(3,5)= -6*EI/L2 ; S(3,6)= 2*EI/L1
              S(5,2)=-12*EI/L3 ; S(5,3)=-6*EI/L2 ; S(5,5)= 12*EI/L3 ; S(5,6)=-6*EI/L2
              S(6,2)=  6*EI/L2 ; S(6,3)= 2*EI/L1 ; S(6,5)= -6*EI/L2 ; S(6,6)= 4*EI/L1
      Frame(n)%S=S

      mFt=0.0D0 ; mFm=0.0D0
      IF(temp/=0.0) THEN
         eFor=EA*aLpha*temp ; mFt(1)=-eFor ; mFt(4)=eFor
      ENDIF
      IF(miss/=0.0) THEN
```

```
         eFor=EA*miss/L1    ; mFm(1)=-eFor ; mFm(4)=eFor
      ENDIF
      mF=mFt+mFm ; Frame(n)%mF=mF
      mF=MATMUL(TRANSPOSE(T),mF)
      Nodes(ni)%cLod(1:nDof)=Nodes(ni)%cLod(1:nDof)+mF(1:nDof)
      Nodes(nj)%cLod(1:nDof)=Nodes(nj)%cLod(1:nDof)+mF(4:eDof)

      WRITE(out,"(I10,2X,2I5,2X,E15.6,F12.4,E15.6,2F10.2)") n,ni,nj,eLas,Ar,Zi,temp,miss

      WRITE(txt,"(/3X,'eLem no =',I5,5X,'Stiffness_Matrix and Transformation_Matrix')") n
      WRITE(txt,"(7X,6I12,2X,6I7)") (i,i=1,eDof)
      DO i=1,eDof
         WRITE(txt,"(I5,2X,6E12.4)") i,S(i,1:eDof)
      ENDDO
      WRITE(txt,"(/7X,6I7)") (i,i=1,eDof)
      DO i=1,eDof
         WRITE(txt,"(I5,2X,6F7.3)") i,T(i,1:eDof)
      ENDDO
   ENDDO
END SUBROUTINE ELement_Informations

SUBROUTINE AssembLe_System_Matrix
   IMPLICIT NONE
   INTEGER :: n,i,j,row,coL

   ALLOCATE(GK(neq,neq)) ; GK=0.0D0

   WRITE(txt,"(///' E L E M E N T   P R O P E R T I E S   I N   G C S')")

   WRITE(*,"(5X,'Assemble System Matrix')")
   WRITE(out,"(//' S Y S T E M   M A T R I X'  &
   &          //5X,'Number of Equations ',I5)") neq

   DO n=1,eLem
      LM=Frame(n)%LM ; S=Frame(n)%S ; T=Frame(n)%T
      S = MATMUL(TRANSPOSE(T), MATMUL(S,T))

      WRITE(txt,"(/3X,'eLem no =',I5,5X,'Structure Stiffness Matrix')") n
      WRITE(txt,"(7X,6I12)") (i,i=1,eDof)
      DO i=1,eDof
         WRITE(txt,"(I5,2X,6E12.4)") i,S(i,1:eDof)
      ENDDO

      DO i=1,eDof
               row=LM(i) ; IF(row<=0) CYCLE
         DO j=1,eDof
            coL=LM(j) ; IF(coL<=0) CYCLE
            GK(row,coL)=GK(row,coL)+S(i,j)
         ENDDO
      ENDDO
   ENDDO
   WRITE(txt,"(//' S Y S T E M   M A T R I X & V E C T O R')")
   WRITE(txt,"(/3X,'Stiffness Matrix')")
```

```
    WRITE(txt,"(8X,100I12)") (i,i=1,neq)
    DO i=1,neq
       WRITE(txt,"(I6,2X,100E12.4)") i,GK(i,1:neq)
    ENDDO
 END SUBROUTINE Assemble_System_Matrix

 SUBROUTINE Assemble_Load_Vector
    IMPLICIT NONE
    INTEGER :: n,i,j,row

    ALLOCATE(GB(neq)) ; GB=0.0D0

    WRITE(*,"(5X,'Assemble Load Vector')")
    WRITE(out,"(//'  S Y S T E M   L O A D   V E C T O R')")

    DO n=1,node
       DO i=1,nDof
          row=Nodes(n)%BC(i) ; IF(row<=0) CYCLE
          GB(row)=GB(row)+Nodes(n)%cLod(i)
       ENDDO
    ENDDO
    WRITE(txt,"(/3X,'Load Vector ')")
    DO n=1,neq
       WRITE(txt,"(I6,6E14.4)") n,GB(n)
    ENDDO
 END SUBROUTINE Assemble_Load_Vector

 SUBROUTINE Get_Displacements
    IMPLICIT NONE
    INTEGER :: n,i,j

    WRITE(*,"(5X,'Get Displacements')")
    WRITE(out,"(//'  D I S P L A C E M E N T S'    &
    &           //6X,'node',12X,'dis_X',10X,'dis_Y',10X,'rot_Z'/)")

    DO n=1,node
       BC=Nodes(n)%BC
       dis=0.0
       DO i=1,nDof
                 ieq=BC(i) ; IF(ieq>0) dis(i)=gB(ieq)
       ENDDO
       WRITE(out,"(I10,2X,2F15.6,E15.6)") n,dis
    ENDDO
 END SUBROUTINE Get_Displacements

 SUBROUTINE Get_Member_Forces
    IMPLICIT NONE
    INTEGER :: n,i,j

    WRITE(*,"(5X,'Get Memeber Forces')")
    WRITE(out,"(//'  M E M B E R   F O R C E S'    &
    &           //6X,'elem      i     j',2X,2(10X,'fx',10X,'fy',10X,'mz')/)")
```

```
   DO n=1,eLem
      ni=Frame(n)%ni ; nj=Frame(n)%nj
      LM=Frame(n)%LM ; S=Frame(n)%S ; T=Frame(n)%T

      mD = 0.0
      DO i=1,eDof
         ieq=LM(i) ; IF(ieq>0) mD(i)=gB(ieq)
      ENDDO
      mF=0.0D0 ; mF=MATMUL(S,MATMUL(T,mD))
      mFm=mF-Frame(n)%mF

      WRITE(out,"(I10,2X,2I5,2X,6F12.3)") n,ni,nj,mFm

      mF=MATMUL(TRANSPOSE(T),mF)
      Resd(1:nDof,ni)=Resd(1:nDof,ni)+mF(1:nDof)
      Resd(1:nDof,nj)=Resd(1:nDof,nj)+mF(4:eDof)
   ENDDO
END SUBROUTINE Get_Member_Forces

SUBROUTINE Get_ResiduaL_Forces
   IMPLICIT NONE
   INTEGER :: n,i,j

   WRITE(*,"(5X,'Get ResiduaL Forces')")
   WRITE(out,"(//' N O D E   R E S I D U A L   F O R C E S (Reactions)'    &
   &           //6X,'node  ',9X,'res_FX',9X,'res_FY',9X,'res_MZ'/)")

   DO n=1,node
      Resd(:,n)=Resd(:,n)-Nodes(n)%cLod(:)
      WRITE(out,"(I10,2X,3F15.6)") n,Resd(:,n)
   ENDDO
END SUBROUTINE Get_ResiduaL_Forces

SUBROUTINE SimuLtaneous_Equation(A,B,n)
   IMPLICIT NONE
   INTEGER :: n, i,ia,ib,j,k,ind=1
   REAL(8) :: A(n,n),B(n), z
   INTEGER,ALLOCATABLE :: La(:),Lb(:,:)
   REAL(8),ALLOCATABLE :: Sz(:)

   WRITE(*,"(5X,'Gauss Elimination')")
   WRITE(out,"(//' G A U S S   F U L L   M A T R I X   S O L V E R')")

   ALLOCATE(La(n))   ; La=0
   ALLOCATE(Lb(n,2)) ; Lb=0
   ALLOCATE(Sz(n))   ; Sz=0.0D0

   ind=1
   DO k=1,n
      z=0.0D0
      DO i=1,n
         IF(La(i)==1) CYCLE
         DO j=1,n
```

```
                    IF(La(j)<1) THEN
                IF(ABS(z)<ABS(A(i,j))) THEN
                  ia=i ; ib=j ; z=A(i,j)
                ENDIF
              ELSEIF(La(j)/=1) THEN
                DEALLOCATE(La,Lb,Sz) ; RETURN
              ENDIF
            ENDDO
          ENDDO
          La(ib)=La(ib)+1
          IF(ia/=ib) THEN
            DO i=1,n
              z=A(ia,i) ; A(ia,i)=A(ib,i) ;  A(ib,i)=z
            ENDDO
            IF(Ind /= 0) THEN
              z=B(ia) ; B(ia)=B(ib) ; B(ib)=z
            ENDIF
          ENDIF
          Lb(k,1)=ia ; Lb(k,2)=ib ; Sz(k)=A(ib,ib) ; A(ib,ib)=1.0
          A(ib,1:n)=A(ib,1:n)/Sz(k)
          IF(Ind/=0) B(ib)=B(ib)/Sz(k)
          DO i=1,n
            IF(i==ib) CYCLE
            z=A(i,ib) ; A(i,ib)=0.0
            DO j=1,n
              A(i,j)=A(i,j)-A(ib,j)*z
            ENDDO
            IF(Ind/=0) B(i)=B(i)-B(ib)*z
          ENDDO
        ENDDO
        DO i=1,n ; j=n-i+1
          IF(Lb(j,1)==Lb(j,2)) CYCLE
          ia=Lb(j,1) ; ib=Lb(j,2)
          DO k=1,n
            z=A(k,ia) ; A(k,ia)=A(k,ib) ; A(k,ib)=z
          ENDDO
        ENDDO
        DEALLOCATE(La,Lb,Sz)
      END SUBROUTINE SimuLtaneous_Equation

    END PROGRAM PLane_Frame_AnaLysis
```

7.5 연습문제

7.5.1 기본개념문제

[1] 다음과 같은 용어를 설명하라.

(1) 기준좌표계 (2) 직교좌표계 (3) Curvilinear 좌표계

(4) sectorial 좌표 (4) Natural Coordinate (6) Moving trihedron

(7) 부재평면 (8) 거동평면 (9) 법면

(10) 전직면 (11) 접면 (12) 면내축

(13) 면외축 (14) 비틀림 중심 (15) 2축 휨

(16) 세장비 (17) 균일비틀림 (18) 비균일비틀림

[2] 다음질문에 답하라.

(1) 좌표변환매트릭스가 수직매트릭스임을 증명하라.

(2) Column Solver와 Disk Solver란 무엇인가를 설명하라.

(3) 변형과 거동이 무엇이며 어떤 종류가 있는지를 설명하라.

(4) 보부재와 라멘부재의 변형과 거동의 차이점을 설명하라.

7.5.2 해석과 프로그램 적용문제

[1] 단면축을 (y, z)이고 y, z 평면에 수직한 응력을 $\sigma = a + by + cz$ 라고 하자. 즉, 수직응력 σ는 단면축 y와 z에 비례한다고 가정하자. 이 단면에 축력 P, y축에 대한 모멘트 M_y, z에 대한 모멘트 M_z가 작용할 때, 상수 a, b, c를 결정하라.

[2] 임의의 평면라멘부재의 강성도매트릭스 $\boldsymbol{k}_e$를 유도하라.

$$\begin{Bmatrix} f_x^i \\ f_y^i \\ m_z^i \\ f_x^j \\ f_y^j \\ m_z^j \end{Bmatrix} = \begin{bmatrix} \frac{EA}{L} & 0 & 0 & -\frac{EA}{L} & 0 & 0 \\ 0 & \frac{12EI}{L^3} & \frac{6EI}{L^2} & 0 & -\frac{12EI}{L^3} & \frac{6EI}{L^2} \\ 0 & \frac{6EI}{L^2} & \frac{4EI}{L} & 0 & -\frac{6EI}{L^2} & \frac{2EI}{L} \\ -\frac{EA}{L} & 0 & 0 & \frac{EA}{L} & 0 & 0 \\ 0 & -\frac{12EI}{L^3} & -\frac{6EA}{L^2} & 0 & \frac{12EI}{L^3} & -\frac{6EI}{L^2} \\ 0 & \frac{6EI}{L^2} & \frac{2EI}{L} & 0 & -\frac{6EI}{L^2} & \frac{4EI}{L} \end{bmatrix} \begin{Bmatrix} \delta_x^i \\ \delta_y^i \\ \theta_z^i \\ \delta_x^j \\ \delta_y^j \\ \theta_z^j \end{Bmatrix}$$

[3] 부재 내에 작용하는 집중하중이 있는 평면라멘부재에서 절점하중변환 방법을 설명하라. 또. 절점변위를 결정한 후 부재력 산정과정을 설명하라.

[4] 평면라멘부재의 정확한 부재력 산정방법을 공식화하고 설명하라.

[5] 입체라멘부재의 좌표변환매트릭스를 공식화하고 프로그램을 작성하라.

[6] 임의의 입체라멘부재의 강성도매트릭스 $\boldsymbol{k}_e$ 를 유도하라.

$$
\begin{Bmatrix} f_x^i \\ f_y^i \\ f_z^i \\ m_x^i \\ m_y^i \\ m_z^i \\ f_x^j \\ f_y^j \\ f_z^j \\ m_x^j \\ m_y^j \\ m_z^j \end{Bmatrix}
=
\begin{bmatrix}
a & \cdot & \cdot & \cdot & \cdot & \cdot & -a & \cdot & \cdot & \cdot & \cdot & \cdot \\
\cdot & b_{12}^o & \cdot & \cdot & \cdot & b_{06}^o & \cdot & -b_{12}^o & \cdot & \cdot & \cdot & b_{06}^o \\
\cdot & \cdot & c_{12}^o & \cdot & -c_{06}^o & \cdot & \cdot & \cdot & -c_{12}^o & \cdot & -c_{06}^o & \cdot \\
\cdot & \cdot & \cdot & t & \cdot & \cdot & \cdot & \cdot & \cdot & -t & \cdot & \cdot \\
\cdot & \cdot & -c_{06}^o & \cdot & c_{04}^o & \cdot & \cdot & \cdot & c_{06}^o & \cdot & c_{02}^o & \cdot \\
\cdot & b_{06}^o & \cdot & \cdot & \cdot & b_{04}^o & \cdot & -b_{06}^o & \cdot & \cdot & \cdot & b_{02}^o \\
-a & \cdot & \cdot & \cdot & \cdot & \cdot & a & \cdot & \cdot & \cdot & \cdot & \cdot \\
\cdot & -b_{12}^o & \cdot & \cdot & \cdot & -b_{06}^o & \cdot & b_{12}^o & \cdot & \cdot & \cdot & -b_{06}^o \\
\cdot & \cdot & -c_{12}^o & \cdot & c_{06}^o & \cdot & \cdot & \cdot & c_{12}^o & \cdot & c_{06}^o & \cdot \\
\cdot & \cdot & \cdot & -t & \cdot & \cdot & \cdot & \cdot & \cdot & t & \cdot & \cdot \\
\cdot & \cdot & -c_{06}^o & \cdot & c_{02}^o & \cdot & \cdot & \cdot & c_{06}^o & \cdot & c_{04}^o & \cdot \\
\cdot & b_{06}^o & \cdot & \cdot & \cdot & b_{02}^o & \cdot & -b_{06}^o & \cdot & \cdot & \cdot & b_{04}^o
\end{bmatrix}
\begin{Bmatrix} d_x^i \\ d_y^i \\ d_z^i \\ \theta_x^i \\ \theta_y^i \\ \theta_z^i \\ d_x^j \\ d_y^j \\ d_z^j \\ \theta_x^j \\ \theta_y^j \\ \theta_z^j \end{Bmatrix};
\left\{
\begin{aligned}
& a = \frac{EA}{L},\ t = \frac{GJ}{L} \\
& b_{12}^o = \frac{12EI_z}{L^3},\ b_{06}^o = \frac{6EI_z}{L^2} \\
& b_{04}^o = \frac{4EI_z}{L},\ b_{02}^o = \frac{2EI_z}{L} \\
& c_{12}^o = \frac{12EI_y}{L^3},\ c_{06}^o = \frac{6EI_y}{L^2} \\
& c_{04}^o = \frac{4EI_y}{L},\ c_{02}^o = \frac{2EI_y}{L}
\end{aligned}
\right.
$$

7.5.3 프로젝트 연구문제

[1] 부재좌표계에서 우측그림과 같이 비대칭단면을 가진 입체라멘부재의 강성도매트릭스를 결정하라. c는 도심, s는 전단중심을 나타내고 도심과 전단중심의 편차는 y, z 축방향으로 각각 e_y, e_z 이다.

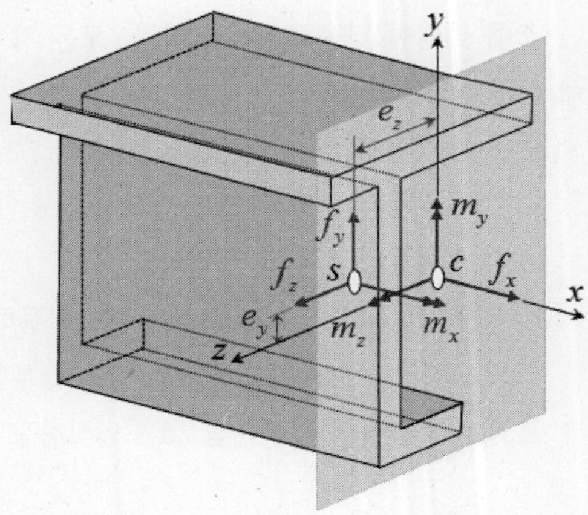

[2] 절점 b에 모멘트하중 M, 절점 c에 수평하중 P_h, 연직하준 P_v, 모든 부재의 축강성 EA 과 휨강성 EI가 동일한 4개의 부재들로 구성된 평면구조가 있다. 4가지 구조물을 해석하고 수계산으로 검

증하라. 그림에서 사각형 연결은 강절(Rigid Joint)이며 빈 원형연결은 내부힌지(Internal Hinge)를 나타낸다. 또한, 하중들은 $P_h = 400\,kN$, $P_v = 200\,kN$, $M = 100\,kN \cdot m$ 이고 라멘구조의 제원은 $L = 4\,m$, $H = 3\,m$ 이며 단면적 $A = 5 \times 10^{-3}\,m^2$, $I = 10^{-4}\,m^4$ 이다.

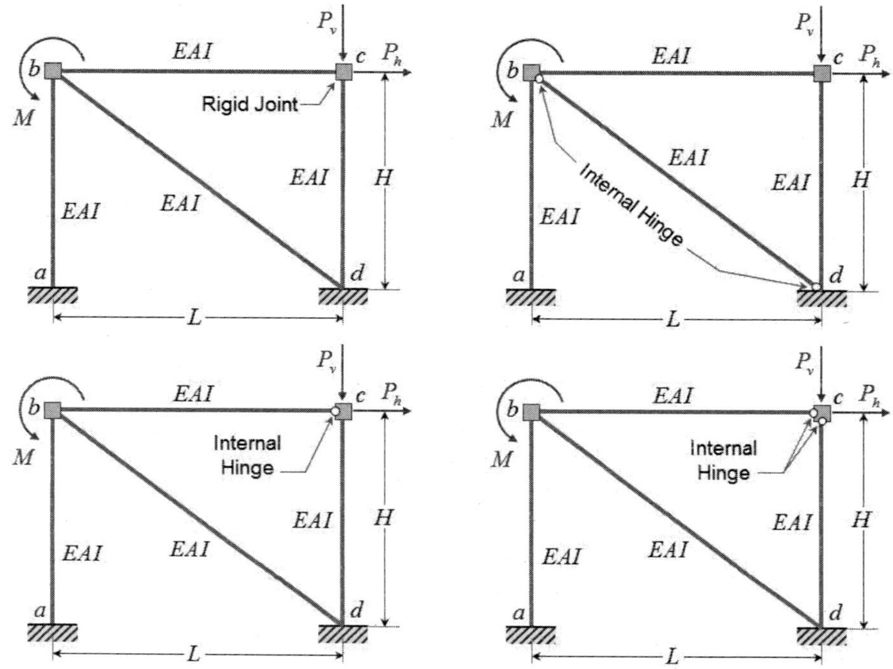

[3] 부재 bc의 중앙점에 연직하중 P가 작용하는 라멘구조에 대하여 다음질문에 답하라. 모든 제원과 특성치를 그림에 표시하였다.

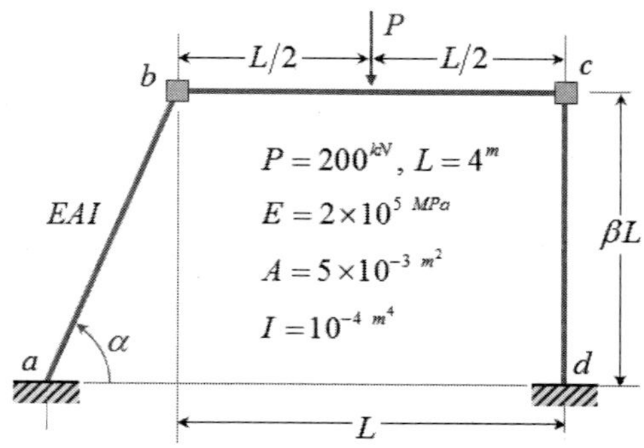

(1) $\beta = 1$ 로 고정값이고 α가 0에서 $\pi/2$ 까지 변할 때 절점 b의 수평처짐 Δ, 연직처짐 δ, 회전각변위 θ의 분포를 도시하고 설명하라.

(2) 부재 ab 길이가 $L(\alpha = \pi/2)$로 일정하고 부재 cd의 길이가 변할 때(즉, β가 0에서 무한대까지 변할 때), 절점 b의 수평처짐 Δ, 연직처짐 δ, 회전각변위 θ의 분포를 도시하고 설명하라.

8 직접강성도법

8.1 개요

과거에 강도라는 단어는 사전적 의미이외에 다양한 의미를 가진 토목전공용어로서 한자로 구분하였었다. 즉, Strength, Rigidity, Stiffness라는 의미를 모두 강도라는 단어로 표현하였었다. 최근 Strength는 강도, Rigidity는 강성, Stiffness는 강성도로 구분하고 있다. 예를 들어, 강도는 항복강도 f_y, 인장강도 f_u 등과 같이 재료특성치로서 응력단위 MPa 를 사용하고 있다. 강성은 축강성 EA, 휨강성 EI, 비틀림강성 GJ 등과 같이 외력에 대한 거동별 부재의 저항능력을 나타내며 kN 과 $kN{\cdot}m^2$ 등의 단위를 사용하고 있다. 반면에 강성도는 단위변위를 발생시키는 힘이나 모멘트로서 구조계의 저항능력을 나타낸다. 강성도의 단위는 자유도와 거동특성에 따라 다르며 kN/m, kN/m^2, kN/m^3 등의 단위를 사용하고 있다. 참고로 강성도의 역을 유연도(Flexibility)라고 부른다.

지금의 용어변화를 고려할 때. 과거 직접강도법을 직접강성도법(Direct Stiffness Method)으로 수정하여야 한다. 여하튼, 4~7장까지 스프링, 트러스, 보, 라멘구조에 대한 구조해석법을 설명하였다. 학부수준의 매트릭스구조해석은 어느 정도 정리한 듯하다. 구조해석모델이 달라도 해석방법과 연산절차가 동일하였을 것이다. 그 이유는 동일한 해석기법인 직접강성도법을 적용하였기 때문이다. LCS에서 하나의 부재에 대한 평형방정식을 구하고, 이를 GCS로 변환한 후 전체 시스템의 방정식 중에 해당위치에 누적시키는 방법이었다. 이를 직접강성도법이라고 부른다.

수치연산과 반복계산을 위한 강력한 도구가 없었던 시절에 나타난 매트릭스구조해석법은 해석적 접근과 수계산의 한계로 skeleton structure나 portal frame에 대한 구조해석으로 제한적이었다. 부분적으로 아치구조해석까지 매트릭스구조해석법을 적용하였으나 수계산을 대신할 정도의 구조계로 매우 제한적이었다는 의미이다. 만일 그 시절에 대용량, 고성능의 개인용 컴퓨터가 보급되었더라면 매트릭스구조해석법은 그 이상의 구조물 해석까지 가능하였을 것이다. 오늘날의 가장 강력한 구조해석도구라고 알려진 유한요소법도 매트릭스구조해석법을 기초하고 있고 동일한 연산절차로 구성되어 있다. 변위법을 기초한 이론이므로 2가지 해석법의 연산절차는 동일할 수밖에 없다.

8.2절은 직접강성도법의 이론과 적용방법 및 연산절차 등을 요약하였고 현재의 유한요소법과 비교·정리하였다. 8.3절은 트러스구조, 보구조, 라멘구조의 직접강성도법 해석예제들을 소개하였고 온도변화와 초기결함에 의한 구조거동을 변화를 설명하였다. 8.4절은 평면라멘구조에 대한 전산작업과정을 요약하였고 입체라멘구조해석용 프로그램 작성예를 소개하였다. 마지막으로 8.5절은 기본개념설명문제, 해석과 응용문제, 프로젝트 연구문제로 구분하여 연습문제를 수록하였다.

8.2 기본이론

8.2.1 배경과 개념

3장에서 설명한 것처럼 구조해석은 강성도법과 유연도법으로 구분할 수 있다. 유연도법은 10장에서 설명하기로 한다. 강성도법은 절점변위가 미지수이므로 변위법, 평형조건을 적용하여 지배방정식을 결정하므로 평형법이라고도 부른다. 강성도법은 변위에 대한 경계조건을 지정함으로서 모든 구조물을 해석할 수 있는 방법이다. 변위법은 초보자도 해석이론을 쉽게 이해하여 전산화할 수 있고 광범위한 공학문제뿐만 아니라 토목설계실무에 적용할 수 있는 장점이 있다. 이와 같은 변위법을 기초한 매트릭스구조해석법은 많은 학자들이 연구하였다. 대표적으로 영국의 Livesley, 미국의 Clough와 Martin 등이 대표적인 학자들이다. 특히, Livesley는 직관적이고 감각적인 접근으로 Skeleton Structure뿐만 아니라 전달매트릭스(Transfer Matrix)를 사용하여 곡선보, 아치 등과 같은 구조물석까지 해석하였다.

Clough는 부재단위가 아닌 구조물전체에 대한 변위법을 소개하였다. Clough 변위법은 개념과 이론을 이해하기 쉽고 매우 감각적인 방법이다. 교재에 소개되는 소규모 구조를 해석할 때, 매우 효과적인 방법이다. 그러나 토목실무 설계분야는 대규모 매트릭스 연산을 요구하므로 Clough 변위법 사용이 불가능하다. 그 대안이 Martin의 변위법이다. Martin은 '부재 대 부재(요소 대 요소)' 단위로 구조강성도매트릭스를 구성하는 방법을 제시하였고 이를 직접강성도법이라고 명명한 학자이다. 이 방법은 소규모 구조뿐만 아니라 대규모 구조물, 복잡한 구조물의 해석에도 쉽게 적용할 수 있는 방법이다.

어린 시절에 퍼즐놀이를 즐기지 않은 사람은 없을 것이다. 어른들도 여전히 즐길 수도 있다. 한 조각을 이리저리 움직이고 회전시키면서 자기위치를 찾아가는 놀이이다. 직접강성도법은 퍼즐놀이와 같은 개념이다. 한 조각에 해당하는 것이 부재이다. 구조물을 구성하는 임의의 한 부재를 전체구조물에 차례로 끼워나가는 방법이다. 무엇을 끼워 넣을까? 부재절점하중벡터, 부재강성도매트릭스가 해당된다. 흩어진 조각들은 일정한 방향으로 배열되지 않았을 것이다. 구조물의 구성부재들도 동일한 방향으로 배치되지 않을 수도 있다. 모양과 형태를 찾기 위해 이리저리 움직여 자기위치를 찾도록 사전에 자료값으로 지정한 것이 Location Matrix이다.

모양과 형태를 찾은 후, 이를 회전시키면서 제위치를 찾으려 노력할 것이다. 퍼즐조각을 회전시키는 방법이 좌표변환매트릭스에 해당한다. 좌표변환매트릭스는 왜 필요한가? 무엇을 변환하려는가? 변환하려는 물리량은 절점변위와 절점하중들이며 이들은 방향성을 가진 벡터성분들이다. 벡터들은 방향성이 있으므로 산술합이 불가능하다. 따라서 절점의 물리량을 동일한 방향으로 분해할 수 있다면, 각 방향으로 산술합이 가능하다. 산술합을 이용하려면, 기준방향을 설정하고 기준방향 성분으로 재구성하여야 한다. 기준방향설정이 전체좌표계이며 재구성과정은 매트릭스의 2차 형식으로 표현된다.

벡터성분인 절점변위와 절점하중들은 어떤 관계가 있을까? 이들의 관계는 후크의 법칙 $f = kx$ 을 생각하면 된다. 하중은 f 이고 변위는 x 이며 k 를 스프링상수라고 부른다. 이를 확장하면, 절점하중벡터와 절점변위벡터가 된다. 스프링상수는 강성도매트리스에 해당한다.

8.2.2 연산과정

3장에서 직접강성도법의 개념을 설명하였고 4~7장까지 직접강성도법에 의한 해석방법 및 연산절차를 이미 설명하였다. 그러므로 본절은 복습하는 범위에서 연산흐름을 정리하기로 한다. 직접강성도법의 개념을 모사하면 아래그림과 같다. GCS에서 부재절점하중벡터 $\boldsymbol{F}_e$, 부재강성도매트릭스 $\boldsymbol{K}_e$, 부재절점변위벡터 $\boldsymbol{D}_e$ 를 결정하여 전체구조물의 구조절점하중벡터 $\boldsymbol{F}_G$, 구조강성도매트릭스 $\boldsymbol{K}_G$, 구조절점변위벡터 $\boldsymbol{D}_G$ 의 해당위치에 누적시키는 방법이다. 해당위치는 LM의 자료를 이용할 수 있다. LM의 자료는 활성자유도에 부여한 구조물 전체의 지배방정식 번호가 저장되어 있다.

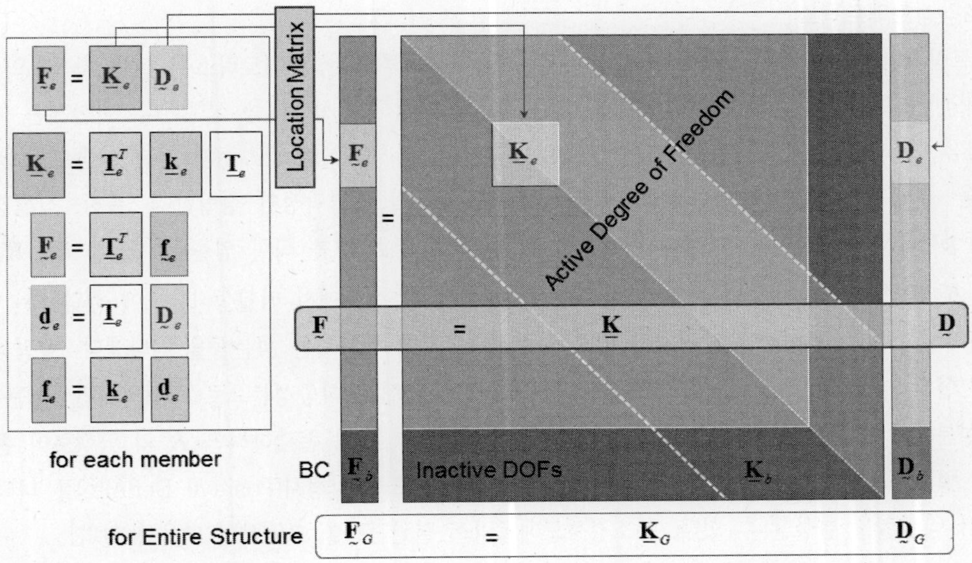

하나의 부재에 대한 $\boldsymbol{F}_e$, $\boldsymbol{K}_e$, $\boldsymbol{D}_e$ 를 어떻게 결정하는가. 부재강성도매트릭스 $\boldsymbol{K}_e$ 와 구조강성도매트릭스 $\boldsymbol{K}_G$ 구성과정을 구분하면 다음과 같이 요약·정리할 수 있다. 여기서 LM을 이용하여 조합하면 활성자유도만의 시스템매트릭스 $\boldsymbol{K}$ 를 직접 결정할 수 있다.

[1] 각 부재의 부재강성도매트릭스

구조해석모델(스프링, 트러스, 보, 라멘)에 따라 평형조건과 에너지 방법으로 LCS의 부재강성도매트릭스 $\boldsymbol{k}_e$ 를 결정하는 방법을 설명하였다. 좌표변환매트릭스 $\boldsymbol{T}_e$ 도 스프링, 트러스. 라멘구조 편에서 설명하였다. GCS의 부재강성도매트릭스는 $\boldsymbol{K}_e = \boldsymbol{T}_e^T \boldsymbol{k}_e \boldsymbol{T}_e$ 에 의해 결정된다. 부재강성도매트릭스 결정단계를 요약하면 다음과 같은 순서도와 같다. 여기서 탄성론은 대학원 교과목이며 3번째 항목까지 생소한 내용일 것이다. 학부생은 4~7장을 참고하기 바란다.

- ∘ Constitutive Law in LCS : $\underset{\sim}{\boldsymbol{\sigma}}_e = \underline{\mathbf{E}}_e \underset{\sim}{\boldsymbol{\varepsilon}}_e$ in Theory of Elasticity
- ∘ Compatibility Condition in LCS : $\underset{\sim}{\boldsymbol{\varepsilon}}_e = \underline{\mathbf{B}}_e \underset{\sim}{\mathbf{d}}_e$
- ∘ Equilibrium Condition in LCS : $\underset{\sim}{\mathbf{f}}_e = \underline{\mathbf{k}}_e \underset{\sim}{\mathbf{d}}_e = \left(\int \underline{\mathbf{B}}_e^T \underline{\mathbf{D}}_e \underline{\mathbf{B}}_e dV\right) \underset{\sim}{\mathbf{d}}_e$, $\underline{\mathbf{k}}_e = \int \underline{\mathbf{B}}_e^T \underline{\mathbf{D}}_e \underline{\mathbf{B}}_e dV$
- ∘ Transformation Matrix between LCS and GCS : $\underline{\mathbf{T}}_e$
- ∘ Member Nodal Force Vector in GCS : $\underset{\sim}{\mathbf{F}}_e = \underline{\mathbf{T}}_e^T \underset{\sim}{\mathbf{f}}_e$
- ∘ Member Nodal Displacement Vector in LCS : $\underset{\sim}{\mathbf{d}}_e = \underline{\mathbf{T}}_e \underset{\sim}{\mathbf{D}}_e$
- ∘ Member Equilibrium Equation in GCS : $\underset{\sim}{\mathbf{F}}_e = \underline{\mathbf{K}}_e \underset{\sim}{\mathbf{D}}_e$; $\underline{\mathbf{K}}_e = \underline{\mathbf{T}}_e^T \underline{\mathbf{k}}_e \underline{\mathbf{T}}_e$

[2] 구조강성도매트릭스

매트릭스의 덧셈은 동일한 차원(크기)일 때 가능하다. 부재강성도매트릭스는 전체 자유도의 일부분에 해당하므로 해당자유도가 아닌 항들을 모두 0으로 가정하고 산술합을 실행한다. 이산계는 이웃절점의 자유도들과 Neighborhood를 형성하므로 해당자유도는 Neighborhood가 아닌 자유도들에게 전혀 영향을 주지 못한다. 이러한 이유로 구조강성도매트릭스의 조합과정이 성립한다. 특히, 직접강성도법은 활성자유도만을 추출하여 계산하므로 지배방정식 $\boldsymbol{F} = \boldsymbol{K}\boldsymbol{D}$를 직접 얻을 수 있다. 즉, $\boldsymbol{K}_G$ 의 크기는 $\boldsymbol{K}$ 의 크기보다 지점의 비활성자유도 수만큼 크다. 흐름도에서 비활성자유도에 해당하는 행과 열을 아래첨자 b 로 표시하였고 첨자가 없으면 활성자유도에 대응하는 성분들을 나타낸다. 절점하중벡터 $\boldsymbol{F}$ 와 절점변위벡터 $\boldsymbol{D}$ 도 마찬가지이다. 여기서 $\boldsymbol{F}$ 는 기지의 하중성분으로 구성되지만 $\boldsymbol{D}$ 는 미지의 변위성분들로 구성된다. 따라서 $\boldsymbol{D}$ 를 먼저 결정하게 된다. 근이 존재하려면 $\boldsymbol{K}$ 의 역행렬이 존재하여야 한다. 일반적으로 경계조건을 고려하여 결정한 $\boldsymbol{K}$ 는 반드시 양정치(Positive Definite)를 나타내므로 언제나 역행렬을 결정할 수 있다. 구조강성도매트릭스 결정단계를 요약하면 다음과 같다.

- ∘ Assemble Member Properties to Structure Property : $\underset{\sim}{\mathbf{F}}_G = \underline{\mathbf{K}}_G \underset{\sim}{\mathbf{D}}_G$, $\begin{cases} \underline{\mathbf{K}}_G = \sum \underline{\mathbf{K}}_e \\ \underset{\sim}{\mathbf{F}}_G = \sum \underset{\sim}{\mathbf{F}}_e \\ \underset{\sim}{\mathbf{D}}_G = \sum \underset{\sim}{\mathbf{D}}_e \end{cases}$
- ∘ Equilibrium Equation for Active DOFs to apply to Boundary Condition or directly Assemble to Structure Property by Member Location Matrix : $\underset{\sim}{\mathbf{F}} = \underline{\mathbf{K}} \underset{\sim}{\mathbf{D}}$

[3] 절점변위와 부재력

지배방정식 $\boldsymbol{F} = \boldsymbol{K}\boldsymbol{D}$로부터 근 $\boldsymbol{D}$ 을 결정할 때, 가우스소거법과 같은 수치해석법을 사용한다. 다

양한 종류의 수치해석기법들이 존재하나 모든 방법들은 고전적인 가우스소거법을 기초하고 있다. 근이 결정된 후, LM을 사용하여 결정한 절점변위벡터 $\boldsymbol{D}$ 로부터 부재절점변위벡터 $\boldsymbol{D}_e$ 를 추출할 수 있다. 마지막으로, 부재좌표변환매트릭스 $\boldsymbol{T}_e$ 와 방정식 $\boldsymbol{f}_e = \boldsymbol{k}_e \boldsymbol{T}_e \boldsymbol{D}_e$ 를 이용하여 LCS의 부재력벡터 $\boldsymbol{f}_e$ 를 결정할 수 있다. 절점변위와 부재력 결정단계를 요약하면 다음과 같다.

- Apply Gauss Elimination Scheme to $\underset{\sim}{\mathbf{F}} = \underline{\mathbf{K}}\underset{\sim}{\mathbf{D}}$
- Get Displacement Vector in GCS : $\underset{\sim}{\mathbf{D}} = \underline{\mathbf{K}}^{-1}\underset{\sim}{\mathbf{F}}$
- Extract Member Displacement Vector in GCS by $\mathbf{LM}$: $\underset{\sim}{\mathbf{D}} \rightarrow \underset{\sim}{\mathbf{D}}_e$
- Member Force Vector in LCS : $\underset{\sim}{\mathbf{f}}_e = \underline{\mathbf{k}}_e \underset{\sim}{\mathbf{d}}_e = \underline{\mathbf{k}}_e \underline{\mathbf{T}}_e \underset{\sim}{\mathbf{D}}_e$

8.2.3 직접강성도법과 유한요소법의 차이

직접강성도법은 여타의 방법보다 개념과 이론의 이해도, 전산작업의 용이성, 적용성과 사용성이 탁월하며 현재의 유한요소법(Finite Element Method)의 기초를 이룬 방법이다. 고전적인 직접강성도법과 현재의 유한요소법을 비교하여 대표적인 특징을 요약하면 아래와 같다. 도표에서 보듯이, 직접강성도법은 기본식 유도에서 평형조건과 에너지법을 사용한다는 점에서 유한요소법과 큰 차이가 있다. 공통적으로 변위법을 근거한 이론들이지만 매트릭스구조해석법은 정해를 사용하지만 유한요소법은 근사해를 사용한다. 그럼에도 매트릭스구조해석에서 사용하는 모델들의 해석결과는 유한요소법과 정확히 일치한다. 2가지 방법의 차이점이 거의 없으므로 공학도들은 매트릭스구조해석법을 유한요소법으로 착각하고 있다.

구분	직접강도법(DSM)	유한요소법(FEM)
기본식 유도	힘의 평형방정식	정류에너지 정리
접근법	벡터법	에너지방법
변위함수결정	해석적 방법	근사해석법
적용성과 사용성	Skeleton Structure 보, 트러스, 라멘으로 제한	모든 구조물에 적용
이론근거	변위법	
이해도	용이함	
전산화	용이함	
경계조건	기하학적 경계조건	
좌표변환매트릭스	좌표를 이용하여 부재좌표변환매트릭스 결정	
구조강성도매트릭스	부재단위로 전체좌표계의 부재강성도매트릭스 결정	
	부재강성도매트릭스를 누적하여 구조강성도매트릭스를 결정	

8.3 해석예

본장의 해석예는 해석적인 방법(수계산)에 따른 예제를 피하고 전산작업으로 도출한 예제와 해석결과들을 요약하여 정리하기로 한다. 모든 해석예는 평면구조로서 정정트러스, 부정정트러스, 정정라멘, 부정정라멘, 열변화에 의한 모멘트하중 효과 순으로 정리하였다. 특히, 온도변화와 초기결함부재가 있는 경우를 고려하여 정정과 부정정구조의 차이를 보였다.

[1] 정정 평면트러스

예제1 : 수평하중 P가 작용하는 2개의 축부재로 구성된 정정 평면트러스구조를 해석하라. 구조계의 제원은 아래와 같다.

$P = 1000\,kN$
$E = 2\times 10^5\,MPa$
$A_1 = 5000\,mm^2$, $A_2 = 2A_1$
$L_1 = 6\,m$, $L_2 = 3\,m$, $H = 4\,m$

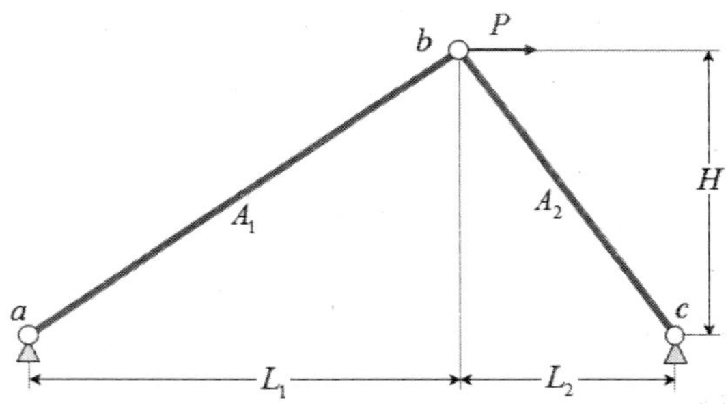

- 단위변환 : 주어진 자료의 단위를 모두 kN, mm로 통일, $1\,MPa = 10^{-3}\,kN/mm^2$
- 입·출력파일 :

```
3 2                              ! node,eLem
1  1 1  0.0E3 0.0E3  0.0    0.0 ! n,BC,cord,cLod
2  0 0  6.0E3 4.0E3  1.0E3 0.0
3  1 1  9.0E3 0.0E3  0.0    0.0
1  1 2  2.0E2  5.0E3 0.0 0.0    ! n,ni,nj,E,A,temp,miss
2  2 3  2.0E2 10.0E3 0.0 0.0
```

```
D I S P L A C E M E N T S

   n          dis_X          dis_Y

   1       0.000000       0.000000
   2       5.400955       2.314605
   3       0.000000       0.000000


M E M B E R   F O R C E S

   e     i    j          Axial_fx

   1     1    2           801.234
   2     2    3          -555.556
```

```
N O D E   R E S I D U A L   F O R C E S (Reactions)

   node            res_FX          res_FY

      1       -666.666667     -444.444444
      2          0.000000        0.000000
      3       -333.333333      444.444444
```

예제2 : 부재 ab에 온도변화 ΔT가 발생한 정정 트러스구조를 해석하라.

$\Delta T = 50^\circ$, $\alpha = 1 \times 10^{-5}$
$E = 2 \times 10^5 MPa$
$A_1 = 5000 mm^2$, $A_2 = 2A_1$
$L_1 = 6m$, $L_2 = 3m$, $H = 4m$

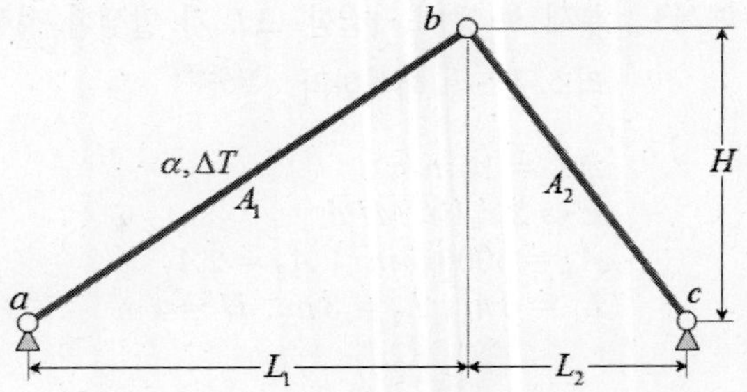

• 입·출력파일 :

```
3 2                              ! node,eLem
1  1 1  0.0E3 0.0E3  0.0 0.0    ! n,BC,cord,cLod
2  0 0  6.0E3 4.0E3  0.0 0.0
3  1 1  9.0E3 0.0E3  0.0 0.0
1  1 2  2.0E2  5000.0 50.0 0.0 ! n,ni,nj,E,A,temp,miss
2  2 3  2.0E2 10000.0  0.0 0.0
```

```
DISPLACEMENTS

  n          dis_X        dis_Y

  1       0.000000     0.000000
  2       2.888889     2.166667
  3       0.000000     0.000000

MEMBER FORCES

  e    i    j        Axial_fx

  1    1    2         0.000
  2    2    3         0.000
```

```
NODE RESIDUAL FORCES(Reactions)

  node        res_FX       res_FY

    1       0.000000     0.000000
    2       0.000000     0.000000
    3       0.000000     0.000000
```

*참고 : 정정구조물에 온도변화가 발생하면 절점변위는 발생한다. 그러나 부재력들은 발생하지 않으며 이에 따라 절점의 잔류력(Residual Force)도 발생하지 않는다. 또한 반력도 발생하지 않는다. 역으로, 부정정구조물에 온도변화가 발생하면, 절점변위뿐만 아니라 부재력과 반력도 발생하게 된다. 이러한 효과는 부정정의 약점으로 알려져 있다.

예제3 : 부재 bc에 초기결함 ΔL 가 발생한 정정 트러스구조를 해석하라.

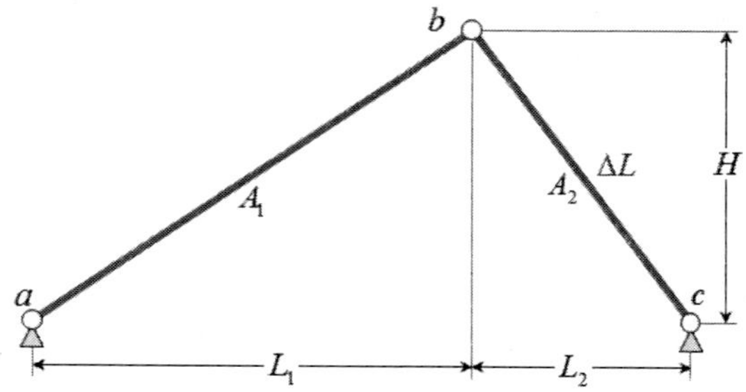

$\Delta L = 10\,mm$
$E = 2 \times 10^5\,MPa$
$A_1 = 5000\,mm^2$, $A_2 = 2A_1$
$L_1 = 6\,m$, $L_2 = 3\,m$, $H = 4\,m$

• 입·출력파일 :

```
3 2                              ! node,eLem
1  1 1  0.0E3 0.0E3  0.0 0.0    ! n,BC,cord,cLod
2  0 0  6.0E3 4.0E3  0.0 0.0
3  1 1  9.0E3 0.0E3  0.0 0.0
1  1 2  2.0E2  5000.0 0.0  0.0 ! n,ni,nj,E,A,temp,miss
2  2 3  2.0E2 10000.0 0.0 10.0
```

```
D I S P L A C E M E N T S

   n          dis_X        dis_Y

   1       0.000000     0.000000
   2      -5.555556     8.333333
   3       0.000000     0.000000

M E M B E R   F O R C E S

   e     i    j          Axial_fx

   1     1    2           0.000
   2     2    3           0.000
```

```
N O D E   R E S I D U A L   F O R C E S (Reactions)

   node         res_FX        res_FY

    1         0.000000      0.000000
    2         0.000000      0.000000
    3         0.000000      0.000000
```

*참고 : 정정구조물에 초기결함부재가 포함되면 절점변위가 발생한다. 그러나 부재력들은 발생하지 않으며 이에 따라 절점의 잔류력(Residual Force)도 발생하지 않는다. 또한 반력도 발생하지 않는다. 역으로, 부정정구조물에 초기결함부재가 포함되면, 절점변위뿐만 아니라 부재력과 반력도 발생하게 된다. 이러한 효과는 부정정의 약점으로 알려져 있다. 온도변화와 동일한 구조거동을 나타낸다. 동일하다는 의미는 정량적인 값이 동일하다는 의미가 아니라 경향이 동일하다는 의미이다.

예제4 : 부재 ab에 온도변화 ΔT, 부재 bc에 초기 결함 ΔL가 발생한 정정 트러스구조를 해석하라.

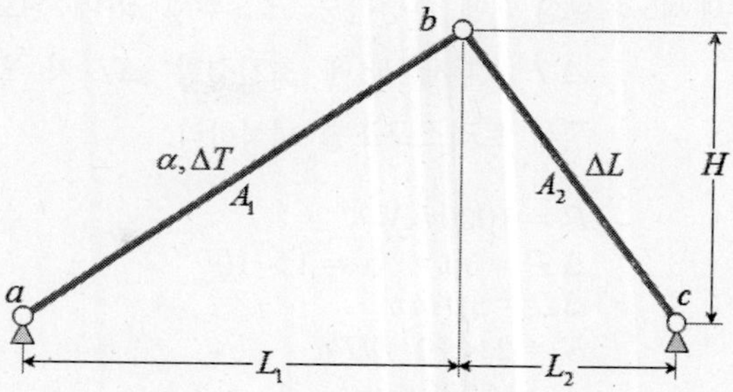

$\Delta T = 50^\circ$, $\alpha = 1\times10^{-5}$
$\Delta L = 10\,mm$
$E = 2\times10^5\,MPa$
$A_1 = 5000\,mm^2$, $A_2 = 2A_1$
$L_1 = 6\,m$, $L_2 = 3\,m$, $H = 4\,m$

• 입·출력파일 :

```
3  2                              ! node,eLem
1  1 1  0.0E3 0.0E3  0.0    0.0 ! n,BC,cord,cLod
2  0 0  6.0E3 4.0E3  0.0    0.0
3  1 1  9.0E3 0.0E3  0.0    0.0
1  1 2  2.0E2  5.0E3 50.0   0.0 ! n,ni,nj,E,A,temp,miss
2  2 3  2.0E2 10.0E3  0.0  10.0
```

```
D I S P L A C E M E N T S

  n         dis_X         dis_Y

  1      0.000000      0.000000
  2     -2.666667     10.500000
  3      0.000000      0.000000


M E M B E R   F O R C E S

  e    i    j        Axial_fx

  1    1    2           0.000
  2    2    3           0.000
```

```
N O D E   R E S I D U A L   F O R C E S (Reactions)

   node        res_FX        res_FY

     1       0.000000      0.000000
     2       0.000000      0.000000
     3       0.000000      0.000000
```

*참고 : 정정구조물에 초기결함부재가 포함되고 온도변화가 발생하면 당연히 절점변위가 발생한다. 그러나 부재력들은 발생하지 않으며 이에 따라 절점의 잔류력(Residual Force)도 발생하지 않는다. 또한 반력도 발생하지 않는다. 결국, 온도변화에 의한 온도하중, 초기결함부재로 인한 초기변형률문제 등은 정정구조물의 변위는 발생시켜도 부재력과 전혀 무관하다. 역으로, 부정정구조물에 초기결함 부재가 포함되고 온도변화가 발생하면, 절점변위뿐만 아니라 부재력과 반력도 발생하게 된다. 부정정구조물의 해석에서, 초기결함부재가 있거나 온도차이가 발생하는 경우를 반드시 고려하여야 한다.

예제5 : 절점 b에 수평하중 P, 부재 ab에 온도변화 ΔT, 부재 bc에 초기결함 ΔL가 발생한 정정 트러스구조를 해석하라.

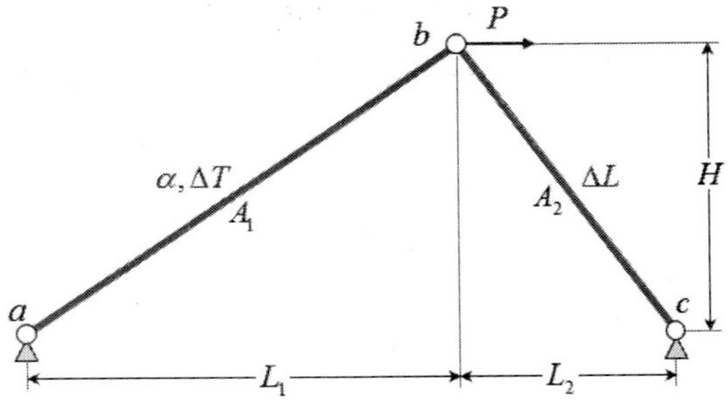

$P = 1000\,kN$
$\Delta T = 50^\circ$, $\alpha = 1 \times 10^{-5}$
$\Delta L = 10\,mm$
$E = 2 \times 10^5\,MPa$
$A_1 = 5000\,mm^2$, $A_2 = 2A_1$
$L_1 = 6\,m$, $L_2 = 3\,m$, $H = 4\,m$

• 입·출력파일 :

```
3 2                              ! node,eLem
1  1 1  0.0E3 0.0E3  0.0    0.0 ! n,BC,cord,cLod
2  0 0  6.0E3 4.0E3  1.0E3 0.0
3  1 1  9.0E3 0.0E3  0.0    0.0
1  1 2  2.0E2   5.0E3 50.0  0.0 ! n,ni,nj,E,A,temp,miss
2  2 3  2.0E2 10.0E3  0.0 10.0
```

```
D I S P L A C E M E N T S

   n         dis_X         dis_Y

   1      0.000000      0.000000
   2      2.734288     12.814605
   3      0.000000      0.000000

M E M B E R   F O R C E S

   e     i     j        Axial_fx

   1     1     2         801.234
   2     2     3        -555.556
```

```
N O D E   R E S I D U A L   F O R C E S (Reactions)

   node          res_FX          res_FY

      1     -666.666667     -444.444444
      2        0.000000        0.000000
      3     -333.333333      444.444444
```

*참고 : 정정구조물에 절점하중이 작용하고 초기결함부재가 포함되고 온도변화가 발생하면 당연히 절점변위가 발생한다. 온도변화와 부재결함으로 인한 부재력은 발생하지 않으나 절점하중으로 인한 부재력은 발생한다. 이는 예제1의 해석결과와 비교하면 쉽게 알 수 있을 것이다. 하중벡터에서 절점부재력벡터(LCS의 부재력들을 양단 절점의 GCS의 성분으로 변환하고 해당절점에 누적한 내력에 의한 절점 힘의 벡터)를 빼면 절점의 잔류력벡터를 얻을 수 있다. 이 문제의 잔류력벡터는 절점하중에 의한 결과이다.

[2] 부정정 평면트러스

예제6 : 절점 a에 수평하중 P가 작용하고 3개의 부재로 구성된 부정정 트러스구조를 해석하라.

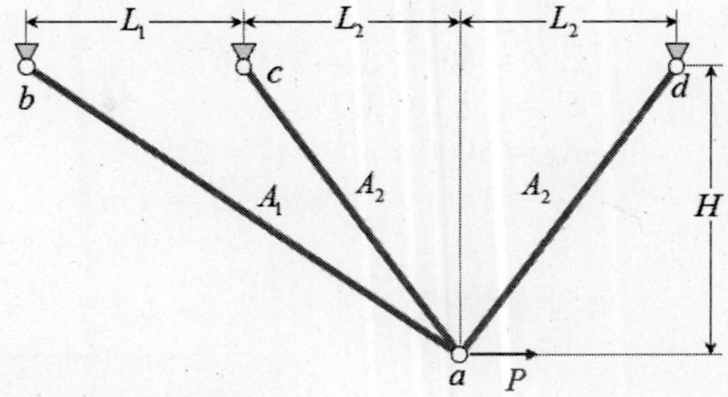

$P = 1000\,kN$
$E = 2\times 10^5\ MPa$
$A_1 = 5000\,mm^2\ ,\ A_2 = 2A_1$
$L_1 = 2\,m\ ,\ L_2 = 3\,m\ ,\ H = 4\,m$

- 단위통일 : kN과 mm로 단위를 통일함
- 입·출력파일 :

```
4 3                                  ! node,eLem
1  0 0   0.0E3 -4.0E3  1000.0 0.0 ! n,BC,cord,cLod
2  1 1  -5.0E3  0.0E3     0.0 0.0
3  1 1  -3.0E3  0.0E3     0.0 0.0
4  1 1   3.0E3  0.0E3     0.0 0.0
1  1 2   2.0E2  5.0E3   0.0   0.0 ! n,ni,nj,E,A,temp
2  1 3   2.0E2 10.0E3   0.0   0.0
3  1 4   2.0E2 10.0E3   0.0   0.0
```

```
D I S P L A C E M E N T S

  n          dis_X          dis_Y

  1       2.680259       0.356383
  2       0.000000       0.000000
  3       0.000000       0.000000
  4       0.000000       0.000000


M E M B E R   F O R C E S

  e     i     j          Axial_fx

  1     1     2           292.092
  2     1     3           529.220
  3     1     4          -757.305
```

```
N O D E   R E S I D U A L   F O R C E S (Reactions)

   node            res_FX           res_FY

     1           0.000000         0.000000
     2        -228.085352       182.468281
     3        -317.531719       423.375625
     4        -454.382930      -605.843906
```

*참고파일의 일부 :

```
S Y S T E M   M A T R I X  &  V E C T O R

  Stiffness Matrix
                   1            2
    1    0.3832E+03  -0.7618E+02
    2   -0.7618E+02   0.5729E+03

  Load Vector
    1    0.1000E+04
    2    0.0000E+00
```

예제7 : 부재 ab에 온도변화 ΔT가 발생한 부정정 트러스구조를 해석하라.

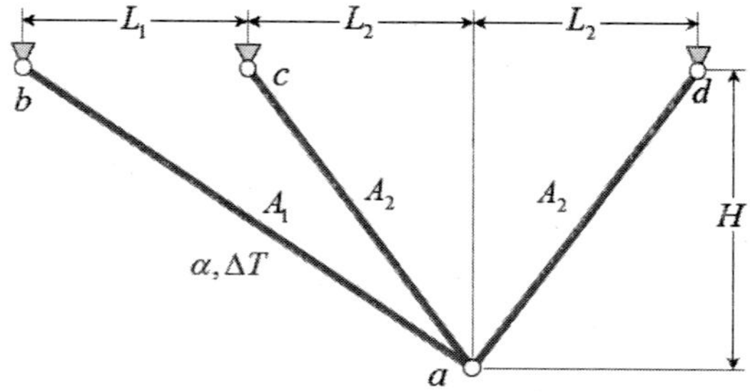

$\Delta T = 50^{\circ}$, $\alpha = 1 \times 10^{-5}$
$E = 2 \times 10^5\ MPa$
$A_1 = 5000\,mm^2$, $A_2 = 2A_1$
$L_1 = 2\,m$, $L_2 = 3\,m$, $H = 4\,m$

• 입·출력파일 :

```
4 3                               ! node,eLem
1 0 0   0.0E3 -4.0E3  0.0   0.0 ! n,BC,cord,cLod
2 1 1  -5.0E3  0.0E3  0.0   0.0
3 1 1  -3.0E3  0.0E3  0.0   0.0
4 1 1   3.0E3  0.0E3  0.0   0.0
1 1 2   2.0E2  5.0E3 50.0   0.0 ! n,ni,nj,E,A,temp
2 1 3   2.0E2 10.0E3  0.0   0.0
3 1 4   2.0E2 10.0E3  0.0   0.0
```

~ **kN과 mm 단위로 변환하였음**

```
DISPLACEMENTS

 n        dis_X        dis_Y

 1     0.935150    -0.420817
 2     0.000000     0.000000
 3     0.000000     0.000000
 4     0.000000     0.000000


MEMBER FORCES

 e    i    j        Axial_fx

 1    1    2        -344.902
 2    1    3         359.098
 3    1    4         -89.774
```

```
NODE RESIDUAL FORCES(Reactions)

 node         res_FX         res_FY

   1        0.000000       0.000000
   2      269.323183    -215.458547
   3     -215.458547     287.278062
   4      -53.864637     -71.819516
```

✻참고 : 부정정구조물의 임의의 한 부재에 온도변화가 발생하면 절점변위뿐만 아니라 부재력도 발생한다. 이로 인한 잔류력벡터뿐만 아니라 지점반력도 발생하게 된다. 이상기온이 극심한 요즈음. 국내 토목구조분야도 온도변화를 고려하지 않은 설계가 없다. 대부분의 토목구조물은 부정정구조이고 온도변화에 의한 2차 응력들이 증가하기 때문이다. 또 국내 설계기준들은 온도영향을 고려하도록 규정한 이유도 뜻밖의 온도변화를 극복하기 위한 최소한의 기준들이다.

예제8 : 부재 ac에 초기결함 ΔL이 발생한 부정정 트러스구조를 해석하라.

$\Delta L = 10\,mm$
$E = 2 \times 10^5\ MPa$
$A_1 = 5000\,mm^2\ ,\ A_2 = 2A_1$
$L_1 = 2\,m\ ,\ L_2 = 3\,m\ ,\ H = 4\,m$

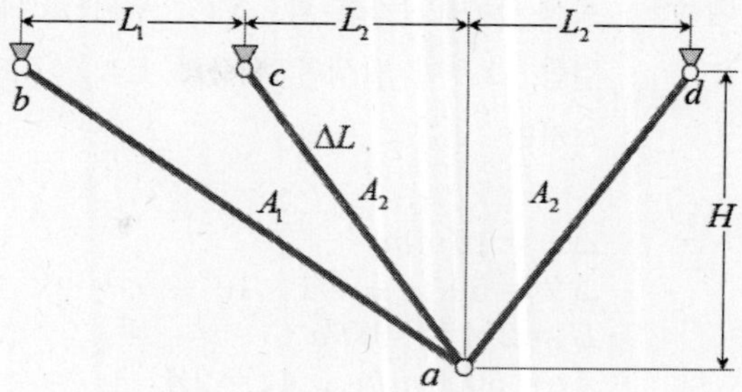

• 입·출력파일 :

```
4 3                              ! node,eLem
1 0 0   0.0E3 -4.0E3  0.0  0.0 ! n,BC,cord,cLod
2 1 1  -5.0E3  0.0E3  0.0  0.0
3 1 1  -3.0E3  0.0E3  0.0  0.0
4 1 1   3.0E3  0.0E3  0.0  0.0
1 1 2   2.0E2  5.0E3  0.0  0.0 ! n,ni,nj,E,A,temp
2 1 3   2.0E2 10.0E3  0.0 10.0
3 1 4   2.0E2 10.0E3  0.0  0.0
```

~ kN과 mm 단위로 변환하였음

```
DISPLACEMENTS

 n          dis_X          dis_Y

 1       5.292195      -4.881488
 2       0.000000       0.000000
 3       0.000000       0.000000
 4       0.000000       0.000000


MEMBER FORCES

 e     i     j        Axial_fx

 1     1     2        1121.632
 2     1     3       -1167.797
 3     1     4         291.949
```

```
NODE  RESIDUAL  FORCES(Reactions)

 node          res_FX          res_FY

    1        0.000000        0.000000
    2     -875.847751      700.678201
    3      700.678201     -934.237601
    4      175.169550      233.559400
```

*참고 : 부정정구조물의 임의의 한 부재에 초기결함(부재제작이 부족하거나 큰 경우에 이를 강제로 연결한 부재)이 발생하면 절점변위뿐만 아니라 부재력도 발생한다. 이로 인한 잔류력벡터뿐만 아니라 지점반력도 발생하게 된다. 초기결함문제는 제조사와 시공사의 능력에 관계된 문제이므로 정량적인 값을 제시할 수 없다. 경험이 풍부한 제작자 또는 시공자라면 초기결함을 최소화할 능력이 있을 것이다. 그러나 설계과정에서 이러한 상태를 사전에 알 수 없으므로 매우 막연한 영향인자일 수밖에 없다. 그럼에도 설계자는 이러한 초기결함문제를 무시하여서는 안 된다. 예제7의 참고에서 설명한 것과 같이, 대부분의 토목구조물은 부정정구조이고 2차 응력에 의한 구조손상을 예측할 수 있기 때문이다.

예제9 : 부재 ab에 온도변화 ΔT, 부재 ac에 초기 결함 ΔL이 발생한 부정정 트러스구조를 해석하라.

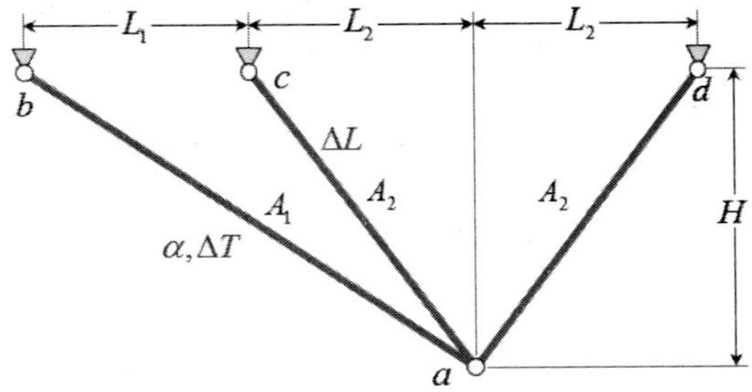

$\Delta L = 10\,mm$
$\Delta T = 50^\circ$, $\alpha = 1 \times 10^{-5}$
$E = 2 \times 10^5\ MPa$
$A_1 = 5000\,mm^2$, $A_2 = 2A_1$
$L_1 = 2\,m$, $L_2 = 3\,m$, $H = 4\,m$

• 입·출력파일 :

```
4 3                                ! node,eLem
1 0 0   0.0E3 -4.0E3   0.0  0.0 ! n,BC,cord,cLod
2 1 1  -5.0E3  0.0E3   0.0  0.0
3 1 1  -3.0E3  0.0E3   0.0  0.0
4 1 1   3.0E3  0.0E3   0.0  0.0
1 1 2   2.0E2  5.0E3  50.0  0.0 ! n,ni,nj,E,A,temp
2 1 3   2.0E2 10.0E3   0.0 10.0
3 1 4   2.0E2 10.0E3   0.0  0.0
```

~ kN과 mm 단위로 변환하였음

```
D I S P L A C E M E N T S

  n          dis_X          dis_Y

  1       6.227345      -5.302305
  2       0.000000       0.000000
  3       0.000000       0.000000
  4       0.000000       0.000000


M E M B E R   F O R C E S

  e     i     j        Axial_fx

  1     1     2         776.730
  2     1     3        -808.699
  3     1     4         202.175
```

```
N O D E   R E S I D U A L   F O R C E S (Reactions)

  node          res_FX          res_FY

     1        0.000000        0.000000
     2     -606.524568      485.219654
     3      485.219654     -646.959539
     4      121.304914      161.739885
```

*참고 : 부정정구조물의 임의의 한 부재에 온도변화가 발생하고 초기결함부재를 포함한 경우, 절점변위뿐만 아니라 부재력도 발생한다. 이로 인한 잔류력벡터뿐만 아니라 지점반력도 발생하게 된다. 온도하중, 초기결함하중이외에 지점침하로 인한 하중도 유사한 특성을 나타낸다. 지점침하문제도 정정구조물의 부재력 발생이 없으나 부정정구조물은 추가적인 부재력이 발생한다. 지점침하 해석은 전체 구조강성도매트릭스를 이용하는 문제가 있으므로 본 교재에서 논외로 하였다.

예제10 : 절점 a에 수평하중 P가 작용하고, 부재 ab에 온도변화 ΔT, 부재 ac에 초기결함 ΔL이 발생한 부정정 트러스구조를 해석하라.

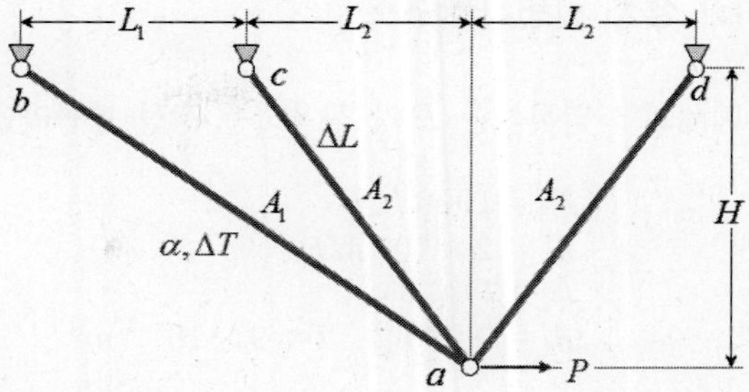

$P = 1000\,kN$, $\Delta L = 10\,mm$
$\Delta T = 50^\circ$, $\alpha = 1 \times 10^{-5}$
$E = 2 \times 10^5\ MPa$
$A_1 = 5000\,mm^2$, $A_2 = 2A_1$
$L_1 = 2\,m$, $L_2 = 3\,m$, $H = 4\,m$

• 입·출력파일 :

```
4 3                                ! node,eLem
1  0 0   0.0E3 -4.0E3  1000.0 0.0 ! n,BC,cord,cLod
2  1 1  -5.0E3  0.0E3     0.0 0.0
3  1 1  -3.0E3  0.0E3     0.0 0.0
4  1 1   3.0E3  0.0E3     0.0 0.0
1  1 2   2.0E2  5.0E3  50.0   0.0 ! n,ni,nj,E,A,temp
2  1 3   2.0E2 10.0E3   0.0  10.0
3  1 4   2.0E2 10.0E3   0.0   0.0
```

~ kN과 mm 단위로 변환하였음

```
DISPLACEMENTS

  n         dis_X        dis_Y

  1      8.907604    -4.945922
  2      0.000000     0.000000
  3      0.000000     0.000000
  4      0.000000     0.000000


MEMBER FORCES

  e    i    j        Axial_fx

  1    1    2        1068.822
  2    1    3        -279.480
  3    1    4        -555.130
```

```
NODE RESIDUAL FORCES(Reactions)

  node        res_FX        res_FY

   1        0.000000      0.000000
   2     -834.609919    667.687936
   3      167.687936   -223.583914
   4     -333.078016   -444.104021
```

*참고 : 부정정트러스구조에 절점하중, 온도변화, 제작오차 등을 고려한 경우, 이러한 항목들은 절점변위, 부재력, 잔류력, 반력 등에 영향을 주는 외력에 해당한다. 영향을 주는 비율은 상대적인 값이므로 정의하기 어려우나 국부적인 응력집중을 유발하여 부재손상과 구조손상까지 야기할 수 있다. 이러한 이유로 과거에 경시하였던 2차 하중들도 현재는 실제 적용하중으로 규정하고 있다.

[3] 정정 평면라멘구조

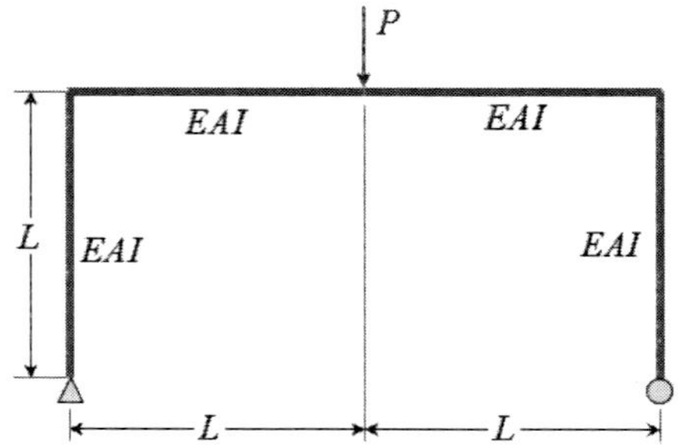

예제11 : 연직하중 P가 작용하는 정정 평면라멘을 해석하라.

$P = 1000\,kN$
$E = 2 \times 10^5\,MPa$
$L = 2\,m$
$A = 0.03\,m^2$, $I = 9 \times 10^{-4}\,m^4$

- 단위변환 : 주어진 자료의 단위를 모두 kN, m로 통일, $1\,MPa = 10^3\,kN/m^2$
- 입·출력파일 :

```
5 4                                 ! node,eLem
1  1 1 0  0.0 0.0  0.0     0.0 0.0 ! n,BC,XY,cLod
2  0 0 0  0.0 2.0  0.0     0.0 0.0
3  0 0 0  2.0 2.0  0.0 -1000.0 0.0
4  0 0 0  4.0 2.0  0.0     0.0 0.0
5  0 1 0  4.0 0.0  0.0     0.0 0.0
1  1 2  2.0E8 0.03 9.0E-4 0.0 0.0  ! n,ni,nj,E,A,I,temp,miss
2  2 3  2.0E8 0.03 9.0E-4 0.0 0.0
3  3 4  2.0E8 0.03 9.0E-4 0.0 0.0
4  4 5  2.0E8 0.03 9.0E-4 0.0 0.0
```

~ kN과 m 단위로 변환하였음

```
D I S P L A C E M E N T S

   node         dis_X         dis_Y         rot_Z

      1      0.000000      0.000000  -0.555556E-02
      2      0.011111     -0.000167  -0.555556E-02
      3      0.011111     -0.007574  -0.155129E-17
      4      0.011111     -0.000167   0.555556E-02
      5      0.022222      0.000000   0.555556E-02

M E M B E R   F O R C E S

   eLem     i   j        fx          fy          mz          fx          fy          mz

      1     1   2     500.000       0.000       0.000    -500.000       0.000       0.000
      2     2   3       0.000     500.000       0.000       0.000    -500.000    1000.000
      3     3   4       0.000    -500.000   -1000.000       0.000     500.000       0.000
      4     4   5     500.000       0.000       0.000    -500.000       0.000       0.000

N O D E   R E S I D U A L   F O R C E S (Reactions)

   node        res_FX        res_FY        res_MZ

      1      0.000000    500.000000      0.000000
      2      0.000000      0.000000      0.000000
      3      0.000000      0.000000      0.000000
      4      0.000000      0.000000      0.000000
      5      0.000000    500.000000      0.000000
```

예제12 : 온도변화 ΔT가 발생한 정정 평면라멘을 해석하라.

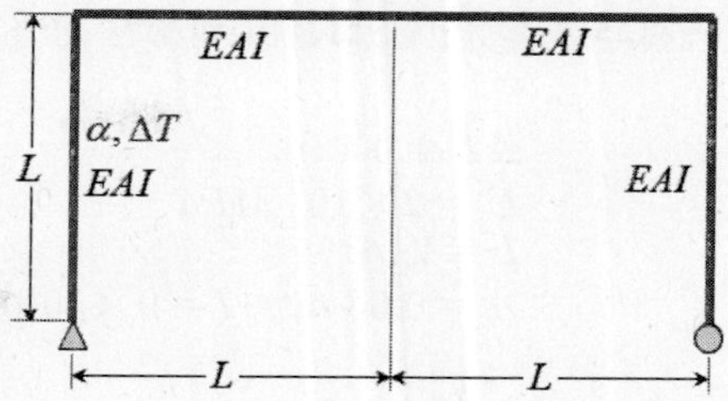

$\Delta T = 50^\circ$, $\alpha = 1 \times 10^{-5}$
$E = 2 \times 10^5\ MPa$
$L = 2\ m$
$A = 0.03\ m^2$, $I = 9 \times 10^{-4}\ m^4$

• 입·출력파일 :

```
5 4                                      ! node,eLem
1  1 1 0  0.0 0.0  0.0 0.0 0.0           ! n,BC,XY,cLod
2  0 0 0  0.0 2.0  0.0 0.0 0.0
3  0 0 0  2.0 2.0  0.0 0.0 0.0
4  0 0 0  4.0 2.0  0.0 0.0 0.0
5  0 1 0  4.0 0.0  0.0 0.0 0.0
1  1 2  2.0E8 0.03 9.0E-4 50.0 0.0      ! n,ni,nj,E,A,I,temp,miss
2  2 3  2.0E8 0.03 9.0E-4  0.0 0.0
3  3 4  2.0E8 0.03 9.0E-4  0.0 0.0
4  4 5  2.0E8 0.03 9.0E-4  0.0 0.0
```

~ kN과 m 단위로 변환하였음

```
DISPLACEMENTS

  node        dis_X        dis_Y          rot_Z

    1      0.000000     0.000000   -0.250000E-03
    2      0.000500     0.001000   -0.250000E-03
    3      0.000500     0.000500   -0.250000E-03
    4      0.000500     0.000000   -0.250000E-03
    5      0.000000     0.000000   -0.250000E-03

MEMBER  FORCES

  eLem    i   j      fx       fy       mz       fx       fy       mz

    1     1   2    0.000    0.000    0.000    0.000    0.000    0.000
    2     2   3    0.000    0.000    0.000    0.000    0.000    0.000
    3     3   4    0.000    0.000    0.000    0.000    0.000    0.000
    4     4   5    0.000    0.000    0.000    0.000    0.000    0.000

NODE  RESIDUAL  FORCES(Reactions)

  node       res_FX       res_FY       res_MZ

    1      0.000000     0.000000     0.000000
    2      0.000000     0.000000     0.000000
    3      0.000000     0.000000     0.000000
    4      0.000000     0.000000     0.000000
    5      0.000000     0.000000     0.000000
```

예제13 : 초기변형 ΔL 이 발생한 정정 평면라멘을 해석하라.

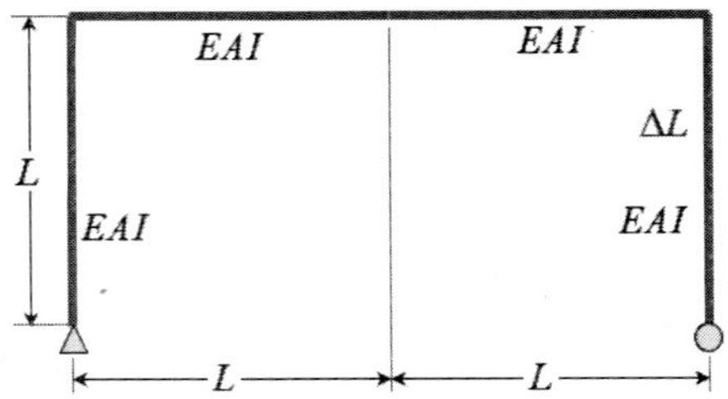

$$\Delta L = 0.1\ m$$
$$E = 2 \times 10^5\ MPa$$
$$L = 2\ m$$
$$A = 0.03\ m^2\ ,\ I = 9 \times 10^{-4}\ m^4$$

• 입·출력파일 :

```
5 4                                ! node,eLem
1  1 1 0  0.0 0.0  0.0 0.0 0.0     ! n,BC,XY,cLod
2  0 0 0  0.0 2.0  0.0 0.0 0.0
3  0 0 0  2.0 2.0  0.0 0.0 0.0
4  0 0 0  4.0 2.0  0.0 0.0 0.0
5  0 1 0  4.0 0.0  0.0 0.0 0.0
1  1 2  2.0E8 0.03 9.0E-4 0.0  0.0  ! n,ni,nj,E,A,I,temp,miss
2  2 3  2.0E8 0.03 9.0E-4 0.0  0.0
3  3 4  2.0E8 0.03 9.0E-4 0.0  0.0
4  4 5  2.0E8 0.03 9.0E-4 0.0  0.1
```

~ kN과 m 단위로 변환하였음

```
D I S P L A C E M E N T S

  node         dis_X        dis_Y        rot_Z

     1      0.000000     0.000000   0.250000E-01
     2     -0.050000     0.000000   0.250000E-01
     3     -0.050000     0.050000   0.250000E-01
     4     -0.050000     0.100000   0.250000E-01
     5      0.000000     0.000000   0.250000E-01


M E M B E R   F O R C E S

  eLem    i   j        fx        fy        mz        fx        fy        mz

     1    1   2     0.000     0.000     0.000     0.000     0.000     0.000
     2    2   3     0.000     0.000     0.000     0.000     0.000     0.000
     3    3   4     0.000     0.000     0.000     0.000     0.000     0.000
     4    4   5     0.000     0.000     0.000     0.000     0.000     0.000


N O D E   R E S I D U A L   F O R C E S (Reactions)

  node        res_FX       res_FY       res_MZ

     1      0.000000     0.000000     0.000000
     2      0.000000     0.000000     0.000000
     3      0.000000     0.000000     0.000000
     4      0.000000     0.000000     0.000000
     5      0.000000     0.000000     0.000000
```

예제14 : 온도변화 ΔT, 초기변형 ΔL 이 발생한 정정 평면 라멘을 해석하라.

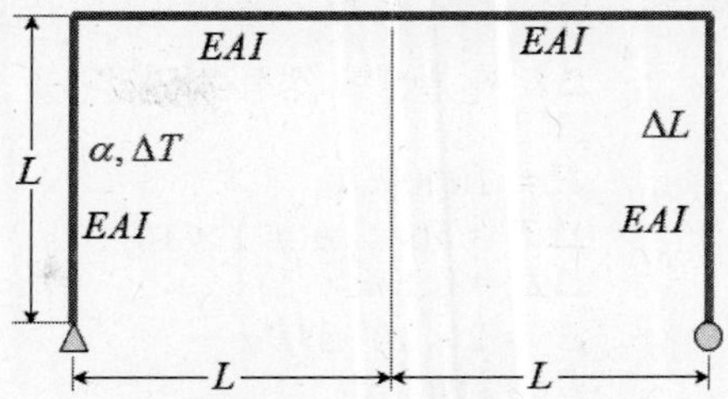

$$\Delta T = 50^\circ \ , \alpha = 1 \times 10^{-5}$$
$$\Delta L = 0.1 \ m$$
$$E = 2 \times 10^5 \ MPa$$
$$L = 2 \ m$$
$$A = 0.03 \ m^2 \ , I = 9 \times 10^{-4} \ m^4$$

• 입·출력파일 :

```
5 4                                      ! node,eLem
1  1 1 0  0.0 0.0  0.0 0.0 0.0           ! n,BC,XY,cLod
2  0 0 0  0.0 2.0  0.0 0.0 0.0
3  0 0 0  2.0 2.0  0.0 0.0 0.0
4  0 0 0  4.0 2.0  0.0 0.0 0.0
5  0 1 0  4.0 0.0  0.0 0.0 0.0
1  1 2  2.0E8 0.03 9.0E-4 50.0 0.0 ! n,ni,nj,E,A,I,temp,miss
2  2 3  2.0E8 0.03 9.0E-4  0.0 0.0
3  3 4  2.0E8 0.03 9.0E-4  0.0 0.0
4  4 5  2.0E8 0.03 9.0E-4  0.0 0.1
```

~ kN과 m 단위로 변환하였음

```
D I S P L A C E M E N T S

   node          dis_X          dis_Y          rot_Z

      1       0.000000       0.000000   0.247500E-01
      2      -0.049500       0.001000   0.247500E-01
      3      -0.049500       0.050500   0.247500E-01
      4      -0.049500       0.100000   0.247500E-01
      5       0.000000       0.000000   0.247500E-01


M E M B E R   F O R C E S

   eLem     i    j        fx        fy        mz        fx        fy        mz

      1     1    2     0.000     0.000     0.000     0.000     0.000     0.000
      2     2    3     0.000     0.000     0.000     0.000     0.000     0.000
      3     3    4     0.000     0.000     0.000     0.000     0.000     0.000
      4     4    5     0.000     0.000     0.000     0.000     0.000     0.000


N O D E   R E S I D U A L   F O R C E S (Reactions)

   node         res_FX         res_FY         res_MZ

      1       0.000000       0.000000       0.000000
      2       0.000000       0.000000       0.000000
      3       0.000000       0.000000       0.000000
      4       0.000000       0.000000       0.000000
      5       0.000000       0.000000       0.000000
```

예제15 : 연직하중 P가 작용하고, 온도변화 ΔT, 초기변형 ΔL이 발생한 정정 평면라멘을 해석하라.

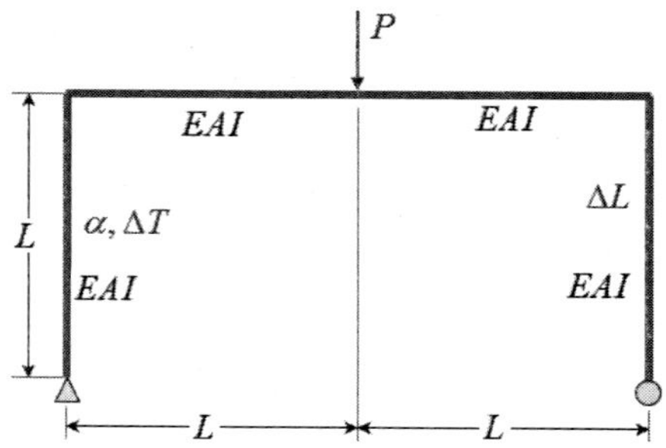

$P = 1000\ kN$
$\Delta T = 50^\circ$, $\alpha = 1 \times 10^{-5}$
$\Delta L = 0.1\ m$
$E = 2 \times 10^5\ MPa$
$L = 2\ m$
$A = 0.03\ m^2$, $I = 9 \times 10^{-4}\ m^4$

• 입·출력파일 :

```
5 4                                    ! node,eLem
1  1 1 0  0.0 0.0      0.0 0.0 0.0   ! n,BC,XY,cLod
2  0 0 0  0.0 2.0      0.0 0.0 0.0
3  0 0 0  2.0 2.0 -1000.0 0.0 0.0
4  0 0 0  4.0 2.0      0.0 0.0 0.0
5  0 1 0  4.0 0.0      0.0 0.0 0.0
1  1 2  2.0E8 0.03 9.0E-4 50.0 0.0 ! n,ni,nj,E,A,I,temp,miss
2  2 3  2.0E8 0.03 9.0E-4  0.0 0.0
3  3 4  2.0E8 0.03 9.0E-4  0.0 0.0
4  4 5  2.0E8 0.03 9.0E-4  0.0 0.1
```

~ kN과 m 단위로 변환하였음

```
DISPLACEMENTS

  node          dis_X          dis_Y          rot_Z

     1       0.000000       0.000000   0.507593E-01
     2      -0.094111       0.000833   0.396481E-01
     3      -0.094444       0.061611   0.229815E-01
     4      -0.094444       0.100167   0.174259E-01
     5      -0.059593       0.000000   0.174259E-01

MEMBER FORCES

  eLem    i    j        fx          fy          mz          fx          fy          mz

     1    1    2    500.000   -1000.000      0.000    -500.000    1000.000   -2000.000
     2    2    3   1000.000     500.000   2000.000   -1000.000    -500.000   -1000.000
     3    3    4      0.000     500.000   1000.000       0.000    -500.000       0.000
     4    4    5   -500.000       0.000      0.000     500.000       0.000       0.000

NODE RESIDUAL FORCES(Reactions)

  node         res_FX         res_FY         res_MZ

     1    1000.000000     500.000000       0.000000
     2       0.000000       0.000000       0.000000
     3       0.000000       0.000000       0.000000
     4       0.000000       0.000000       0.000000
     5       0.000000    -500.000000       0.000000
```

[4] 부정정 평면라멘구조

예제16 : 연직하중 P가 작용하는 부정정 평면라멘을 해석하라.

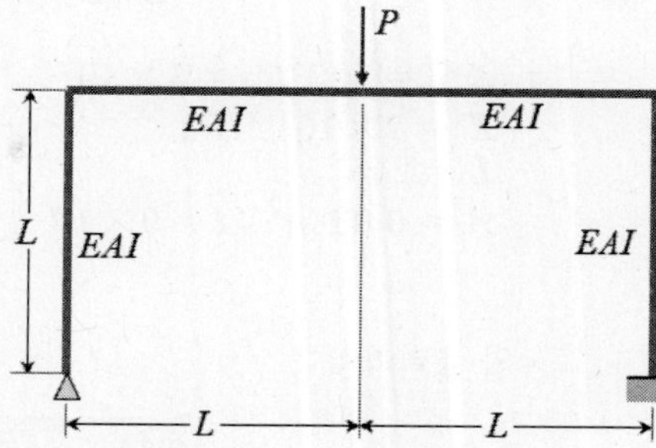

$$P = 1000\ kN$$
$$E = 2\times 10^5\ MPa$$
$$L = 2\ m$$
$$A = 0.03\ m^2\ ,\ I = 9\times 10^{-4}\ m^4$$

- 입·출력파일 :

```
5 4                                       ! node,eLem
1  1 1 0  0.0 0.0  0.0      0.0  0.0 ! n,BC,XY,cLod
2  0 0 0  0.0 2.0  0.0      0.0  0.0
3  0 0 0  2.0 2.0  0.0 -1000.0  0.0
4  0 0 0  4.0 2.0  0.0      0.0  0.0
5  1 1 1  4.0 0.0  0.0      0.0  0.0
1  1 2  2.0E8 0.03 9.0E-4 50.0  0.0 ! n,ni,nj,E,A,I,temp,miss
2  2 3  2.0E8 0.03 9.0E-4  0.0  0.0
3  3 4  2.0E8 0.03 9.0E-4  0.0  0.0
4  4 5  2.0E8 0.03 9.0E-4  0.0 10.0
```

~ kN과 m 단위로 변환하였음

```
D I S P L A C E M E N T S

   node          dis_X        dis_Y        rot_Z

     1        0.000000     0.000000   0.106360E-02
     2       -0.000598    -0.000173  -0.122993E-02
     3       -0.000667    -0.003384  -0.631283E-04
     4       -0.000736    -0.000161   0.150029E-02
     5        0.000000     0.000000   0.000000E+00


M E M B E R   F O R C E S

   eLem    i    j        fx         fy         mz         fx         fy         mz

     1     1    2     517.848   -206.418      0.000   -517.848    206.418   -412.835
     2     2    3     206.418    517.848    412.835   -206.418   -517.848    622.860
     3     3    4     206.418   -482.152   -622.860   -206.418    482.152   -341.444
     4     4    5     482.152    206.418    341.444   -482.152   -206.418     71.391


N O D E   R E S I D U A L   F O R C E S (Reactions)

   node        res_FX       res_FY       res_MZ

     1      206.417668   517.847793     0.000000
     2        0.000000     0.000000     0.000000
     3        0.000000     0.000000     0.000000
     4        0.000000     0.000000     0.000000
     5     -206.417668   482.152207    71.391172
```

예제17 : 온도변화 ΔT가 발생한 부정정 평면라멘을 해석하라.

$\Delta T = 50^\circ$, $\alpha = 1 \times 10^{-5}$
$E = 2 \times 10^5\ MPa$
$L = 2\ m$
$A = 0.03\ m^2$, $I = 9 \times 10^{-4}\ m^4$

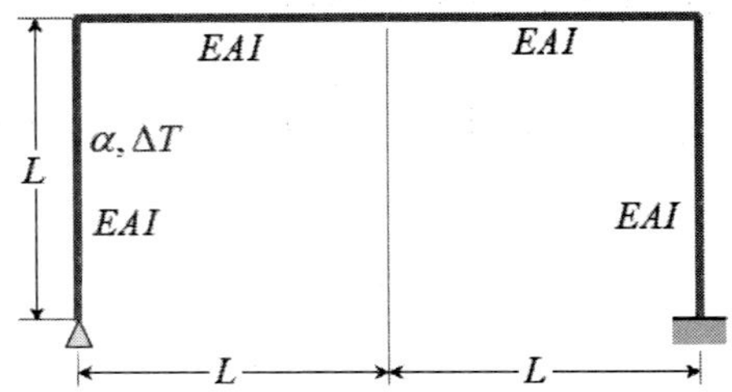

• 입·출력파일 :

```
5 4                                      ! node,eLem
1  1 1 0  0.0 0.0  0.0      0.0 0.0 ! n,BC,XY,cLod
2  0 0 0  0.0 2.0  0.0      0.0 0.0
3  0 0 0  2.0 2.0  0.0      0.0 0.0
4  0 0 0  4.0 2.0  0.0      0.0 0.0
5  1 1 1  4.0 0.0  0.0      0.0 0.0
1  1 2  2.0E8 0.03 9.0E-4 50.0 0.0 ! n,ni,nj,E,A,I,temp,miss
2  2 3  2.0E8 0.03 9.0E-4  0.0 0.0
3  3 4  2.0E8 0.03 9.0E-4  0.0 0.0
4  4 5  2.0E8 0.03 9.0E-4  0.0 0.0
```

~ kN과 m 단위로 변환하였음

```
D I S P L A C E M E N T S

  node          dis_X          dis_Y          rot_Z

    1        0.000000       0.000000  -0.968079E-04
    2        0.000250       0.000998  -0.180907E-03
    3        0.000247       0.000518  -0.273931E-03
    4        0.000245       0.000002  -0.216603E-03
    5        0.000000       0.000000   0.000000E+00


M E M B E R   F O R C E S

  eLem    i    j        fx        fy        mz        fx        fy        mz

    1     1    2     6.766    -7.569     0.000    -6.766     7.569   -15.138
    2     2    3     7.569     6.766    15.138    -7.569    -6.766    -1.606
    3     3    4     7.569     6.766     1.606    -7.569    -6.766    11.925
    4     4    5    -6.766     7.569   -11.925     6.766    -7.569    27.063


N O D E   R E S I D U A L   F O R C E S (Reactions)

  node         res_FX         res_FY         res_MZ

    1        7.568959       6.765809       0.000000
    2        0.000000       0.000000       0.000000
    3        0.000000       0.000000       0.000000
    4        0.000000       0.000000       0.000000
    5       -7.568959      -6.765809      27.063234
```

*참고 : 부정정구조는 온도변화에 의한 절점변위, 부재력, 잔류력, 반력 등에 영향을 나타낸다.

예제18 : 초기변형 ΔL 이 발생한 부정정 평면라멘을 해석하라.

$\Delta L = 0.1\, m$
$E = 2 \times 10^5\, MPa$
$L = 2\, m$
$A = 0.03\, m^2$, $I = 9 \times 10^{-4}\, m^4$

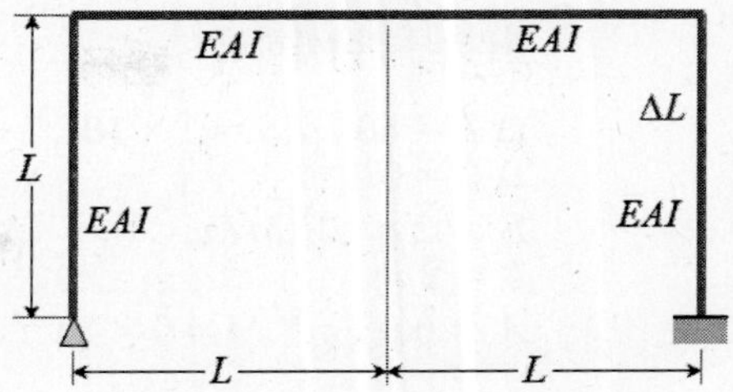

• 입·출력파일 :

```
5 4                                  ! node,eLem
1  1 1 0  0.0 0.0  0.0       0.0  0.0 ! n,BC,XY,cLod
2  0 0 0  0.0 2.0  0.0       0.0  0.0
3  0 0 0  2.0 2.0  0.0 -1000.0  0.0
4  0 0 0  4.0 2.0  0.0       0.0  0.0
5  1 1 1  4.0 0.0  0.0       0.0  0.0
1  1 2  2.0E8 0.03 9.0E-4 50.0  0.0 ! n,ni,nj,E,A,I,temp,miss
2  2 3  2.0E8 0.03 9.0E-4  0.0  0.0
3  3 4  2.0E8 0.03 9.0E-4  0.0  0.0
4  4 5  2.0E8 0.03 9.0E-4  0.0  0.1
```

~ kN과 m 단위로 변환하였음

```
D I S P L A C E M E N T S

   node         dis_X          dis_Y          rot_Z

      1      0.000000       0.000000   0.968079E-02
      2     -0.024968       0.000226   0.180907E-01
      3     -0.024716       0.048215   0.273931E-01
      4     -0.024464       0.099774   0.216603E-01
      5      0.000000       0.000000   0.000000E+00


M E M B E R   F O R C E S

   eLem     i    j         fx         fy         mz         fx         fy         mz

      1     1    2   -676.581    756.896      0.000    676.581   -756.896   1513.792
      2     2    3   -756.896   -676.581  -1513.792    756.896    676.581    160.630
      3     3    4   -756.896   -676.581   -160.630    756.896    676.581  -1192.532
      4     4    5    676.581   -756.896   1192.532   -676.581    756.896  -2706.323


N O D E   R E S I D U A L   F O R C E S (Reactions)

   node        res_FX         res_FY         res_MZ

      1   -756.895929    -676.580861       0.000000
      2      0.000000       0.000000       0.000000
      3      0.000000       0.000000       0.000000
      4      0.000000       0.000000       0.000000
      5    756.895929     676.580861   -2706.323445
```

*참고 : 부정정구조는 초기결함에 의한 절점변위, 부재력, 잔류력, 반력 등에 영향을 나타낸다.

예제19 : 온도변화 ΔT, 초기변형 ΔL 이 발생한 부정정 평면라멘을 해석하라.

$\Delta T = 50^\circ$, $\alpha = 1 \times 10^{-5}$
$\Delta L = 0.1\ m$
$E = 2 \times 10^5\ MPa$
$L = 2\ m$
$A = 0.03\ m^2$, $I = 9 \times 10^{-4}\ m^4$

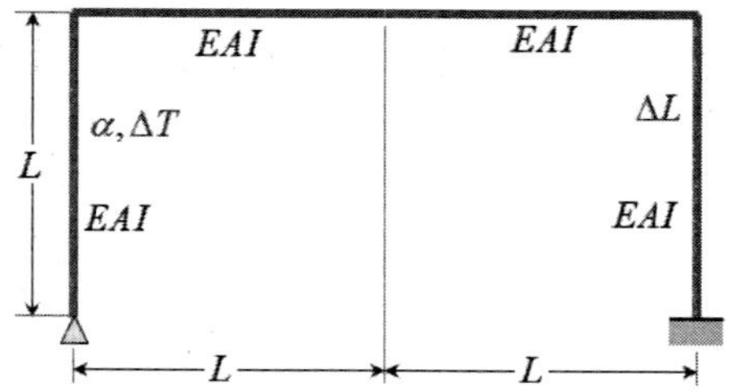

• 입·출력파일 :

```
5 4                                       ! node,eLem
1  1 1 0  0.0 0.0  0.0       0.0  0.0 ! n,BC,XY,cLod
2  0 0 0  0.0 2.0  0.0       0.0  0.0
3  0 0 0  2.0 2.0  0.0       0.0  0.0
4  0 0 0  4.0 2.0  0.0       0.0  0.0
5  1 1 1  4.0 0.0  0.0       0.0  0.0
1  1 2  2.0E8 0.03 9.0E-4 50.0  0.0 ! n,ni,nj,E,A,I,temp,miss
2  2 3  2.0E8 0.03 9.0E-4  0.0  0.0
3  3 4  2.0E8 0.03 9.0E-4  0.0  0.0
4  4 5  2.0E8 0.03 9.0E-4  0.0  0.1
```

~ kN과 m 단위로 변환하였음

```
D I S P L A C E M E N T S

   node          dis_X          dis_Y          rot_Z

     1        0.000000       0.000000   0.958398E-02
     2       -0.024719       0.001223   0.179098E-01
     3       -0.024469       0.048733   0.271192E-01
     4       -0.024219       0.099777   0.214437E-01
     5        0.000000       0.000000   0.000000E+00

M E M B E R   F O R C E S

   eLem   i   j       fx         fy          mz         fx         fy          mz

     1    1   2    -669.815    749.327      0.000    669.815   -749.327    1498.654
     2    2   3    -749.327   -669.815  -1498.654    749.327    669.815     159.024
     3    3   4    -749.327   -669.815   -159.024    749.327    669.815   -1180.606
     4    4   5     669.815   -749.327   1180.606   -669.815    749.327   -2679.260

N O D E   R E S I D U A L   F O R C E S (Reactions)

   node         res_FX         res_FY          res_MZ

     1     -749.326970    -669.815053       0.000000
     2        0.000000       0.000000       0.000000
     3        0.000000       0.000000       0.000000
     4        0.000000       0.000000       0.000000
     5      749.326970     669.815053   -2679.260211
```

＊참고 : 부정정구조는 온도변화, 초기결함에 의한 절점변위, 부재력, 잔류력, 반력 등에 영향을 나타낸다.

예제20 : 연직하중 P가 작용하고, 온도변화 ΔT, 초기변형 ΔL이 발생한 부정정 평면라멘을 해석하라.

$P = 1000\ kN$
$\Delta T = 50^\circ,\ \alpha = 1\times10^{-5}$
$\Delta L = 0.1\ m$
$E = 2\times10^5\ MPa$
$L = 2\ m$
$A = 0.03\ m^2,\ I = 9\times10^{-4}\ m^4$

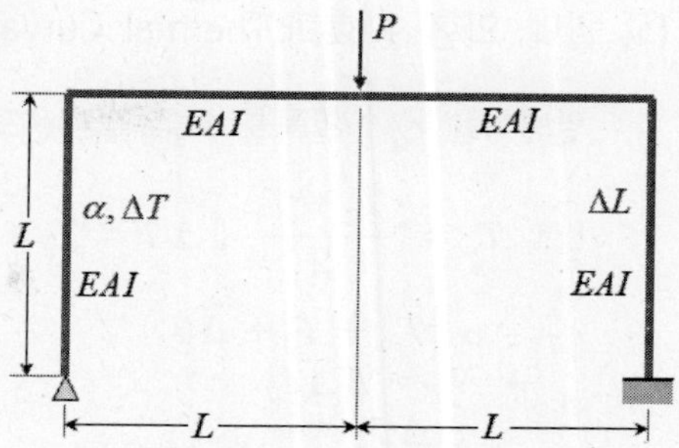

• 입·출력파일 :

```
5 4                                    ! node,eLem
1  1 1 0  0.0 0.0  0.0      0.0  0.0 ! n,BC,XY,cLod
2  0 0 0  0.0 2.0  0.0      0.0  0.0
3  0 0 0  2.0 2.0  0.0 -1000.0  0.0
4  0 0 0  4.0 2.0  0.0      0.0  0.0
5  1 1 1  4.0 0.0  0.0      0.0  0.0
1  1 2  2.0E8 0.03 9.0E-4 50.0  0.0 ! n,ni,nj,E,A,I,temp;miss
2  2 3  2.0E8 0.03 9.0E-4  0.0  0.0
3  3 4  2.0E8 0.03 9.0E-4  0.0  0.0
4  4 5  2.0E8 0.03 9.0E-4  0.0  0.1
```

~ kN과 m 단위로 변환하였음

```
DISPLACEMENTS

  node        dis_X        dis_Y          rot_Z

    1      0.000000     0.000000   0.106476E-01
    2     -0.025317     0.001051   0.166799E-01
    3     -0.025136     0.045349   0.270560E-01
    4     -0.024955     0.099616   0.229440E-01
    5      0.000000     0.000000   0.000000E+00

MEMBER FORCES

  eLem   i   j        fx          fy          mz          fx          fy          mz

    1    1   2   -151.967     542.909       0.000     151.967    -542.909    1085.819
    2    2   3   -542.909    -151.967   -1085.819     542.909     151.967     781.884
    3    3   4   -542.909   -1151.967    -781.884     542.909    1151.967   -1522.050
    4    4   5   1151.967    -542.909    1522.050   -1151.967     542.909   -2607.869

NODE RESIDUAL FORCES(Reactions)

  node        res_FX        res_FY          res_MZ

    1    -542.909302   -151.967260        0.000000
    2       0.000000      0.000000        0.000000
    3       0.000000      0.000000        0.000000
    4       0.000000      0.000000        0.000000
    5     542.909302   1151.967260    -2607.869039
```

[5] 열에 의한 휨효과(Thermal Curvature Effect)

열변형률 ϵ_T, 열곡률 κ_T, 절대온도 T_0

Let $T_m = \dfrac{T_2 + T_1}{2}$, $\Delta T = T_2 - T_1$

$\epsilon_T = \alpha(T_m - T_0 + \Delta T)$
$\rightarrow N_T = EA\epsilon_T$

$\kappa_T = \dfrac{\alpha \Delta T}{h} \rightarrow M_T = EI\kappa_T$

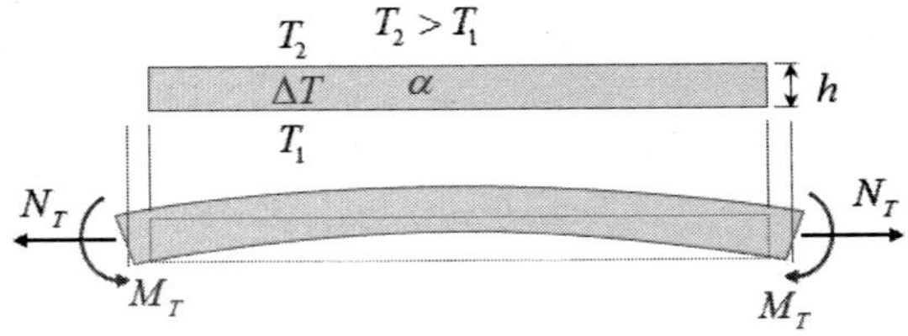

예제21 : 상·하연 온도 T_2, T_1 인 캔틸레버를 해석하라.

$T_2 = 30^\circ$, $T_1 = 10^\circ$
$E = 2 \times 10^8$
$L = 4\ m$, $h = 0.2\ m$
$A = 0.03\ m^2$, $I = 9 \times 10^{-4}\ m^4$

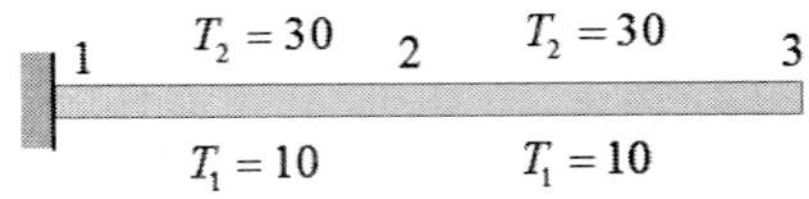

• 입·출력파일 : 정정구조이므로 부재력과 반력이 0이므로 출력 생략함.

```
3 2                                          ! node,eLem
1  1 1 1  0.0 0.0  0.0  0.0 0.0              ! n,BC,XY,cLod
2  0 0 0  2.0 0.0  0.0  0.0 0.0
3  0 0 0  4.0 0.0  0.0  0.0 0.0
1  1 2  2.0E8 0.03 9.0E-4 0.2 0 30 10 0 0   ! n,ni,nj,eLas,Ar,Zi,h,temp,tU,tL,t0,miss
2  2 3  2.0E8 0.03 9.0E-4 0.2 0 30 10 0 0
```

```
D I S P L A C E M E N T S

   node          dis_X          dis_Y          rot_Z

     1        0.000000       0.000000    0.000000E+00
     2        0.000400      -0.002000   -0.200000E-02
     3        0.000800      -0.008000   -0.400000E-02

M E M B E R   F O R C E S

   eLem    i   j        fx        fy        mz        fx        fy        mz

     1     1   2      0.000     0.000     0.000     0.000     0.000     0.000
     2     2   3      0.000     0.000     0.000     0.000     0.000     0.000

N O D E   R E S I D U A L   F O R C E S (Reactions)

   node         res_FX         res_FY         res_MZ

     1        0.000000       0.000000       0.000000
     2        0.000000       0.000000       0.000000
     3        0.000000       0.000000       0.000000
```

예제22 : 상·하연 온도 T_2 , T_1 인 고정-롤러 보를 해석하라.

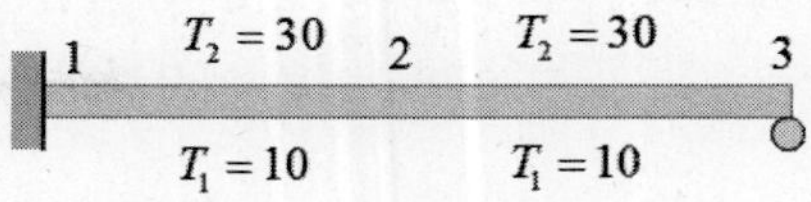

$$T_2 = 30^\circ \ , T_1 = 10^\circ$$
$$E = 2 \times 10^8$$
$$L = 4\,m \ , \ h = 0.2\,m$$
$$A = 0.03\,m^2 \ , I = 9 \times 10^{-4}\,m^4$$

• 입·출력파일 :

```
3 2                                           ! node,eLem
1  1 1 1  0.0 0.0  0.0  0.0 0.0               ! n,BC,XY,cLod
2  0 0 0  2.0 0.0  0.0  0.0 0.0
3  0 1 0  4.0 0.0  0.0  0.0 0.0
1  1 2  2.0E8 0.03 9.0E-4 0.2 0 30 10 0 0  ! n,ni,nj,eLas,Ar,Zi,h,temp,tU,tL,t0,miss
2  2 3  2.0E8 0.03 9.0E-4 0.2 0 30 10 0 0
```

```
 D I S P L A C E M E N T S

    node          dis_X          dis_Y          rot_Z

       1        0.000000       0.000000   0.000000E+00
       2        0.000400       0.000500   0.250000E-03
       3        0.000800       0.000000  -0.100000E-02


 M E M B E R   F O R C E S

    eLem     i    j        fx        fy         mz         fx        fy         mz

       1     1    2      0.000   -67.500   -270.000      0.000    67.500    135.000
       2     2    3      0.000   -67.500   -135.000      0.000    67.500      0.000


 N O D E   R E S I D U A L   F O R C E S (Reactions)

    node         res_FX         res_FY         res_MZ

       1        0.000000     -67.500000    -270.000000
       2        0.000000       0.000000       0.000000
       3        0.000000      67.500000       0.000000
```

*참고 : 부정정구조는 온도변화에 의한 곡률변화로 온도모멘트하중이 재하된 상태이다. 이는 절점변위, 부재력, 잔류력, 반력 등에 영향을 나타낸다.

예제23 : 부재 2,3의 단면 상·하연 온도 T_2 , T_1 인 고정-가변고정단을 가진 라멘구조를 해석하라.

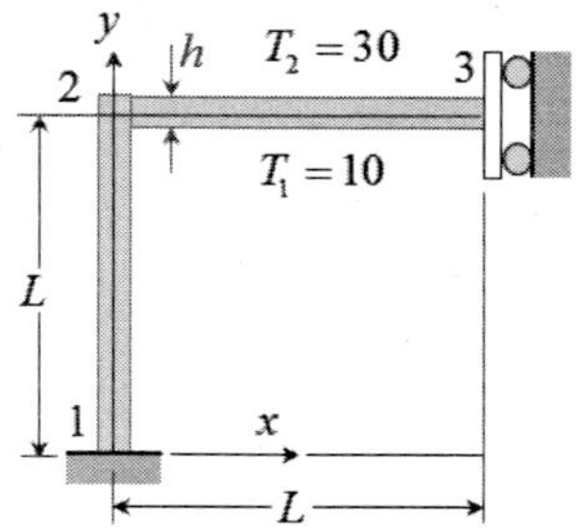

$T_2 = 30^\circ$, $T_1 = 10^\circ$
$E = 2 \times 10^8$
$L = 2\,m$, $h = 0.2\,m$
$A = 0.03\,m^2$, $I = 9 \times 10^{-4}\,m^4$

• 입·출력파일 :

```
3 2                                                  ! node,eLem
1  1 1 1  0.0 0.0  0.0  0.0 0.0                      ! n,BC,XY,cLod
2  0 0 0  0.0 2.0  0.0  0.0 0.0
3  1 0 1  2.0 2.0  0.0  0.0 0.0
1  1 2  2.0E8 0.03 9.0E-4 0.2 0  0  0 0 0           ! n,ni,nj,eLas,Ar,Zi,h,temp,tU,tL,t0,miss
2  2 3  2.0E8 0.03 9.0E-4 0.2 0 20 10 0 0
```

```
D I S P L A C E M E N T S

   node         dis_X        dis_Y        rot_Z

     1       0.000000     0.000000    0.000000E+00
     2      -0.000421     0.000000    0.652510E-03
     3       0.000000     0.000653    0.000000E+00

M E M B E R   F O R C E S

   eLem    i    j        fx         fy         mz         fx         fy         mz

     1     1    2      0.000     62.548      3.822      0.000    -62.548    121.274
     2     2    3    -62.548      0.000   -121.274     62.548      0.000    121.274

N O D E   R E S I D U A L   F O R C E S (Reactions)

   node        res_FX        res_FY        res_MZ

     1     -62.548263     0.000000      3.822394
     2       0.000000     0.000000      0.000000
     3      62.548263     0.000000    121.274131
```

*참고 : 부정정구조는 온도변화에 의한 곡률변화로 온도모멘트하중이 재하된 상태이다. 이는 절점변위, 부재력, 잔류력, 반력 등에 영향을 나타낸다.

예제24 : 부재 2,3의 단면 상·하연 온도 T_2 , T_1 인 고정-자유단을 가진 라멘 구조를 해석하라.

$T_2 = 30^\circ$, $T_1 = 10^\circ$
$E = 2 \times 10^8$
$L = 2\ m$, $h = 0.2\ m$
$A = 0.03\ m^2$, $I = 9 \times 10^{-4}\ m^4$

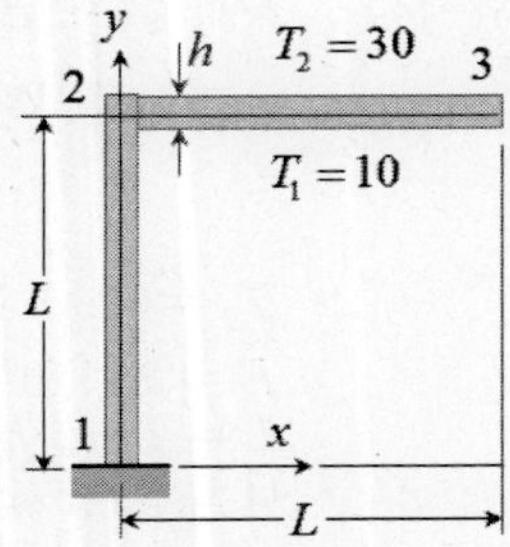

• 입·출력파일 :

```
3 2                                                   ! node,eLem
1  1 1 1  0.0 0.0  0.0  0.0 0.0                       ! n,BC,XY,cLod
2  0 0 0  0.0 2.0  0.0  0.0 0.0
3  0 0 0  2.0 2.0  0.0  0.0 0.0
1  1 2  2.0E8 0.03 9.0E-4 0.2 0  0  0 0 0             ! n,ni,nj,eLas,Ar,Zi,h,temp,tU,tL,tO,miss
2  2 3  2.0E8 0.03 9.0E-4 0.2 0 30 10 0 0
```

```
D I S P L A C E M E N T S

    node          dis_X          dis_Y         rot_Z

       1        0.000000       0.000000   0.000000E+00
       2        0.000000       0.000000  -0.108420E-18
       3        0.000400      -0.002000  -0.200000E-02

M E M B E R   F O R C E S

    eLem     i    j          fx        fy        mz        fx        fy        mz

       1     1    2       0.000     0.000     0.000     0.000     0.000     0.000
       2     2    3       0.000     0.000     0.000     0.000     0.000     0.000

N O D E   R E S I D U A L   F O R C E S (Reactions)

    node         res_FX         res_FY         res_MZ

       1        0.000000       0.000000       0.000000
       2        0.000000       0.000000       0.000000
       3        0.000000       0.000000       0.000000
```

*참고 : 정정구조이므로 절점변위는 발생하나 부재력과 반력은 모두 0이다.

예제25 : 부재 2,3의 단면 상·하연 온도 T_2, T_1 인 고정-롤러단을 가진 라멘 구조를 해석하라.

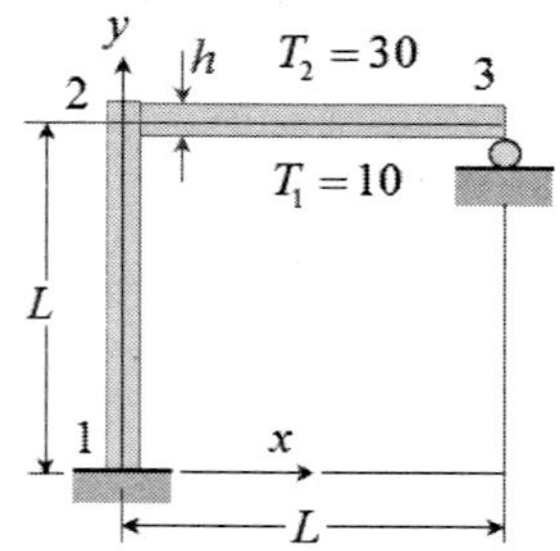

$T_2 = 30^{\circ}$, $T_1 = 10^{\circ}$
$E = 2 \times 10^8$
$L = 2\,m$, $h = 0.2\,m$
$A = 0.03\,m^2$, $I = 9 \times 10^{-4}\,m^4$

• 입·출력파일 :

```
3 2                                                   ! node,eLem
1  1 1 1  0.0 0.0  0.0  0.0 0.0                       ! n,BC,XY,cLod
2  0 0 0  0.0 2.0  0.0  0.0 0.0
3  0 1 0  2.0 2.0  0.0  0.0 0.0
1  1 2  2.0E8 0.03 9.0E-4 0.2 0  0  0 0 0  ! n,ni,nj,eLas,Ar,Zi,h,temp,tU,tL,t0,miss
2  2 3  2.0E8 0.03 9.0E-4 0.2 0 30 10 0 0
```

```
DISPLACEMENTS

  node         dis_X        dis_Y          rot_Z
     1      0.000000     0.000000   0.000000E+00
     2     -0.000746     0.000011   0.745805E-03
     3     -0.000346     0.000000  -0.881293E-03

MEMBER  FORCES

  eLem     i    j       fx        fy        mz        fx        fy        mz
     1     1    2  -33.561     0.000   -67.122    33.561     0.000    67.122
     2     2    3    0.000   -33.561   -67.122     0.000    33.561     0.000

NODE  RESIDUAL  FORCES(Reactions)

  node        res_FX       res_FY        res_MZ
     1      0.000000   -33.561218    -67.122436
     2      0.000000     0.000000      0.000000
     3      0.000000    33.561218      0.000000
```

※참고 : 부정정구조이므로 절점변위뿐만 아니라 부재력과 반력도 발생한다.

예제26 : 부재 2,3의 단면 상·하연 온도 T_2 , T_1 인 고정-힌지단을 가진 라멘 구조를 해석하라.

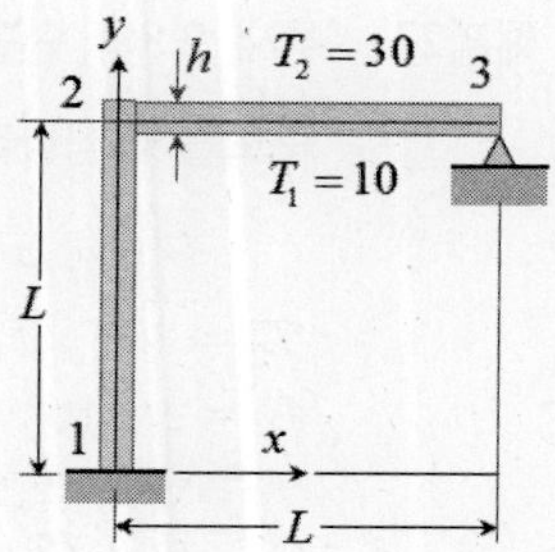

$T_2 = 30^\circ$, $T_1 = 10^\circ$
$E = 2 \times 10^8$
$L = 2\ m$, $h = 0.2\ m$
$A = 0.03\ m^2$, $I = 9 \times 10^{-4}\ m^4$

• 입·출력파일 :

```
3 2                                        ! node,eLem
1  1 1 1  0.0 0.0  0.0  0.0 0.0            ! n,BC,XY,cLod
2  0 0 0  0.0 2.0  0.0  0.0 0.0
3  1 1 0  2.0 2.0  0.0  0.0 0.0
1  1 2  2.0E8 0.03 9.0E-4 0.2 0  0  0 0 0  ! n,ni,nj,eLas,Ar,Zi,h,temp,tU,tL,t0,miss
2  2 3  2.0E8 0.03 9.0E-4 0.2 0 30 10 0 0
```

```
D I S P L A C E M E N T S

   node          dis_X          dis_Y          rot_Z

     1        0.000000       0.000000    0.000000E+00
     2       -0.000417       0.000017    0.603460E-03
     3        0.000000       0.000000   -0.814819E-03

M E M B E R   F O R C E S

   eLem    i    j        fx         fy         mz         fx         fy         mz

     1     1    2     -52.355     50.398     -3.913     52.355    -50.398    104.710
     2     2    3     -50.398    -52.355   -104.710     50.398     52.355      0.000

N O D E   R E S I D U A L   F O R C E S (Reactions)

   node         res_FX          res_FY          res_MZ

     1       -50.398382     -52.354897       -3.913030
     2         0.000000       0.000000        0.000000
     3        50.398382      52.354897        0.000000
```

*참고 : 부정정구조이므로 절점변위뿐만 아니라 부재력과 반력도 발생한다.

예제27 : 부재 2,3의 단면 상·하연 온도 T_2, T_1 인 고정-고정단을 가진 라멘 구조를 해석하라.

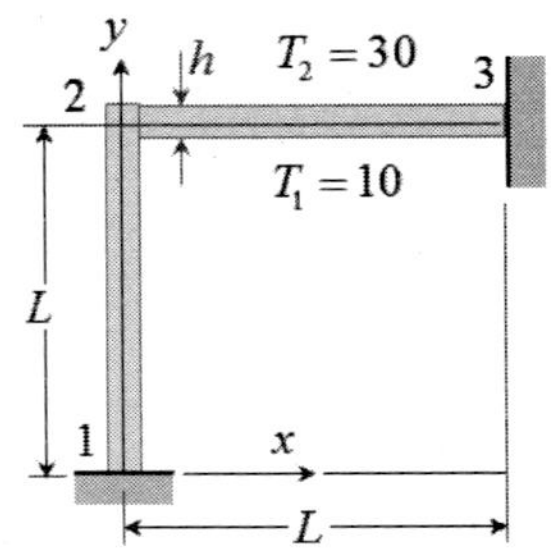

$T_2 = 30^\circ$, $T_1 = 10^\circ$
$E = 2 \times 10^8$
$L = 2\ m$, $h = 0.2\ m$
$A = 0.03\ m^2$, $I = 9 \times 10^{-4}\ m^4$

• 입·출력파일 :

```
3 2                                        ! node,eLem
1  1 1 1  0.0 0.0  0.0  0.0 0.0            ! n,BC,XY,cLod
2  0 0 0  0.0 2.0  0.0  0.0 0.0
3  1 1 1  2.0 2.0  0.0  0.0 0.0
1  1 2  2.0E8 0.03 9.0E-4 0.2 0  0  0 0 0  ! n,ni,nj,eLas,Ar,Zi,h,temp,tU,tL,t0,miss
2  2 3  2.0E8 0.03 9.0E-4 0.2 0 30 10 0 0
```

```
D I S P L A C E M E N T S

  node          dis_X          dis_Y          rot_Z

     1       0.000000       0.000000   0.000000E+00
     2      -0.000401      -0.000034   0.413203E-03
     3       0.000000       0.000000   0.000000E+00

M E M B E R   F O R C E S

  eLem     i    j        fx          fy          mz          fx          fy          mz

     1     1    2     102.353       3.270     -33.918    -102.353      -3.270      40.459
     2     2    3      -3.270     102.353     -40.459       3.270    -102.353     245.165

N O D E   R E S I D U A L   F O R C E S (Reactions)

  node         res_FX         res_FY         res_MZ

     1      -3.270452     102.353020     -33.917813
     2       0.000000       0.000000       0.000000
     3       3.270452    -102.353020     245.164756
```

✻참고 : 부정정구조이므로 절점변위뿐만 아니라 부재력과 반력도 발생한다.

8.4 프로그램적용

8.4.1 프로그램 작성스킬

4~7장에서 각 구조해석모델별로 구조해석 프로그램 작성요령을 설명하였다. 최소한의 자료입력으로 최대효과를 나타내는 프로그램 작성이 프로그래머의 욕심일 것이다. 최소의 자료입력은 프로그램 내부에 숨어둔 자료가 많다는 의미도 있다. 이 경우 사용자가 매우 당황하게 만들 수 있다. 가능한 명확하지 않은 자료는 외부입력이 적정하다. 본절은 4~7장에서 사용한 부호나 기호를 가능한 일치시키고 프로그램 작성내용을 재정리하기로 한다. 예를 들어, 아래와 같이 3개의 부재로 구성된 평면라멘구조를 가정하자.

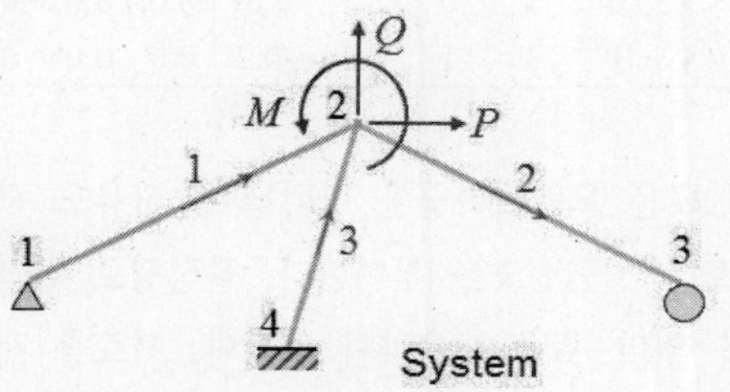

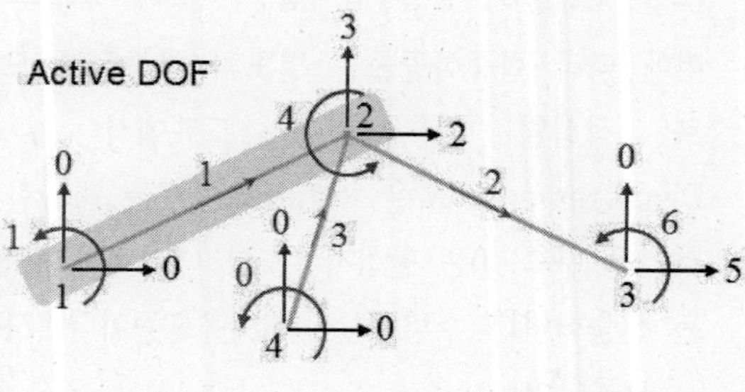

[1] 작업순서

(1) 시스템제어변수

문제를 정의하기 전에 시스템을 알 수 있도록 다음과 같은 기본상수를 지정할 필요가 있다. 아래 도표는 해석모델에 따른 기본상수의 값을 나타낸 도표이다. 또한, 입력되는 변수에 따라 시스템을 구별하는 변수로 사용되기도 한다.

- 시스템의 기본상수 지정

$nDim \equiv$ 시스템의 차원
$eNod \equiv$ 요소의 절점번호
$nDof \equiv$ 절점의 자유도수
$eDof \equiv$ 요소의 자유도수

Analysis Model		Variables			
		nDim	*eNod*	*nDof*	*eDof*
Spring	Straight	1	2	1	2
	Inclined	2	2	2	4
2-Dimensional Truss		2	2	2	4
Beam		1	2	2	4
2D-Frame		2	2	3	6
3D-Truss		3	2	3	6
3Dim-Frame	general	3	2	6	12
	Bi-Moment	3	2	7	14
	Diaphram	3	2	9	18

- 시스템의 기본변수 정의(입력)

$node \equiv$ 시스템의 절점수
$eLem \equiv$ 시스템의 요소수

⇒

$$\begin{cases} sDof = node \times mDof \equiv \text{시스템의 전체자유도} \\ mDof = eLem \times eDof \equiv \text{요소들의 전체자유도} \end{cases}$$

(2) 자유도 선정

상기 우측그림은 구조계의 자유도를 나타내었고 구속된 지점자유도는 0을, 활성화 자유도(Active DOF)는 일련번호를 부여하였다. 일련번호는 전체시스템의 방정식번호와 일치하게 된다. LCS와 GCS에서 임의부재에 대한 절점변위벡터와 절점하중(부재력)벡터를 지정한다.

$$\text{임의부재의 절점하중과 변위벡터}:\begin{cases}(\boldsymbol{f}_i^e\,,\,\boldsymbol{d}_i^e)\,,\,(\boldsymbol{f}_j^e\,,\,\boldsymbol{d}_j^e)\,, & :\ \text{in LCS}\\ (\boldsymbol{F}_i^e\,,\,\boldsymbol{D}_i^e)\,,\,(\boldsymbol{F}_j^e\,,\,\boldsymbol{D}_j^e)\,, & :\ \text{in GCS}\end{cases}$$

(2) **절점정보 입력** : 보통 절점번호(n), 절점자유도들 (D_X^n, D_Y^n, R_Z^n), 좌표들(X_n, Y_n), 집중하중들 (D_X^n, F_Y^n, M_Z^n)들을 입력할 수 있다. 프로그래머에 따라 집중하중들을 별도의 하중정보 모듈로 작성할 수 있다. 도표에서 D는 Displacement, R은 Rotation, F는 축방향하중, M은 모멘트하중을 나타낸다. 자유도 자료에서 1은 구속, 0은 활성자유도를 나타내며 활성자유도는 일련번호를 부여한다. 절점정보 입력단계는 산술식이나 수치연산이 없는 모듈이다. 자료만을 읽어 훗날 사용하기 위하여, 자료를 저장하는 모듈이다.

n	D_X^n	D_Y^n	R_Z^n	X_n	Y_n	F_X^n	F_Y^n	M_Z^n
1	1	1	0	0.0	0.0	0.0	0.0	0.0
2	0	0	0	1.2	1.0	5.0	7.0	12.0
3	0	1	0	2.5	0.0	0.0	0.0	0.0
4	1	1	1	1.0	−0.2	0.0	0.0	0.0

절점정보입력

```
DO i=1,node
   READ(inp,*) n,ID,XY,cLod                    Node Coordinate
   Nodes(n)%ID = ID                            Concentrated Load
   Nodes(n)%XY = XY
   Nodes(n)%cLod = cLod
ENDDO
neq=0
DO i=1,node                                    Equation Number
   DO j=1,nDof
      ieq=Nodes(i)%ID(j)
      IF(ieq==0) THEn
         neq=neq+1 ; Nodes(i)%ID(j)=neq
      ELSE
         Nodes(i)%ID(j)=0
      ENDIF
   ENDDO
   WRITE(out,"(I10,2X,3I6,2X,2F10.3,2X,3F10.3)") i,Nodes(i)
ENDDO
```

(3) **부재정보 입력** : 보통 부재번호(e), 시작절점번호(i), 종료절점번호(j). 탄성계수(E), 단면적(A), 단면2차모멘트(I) 들을 입력할 수 있다. 프로그래머에 따라 재료정보(E)와 단면정보(A, I)들을 별도의 모듈로 작성할 수 있다. 1번째 부재는 절점 i와 j를 잇는 부재를 나타내며 재료와 단면특성치(E, A, I)를 순차적으로 입력하게 된다. 부재 e가 절점 i, j를 연결되어 있다는 의미

e	i	j	E	A	I
1	1	2	1.0	1.0	1.0
2	2	3	1.0	1.0	1.0
3	4	2	1.0	1.0	1.0

로 Member(Element) Connectivity라고 부른다.

$$\begin{cases}\cos\theta = c \\ \sin\theta = s\end{cases}$$

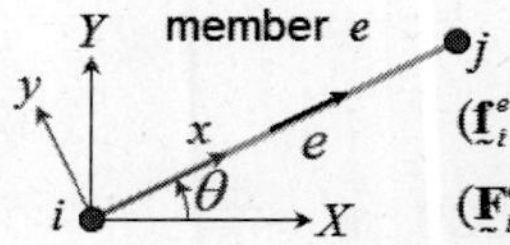

$$(\underset{\sim}{\mathbf{f}}^e_i, \underset{\sim}{\mathbf{d}}^e_i), (\underset{\sim}{\mathbf{f}}^e_j, \underset{\sim}{\mathbf{d}}^e_j)$$

$$(\underset{\sim}{\mathbf{F}}^e_i, \underset{\sim}{\mathbf{D}}^e_i), (\underset{\sim}{\mathbf{F}}^e_j, \underset{\sim}{\mathbf{D}}^e_j)$$

$$\begin{cases} dX = X_j - X_i \\ dY = Y_j - Y_i \\ L = \sqrt{dX^2 + dY^2} \end{cases} \text{ in GCS} \rightarrow \begin{cases} c = \cos\theta = \dfrac{dX}{L} \\ s = \sin\theta = \dfrac{dY}{L} \end{cases} \rightarrow \boldsymbol{T}_0 = \begin{bmatrix} c & s & 0 \\ -s & c & 0 \\ - & 0 & 1 \end{bmatrix}$$

부재정보모듈은 자료입력과 기본자료를 계산하여 저장하는 모듈이다. 연산은 주로 부재기울기를 계산하여 $(\cos\theta, \sin\theta)$ 또는 절점좌표변환매트릭스 $\boldsymbol{T}_0$를 연산하는 정도이다. 그러나 프로그래머에 따라 부재특성과 연관된 모든 연산을 부재정보모듈에서 연산과정을 포함시키는 경우도 있다. 본절은 부재정보를 입력하면서 필요한 부재특성치 LM, $\boldsymbol{k}_e$, $\boldsymbol{T}_e$ 등을 연산하고 이를 저장하도록 프로그래밍하였다.

부재정보저장

```
DO i=1,eLem
   READ(inp,*) n,conn,eLas,Ar,Zi
   WRITE(out,"(I10,2X,2I5,2X,E15.6,F12.4,E15.6)") n,conn,eLas,Ar,Zi
   Frame(n)%conn=conn                                        Connectivity
   EA=eLas*Ar ; Frame(n)%EA=EA
   EI=eLas*Zi ; Frame(n)%EI=EI
   LM=0
   ni=conn(1) ; LM(      1:nDof)=Nodes(ni)%ID(1:nDof)
   nj=conn(2) ; LM(nDof+1:eDof)=Nodes(nj)%ID(1:nDof)
   Frame(n)%LM = LM                                          Location Matrix
   dx=Nodes(nj)%XY(1)-Nodes(ni)%XY(1)
   dy=Nodes(nj)%XY(2)-Nodes(ni)%XY(2)
   L1=SQRT(dx*dx+dy*dy) ; L2=L1*L1 ; L3=L2*L1
   c = dx/L1  ;  s = dy/L1
   T=0.0 ; T(1,1)= c ; T(1,2)=s
           T(2,1)=-s ; T(2,2)=c ; T(3,3)=1.0
           T(4,4)= c ; T(4,5)=s
           T(5,4)=-s ; T(5,5)=c ; T(6,6)=1.0
   Frame(n)%T=T ; Frame(n)%L=L1                              Transformation Matrix
   S=0.0   ;  S(1,1)=  EA/L1   ; S(1,4)= -EA/L1
              S(2,2)= 12*EI/L3 ; S(2,3)= 6*EI/L2
              S(2,5)=-12*EI/L3 ; S(2,6)= 6*EI/L2
              S(3,2)=  6*EI/L2 ; S(3,3)= 4*EI/L1
              S(3,5)= -6*EI/L2 ; S(3,6)= 2*EI/L1
              S(4,1)= -EA/L1   ; S(4,4)=  EA/L1
              S(5,2)=-12*EI/L3 ; S(5,3)=-6*EI/L2
              S(5,5)= 12*EI/L3 ; S(5,6)=-6*EI/L2
              S(6,2)=  6*EI/L2 ; S(6,3)= 2*EI/L1
              S(6,5)= -6*EI/L2 ; S(6,6)= 4*EI/L1
   Frame(n)%S=S
ENDDO
```

- **부재특성매트릭스 구성단계** : 아래와 같이 각 부재마다 LM을 비롯하여 LCS와 GCS에서 부재강성도매트릭스 $\boldsymbol{k}_e$, $\boldsymbol{K}_e$와 부재좌표변환매트릭스 $\boldsymbol{T}_e$를 계산하고 저장해 둔다. $\boldsymbol{k}_e$, $\boldsymbol{T}_e$, LM을 저장하는 이유는 시스템매트릭스를 구성하거나 단면력 결정단계에서 필요하기 때문이다.

- Location Matrix : $\mathbf{LM}(1:eDof)$

- Member Stiffness Matrix in LCS : $\underline{\mathbf{k}}_e = \dfrac{EI}{L^3}\begin{bmatrix} \lambda^2 & \cdot & \cdot & -\lambda^2 & \cdot & \cdot \\ \cdot & 12 & 6L & \cdot & -12 & 6L \\ \cdot & 6L & 4L^2 & \cdot & -6L & 2L^2 \\ -\lambda^2 & \cdot & \cdot & \lambda^2 & \cdot & \cdot \\ \cdot & -12 & -6L & \cdot & 12 & -6L \\ \cdot & 6L & 2L^2 & \cdot & -6L & 4L^2 \end{bmatrix}$

- Member Coordinate Transformation Matrix : $\underline{\mathbf{T}}_e = \begin{bmatrix} \underline{\mathbf{T}}_0 & \underline{\mathbf{0}} \\ \underline{\mathbf{0}} & \underline{\mathbf{T}}_0 \end{bmatrix}$; $\underline{\mathbf{T}}_0 = \begin{bmatrix} c & s & \cdot \\ -s & c & \cdot \\ \cdot & \cdot & 1 \end{bmatrix}$

- Member Stiffness Matrix in GCS : $\underline{\mathbf{K}}_e = \underline{\mathbf{T}}_e^T \underline{\mathbf{k}}_e \underline{\mathbf{T}}_e$

(4) 시스템매트릭스와 시스템벡터의 구성 : 시스템매트릭스와 벡터는 부재특성매트릭스와 부재특성벡터들을 해당위치에 누적하여 결정한다. 이때 LM을 사용하며 아래 프로그램을 참고하기 바란다.

구조강성도 계산

```
DO n=1,eLem
   LM=Frame(n)%LM ; eStf=Frame(n)%eStf ; Tran=Frame(n)%Tran
   eStf = MATMUL(TRANSPOSE(Tran), MATMUL(eStf,Tran))
   DO i=1,eDof
      row=LM(i) ; IF(row<=0) CYCLE
      DO j=1,eDof
         coL=LM(j) ; IF(coL<=0) CYCLE
         GK(row,coL)=GK(row,coL)+eStf(i,j)
      ENDDO
   ENDDO
ENDDO
```

Stiffness Matrix in GCS

구조하중벡터계산

```
DO n=1,node
   DO i=1,nDof
      row=Nodes(n)%ID(i) ; IF(row<=0) CYCLE
      GB(row)=GB(row)+Nodes(n)%cLod(i)
   ENDDO
ENDDO
```

Load Vector in GCS

(5) 부재력 결정 : 각 부재의 부재력은 LM을 이용하여 부재변위벡터를 추출하고 부재강성도매트릭스와 부재좌표변환매트릭스를 이용하여 결정한다. 아래 프로그램 작성예를 참고하기 바란다.

부재력벡터 결정

```
DO n=1,eLem
   conn=Frame(n)%conn ; LM=Frame(n)%LM
   S=Frame(n)%eS      ; T=Frame(n)%T
   mD = 0.0
   DO i=1,eDof
      ieq=LM(i) ; IF(ieq>0) mD(i)=gB(ieq)
   ENDDO
   mF=0.0 ; mF = MATMUL(eStf,MATMUL(Tran,mD))
   WRITE(out,"(I10,2X,2I5,2X,6F12.3)") n,conn,mF
ENDDO
```

이상과 같은 연산절차를 요약하면, 직접강성도매트릭스방법은 다음과 같은 흐름도로 표현된다. 흐름도는 좌우측으로 구분하였다. 좌측은 LCS에서 이루어지는 공식화 작업이며 우측은 주로 GCS에서 계산하는 항목들로 구성하였다. 출력에서 절점변위는 GCS에서, 부재력은 LCS에서 결정함을 명심하기 바란다.

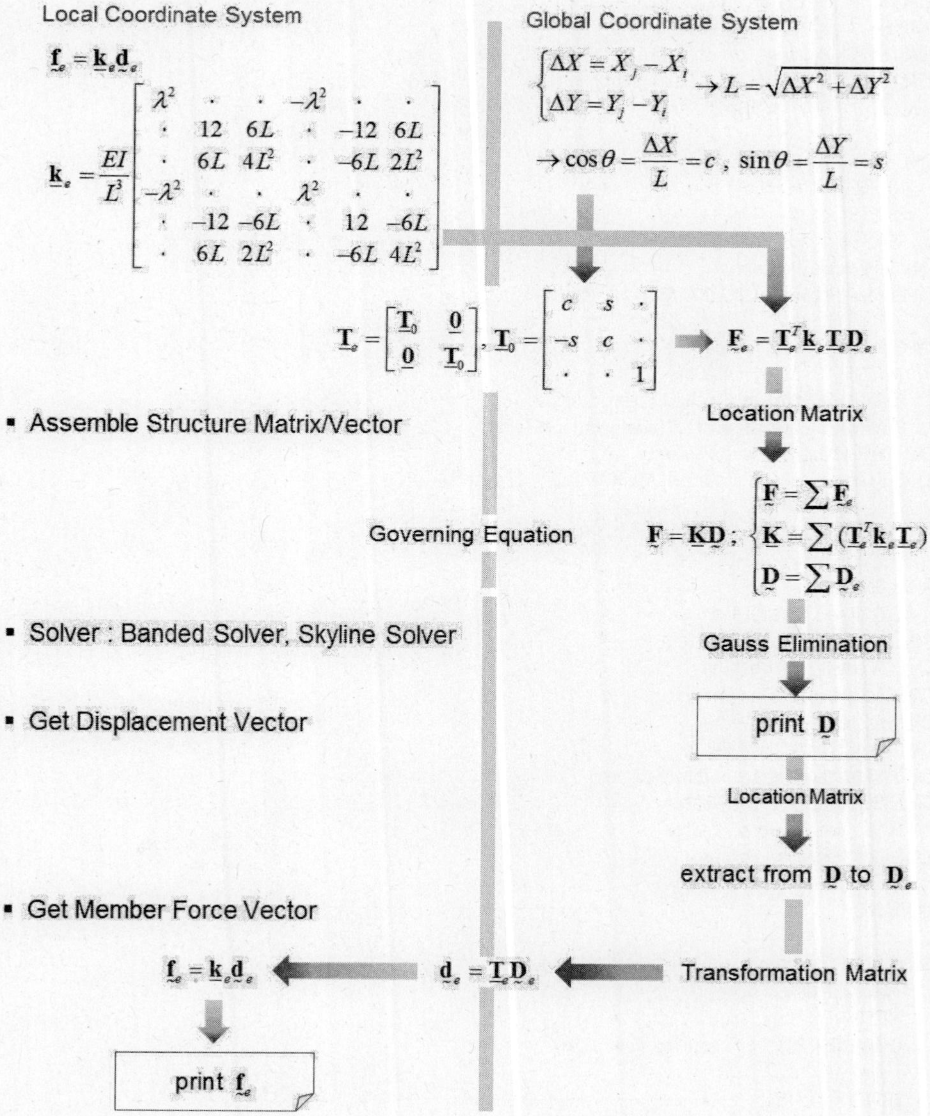

8.4.2 프로그램 작성예(입체라멘구조)

```
PROGRAM ThreeD_Frame_AnaLysis
   IMPLICIT NONE
   INTEGER,PARAMETER :: inp=95,out=96,txt=97
   INTEGER,PARAMETER :: nDim=3,nDof=6,eDof=12,eNod=2
   INTEGER :: node,eLem,nLod,neq,ni,nj
   REAL(8) :: EA,EIz,EIy,GJ,dx,dy,dz,L,L1,L2,L3,temp,miss
   INTEGER :: BC(nDof),LM(eDof)
   REAL(8) :: XY(nDim),cLod(nDof),dis(nDof),dM(eDof)
   REAL(8) :: S(eDof,eDof),T(eDof,eDof),mF(eDof)
   REAL(8) :: C(nDim,nDim)

   TYPE Node_Property
      INTEGER :: BC(nDof)
      REAL(8) :: XY(nDim)
      REAL(8) :: cLod(nDof)
   END TYPE Node_Property
   TYPE(Node_Property),ALLOCATABLE :: Nodes(:)

   TYPE Frame_eLement_Property
      INTEGER :: ni,nj,LM(eDof)
      REAL(8) :: EA,EIz,EIy,GJ,L,temp,miss
      REAL(8) :: S(eDof,eDof),T(eDof,eDof),mF(eDof)
   END TYPE Frame_eLement_Property
   TYPE(Frame_eLement_Property),ALLOCATABLE :: Frame(:)

   REAL(8),ALLOCATABLE :: gK(:,:),B(:),ResD(:,:)

   CALL Openning
   CALL ControL_Parameters
   CALL Node_Information
   CALL ELement_Information
   CALL AssembLe_System_Matrix
   CALL AssembLe_Load_Vector
   CALL AdditionaL_Load_Vector
   CALL SimuLtaneous_Equation(gK,B,neq)
   CALL Get_DispLacement_Vector
   CALL Get_Member_Force_Vector
   CALL Get_ResiduaL_Forces

   CONTAINS

   SUBROUTINE Openning
      IMPLICIT NONE
      INTEGER :: ichr,idot
      CHARACTER(20) :: Fnam,Finp,Fout,Ftxt

      WRITE(*,"(/15X,'-------------------------------------'    &
      &         /15X,'    ANALYSIS PROGRAM OF 3-DIM FRAME    '    &
      &         /15X,'      Programed by YSS 07/17/2017      '    &
      &         /15X,'-------------------------------------')")
```

```
   WRITE(*,"(/15X,'Your Input File name : '₩)")
   READ(*,*) Fnam

   ichr=LEN_TRIM(Fnam)  ; IF(ichr==0) STOP '      Not exist Input file'
   idot=INDEX(Fnam,'.') ; IF(idot>=2) ichr=idot-1
   Finp=Fnam(:ichr)//'.inp' ; OPEN(UNIT=inp, FILE=Finp)
   Fout=Fnam(:ichr)//'.out' ; OPEN(UNIT=out, FILE=Fout)
   Ftxt=Fnam(:ichr)//'.txt' ; OPEN(UNIT=txt, FILE=Ftxt)

   WRITE(out,"(/5X,'-----------------------------------------'    &
   &          /5X,'    ANALYSIS PROGRAM OF 3-DIM FRAME    '    &
   &          /5X,'      Programed by YSS 07/17/2017       '    &
   &          /5X,'-----------------------------------------')")
END SUBROUTINE Openning

SUBROUTINE ControL_Parameters
   IMPLICIT NONE

   WRITE(*,"(/20X,'Control Parameters')")
   READ(inp,*) node,eLem,nLod
   WRITE(out,"(///'  C O N T R O L   P A R A M E T E R S' &
   &           //5X,'Number of Nodes          = ',I5     &
   &             /5X,'Number of eLements       = ',I5     &
   &             /5X,'Number of Add. con. Load = ',I5)")  &
   &     node,eLem,nLod
END SUBROUTINE ControL_Parameters

SUBROUTINE Node_Information
   IMPLICIT NONE
   INTEGER :: n,i,k,eq

   WRITE(*,"(20X,'Node Information')")
   WRITE(out,"(///'  N O D E   I N F O R M A T I O N'   &
   &           //6X,'no',7X,'U     V     W    rU    rV    rW',14X,'X_c',12X,'Y_c',12X,'Z_c'/)")

   ALLOCATE(Nodes(node))

   neq=0
   DO k=1,node
      READ(inp,*) n,BC,XY,cLod
      Nodes(n)%BC=BC ; Nodes(n)%XY=XY ; Nodes(n)%cLod=cLod

      DO i=1,nDof
         eq=BC(i)
         IF(eq==0) THEn
            neq=neq+1 ; Nodes(n)%BC(i)=neq
         ELSE
            Nodes(n)%BC(i)=0
         ENDIF
      ENDDO
      WRITE(out,"(I8,2X,6I6,2X,6F15.3)") n,Nodes(n)%BC,Nodes(n)%XY
   ENDDO
```

```
    WRITE(txt,"(/'  Nodal Concentrated Load in Node_Information'    &
    &          //6X,'no',14X,'F_X',12X,'F_Y',12X,'F_Z',12X,'M_X',12X,'M_Y',12X,'M_Z'/)")
    DO n=1,node
       WRITE(txt,"(I8,2X,6F15.3)") n,Nodes(n)%cLod
    ENDDO
END SUBROUTINE Node_Information

SUBROUTINE ELement_Information
    IMPLICIT NONE
    INTEGER :: n,i,j,k,eq
    REAL(8) :: E,p,G,A,Zz,Yy,Jc,ss,zero=0.0D0
    REAL(8) :: eFor,aLpha=1.0D-5

    WRITE(*,"(20X,'ELement Information')")
    WRITE(out,"(///'  E L E M E N T   P R O P E R T Y'     &
    &            //6X,'eL',6X,'ni    nj',16X,'E',14X,'G',   &
    &             14X,'A',13X,'Iz',13X,'Iy',13X,'Jc',9X,'tForce',9X,'mFprce'/)")
    WRITE(txt,"(//'  3-Dim Transformation Matrix for each Element')")

    ALLOCATE(Frame(eLem))
    ALLOCATE(Resd(nDof,node)) ; Resd=0.0D0

    DO k=1,eLem
       READ(inp,*) n,ni,nj,E,p,A,Zz,Yy,Jc,temp,miss
       Frame(n)%ni=ni ; Frame(n)%nj=nj
       G=E/2.0/(1.0+p)
       EA=E*A   ; Frame(n)%EA=EA
       EIz=E*Zz ; Frame(n)%EIz=EIz
       EIy=E*Yy ; Frame(n)%EIy=EIy
       GJ=G*Jc  ; Frame(n)%GJ=GJ
       LM=0 ; LM(1:nDof)=Nodes(ni)%BC(1:nDof)
              LM(7:eDof)=Nodes(nj)%BC(1:nDof) ; Frame(n)%LM=LM
       dx=Nodes(nj)%XY(1)-Nodes(ni)%XY(1)
       dy=Nodes(nj)%XY(2)-Nodes(ni)%XY(2)
       dz=Nodes(nj)%XY(3)-Nodes(ni)%XY(3) ; L=SQRT(dx*dx+dy*dy+dz*dz) ; Frame(n)%L=L

       CALL Transformation_Psi(zero)

       T=0.0D0 ; T(1:3,1:3)=C(1:3,1:3) ; T( 4:nDof, 4:nDof)=C(1:3,1:3)
                 T(7:9,7:9)=C(1:3,1:3) ; T(10:eDof,10:eDof)=C(1:3,1:3) ; Frame(n)%T=T

       IF(temp/=0.0D0) temp=EA*aLpha*temp
       IF(miss/=0.0D0) miss=EA*miss/L
       eFor=temp+miss
       mF=0.0D0 ; mF(1)=-eFor ; mF(7)=eFor ; Frame(n)%mF=mF ; mF=MATMUL(TRANSPOSE(T),mF)

       Nodes(ni)%cLod(1:nDof)=Nodes(ni)%cLod(1:nDof)+mF(1:nDof)
       Nodes(nj)%cLod(1:nDof)=Nodes(nj)%cLod(1:nDof)+mF(7:eDof)

       WRITE(out,"(I8,2X,2I6,2X,6E15.6,2F15.3)") n,ni,nj,E,G,A,Zz,Yy,Jc,temp,miss

       L1=L ; L2=L*L ; L3=L2*L
```

```
        S=0.0D0 ; S( 1,1)=   EA*L2  ; S( 1, 7)=  -EA*L2  ; S( 7,1)=   -EA*L2 ; S( 7, 7)=   EA*L2
                  S( 2,2)=12*EIz    ; S( 2, 6)= 6*EIz*L1 ; S( 2,8)=-12*EIz   ; S( 2,12)= 6*EIz*L1
                  S( 3,3)=12*EIy    ; S( 3, 5)=-6*EIy*L1 ; S( 3,9)=-12*EIy   ; S( 3,11)=-6*EIy*L1
                  S( 4,4)=   GJ*L2  ; S( 4,10)=  -GJ*L2  ; S(10,4)=   -GJ*L2 ; S(10,10)=   GJ*L2
                  S( 5,3)=-6*EIy*L1 ; S( 5, 5)= 4*EIy*L2 ; S( 5,9)= 6*EIy*L1 ; S( 5,11)= 2*EIy*L2
                  S( 6,2)= 6*EIz*L1 ; S( 6, 6)= 4*EIz*L2 ; S( 6,8)=-6*EIz*L1 ; S( 6,12)= 2*EIz*L2
                  S( 8,2)=-12*EIz   ; S( 8, 6)=-6*EIz*L1 ; S( 8,8)=12*EIz    ; S( 8,12)=-6*EIz*L1
                  S( 9,3)=-12*EIy   ; S( 9, 5)= 6*EIy*L1 ; S( 9,9)=12*EIy    ; S( 9,11)= 6*EIy*L2
                  S(11,3)=-6*EIy*L1 ; S(11, 5)= 2*EIy*L2 ; S(11,9)= 6*EIy*L1 ; S(11,11)= 4*EIy*L2
                  S(12,2)= 6*EIz*L1 ; S(12, 6)= 2*EIz*L2 ; S(12,8)=-6*EIz*L1 ; S(12,12)= 4*EIz*L2
        S=S/L3 ; Frame(n)%S=S

        WRITE(txt,"(/6X,'eL =',I5,5X,'nodes =',2I5,6X,'Rotation Matrix')") n,ni,nj
        WRITE(txt,"(/12X,3I10)") (i,i=1,nDim)
        DO i=1,nDim
           WRITE(txt,"(I10,2X,3F10.4)") i,C(i,:)
        ENDDO
     ENDDO
  END SUBROUTINE ELement_Information

  SUBROUTINE Transformation_Psi(psi)
     IMPLICIT NONE
     REAL(8) :: psi,cx,cy,cz,cxy,cxz,Sp,Cp

     cx=dx/L ; cy=dy/L ; cz=dz/L
     Sp=SIN(psi) ; cxy=SQRT(cx*cx+cy*cy)
     Cp=COS(psi) ; cxz=SQRT(cx*cx+cz*cz)
     C=0.0D0
     IF (cx==0.0D0 .AND. cz==0.0D0) THEN
        C(1,1)=cx                       ; C(1,2)=cy                       ; C(1,3)=cz
        C(2,1)=(-cx*cz*Sp-cy*Cp)/cxy ; C(2,2)=(-cy*cz*Sp+cx*Cp)/cxy ; C(2,3)=cxy*Sp
        C(3,1)=(-cx*cz*Cp+cy*Sp)/cxy ; C(3,2)=(-cy*cz*Cp-cx*Sp)/cxy ; C(3,3)=cxy*Cp
     ELSE
        C(1,1)=cx                       ; C(1,2)= cy      ; C(1,3)=cz
        C(2,1)=(-cx*cy*Cp-cz*Sp)/cxz ; C(2,2)= cxz*Cp ; C(2,3)=(-cy*cz*Cp+cx*Sp)/cxz
        C(3,1)=(cx*cy*Sp-cz*Cp)/cxz  ; C(3,2)=-cxz*Sp ; C(3,3)=(cy*cz*Sp+cx*Cp)/cxz
     ENDIF
  END SUBROUTINE Transformation_Psi

  SUBROUTINE AssembLe_System_Matrix
     IMPLICIT NONE
     INTEGER :: n,i,j,row,coL

     WRITE(*,"(20X,'Assemble System Matrix')")
     WRITE(out,"(///'  A S S E M B L E   S Y S T E M   M A T R I X' &
     &            //10X,'number of total equations (neq) =',I5)") neq
     WRITE(txt,"(//'  Intermediate Calculation for each element')")

     ALLOCATE(gK(neq,neq)) ; gK=0.0D0

     DO n=1,eLem
        LM=0    ; LM=Frame(n)%LM
        S=0.0D0 ; S=Frame(n)%S
        T=0.0D0 ; T=Frame(n)%T
```

```
      WRITE(txt,"(/5X,'eL =',I5,5X,'LM =',12I5)") n,LM
      WRITE(txt,"(/7X,'Stiffness matrix  S in LCS')")
      DO i=1,eDof
         WRITE(txt,"(I10,2X,12E12.4)") i,S(i,:)
      ENDDO
      WRITE(txt,"(/7X,'Transformation matrix T  from GCS to LCS')")
      DO i=1,eDof
         WRITE(txt,"(I10,2X,12F12.4)") i,T(i,:)
      ENDDO

      S=MATMUL(TRANSPOSE(T),MATMUL(S,T))

      WRITE(txt,"(/7X,'Stiffness Matrix S  in GCS')")
      DO i=1,eDof
         WRITE(txt,"(I10,2X,12E12.4)") i,s(i,:)
      ENDDO

      DO i=1,eDof
         row=LM(i) ; IF(row<=0) CYCLE
         DO j=1,eDof
            coL=LM(j) ; IF(coL<=0) CYCLE
            gK(row,coL)=gK(row,coL)+S(i,j)
         ENDDO
      ENDDO
   ENDDO
   WRITE(txt,"(//'  Assemble System Matrix'    &
   &          //6X,'eq',7X,'System Matrix ...'   &
   &          //8X,100I12)") (i,i=1,neq)
   WRITE(txt,*) ' '
   DO i=1,neq
      WRITE(txt,"(I8,100E12.4)") i,gK(i,:neq)
   ENDDO
END SUBROUTINE AssembLe_System_Matrix

SUBROUTINE AssembLe_Load_Vector
   IMPLICIT NONE
   INTEGER :: n,i,j,row,coL

   WRITE(*,"(20X,'Assemble Load Vector')")
   WRITE(out,"(///'  A S S E M B L E   L O A D   V E C T O R')")
   WRITE(txt,"(//'  ELement Nodal Load Vector'   &
   &          //8X,'eL     BC ',24('.'),10X,'cLod ',59('.'))")

   ALLOCATE(B(neq)) ; B=0.0D0

   DO n=1,node
      BC=0        ; BC=Nodes(n)%BC
      cLod=0.0D0 ; cLod=Nodes(n)%cLod
      WRITE(txt,"(I10,2X,6I5,2X,6E12.4)") n,BC,cLod
      DO i=1,nDof
         row=BC(i) ; IF(row<=0) CYCLE
         B(row)=B(row)+cLod(i)
      ENDDO
   ENDDO
```

```
   WRITE(txt,"(//'  Assemble Load Vector'  &
   &           //6X,'eq',11X,'Load'/)")
   DO i=1,neq
      WRITE(txt,"(I8,E15.4)") i,B(i)
   ENDDO
END SUBROUTINE Assemble_Load_Vector

SUBROUTINE Additional_Load_Vector
   IMPLICIT NONE
   INTEGER :: n,i,j,eq

   WRITE(*,"(20X,'Additional Concentrated Load')")
   IF(nLod==0) RETURN
   WRITE(out,"(///'  A D D I T I O N A L   C O N C E N T R A T E D   L O A D'   &
   &      //6X,'no',10X,'Force_X',8X,'Force_Y',8X,'Force_Z',7X,'Moment_X',7X,'Moment_Y',7X,'Moment_Z'/)")

   DO i=1,nLod
      READ(inp,*) n,cLod
      WRITE(out,"(I8,2X,6F15.3)") n,cLod

      BC=0 ; BC=Nodes(n)%BC
      Nodes(n)%cLod=Nodes(n)%cLod+cLod

      DO j=1,nDof
         eq=BC(j) ; IF(eq<=0) CYCLE
         B(eq)=B(eq)+cLod(j)
      ENDDO
   ENDDO
   WRITE(txt,"(//'  Additional Load Vector'   &
   &           //6X,'eq',11X,'Load'/)")
   DO i=1,neq
      WRITE(txt,"(I8,E15.6)") i,B(i)
   ENDDO
END SUBROUTINE Additional_Load_Vector

SUBROUTINE Get_Displacement_Vector
   IMPLICIT NONE
   INTEGER :: n,i,j,eq

   WRITE(*,"(20X,'Get Displacement Vector')")
   WRITE(out,"(///'  D I S P L A C E M E N T S'    &
   &           //6X,'no',12X,'dis_X',10X,'dis_Y',10X,'dis_Z',10X,'rot_X',10X,'rot_Y',10X,'rot_Z'/)")

   DO n=1,node
      BC=Nodes(n)%BC
      dis=0.0D0
      DO i=1,nDof
               eq=BC(i) ; IF(eq>0) dis(i)=B(eq)
      ENDDO
      WRITE(out,"(I8,2X,3F15.6,3E15.6)") n,dis
   ENDDO
END SUBROUTINE Get_Displacement_Vector
```

```
SUBROUTINE Get_Member_Force_Vector
   IMPLICIT NONE
   INTEGER :: n,i,j,eq
   REAL(8) :: eFox(eDof)

   WRITE(*,"(20X,'Get Member Force Vector')")
   WRITE(out,"(///'  M E M B E R   F O R C E S'    &
   &           //6X,'eL',7X,'i',13X,'fx_i',11X,'fy_i',11X,'fz_i',11X,'mx_i',11X,'my_i',11X,'mz_i'  &
   &            /6X,'  ',7X,'j',13X,'fx_j',11X,'fy_j',11X,'fz_j',11X,'mx_j',11X,'my_j',11X,'mz_j')")

   DO n=1,eLem
      ni=Frame(n)%ni ; nj=Frame(n)%nj ; LM=Frame(n)%LM
      S=Frame(n)%S   ; T=Frame(n)%T

      dM=0.0D0
      DO i=1,eDof
         eq=LM(i) ; IF(eq>0) dM(i)=B(eq)
      ENDDO
      mF=0.0 ; mF=MATMUL(S,MATMUL(T,dM))
      eFox=mF-Frame(n)%mF
      WRITE(out,"(/2I8,2X,6F15.3/8X,I8,2X,6F15.3)") n,ni,eFox(1:nDof),nj,eFox(7:eDof)

      mF=MATMUL(TRANSPOSE(T),mF)
      Resd(1:nDof,ni)=Resd(1:nDof,ni)+mF(1:nDof)
      Resd(1:nDof,nj)=Resd(1:nDof,nj)+mF(7:eDof)
   ENDDO
END SUBROUTINE Get_Member_Force_Vector

SUBROUTINE Get_ResiduaL_Forces
   IMPLICIT NONE
   INTEGER :: n,i,j

   WRITE(*,"(20X,'Get ResiduaL Forces')")
   WRITE(out,"(///'  N O D E   R E S I D U A L   F O R C E S (Reactions)'  &
   &           //6X,'node  ',9X,'res_FX',9X,'res_FY',9X,'res_FZ',          &
   &             9X,'res_MX',9X,'res_MY',9X,'res_MZ'/)")

   DO n=1,node
      Resd(:,n)=Resd(:,n)-Nodes(n)%cLod(:)
      WRITE(out,"(I10,2X,6F15.6)") n,Resd(:,n)
   ENDDO
END SUBROUTINE Get_ResiduaL_Forces

SUBROUTINE SimuLtaneous_Equation(A,B,n)
   IMPLICIT NONE
   INTEGER :: n, i,ia,ib,j,k,ind=1
   REAL(8) :: A(n,n),B(n), z
   INTEGER,ALLOCATABLE :: La(:),Lb(:,:)
   REAL(8),ALLOCATABLE :: Sz(:)

   WRITE(*,"(20X,'Gauss Elimination')")
   WRITE(out,"(///'  G A U S S   F U L L   M A T R I X   S O L V E R')")
```

```
      ALLOCATE(La(n))    ; La=0
      ALLOCATE(Lb(n,2)) ; Lb=0
      ALLOCATE(Sz(n))    ; Sz=0.0D0

      ind=1
      DO k=1,n
         z=0.0D0
         DO i=1,n
            IF(La(i)==1) CYCLE
            DO j=1,n
               IF(La(j)<1) THEN
                  IF(ABS(z)<ABS(A(i,j))) THEN
                     ia=i ; ib=j ; z=A(i,j)
                  ENDIF
               ELSEIF(La(j)/=1) THEN
                  DEALLOCATE(La,Lb,Sz) ; RETURN
               ENDIF
            ENDDO
         ENDDO
         La(ib)=La(ib)+1
         IF(ia/=ib) THEN
            DO i=1,n
               z=A(ia,i) ; A(ia,i)=A(ib,i) ;  A(ib,i)=z
            ENDDO
            IF(Ind /= 0) THEN
               z=B(ia) ; B(ia)=B(ib) ; B(ib)=z
            ENDIF
         ENDIF
         Lb(k,1)=ia ; Lb(k,2)=ib ; Sz(k)=A(ib,ib) ; A(ib,ib)=1.0
         A(ib,1:n)=A(ib,1:n)/Sz(k)
         IF(Ind/=0) B(ib)=B(ib)/Sz(k)
         DO i=1,n
            IF(i==ib) CYCLE
            z=A(i,ib) ; A(i,ib)=0.0
            DO j=1,n
               A(i,j)=A(i,j)-A(ib,j)*z
            ENDDO
            IF(Ind/=0) B(i)=B(i)-B(ib)*z
         ENDDO
      ENDDO
      DO i=1,n ; j=n-i+1
         IF(Lb(j,1)==Lb(j,2)) CYCLE
         ia=Lb(j,1) ; ib=Lb(j,2)
         DO k=1,n
            z=A(k,ia) ; A(k,ia)=A(k,ib) ; A(k,ib)=z
         ENDDO
      ENDDO
      DEALLOCATE(La,Lb,Sz)
   END SUBROUTINE SimuLtaneous_Equation

END PROGRAM ThreeD_Frame_AnaLysis
```

8.5 연습문제

8.5.1 기본개념 설명문제

[1] 강성도법과 유연도법의 차이점을 설명하라.

[2] 매트릭스구조해석법과 유한요소법의 차이를 설명하라.

[3] 강도, 강성, 강성도의 차이점을 설명하라.

[4] 평형방정식을 유도하는 방법은 어떤 것들이 있고 각 방법의 특징을 설명하라.

[5] Martin의 직접강성도법과 Clough의 변위법의 차이점을 설명하라.

[6] 정류에너지원리와 가상일의 원리를 비교 설명하라.

[7] 적합조건과 기하학적 조건을 설명하라.

[8] 구조강성도매트릭스는 왜 대칭인가를 설명하고 왜 Banded matrix가 되는지를 설명하라.

[9] 매트릭스구조해석에서 Neighborhood가 어떤 의미를 지니고 있는지를 설명하라.

[10] 단면 상하면에 온도차가 발생한 부재는 평균온도에 의하여 축변형이 유발된다. 또한 곡률변화로 인한 온도모멘트가 발생하며 온도모멘트는 휨변형을 야기할 것이다. 온도차이에 의한 축변형과 휨변형의 관계를 설명하라.

8.5.2 프로그램 작성과 검증문제

[1] 직접강도법에 의한 평면트러스와 입체트러스 해석프로그램을 작성하고 해석예를 들어 검증하라. 이때 온도변화와 초기결함을 고려할 수 있어야 한다.

[2] 직접강도법에 의한 평면라멘과 입체라멘 해석프로그램을 작성하고 해석예를 들어 검증하라. 이때 온도변화와 초기결함을 고려할 수 있어야 한다.

[3] 온도변화로 곡률변화가 발생하는 평면라멘을 해석하기 위한 프로그램을 작성하고 해석예를 들어 설명하라.

[4] 지점침하가 발생한 평면라멘구조를 해석하려고 한다. 이 문제를 해결하기 위한 알고리즘을 작성하고 해석프로그램을 작성하라. 또 해석예를 들어 해석결과를 검증하라.

[5] 매트릭스구조해석에서 평면라멘구조의 부재력은 $\boldsymbol{f}_e = \boldsymbol{k}_e \boldsymbol{T}_e \boldsymbol{D}_e$ 를 사용하고 있다. 어떤 방법으로 어떻게 계산하는 것이 정확한 부재력이 될 것인가? 수계산이 가능한 구조계를 선택하고 이를 해석하여 정확한 부재력 계산방법을 설명하라.

9 Clough 변위법

9.1 개요

컴퓨터 보급되기 전, 구조해석은 수계산에 의존하였을 것이다. 수계산으로 해석할 수 있는 구조물은 매우 제한적이다. 구조해석교과괴정에서 복잡한 구조계를 교육할 수도 없었고 비교적 간단한 모델을 선택하여 쉽게 이해하도록 교육시켰을 것이다. 이러한 관점에서, 구조해석의 시작은 비교적 간단한 구조계로부터 시작된다. 간단한 구조물이란 외적으로 소수의 부재들로 구성되고 자유도 개수도 매우 적은 구조이다. 또, 균일한 재료특성, 탄성거동, 미소변형이론에 근거하여 단순연산만을 요구하는 구조계를 의미한다. 전체 시스템이 몇 개의 자유도로 표현되므로 각 부재의 특성매트릭스보다 구조물 전체의 특성매트릭스를 이용하여 구조해석을 수행하였을 것이다.

한마디로, 전체시스템을 하나로 취급하는 것이 Clough 변위법(이후 CDM이라는 용어를 사용함)이다. 반면에 직접강도법(이후 DSM라는 용어를 사용함)은 각 부재별로 취급하는 방법이다. 이러한 이유로 교과서에서 제공되는 간단한 문제들은 DSM보다 CDM이 효과적인 해석방법이 되기도 한다. 반면에 실무문제는 자유도수가 상당하므로, 수계산이 불가능할 뿐만 아니라 전체시스템을 하나로 취급할 수 없다. 따라서 실무문제는 CDM보다 DSM이 더욱 효과적인 해석방법이 된다. 연산량이 많고 단순반복계산을 많은 실무문제는 컴퓨터의 도움이 절실하고, 모든 상용프로그램들도 DSM의 연산과정과 동일한 유한요소해석 프로그램들이다.

구조해석법은 변위법(강성도법, 평형법)과 하중법(유연도법. 적합법)으로 구분한다. 정정구조물은 평형조건만으로 해결되므로 변위법이나 하중법으로 구분할 필요가 없을 것이다. 따라서 변위법과 하중법의 구분은 부정정구조해석법의 종류들이라고 알려져 있다. 변위법은 각 부재력을 변위의 항으로 가정한 후, 평형조건으로 미지변위를 결정하는 매우 간단한 방법이다. 사용성과 적용성이 탁월하여 모든 구조해석에서 큰 역할을 수행하고 있다. 여하튼 DSM이건 CDM이건 변위법을 기초한 해석법이다. 취급하는 대산이 구조전체인가 또는 구성부재인가로 구분할 수 있다.

9.2절은 CDM의 기초적인 해석개념과 연산과정을 설명하고 대표적인 해석모델인 트러스, 보, 라멘구조에 대하여 CDM의 연산절차를 설명하였다. 9.3절은 해석예로서 트러스구조, 보구조, 라멘구조를 선택하고 각 구조모델별로 CDM을 적용한 해석결과를 설명하였다. CDM은 수계산을 위한 방법이지만 본장의 해석예는 이를 전산화하여 수치해석결과를 수록함으로서 설명을 대신하였다. 9.4절은 평면트러스구조와 평면라멘구조를 해석할 수 있는 CDM 해석프로그램 작성예를 소개하였다. 본장의 해석프로그램은 CDM의 해석절차를 이해하고 해석의 흐름과 연산절차를 이해할 수 있는 fortran 프로그램이다. 일반교재에서 제시한 문제들을 해석하여 연산흐름을 이해하기를 희망해 본다.

9.2 기본역학

9.2.1 기본적인 해석개념

시스템(System)은 어떤 객체(Body)에 외적 자극이 가해지고 일정한 반응이 나타내는 반복과정과 원리를 의미한다. 물리문제에서 객체는 눈에 보이는 물건일 수도 있고 눈에 보이지 않는 현상(Phenomenon)이 포함될 수도 있다. 토목구조분야에서 객체는 구조물(Structure), 외적자극은 하중(Load), 반응은 거동(Behavior)과 응답(Response)이라고 부른다. 하중과 내력(또는 부재력)은 절점에서 평형(Equilibrium)조건을, 외부변위와 내부변위는 적합(Compatibility)조건을 만족하여야 한다. 구조물은 여러 개의 부재 또는 요소(Element)들로 구성되며 각 부재의 연결점을 절점(Node)이라 부른다. 각 절점은 몇 개의 방향으로 움직임을 나타내며 이를 자유도(DOF : Degree of Freedom)라고 부른다. 하나의 절점에 발생하는 자유도는 절점변위(또는 변위에 대응하는 절점하중)의 개수를 나타낸다.

정역학(Statics)은 외력과 내력의 평형조건을 의미하며 외력 $\boldsymbol{F}$ 와 내력 $\boldsymbol{f}$ 의 관계를 나타내는 매트릭스 $\boldsymbol{A}$ 를 정력학매트릭스(Statics Matrix) 또는 정적매트릭스라고 부른다. 기하학(Kinematics)은 변위와 변형의 관계를 나타내는 적합조건이며 물체의 내부변위 $\boldsymbol{d}$ 와 외부변위 $\boldsymbol{D}$ 의 관계를 나타내는 매트릭스 $\boldsymbol{B}$ 를 적합매트릭스(Compatibility Matrix)라고 부른다. 엄밀한 의미에서, 적합조건은 내부변형과 외부변위의 관계이다. 내부변형은 상대변위를 나타내지만 매트릭스구조해석에서 변형은 변위 항으로 표현할 수 있으므로 편의상 내부변위라고 부르자. 선형탄성체에서 내력 $\boldsymbol{f}$ 와 내부변위 $\boldsymbol{d}$ 는 후크의 법칙을 따라 $\boldsymbol{f} = \boldsymbol{kd}$ 로 표현된다. $\boldsymbol{k}$ 는 강성도매트릭스이며 각 항들의 연관관계를 도시하면 아래그림과 같다.

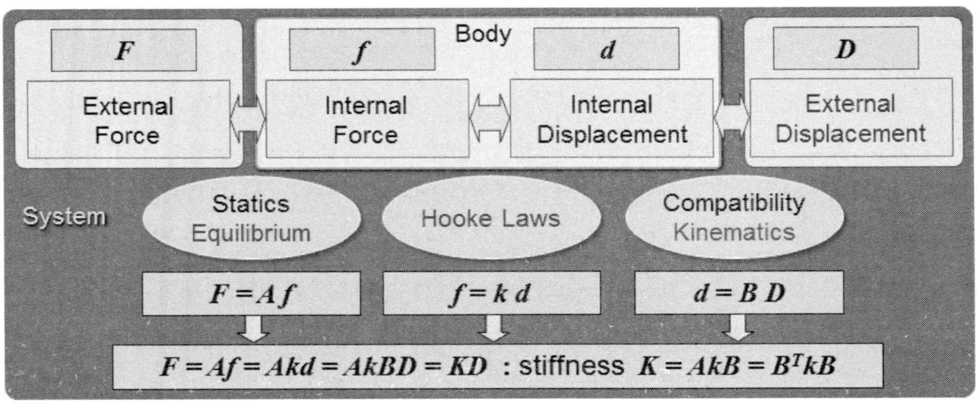

구조물(물체)은 여러 개의 부재들이 절점에서 서로 연결된 집합체이다. 각 절점들은 몇 개의 자유도를 나타내는 절점변위들로 표현된다. 구조물이 몇 개의 절점으로 이루어졌는가에 따라 전체 지유도 수 즉, 지배방정식의 수가 결정된다. 어떤 구조물이 5개의 부재와 10개의 절점으로 구성되고 각 절점당 3개의 자유도를 나타내면, 전체 구조물의 총 자유도 수(지배방정식 수)는 30개가 된다. 이 구조물이 지점반력수가 6개라고 가정하면, 24개의 활성(Active)자유도, 6개의 비활성(Inactive)자유도를 나타낼 것이다.

이 구조물을 해석하기 위한 CDM은 2가지 방법을 사용하고 있다. 첫째, 자유도 총수(30개)를 이용하는 방법이 있으며 둘째, 활성 자유도 총수(24개)를 이용하는 방법이 있다. CDM은 후자를 널리 사용하고 있다. 해석을 실행하기 전에 경계조건을 고려하여 자유도수를 감소시킴으로서 계산량도 감소시킬 수 있기 때문이다. 해석대상이 간단한 구조물이면, 전체 자유도수도 적고 활성자유도수도 적을 것이다. 간단한 구조물은 CDM이건 DSM이건 연산차이가 없을 것이다. 시스템 전체를 한꺼번에 처리하면, 전체흐름을 한눈에 알 수 있는 장점이 있다. 그러나 규모가 큰 구조물의 CDM은 불가능하다. 자유도가 많을 때, CDM이 과연 적절할까? 수계산을 좋아하면, CDM 선택도 적절할 수 있을 것이다.

CDM의 단점을 극복하기 위한 매트릭스구조해석법이 DSM이다. DSM은 구조물 전체 자유도를 취급하는 것이 아니라 하나의 부재에 대한 절점변위와 절점하중을 계산하여 전체시스템의 해당위치에 차곡차곡 쌓는 방법이다. 따라서 하나의 부재에 대한 계산은 일정한 반복연산이며 연산량이 감소한다는 특징이 있다. 현재의 유한요소법이 DSM의 연산방법을 선택한 이유도 이러한 연산방법이 있기 때문이다. DSM은 전장에서 설명되었으므로 본장은 CDM으로 제한하여 설명하기로 한다.

[1] 비활성자유도를 포함한 연산방법

비활성자유도를 포함한 CDM은 구조물의 전체 자유도(30개)에 대한 평형조건과 적합조건을 이용하는 방법이다. 아래그림에서 전체자유도로 표현한 절점하중벡터는 $\boldsymbol{F}_S$ 이며 절점변위벡터는 $\boldsymbol{D}_S$ 이다. 아래첨자 S는 시스템의 전체 자유도 즉, 방정식의 수를 나타낸다. 누적부재절점하중벡터는 $\boldsymbol{f}_G$, 누적부재절점변위벡터는 $\boldsymbol{d}_G$로 표현하자. 아래첨자 G는 순서대로 나열하였음을 의미한다. 따라서 $\boldsymbol{f}_G$ 는 부재절점하중벡터 $\boldsymbol{f}_e$ 를 순서대로 나열한 벡터이며 $\boldsymbol{d}_G$ 도 부재절점변위벡터 $\boldsymbol{d}_e$ 를 순서대로 나열한 벡터이다.

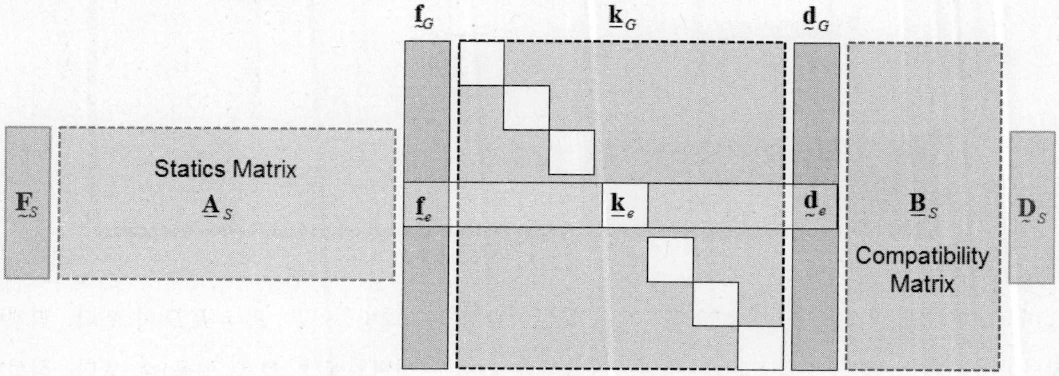

부재절점하중벡터 $\boldsymbol{f}_e$ 와 부재절점변위벡터 $\boldsymbol{d}_e$ 는 후크의 법칙에 따라 $\boldsymbol{f}_e = \boldsymbol{k}_e \boldsymbol{d}_e$ 가 성립한다. 누적부

재절점하중벡터 $\boldsymbol{f}_G = \{\boldsymbol{f}_1, \boldsymbol{f}_2, \cdots, \boldsymbol{f}_n\}$ 와 누적부재절점변위벡터 $\boldsymbol{d}_G = \{\boldsymbol{d}_1, \boldsymbol{d}_2, \cdots, \boldsymbol{d}_n\}$ 는 성분들을 순서대로 나열한 열벡터들이다. 누적부재강성도매트릭스 $\boldsymbol{k}_G$ 는 부재강성도매트릭스 $\boldsymbol{k}_1, \boldsymbol{k}_2, \cdots, \boldsymbol{k}_{kel}$ 을 대각항으로 나열한 대각매트릭스이다. 따라서 $\boldsymbol{f}_G = \boldsymbol{k}_G \boldsymbol{d}_G$ 도 성립한다. 하나의 부재에 대한 부재절점하중벡터, 부재절점변위벡터, 부재강성도매트릭스와 구분하기 위하여, 누적부재절점하중벡터, 누적부재절점변위벡터, 누적부재강성도매트릭스라고 부르기로 하자.

정력학매트릭스 $\boldsymbol{A}_S$는 전체자유도로 표현한 절점하중벡터 $\boldsymbol{F}_S$와 누적부재절점하중벡터 $\boldsymbol{f}_G$ 의 정적평형조건 $\boldsymbol{F}_S = \boldsymbol{A}_S \boldsymbol{f}_G$를 나타내는 매트릭스이다. 물리학에서 평형조건을 정력학이라고 부르므로 이를 정역학매트릭스라고 부르고 있다. 적합매트릭스 $\boldsymbol{B}_S$ 는 전체자유도로 표현한 절점하중벡터 $\boldsymbol{D}_S$ 와 누적부재절점변위벡터 $\boldsymbol{d}_G$ 의 기하학적 조건 또는 적합조건 $\boldsymbol{d}_G = \boldsymbol{B}_S \boldsymbol{D}_S$ 를 나타내는 매트릭스이다. 가상일의 원리를 적용하면, 정역학매트릭스와 적합매트릭스는 $\boldsymbol{A}_S = \boldsymbol{B}_S^T$ 인 관계식을 얻을 수 있다. 따라서 전체자유도로 표현한 절점하중벡터 $\boldsymbol{F}_S$ 는 시스템강성도매트릭스 $\boldsymbol{K}_S$ 와 전체자유도로 표현한 절점하중벡터 $\boldsymbol{D}_S$ 의 항으로 표현된다. 전체자유도는 활성과 비활성자유도로 구분하고 벡터와 매트릭스의 아래첨자 a, b 로 구분하였다. 활성자유도에 대응하는 방정식이 지배방정식이므로 아래첨자를 생략하기로 한다. 이러한 일련과정을 도시하면 아래그림과 같다.

$$\boldsymbol{F}_S = \boldsymbol{A}_S \boldsymbol{f}_G = \boldsymbol{A}_S \boldsymbol{k}_G \boldsymbol{d}_G = \boldsymbol{A}_S \boldsymbol{k}_G \boldsymbol{B}_S \boldsymbol{D}_S = \boldsymbol{K}_S \boldsymbol{D}_S \; ; \; \boldsymbol{K}_S \equiv \boldsymbol{A}_S \boldsymbol{k}_G \boldsymbol{B}_S = \boldsymbol{B}_S^T \boldsymbol{k}_G \boldsymbol{B}_S$$

$$\boldsymbol{F}_S = \begin{Bmatrix} \boldsymbol{F}_a \\ \boldsymbol{F}_b \end{Bmatrix}, \boldsymbol{D}_S = \begin{Bmatrix} \boldsymbol{D}_a \\ \boldsymbol{D}_b \end{Bmatrix}, \boldsymbol{K}_S = \begin{bmatrix} \boldsymbol{K}_{aa} & \boldsymbol{K}_{ab} \\ \boldsymbol{K}_{ab}^T & \boldsymbol{K}_{bb} \end{bmatrix} \rightarrow \boldsymbol{F}_S = \begin{Bmatrix} \boldsymbol{F} \\ \boldsymbol{F}_b \end{Bmatrix}, \boldsymbol{D}_S = \begin{Bmatrix} \boldsymbol{D} \\ \boldsymbol{D}_b \end{Bmatrix}, \boldsymbol{K}_S = \begin{bmatrix} \boldsymbol{K} & \boldsymbol{K}_{ab} \\ \boldsymbol{K}_{ab}^T & \boldsymbol{K}_{bb} \end{bmatrix}$$

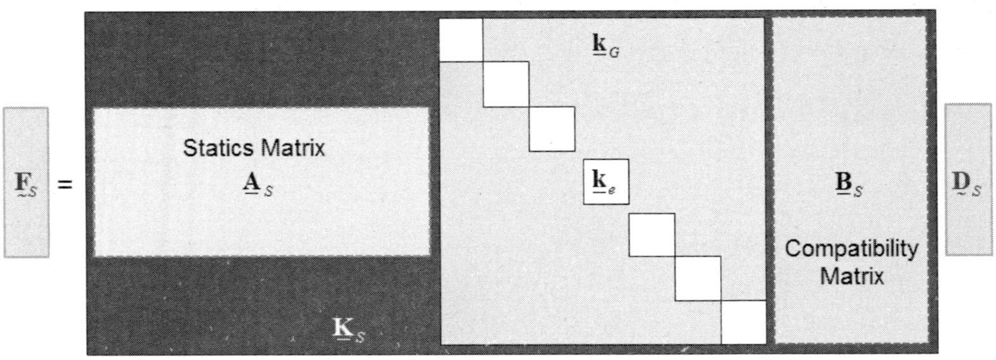

일반적으로 지점반력은 0이므로 활성자유도만으로 표현한 지배방정식은 $\boldsymbol{F} = \boldsymbol{K}\boldsymbol{D}$ 이 된다. 역행렬을 결정하여 근 $\boldsymbol{D} = \boldsymbol{K}^{-1}\boldsymbol{F}$을 결정하면 활성자유도에 대한 절점변위벡터 $\boldsymbol{D}$ 를 얻을 수 있다. 절점변위가 결정된 후, 각 부재에 대응하는 부재절점변위벡터를 추출하고 부재강성도매트릭스를 이용하여 부재력벡터를 결정하게 된다. 부재력벡터를 결정하기 위하여, 적합매트릭스 $\boldsymbol{B}_S$ 또는 정력학매트릭스 $\boldsymbol{A}_S$를 저장하고 있어야 한다.

- Define Nodal Displacement/Force Vectors in Entire Structure
  - Member Nodal Displacement/Force Vectors : $\underset{\sim}{\mathbf{d}}_G = \left\{\sum \underset{\sim}{\mathbf{d}}_e\right\}$, $\underset{\sim}{\mathbf{f}}_G = \left\{\sum \underset{\sim}{\mathbf{f}}_e\right\}$
  - Member Stiffness Matrix : $\underline{\mathbf{k}}_G = \left[\sum \underline{\mathbf{k}}_e\right]$; $\underset{\sim}{\mathbf{f}}_e = \underline{\mathbf{k}}_e \underset{\sim}{\mathbf{d}}_e$ vs $\underset{\sim}{\mathbf{f}}_G = \underline{\mathbf{k}}_G \underset{\sim}{\mathbf{d}}_G$
  - Statics and Compatibility Matrices : $\underset{\sim}{\mathbf{F}}_S = \underline{\mathbf{A}}_S \underset{\sim}{\mathbf{f}}_G$ and $\underset{\sim}{\mathbf{d}}_G = \underline{\mathbf{B}}_S \underset{\sim}{\mathbf{D}}_S$
  - Equilibrium : $\underset{\sim}{\mathbf{F}}_S = \underline{\mathbf{A}}_S \underset{\sim}{\mathbf{f}}_G = \underline{\mathbf{A}}_S \underline{\mathbf{k}}_G \underset{\sim}{\mathbf{d}}_G = \underline{\mathbf{A}}_S \underline{\mathbf{k}}_G \underline{\mathbf{B}}_S \underset{\sim}{\mathbf{D}}_S = \underline{\mathbf{K}}_S \underset{\sim}{\mathbf{D}}_S$

    where $\underline{\mathbf{K}}_S = \underline{\mathbf{A}}_S \underline{\mathbf{k}}_G \underline{\mathbf{B}}_S = \underline{\mathbf{B}}_S^T \underline{\mathbf{k}}_G \underline{\mathbf{B}}_S \quad \because \ \underline{\mathbf{A}}_S = \underline{\mathbf{B}}_S^T$
- Apply to BCs and Equilibrium Equation for Active DOFs : $\underset{\sim}{\mathbf{F}} = \underline{\mathbf{K}}\underset{\sim}{\mathbf{D}}$

$$\underset{\sim}{\mathbf{F}}_S = \underline{\mathbf{K}}_S \underset{\sim}{\mathbf{D}}_S \ ; \ \underline{\mathbf{K}}_S = \begin{bmatrix} \underline{\mathbf{K}}_{aa} & \underline{\mathbf{K}}_{ab} \\ \underline{\mathbf{K}}_{ab}^T & \underline{\mathbf{K}}_{bb} \end{bmatrix}, \underset{\sim}{\mathbf{F}}_S = \begin{Bmatrix} \underset{\sim}{\mathbf{F}}_a \\ \underset{\sim}{\mathbf{F}}_b \end{Bmatrix}, \underset{\sim}{\mathbf{D}}_G = \begin{Bmatrix} \underset{\sim}{\mathbf{D}}_a \\ \underset{\sim}{\mathbf{D}}_b \end{Bmatrix}$$

Let $\underset{\sim}{\mathbf{F}}_a = \underset{\sim}{\mathbf{F}}, \underset{\sim}{\mathbf{D}}_a = \underset{\sim}{\mathbf{D}}, \underline{\mathbf{K}}_{aa} = \underline{\mathbf{K}} \ \rightarrow \ \underset{\sim}{\mathbf{F}} = \underline{\mathbf{K}}\underset{\sim}{\mathbf{D}}$

[2] 활성자유도만 고려한 연산방법

이 방법은 연산을 시작하기 전에 활성자유도만을 선택하고 해석단계를 시작하는 방법이다. 연산과정은 비활성자유도를 포함한 연산방법과 정확히 일치한다. 주어진 구조물에 대하여 활성자유도만을 고려한 절점하중벡터 $\boldsymbol{F}$, 절점변위벡터 $\boldsymbol{D}$를 선택한다. 이러한 벡터들은 비활성자유도를 포함한 연산과정의 지점경계조건을 고려하여 축소된 시스템벡터들과 일치한다. 그리고 정력학매트릭스 $\boldsymbol{A}$ 또는 적합매트릭스 $\boldsymbol{B}$를 계산한다. 여기서 $\boldsymbol{B}$를 계산하여 Transpose Matrix를 취하면 $\boldsymbol{A}$를 결정할 수 있다. 역도 성립한다. 비활성자유도를 포함한 연산과정과 비교하여, 절점하중벡터 $\boldsymbol{F}$, 절점변위벡터 $\boldsymbol{D}$, 정력학매트릭스 $\boldsymbol{A}$ 또는 적합매트릭스 $\boldsymbol{B}$는 벡터와 매트릭스 크기가 비활성자유도 수만큼 감소한 크기를 나타낸다. 모든 기호들은 비활성자유도를 포함한 경우와 동일하다. 일련의 연산과정을 도시하면 아래그림과 같다.

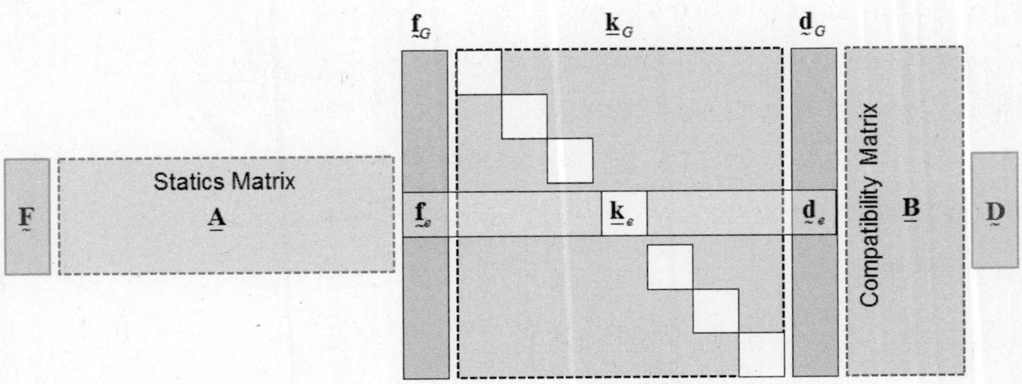

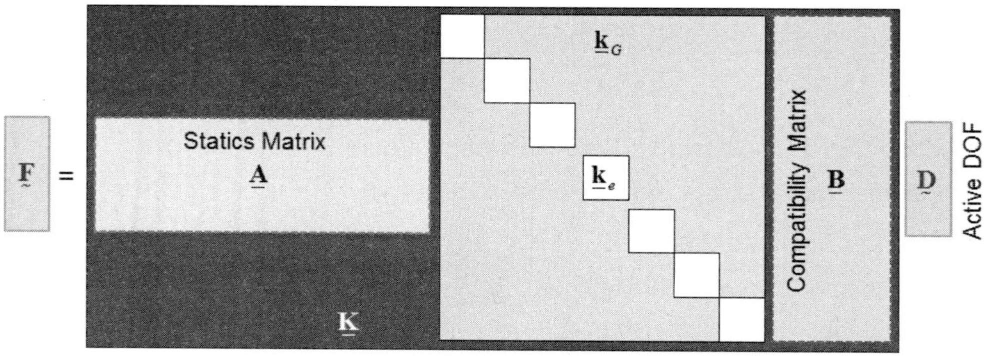

연산과정을 요약하면 아래와 같다. 활성자유도만으로 표현한 지배방정식은 $\boldsymbol{F}=\boldsymbol{K}\boldsymbol{D}$이 된다. 역행렬을 결정하여 근 $\boldsymbol{D}=\boldsymbol{K}^{-1}\boldsymbol{F}$을 결정하면 활성자유도에 대한 절점변위벡터 $\boldsymbol{D}$를 얻을 수 있다.

- Select Force / Displacement Vectors in Entire Structure for Active DOFs : $\underset{\sim}{\mathbf{F}}, \underset{\sim}{\mathbf{D}}$
- Define Nodal Displacement/Force Vectors in Entire Structure
  - Member Nodal Displacement/Force Vectors : $\underset{\sim}{\mathbf{d}}_G=\left\{\sum \underset{\sim}{\mathbf{d}}_e\right\}$, $\underset{\sim}{\mathbf{f}}_G=\left\{\sum \underset{\sim}{\mathbf{f}}_e\right\}$
  - Member Stiffness Matrix : $\underline{\mathbf{k}}_G=\left[\sum \underline{\mathbf{k}}_e\right]$; $\underset{\sim}{\mathbf{f}}_e=\underline{\mathbf{k}}_e\underset{\sim}{\mathbf{d}}_e$ vs $\underset{\sim}{\mathbf{f}}_G=\underline{\mathbf{k}}_G\underset{\sim}{\mathbf{d}}_G$
  - Statics and Compatibility Matrices : $\underset{\sim}{\mathbf{F}}=\underline{\mathbf{A}}\underset{\sim}{\mathbf{f}}_G$ and $\underset{\sim}{\mathbf{d}}_G=\underline{\mathbf{B}}\underset{\sim}{\mathbf{D}}$
  - Equilibrium : $\underset{\sim}{\mathbf{F}}=\underline{\mathbf{A}}\underset{\sim}{\mathbf{f}}_G=\underline{\mathbf{A}}\underline{\mathbf{k}}_G\underset{\sim}{\mathbf{d}}_G=\underline{\mathbf{A}}\underline{\mathbf{k}}_G\underline{\mathbf{B}}\underset{\sim}{\mathbf{D}}=\underline{\mathbf{K}}\underset{\sim}{\mathbf{D}}_G$

    where $\underline{\mathbf{K}}=\underline{\mathbf{A}}\underline{\mathbf{k}}_G\underline{\mathbf{B}}=\underline{\mathbf{B}}^T\underline{\mathbf{k}}_G\underline{\mathbf{B}} \quad \because \ \underline{\mathbf{A}}=\underline{\mathbf{B}}^T$

9.2.2 연산과정

절점당 3개의 자유도를 가진 3개의 부재로 구성된 평면라멘구조를 생각해 보자. 총 절점수 $node=4$, 총 부재수 $elem=3$, 절점당 자유도 수 $ndof=3$, 부재당 자유도 수 $edof=6$이다. 따라서 시스템의 총 자유도 수 $sdof=node\times ndof=12$, 부재자유도에 의한 총 자유도 수 $mdof=elem\times edof=18$이 된다.

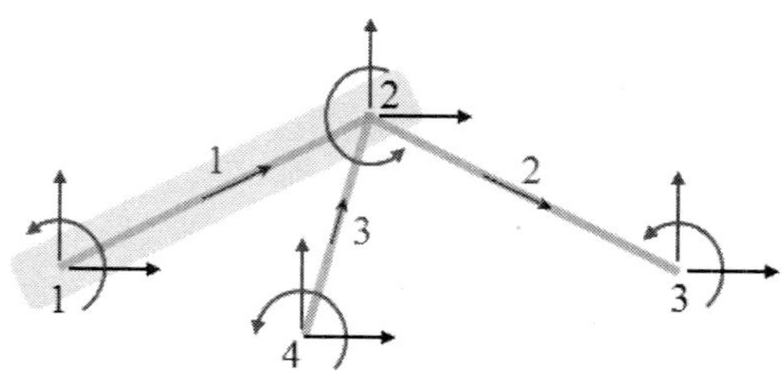

절점 i와 j로 연결된 부재 e에서 절점 i의 하중벡터 $\boldsymbol{f}_i^e$와 변위벡터 $\boldsymbol{d}_i^e$를 정의하고 절점 j의 하중벡터 $\boldsymbol{f}_j^e$와 변위벡터 $\boldsymbol{d}_j^e$를 정의하자. 하나의 부재에 대한 부재하중벡터는 다음과 같이 표현된다.

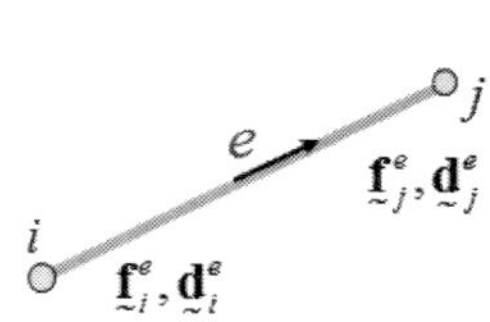

- $\boldsymbol{f}_e=\boldsymbol{k}_e\boldsymbol{d}_e$ 또는 $\begin{Bmatrix}\boldsymbol{f}_i^e \\ \boldsymbol{f}_j^e\end{Bmatrix}=\begin{bmatrix}\boldsymbol{k}_{ii}^e & \boldsymbol{k}_{ij}^e \\ \boldsymbol{k}_{ji}^e & \boldsymbol{k}_{jj}^e\end{bmatrix}\begin{Bmatrix}\boldsymbol{d}_i^e \\ \boldsymbol{d}_j^e\end{Bmatrix}$

- 누적부재절점하중벡터와 누적부재절점변위벡터

$$\underset{\sim}{\mathbf{f}}_G = \left\{\sum \underset{\sim}{\mathbf{f}}_e\right\} = \underset{(mdof,1)}{\begin{Bmatrix} \underset{\sim}{\mathbf{f}}_1 \\ \vdots \\ \vdots \\ \underset{\sim}{\mathbf{f}}_n \\ \vdots \\ \vdots \\ \underset{\sim}{\mathbf{f}}_{elem} \end{Bmatrix}} \ , \quad \underset{\sim}{\mathbf{d}}_G = \left\{\sum \underset{\sim}{\mathbf{d}}_e\right\} = \underset{(mdof,1)}{\begin{Bmatrix} \underset{\sim}{\mathbf{d}}_1 \\ \vdots \\ \vdots \\ \underset{\sim}{\mathbf{d}}_n \\ \vdots \\ \vdots \\ \underset{\sim}{\mathbf{d}}_{elem} \end{Bmatrix}}$$

- 누적절점하중벡터와 누적절점변위벡터

$$\underset{\sim}{\mathbf{F}}_G = \left\{\sum \underset{\sim}{\mathbf{F}}_e\right\} = \underset{(sdof,1)}{\begin{Bmatrix} \underset{\sim}{\mathbf{F}}_1 \\ \vdots \\ \underset{\sim}{\mathbf{F}}_n \\ \vdots \\ \underset{\sim}{\mathbf{F}}_{node} \end{Bmatrix}} \ , \quad \underset{\sim}{\mathbf{D}}_G = \left\{\sum \underset{\sim}{\mathbf{D}}_e\right\} = \underset{(sdof,1)}{\begin{Bmatrix} \underset{\sim}{\mathbf{D}}_1 \\ \vdots \\ \underset{\sim}{\mathbf{D}}_n \\ \vdots \\ \underset{\sim}{\mathbf{D}}_{node} \end{Bmatrix}}$$

- 각 부재에 대하여 $\underset{\sim}{\mathbf{f}}_G = \underline{\mathbf{k}}_G \underset{\sim}{\mathbf{d}}_G$

$$\underset{(mdof,1)}{\begin{Bmatrix} \underset{\sim}{\mathbf{f}}_1 \\ \vdots \\ \vdots \\ \underset{\sim}{\mathbf{f}}_n \\ \vdots \\ \vdots \\ \underset{\sim}{\mathbf{f}}_{elem} \end{Bmatrix}} = \underset{(mdof,mdof)}{\begin{bmatrix} \underline{\mathbf{k}}_1 & \cdots & \cdots & \cdots & \cdots & \cdots & \cdot \\ \vdots & \ddots & \vdots & \vdots & \vdots & \vdots & \vdots \\ \vdots & \vdots & \ddots & \vdots & \vdots & \vdots & \vdots \\ \cdot & \cdots & \cdots & \underline{\mathbf{k}}_n & \cdots & \cdots & \cdot \\ \vdots & \vdots & \vdots & \vdots & \ddots & \vdots & \vdots \\ \vdots & \vdots & \vdots & \vdots & \vdots & \ddots & \vdots \\ \cdot & \cdots & \cdots & \cdots & \cdots & \cdots & \underline{\mathbf{k}}_{elem} \end{bmatrix}} \underset{(mdof,1)}{\begin{Bmatrix} \underset{\sim}{\mathbf{d}}_1 \\ \vdots \\ \vdots \\ \underset{\sim}{\mathbf{d}}_n \\ \vdots \\ \vdots \\ \underset{\sim}{\mathbf{d}}_{elem} \end{Bmatrix}} \ ; \ \underline{\mathbf{k}}_n = \underset{(edof,edof)}{\begin{bmatrix} \underline{\mathbf{k}}_{ii}^n & \underline{\mathbf{k}}_{ij}^n \\ \underline{\mathbf{k}}_{ji}^n & \underline{\mathbf{k}}_{jj}^n \end{bmatrix}}$$

- 각 절점에 대하여 $\underset{\sim}{\mathbf{F}}_G = \underline{\mathbf{K}}_G \underset{\sim}{\mathbf{D}}_G$

$$\begin{Bmatrix} \underset{\sim}{\mathbf{F}}_1 \\ \vdots \\ \underset{\sim}{\mathbf{F}}_n \\ \vdots \\ \underset{\sim}{\mathbf{F}}_{node} \end{Bmatrix} = \underset{(sdof,sdof)}{\begin{bmatrix} \underline{\mathbf{K}}_1 & \cdots & \cdots & \cdots & \cdots \\ \vdots & \ddots & \vdots & \vdots & \vdots \\ \cdot & \cdots & \underline{\mathbf{K}}_n & \cdots & \cdots \\ \vdots & \vdots & \vdots & \ddots & \vdots \\ \cdot & \cdots & \cdots & \cdots & \underline{\mathbf{K}}_{node} \end{bmatrix}} \begin{Bmatrix} \underset{\sim}{\mathbf{D}}_1 \\ \vdots \\ \underset{\sim}{\mathbf{D}}_n \\ \vdots \\ \underset{\sim}{\mathbf{D}}_{node} \end{Bmatrix}$$

- 먼저 무엇을 결정하나?

$$\begin{cases} \underset{\sim}{\mathbf{F}}_G = \underline{\mathbf{A}}_S \underset{\sim}{\mathbf{f}}_G & ; \ \underline{\mathbf{A}}_S \equiv \text{Statics Matrix} \\ \underset{\sim}{\mathbf{d}}_G = \underline{\mathbf{B}}_S \underset{\sim}{\mathbf{D}}_G & ; \ \underline{\mathbf{B}}_S \equiv \text{Compatibility Matrix} \end{cases}$$

■ 정역학매트릭스와 적합매트릭스

Static Matrix

$$\mathbf{F}_G = \begin{Bmatrix} \mathbf{F}_1 \\ \vdots \\ \mathbf{F}_n \\ \vdots \\ \mathbf{F}_{node} \end{Bmatrix} = \mathbf{A}_S \mathbf{f}_G = \begin{bmatrix} \mathbf{A}_{11} & \cdots & \cdots & \cdot & \cdots & \cdots & \cdot \\ \vdots & \cdots & \cdots & \cdot & \cdots & \cdots & \vdots \\ \cdot & \cdot & \cdot & \mathbf{A}_{ij} & \cdot & \cdot & \cdot \\ \vdots & \cdots & \cdots & \cdot & \cdots & \cdots & \vdots \\ \cdot & \cdots & \cdots & \cdot & \cdots & \cdots & \mathbf{A}_{sm} \end{bmatrix} \begin{Bmatrix} \mathbf{f}_1 \\ \vdots \\ \vdots \\ \mathbf{f}_n \\ \vdots \\ \vdots \\ \mathbf{f}_{elem} \end{Bmatrix}$$

$(sdof,1)$ $(sdof,mdof)$ $(mdof,1)$

Compatibility Matrix

$$\mathbf{d}_G = \begin{Bmatrix} \mathbf{d}_1 \\ \vdots \\ \vdots \\ \mathbf{d}_n \\ \vdots \\ \vdots \\ \mathbf{d}_{elem} \end{Bmatrix} = \mathbf{B}_S \mathbf{D}_G = \begin{bmatrix} \mathbf{B}_{11} & \cdots & \cdot & \cdots & \cdot \\ \vdots & \vdots & \cdot & \vdots & \vdots \\ \vdots & \vdots & \cdot & \vdots & \vdots \\ \cdot & \cdot & \mathbf{B}_{ij} & \cdot & \cdot \\ \vdots & \vdots & \cdot & \vdots & \vdots \\ \vdots & \vdots & \cdot & \vdots & \vdots \\ \cdot & \cdot & \cdot & \cdot & \mathbf{B}_{ms} \end{bmatrix} \begin{Bmatrix} \mathbf{D}_1 \\ \vdots \\ \mathbf{D}_n \\ \vdots \\ \mathbf{D}_{node} \end{Bmatrix} = \mathbf{A}^T \mathbf{D}_G$$

$(mdof,1)$ $(mdof,sdof)$ $(sdof,1)$

Therefore $\mathbf{F}_G = \mathbf{A}_S \mathbf{f}_G = \mathbf{A}_S \mathbf{k}_G \mathbf{d}_G = \mathbf{A}_S \mathbf{k}_G \mathbf{B}_S \mathbf{D}_G = \mathbf{K}_G \mathbf{D}_G$

$$\mathbf{K}_G = \mathbf{A}_S \mathbf{k}_G \mathbf{B}_S = \mathbf{B}_S^T \mathbf{k}_G \mathbf{B}_S = \mathbf{A}_S \mathbf{k}_G \mathbf{A}_S^T$$

■ DSM과 CDM의 비교

구분	DSM (직접강도법)	CDM (Clough의 변위법)
이해도	용이하며 경제적 코딩가능	용이하나 고전적임
기본역학	벡터법(Matrix)과 에너지방법(FEM)	벡터법(Matrix)
알고리즘	용이	용이
코딩	편리(여러 개의 작은 배열연산)	불편(큰 배열 연산)
적용성	복잡한 트러스, 보, 라멘 등 광범위함	매우 간단한 트러스, 보, 라멘구조로 제한
사용성	어떠한 구조해석에도 사용	수 계산이 가능한 소규모 구조로 제한적임
배열	작은 크기 배열들을 사용	많은 수의 대형 크기의 배열 사용
	대부분 대칭매트릭스	여러 개의 비대칭 매트릭스 포함
적합조건	탄성론의 적합조건	부재와 구조의 절점변위 연관성
좌표변환 매트릭스	좌표변환매트릭스를 부재자유도 크기로 지정, 부재 별 독립적으로 계산하여 구조 좌표의 매트릭스 해당위치에 저장	적합매트릭스는 좌표변환을 포함한 매트릭스
구조강성도 매트릭스	전체좌표로 변환한 부재 강성도 성분을 구조강성도매트릭스의 해당위치에 직접 누적시킴. 요소 대 요소 접근	각 부재절점과 구조절점의 연관성을 나타내는 적합매트리스와 Quadratic form을 이용하여 한꺼번에 구조전체 강성도 구성
단점	간단한 구조를 복잡하게 연산	수계산 범위를 넘으면 연산 매우 불편
	부재 별 특성매트릭스 지루한 연산	수계산 범위이므로 프로그램 불필요

9.3 해석예

9.3.1 보구조

아래그림과 같이 중앙점에 연직하중 P 가 작용하는 양단고정보를 해석하자.

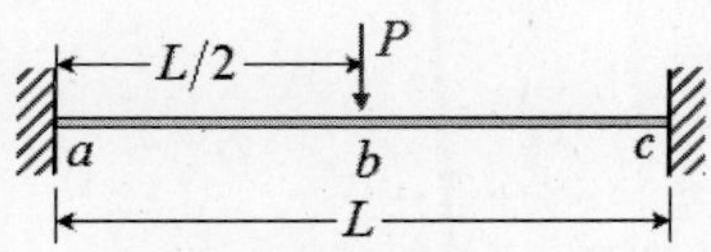

- System

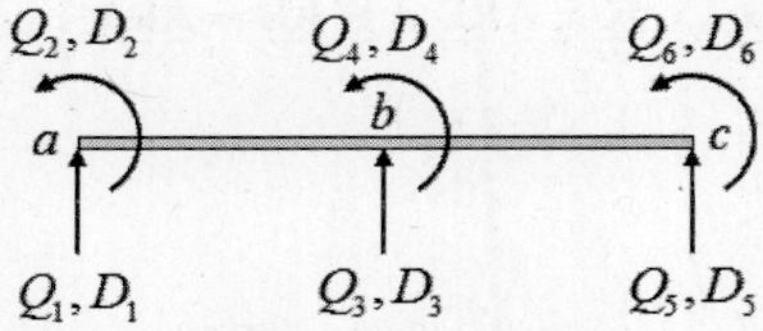

- Load-Displacement

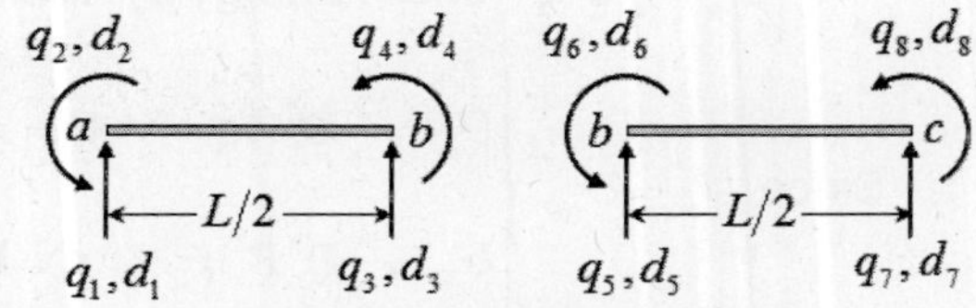

- Internal Force-Deformation

$$\begin{Bmatrix} q_1 \\ q_1 \\ q_1 \\ q_1 \end{Bmatrix} = \begin{bmatrix} k_{11}^{(1)} & k_{12}^{(1)} & k_{13}^{(1)} & k_{14}^{(1)} \\ k_{21}^{(1)} & k_{22}^{(1)} & k_{23}^{(1)} & k_{24}^{(1)} \\ k_{31}^{(1)} & k_{32}^{(1)} & k_{33}^{(1)} & k_{34}^{(1)} \\ k_{41}^{(1)} & k_{42}^{(1)} & k_{43}^{(1)} & k_{44}^{(1)} \end{bmatrix} \begin{Bmatrix} d_1 \\ d_1 \\ d_1 \\ d_1 \end{Bmatrix}$$

$$\begin{Bmatrix} q_5 \\ q_6 \\ q_7 \\ q_8 \end{Bmatrix} = \begin{bmatrix} k_{11}^{(2)} & k_{12}^{(2)} & k_{13}^{(2)} & k_{14}^{(2)} \\ k_{21}^{(2)} & k_{22}^{(2)} & k_{23}^{(2)} & k_{24}^{(2)} \\ k_{31}^{(2)} & k_{32}^{(2)} & k_{33}^{(2)} & k_{34}^{(2)} \\ k_{41}^{(2)} & k_{42}^{(2)} & k_{43}^{(2)} & k_{44}^{(2)} \end{bmatrix} \begin{Bmatrix} d_5 \\ d_6 \\ d_7 \\ d_8 \end{Bmatrix}$$

- Boundary Condition

  Geometric BC : $D_1 = D_2 = D_5 = D_6 = 0$

  Force BC : $Q_3 = -P,\ Q_4 = 0$

  Reaction : $Q_1, Q_2 . Q_5, Q_6$

- Formulation of Static Matrix $\underset{=}{\mathbf{A}}$

- Equilibrium :

$$\begin{cases} Q_1 = q_1 \\ Q_2 = q_2 \\ Q_3 = q_3 + q_5 \\ Q_4 = q_4 + q_6 \\ Q_5 = q_7 \\ Q_6 = q_8 \end{cases} \rightarrow \begin{Bmatrix} Q_1 \\ Q_2 \\ Q_3 \\ Q_4 \\ Q_5 \\ Q_6 \end{Bmatrix} = \begin{bmatrix} 1 & \cdot & \cdot & \cdot & \cdot & \cdot & \cdot & \cdot \\ \cdot & 1 & \cdot & \cdot & \cdot & \cdot & \cdot & \cdot \\ \cdot & \cdot & 1 & \cdot & 1 & \cdot & \cdot & \cdot \\ \cdot & \cdot & \cdot & 1 & \cdot & 1 & \cdot & \cdot \\ \cdot & \cdot & \cdot & \cdot & \cdot & \cdot & 1 & \cdot \\ \cdot & \cdot & \cdot & \cdot & \cdot & \cdot & \cdot & 1 \end{bmatrix} \begin{Bmatrix} q_1 \\ q_2 \\ q_3 \\ q_4 \\ q_5 \\ q_6 \\ q_7 \\ q_8 \end{Bmatrix} \rightarrow \underset{\sim}{\mathbf{Q}} = \underset{=}{\mathbf{A}}\underset{\sim}{\mathbf{q}}$$

- Formulation of Compatibility Matrix $\underset{=}{\mathbf{B}}$

- Compatibility :

$$\begin{cases} d_1 = D_1 \\ d_2 = D_2 \\ d_3 = d_5 = D_3 \\ d_4 = d_5 = D_4 \\ d_7 = D_5 \\ d_8 = D_6 \end{cases} \rightarrow \begin{Bmatrix} d_1 \\ d_2 \\ d_3 \\ d_4 \\ d_5 \\ d_6 \\ d_7 \\ d_8 \end{Bmatrix} = \begin{bmatrix} 1 & \cdot & \cdot & \cdot & \cdot & \cdot \\ \cdot & 1 & \cdot & \cdot & \cdot & \cdot \\ \cdot & \cdot & 1 & \cdot & \cdot & \cdot \\ \cdot & \cdot & \cdot & 1 & \cdot & \cdot \\ \cdot & \cdot & 1 & \cdot & \cdot & \cdot \\ \cdot & \cdot & \cdot & 1 & \cdot & \cdot \\ \cdot & \cdot & \cdot & \cdot & 1 & \cdot \\ \cdot & \cdot & \cdot & \cdot & \cdot & 1 \end{bmatrix} \begin{Bmatrix} D_1 \\ D_2 \\ D_3 \\ D_4 \\ D_5 \\ D_6 \end{Bmatrix} \rightarrow \underset{\sim}{\mathbf{d}} = \underset{=}{\mathbf{B}}\underset{\sim}{\mathbf{D}}$$

여기서 정역학매트릭스는 적합매트릭스의 전치매트릭스인가를 증명할 필요가 있다.

- Statics and Compatibility Matrix Relation : $\underline{\mathbf{A}}$ vs $\underline{\mathbf{B}}$

$$\text{Let}\ \begin{cases} U_{ex} = \dfrac{1}{2}\underset{\sim}{\mathbf{D}}^T\underset{\sim}{\mathbf{Q}} : \text{Strain Energy by External Forces and Displacements} \\ U_{in} = \dfrac{1}{2}\underset{\sim}{\mathbf{d}}^T\underset{\sim}{\mathbf{q}} : \text{Strain Energy by Internal Forces and Deformations} \end{cases}$$

$$\text{Since}\ U_{ex} = U_{in},\ \begin{cases} U_{ex} = \dfrac{1}{2}\underset{\sim}{\mathbf{D}}^T\underline{\mathbf{A}}\underset{\sim}{\mathbf{q}} & \because\ \underset{\sim}{\mathbf{Q}} = \underline{\mathbf{A}}\underset{\sim}{\mathbf{q}} \\ U_{in} = \dfrac{1}{2}\underset{\sim}{\mathbf{D}}^T\underline{\mathbf{B}}^T\underset{\sim}{\mathbf{q}} & \because\ \underset{\sim}{\mathbf{d}} = \underline{\mathbf{B}}\underset{\sim}{\mathbf{D}} \rightarrow \underset{\sim}{\mathbf{d}}^T = \underset{\sim}{\mathbf{D}}^T\underline{\mathbf{B}}^T \end{cases} \rightarrow \underline{\mathbf{A}} = \underline{\mathbf{B}}^T$$

$$\therefore\ \underset{\sim}{\mathbf{Q}} = \underline{\mathbf{A}}\underset{\sim}{\mathbf{q}} = \underline{\mathbf{A}}\underline{\mathbf{k}}\underset{\sim}{\mathbf{d}} = \underline{\mathbf{A}}\underline{\mathbf{k}}\underline{\mathbf{B}}\underset{\sim}{\mathbf{D}} = \underline{\mathbf{A}}\underline{\mathbf{k}}\underline{\mathbf{A}}^T\underset{\sim}{\mathbf{D}} = \underline{\mathbf{B}}^T\underline{\mathbf{k}}\underline{\mathbf{B}}\underset{\sim}{\mathbf{D}} = \underline{\mathbf{K}}\underset{\sim}{\mathbf{D}}\ \ ;\ \ \underline{\mathbf{K}} = \underline{\mathbf{A}}\underline{\mathbf{k}}\underline{\mathbf{B}} = \underline{\mathbf{B}}^T\underline{\mathbf{k}}\underline{\mathbf{B}} = \underline{\mathbf{A}}\underline{\mathbf{k}}\underline{\mathbf{A}}^T$$

$$\text{Example :}\ \underline{\mathbf{A}} = \begin{bmatrix} 1 & \cdot & \cdot & \cdot & \cdot & \cdot & \cdot & \cdot \\ \cdot & 1 & \cdot & \cdot & \cdot & \cdot & \cdot & \cdot \\ \cdot & \cdot & 1 & \cdot & 1 & \cdot & \cdot & \cdot \\ \cdot & \cdot & \cdot & 1 & \cdot & 1 & \cdot & \cdot \\ \cdot & \cdot & \cdot & \cdot & \cdot & \cdot & 1 & \cdot \\ \cdot & \cdot & \cdot & \cdot & \cdot & \cdot & \cdot & 1 \end{bmatrix},\ \underline{\mathbf{B}} = \begin{bmatrix} 1 & \cdot & \cdot & \cdot & \cdot & \cdot \\ \cdot & 1 & \cdot & \cdot & \cdot & \cdot \\ \cdot & \cdot & 1 & \cdot & \cdot & \cdot \\ \cdot & \cdot & \cdot & 1 & \cdot & \cdot \\ \cdot & \cdot & 1 & \cdot & \cdot & \cdot \\ \cdot & \cdot & \cdot & 1 & \cdot & \cdot \\ \cdot & \cdot & \cdot & \cdot & 1 & \cdot \\ \cdot & \cdot & \cdot & \cdot & \cdot & 1 \end{bmatrix} \rightarrow \underline{\mathbf{A}} = \underline{\mathbf{B}}^T$$

보부재의 강성도매트릭스 성분은 DSM에서 설명한 내용과 동일하며 에르미트 3차 다항식이나 처짐각법 등으로도 손쉽게 결정할 수 있다.

- Member Stiffness Matrix

Let $l = L/2 \rightarrow \underset{\sim}{\mathbf{q}}_e = \underline{\mathbf{k}}_e\underset{\sim}{\mathbf{d}}_e$

$$\begin{Bmatrix} q_1 \\ q_2 \\ q_3 \\ q_4 \end{Bmatrix} = \frac{EI}{l^3}\begin{bmatrix} 12 & 6l & -12 & 6l \\ 6l & 4l^2 & -6l & 2l^2 \\ -12 & -6l & 12 & -6l \\ 6l & 2l^2 & -6l & 4l^2 \end{bmatrix}\begin{Bmatrix} d_1 \\ d_2 \\ d_3 \\ d_4 \end{Bmatrix}$$

$$\begin{Bmatrix} q_5 \\ q_6 \\ q_7 \\ q_8 \end{Bmatrix} = \frac{EI}{l^3}\begin{bmatrix} 12 & 6l & -12 & 6l \\ 6l & 4l^2 & -6l & 2l^2 \\ -12 & -6l & 12 & -6l \\ 6l & 2l^2 & -6l & 4l^2 \end{bmatrix}\begin{Bmatrix} d_5 \\ d_6 \\ d_7 \\ d_8 \end{Bmatrix}$$

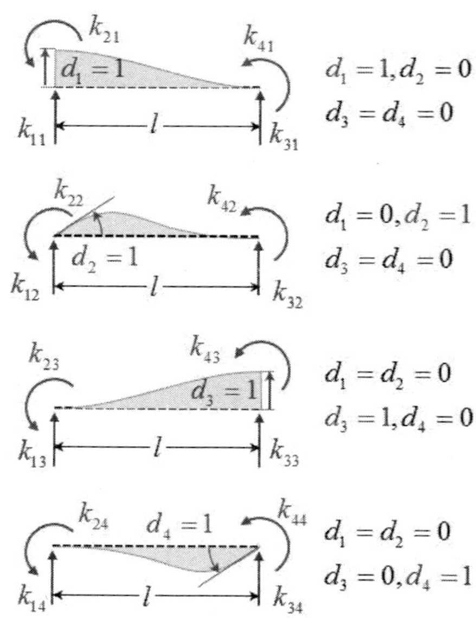

각 부재강성도매트릭스를 조합하면 LCS의 전체강성도매트릭스를 얻게 된다. LCS의 전체강성도매트릭스에 대하여 정역학매트릭스를 전승, 적합매트릭스를 후승하면 시스템매트릭스를 얻을 수 있다.

● Summation of Member Stiffness Matrices

$$\underset{\sim}{\mathbf{q}}=\begin{Bmatrix}\underset{\sim}{\mathbf{q}}_1\\ \underset{\sim}{\mathbf{q}}_2\end{Bmatrix}=\begin{bmatrix}\underset{\sim}{\mathbf{k}}_1 & \underset{\sim}{\mathbf{0}}\\ \underset{\sim}{\mathbf{0}} & \underset{\sim}{\mathbf{k}}_1\end{bmatrix}\begin{Bmatrix}\underset{\sim}{\mathbf{d}}_1\\ \underset{\sim}{\mathbf{d}}_2\end{Bmatrix}=\underset{\sim}{\mathbf{k}}\underset{\sim}{\mathbf{d}}\rightarrow\begin{Bmatrix}q_1\\q_2\\q_3\\q_4\\q_5\\q_6\\q_7\\q_8\end{Bmatrix}=\frac{EI}{l^3}\begin{bmatrix}12 & 6l & -12 & 6l & \cdot & \cdot & \cdot & \cdot\\ 6l & 4l^2 & -6l & 2l^2 & \cdot & \cdot & \cdot & \cdot\\ -12 & -6l & 12 & -6l & \cdot & \cdot & \cdot & \cdot\\ 6l & 2l^2 & -6l & 4l^2 & \cdot & \cdot & \cdot & \cdot\\ \cdot & \cdot & \cdot & \cdot & 12 & 6l & -12 & 6l\\ \cdot & \cdot & \cdot & \cdot & 6l & 4l^2 & -6l & 2l^2\\ \cdot & \cdot & \cdot & \cdot & -12 & -6l & 12 & -6l\\ \cdot & \cdot & \cdot & \cdot & 6l & 2l^2 & -6l & 4l^2\end{bmatrix}\begin{Bmatrix}d_1\\d_2\\d_3\\d_4\\d_5\\d_6\\d_7\\d_8\end{Bmatrix}$$

❖ Equilibrium in GCS

$$\underset{\sim}{\mathbf{Q}}=\underset{\sim}{\mathbf{A}}\underset{\sim}{\mathbf{q}}=\underset{\sim}{\mathbf{A}}\underset{\sim}{\mathbf{k}}\underset{\sim}{\mathbf{d}}=\underset{\sim}{\mathbf{A}}\underset{\sim}{\mathbf{k}}\underset{\sim}{\mathbf{B}}\underset{\sim}{\mathbf{D}}=\underset{\sim}{\mathbf{K}}\underset{\sim}{\mathbf{D}}\ ;\ \underset{\sim}{\mathbf{K}}=\underset{\sim}{\mathbf{A}}\underset{\sim}{\mathbf{k}}\underset{\sim}{\mathbf{B}}=\underset{\sim}{\mathbf{B}}^T\underset{\sim}{\mathbf{k}}\underset{\sim}{\mathbf{B}}=\underset{\sim}{\mathbf{A}}\underset{\sim}{\mathbf{k}}\underset{\sim}{\mathbf{A}}^T$$

$$\underset{\sim}{\mathbf{Q}}=\begin{Bmatrix}Q_1\\Q_2\\Q_3\\Q_4\\Q_5\\Q_6\end{Bmatrix}=\underset{\sim}{\mathbf{A}}\underset{\sim}{\mathbf{q}}=\begin{bmatrix}1 & \cdot & \cdot & \cdot & \cdot & \cdot & \cdot & \cdot\\ \cdot & 1 & \cdot & \cdot & \cdot & \cdot & \cdot & \cdot\\ \cdot & \cdot & 1 & \cdot & 1 & \cdot & \cdot & \cdot\\ \cdot & \cdot & \cdot & 1 & \cdot & 1 & \cdot & \cdot\\ \cdot & \cdot & \cdot & \cdot & \cdot & \cdot & 1 & \cdot\\ \cdot & \cdot & \cdot & \cdot & \cdot & \cdot & \cdot & 1\end{bmatrix}\begin{Bmatrix}q_1\\q_2\\q_3\\q_4\\q_5\\q_6\\q_7\\q_8\end{Bmatrix}$$

$$=\underset{\sim}{\mathbf{A}}\underset{\sim}{\mathbf{k}}\underset{\sim}{\mathbf{d}}=\frac{EI}{l^3}\begin{bmatrix}1 & \cdot & \cdot & \cdot & \cdot & \cdot & \cdot & \cdot\\ \cdot & 1 & \cdot & \cdot & \cdot & \cdot & \cdot & \cdot\\ \cdot & \cdot & 1 & \cdot & 1 & \cdot & \cdot & \cdot\\ \cdot & \cdot & \cdot & 1 & \cdot & 1 & \cdot & \cdot\\ \cdot & \cdot & \cdot & \cdot & \cdot & \cdot & 1 & \cdot\\ \cdot & \cdot & \cdot & \cdot & \cdot & \cdot & \cdot & 1\end{bmatrix}\begin{bmatrix}12 & 6l & -12 & 6l & \cdot & \cdot & \cdot & \cdot\\ 6l & 4l^2 & -6l & 2l^2 & \cdot & \cdot & \cdot & \cdot\\ -12 & -6l & 12 & -6l & \cdot & \cdot & \cdot & \cdot\\ 6l & 2l^2 & -6l & 4l^2 & \cdot & \cdot & \cdot & \cdot\\ \cdot & \cdot & \cdot & \cdot & 12 & 6l & -12 & 6l\\ \cdot & \cdot & \cdot & \cdot & 6l & 4l^2 & -6l & 2l^2\\ \cdot & \cdot & \cdot & \cdot & -12 & -6l & 12 & -6l\\ \cdot & \cdot & \cdot & \cdot & 6l & 2l^2 & -6l & 4l^2\end{bmatrix}\begin{Bmatrix}d_1\\d_2\\d_3\\d_4\\d_5\\d_6\\d_7\\d_8\end{Bmatrix}$$

$$=\underset{\sim}{\mathbf{A}}\underset{\sim}{\mathbf{k}}\underset{\sim}{\mathbf{d}}=\frac{EI}{l^3}\begin{bmatrix}12 & 6l & -12 & 6l & \cdot & \cdot & \cdot & \cdot\\ 6l & 4l^2 & -6l & 2l^2 & \cdot & \cdot & \cdot & \cdot\\ -12 & -6l & 12 & -6l & 12 & 6l & -12 & 6l\\ 6l & 2l^2 & -6l & 4l^2 & 6l & 4l^2 & -6l & 2l^2\\ \cdot & \cdot & \cdot & \cdot & -12 & -6l & 12 & -6l\\ \cdot & \cdot & \cdot & \cdot & 6l & 2l^2 & -6l & 4l^2\end{bmatrix}\begin{Bmatrix}d_1\\d_2\\d_3\\d_4\\d_5\\d_6\\d_7\\d_8\end{Bmatrix}$$

$$= \underset{\sim}{\mathbf{A}}\underset{\sim}{\mathbf{k}}\underset{\sim}{\mathbf{B}}\underset{\sim}{\mathbf{D}} = \frac{EI}{l^3}\begin{bmatrix} 12 & 6l & -12 & 6l & \cdot & \cdot & \cdot & \cdot \\ 6l & 4l^2 & -6l & 2l^2 & \cdot & \cdot & \cdot & \cdot \\ -12 & -6l & 12 & -6l & 12 & 6l & -12 & 6l \\ 6l & 2l^2 & -6l & 4l^2 & 6l & 4l^2 & -6l & 2l^2 \\ \cdot & \cdot & \cdot & \cdot & -12 & -6l & 12 & -6l \\ \cdot & \cdot & \cdot & \cdot & 6l & 2l^2 & -6l & 4l^2 \end{bmatrix}\begin{bmatrix} 1 & \cdot & \cdot & \cdot & \cdot & \cdot \\ \cdot & 1 & \cdot & \cdot & \cdot & \cdot \\ \cdot & \cdot & 1 & \cdot & \cdot & \cdot \\ \cdot & \cdot & \cdot & 1 & \cdot & \cdot \\ \cdot & \cdot & 1 & \cdot & \cdot & \cdot \\ \cdot & \cdot & \cdot & 1 & \cdot & \cdot \\ \cdot & \cdot & \cdot & \cdot & 1 & \cdot \\ \cdot & \cdot & \cdot & \cdot & \cdot & 1 \end{bmatrix}\begin{Bmatrix} D_1 \\ D_2 \\ D_3 \\ D_4 \\ D_5 \\ D_6 \end{Bmatrix}$$

$$= \underset{\sim}{\mathbf{A}}\underset{\sim}{\mathbf{k}}\underset{\sim}{\mathbf{B}}\underset{\sim}{\mathbf{D}} = \underset{\sim}{\mathbf{K}}\underset{\sim}{\mathbf{D}} = \frac{EI}{l^3}\begin{bmatrix} 12 & 6l & -12 & 6l & \cdot & \cdot \\ 6l & 4l^2 & -6l & 2l^2 & \cdot & \cdot \\ -12 & -6l & 12+12 & -6l+6l & -12 & 6l \\ 6l & 2l^2 & -6l+6l & 4l^2+4l^2 & -6l & 2l^2 \\ \cdot & \cdot & -12 & -6l & 12 & -6l \\ \cdot & \cdot & 6l & 2l^2 & -6l & 4l^2 \end{bmatrix}\begin{Bmatrix} D_1 \\ D_2 \\ D_3 \\ D_4 \\ D_5 \\ D_6 \end{Bmatrix}$$

Therefore $\underset{\sim}{\mathbf{Q}} = \underset{\sim}{\mathbf{A}}\underset{\sim}{\mathbf{k}}\underset{\sim}{\mathbf{B}}\underset{\sim}{\mathbf{D}} = \underset{\sim}{\mathbf{K}}\underset{\sim}{\mathbf{D}} = \left[K_{ij}\right]\underset{\sim}{\mathbf{D}}$ or

$$\begin{Bmatrix} Q_1 \\ Q_2 \\ Q_3 \\ Q_4 \\ Q_5 \\ Q_6 \end{Bmatrix} = \frac{EI}{l^3}\begin{bmatrix} 12 & 6l & -12 & 6l & \cdot & \cdot \\ 6l & 4l^2 & -6l & 2l^2 & \cdot & \cdot \\ -12 & -6l & 12+12 & -6l+6l & -12 & 6l \\ 6l & 2l^2 & -6l+6l & 4l^2+4l^2 & -6l & 2l^2 \\ \cdot & \cdot & -12 & -6l & 12 & -6l \\ \cdot & \cdot & 6l & 2l^2 & -6l & 4l^2 \end{bmatrix}\begin{Bmatrix} D_1 \\ D_2 \\ D_3 \\ D_4 \\ D_5 \\ D_6 \end{Bmatrix}$$

Since $l = \dfrac{L}{2} \rightarrow \dfrac{8EI}{L^3}\begin{bmatrix} 12 & 3L & -12 & 3L & \cdot & \cdot \\ 3L & 4L & -3L & 2l^2 & \cdot & \cdot \\ -12 & -3L & 24 & 0 & -12 & 3L \\ 3L & 2l^2 & 0 & 2L^2 & -3L & L^2/2 \\ \cdot & \cdot & -12 & -3L & 12 & -3L \\ \cdot & \cdot & 3L & L^2/2 & -3L & L^2 \end{bmatrix}\begin{Bmatrix} D_1 \\ D_2 \\ D_3 \\ D_4 \\ D_5 \\ D_6 \end{Bmatrix} = \begin{Bmatrix} Q_1 \\ Q_2 \\ Q_3 \\ Q_4 \\ Q_5 \\ Q_6 \end{Bmatrix} = \begin{Bmatrix} Q_1 \\ Q_2 \\ -P \\ 0 \\ Q_5 \\ Q_6 \end{Bmatrix}$

또다른 방법으로 다음과 같이 누적부재강성도매트릭스와 적합매트릭스(또는 정역학매트릭스)를 이용하여 시스템매트릭스를 결정할 수도 있다. 결정한 시스템매트릭스에 대하여 활성자유도와 비활성자유도에 해당하는 성분의 분할하고 활동자유도만의 지배방정식을 얻게 된다. 즉, 경계조건과 하중조건을 대입함으로서 활성자유도에 해당하는 지배방정식 또는 지배매트릭스방정식을 결정할 수 있다. 여기서 자유도 3, 4에 해당하는 항들의 산술합은 물리적으로 평형조건을 나타낸다.

● Assemblage and Structure Stiffness Matrix : $\underset{\sim}{\mathbf{K}}$

Since $\underset{\sim}{\mathbf{q}}_G = \underset{\sim}{\mathbf{k}}_G \underset{\sim}{\mathbf{d}}_G$ or

$$\begin{Bmatrix} q_1 \\ q_2 \\ q_3 \\ q_4 \\ q_5 \\ q_6 \\ q_7 \\ q_8 \end{Bmatrix} = \frac{EI}{l^3}\left[\begin{array}{cccc|cccc} 12 & 6l & -12 & 6l & \cdot & \cdot & \cdot & \cdot \\ 6l & 4l^2 & -6l & 2l^2 & \cdot & \cdot & \cdot & \cdot \\ -12 & -6l & 12 & -6l & \cdot & \cdot & \cdot & \cdot \\ 6l & 2l^2 & -6l & 4l^2 & \cdot & \cdot & \cdot & \cdot \\ \hline \cdot & \cdot & \cdot & \cdot & 12 & 6l & -12 & 6l \\ \cdot & \cdot & \cdot & \cdot & 6l & 4l^2 & -6l & 2l^2 \\ \cdot & \cdot & \cdot & \cdot & -12 & -6l & 12 & -6l \\ \cdot & \cdot & \cdot & \cdot & 6l & 2l^2 & -6l & 4l^2 \end{array}\right]\begin{Bmatrix} d_1 \\ d_2 \\ d_3 \\ d_4 \\ d_5 \\ d_6 \\ d_7 \\ d_8 \end{Bmatrix}$$

and $\underset{\sim}{\mathbf{K}} = \underset{\sim}{\mathbf{A}}\underset{\sim}{\mathbf{k}}\underset{\sim}{\mathbf{B}} = \underset{\sim}{\mathbf{B}}^T\underset{\sim}{\mathbf{k}}\underset{\sim}{\mathbf{B}} = \underset{\sim}{\mathbf{A}}\underset{\sim}{\mathbf{k}}\underset{\sim}{\mathbf{A}}^T$

$$\rightarrow \underset{\sim}{\mathbf{K}} = \frac{EI}{l^3}\begin{bmatrix} 12 & 6l & -12 & 6l & \cdot & \cdot \\ 6l & 4l^2 & -6l & 2l^2 & \cdot & \cdot \\ -12 & -6l & 12+12 & -6l+6l & -12 & 6l \\ 6l & 2l^2 & -6l+6l & 4l^2+4l^2 & -6l & 2l^2 \\ \cdot & \cdot & -12 & -6l & 12 & -6l \\ \cdot & \cdot & 6l & 2l^2 & -6l & 4l^2 \end{bmatrix} = \frac{EI}{l^3}\begin{bmatrix} 12 & 6l & -12 & 6l & \cdot & \cdot \\ 6l & 4l^2 & -6l & 2l^2 & \cdot & \cdot \\ -12 & -6l & 24 & \cdot & -12 & 6l \\ 6l & 2l^2 & \cdot & 8l^2 & -6l & 2l^2 \\ \cdot & \cdot & -12 & -6l & 12 & -6l \\ \cdot & \cdot & 6l & 2l^2 & -6l & 4l^2 \end{bmatrix}$$

Physical meaning : Equilibrium

$$Q_1 = q_1,\ Q_2 = q_2,\ Q_3 = q_3 + q_5,\ Q_4 = q_4 + q_6,\ Q_5 = q_7,\ Q_6 = q_8$$

경계조건에 따라 절점변위가 0인 자유도의 행과 열을 삭제하면 아래와 같이 2×2 매트릭스로 표현되는 지배방정식이 결정된다. 이 방정식의 매트릭스에 대한 역행렬을 이용하여 절점변위를 얻을 수 있다.

• Assemble the system matrix

$$\begin{Bmatrix} Q_1 \\ Q_2 \\ Q_3 \\ Q_4 \\ Q_5 \\ Q_6 \end{Bmatrix} = \begin{bmatrix} K_{11} & K_{12} & K_{13} & K_{14} & K_{15} & K_{16} \\ K_{21} & K_{22} & K_{23} & K_{24} & K_{25} & K_{26} \\ K_{31} & K_{32} & K_{33} & K_{34} & K_{35} & K_{36} \\ K_{41} & K_{42} & K_{43} & K_{44} & K_{45} & K_{46} \\ K_{51} & K_{52} & K_{53} & K_{54} & K_{55} & K_{56} \\ K_{61} & K_{62} & K_{63} & K_{64} & K_{65} & K_{66} \end{bmatrix}\begin{Bmatrix} D_1 \\ D_2 \\ D_3 \\ D_4 \\ D_5 \\ D_6 \end{Bmatrix}$$

• Apply to Boundary Condition

$$\begin{Bmatrix} Q_1 \\ Q_2 \\ Q_3 \\ Q_4 \\ Q_5 \\ Q_6 \end{Bmatrix} = \begin{bmatrix} K_{11} & K_{12} & K_{13} & K_{14} & K_{15} & K_{16} \\ K_{21} & K_{22} & K_{23} & K_{24} & K_{25} & K_{26} \\ K_{31} & K_{32} & K_{33} & K_{34} & K_{35} & K_{36} \\ K_{41} & K_{42} & K_{43} & K_{44} & K_{45} & K_{46} \\ K_{51} & K_{52} & K_{53} & K_{54} & K_{55} & K_{56} \\ K_{61} & K_{62} & K_{63} & K_{64} & K_{65} & K_{66} \end{bmatrix}\begin{Bmatrix} D_1 = 0 \\ D_2 = 0 \\ D_3 \\ D_4 \\ D_5 = 0 \\ D_6 = 0 \end{Bmatrix}$$

• System Equation $\begin{Bmatrix} Q_3 \\ Q_4 \end{Bmatrix} = \begin{bmatrix} K_{33} & K_{34} \\ K_{43} & K_{44} \end{bmatrix}\begin{Bmatrix} D_3 \\ D_4 \end{Bmatrix} \rightarrow \begin{Bmatrix} D_3 \\ D_4 \end{Bmatrix} = \begin{bmatrix} K_{33} & K_{34} \\ K_{43} & K_{44} \end{bmatrix}^{-1}\begin{Bmatrix} Q_3 \\ Q_4 \end{Bmatrix}$

시스템방정식에 주어진 자료값을 대입하면 절점변위가 결정되고 지점반력은 계산한 절점변위를 대입함으로서 손쉽게 결정된다.

● Apply to BC and Get Nodal Displacements

Since $\begin{Bmatrix} Q_3 \\ Q_4 \end{Bmatrix} = -\begin{Bmatrix} P \\ 0 \end{Bmatrix} = \frac{EI}{l^3}\begin{bmatrix} 24 & 0 \\ 0 & 8l^2 \end{bmatrix}\begin{Bmatrix} D_3 \\ D_4 \end{Bmatrix}$

$$\rightarrow \begin{Bmatrix} D_3 \\ D_4 \end{Bmatrix} = -\frac{l^3}{EI}\begin{bmatrix} 1/24 & 0 \\ 0 & 1/8l^2 \end{bmatrix}\begin{Bmatrix} P \\ 0 \end{Bmatrix} = -\frac{Pl^3}{24EI}\begin{Bmatrix} 1 \\ 0 \end{Bmatrix} = -\frac{PL^3}{192EI}\begin{Bmatrix} 1 \\ 0 \end{Bmatrix} \ ; \ l = \frac{L}{2}$$

● Reactions

$$\begin{Bmatrix} Q_1 \\ Q_2 \\ Q_5 \\ Q_6 \end{Bmatrix} = \frac{EI}{l^3}\begin{bmatrix} -12 & 6l \\ -6l & 2l^2 \\ -12 & -6l \\ 6l & 2l^2 \end{bmatrix}\begin{Bmatrix} D_3 \\ D_4 \end{Bmatrix} = -\frac{P}{24}\begin{bmatrix} -12 & 6l \\ -6l & 2l^2 \\ -12 & -6l \\ 6l & 2l^2 \end{bmatrix}\begin{Bmatrix} 1 \\ 0 \end{Bmatrix} = \frac{P}{4}\begin{Bmatrix} 2 \\ l \\ 2 \\ -l \end{Bmatrix} = \begin{Bmatrix} P/2 \\ Pl/4 \\ P/2 \\ -Pl/4 \end{Bmatrix} = \begin{Bmatrix} P/2 \\ PL/8 \\ P/2 \\ -PL/8 \end{Bmatrix} \ ; \ l = \frac{L}{2}$$

누적부재절점변위는 아래와 같이 적합매트릭스의 활성자유도에 해당하는 열(column)만 추출한 매트릭스와 절점변위의 곱으로서 결정된다. 이어서 누적부재강성도매트릭스와 누적부재절점변위의 곱으로서 모든 부재력벡터들이 결정된다.

● Member Force Vector

$$\text{Since} \begin{Bmatrix} d_1 \\ d_2 \\ d_3 \\ d_4 \\ d_5 \\ d_6 \\ d_7 \\ d_8 \end{Bmatrix} = \begin{bmatrix} 0 & 0 \\ 0 & 0 \\ 1 & 0 \\ 0 & 1 \\ 1 & 0 \\ 0 & 1 \\ 0 & 0 \\ 0 & 0 \end{bmatrix}\begin{Bmatrix} D_3 \\ D_4 \end{Bmatrix} = -\frac{Pl^3}{24EI}\begin{Bmatrix} 0 \\ 0 \\ 1 \\ 0 \\ 1 \\ 0 \\ 0 \\ 0 \end{Bmatrix} = -\frac{PL^3}{192EI}\begin{Bmatrix} 0 \\ 0 \\ 1 \\ 0 \\ 1 \\ 0 \\ 0 \\ 0 \end{Bmatrix} \ ; \ l = \frac{L}{2}$$

$$\rightarrow \begin{Bmatrix} q_1 \\ q_2 \\ q_3 \\ q_4 \\ q_5 \\ q_6 \\ q_7 \\ q_8 \end{Bmatrix} = -\frac{P}{24}\begin{bmatrix} 12 & 6l & -12 & 6l & \cdot & \cdot & \cdot & \cdot \\ 6l & 4l^2 & -6l & 2l^2 & \cdot & \cdot & \cdot & \cdot \\ -12 & -6l & 12 & -6l & \cdot & \cdot & \cdot & \cdot \\ 6l & 2l^2 & -6l & 4l^2 & \cdot & \cdot & \cdot & \cdot \\ \cdot & \cdot & \cdot & \cdot & 12 & 6l & -12 & 6l \\ \cdot & \cdot & \cdot & \cdot & 6l & 4l^2 & -6l & 2l^2 \\ \cdot & \cdot & \cdot & \cdot & -12 & -6l & 12 & -6l \\ \cdot & \cdot & \cdot & \cdot & 6l & 2l^2 & -6l & 4l^2 \end{bmatrix}\begin{Bmatrix} 0 \\ 0 \\ 1 \\ 0 \\ 1 \\ 0 \\ 0 \\ 0 \end{Bmatrix} = \frac{P}{4}\begin{Bmatrix} 2 \\ l \\ -2 \\ l \\ -2 \\ -l \\ 2 \\ -l \end{Bmatrix} = \begin{Bmatrix} P/2 \\ PL/8 \\ -P/2 \\ PL/8 \\ -P/2 \\ -PL/8 \\ P/2 \\ -PL/8 \end{Bmatrix}$$

9.3.2 트러스구조

트러스부재의 CDM을 설명하기 전에, 적합매트릭스는 좌표변환매트릭스에 해당함을 기억하기 바란다. DSM에서 좌표변환매트릭스는 정방매트릭스(정사각형 매트릭스)이지만 CDM의 적합매트릭스는 직사각형 매트릭스인 경우가 대부분이다.

■ 아래와 같이 2개의 부재로 구성된 간단한 트러스구조에 대한 CDM 적용예를 고려해 보자.

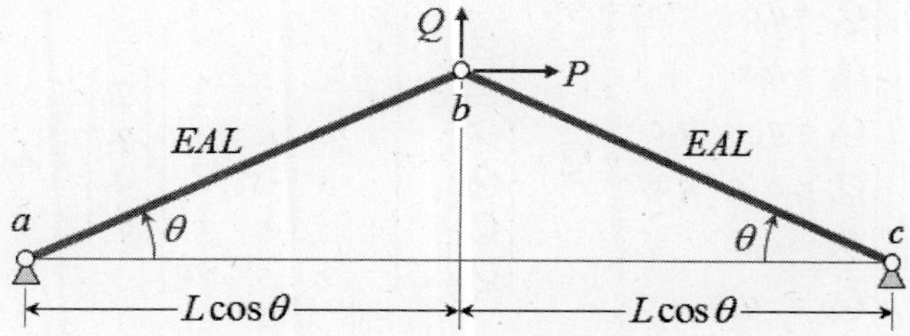

■ 시스템자유도와 부재자유도를 구분한 자유물체도는 아래와 같다. 시스템의 절점변위와 절점하중성분은 대문자로, 부재절점변위와 부재절점하중성분은 소문자로 표기하였다. 경계조건은 시스템 자유도 1,2와 5,6에서 변위가 0이다.

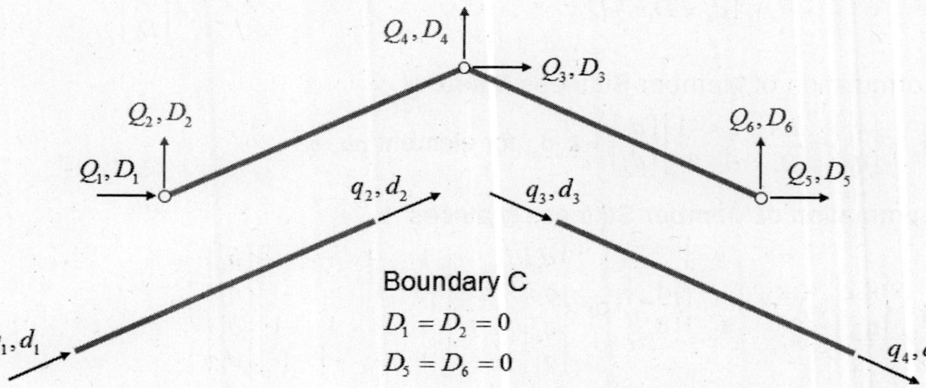

■ 기울기 θ를 가진 평면트러스부재의 좌표변환매트릭스는 다음과 같다. 기울기는 수평축에 대한 부재축방향 반시계방향 각도를 의미한다. 대문자 X, Y는 GCS를, 소문자 x, y는 LCS를 나타낸다.

$$\boldsymbol{T}_e = \begin{bmatrix} c & s & 0 & 0 \\ -s & c & 0 & 0 \\ 0 & 0 & c & s \\ 0 & 0 & -s & c \end{bmatrix} = \begin{bmatrix} \cos\theta_{xX} & \cos\theta_{xY} & 0 & 0 \\ -\sin\theta_{yX} & \cos\theta_{yY} & 0 & 0 \\ 0 & 0 & \cos\theta_{xX} & \cos\theta_{xY} \\ 0 & 0 & -\cos\theta_{yX} & \cos\theta_{yY} \end{bmatrix}$$

■ 정역학매트릭스와 적합매트릭스는 자유물체도를 작도하고 평형조건과 적합조건을 적용하면 손쉽게 결정할 수 있다. 여기서 적합매트릭스 성분은 좌표변환매트릭스 성분과 연관성을 나타낸다. 정역학매트릭스도 동일한 특성을 나타낸다. 또한 정역학매트릭스는 적합매트릭스의 전치매트릭스임을 알 수 있다. 따라서 하나의 매트릭스만 결정하여 CDM에 적용할 수 있다. 이어서 CDM절차에 따라 시스템 매트릭스방정식을 얻을 수 있다.

- Formulation of Statics Matrix $\underset{\sim}{\mathbf{A}}$

• Equilibrium :
$$\begin{cases} Q_1 = q_1 c \\ Q_2 = q_1 s \\ Q_3 = q_2 c + q_3 c \\ Q_4 = q_2 s - q_3 s \\ Q_5 = q_4 c \\ Q_6 = -q_4 s \end{cases} \rightarrow \underset{\sim}{\mathbf{Q}} = \begin{Bmatrix} Q_1 \\ Q_2 \\ Q_3 \\ Q_4 \\ Q_5 \\ Q_6 \end{Bmatrix} = \begin{bmatrix} c & \cdot & \cdot & \cdot \\ s & \cdot & \cdot & \cdot \\ \cdot & c & c & \cdot \\ \cdot & s & -s & \cdot \\ \cdot & \cdot & \cdot & c \\ \cdot & \cdot & \cdot & -s \end{bmatrix} \begin{Bmatrix} q_1 \\ q_2 \\ q_3 \\ q_4 \end{Bmatrix} = \underset{\sim}{\mathbf{A}}\underset{\sim}{\mathbf{q}}$$

- Formulation of Compatibility Matrix $\underset{\sim}{\mathbf{B}}$

• Compatibility :
$$\begin{cases} d_1 = D_1 s + D_2 c \\ d_2 = D_3 c + D_4 s \\ d_3 = D_3 c - D_4 s \\ d_4 = D_5 c - D_6 s \end{cases} \rightarrow \underset{\sim}{\mathbf{d}} = \begin{Bmatrix} d_1 \\ d_2 \\ d_3 \\ d_4 \end{Bmatrix} = \begin{bmatrix} c & s & \cdot & \cdot & \cdot & \cdot \\ \cdot & \cdot & c & s & \cdot & \cdot \\ \cdot & \cdot & c & -s & \cdot & \cdot \\ \cdot & \cdot & \cdot & \cdot & c & -s \end{bmatrix} \begin{Bmatrix} D_1 \\ D_2 \\ D_3 \\ D_4 \\ D_5 \\ D_6 \end{Bmatrix} = \underset{\sim}{\mathbf{B}}\underset{\sim}{\mathbf{D}}$$

- Formulation of Member Stiffness Matrix $\underset{\sim}{\mathbf{k}}_e$

$$\underset{\sim}{\mathbf{q}}_e = \begin{Bmatrix} q_1 \\ q_2 \end{Bmatrix} = \frac{EA}{L}\begin{bmatrix} 1 & -1 \\ -1 & 1 \end{bmatrix}\begin{Bmatrix} d_1 \\ d_2 \end{Bmatrix} = \underset{\sim}{\mathbf{k}}_e \underset{\sim}{\mathbf{d}}_e \quad \text{for element } ab,\ bc$$

- Summation of Member Stiffness Matrices $\underset{\sim}{\mathbf{k}}$

$$\underset{\sim}{\mathbf{q}} = \begin{Bmatrix} \underset{\sim}{\mathbf{q}}_{ab} \\ \underset{\sim}{\mathbf{q}}_{ab} \end{Bmatrix} = \begin{bmatrix} \underset{\sim}{\mathbf{k}}_{ab} & \cdot \\ \cdot & \underset{\sim}{\mathbf{k}}_{bc} \end{bmatrix}\begin{Bmatrix} \underset{\sim}{\mathbf{d}}_{ab} \\ \underset{\sim}{\mathbf{d}}_{bc} \end{Bmatrix} \text{ or } \begin{Bmatrix} q_1 \\ q_2 \\ q_3 \\ q_4 \end{Bmatrix} = \frac{EA}{L}\begin{bmatrix} 1 & -1 & \cdot & \cdot \\ -1 & 1 & \cdot & \cdot \\ \cdot & \cdot & 1 & -1 \\ \cdot & \cdot & -1 & 1 \end{bmatrix}\begin{Bmatrix} d_1 \\ d_2 \\ d_3 \\ d_4 \end{Bmatrix}$$

- Equilibrium Equation in GCS

$$\underset{\sim}{\mathbf{Q}} = \underset{\sim}{\mathbf{A}}\underset{\sim}{\mathbf{q}} = \underset{\sim}{\mathbf{A}}\underset{\sim}{\mathbf{k}}\underset{\sim}{\mathbf{d}} = \underset{\sim}{\mathbf{A}}\underset{\sim}{\mathbf{k}}\underset{\sim}{\mathbf{B}}\underset{\sim}{\mathbf{D}} = \underset{\sim}{\mathbf{K}}\underset{\sim}{\mathbf{D}} \quad \text{where} \quad \underset{\sim}{\mathbf{K}} = \underset{\sim}{\mathbf{A}}\underset{\sim}{\mathbf{k}}\underset{\sim}{\mathbf{B}} = \underset{\sim}{\mathbf{B}}^T\underset{\sim}{\mathbf{k}}\underset{\sim}{\mathbf{B}} = \underset{\sim}{\mathbf{A}}\underset{\sim}{\mathbf{k}}\underset{\sim}{\mathbf{A}}^T$$

$$\underset{\sim}{\mathbf{Q}} = \begin{Bmatrix} Q_1 \\ Q_2 \\ Q_3 \\ Q_4 \\ Q_5 \\ Q_6 \end{Bmatrix} = \begin{bmatrix} c & \cdot & \cdot & \cdot \\ s & \cdot & \cdot & \cdot \\ \cdot & c & c & \cdot \\ \cdot & s & -s & \cdot \\ \cdot & \cdot & \cdot & c \\ \cdot & \cdot & \cdot & -s \end{bmatrix}\begin{Bmatrix} q_1 \\ q_2 \\ q_3 \\ q_4 \end{Bmatrix} = \frac{EA}{L}\begin{bmatrix} c & \cdot & \cdot & \cdot \\ s & \cdot & \cdot & \cdot \\ \cdot & c & c & \cdot \\ \cdot & s & -s & \cdot \\ \cdot & \cdot & \cdot & c \\ \cdot & \cdot & \cdot & -s \end{bmatrix}\begin{bmatrix} 1 & -1 & \cdot & \cdot \\ -1 & 1 & \cdot & \cdot \\ \cdot & \cdot & 1 & -1 \\ \cdot & \cdot & -1 & 1 \end{bmatrix}\begin{Bmatrix} d_1 \\ d_2 \\ d_3 \\ d_4 \end{Bmatrix}$$

$$= \frac{EA}{L}\begin{bmatrix} c & -c & \cdot & \cdot \\ s & -s & \cdot & \cdot \\ -c & c & c & -c \\ -s & s & -s & s \\ \cdot & \cdot & -c & c \\ \cdot & \cdot & s & -s \end{bmatrix}\begin{Bmatrix} d_1 \\ d_2 \\ d_3 \\ d_4 \end{Bmatrix} = \frac{EA}{L}\begin{bmatrix} c & -c & \cdot & \cdot \\ s & -s & \cdot & \cdot \\ -c & c & c & -c \\ -s & s & -s & s \\ \cdot & \cdot & -c & c \\ \cdot & \cdot & s & -s \end{bmatrix}\begin{bmatrix} c & s & \cdot & \cdot & \cdot & \cdot \\ \cdot & \cdot & c & s & \cdot & \cdot \\ \cdot & \cdot & c & -s & \cdot & \cdot \\ \cdot & \cdot & \cdot & \cdot & c & -s \end{bmatrix}\begin{Bmatrix} D_1 \\ D_2 \\ D_3 \\ D_4 \\ D_5 \\ D_6 \end{Bmatrix}$$

$$= \frac{EA}{L}\begin{bmatrix} c^2 & cs & -c^2 & -cs & \cdot & \cdot \\ cs & s^2 & -cs & -s^2 & \cdot & \cdot \\ -c^2 & -cs & 2c^2 & 0 & -c^2 & cs \\ -cs & -s^2 & 0 & 2s^2 & cs & -s^2 \\ \cdot & \cdot & -c^2 & cs & c^2 & -cs \\ \cdot & \cdot & cs & -s^2 & -cs & s^2 \end{bmatrix}\begin{Bmatrix} D_1 \\ D_2 \\ D_3 \\ D_4 \\ D_5 \\ D_6 \end{Bmatrix}$$

Therefore $\begin{Bmatrix} Q_1 \\ Q_2 \\ Q_3 \\ Q_4 \\ Q_5 \\ Q_6 \end{Bmatrix} = \frac{EA}{L}\begin{bmatrix} c^2 & cs & -c^2 & -cs & \cdot & \cdot \\ cs & s^2 & -cs & -s^2 & \cdot & \cdot \\ -c^2 & -cs & 2c^2 & 0 & -c^2 & cs \\ -cs & -s^2 & 0 & 2s^2 & cs & -s^2 \\ \cdot & \cdot & -c^2 & cs & c^2 & -cs \\ \cdot & \cdot & cs & -s^2 & -cs & s^2 \end{bmatrix}\begin{Bmatrix} D_1 \\ D_2 \\ D_3 \\ D_4 \\ D_5 \\ D_6 \end{Bmatrix}$

- 경계조건을 대입하면 지배방정식을 얻고, 이어서 절점변위 $\{D_2\ D_4\}$와 반력 $\{Q_1\ Q_2\ Q_5\ Q_6\}$을 결정하게 된다.

  - Apply to BCs $D_1 = D_2 = D_5 = D_6 = 0$

    $$\frac{EA}{L}\begin{bmatrix} 2c^2 & 0 \\ 0 & 2s^2 \end{bmatrix}\begin{Bmatrix} D_3 \\ D_4 \end{Bmatrix} = \frac{2EA}{L}\begin{bmatrix} c^2 & 0 \\ 0 & s^2 \end{bmatrix}\begin{Bmatrix} D_3 \\ D_4 \end{Bmatrix} = \begin{Bmatrix} Q_3 \\ Q_4 \end{Bmatrix} = \begin{Bmatrix} P \\ Q \end{Bmatrix}$$

  - Solution Vector $\begin{Bmatrix} D_3 \\ D_4 \end{Bmatrix} = \frac{L}{2EA}\begin{bmatrix} 1/c^2 & 0 \\ 0 & 1/s^2 \end{bmatrix}\begin{Bmatrix} P \\ Q \end{Bmatrix}$

  - Reaction $\begin{Bmatrix} Q_1 \\ Q_2 \\ Q_5 \\ Q_6 \end{Bmatrix} = \frac{EA}{L}\begin{bmatrix} -c^2 & -cs \\ -cs & -s^2 \\ -c^2 & cs \\ cs & -s^2 \end{bmatrix}\begin{Bmatrix} D_3 \\ D_4 \end{Bmatrix} = \frac{EA}{L}\begin{bmatrix} -c^2 & -cs \\ -cs & -s^2 \\ -c^2 & cs \\ cs & -s^2 \end{bmatrix}\frac{L}{2EA}\begin{bmatrix} 1/c^2 & 0 \\ 0 & 1/s^2 \end{bmatrix}\begin{Bmatrix} P \\ Q \end{Bmatrix}$

    $$= \frac{1}{2}\begin{bmatrix} -1 & -c/s \\ -s/c & -1 \\ -1 & c/s \\ s/c & -1 \end{bmatrix}\begin{Bmatrix} P \\ Q \end{Bmatrix} = \frac{1}{2}\begin{Bmatrix} -P - cQ/s \\ -sP/c - Q \\ -P + cQ/s \\ sP/c - Q \end{Bmatrix}$$

- 참고로 $\theta = 0$ 이면 $D_4 = \infty$ 이고 $\theta = 90$ 이면 $D_3 = \infty$ 가 되어 불안전구조계가 된다.

9.3.3 평면라멘구조

평면라멘구조에 대한 CDM 해석예로서 그림과 같은 3개의 부재로 구성된 라멘구조를 고려해보자. 이때, 각 라멘부재는 축변형을 무시하며 휨강성 EI, 길이는 L 이다.

■ 시스템과 절점변위와 절점하중은 다음그림과 같다. 경계조건과 자유도는 그림에 표시하였다.

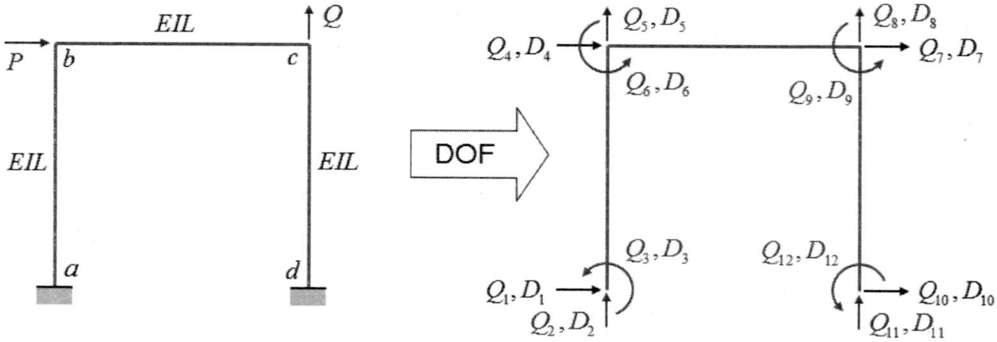

- Boundary Condition
  - Geometric BC : $D_1 = D_2 = D_3 = 0,\ D_{10} = D_{11} = D_{12} = 0$
  - Force BC : $Q_5 = Q_6 = Q_7 = Q_9 = 0,\ Q_4 = P,\ Q_8 = Q$
- Degree of Freedom
  - Neglect Axial Deformation : $D_5 = D_8 = 0,\ D_4 = D_7$
  - Pure DOFs : $D_4,\ D_6,\ D_9$

■ 시스템과 절점변위와 절점하중은 다음그림과 같다. 경계조건과 자유도는 그림에 표시하였다.

- Active DOFs

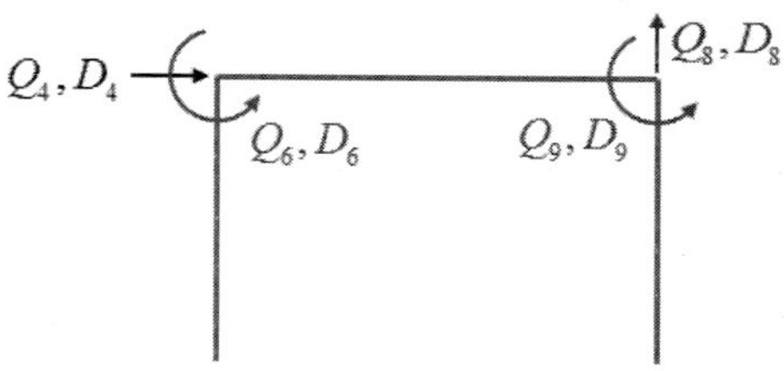

- Components of Member Nodal Forces and Displacements

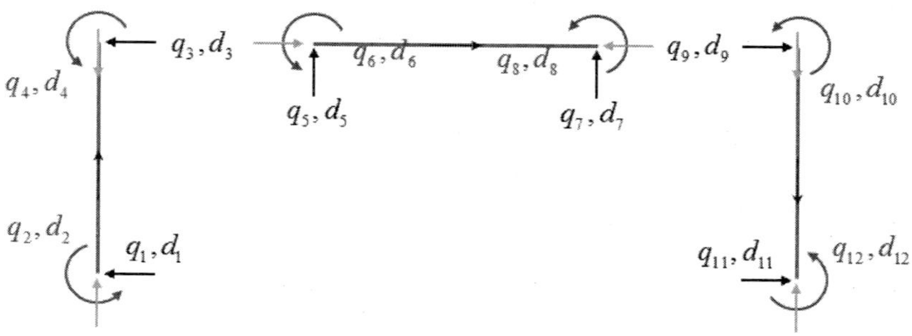

- **Notation**

$$\underset{\sim}{\mathbf{Q}}=\begin{Bmatrix}\underset{\sim}{\mathbf{Q}}_a\\ \underset{\sim}{\mathbf{Q}}_b\\ \underset{\sim}{\mathbf{Q}}_c\\ \underset{\sim}{\mathbf{Q}}_d\end{Bmatrix}=\begin{Bmatrix}Q_1\\Q_2\\Q_3\\Q_4\\Q_5\\Q_6\\Q_7\\Q_8\\Q_9\\Q_{10}\\Q_{11}\\Q_{12}\end{Bmatrix},\underset{\sim}{\mathbf{D}}=\begin{Bmatrix}\underset{\sim}{\mathbf{D}}_a\\ \underset{\sim}{\mathbf{D}}_b\\ \underset{\sim}{\mathbf{D}}_c\\ \underset{\sim}{\mathbf{D}}_d\end{Bmatrix}=\begin{Bmatrix}D_1\\D_2\\D_3\\D_4\\D_5\\D_6\\D_7\\D_8\\D_9\\D_{10}\\D_{11}\\D_{12}\end{Bmatrix},\underset{\sim}{\mathbf{q}}=\begin{Bmatrix}\underset{\sim}{\mathbf{q}}_{ab}\\ \underset{\sim}{\mathbf{q}}_{bc}\\ \underset{\sim}{\mathbf{q}}_{cd}\end{Bmatrix}=\begin{Bmatrix}\begin{Bmatrix}\underset{\sim}{\mathbf{q}}^a_{ab}\\ \underset{\sim}{\mathbf{q}}^b_{ab}\end{Bmatrix}\\ \begin{Bmatrix}\underset{\sim}{\mathbf{q}}^b_{bc}\\ \underset{\sim}{\mathbf{q}}^c_{bc}\end{Bmatrix}\\ \begin{Bmatrix}\underset{\sim}{\mathbf{q}}^c_{cd}\\ \underset{\sim}{\mathbf{q}}^d_{cd}\end{Bmatrix}\end{Bmatrix}=\begin{Bmatrix}q_1\\q_2\\q_3\\q_4\\q_5\\q_6\\q_7\\q_8\\q_9\\q_{10}\\q_{11}\\q_{12}\end{Bmatrix},\underset{\sim}{\mathbf{d}}=\begin{Bmatrix}\underset{\sim}{\mathbf{d}}_{ab}\\ \underset{\sim}{\mathbf{d}}_{bc}\\ \underset{\sim}{\mathbf{d}}_{cd}\end{Bmatrix}=\begin{Bmatrix}\begin{Bmatrix}\underset{\sim}{\mathbf{d}}^a_{ab}\\ \underset{\sim}{\mathbf{d}}^b_{ab}\end{Bmatrix}\\ \begin{Bmatrix}\underset{\sim}{\mathbf{d}}^b_{bc}\\ \underset{\sim}{\mathbf{d}}^c_{bc}\end{Bmatrix}\\ \begin{Bmatrix}\underset{\sim}{\mathbf{d}}^c_{cd}\\ \underset{\sim}{\mathbf{d}}^d_{cd}\end{Bmatrix}\end{Bmatrix}=\begin{Bmatrix}d_1\\d_2\\d_3\\d_4\\d_5\\d_6\\d_7\\d_8\\d_9\\d_{10}\\d_{11}\\d_{12}\end{Bmatrix}$$

- 축변형(Axial Deformation)을 무시한 라멘구조의 적합매트릭스(Compatibility Matrix) : 축변형을 무시한 경우, 부재축방향 절점변위는 동일부재 다른 절점에 동일방향 같은 크기의 절점변위를 발생시킨다. 즉, 축변형을 무시한다는 가정조건은 부재축방향 강체운동을 의미한다. 아래그림 2번째에서 절점 a에 변위 D_2가 작용하면 절점 b도 부재 ab의 부재축방향으로 변위 D_2가 발생한다. 라멘부재의 축변형을 무시하면, 부재 ab는 강체운동을 나타내기 때문이다.

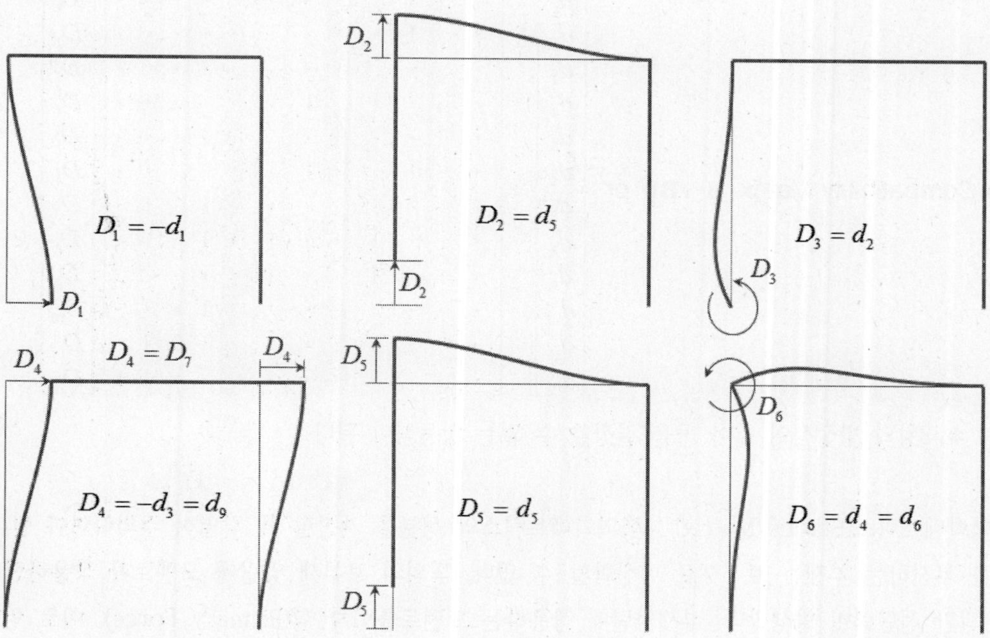

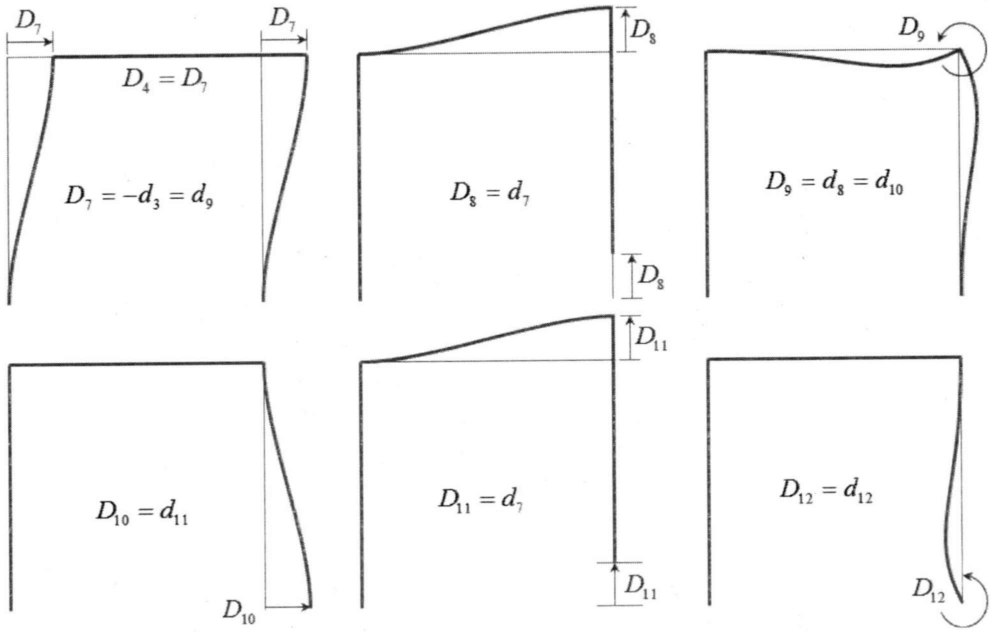

- Joint Compatibility $\begin{cases} D_1 = -d_1 \\ D_2 = d_5 \\ D_3 = d_2 \end{cases}, \begin{cases} D_4 = -d_3 = d_9 \\ D_5 = d_5 \\ D_6 = d_4 = d_6 \end{cases}, \begin{cases} D_7 = -d_3 = d_9 \\ D_8 = d_7 \\ D_9 = d_8 = d_{10} \end{cases}, \begin{cases} D_{10} = d_{11} \\ D_{11} = d_7 \\ D_{12} = d_{12} \end{cases}$

- Compatibility Matrix $\underset{\sim}{\mathbf{d}} = \underline{\mathbf{B}}\underset{\sim}{\mathbf{D}}$ or

$$\begin{Bmatrix} d_1 \\ d_2 \\ d_3 \\ d_4 \\ d_5 \\ d_6 \\ d_7 \\ d_8 \\ d_9 \\ d_{10} \\ d_{11} \\ d_{12} \end{Bmatrix} = \begin{bmatrix} -1 & \cdot & \cdot & \cdot & \cdot & \cdot & \cdot & \cdot & \cdot & \cdot & \cdot & \cdot \\ \cdot & \bullet & 1 & \cdot & \cdot & \cdot & \cdot & \cdot & \cdot & \cdot & \cdot & \cdot \\ \cdot & \cdot & \bullet & -1 & \cdot & \cdot & -1 & \cdot & \cdot & \cdot & \cdot & \cdot \\ \cdot & \cdot & \cdot & \bullet & \cdot & 1 & \cdot & \cdot & \cdot & \cdot & \cdot & \cdot \\ \cdot & 1 & \cdot & \cdot & 1 & \cdot & \cdot & \cdot & \cdot & \cdot & \cdot & \cdot \\ \cdot & \cdot & \cdot & \cdot & \cdot & 1 & \cdot & \cdot & \cdot & \cdot & \cdot & \cdot \\ \cdot & \cdot & \cdot & \cdot & \cdot & \cdot & \bullet & 1 & \cdot & \cdot & 1 & \cdot \\ \cdot & \cdot & \cdot & \cdot & \cdot & \cdot & \cdot & \bullet & 1 & \cdot & \cdot & \cdot \\ \cdot & \cdot & \cdot & 1 & \cdot & \cdot & 1 & \cdot & \bullet & \cdot & \cdot & \cdot \\ \cdot & \cdot & \cdot & \cdot & \cdot & \cdot & \cdot & \cdot & 1 & \bullet & \cdot & \cdot \\ \cdot & \cdot & \cdot & \cdot & \cdot & \cdot & \cdot & \cdot & \cdot & 1 & \bullet & \cdot \\ \cdot & \cdot & \cdot & \cdot & \cdot & \cdot & \cdot & \cdot & \cdot & \cdot & \cdot & 1 \end{bmatrix} \begin{Bmatrix} D_1 \\ D_2 \\ D_3 \\ D_4 \\ D_5 \\ D_6 \\ D_7 \\ D_8 \\ D_9 \\ D_{10} \\ D_{11} \\ D_{12} \end{Bmatrix}$$

※ 3쌍의 방정식이 같아 근을 결정할 수 없는 항등식이 된다.

■ 정역학매트릭스(Statics Matrix) : 정역학매트릭스의 성분을 계산할 때 각별히 주의하여야 한다. 축변형을 무시하는 부재는 보부재로 이상화할 수 있다. 임의의 보부재 양단에 모멘트가 작용하면 모멘트에 의한 전단력이 발생한다. 부재양단에 작용하는 모멘트를 1차 힘(Primary Force), 이로 인한 전단

력을 2차 힘(Secondary Force)이라고 부른다. 보부재의 유연도매트릭스는 휨모멘트만을 고려하고 있다. 이러한 보부재의 유연도매트릭스는 양정치(Positive Definiteness)를 나타내고 휨모멘트가 결정된 후, 전단력은 어렵지 않게 계산되기 때문이다.

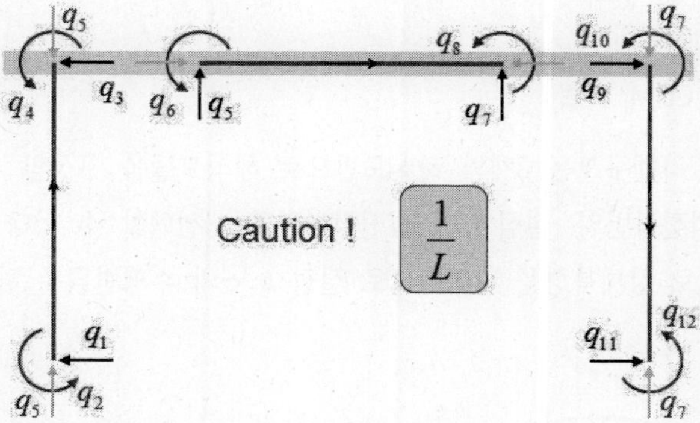

- Secondary Forces

$$\begin{cases} q_1 = -q_3 = \dfrac{q_2 + q_4}{L} \\ q_5 = -q_7 = \dfrac{q_6 + q_8}{L},\ q_3 = q_9 \\ q_9 = -q_{11} = \dfrac{q_{10} + q_{12}}{L} \end{cases}$$

- Equilibrium :

$$\begin{cases} Q_1 = -q_1,\ Q_2 = q_5,\ Q_3 = q_2 \\ Q_4 = -q_3 + q_9,\ Q_5 = q_5,\ Q_6 = q_4 + q_6 \\ Q_7 = -q_3 + q_9,\ Q_8 = q_7,\ Q_9 = q_8 + q_{10} \\ Q_{10} = q_{11},\ Q_{11} = q_7,\ Q_{12} = q_{12} \end{cases}$$

- Statics Matrix :

$$\begin{Bmatrix} Q_1 \\ Q_2 \\ Q_3 \\ Q_4 \\ Q_5 \\ Q_6 \\ Q_7 \\ Q_8 \\ Q_9 \\ Q_{10} \\ Q_{11} \\ Q_{12} \end{Bmatrix} = \begin{bmatrix} -1 & \cdot & \cdot & \cdot & \cdot & \cdot & \cdot & \cdot & \cdot & \cdot & \cdot & \cdot \\ \cdot & \bullet & \cdot & \cdot & 1 & \cdot & \cdot & \cdot & \cdot & \cdot & \cdot & \cdot \\ \cdot & 1 & \bullet & \cdot & \cdot & \cdot & \cdot & \cdot & \cdot & \cdot & \cdot & \cdot \\ \cdot & \cdot & -1 & \bullet & \cdot & \cdot & \cdot & \cdot & 1 & \cdot & \cdot & \cdot \\ \cdot & \cdot & \cdot & \cdot & 1 & \cdot & \cdot & \cdot & \cdot & \cdot & \cdot & \cdot \\ \cdot & \cdot & \cdot & 1 & \cdot & 1 & \cdot & \cdot & \cdot & \cdot & \cdot & \cdot \\ \cdot & \cdot & -1 & \cdot & \cdot & \cdot & \bullet & \cdot & 1 & \cdot & \cdot & \cdot \\ \cdot & \cdot & \cdot & \cdot & \cdot & \cdot & 1 & \bullet & \cdot & \cdot & \cdot & \cdot \\ \cdot & \cdot & \cdot & \cdot & \cdot & \cdot & \cdot & 1 & \bullet & 1 & \cdot & \cdot \\ \cdot & \cdot & \cdot & \cdot & \cdot & \cdot & \cdot & \cdot & \cdot & \bullet & 1 & \cdot \\ \cdot & \cdot & \cdot & \cdot & \cdot & \cdot & 1 & \cdot & \cdot & \cdot & \bullet & \cdot \\ \cdot & \cdot & \cdot & \cdot & \cdot & \cdot & \cdot & \cdot & \cdot & \cdot & \cdot & 1 \end{bmatrix} \begin{Bmatrix} q_1 \\ q_2 \\ q_3 \\ q_4 \\ q_5 \\ q_6 \\ q_7 \\ q_8 \\ q_9 \\ q_{10} \\ q_{11} \\ q_{12} \end{Bmatrix}$$

⇦ (Q_2, Q_4, Q_5, Q_7, Q_8, Q_{11}) 항등식 유발

✻ 라멘구조해석에 CDM을 적용할 때, 축거동이 없는 보부재의 강성도매트릭스를 이용하고 있다. 이러한 이유로 인하여, 부재의 축변형을 부시하는 평면라멘구조에서 부재축변형과 일치하는 자유도를 포함하면, 적합매트릭스와 정역학매트릭스는 3쌍(일반적으로 부재개수만큼)의 동일한 방정식을 포함하게 된다. 즉, 3쌍의 동일한 방정식은 항등식 효과를 나타내므로 3개의 방정식을 소거하여야 한다. 상기예제에서 절점하중 쌍 (Q_2, Q_5), (Q_4, Q_7), (Q_8, Q_{11}) 들은 트러스부재의 축강성도로 표현되어야 한다. 만일 축강성 EA 가 주어지지 않으면 이 문제는 해결할 수 없다. 이러한 문제를 해

결하는 방법이 다음에 설명할 최소 활성도만을 고려한 해석모델 적용방법이다. 컴퓨터 보급이 없었던 시절에, 수계산에 의존하여 간단히 구조해석을 수행하던 방법이며 현재도 널리 적용되는 고전적인 해석기법이다. 특히, 축변형을 무시한 라멘구조의 해석방법에 적절한 방법이다. 구조해석에 대한 국내교재도 이러한 해석기법을 소개한 바 있다.

● 최소 활성자유도만 고려한 라멘구조의 CDM 기법

- 최소 자유도를 가진 해석모델 : 주어진 라멘구조는 3개의 자유도만으로 해석모델을 구성할 수 있다. 최소 자유도는 절점 b에 수평변위와 회전각변위, 절점 c애 회전각변위만을 선택할 수 있다. 여기서 축변형을 무시 즉, 부재 bc는 축방향으로 강체특성을 나타내므로 절점 b, c의 수평변위는 하나의 자유도로 표현할 수 있다.

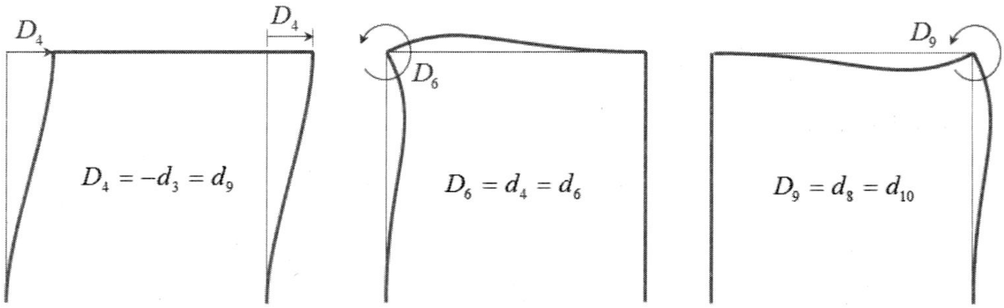

- 절점평형과 적합매트릭스 :
  - Joint Compatibility $D_4 = -d_3 = d_9$, $D_6 = d_4 = d_6$, $D_9 = d_8 = d_{10}$
  - Compatibility Matrix $\underset{\sim}{\mathbf{d}} = \underset{\sim}{\mathbf{B}}\underset{\sim}{\mathbf{D}}$ or $\begin{Bmatrix} d_3 \\ d_4 \\ d_6 \\ d_8 \\ d_9 \\ d_{10} \end{Bmatrix} = \begin{bmatrix} -1 & \cdot & \cdot \\ \cdot & 1 & \cdot \\ \cdot & 1 & \cdot \\ \cdot & \cdot & 1 \\ 1 & \cdot & \cdot \\ \cdot & \cdot & 1 \end{bmatrix} \begin{Bmatrix} D_4 \\ D_6 \\ D_9 \end{Bmatrix}$

- 부재강성도매트릭스 : 참고로 보부재의 강성도매트릭스는 아래와 같다.
  - Ref) $\begin{Bmatrix} S_a \\ M_a \\ S_b \\ M_b \end{Bmatrix} = \dfrac{EI}{L^3} \begin{bmatrix} 12 & 6L & -12 & 6L \\ 6L & 4L^2 & -6L & 2L^2 \\ -12 & -6L & 12 & -6L \\ 6L & 2L^2 & -6L & 4L^2 \end{bmatrix} \begin{Bmatrix} \delta_a \\ \theta_a \\ \delta_b \\ \theta_b \end{Bmatrix} = \dfrac{2EI}{L^3} \begin{bmatrix} 6 & 3L & -6 & 3L \\ 3L & 2L^2 & -3L & L^2 \\ -6 & -3L & 6 & -3L \\ 3L & L^2 & -3L & 2L^2 \end{bmatrix} \begin{Bmatrix} \delta_a \\ \theta_a \\ \delta_b \\ \theta_b \end{Bmatrix}$

왼쪽단의 연직변위와 회전각변위로 인한 부재력벡터는 아래와 같다.

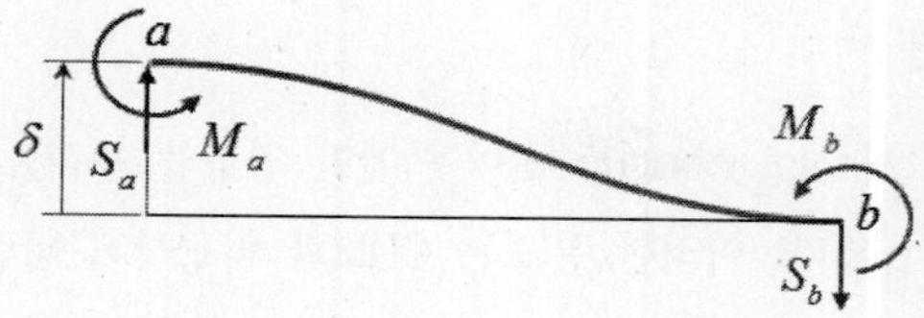

$$\begin{Bmatrix} S_a \\ M_a \\ S_b \\ M_b \end{Bmatrix} = \frac{EI}{L^3}\begin{Bmatrix} 12 \\ 6L \\ -12 \\ 6L \end{Bmatrix}\delta = \frac{6EI}{L^3}\begin{Bmatrix} 2 \\ L \\ -2 \\ L \end{Bmatrix}\delta$$

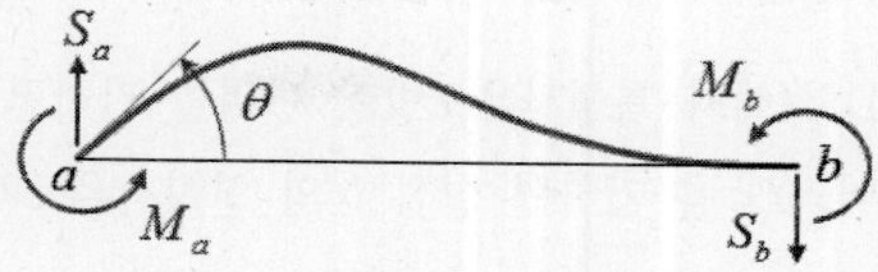

$$\begin{Bmatrix} S_a \\ M_a \\ S_b \\ M_b \end{Bmatrix} = \frac{EI}{L^3}\begin{Bmatrix} 6L \\ 4L^2 \\ -6L \\ 2L^2 \end{Bmatrix}\theta = \frac{2EI}{L^2}\begin{Bmatrix} 3 \\ 2L \\ -3 \\ L \end{Bmatrix}\theta$$

■ 시스템매트릭스 : 아래와 같은 연산절차에 따라, 절점하중벡터와 누적부재절점하중벡터의 평형조건을 이용하여 시스템매트릭스를 계산할 수 있다. 이 연산과정은 이미 경계조건을 고려하여 활성자유도에 대한 시스템매트릭스이므로 별도의 경계조건을 고려할 필요가 없다.

$$\begin{Bmatrix} Q_4 \\ Q_6 \\ Q_9 \end{Bmatrix} = \begin{bmatrix} -1 & \cdot & \cdot & \cdot & 1 & \cdot \\ \cdot & 1 & 1 & \cdot & \cdot & \cdot \\ \cdot & \cdot & \cdot & 1 & \cdot & 1 \end{bmatrix}\begin{Bmatrix} q_3 \\ q_4 \\ q_6 \\ q_8 \\ q_9 \\ q_{10} \end{Bmatrix} = \frac{2EI}{L^3}\begin{bmatrix} -1 & \cdot & \cdot & \cdot & 1 & \cdot \\ \cdot & 1 & 1 & \cdot & \cdot & \cdot \\ \cdot & \cdot & \cdot & 1 & \cdot & 1 \end{bmatrix}\begin{bmatrix} 6 & -3L & \cdot & \cdot & \cdot & \cdot \\ -3L & 2L^2 & \cdot & \cdot & \cdot & \cdot \\ \cdot & \cdot & 2L^2 & L^2 & \cdot & \cdot \\ \cdot & \cdot & L^2 & 2L^2 & \cdot & \cdot \\ \cdot & \cdot & \cdot & \cdot & 6 & 3L \\ \cdot & \cdot & \cdot & \cdot & 3L & 2L^2 \end{bmatrix}\begin{Bmatrix} d_3 \\ d_4 \\ d_6 \\ d_8 \\ d_9 \\ d_{10} \end{Bmatrix}$$

$$= \frac{2EI}{L^3}\begin{bmatrix} 6 & 3L & \cdot & \cdot & 6 & 3L \\ -3L & 2L^2 & 2L^2 & L^2 & \cdot & \cdot \\ \cdot & \cdot & L^2 & 2L^2 & 3L & 2L^2 \end{bmatrix}\begin{bmatrix} -1 & \cdot & \cdot \\ \cdot & 1 & \cdot \\ \cdot & 1 & \cdot \\ \cdot & \cdot & 1 \\ 1 & \cdot & \cdot \\ \cdot & \cdot & 1 \end{bmatrix}\begin{Bmatrix} D_4 \\ D_6 \\ D_9 \end{Bmatrix} = \frac{2EI}{L^3}\begin{bmatrix} 0 & 3L & 3L \\ 3L & 4L^2 & L^2 \\ 3L & L^2 & 4L^2 \end{bmatrix}\begin{Bmatrix} D_4 \\ D_6 \\ D_9 \end{Bmatrix}$$

■ 절점하중 적용과 절점변위 결정 :

$$\frac{2EI}{L^3}\begin{bmatrix} 0 & 3L & 3L \\ 3L & 4L^2 & L^2 \\ 3L & L^2 & 4L^2 \end{bmatrix}\begin{Bmatrix} D_4 \\ D_6 \\ D_9 \end{Bmatrix} = \begin{Bmatrix} Q_4 \\ Q_6 \\ Q_9 \end{Bmatrix} = \begin{Bmatrix} -P \\ 0 \\ 0 \end{Bmatrix} \text{ or } \begin{bmatrix} 0 & 3 & 3 \\ 3 & 4L & L \\ 3 & L & 4L \end{bmatrix}\begin{Bmatrix} D_4 \\ D_6 \\ D_9 \end{Bmatrix} = \frac{L^2}{2EI}\begin{Bmatrix} -P \\ 0 \\ 0 \end{Bmatrix}$$

• Solve $\begin{cases} 3D_4 + 4LD_6 + LD_9 = 0 \\ 3D_4 + LD_6 + 4LD_9 = 0 \end{cases} \rightarrow D_6 - D_9 = 0$ or $D_6 = D_9$

$$D_6 + D_9 = 2D_6 = -\frac{PL^2}{6EI} \rightarrow D_6 = D_9 = -\frac{PL^2}{12EI}$$

$$3D_4 + LD_6 + 4LD_9 = 3D_4 + 5LD_6 = 0 \text{ or } D_4 = -\frac{5L}{3}D_6 = \frac{5PL^3}{36EI}$$

• Solution : $D_4 = \dfrac{5PL^3}{36EI}$, $D_6 = D_9 = -\dfrac{PL^2}{12EI}$

※ 축변형을 고려한 직접강성도법의 해석모델

DSM에서 특정자유도방향 변위를 가하면 반드시 Neighborhood(이웃)에만 영향을 준다. 예를 들어, D_2를 가하면 절점 b의 연직자유도가 0이 된다. 이러한 분포는 CDM과 비교하기 바란다.

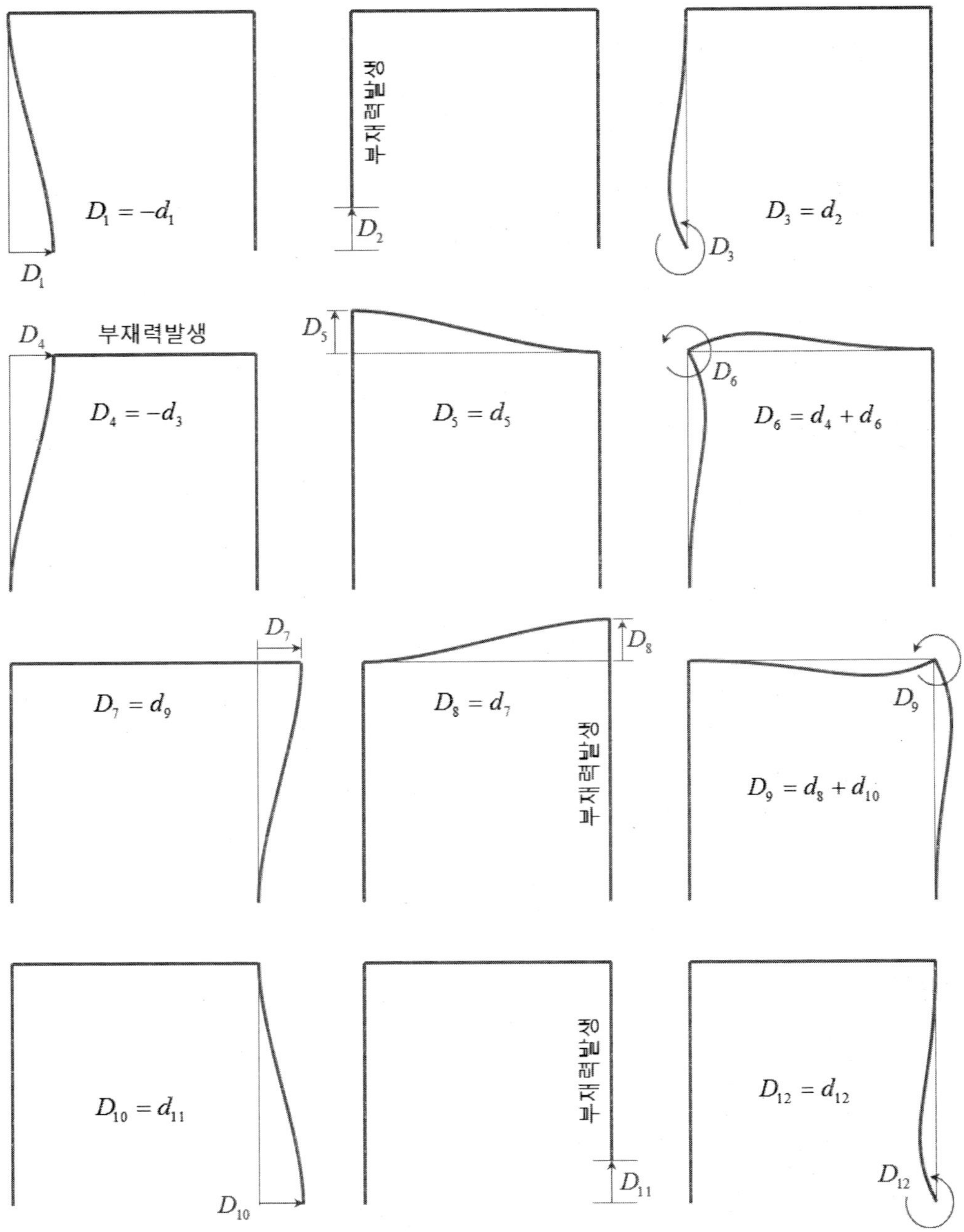

9.3.4 프로그램 사용예

[1] 단순보

휨강성 EI, 길이 $2L$ 이고 중앙점에 연직하중 P 가 작용하는 단순보를 CDM으로 해석하라.

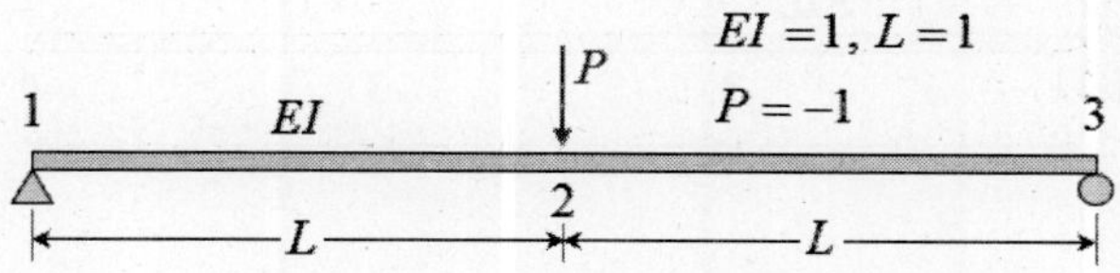

• 입·출력파일 :

```
3 2                    ! node,eLem
1 1 0  0.0   0.0 0.0   ! n,BC,Xc,cLod
2 0 0  1.0  -1.0 0.0
3 1 0  2.0   0.0 0.0
1 1 2  1.0 1.0         ! n,inod,jnod,E,zI
2 2 3  1.0 1.0
```

```
 D I S P L A C E M E N T S

    n          dis          rot

    1       0.000000    -0.250000
    2      -0.166667     0.000000
    3       0.000000     0.250000


 M E M B E R   F O R C E S

    e      i    j       Sy_i      Mz_i      Sy_j      Mz_j

    1      1    2      0.500     0.000    -0.500     0.500
    2      2    3     -0.500    -0.500     0.500     0.000
```

• 적합매트릭스 :

	1	2	3	4	5	6
1	1.00	0.00	0.00	0.00	0.00	0.00
2	0.00	1.00	0.00	0.00	0.00	0.00
3	0.00	0.00	1.00	0.00	0.00	0.00
4	0.00	0.00	0.00	1.00	0.00	0.00
5	0.00	0.00	1.00	0.00	0.00	0.00
6	0.00	0.00	0.00	1.00	0.00	0.00
7	0.00	0.00	0.00	0.00	1.00	0.00
8	0.00	0.00	0.00	0.00	0.00	1.00

• 정해 :

$$\text{Since } EI = 1,\ L = 1,\ P = -1 \rightarrow \delta = \frac{P(2L)^3}{48EI} = \frac{PL^2}{6EI} = -\frac{1}{6}$$

[2] 캔틸레버

휨강성 EI, 길이 L 이고 자유단에 연직하중 P 가 작용하는 캔틸레버를 CDM으로 해석하라.

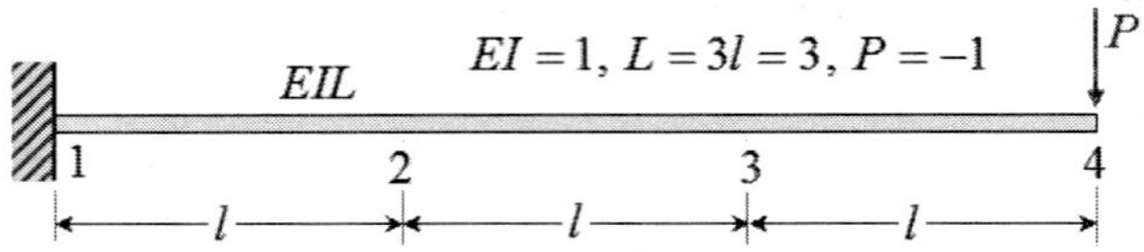

• 입·출력파일 :

```
4 3                    ! node,eLem
1 1 1  0.0   0.0 0.0   ! n,BC,Xc,cLod
2 0 0  1.0   0.0 0.0
3 0 0  2.0   0.0 0.0
4 0 0  3.0  -1.0 0.0
1 1 2  1.0 1.0         ! n,inod,jnod,E,zI
2 2 3  1.0 1.0
3 3 4  1.0 1.0
```

```
 D I S P L A C E M E N T S

    n          dis         rot

    1      0.000000    0.000000
    2     -1.333333   -2.500000
    3     -4.666667   -4.000000
    4     -9.000000   -4.500000


 M E M B E R   F O R C E S

    e      i     j       Sy_i      Mz_i      Sy_j      Mz_j

    1      1     2      1.000     3.000    -1.000    -2.000
    2      2     3      1.000     2.000    -1.000    -1.000
    3      3     4      1.000     1.000    -1.000     0.000
```

• 적합매트릭스 :

	1	2	3	4	5	6	7	8
1	1.00	0.00	0.00	0.00	0.00	0.00	0.00	0.00
2	0.00	1.00	0.00	0.00	0.00	0.00	0.00	0.00
3	0.00	0.00	1.00	0.00	0.00	0.00	0.00	0.00
4	0.00	0.00	0.00	1.00	0.00	0.00	0.00	0.00
5	0.00	0.00	1.00	0.00	0.00	0.00	0.00	0.00
6	0.00	0.00	0.00	1.00	0.00	0.00	0.00	0.00
7	0.00	0.00	0.00	0.00	1.00	0.00	0.00	0.00
8	0.00	0.00	0.00	0.00	0.00	1.00	0.00	0.00
9	0.00	0.00	0.00	0.00	1.00	0.00	0.00	0.00
10	0.00	0.00	0.00	0.00	0.00	1.00	0.00	0.00
11	0.00	0.00	0.00	0.00	0.00	0.00	1.00	0.00
12	0.00	0.00	0.00	0.00	0.00	0.00	0.00	1.00

• 정해 :

Since $EI = 1,\ l = 1,\ L = 3l = 3,\ P = -1 \rightarrow \delta = \dfrac{P(3l)^3}{3EI} = \dfrac{9Pl^2}{EI} = -9$

[3] 양단고정보

휨강성 EI, 길이 L 이고 중앙점에 연직하중 P 가 작용하는 양단고정보를 CDM으로 해석하라.

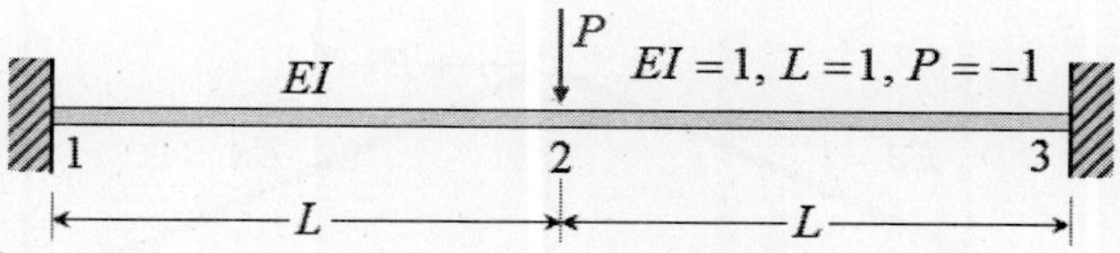

• 입·출력파일 :

```
3 2                     ! node,eLem
1 1 1  0.0   0.0 0.0    ! n,BC,Xc,cLod
2 0 0  1.0  -1.0 0.0
3 1 1  2.0   0.0 0.0
1 1 2  1.0 1.0          ! n,inod,jnod,E,zl
2 2 3  1.0 1.0
```

```
 D I S P L A C E M E N T S

   n          dis        rot

   1     0.000000    0.000000
   2    -0.041667    0.000000
   3     0.000000    0.000000


 M E M B E R   F O R C E S

   e     i   j      Sy_i      Mz_i      Sy_j      Mz_j

   1     1   2     0.500     0.250    -0.500     0.250
   2     2   3    -0.500    -0.250     0.500    -0.250
```

• 적합매트릭스 :

	1	2	3	4	5	6
1	1.00	0.00	0.00	0.00	0.00	0.00
2	0.00	1.00	0.00	0.00	0.00	0.00
3	0.00	0.00	1.00	0.00	0.00	0.00
4	0.00	0.00	0.00	1.00	0.00	0.00
5	0.00	0.00	1.00	0.00	0.00	0.00
6	0.00	0.00	0.00	1.00	0.00	0.00
7	0.00	0.00	0.00	0.00	1.00	0.00
8	0.00	0.00	0.00	0.00	0.00	1.00

• 정해 :

Since $EI = 1,\ L = 2,\ P = -1 \rightarrow$ Deflecion at mid-span : $\delta = \dfrac{PL^3}{192EI} = \dfrac{1}{24}$

*참조 : 보나 라멘부재는 몇 개의 분할수만으로 정확한 결과를 결정할 수 있다. 평형조건을 만족하는 정확한 방정식의 정해로부터 강성도매트릭스를 결정하기 때문이다.

[4] 정정트러스 1

축강성 EA , 길이 $\sqrt{2}$ 인 2개의 부재로 구성된 평면트러스구조를 CDM으로 해석하라.

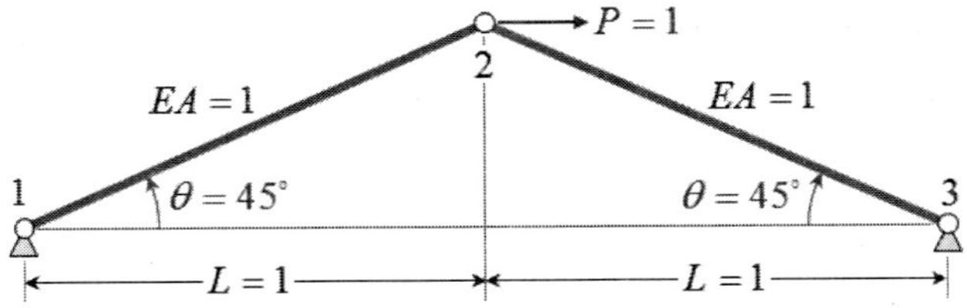

• 입·출력파일 :

```
3  2                          ! node,eLem
1  1 1  -1.0 0.0  0.0 0.0    ! n,BC,cord,cLod
2  0 0   0.0 1.0  1.0 0.0
3  1 1   1.0 0.0  0.0 0.0
1  1 2   1.0 1.0              ! n,ni,nj,E,A
2  2 3   1.0 1.0
```

```
 D I S P L A C E M E N T S

    n        disp_X       disp_Y

    1       0.000000     0.000000
    2       1.414214     0.000000
    3       0.000000     0.000000


 M E M B E R   F O R C E S

    e      i    j      Length        Axial_F

    1      1    2       1.414          0.707
    2      2    3       1.414         -0.707
```

• 적합매트릭스 :

	1	2	3	4	5	6
1	0.71	0.71	0.00	0.00	0.00	0.00
2	0.00	0.00	0.71	0.71	0.00	0.00
3	0.00	0.00	0.71	-0.71	0.00	0.00
4	0.00	0.00	0.00	0.00	0.71	-0.71

• 정해 :

$$U = \left(\frac{P}{\sqrt{2}}\right)^2 \frac{\sqrt{2}L}{2EA} + \left(-\frac{P}{\sqrt{2}}\right)^2 \frac{\sqrt{2}L}{2EA} = \frac{\sqrt{2}P^2L}{2EA} \rightarrow \delta = \frac{\partial U}{\partial P} = \frac{\sqrt{2}PL}{EA}$$

[5] **정정트러스 2** : 축강성 EA 인 5개의 부재로 구성된 평면트러스구조를 CDM으로 해석하라.

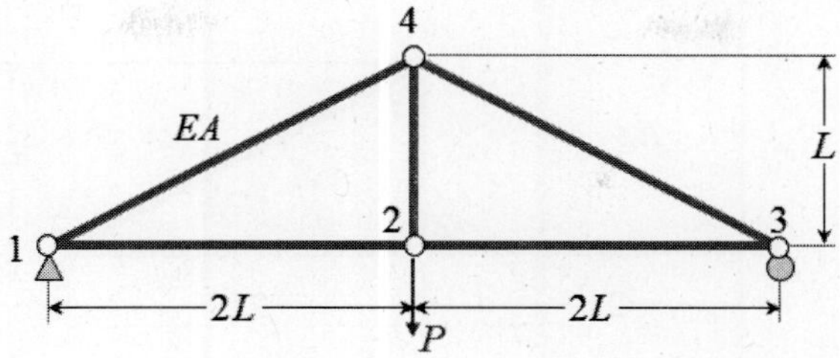

• 입·출력파일 :

```
4 5                           ! node,eLem
1 1 1 -2.0 0.0  0.0  0.0      ! n,BC,cord,cLod
2 0 0  0.0 0.0  0.0 -1.0
3 0 1  2.0 0.0  0.0  0.0
4 0 0  0.0 1.0  0.0  0.0
1 1 2  1.0 1.0                ! n,inod,jnod,E,A
2 2 3  1.0 1.0
3 1 4  1.0 1.0
4 2 4  1.0 1.0
5 3 4  1.0 1.0
```

```
 D I S P L A C E M E N T S

    n        disp_X       disp_Y

    1      0.000000     0.000000
    2      2.000000   -10.590170
    3      4.000000     0.000000
    4      2.000000    -9.590170


 M E M B E R   F O R C E S

    e      i    j       Length        Axial_F

    1      1    2        2.000          1.000
    2      2    3        2.000          1.000
    3      1    4        2.236         -1.118
    4      2    4        1.000          1.000
    5      3    4        2.236         -1.118
```

• 적합매트릭스 :

	1	2	3	4	5	6	7	8
1	1.00	0.00	0.00	0.00	0.00	0.00	0.00	0.00
2	0.00	0.00	1.00	0.00	0.00	0.00	0.00	0.00
3	0.00	0.00	1.00	0.00	0.00	0.00	0.00	0.00
4	0.00	0.00	0.00	0.00	1.00	0.00	0.00	0.00
5	0.89	0.45	0.00	0.00	0.00	0.00	0.00	0.00
6	0.00	0.00	0.00	0.00	0.00	0.00	0.89	0.45
7	0.00	0.00	0.00	1.00	0.00	0.00	0.00	0.00
8	0.00	0.00	0.00	0.00	0.00	0.00	0.00	1.00
9	0.00	0.00	0.00	0.00	-0.89	0.45	0.00	0.00
10	0.00	0.00	0.00	0.00	0.00	0.00	-0.89	0.45

• 정해 :

$$U = 2\frac{P^2(2L)}{2EA} + \frac{P^2 L}{2EA} + 2\left(-\frac{\sqrt{5}P}{2}\right)^2 \frac{L}{2EA} = \frac{5(2+\sqrt{5})P^2 L}{4EA} \rightarrow \delta = \frac{\partial U}{\partial P} = \frac{5(2+\sqrt{5})PL}{2EA}$$

[6] **정정트러스 3** : 축강성 EA 인 5개의 부재로 구성된 평면트러스구조를 CDM으로 해석하라.

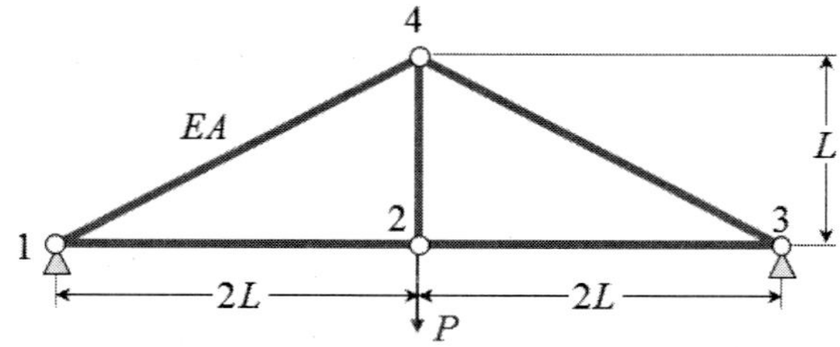

• 입·출력파일과 적합매트릭스 :

```
4 5                              ! node,eLem
1 1 1 -2.0 0.0  0.0  0.0         ! n,BC,cord,cLod
2 0 0  0.0 0.0  0.0 -1.0
3 1 1  2.0 0.0  0.0  0.0
4 0 0  0.0 1.0  0.0  0.0
1 1 2  1.0 1.0                   ! n,inod,jnod,E,A
2 2 3  1.0 1.0
3 1 4  1.0 1.0
4 2 4  1.0 1.0
5 3 4  1.0 1.0
```

```
D I S P L A C E M E N T S

  n        disp_X       disp_Y

  1      0.000000     0.000000
  2      0.000000    -6.590170
  3      0.000000     0.000000
  4      0.000000    -5.590170


M E M B E R   F O R C E S

  e     i    j     Length        Axial_F

  1     1    2      2.000          0.000
  2     2    3      2.000          0.000
  3     1    4      2.236         -1.118
  4     2    4      1.000          1.000
  5     3    4      2.236         -1.118
```

```
        1     2     3     4     5     6     7     8
  1   1.00  0.00  0.00  0.00  0.00  0.00  0.00  0.00
  2   0.00  0.00  1.00  0.00  0.00  0.00  0.00  0.00
  3   0.00  0.00  1.00  0.00  0.00  0.00  0.00  0.00
  4   0.00  0.00  0.00  0.00  1.00  0.00  0.00  0.00
  5   0.89  0.45  0.00  0.00  0.00  0.00  0.00  0.00
  6   0.00  0.00  0.00  0.00  0.00  0.00  0.89  0.45
  7   0.00  0.00  0.00  1.00  0.00  0.00  0.00  0.00
  8   0.00  0.00  0.00  0.00  0.00  0.00  0.00  1.00
  9   0.00  0.00  0.00  0.00 -0.89  0.45  0.00  0.00
 10   0.00  0.00  0.00  0.00  0.00  0.00 -0.89  0.45
```

• 정해 :

$$U = 2\frac{P^2(2L)}{2EA} + \frac{P^2L}{2EA} + 2\left(-\frac{\sqrt{5}P}{2}\right)^2 \frac{L}{2EA} = \frac{5(2+\sqrt{5})P^2L}{4EA} \rightarrow \delta = \frac{\partial U}{\partial P} = \frac{5(2+\sqrt{5})PL}{2EA}$$

[7] 라멘 1 : 예제[1]의 단순보에 대하여 라멘부재를 사용하여 CDM으로 해석하라.

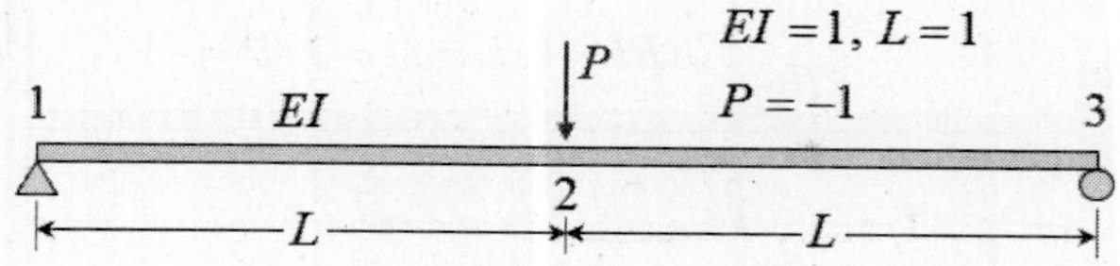

• 입·출력파일 :

```
3  2                                    ! node,eLem
1  1 1 0  -1.0 0.0  0.0  0.0 0.0 ! n,BC,cord,cLod
2  0 0 0    0.0 0.0  0.0 -1.0 0.0
3  0 1 0    1.0 0.0  0.0  0.0 0.0
1  1 2  1.0 1.0 1.0                     ! n,ni,nj,E,A,I
2  2 3  1.0 1.0 1.0
```

```
 D I S P L A C E M E N T S

    node           dis_X          dis_Y          rot_Z

       1         0.000000       0.000000   -0.250000E+00
       2         0.000000      -0.166667    0.000000E+00
       3         0.000000       0.000000    0.250000E+00


 M E M B E R   F O R C E S

    eL      i    j       fx        fy        mz        fx        fy        mz

     1      1    2     0.000     0.500     0.000     0.000    -0.500     0.500
     2      2    3     0.000    -0.500    -0.500     0.000     0.500     0.000
```

• 적합매트릭스 :

	1	2	3	4	5	6	7	8	9
1	1.00	0.00	0.00	0.00	0.00	0.00	0.00	0.00	0.00
2	0.00	1.00	0.00	0.00	0.00	0.00	0.00	0.00	0.00
3	0.00	0.00	1.00	0.00	0.00	0.00	0.00	0.00	0.00
4	0.00	0.00	0.00	1.00	0.00	0.00	0.00	0.00	0.00
5	0.00	0.00	0.00	0.00	1.00	0.00	0.00	0.00	0.00
6	0.00	0.00	0.00	0.00	0.00	1.00	0.00	0.00	0.00
7	0.00	0.00	0.00	1.00	0.00	0.00	0.00	0.00	0.00
8	0.00	0.00	0.00	0.00	1.00	0.00	0.00	0.00	0.00
9	0.00	0.00	0.00	0.00	0.00	1.00	0.00	0.00	0.00
10	0.00	0.00	0.00	0.00	0.00	0.00	1.00	0.00	0.00
11	0.00	0.00	0.00	0.00	0.00	0.00	0.00	1.00	0.00
12	0.00	0.00	0.00	0.00	0.00	0.00	0.00	0.00	1.00

• 정해 :

Since $EI = 1,\ L = 1,\ P = -1 \rightarrow \delta = \dfrac{P(2L)^3}{48EI} = \dfrac{PL^2}{6EI} = -\dfrac{1}{6}$

[8] 라멘 2 : 예제[2]의 캔틸레버에 대하여 라멘부재를 사용하여 CDM으로 해석하라.

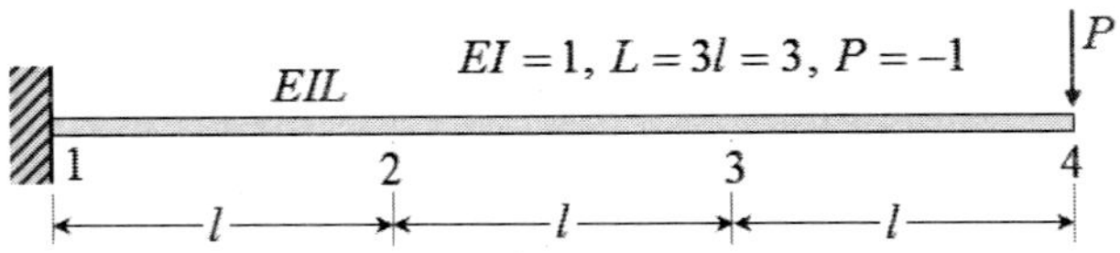

• 입·출력파일 :

```
4 3                              ! node,eLem
1 1 1 1   0.0 0.0   0.0  0.0 0.0 ! n,BC,cord,cLod
2 0 0 0   1.0 0.0   0.0  0.0 0.0
3 0 0 0   2.0 0.0   0.0  0.0 0.0
4 0 0 0   3.0 0.0   0.0 -1.0 0.0
1 1 2   1.0 1.0 1.0              ! n,ni,nj,E,A,I
2 2 3   1.0 1.0 1.0
3 3 4   1.0 1.0 1.
```

```
 D I S P L A C E M E N T S

    node          dis_X         dis_Y          rot_Z

       1        0.000000       0.000000   0.000000E+00
       2        0.000000      -1.333333  -0.250000E+01
       3        0.000000      -4.666667  -0.400000E+01
       4        0.000000      -9.000000  -0.450000E+01


 M E M B E R   F O R C E S

    eL     i    j       fx       fy       mz       fx       fy       mz

     1     1    2     0.000    1.000    3.000    0.000   -1.000   -2.000
     2     2    3     0.000    1.000    2.000    0.000   -1.000   -1.000
     3     3    4     0.000    1.000    1.000    0.000   -1.000    0.000
```

• 적합매트릭스 :

```
       1    2    3    4    5    6    7    8    9   10   11   12
  1 1.00 0.00 0.00 0.00 0.00 0.00 0.00 0.00 0.00 0.00 0.00 0.00
  2 0.00 1.00 0.00 0.00 0.00 0.00 0.00 0.00 0.00 0.00 0.00 0.00
  3 0.00 0.00 1.00 0.00 0.00 0.00 0.00 0.00 0.00 0.00 0.00 0.00
  4 0.00 0.00 0.00 1.00 0.00 0.00 0.00 0.00 0.00 0.00 0.00 0.00
  5 0.00 0.00 0.00 0.00 1.00 0.00 0.00 0.00 0.00 0.00 0.00 0.00
  6 0.00 0.00 0.00 0.00 0.00 1.00 0.00 0.00 0.00 0.00 0.00 0.00
  7 0.00 0.00 0.00 1.00 0.00 0.00 0.00 0.00 0.00 0.00 0.00 0.00
  8 0.00 0.00 0.00 0.00 1.00 0.00 0.00 0.00 0.00 0.00 0.00 0.00
  9 0.00 0.00 0.00 0.00 0.00 1.00 0.00 0.00 0.00 0.00 0.00 0.00
 10 0.00 0.00 0.00 0.00 0.00 0.00 1.00 0.00 0.00 0.00 0.00 0.00
 11 0.00 0.00 0.00 0.00 0.00 0.00 0.00 1.00 0.00 0.00 0.00 0.00
 12 0.00 0.00 0.00 0.00 0.00 0.00 0.00 0.00 1.00 0.00 0.00 0.00
 13 0.00 0.00 0.00 0.00 0.00 0.00 1.00 0.00 0.00 0.00 0.00 0.00
 14 0.00 0.00 0.00 0.00 0.00 0.00 0.00 1.00 0.00 0.00 0.00 0.00
 15 0.00 0.00 0.00 0.00 0.00 0.00 0.00 0.00 1.00 0.00 0.00 0.00
 16 0.00 0.00 0.00 0.00 0.00 0.00 0.00 0.00 0.00 1.00 0.00 0.00
 17 0.00 0.00 0.00 0.00 0.00 0.00 0.00 0.00 0.00 0.00 1.00 0.00
 18 0.00 0.00 0.00 0.00 0.00 0.00 0.00 0.00 0.00 0.00 0.00 1.00
```

[9] 라멘 3 : 예제[3]의 양단고정에 대하여 라멘부재를 사용하여 CDM으로 해석하라.

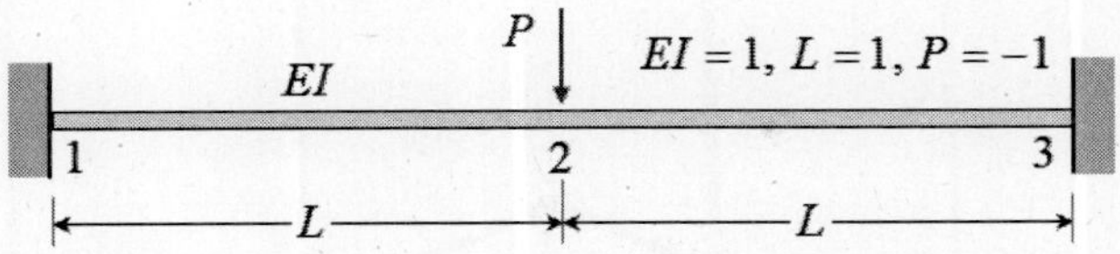

• 입·출력파일 :

```
3 2                               ! node,eLem
1  1 1 1   -1.0 0.0  0.0  0.0 0.0 ! n,BC,cord,cLod
2  0 0 0    0.0 0.0  0.0 -1.0 0.0
3  1 1 1    1.0 0.0  0.0  0.0 0.0
1  1 2  1.0 1.0 1.0               ! n,ni,nj,E,A,I
2  2 3  1.0 1.0 1.0
```

```
 D I S P L A C E M E N T S

    node          dis_X          dis_Y          rot_Z

       1       0.000000       0.000000   0.000000E+00
       2       0.000000      -0.041667   0.000000E+00
       3       0.000000       0.000000   0.000000E+00


 M E M B E R   F O R C E S

    eL     i    j       fx       fy       mz       fx       fy       mz

     1     1    2    0.000    0.500    0.250    0.000   -0.500    0.250
     2     2    3    0.000   -0.500   -0.250    0.000    0.500   -0.250
```

• 적합매트릭스 :

```
        1     2     3     4     5     6     7     8     9
 1   1.00  0.00  0.00  0.00  0.00  0.00  0.00  0.00  0.00
 2   0.00  1.00  0.00  0.00  0.00  0.00  0.00  0.00  0.00
 3   0.00  0.00  1.00  0.00  0.00  0.00  0.00  0.00  0.00
 4   0.00  0.00  0.00  1.00  0.00  0.00  0.00  0.00  0.00
 5   0.00  0.00  0.00  0.00  1.00  0.00  0.00  0.00  0.00
 6   0.00  0.00  0.00  0.00  0.00  1.00  0.00  0.00  0.00
 7   0.00  0.00  0.00  1.00  0.00  0.00  0.00  0.00  0.00
 8   0.00  0.00  0.00  0.00  1.00  0.00  0.00  0.00  0.00
 9   0.00  0.00  0.00  0.00  0.00  1.00  0.00  0.00  0.00
10   0.00  0.00  0.00  0.00  0.00  0.00  1.00  0.00  0.00
11   0.00  0.00  0.00  0.00  0.00  0.00  0.00  1.00  0.00
12   0.00  0.00  0.00  0.00  0.00  0.00  0.00  0.00  1.00
```

• 정해 :

Since $EI = 1,\ L = 2,\ P = -1 \rightarrow$ Deflecion at mid-span : $\delta = \dfrac{PL^3}{192EI} = \dfrac{1}{24}$

[10] **라멘 4** : 아래그림과 같이 축강성 $EA=1$, 휨강성 $EI=1$이고 기울기 45° 인 2개의 부재로 구성된 라멘구조를 CDM으로 해석하라.

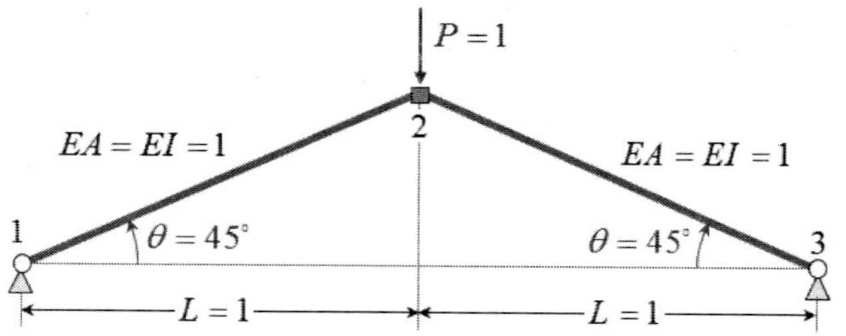

• 입·출력파일 :

```
3 2                                 ! node,eLem
1 1 1 1  -1.0 0.0  0.0  0.0 0.0     ! n,BC,cord,cLod
2 0 0 0   0.0 1.0  0.0 -1.0 0.0
3 1 1 1   1.0 0.0  0.0  0.0 0.0
1 1 2  1.0 1.0 1.0                  ! n,ni,nj,E,A,I
2 2 3  1.0 1.0 1.0
```

```
 D I S P L A C E M E N T S

    node        dis_X        dis_Y        rot_Z

      1      0.000000     0.000000   0.000000E+00
      2      0.000000    -0.202031   0.000000E+00
      3      0.000000     0.000000   0.000000E+00


 M E M B E R   F O R C E S

    eL    i    j      fx       fy       mz       fx       fy       mz

     1    1    2    0.101    0.606    0.429   -0.101   -0.606    0.429
     2    2    3    0.101   -0.606   -0.429   -0.101    0.606   -0.429
```

• 적합매트릭스 :

	1	2	3	4	5	6	7	8	9
1	0.71	0.71	0.00	0.00	0.00	0.00	0.00	0.00	0.00
2	-0.71	0.71	0.00	0.00	0.00	0.00	0.00	0.00	0.00
3	0.00	0.00	1.00	0.00	0.00	0.00	0.00	0.00	0.00
4	0.00	0.00	0.00	0.71	0.71	0.00	0.00	0.00	0.00
5	0.00	0.00	0.00	-0.71	0.71	0.00	0.00	0.00	0.00
6	0.00	0.00	0.00	0.00	0.00	1.00	0.00	0.00	0.00
7	0.00	0.00	0.00	0.71	-0.71	0.00	0.00	0.00	0.00
8	0.00	0.00	0.00	0.71	0.71	0.00	0.00	0.00	0.00
9	0.00	0.00	0.00	0.00	0.00	1.00	0.00	0.00	0.00
10	0.00	0.00	0.00	0.00	0.00	0.00	0.71	-0.71	0.00
11	0.00	0.00	0.00	0.00	0.00	0.00	0.71	0.71	0.00
12	0.00	0.00	0.00	0.00	0.00	0.00	0.00	0.00	1.00

[11] 라멘 5 : 그림과 같은 라멘구조를 CDM으로 해석하라.

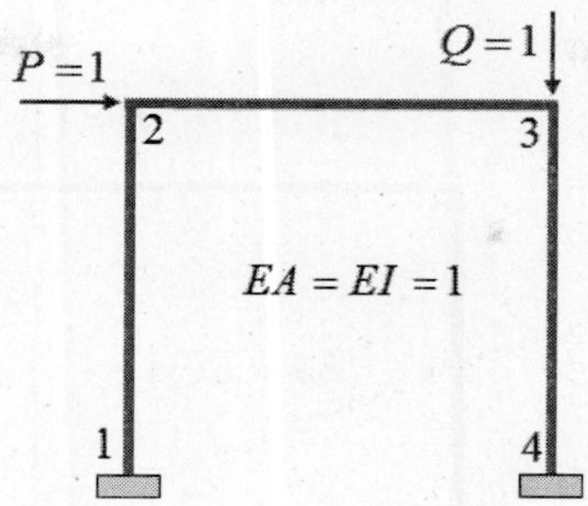

• 입·출력파일과 적합매트릭스 :

```
4  3                                    ! node,eLem
1  1 1 1  0.0 0.0  0.0  0.0 0.0  ! n,BC,cord,cLod
2  0 0 0  0.0 1.0  1.0  0.0 0.0
3  0 0 0  1.0 1.0  0.0 -1.0 0.0
4  1 1 1  1.0 0.0  0.0  0.0 0.0
1  1 2  1.0 1.0 1.0                ! n,ni,nj,E,A,I
2  2 3  1.0 1.0 1.0
3  3 4  1.0 1.0 1.0
```

```
 D I S P L A C E M E N T S

    node           dis_X          dis_Y           rot_Z

      1         0.000000       0.000000    0.000000E+00
      2         0.301747      -0.290323   -0.457661E+00
      3         0.176747      -0.709677   -0.332661E+00
      4         0.000000       0.000000    0.000000E+00


 M E M B E R   F O R C E S

    eL     i    j         fx         fy         mz         fx         fy         mz

     1     1    2      0.290      0.875      0.895     -0.290     -0.875     -0.020
     2     2    3      0.125      0.290      0.020     -0.125     -0.290      0.270
     3     3    4      0.710      0.125     -0.270     -0.710     -0.125      0.395
```

```
          1     2     3     4     5     6     7     8     9    10    11    12
   1   0.00  1.00  0.00  0.00  0.00  0.00  0.00  0.00  0.00  0.00  0.00  0.00
   2  -1.00  0.00  0.00  0.00  0.00  0.00  0.00  0.00  0.00  0.00  0.00  0.00
   3   0.00  0.00  1.00  0.00  0.00  0.00  0.00  0.00  0.00  0.00  0.00  0.00
   4   0.00  0.00  0.00  0.00  1.00  0.00  0.00  0.00  0.00  0.00  0.00  0.00
   5   0.00  0.00  0.00 -1.00  0.00  0.00  0.00  0.00  0.00  0.00  0.00  0.00
   6   0.00  0.00  0.00  0.00  0.00  1.00  0.00  0.00  0.00  0.00  0.00  0.00
   7   0.00  0.00  0.00  1.00  0.00  0.00  0.00  0.00  0.00  0.00  0.00  0.00
   8   0.00  0.00  0.00  0.00  1.00  0.00  0.00  0.00  0.00  0.00  0.00  0.00
   9   0.00  0.00  0.00  0.00  0.00  1.00  0.00  0.00  0.00  0.00  0.00  0.00
  10   0.00  0.00  0.00  0.00  0.00  0.00  1.00  0.00  0.00  0.00  0.00  0.00
  11   0.00  0.00  0.00  0.00  0.00  0.00  0.00  1.00  0.00  0.00  0.00  0.00
  12   0.00  0.00  0.00  0.00  0.00  0.00  0.00  0.00  1.00  0.00  0.00  0.00
  13   0.00  0.00  0.00  0.00  0.00  0.00  0.00 -1.00  0.00  0.00  0.00  0.00
  14   0.00  0.00  0.00  0.00  0.00  0.00  1.00  0.00  0.00  0.00  0.00  0.00
  15   0.00  0.00  0.00  0.00  0.00  0.00  0.00  0.00  1.00  0.00  0.00  0.00
  16   0.00  0.00  0.00  0.00  0.00  0.00  0.00  0.00  0.00  0.00 -1.00  0.00
  17   0.00  0.00  0.00  0.00  0.00  0.00  0.00  0.00  0.00  1.00  0.00  0.00
  18   0.00  0.00  0.00  0.00  0.00  0.00  0.00  0.00  0.00  0.00  0.00  1.00
```

[12] **라멘 6** : 그림과 같은 라멘구조를 CDM으로 해석하라.

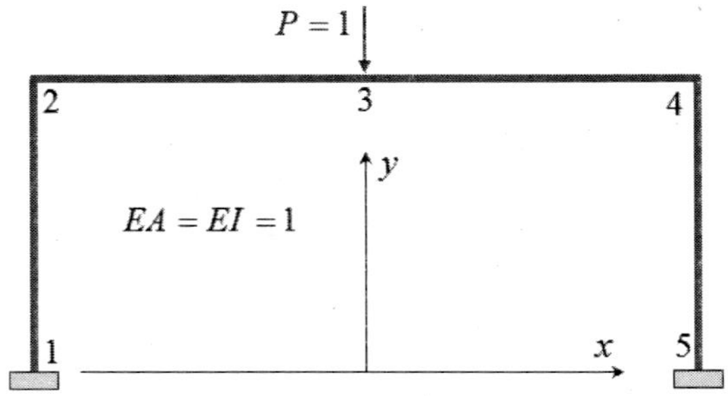

• 입·출력파일 :

```
5  4                                      ! node,eLem
1  1 1 1  -1.0 0.0  0.0  0.0 0.0  ! n,BC,cord,cLod
2  0 0 0  -1.0 1.0  0.0  0.0 0.0
3  0 0 0   0.0 1.0  0.0 -1.0 0.0
4  0 0 0   1.0 1.0  0.0  0.0 0.0
5  1 1 1   1.0 0.0  0.0  0.0 0.0
1  1 2  1.0 1.0 1.0                    ! n,ni,nj,E,A,I
2  2 3  1.0 1.0 1.0
3  3 4  1.0 1.0 1.0
4  4 5  1.0 1.0 1.0
```

```
 D I S P L A C E M E N T S

    node           dis_X          dis_Y          rot_Z

       1        0.000000       0.000000   0.000000E+00
       2        0.051724      -0.500000  -0.112069E+00
       3        0.000000      -0.597701   0.000000E+00
       4       -0.051724      -0.500000   0.112069E+00
       5        0.000000       0.000000   0.000000E+00


 M E M B E R   F O R C E S

    eL     i    j       fx        fy        mz        fx        fy        mz

     1     1    2    0.500    -0.052     0.086    -0.500     0.052    -0.138
     2     2    3    0.052     0.500     0.138    -0.052    -0.500     0.362
     3     3    4    0.052    -0.500    -0.362    -0.052     0.500    -0.138
     4     4    5    0.500     0.052     0.138    -0.500    -0.052    -0.086
```

• 적합매트릭스 생략

[13] 라멘 7 : 그림과 같은 라멘구조를 CDM으로 해석하라.

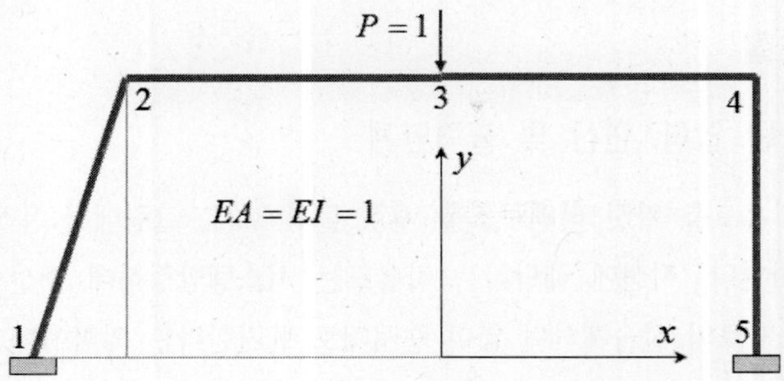

• 입·출력파일 :

```
5  4                                      ! node,eLem
1  1 1 1   -1.2 0.0  0.0  0.0 0.0        ! n,BC,cord,cLod
2  0 0 0   -1.0 1.0  0.0  0.0 0.0
3  0 0 0    0.0 1.0  0.0 -1.0 0.0
4  0 0 0    1.0 1.0  0.0  0.0 0.0
5  1 1 1    1.0 0.0  0.0  0.0 0.0
1  1 2  1.0 1.0 1.0                       ! n,ni,nj,E,A,I
2  2 3  1.0 1.0 1.0
3  3 4  1.0 1.0 1.0
4  4 5  1.0 1.0 1.0
```

```
 D I S P L A C E M E N T S

     node          dis_X          dis_Y          rot_Z

        1       0.000000       0.000000   0.000000E+00
        2      -0.017147      -0.497150  -0.145197E+00
        3      -0.037773      -0.613233  -0.584693E-02
        4      -0.058399      -0.513266   0.120237E+00
        5       0.000000       0.000000   0.000000E+00


 M E M B E R   F O R C E S

     eL      i    j        fx        fy        mz        fx        fy        mz

      1      1    2     0.481     0.075     0.181    -0.481    -0.075    -0.104
      2      2    3     0.021     0.487     0.104    -0.021    -0.487     0.383
      3      3    4     0.021    -0.513    -0.383    -0.021     0.513    -0.131
      4      4    5     0.513     0.021     0.131    -0.513    -0.021    -0.110
```

• 적합매트릭스 생략

9.4 프로그램 적용

9.4.1 프로그램스킬

[1] CDM의 대표적인 입력, 연산 및 출력단계

■ 절점당 3개의 자유도를 가진 라멘구조를 예로 들어 보자. 그림에서 움직임을 나타내는 자유도에 일련번호를 지정하였다. 지점에 해당하는 자유도는 시스템방정식에 계산되지 않도록 0으로 지정하였다. 단순나열은 자료의 산술계산이 없이 순서대로 표기한다는 의미이다.

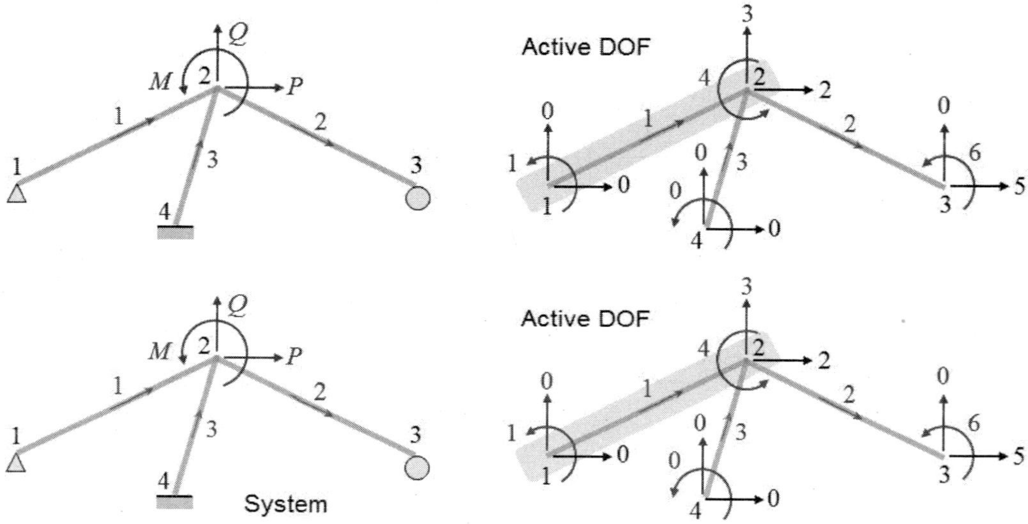

단순나열 $\underset{\sim}{\mathbf{d}}_G = \left\{\sum \underset{\sim}{\mathbf{d}}_e\right\}$

$\underset{\sim}{\mathbf{f}}_G = \left\{\sum \underset{\sim}{\mathbf{f}}_e\right\}$

$\underline{\mathbf{k}}_G = \left[\sum \underline{\mathbf{k}}_e\right]$

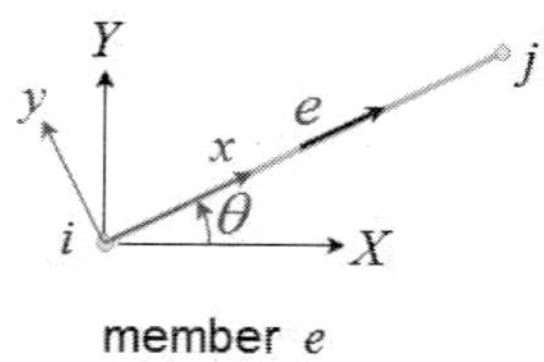

$(\underset{\sim}{\mathbf{f}}_i^e, \underset{\sim}{\mathbf{d}}_i^e), (\underset{\sim}{\mathbf{f}}_j^e, \underset{\sim}{\mathbf{d}}_j^e)$

$(\underset{\sim}{\mathbf{F}}_i^e, \underset{\sim}{\mathbf{D}}_i^e), (\underset{\sim}{\mathbf{F}}_j^e, \underset{\sim}{\mathbf{D}}_j^e)$

Let $\begin{cases} \cos\theta = c \\ \sin\theta = s \end{cases}$

■ 프로그램 작성에서 대표상수는 시스템 차원, 하나의 부재를 연결하는 절점수, 절점의 자유도, 부재의 자유도 수 등 4가지로 구분할 수 있다. 기본변수는 절점수와 부재수가 될 것이다. 구조해석모델별로 4가지 기본상수를 요약하면 도표와 같다. 2-D Frame은 평면라멘부재이며 2차원문제, 하나의 부재는 2개의 절점으로 구성되며 절점당 자유도는 3, 부재당 자유도는 6개이다. 사용성이 높은 구

조해석모델만을 요약 정리하였다. 참고하기 바란다. 입력되는 기본변수는 시스템 전체 절점수와 부재수가 있다. 기본변수에 의하여 시스템자유도와 누적부재 자유도가 결정된다.

- 시스템의 기본상수 지정

$nDim \equiv$ 시스템의 차원
$eNod \equiv$ 부재연결 절점수
$nDof \equiv$ 절점의 자유도수
$eDof \equiv$ 부재의 자유도수

Analysis Model		Variables			
		nDim	*eNod*	*nDof*	*eDof*
Spring	Straight	1	2	1	2
	Inclined	2	2	2	4
2D-Truss		2	2	2	4
Beam		1	2	2	4
2D-Frame		2	2	3	6
3D-Truss		3	2	3	6
3D-Frame	general	3	2	6	12
	Bi-Moment	3	2	7	14
	Diaphragm	3	2	9	18

- 시스템의 기본변수 정의(입력)

$node \equiv$ 시스템의 절점수
$eLem \equiv$ 시스템의 부재수

⇒

$$\begin{cases} sDof = node \times mDof \equiv \text{시스템의 전체자유도} \\ mDof = eLem \times eDof \equiv \text{부재들의 전체자유도} \end{cases}$$

■ 프로그램 작성에서 반드시 입력되는 항목이 절점정보와 부재정보이다. 작성자의 선호도에 따라 이를 세분화(예컨대, 재료특성치 정보, 단면특성치 정보, 집중하중 작용정보 등)하는 경우도 있으나 기본적인 입력은 2가지로 구분할 수 있다. 본절은 집중하중정보는 절점정보에 포함하였고 재료특성치와 단면특성치 정보는 부재정보에 포함하였다. 입력항목들을 설명하였고 사용 예는 박스 속에 기술하였다. 절점정보를 입력할 때, 지점의 비활성 자유도는 1로 지정하고 활성자유도는 0으로 지정하였다. 프로그램 내부에서 1은 0으로 변환되고 0은 일련의 방정식번호로 교체된다.

- Node Information(절점정보)

$n \equiv$ node number
$D_X^n, D_Y^n, R_Z^n \equiv$ DOF
$X_n, Y_n \equiv$ coordinates
$F_X^n, F_Y^n, M_Z^n \equiv$ concentrated load

n	D_X^n	D_Y^n	R_Z^n	X_n	Y_n	F_X^n	F_Y^n	M_Z^n
1	1	1	0	0.0	0.0	0.0	0.0	0.0
2	0	0	0	1.2	1.0	5.0	7.0	12.0
3	0	1	0	2.5	0.0	0.0	0.0	0.0
4	1	1	1	1.0	−0.2	0.0	0.0	0.0

~ 자유도를 1로 지정하면 고정이고 0으로 지정하면 자유도(변위발생) 있음.

- Member Information

$e \equiv$ 부재번호
$i \equiv$ 부재 e의 시작절점번호
$j \equiv$ 부재 e의 종료절점번호
$E \equiv$ 부재 e의 탄성계수
$A \equiv$ 부재 e의 단면적
$I \equiv$ 부재 e의 단면2차모멘트

e	i	j	E	A	I
1	1	2	1.0	1.0	1.0
2	2	3	1.0	1.0	1.0
3	4	2	1.0	1.0	1.0

~ 부재 e의 연결절점을 Connectivity라고 함

- Node Information(절점정보)

```
DO i=1,node
   READ(inp,*) n,ID,XY,cLod
   Nodes(n)%ID = ID
   Nodes(n)%XY = XY
   Nodes(n)%cLod = cLod
ENDDO
neq=0
DO i=1,node
   DO j=1,nDof
      ieq=Nodes(i)%ID(j)
      IF(ieq==0) THEn
         neq=neq+1 ; Nodes(i)%ID(j)=neq
         IDn(j,n)=neq
      ELSE
         Nodes(i)%ID(j)=0
      ENDIF
   ENDDO
   WRITE(out,"(I10,2X,3I6,2X,2F10.3,2X,3F10.3)") i,Nodes(i)
ENDDO
```

Node Coordinate
Concentrated Load

Equation Number

- 부재정보 입력에서 시스템매트릭스 결정까지 프로그램 흐름을 도시하면 아래와 같다. 주어진 정보를 이용하여 부재특성매트릭스를 조합하고 시스템매트릭스와 시스템벡터를 결정할 수 있다. 이때 적합매트릭스와 LM(Location Matrix)의 활용도가 매우 높다. 경계조건을 대입하여 비활성자유도항을 삭제하면 지배방정식이 얻어진다. 절점정보에서 활성자유도만 일련번호를 부여하여 방정식번호를 생성하고 부재별로 LM에 저장·이용하므로 경계조건은 이미 고려된 상태이다. 그러므로 직접 지배방정식을 얻게 된다. 여기는 지점침하를 계산할 경우를 대비하여 전체자유도인 시스템을 기술하였다.

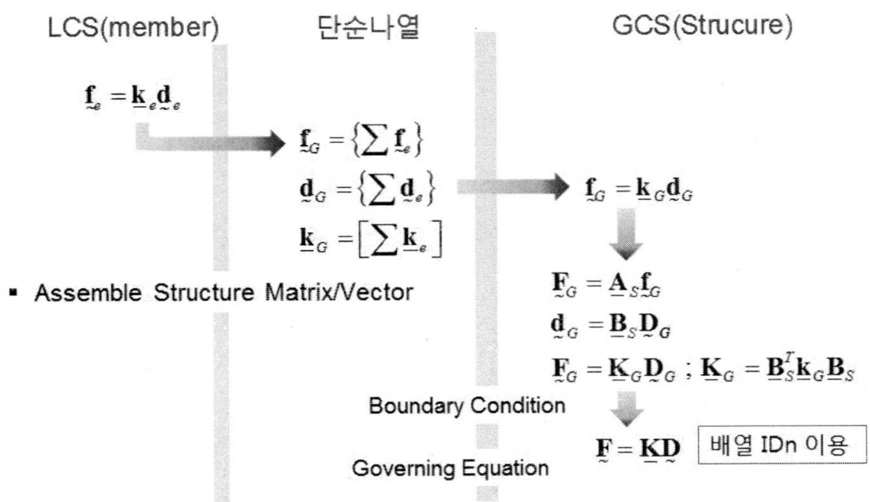

$$\mathbf{F}_G = \mathbf{A}_S \mathbf{f}_G = \mathbf{A}_S \mathbf{k}_G \mathbf{d}_G = \mathbf{A}_S \mathbf{k}_G \mathbf{B}_S \mathbf{D}_G = \mathbf{A}_S \mathbf{k}_G \mathbf{B}_S \mathbf{D}_G = \mathbf{K}_G \mathbf{D}_G$$

$$\mathbf{K}_G = \mathbf{A}_S \mathbf{k}_G \mathbf{B}_G = \mathbf{A}_S \mathbf{k}_G \mathbf{B}_S = \mathbf{B}_S^T \mathbf{k}_G \mathbf{B}_S \quad \because \ \mathbf{A}_S = \mathbf{B}_S^T$$

■ 마지막 단계는 출력단계에 해당한다. 지배방정식이 결정되면 가우스소거법을 이용하여 근(활성자유도에 대한 절점변위)을 결정하고 절점변위를 출력한다. 적합매트릭스에서 해당부재에 해당하는 위치만을 고려한 수정 적합매트릭스를 계산한다. 부재력에 계산에 필요한 변위들을 추출하고 부재강성도매트릭스와의 곱으로 부재력을 계산하고 이를 출력한다.

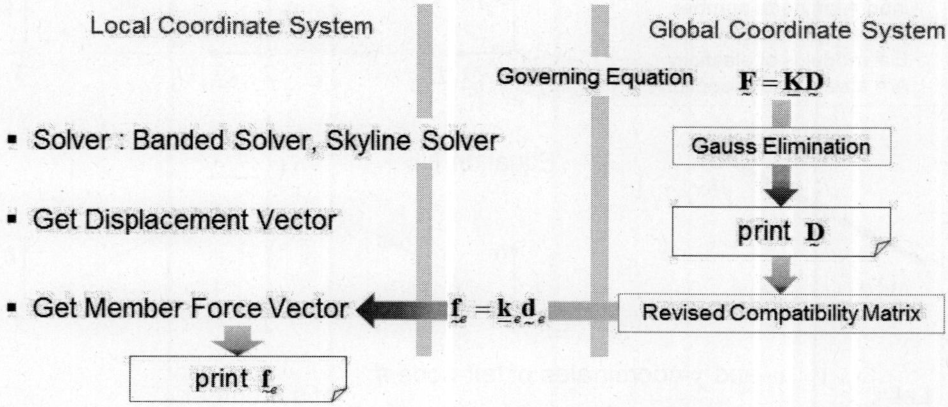

[1] 트러스구조

■ 제어변수 : 절점당 2개의 자유도를 가지며 5개의 부재로 이루어진 트러스구조를 예로 들어 보자.

System

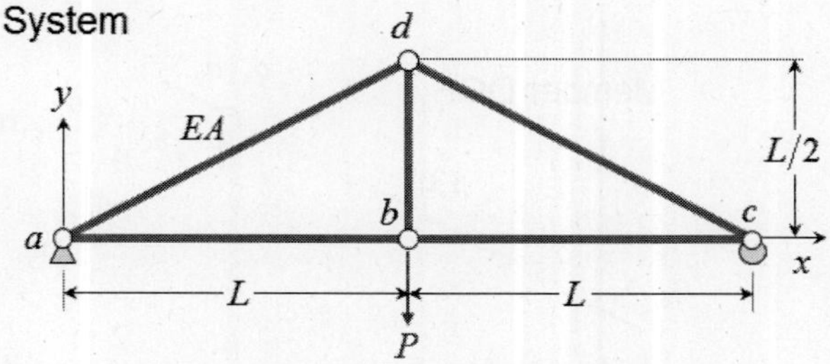

➤ Designed Parameters

nDof = 2 : 절점당 자유도
eDof = 4 : 부재당 자유도
eNod = 2 : 부재당 절점수
nDim = 2 : 문제의 차원

➤ Input Control Data

node = 4 : 절점수
elem = 5 : 부재(요소)수

➤ Node Information

n = node number
BC(1:nDof) = 경계조건 : 자유일 때 0
Cord(1:nDim) = 좌표(Xc,Yc)
cLod(1:nDof) = 집중하중(Fx,Fy)

➤ Calculated Control Parameters

sDof = node × nDof : 시스템의 총 자유도
mDof = elem × eDof : 부재들의 총 자유도

➤ Arrays for System Property

Bmat(mDof,sDof) = B-matrix
eKt(mDof,mDof) = member stiffness matrix
gKt(sDof,sDof) = structure stiffness matrix
gBt(sDof) = load vector in entire DOFs
IDn(sDof) = identity matrix for reduced matrix
GK(neq,neq) = stiffness matrix for active DOFs
GB(neq) = load vector for active DOFs

■ 절점정보 :

> ➢ Member Information
> n = member number
> inod = left node number
> jnod = right node number
> E = modulus of elasticity
> A = area of cross section

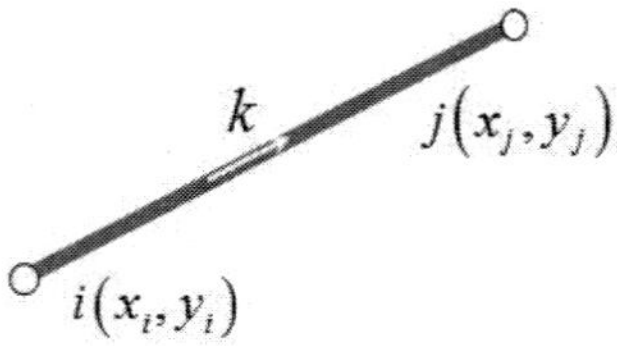

Structure DOF

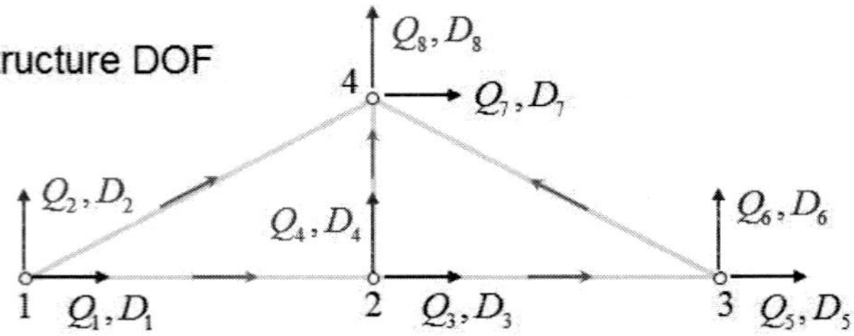

Equation No

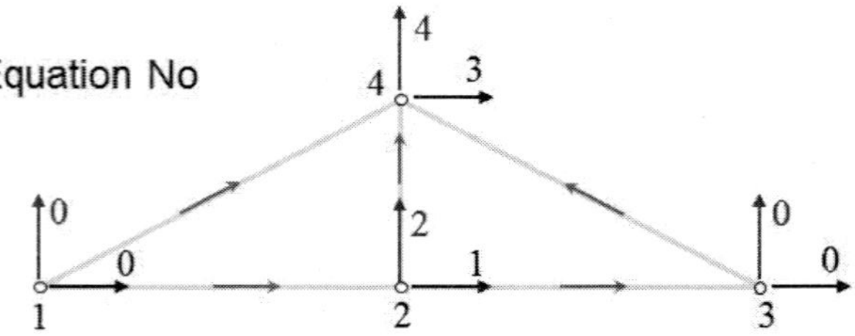

Let $\begin{cases} x_i,\ y_i : x\text{- and } y\text{-coordinates of left-node \#} \\ x_j,\ y_j : x\text{- and } y\text{-coordinates of right-node \#} \end{cases}$ of a member e

Since $dx = x_j - x_i$ and $dy = y_j - y_i \rightarrow L = \sqrt{dx^2 + dy^2}$: length of member e

$\rightarrow \cos\theta_k = dx/L \equiv c_Z$ and $\sin\theta_k = dy/L \equiv s_Z$: direction cosines of member e

■ 부재정보 :

Member DOF

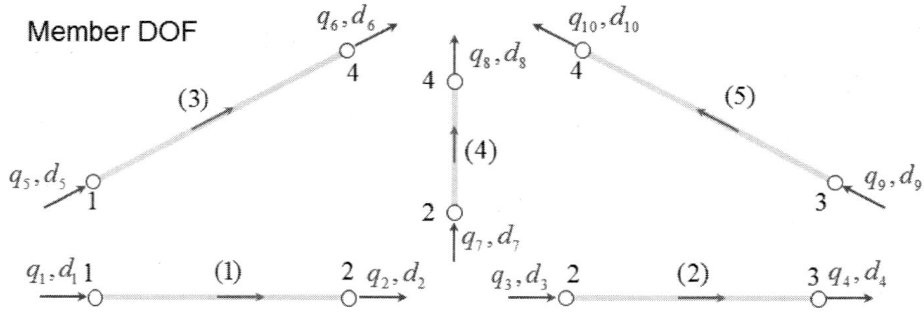

Let $\begin{cases} eNod = 2 : \text{number of nodes per a member} \\ nDof = 2 : \text{number of DOFs per a node} \end{cases}$

if $n =$ member # and $\begin{cases} n_i = \text{left(start)-node \#} \\ n_j = \text{right(end)-node \#} \end{cases}$

$$\rightarrow \begin{cases} \text{row : } r_1 = eNod \times n - 1,\ r_2 = eNod \times n \\ \text{column : } \begin{cases} c_1 = nDof \times n_i - 1,\ c_2 = nDof \times n_i \\ c_3 = nDof \times n_j - 1,\ c_6 = nDof \times n_j \end{cases} \end{cases}$$

⇨

$$\begin{cases} B(r_1, c_1) = c_Z,\ B(r_1, c_2) = c_Z \\ B(r_2, c_3) = c_Z,\ B(r_2, c_4) = c_Z \\ \\ K(r_1, r_1) = k_{11}^e,\ K(r_1, r_2) = k_{12}^e \\ K(r_2, r_1) = k_{21}^e,\ K(r_2, r_2) = k_{22}^e \end{cases}$$

[2] 보구조

■ 제어상수 :

➢ Designed Parameters

nDof = 2 : 절점당 자유도
eDof = 4 : 부재당 자유도
eNod =2 : 부재당 절점수
nDim =1 : 문제의 차원

System

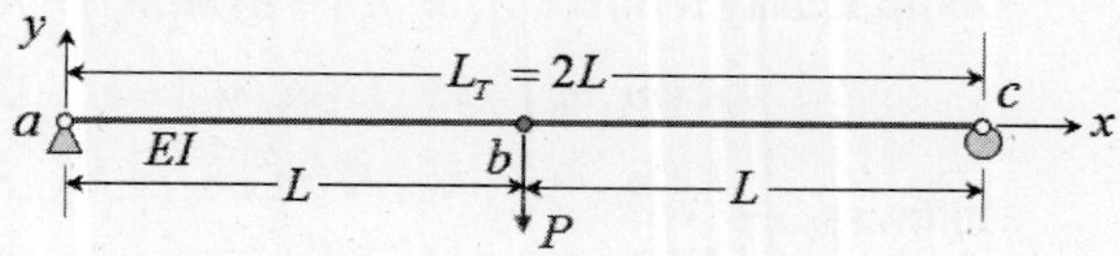

■ 제어변수와 절점정보 :

➢ Input Control Data

node = 3 : 절점수
elem = 2 : 부재(요소)수

➢ Node Information

n = node number
BC(1:nDof) = 경계조건 : 자유일 때 0
Cord(1:nDim) = 좌표(Xc)
cLod(1:nDof) = 집중하중(Fx,Fy)

➢ Calculated Control Parameters

sDof = node × nDof : 시스템의 총 자유도
mDof = elem × eDof : 부재들의 총 자유도

➢ Arrays for System Property

Bmat(mDof,sDof) = B-matrix
eKt(mDof,mDof) = member stiffness matrix
gKt(sDof,sDof) = structure stiffness matrix
gBt(sDof) = load vector in entire DOFs
IDn(sDof) = identity matrix for reduced matrix
GK(neq,neq) = stiffness matrix for active DOFs
GB(neq) = load vector for active DOFs

■ 부재정보 :

➢ Member Information

n = member number
inod = left node number
jnod = right node number
E = modulus of elasticity
zI = inertia Moment of area

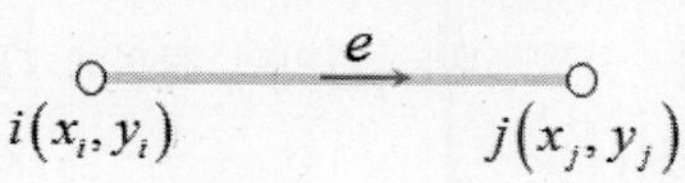

Structure DOF

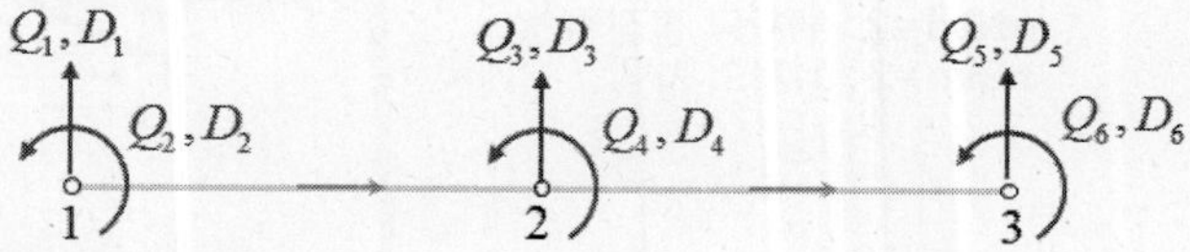

Equation No

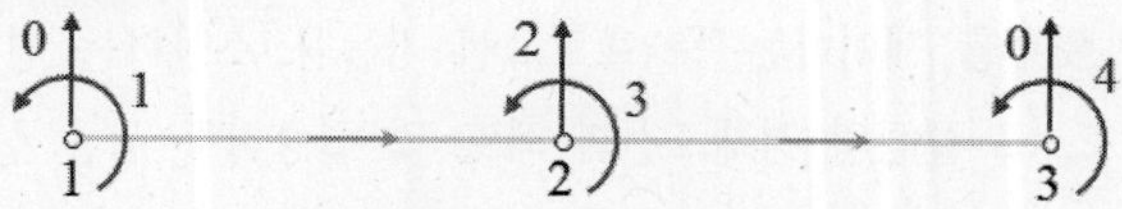

Let x_i, x_j : x-coordinates of left- and right-node # of a member e

Length of a member e : $L = x_j - x_i$

Identity Array : $IDn = [0 \quad 1 \quad 2 \quad 3 \quad 0 \quad 4]$

Member DOF

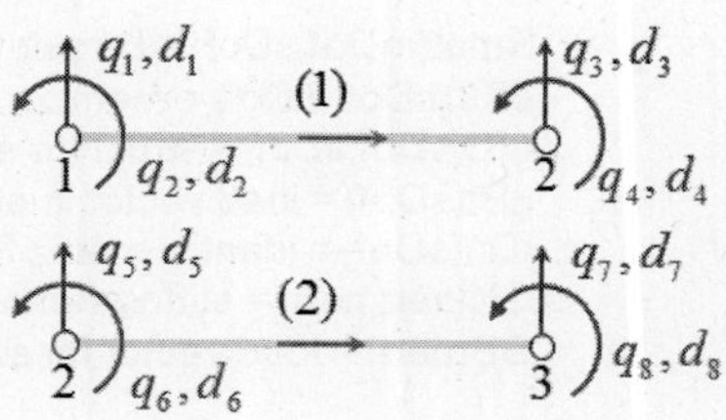

$$\mathbf{k}_e = \begin{bmatrix} k_{11}^e & k_{12}^e & k_{13}^e & k_{14}^e \\ k_{21}^e & k_{22}^e & k_{23}^e & k_{24}^e \\ k_{31}^e & k_{32}^e & k_{33}^e & k_{34}^e \\ k_{41}^e & k_{42}^e & k_{43}^e & k_{44}^e \end{bmatrix}$$

If $nDof = 2, n =$ member $\#(n_i \sim n_j)$

$$\rightarrow \text{address \#}: \begin{cases} m_1 = eDof \times n - 3,\ m_2 = eDof \times n - 2,\ m_3 = eDof \times n - 2,\ m_4 = eDof \times n \\ n_1 = nDof \times inod - 1,\ n_2 = nDof \times inod, n_3 = nDof \times jnod - 1,\ n_4 = nDof \times jnod \end{cases}$$

Compatibility Matrix : $B(m_1,n_1) = B(m_2,n_2) = B(m_3,n_3) = B(m_4,n_4) = 1$

$$\text{Stiffness}: \begin{cases} K(m_1,m_1) = k_{11}^e,\ K(m_1,m_2) = k_{12}^e,\ K(m_1,m_3) = k_{13}^e,\ K(m_1,m_4) = k_{14}^e \\ K(m_2,m_1) = k_{21}^e,\ K(m_2,m_2) = k_{22}^e,\ K(m_2,m_3) = k_{23}^e,\ K(m_2,m_4) = k_{24}^e \\ K(m_3,m_1) = k_{31}^e,\ K(m_3,m_2) = k_{32}^e,\ K(m_3,m_3) = k_{33}^e,\ K(m_3,m_4) = k_{34}^e \\ K(m_4,m_1) = k_{41}^e,\ K(m_4,m_2) = k_{42}^e,\ K(m_4,m_3) = k_{43}^e,\ K(m_4,m_4) = k_{44}^e \end{cases}$$

[3] 라멘구조

축강성 EA , 휨강성 EI이며 2개의 경사부재로 구성된 라멘구조에 대하여 CDM으로 해석하기 위한 알고리즘을 생각해 보자. 하나의 부재는 2개의 절점으로 구성되고 절점당 3개의 자유도, 부재당 6개의 자유도를 나타낸다.

■ 시스템과 제어상수 :

➢ Designed Parameters

nDof = 3 : 절점당 자유도
eDof = 6 : 부재당 자유도
eNod =2 : 부재당 절점수
nDim =2 : 문제의 차원

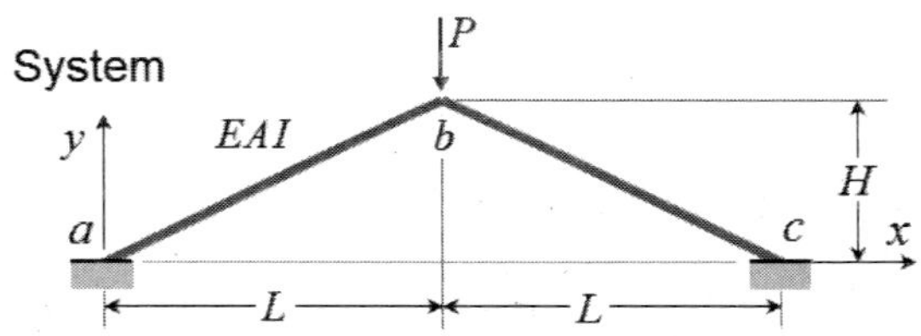

■ 제어변수와 절점정보 : 제어변수는 프로그램을 실행하는 동안 새로운 배열크기를 규정하거나 반복연산 횟수를 제어하는 등 프로그램 기능을 조정하는 변수이다. 절점정보는 임의의 절점에 대한 절점번호, 그 절점의 경계조건과 좌표 및 집중하중 등을 선택하였다.

➢ Input Control Data

node = 3 : 절점수
elem = 2 : 부재(요소)수

➢ Node Information

n = node number
BC(1:nDof) = 경계조건 : 자유일 때 0
Cord(1:nDim) = 좌표(Xc)
cLod(1:nDof) = 집중하중(Fx,Fy)

➢ Calculated Control Parameters

sDof = node × nDof : 시스템의 총 자유도
mDof = elem × eDof : 부재들의 총 자유도

➢ Arrays for System Property

Bmat(mDof,sDof) = B-matrix
eKt(mDof,mDof) = member stiffness matrix
gKt(sDof,sDof) = structure stiffness matrix
gBt(sDof) = load vector in entire DOFs
IDn(sDof) = identity matrix for reduced matrix
GK(neq,neq) = stiffness matrix for active DOFs
GB(neq) = load vector for active DOFs

■ 부재정보 : 부재정보는 부재번호, 해당부재를 연결하는 좌우측 절점변호, 탄성계수와 단면2차모멘트 등 재료특성치와 단면특성치 등을 입력하는 것이 필요하다.

> ➤ Member Information
> n = member number
> inod = left node number
> jnod = right node number
> E = modulus of elasticity
> zl = inertia Moment of area

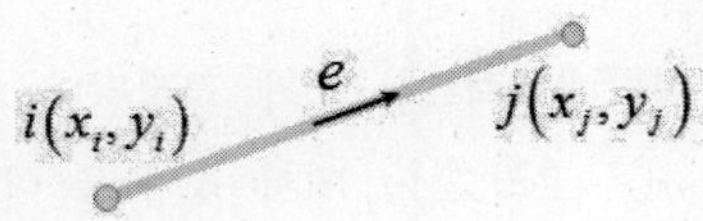

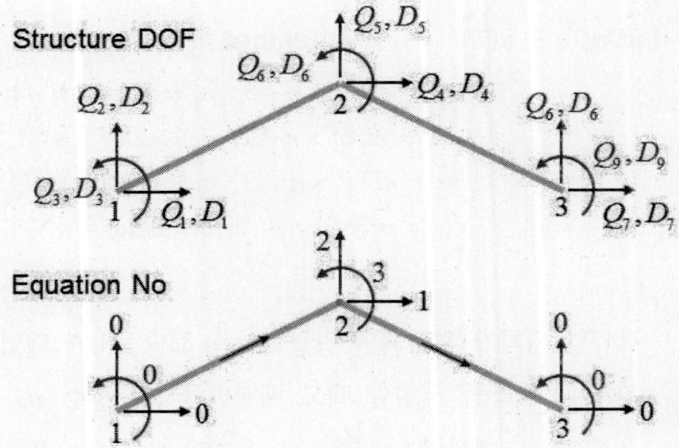

- 임의 부재의 좌우측 절점번호를 입력하면 절점정보에서 좌표값을 가져올 수 있다. 좌표값을 알면 부재길이와 방향여현을 결정할 수 있다.

Let $(x_i, y_i), (x_j, y_j)$: coordinates of left- and right-node # of a member k

Length of a member e : $L = \sqrt{(x_j - x_i)^2 + (y_j - y_i)^2}$

Direction cosines : $\cos\theta = \dfrac{x_j - x_i}{L}, \ \sin = \dfrac{y_j - y_i}{L}$

- 재료특성치, 단면특성치, 부재길이는 부재강성도매트릭스 성분을 결정할 때 이용된다.

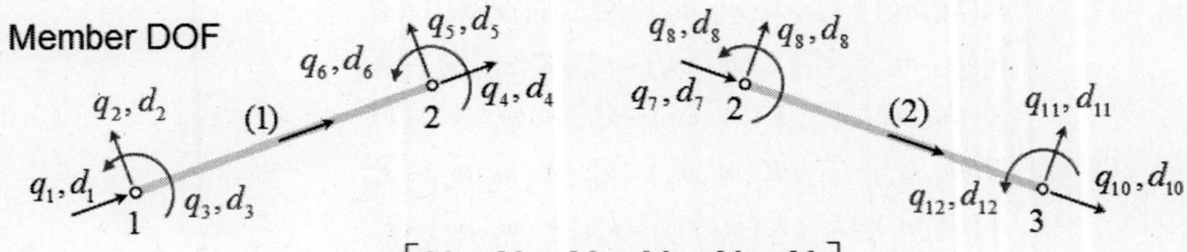

$$\underline{\mathbf{k}}_e = \begin{bmatrix} k_{11}^e & k_{12}^e & k_{13}^e & k_{14}^e & k_{15}^e & k_{16}^e \\ k_{21}^e & k_{22}^e & k_{23}^e & k_{24}^e & k_{25}^e & k_{26}^e \\ k_{31}^e & k_{32}^e & k_{33}^e & k_{34}^e & k_{35}^e & k_{36}^e \\ k_{41}^e & k_{42}^e & k_{43}^e & k_{44}^e & k_{45}^e & k_{46}^e \\ k_{51}^e & k_{52}^e & k_{53}^e & k_{54}^e & k_{55}^e & k_{56}^e \\ k_{61}^e & k_{62}^e & k_{63}^e & k_{64}^e & k_{65}^e & k_{66}^e \end{bmatrix}$$

■ 부재정보 : 적합매트릭스를 결정할 때 어느 위치에 저장되는가를 결정하여야 한다. 주어진 제어상수들과 부재번호를 이용하여 아래와 같이 적합매트릭스의 행과 열의 위치를 지정할 수 있다.

If $nDof = 3$, $eDof = 6$, $n =$ member #$(n_i \sim n_j)$

$$\rightarrow \text{address \#}: \begin{cases} m_1 = eDof \times n - 5,\ m_2 = eDof \times n - 4,\ m_3 = eDof \times n - 3 \\ m_4 = eDof \times n - 2,\ m_5 = eDof \times n - 1,\ m_6 = eDof \times n \\ n_1 = nDof \times n_i - 2,\ n_2 = nDof \times n_i - 1, n_3 = nDof \times n_i \\ n_4 = nDof \times n_j - 2, n_5 = nDof \times n_j - 1,\ n_6 = nDof \times n_j \end{cases}$$

- 저장될 위치가 결정되면 방향여현을 해당위치에 대입하면 적합매트릭스는 쉽게 결정된다. 구조강성도매트릭스를 결정할 때도 배열위치지정 변수 m_1 에서 m_4 그리고 n_1 에서 n_4 등을 이용되며 구조강성도 매트릭스에 자료를 입력할 경우에도 적절히 이용할 수 있을 것이다.

.

Compatibility Matrix :

$$B(m_1,n_1)=c,\ B(m_1,n_2)=s,\ B(m_2,n_1)=-s,\ B(m_2,n_2)=c,\ B(m_2,n_2)=1$$
$$B(m_4,n_4)=c,\ B(m_4,n_5)=s,\ B(m_5,n_4)=-s,\ B(m_5,n_5)=c,\ B(m_6,n_6)=1$$

Stiffness :
$$K(m_1,m_1)=k_{11}^e,\ K(m_1,m_2)=k_{12}^e,\ K(m_1,m_3)=k_{13}^e$$
$$K(m_1,m_4)=k_{14}^e,\ K(m_1,m_5)=k_{15}^e,\ K(m_1,m_6)=k_{16}^e$$
$$K(m_2,m_1)=k_{21}^e,\ K(m_2,m_2)=k_{22}^e,\ K(m_2,m_3)=k_{23}^e$$
$$K(m_2,m_4)=k_{24}^e,\ K(m_2,m_5)=k_{25}^e,\ K(m_2,m_6)=k_{26}^e$$
$$K(m_3,m_1)=k_{31}^e,\ K(m_3,m_2)=k_{32}^e,\ K(m_3,m_3)=k_{33}^e$$
$$K(m_3,m_4)=k_{34}^e,\ K(m_3,m_5)=k_{35}^e,\ K(m_3,m_6)=k_{36}^e$$
$$K(m_4,m_1)=k_{41}^e,\ K(m_4,m_2)=k_{42}^e,\ K(m_4,m_3)=k_{43}^e$$
$$K(m_4,m_4)=k_{44}^e,\ K(m_4,m_5)=k_{45}^e,\ K(m_4,m_6)=k_{46}^e$$
$$K(m_5,m_1)=k_{51}^e,\ K(m_5,m_2)=k_{52}^e,\ K(m_5,m_3)=k_{53}^e$$
$$K(m_5,m_4)=k_{54}^e,\ K(m_5,m_5)=k_{55}^e,\ K(m_5,m_6)=k_{56}^e$$
$$K(m_6,m_1)=k_{61}^e,\ K(m_6,m_2)=k_{62}^e,\ K(m_6,m_3)=k_{63}^e$$
$$K(m_6,m_4)=k_{64}^e,\ K(m_6,m_5)=k_{65}^e,\ K(m_6,m_6)=k_{66}^e$$

9.4.2 보구조 해석프로그램 작성예

```
!-----------------------------------------------
PROGRAM AnaLysis_of_2D_Beams_by_CLough_Method
!-----------------------------------------------
   IMPLICIT NONE
   INTEGER,PARAMETER :: inp=95,out=96
   INTEGER,PARAMETER :: nDim=1,eNod=2,nDof=2,eDof=4
   INTEGER :: node,eLem,neq,sDof,mDof,ni,nj
   INTEGER :: BC(nDof),LM(eDof)
   REAL(8) :: EI,xi,yi,xj,yj,dx,dy,L
   REAL(8) :: XY(nDim),cLod(nDof),memF(eDof),eDis(eDof)
   REAL(8) :: S(eDof,eDof),Dis(nDof)

   TYPE Node_Property
      INTEGER :: BC(Ndof)       ! BC
      REAL(8) :: XY(nDim)       ! Coordinates
      REAL(8) :: cLod(nDof)     ! Concentrated Load
   END TYPE Node_Property
   TYPE(Node_Property),ALLOCATABLE :: Nodes(:)

   TYPE Beams_Property
      INTEGER :: ni,nj              ! Node Connectivity
      INTEGER :: LM(eDof)           ! Location Matrix
      REAL(8) :: EI,L               ! Flexrural Rigidity, Length
      REAL(8) :: S(eDof,eDof)       ! ELement Stiffness Matrix
   END TYPE Beams_Property
   TYPE(Beams_Property),ALLOCATABLE :: Beams(:)

   INTEGER,ALLOCATABLE :: IDn(:)
   REAL(8),ALLOCATABLE :: GK(:,:),GB(:)
   REAL(8),ALLOCATABLE :: Bmat(:,:),GKt(:,:),eKt(:,:),GBt(:)

   CALL Openning
   CALL ControL_Data
   CALL Node_Informations
   CALL ELement_Informations
   CALL Reduce_System_Matrix
   CALL SimuLtaneous_Equation(GK,GB,neq)
   CALL DispLacement
   CALL Member_Force

   WRITE(out,"(/'  ',20('>'),' You are a rare Genius !'/)")
   WRITE(*,"(/5X,'You are a rare Genius !')")

   CONTAINS

   SUBROUTINE Openning
      IMPLICIT NONE
      INTEGER :: ichr,idot
      CHARACTER(12) :: Fnam,Finp,Fout

      WRITE(*,"(/5X,'Your Data File = '\)") ; READ(*,*) Fnam
```

```
   ichr=LEN_TRIM(Fnam)  ; IF(ichr==0) STOP '    Not exist data file'
   idot=INDEX(Fnam,'.') ; IF(idot>1) ichr=idot-1
   Finp=Fnam(:ichr)//'.inp' ; OPEN(Unit=inp, FILE=Finp)
   Fout=Fnam(:ichr)//'.out' ; OPEN(Unit=out, FILE=Fout)

   WRITE(out,"(/'  ---------------------------------------------' &
   &          /'      CLOUGH DISPLACEMENT METHOD FOR 1-D BEAM    ' &
   &          /'      Programed by Sung-Soon Yhim (07/03/2017)   ' &
   &          /'  ---------------------------------------------' &
   &          /'                        Input file =  ',A      &
   &          /'                       Output file =  ',A)")   &
   &     Finp,Fout
END SUBROUTINE Openning

SUBROUTINE ControL_Data
   IMPLICIT NONE

   WRITE(*,"(/5X,'CONTROL PARAMETERS')")
   WRITE(out,"(//'  C O N T R O L   P A R A M E T E R S')")

   READ(inp,*) node,eLem
   IF(node<=0) STOP '  node <= 0'
   IF(eLem<=0) STOP '  eLem <= 0'
   sDof=node*nDof
   mDof=eLem*eDof
   WRITE(out,"(/5X,'Number of totaL Nodes      (node)',I5    &
   &          /5X,'Number of rotaL Elements   (eLem)',I5    &
   &          /5X,'Number of TotaL DOFs       (sDof)',I5    &
   &          /5X,'Number of member DOFs      (mDof)',I5)") &
   &     node,eLem,sDof,mDof

   ALLOCATE(Bmat(mDof,sDof))  ; Bmat=0.0D0
   ALLOCATE(eKt (mDof,mDof))  ; eKt =0.0D0
   ALLOCATE(GKt (sDof,sDof))  ; GKt =0.0D0
   ALLOCATE(GBt (sDof))       ; GBt =0.0D0
   ALLOCATE(IDn (sDof))       ; IDn =0

END SUBROUTINE ControL_Data

SUBROUTINE Node_Informations
   IMPLICIT NONE
   INTEGER :: k,n,i,eq,ig

   WRITE(*,"(5X,'NODE INFORMATION')")
   WRITE(out,"(//'  N O D E   I N F O R M A T I O N' &
   &          //5X,'n',6X,'u    v',10X,'Xc',10X,'Fy',8X,'Mz'/)")

   ALLOCATE(Nodes(node))

   neq=0
   DO k=1,node
      READ(inp,*) n,BC,XY,cLod
      IF(n<=0)   STOP '  n <= 0'
```

```
      IF(n>node) STOP '  n > node'
      DO i=1,nDof
         eq=BC(i) ; ig=nDof*(n-1)+i
         IF(eq==0) THEN
            neq=neq+1   ; Nodes(n)%BC(i)=neq
            IDn(ig)=neq ; GBt(ig)=cLod(i)
         ELSE
            Nodes(n)%BC(i)=0
         ENDIF
      ENDDO
      Nodes(n)%XY=XY ; Nodes(n)%cLod=cLod
   ENDDO
   DO n=1,node
      WRITE(out,"(I6,2X,2I5,2F12.2,F10.2)") n,Nodes(n)
   ENDDO
END SUBROUTINE Node_Informations

SUBROUTINE ELement_Informations
   IMPLICIT NONE
   INTEGER :: n,i,j,k,n1,n2,n3,n4,m1,m2,m3,m4,chk=1
   REAL(8) :: E,zI,ss,L1,L2,L3

   WRITE(*,"(5X,'ELEMENT INFORMATION')")
   WRITE(out,"(//'  E L E M E N T   I N F O R M A T I O N' &
   &          //5X,'e',6X,'i    j     Rigidity(EI)',8X,'Leng'/)")

   ALLOCATE(Beams(eLem))

   DO k=1,eLem
      READ(inp,*) n,ni,nj,E,zI
      IF(n<=0)    STOP '  n <= 0)  '
      IF(ni<=0)   STOP '  ni <= 0'
      IF(nj<=0)   STOP '  nj < =0'
      IF(E<=0.0)  STOP '  E <= 0.0)'
      IF(zI<=0.0) STOP '  Iz <= 0.0)'

      Beams(n)%ni=ni ; Beams(n)%nj=nj
      EI=E*zI        ; Beams(n)%EI=EI

      m1=eDof*n-3  ; m2=eDof*n-2 ; m3=eDof*n-1  ; m4=eDof*n
      n1=nDof*ni-1 ; n2=nDof*ni  ; n3=nDof*nj-1 ; n4=nDof*nj

      LM=0 ; LM(1)=Nodes(ni)%BC(1) ; LM(2)=Nodes(ni)%BC(2)
             LM(3)=Nodes(nj)%BC(1) ; LM(4)=Nodes(nj)%BC(2) ; Beams(n)%LM=LM

      xi=Nodes(ni)%XY(1) ; xj=Nodes(nj)%XY(1) ; dx=xj-xi
      L=SQRT(dx*dx) ; L2=L*L ; L3=L2*L ; Beams(n)%L=L
      ss=EI/L3
      S=0.0D0 ; S(1,1)= 12.0   ; S(1,2)= 6.0*L  ; S(1,3)=-12.0   ; S(1,4)= 6.0*L
                S(2,1)=  6.0*L ; S(2,2)= 4.0*L2 ; S(2,3)= -6.0*L ; S(2,4)= 2.0*L2
                S(3,1)=-12.0   ; S(3,2)=-6.0*L  ; S(3,3)= 12.0   ; S(3,4)=-6.0*L
                S(4,1)=  6.0*L ; S(4,2)= 2.0*L2 ; S(4,3)= -6.0*L ; S(4,4)= 4.0*L2
      S=S*ss  ; Beams(n)%S=S
```

```
      Bmat(m1,n1)=1.0   ; Bmat(m2,n2)=1.0   ; Bmat(m3,n3)=1.0   ; Bmat(m4,n4)=1.0

      eKt(m1,m1)=S(1,1) ; eKt(m1,m2)=S(1,2) ; eKt(m1,m3)=S(1,3) ; eKt(m1,m4)=S(1,4)
      eKt(m2,m1)=S(2,1) ; eKt(m2,m2)=S(2,2) ; eKt(m2,m3)=S(2,3) ; eKt(m2,m4)=S(2,4)
      eKt(m3,m1)=S(3,1) ; eKt(m3,m2)=S(3,2) ; eKt(m3,m3)=S(3,3) ; eKt(m3,m4)=S(3,4)
      eKt(m4,m1)=S(4,1) ; eKt(m4,m2)=S(4,2) ; eKt(m4,m3)=S(4,3) ; eKt(m4,m4)=S(4,4)

      WRITE(out,"(I6,2X,2I5,E17.6,3F12.2)") n,ni,nj,EI,L
   ENDDO
   IF(chk>=1) THEN
      WRITE(out,"(//3X,'Bmat : checking'   &
      &          //8X,100I6)") (i,i=1,sDof)
      DO i=1,mDof
         WRITE(out,"(I6,2X,100F6.2)") i, Bmat(i,:sDof)
      ENDDO
   ENDIF
   IF(chk>=2) THEN
      WRITE(out,"(//3X,'eKt : checking'   &
      &          //8X,100I10)") (i,i=1,mDof)
      DO i=1,mDof
         WRITE(out,"(I6,2X,100F10.2)") i,eKt(i,:mDof)
      ENDDO
   ENDIF
END SUBROUTINE ELement_Informations

SUBROUTINE Reduce_System_Matrix
   IMPLICIT NONE
   INTEGER :: n,i,j,row,coL

   ALLOCATE(GK(neq,neq)) ; GK=0.0D0
   ALLOCATE(GB(neq))     ; GB=0.0D0

   GKt=MATMUL(TRANSPOSE(Bmat),MATMUL(eKt,Bmat))

   WRITE(*,"(5X,'REDUCE SYSTEM MATRIX & VECTOR')")
   WRITE(out,"(//' S Y S T E M   M A T R I X & V E C T O R'   &
   &          //5X,'Number of Equations ',I5)") neq

   DO i=1,sDof
      row=Idn(i) ; IF(row<=0) CYCLE
      GB(row)=GBt(i)
      DO j=1,sDof
         coL=Idn(j) ; IF(coL<=0) CYCLE
         GK(row,coL)=GKt(i,j)
      ENDDO
   ENDDO
   WRITE(out,"(//5X,'i',7X,'Stiffness Matrix and Load Vector ',10('.')/)")
   WRITE(out,"(8X,100I12)") (i,i=1,neq)
   DO i=1,neq
      WRITE(out,"(I6,2X,100E12.4)") i,GK(i,1:neq),Gb(i)
   ENDDO
END SUBROUTINE Reduce_System_Matrix
```

```
SUBROUTINE DispLacement
    IMPLICIT NONE
    INTEGER :: n,i,eq

   WRITE(*,"(5X,'DISPLACEMENT')")
   WRITE(out,"(//'  D I S P L A C E M E N T S'  &
   &            //5X,'n',11X,'dis',9X,'rot'/)")

   DO n=1,node
      Dis=0.0D0
      DO i=1,nDof
         eq=Nodes(n)%BC(i)
         IF(eq>0) Dis(i)=GB(eq)
      ENDDO
      WRITE(out,"(I6,2X,2F12.6)") n,Dis
   ENDDO
END SUBROUTINE DispLacement

SUBROUTINE Member_Force
   IMPLICIT NONE
   INTEGER :: n,i,eq

   WRITE(*,"(5X,'MEMBER FORCES')")
   WRITE(out,"(//'  M E M B E R   F O R C E S'  &
   &            //5X,'e',6X,'i    j',8X,'Sy_i',6X,'Mz_i',6X,'Sy_j',6X,'Mz_j'/)")

   DO n=1,eLem
      ni=Beams(n)%ni  ; nj=Beams(n)%nj
      LM=Beams(n)%LM  ; S=Beams(n)%S
      eDis=0.0D0
      DO i=1,eDof
         eq=LM(i) ; IF(eq>0) eDis(i)=GB(eq)
      ENDDO
      memF=MATMUL(S,eDis)
      WRITE(out,"(I6,2X,2I5,2X,4F10.3)") n,ni,nj,memF
   ENDDO
END SUBROUTINE Member_Force

SUBROUTINE SimuLtaneous_Equation(A,B,n)
   IMPLICIT NONE
   INTEGER :: n, i,ia,ib,j,k,ind=1
   REAL(8) :: A(n,n),B(n), z
   INTEGER,ALLOCATABLE :: La(:),Lb(:,:)
   REAL(8),ALLOCATABLE :: Sz(:)

   WRITE(out,"(//'  G A U S S   S O L V E R  :  FULL UNSYM. MATRIX')")

   ALLOCATE(La(n))   ; La=0
   ALLOCATE(Lb(n,2)) ; Lb=0
   ALLOCATE(Sz(n))   ; Sz=0.0D0

   ind=1
   DO k=1,n
```

```
        z=0.0D0
        DO i=1,n
           IF(La(i)==1) CYCLE
           DO j=1,n
              IF(La(j)<1) THEN
                 IF(ABS(z)<ABS(A(i,j))) THEN
                    ia=i ; ib=j ; z=A(i,j)
                 ENDIF
              ELSEIF(La(j)/=1) THEN
                 DEALLOCATE(La,Lb,Sz) ; RETURN
              ENDIF
           ENDDO
        ENDDO
        La(ib)=La(ib)+1
        IF(ia/=ib) THEN
           DO i=1,n
              z=A(ia,i) ; A(ia,i)=A(ib,i) ;  A(ib,i)=z
           ENDDO
           IF(Ind /= 0) THEN
              z=B(ia) ; B(ia)=B(ib) ; B(ib)=z
           ENDIF
        ENDIF
        Lb(k,1)=ia ; Lb(k,2)=ib ; Sz(k)=A(ib,ib) ; A(ib,ib)=1.0
        A(ib,1:n)=A(ib,1:n)/Sz(k)
        IF(Ind/=0) B(ib)=B(ib)/Sz(k)
        DO i=1,n
           IF(i==ib) CYCLE
           z=A(i,ib) ; A(i,ib)=0.0
           DO j=1,n
              A(i,j)=A(i,j)-A(ib,j)*z
           ENDDO
           IF(Ind/=0) B(i)=B(i)-B(ib)*z
        ENDDO
     ENDDO
     DO i=1,n ; j=n-i+1
        IF(Lb(j,1)==Lb(j,2)) CYCLE
        ia=Lb(j,1) ; ib=Lb(j,2)
        DO k=1,n
           z=A(k,ia) ; A(k,ia)=A(k,ib) ; A(k,ib)=z
        ENDDO
     ENDDO
     DEALLOCATE(La,Lb,Sz)
  END SUBROUTINE SimuLtaneous_Equation

END PROGRAM AnaLysis_of_2D_Beams_by_CLough_Method
```

9.4.3 평면트러스구조 해석프로그램 작성예

```
!------------------------------------------
PROGRAM AnaLysis_of_2D_TRUSS_by_CLough_Method
!------------------------------------------
   IMPLICIT NONE
   INTEGER,PARAMETER :: inp=95,out=96
   INTEGER,PARAMETER :: nDim=2,eNod=2,nDof=2,eDof=4
   INTEGER :: node,eLem,neq,sDof,mDof,ni,nj
   INTEGER :: BC(nDof),LM(eDof)
   REAL(8) :: EA,xi,yi,xj,yj,dx,dy,L
   REAL(8) :: XY(nDim),cLod(nDof),memF(eNod),eDis(eDof)
   REAL(8) :: S(eNod,eNod),T(eNod,eDof),Dis(nDof)

   TYPE Node_Property
      INTEGER :: BC(Ndof)      ! BC
      REAL(8) :: XY(Ndim)     ! Coordinates
      REAL(8) :: cLod(nDof)    ! Concentrated Load
   END TYPE Node_Property
   TYPE(Node_Property),ALLOCATABLE :: Nodes(:)

   TYPE Truss_Property
      INTEGER :: ni,nj              ! Node Connectivity
      INTEGER :: LM(eDof)           ! Location Matrix
      REAL(8) :: EA,L,cZ,sZ         ! Axial Rigidity, Length, Direction Cosines
      REAL(8) :: S(eNod,eNod)       ! ELement Stiffness Matrix
      REAL(8) :: T(eNod,eDof)       ! ELement Rotation Matrix
   END TYPE Truss_Property
   TYPE(Truss_Property),ALLOCATABLE :: Truss(:)

   INTEGER,ALLOCATABLE :: IDn(:)
   REAL(8),ALLOCATABLE :: GK(:,:),GB(:)
   REAL(8),ALLOCATABLE :: Bmat(:,:),GKt(:,:),eKt(:,:),GBt(:)

   CALL Openning
   CALL ControL_Data
   CALL Node_Informations
   CALL ELement_Informations
   CALL Reduce_System_Matrix
   CALL SimuLtaneous_Equation(GK,GB,neq)
   CALL DispLacement
   CALL Member_Force

   CONTAINS

   SUBROUTINE Openning
      IMPLICIT NONE
      INTEGER :: ichr,idot
      CHARACTER(12) :: Fnam,Finp,Fout

      WRITE(*,"(/5X,'Your Data File = '₩)") ; READ(*,*) Fnam

      ichr=LEN_TRIM(Fnam)  ; IF(ichr==0) STOP '    Not exist data file'
```

```
   idot=INDEX(Fnam,'.') ; IF(idot>1) ichr=idot-1
   Finp=Fnam(:ichr)//'.inp' ; OPEN(Unit=inp, FILE=Finp)
   Fout=Fnam(:ichr)//'.out' ; OPEN(Unit=out, FILE=Fout)

   WRITE(out,"(/'  ---------------------------------------------' &
   &          /'      ANALYSIS PROGRAM for TWO-DIMENIONAL TRUSS'   &
   &          /'       Programed by Sung-Soon Yhim (07/03/2017)'   &
   &          /'  ---------------------------------------------' &
   &          /'                      Input file =  ',A       &
   &          /'                     Output file =  ',A)")    &
   &     Finp,Fout
END SUBROUTINE Openning

SUBROUTINE ControL_Data
   IMPLICIT NONE

   WRITE(*,"(/5X,'CONTROL PARAMETERS')")
   WRITE(out,"(//'  C O N T R O L   P A R A M E T E R S')")

   READ(inp,*) node,eLem
   IF(node<=0) STOP '  node <= 0'
   IF(eLem<=0) STOP '  eLem <= 0'
   sDof=node*nDof
   mDof=eLem*eNod
   WRITE(out,"(/5X,'Number of totaL Nodes      (node)',I5    &
   &          /5X,'Number of rotaL Elements   (eLem)',I5    &
   &          /5X,'Number of TotaL DOFs       (sDof)',I5    &
   &          /5X,'Number of member DOFs      (mDof)',I5)") &
   &     node,eLem,sDof,mDof

   ALLOCATE(Bmat(mDof,sDof))  ; Bmat=0.0D0
   ALLOCATE(eKt (mDof,mDof))  ; eKt =0.0D0
   ALLOCATE(GKt (sDof,sDof))  ; GKt =0.0D0
   ALLOCATE(GBt (sDof))       ; GBt =0.0D0
   ALLOCATE(IDn (sDof))       ; IDn =0

END SUBROUTINE ControL_Data

SUBROUTINE Node_Informations
   IMPLICIT NONE
   INTEGER :: k,n,i,eq,ig

   WRITE(*,"(5X,'NODE INFORMATION')")
   WRITE(out,"(//'  N O D E   I N F O R M A T I O N' &
   &          //5X,'n',6X,'u    v',11X,'X',9X,'Y',10X,'Fx',8X,'Fy'/)")

   ALLOCATE(Nodes(node))

   neq=0
   DO k=1,node
      READ(inp,*) n,BC,XY,cLod
      IF(n<=0)   STOP '  n <= 0'
      IF(n>node) STOP '  n > node'
```

```
      DO i=1,nDof
         eq=BC(i) ; ig=nDof*(n-1)+i
         IF(eq==0) THEN
            neq=neq+1   ; Nodes(n)%BC(i)=neq
            IDn(ig)=neq ; GBt(ig)=cLod(i)
         ELSE
            Nodes(n)%BC(i)=0
         ENDIF
      ENDDO
      Nodes(n)%XY=XY ; Nodes(n)%cLod=cLod
   ENDDO
   DO n=1,node
      WRITE(out,"(I6,2X,2I5,2(2X,2F10.2))") n,Nodes(n)
   ENDDO
END SUBROUTINE Node_Informations

SUBROUTINE ELement_Informations
   IMPLICIT NONE
   INTEGER :: n,i,k,nR1,nR2,nC1,nC2,nC3,nC4,chk=1
   REAL(8) :: E,A,eK,psi=0.0D0
   REAL(8) :: ss,cZ,sZ

   WRITE(*,"(5X,'ELEMENT INFORMATION')")
   WRITE(out,"(//' E L E M E N T   I N F O R M A T I O N' &
   &          //5X,'e',6X,'i    j     Rigidity(EA)',8X,'Leng',8X,'cosA',8X,'sinA'/)")

   ALLOCATE(Truss(eLem))

   DO k=1,eLem
      READ(inp,*) n,ni,nj,E,A
      IF(n<=0)   STOP '  n <= 0)  '
      IF(ni<=0)  STOP '  ni <= 0'
      IF(nj<=0)  STOP '  nj < =0'
      IF(E<=0.0) STOP '  E <= 0.0)'
      IF(A<=0.0) STOP '  A <= 0.0)'

      Truss(n)%ni=ni ; Truss(n)%nj=nj
      EA=E*A         ; Truss(n)%EA=EA

      nR1=eNod*n-1  ; nR2=eNod*n
      nC1=nDof*ni-1 ; nC2=nDof*ni ; nC3=nDof*nj-1 ; nC4=nDof*nj

      LM=0 ; LM(1)=Nodes(ni)%BC(1) ; LM(2)=Nodes(ni)%BC(2)
             LM(3)=Nodes(nj)%BC(1) ; LM(4)=Nodes(nj)%BC(2) ; Truss(n)%LM=LM

      xi=Nodes(ni)%XY(1) ; xj=Nodes(nj)%XY(1) ; dx=xj-xi
      yi=Nodes(ni)%XY(2) ; yj=Nodes(nj)%XY(2) ; dy=yj-yi
      L=SQRT(dx*dx+dy*dy)  ; Truss(n)%L=L
      cZ=dx/L              ; Truss(n)%cZ=cZ
      sZ=dy/L              ; Truss(n)%sZ=sZ
      ss=EA/L

      S=0.0D0 ; S(1,1)=ss ; S(1,2)=-ss ; S(2,1)=-ss ; S(2,2)=ss ; Truss(n)%S=S
```

```
      T=0.0D0 ; T(1,1)=cZ ; T(1,2)=sZ  ; T(2,3)=cZ  ; T(2,4)=sZ ; Truss(n)%T=T

      Bmat(nR1,nC1)=cZ ; Bmat(nR1,nC2)=sZ
      Bmat(nR2,nC3)=cZ ; Bmat(nR2,nC4)=sZ

      eKt(nR1,nR1)=S(1,1) ; eKt(nR1,nR2)=S(1,2)
      eKt(nR2,nR1)=S(2,1) ; eKt(nR2,nR2)=S(2,2)

      WRITE(out,"(I6,2X,2I5,E17.6,3F12.2)") n,ni,nj,EA,L,cZ,sZ
    ENDDO
    IF(chk>=1) THEN
      WRITE(out,"(//3X,'Bmat : checking'   &
      &           //8X,100I6)") (i,i=1,sDof)
      DO i=1,mDof
        WRITE(out,"(I6,2X,100F6.2)") i, Bmat(i,:sDof)
      ENDDO
    ENDIF
    IF(chk>=2) THEN
      WRITE(out,"(//3X,'eKt : checking'   &
      &           //8X,100I10)") (i,i=1,mDof)
      DO i=1,mDof
        WRITE(out,"(I6,2X,100F10.2)") i,eKt(i,:mDof)
      ENDDO
    ENDIF
  END SUBROUTINE ELement_Informations

  SUBROUTINE Reduce_System_Matrix
    IMPLICIT NONE
    INTEGER :: n,i,j,row,coL

    ALLOCATE(GK(neq,neq)) ; GK=0.0D0
    ALLOCATE(GB(neq))     ; GB=0.0D0

    GKt=MATMUL(TRANSPOSE(Bmat),MATMUL(eKt,Bmat))

    WRITE(*,"(5X,'REDUCE SYSTEM MATRIX & VECTOR')")
    WRITE(out,"(//'  S Y S T E M   M A T R I X  &  V E C T O R'  &
    &          //5X,'Number of Equations ',I5)") neq

    DO i=1,sDof
      row=Idn(i) ; IF(row<=0) CYCLE
      GB(row)=GBt(i)
      DO j=1,sDof
        coL=Idn(j) ; IF(coL<=0) CYCLE
        GK(row,coL)=GKt(i,j)
      ENDDO
    ENDDO
    WRITE(out,"(//5X,'i',7X,'Stiffness Matrix and Load Vector ',13('.')/)")
    WRITE(out,"(8X,100I12)") (i,i=1,neq)
    DO i=1,neq
      WRITE(out,"(I6,2X,100E12.4)") i,GK(i,1:neq),Gb(i)
    ENDDO
  END SUBROUTINE Reduce_System_Matrix
```

```
SUBROUTINE DispLacement
   IMPLICIT NONE
   INTEGER :: n,i,eq

   WRITE(*,"(5X,'DISPLACEMENT')")
   WRITE(out,"(//'  D I S P L A C E M E N T S'    &
   &           //5X,'n',8X,'disp_X',6X,'disp_Y'/)")

   DO n=1,node
      dis=0.0D0
      DO i=1,nDof
         eq=Nodes(n)%BC(i) ; IF(eq>0) dis(i)=GB(eq)
      ENDDO
      WRITE(out,"(I6,2X,2F12.6)") n,dis
   ENDDO
END SUBROUTINE DispLacement

SUBROUTINE Member_Force
   IMPLICIT NONE
   INTEGER :: n,i,eq
   REAL(8) :: force

   WRITE(*,"(5X,'MEMBER FORCES')")
   WRITE(out,"(//'  M E M B E R   F O R C E S'  &
   &           //5X,'e',6X,'i    j',6X,'Length',7X,'Axial_F'/)")

   DO n=1,eLem
      ni=Truss(n)%ni ; nj=Truss(n)%nj
      LM=Truss(n)%LM ; L=Truss(n)%L
      S=Truss(n)%S   ; T=Truss(n)%T
      eDis=0.0D0
      DO i=1,eDof
         eq=LM(i) ; IF(eq>0) eDis(i)=GB(eq)
      ENDDO
      memF=MATMUL(S,MATMUL(T,eDis)) ; force=memF(2)
      WRITE(out,"(I6,2X,2I5,F12.3,F14.3)") n,ni,nj,L,force
   ENDDO
END SUBROUTINE Member_Force

SUBROUTINE SimuLtaneous_Equation(A,B,n)
   IMPLICIT NONE
   INTEGER :: n, i,ia,ib,j,k,ind=1
   REAL(8) :: A(n,n),B(n), z
   INTEGER,ALLOCATABLE :: La(:),Lb(:,:)
   REAL(8),ALLOCATABLE :: Sz(:)

   WRITE(out,"(//'  G A U S S   S O L V E R  :  FULL UNSYM. MATRIX')")

   ALLOCATE(La(n))   ; La=0
   ALLOCATE(Lb(n,2)) ; Lb=0
   ALLOCATE(Sz(n))   ; Sz=0.0D0

   ind=1
```

```
      DO k=1,n
         z=0.0D0
         DO i=1,n
            IF(La(i)==1) CYCLE
            DO j=1,n
               IF(La(j)<1) THEN
                  IF(ABS(z)<ABS(A(i,j))) THEN
                     ia=i ; ib=j ; z=A(i,j)
                  ENDIF
               ELSEIF(La(j)/=1) THEN
                  DEALLOCATE(La,Lb,Sz) ; RETURN
               ENDIF
            ENDDO
         ENDDO
         La(ib)=La(ib)+1
         IF(ia/=ib) THEN
            DO i=1,n
               z=A(ia,i) ; A(ia,i)=A(ib,i) ;  A(ib,i)=z
            ENDDO
            IF(Ind /= 0) THEN
               z=B(ia) ; B(ia)=B(ib) ; B(ib)=z
            ENDIF
         ENDIF
         Lb(k,1)=ia ; Lb(k,2)=ib ; Sz(k)=A(ib,ib) ; A(ib,ib)=1.0
         A(ib,1:n)=A(ib,1:n)/Sz(k)
         IF(Ind/=0) B(ib)=B(ib)/Sz(k)
         DO i=1,n
            IF(i==ib) CYCLE
            z=A(i,ib) ; A(i,ib)=0.0
            DO j=1,n
               A(i,j)=A(i,j)-A(ib,j)*z
            ENDDO
            IF(Ind/=0) B(i)=B(i)-B(ib)*z
         ENDDO
      ENDDO
      DO i=1,n ; j=n-i+1
         IF(Lb(j,1)==Lb(j,2)) CYCLE
         ia=Lb(j,1) ; ib=Lb(j,2)
         DO k=1,n
            z=A(k,ia) ; A(k,ia)=A(k,ib) ; A(k,ib)=z
         ENDDO
      ENDDO
      DEALLOCATE(La,Lb,Sz)
   END SUBROUTINE SimuLtaneous_Equation

END PROGRAM AnaLysis_of_2D_TRUSS_by_CLough_Method
```

9.4.4 평면라멘구조 해석프로그램 작성예

```
!-------------------------------------------
PROGRAM AnaLysis_of_2D_Frame_by_CLough_Method
!-------------------------------------------
   IMPLICIT NONE
   INTEGER,PARAMETER :: inp=95,out=96,dat=97
   INTEGER,PARAMETER :: nDim=2,nDof=3,eDof=6,eNod=2
   INTEGER :: node,eLem,neq,sDof,mDof
   INTEGER :: n,ni,nj,i,j,k,row,coL,eq
   REAL(8) :: eLas,Ar,Zi,EA,EI,dx,dy,L
   INTEGER :: BC(nDof),LM(eDof)
   REAL(8) :: XY(nDim),cLod(nDof),dis(nDof),mD(eDof),mF(eDof)
   REAL(8) :: S(eDof,eDof),T(eDof,eDof)

   TYPE Node_Property
      INTEGER :: BC(nDof)
      REAL(8) :: XY(nDim)
      REAL(8) :: cLod(nDof)
   END TYPE Node_Property
   TYPE(Node_Property),ALLOCATABLE :: Nodes(:)

   TYPE Frame_eLement_Property
      INTEGER :: ni,nj
      INTEGER :: LM(eDof)
      REAL(8) :: EA,EI,L
      REAL(8) :: S(eDof,eDof),T(eDof,eDof)
   END TYPE Frame_eLement_Property
   TYPE(Frame_eLement_Property),ALLOCATABLE :: Frame(:)

   INTEGER,ALLOCATABLE :: IDn(:)
   REAL(8),ALLOCATABLE :: GK(:,:),GB(:),Resd(:,:)
   REAL(8),ALLOCATABLE :: Bmat(:,:),GKt(:,:),eKt(:,:),GBt(:)

   CALL Openning
   CALL ControL_Data
   CALL Node_Informations
   CALL ELement_Informations
   CALL Reduce_System_Matrix
   CALL SimuLtaneous_Equation(gK,gB,neq)
   CALL Get_DispLacements
   CALL Get_Member_Forces
   CALL Get_ResiduaL_Forces

   WRITE(out,"(/'  ',20('>'),' You are a rare Genius !'/)")
   WRITE(*,"(/5X,'You are a rare Genius !')")

   CONTAINS

   SUBROUTINE Openning
      IMPLICIT NONE
      INTEGER :: ichr,idot
      CHARACTER(20) :: Fnam,Finp,Fout,Fdat
```

```
   WRITE(*,"(/5X,'--------------------------------------'   &
   &        /5X,'    ANALYSIS PROGRAM OF PLANE FRAME    '   &
   &        /5X,'      Programed by YSS 07/05/2017      '   &
   &        /5X,'--------------------------------------')")

   WRITE(*,"(/15X,'Your Input File name : '\)")
   READ(*,*) Fnam

   ichr=LEN_TRIM(Fnam)  ; IF(ichr==0) STOP '      Not exist Input file'
   idot=INDEX(Fnam,'.') ; IF(idot>=2) ichr=idot-1

   Finp=Fnam(:ichr)//'.inp' ; OPEN(UNIT=inp, FILE=Finp)
   Fout=Fnam(:ichr)//'.out' ; OPEN(UNIT=out, FILE=Fout)

   WRITE(out,"(/5X,'--------------------------------------'   &
   &          /5X,'     CLOUGH METHOD FOR 2-DIM FRAME     '   &
   &          /5X,'      Programed by YSS 07/11/2017      '   &
   &          /5X,'--------------------------------------')")
END SUBROUTINE Openning

SUBROUTINE ControL_Data
   IMPLICIT NONE

   WRITE(*,"(/5X,'Input Control Data')")
   READ(inp,*) node,eLem
   IF(node<=0) STOP '  node <= 0'
   IF(eLem<=0) STOP '  eLem <= 0'
   sDof=node*nDof
   mDof=eLem*eDof
   WRITE(out,"(//' C O N T R O L   P A R A M E T E R S'       &
   &          //5X,'Number of Nodes           (node) =',I5    &
   &           /5X,'Number of rotaL Elements  (eLem) =',I5    &
   &           /5X,'Number of TotaL DOFs      (sDof) =',I5    &
   &           /5X,'Number of member DOFs     (mDof) =',I5)") &
   &     node,eLem,sDof,mDof

   ALLOCATE(Bmat(mDof,sDof))  ; Bmat=0.0D0
   ALLOCATE(eKt (mDof,mDof))  ; eKt =0.0D0
   ALLOCATE(GKt (sDof,sDof))  ; GKt =0.0D0
   ALLOCATE(GBt (sDof))       ; GBt =0.0D0
   ALLOCATE(IDn (sDof))       ; IDn =0

END SUBROUTINE ControL_Data

SUBROUTINE Node_Informations
   IMPLICIT NONE
   INTEGER :: ig

   WRITE(*,"(5X,'Input node peoperties')")
   WRITE(out,"(//' N O D E   P R O P E R T Y'              &
   &          //6X,'node',7X,'U     V     R',10X,'Xc',8X,'Yc',10X,'FX',8X,'FY',8X,'MZ'/)")

   ALLOCATE(Nodes(node))
```

```
   ALLOCATE(Resd(nDof,node)) ; Resd=0.0
   neq=0
   DO k=1,node
      READ(inp,*) n,BC,XY,cLod
      IF(n<=0)   STOP '  n <= 0'
      IF(n>node) STOP '  n > node'
      DO i=1,nDof
         eq=BC(i) ; ig=nDof*(n-1)+i
         IF(eq==0) THEN
            neq=neq+1   ; Nodes(n)%BC(i)=neq
            IDn(ig)=neq ; GBt(ig)=cLod(i)
         ELSE
            Nodes(n)%BC(i)=0
         ENDIF
      ENDDO
      Nodes(n)%XY=XY ; Nodes(n)%cLod=cLod
   ENDDO
   DO n=1,node
      WRITE(out,"(I10,2X,3I6,2X,2F10.2,2X,3F10.2)") n,Nodes(n)
   ENDDO
END SUBROUTINE Node_Informations

SUBROUTINE ELement_Informations
   IMPLICIT NONE
   INTEGER :: n1,n2,n3,n4,n5,n6,m1,m2,m3,m4,m5,m6,LMz(eDof),chk=1
   REAL(8) :: sz,cz,L1,L2,L3

   WRITE(*,"(5X,'ELEMENT INFORMATION')")
   WRITE(out,"(//'  E L E M E N T   I N F O R M A T I O N' &
   &          //8X,'eL',7X,'i     j',8X,'eLastic_M',8X,'Area',6X,'Inertia_M'/)")

   ALLOCATE(Frame(eLem))

   DO k=1,eLem
      READ(inp,*) n,ni,nj,eLas,Ar,Zi
      IF(n<=0)    STOP '  n <= 0)  '
      IF(ni<=0)   STOP '  ni <= 0)  '
      IF(nj<=0)   STOP '  nj <= 0)  '
      WRITE(out,"(I10,2X,2I6,E17.4,F12.4,E15.4)") n,ni,nj,eLas,Ar,Zi
      Frame(n)%ni=ni ; Frame(n)%nj=nj
      EA = eLas*Ar   ; Frame(n)%EA=EA
      EI = eLas*Zi   ; Frame(n)%EI=EI
      LM=0 ; LM(     1:nDof) = Nodes(ni)%BC(1:nDof)
             LM(nDof+1:eDof) = Nodes(nj)%BC(1:nDof) ; Frame(n)%LM = LM

      dx = Nodes(nj)%XY(1) - Nodes(ni)%XY(1)
      dy = Nodes(nj)%XY(2) - Nodes(ni)%XY(2)
      L=SQRT(dx*dx+dy*dy) ; L1=L ; L2=L*L ; L3=L2*L ; Frame(n)%L=L
      cz=dx/L ; sz=dy/L
      T=0.0 ; T(1,1)= cz ; T(1,2)=sz ; T(2,1)=-sz ; T(2,2)=cz ; T(3,3) = 1.0
              T(4,4)= cz ; T(4,5)=sz ; T(5,4)=-sz ; T(5,5)=cz ; T(6,6) = 1.0
      Frame(n)%T=T
```

```
      S=0.0 ; S(1,1)= EA/L1    ; S(1,4)=-EA/L1   ; S(4,1)=-EA/L1    ; S(4,4)= EA/L1
              S(2,2)= 12*EI/L3 ; S(2,3)= 6*EI/L2 ; S(2,5)=-12*EI/L3 ; S(2,6)= 6*EI/L2
              S(3,2)=  6*EI/L2 ; S(3,3)= 4*EI/L1 ; S(3,5)= -6*EI/L2 ; S(3,6)= 2*EI/L1
              S(5,2)=-12*EI/L3 ; S(5,3)=-6*EI/L2 ; S(5,5)= 12*EI/L3 ; S(5,6)=-6*EI/L2
              S(6,2)=  6*EI/L2 ; S(6,3)= 2*EI/L1 ; S(6,5)= -6*EI/L2 ; S(6,6)= 4*EI/L1
      Frame(n)%S = S

      n1=nDof*ni-2 ; n2=nDof*ni-1 ; n3=nDof*ni  ; n4=nDof*nj-2 ; n5=nDof*nj-1 ; n6=nDof*nj
      m1=eDof*n-5  ; m2=eDof*n-4  ; m3=eDof*n-3 ; m4=eDof*n-2  ; m5=eDof*n-1  ; m6=eDof*n
      LM=0 ; LM(1)=m1 ; LM(2)=m2 ; LM(3)=m3 ; LM(4)=m4 ; LM(5)=m5 ; LM(6)=m6

      Bmat(m1,n1)= cz ; Bmat(m1,n2)= sz
      Bmat(m2,n1)=-sz ; Bmat(m2,n2)= cz ; Bmat(m3,n3)=1.0
      Bmat(m4,n4)= cz ; Bmat(m4,n5)= sz
      Bmat(m5,n4)=-sz ; Bmat(m5,n5)= cz ; Bmat(m6,n6)=1.0

      DO i=1,eDof
                 row=LM(i) ; IF(row<=0) STOP '   row<=0  : strange '
         DO j=1,eDof
                 coL=LM(j) ; IF(coL<=0) STOP '  coL<=0 : strange '
            eKt(row,coL)=S(i,j)
         ENDDO
      ENDDO
   ENDDO
   IF(chk>=1) THEN
      WRITE(out,"(//3X,'Bmat : checking'   &
      &           //8X,100I6)") (i,i=1,sDof)
      DO i=1,mDof
         WRITE(out,"(I6,2X,100F6.2)") i, Bmat(i,:sDof)
      ENDDO
   ENDIF
   IF(chk>=2) THEN
      WRITE(out,"(//3X,'eKt : checking'   &
      &           //8X,100I10)") (i,i=1,mDof)
      DO i=1,mDof
         WRITE(out,"(I6,2X,100F10.2)") i,eKt(i,:mDof)
      ENDDO
   ENDIF
END SUBROUTINE ELement_Informations

SUBROUTINE Reduce_System_Matrix
   IMPLICIT NONE
   INTEGER :: n,i,j,row,coL

   ALLOCATE(GK(neq,neq)) ; GK=0.0D0
   ALLOCATE(GB(neq))     ; GB=0.0D0

   GKt=MATMUL(TRANSPOSE(Bmat),MATMUL(eKt,Bmat))

   WRITE(*,"(5X,'REDUCE SYSTEM MATRIX & VECTOR')")
   WRITE(out,"(//'  S Y S T E M   M A T R I X  &  V E C T O R'  &
   &          //5X,'Number of Equations ',I5)") neq
```

```
    DO i=1,sDof
       row=Idn(i) ; IF(row<=0) CYCLE
       GB(row)=GBt(i)
       DO j=1,sDof
          coL=Idn(j) ; IF(coL<=0) CYCLE
          GK(row,coL)=GKt(i,j)
       ENDDO
    ENDDO
    WRITE(out,"(//5X,'i',7X,'Stiffness Matrix and Load Vector ',10('.')/)")
    WRITE(out,"(8X,100I12)") (i,i=1,neq)
    DO i=1,neq
       WRITE(out,"(I6,2X,100E12.4)") i,GK(i,1:neq),Gb(i)
    ENDDO
END SUBROUTINE Reduce_System_Matrix

SUBROUTINE Get_DispLacements
    IMPLICIT NONE
    INTEGER :: n,i,j

    WRITE(*,"(5X,'Get Displacements')")
    WRITE(out,"(//'  D I S P L A C E M E N T S'   &
    &          //6X,'node',12X,'dis_X',10X,'dis_Y',10X,'rot_Z'/)")

    DO n=1,node
       BC = Nodes(n)%BC
       dis=0.0
       DO i=1,nDof
                eq = BC(i) ; IF(eq>0) dis(i)=gB(eq)
       ENDDO
       WRITE(out,"(I10,2X,2F15.6,E15.6)") n,dis
    ENDDO
END SUBROUTINE Get_DispLacements

SUBROUTINE Get_Member_Forces
    IMPLICIT NONE
    INTEGER :: n,i,j

    WRITE(*,"(5X,'Get Memeber Forces')")
    WRITE(out,"(//'  M E M B E R   F O R C E S'   &
    &          //6X,'eL      i    j',2X,2(8X,'fx',8X,'fy',8X,'mz')/)")

    DO n=1,eLem
       ni=Frame(n)%ni ; nj=Frame(n)%nj
       LM=Frame(n)%LM ; S=Frame(n)%S ; T=Frame(n)%T
       mD = 0.0
       DO i=1,eDof
          eq=LM(i) ; IF(eq>0) mD(i)=gB(eq)
       ENDDO
       mF=0.0 ; mF=MATMUL(S,MATMUL(T,mD))

       WRITE(out,"(I8,2X,2I5,2X,6F10.3)") n,ni,nj,mF

       mF = MATMUL(TRANSPOSE(T),mF)
```

```
   DO i=1,sDof
      row=Idn(i) ; IF(row<=0) CYCLE
      GB(row)=GBt(i)
      DO j=1,sDof
         coL=Idn(j) ; IF(coL<=0) CYCLE
         GK(row,coL)=GKt(i,j)
      ENDDO
   ENDDO
   WRITE(out,"(//5X,'i',7X,'Stiffness Matrix and Load Vector ',10('.')/)")
   WRITE(out,"(8X,100I12)") (i,i=1,neq)
   DO i=1,neq
      WRITE(out,"(I6,2X,100E12.4)") i,GK(i,1:neq),Gb(i)
   ENDDO
END SUBROUTINE Reduce_System_Matrix

SUBROUTINE Get_DispLacements
   IMPLICIT NONE
   INTEGER :: n,i,j

   WRITE(*,"(5X,'Get Displacements')")
   WRITE(out,"(//'  D I S P L A C E M E N T S'   &
   &          //6X,'node',12X,'dis_X',10X,'dis_Y',10X,'rot_Z'/)")

   DO n=1,node
      BC = Nodes(n)%BC
      dis=0.0
      DO i=1,nDof
                 eq = BC(i) ; IF(eq>0) dis(i)=gB(eq)
      ENDDO
      WRITE(out,"(I10,2X,2F15.6,E15.6)") n,dis
   ENDDO
END SUBROUTINE Get_DispLacements

SUBROUTINE Get_Member_Forces
   IMPLICIT NONE
   INTEGER :: n,i,j

   WRITE(*,"(5X,'Get Memeber Forces')")
   WRITE(out,"(//'  M E M B E R   F O R C E S'   &
   &          //6X,'eL      i     j',2X,2(8X,'fx',8X,'fy',8X,'mz')/)")

   DO n=1,eLem
      ni=Frame(n)%ni ; nj=Frame(n)%nj
      LM=Frame(n)%LM ; S=Frame(n)%S ; T=Frame(n)%T
      mD = 0.0
      DO i=1,eDof
         eq=LM(i) ; IF(eq>0) mD(i)=gB(eq)
      ENDDO
      mF=0.0 ; mF=MATMUL(S,MATMUL(T,mD))

      WRITE(out,"(I8,2X,2I5,2X,6F10.3)") n,ni,nj,mF

      mF = MATMUL(TRANSPOSE(T),mF)
```

```
      Resd(1:nDof,ni)=Resd(1:nDof,ni)+mF(1:nDof)
      Resd(1:nDof,nj)=Resd(1:nDof,nj)+mF(4:eDof)
   ENDDO
END SUBROUTINE Get_Member_Forces

SUBROUTINE Get_Residual_Forces
   IMPLICIT NONE
   INTEGER :: n,i,j

   WRITE(*,"(5X,'Get Residual Forces')")
   WRITE(out,"(//'  N O D E   R E S I D U A L   F O R C E S (Reactions)'    &
   &          //6X,'node  ',9X,'res_FX',9X,'res_FY',9X,'res_MZ'/)")

   DO n=1,node
      Resd(:,n)=Resd(:,n)-Nodes(n)%cLod(:)
      WRITE(out,"(I10,2X,3E15.6)") n,Resd(:,n)
   ENDDO
END SUBROUTINE Get_Residual_Forces

SUBROUTINE Simultaneous_Equation(A,B,n)
   IMPLICIT NONE
   INTEGER :: n, i,ia,ib,j,k,ind=1
   REAL(8) :: A(n,n),B(n), z
   INTEGER,ALLOCATABLE :: La(:),Lb(:,:)
   REAL(8),ALLOCATABLE :: Sz(:)

   WRITE(*,"(5X,'Gauss Elimination')")
   WRITE(out,"(//'  G A U S S   F U L L   M A T R I X   S O L V E R')")

   ALLOCATE(La(n))   ; La=0
   ALLOCATE(Lb(n,2)) ; Lb=0
   ALLOCATE(Sz(n))   ; Sz=0.0D0

   ind=1
   DO k=1,n
      z=0.0D0
      DO i=1,n
         IF(La(i)==1) CYCLE
         DO j=1,n
            IF(La(j)<1) THEN
               IF(ABS(z)<ABS(A(i,j))) THEN
                  ia=i ; ib=j ; z=A(i,j)
               ENDIF
            ELSEIF(La(j)/=1) THEN
               DEALLOCATE(La,Lb,Sz) ; RETURN
            ENDIF
         ENDDO
      ENDDO
      La(ib)=La(ib)+1
      IF(ia/=ib) THEN
         DO i=1,n
            z=A(ia,i) ; A(ia,i)=A(ib,i) ;  A(ib,i)=z
         ENDDO
```

```
            IF(Ind /= 0) THEN
               z=B(ia) ; B(ia)=B(ib) ; B(ib)=z
            ENDIF
         ENDIF
         Lb(k,1)=ia ; Lb(k,2)=ib ; Sz(k)=A(ib,ib) ; A(ib,ib)=1.0
         A(ib,1:n)=A(ib,1:n)/Sz(k)
         IF(Ind/=0) B(ib)=B(ib)/Sz(k)
         DO i=1,n
            IF(i==ib) CYCLE
            z=A(i,ib) ; A(i,ib)=0.0
            DO j=1,n
               A(i,j)=A(i,j)-A(ib,j)*z
            ENDDO
            IF(Ind/=0) B(i)=B(i)-B(ib)*z
         ENDDO
      ENDDO
      DO i=1,n ; j=n-i+1
         IF(Lb(j,1)==Lb(j,2)) CYCLE
         ia=Lb(j,1) ; ib=Lb(j,2)
         DO k=1,n
            z=A(k,ia) ; A(k,ia)=A(k,ib) ; A(k,ib)=z
         ENDDO
      ENDDO
      DEALLOCATE(La,Lb,Sz)
   END SUBROUTINE SimuLtaneous_Equation

END PROGRAM AnaLysis_of_2D_Frame_by_CLough_Method
```

10 강성도법과 유연도법

10.1 개요

지금까지 2장은 기본적인 수학지식을 정리하였고 3장은 구조해석의 일반적인 기초지식들을 소개하였다. 4장~7장까지 구조해석모델별 직접강성법의 적용방법을 설명하였다. 8장은 다시한번 직접강성도법을 정리하여 복습할 수 있도록 구성하였고 9장은 변위법이론의 기초가 되는 Clough 변위법을 소개하였고 직접강성도법과 Clough 변위법의 차이를 설명하였다. 직접강성도법은 하나의 부재에 대하여 모든 식을 결정하고 전체시스템방정식을 구성하지만 Clough 변위법은 전체구조계를 대상으로 모든 방정식을 구성한다는 것을 이해하였을 것이다. 즉, 지금까지 모든 해석은 변위법을 기초한 매트릭스구조해석이다.

변위법은 부재력을 절점변위로 표현하고 평형조건을 적용하는 방법이었다. 여하튼 주어진 방정식을 매트릭스형태로 작성하면 모두 매트릭스구조해석에 해당된다. 그러면 절점변위를 부재력 항으로 정리하고 적합조건을 사용하는 유연도법도 매트릭스 방정식으로 표현하면 매트릭스구조해석인가? 당연히 매트릭스 구조해석법에 해당한다. 그럼에도 모든 매트릭스구조해석 교재들은 변위법만을 취급하고 있다. 그 이유는 지점의 경계조건만을 고려하여 시스템방정식을 손쉽게 구성하고 전산작업도 매우 용이하기 때문이다. 8, 9장은 변위법을 재정리하기 위하여 배려한 장들이다.

유연도법은 어떤 부재력을 부정정력으로 가정하는가에 따라 해석방법이 달라질 수 있다. 이러한 선택의 다양성은 전산작업을 어렵게 만들 수 있고 실무에서 유연도법을 사용하지 않는 이유이다. 그러나 간단한 부정정구조이면 변위법보다 유연도법이 더욱 강력한 해석도구이다. 적합조건에 대한 이해도도 빠르며 다른 이름으로 불리는 다양한 해석법들(예를 들어, 변형일치방법)이 적합조건을 아용하고 있다. 부정정력을 미지수로 선택하므로 부정정구조물에 대한 해석방법으로 알려져 있다. 이러한 이유에서 재료역학과 구조역학 등 다른 교과목에서 유연도법을 적용한 많은 해석예를 보이고 있다.

매트릭스구조해석에 대한 본 교재는10장에서 유연도법에 대한 기본지식만을 해석예를 통해 정리하기 한다. 특정 구조계에 대하여 유연도법을 사용한 프로그램을 작성하고 해석예를 보일 수 있으나 사용성과 적용성이 떨어지는 기법들을 소개할 필요가 없을 것 같다. 11, 12장에서 소개할 아치구조나 케이블구조는 직접 강성도 성분을 결정하고 구조전체에 대한 강성도매트릭스를 결정하기 어려운 구조물들이다. 주로 곡선형상의 초기모습을 가진 부재들이 이러한 특성을 나타낸다. 이때 하나의 아치부재나 케이블부재에 대하여 먼저 유연도 성분을 계산하고 유연도매트릭스를 결정하고 있다. 이어서 유연도매트릭스의 역행렬 즉, 강성도매트릭스를 결정하는 간접적인 방법을 사용할 수 있다. 이러한 방법은 Livesley에 의하여 소개된 변위법이다. 연산초기에 유연도 성분을 우선적으로 계산하므로 유연도법이라고 말할 수도 있다. 그러나 시스템방정식을 변위 항으로 표현하므로 변위법으로 구분하고 있다.

3장에서 설명한 바와 같이 강성도법은 변위법, 평형법이라고도 부르며 유연도법은 하중법, 적합법이라고도 부른다. 해석기법의 차이는 자유도의 선택이다. 10장에서는 강성도법과 유연도법이라는 용어를 주로 사용하기로 한다. 2가지 해석법은 부정정구조의 해석과정에서 뚜렷한 차이를 나타내므로 가능한 부정정구조를 해석예로 선택하기로 한다. 2가지 해석법의 기본적인 연산과정을 비교하면 아래 그림과 같다. 윗그림은 연산순차의 차이, 아래그림은 2개의 스프링이 연결된 스프링구조의 해석예를 보였다.

❖ Stiffness Method

- Clough's Displacement Method
- Livesley's Stiffness Method
- Martin's Direct Stiffness Method

강성도법 (Stiffness Method)
변위법 (Displacement Method)
평형법 (Equilibrium Method)

- 미지수 : 변위
- 부재력 : 변위 항으로 표현(강성도)
- 절점평형조건 : 지배방정식
- 변위 결정
- 부재력 결정

❖ Flexibility Method

- Argyris's Flexibility Method

유연도법 (Flexibility Method)
하중법 (Force Method)
적합법 (Compatibility Method)

- 미지수 : 부정정력
- 절점변위 : 부정정력으로 표현(유연도)
- 적합조건 : 지배방정식
- 부정정력 결정 : 각 부재력 결정
- 변위결정

❖ Flexibility Method vs Displacement Method

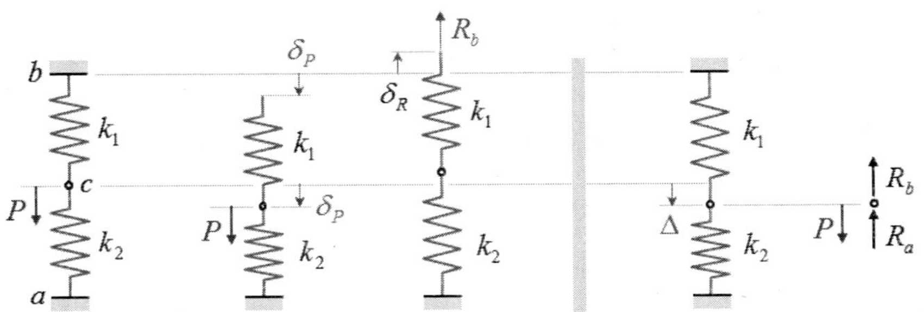

• Flexibility Method

Select R_b

$$\begin{cases} \delta_P = P/k_2 \\ \delta_R = (k_1 + k_2)R_b/(k_1 k_2) \end{cases}$$

Compatibility $\delta_P - \delta_R = 0$

$$R_b = k_1 P/(k_1 + k_2)$$

Equilibrium $R_a + R_b = P$

$$R_a = k_2 P/(k_1 + k_2)$$

• Stiffness Method

Select Δ

$$\begin{cases} P_b = k_1 \Delta \\ P_a = k_2 \Delta \end{cases}$$

Equilibrium $P_a + P_b = P$

$$\Delta = P/(k_1 + k_2)$$

$$\rightarrow \begin{cases} P_a = R_b = k_2 P/(k_1 + k_2) \\ P_b = R_b = k_1 P/(k_1 + k_2) \end{cases}$$

10.2 강성도법

본절은 구체적인 설명이 없이 각 해석모델에 따른 강성도법을 정리하기로 한다. 강성도법은 정정구조와 부정정구조에 적용할 수 있는 기법이므로 정정트러스구조와 정정보구조에 대한 해석예도 포함하였다. 연산과정에 대한 가능한 별도의 설명을 하지 않고 연산과정과 방정식의 흐름만을 소개하려고 한다. 또한 단자유도로 표현되는 구조물은 굳이 매트릭스방정식을 사용할 필요가 없으므로 수계산으로 대체시켰다. 해석예는 봉구조, 트러스구조와 같은 축변형부재를 우선적으로 수록하였고 이어서 보구조, 라멘구조와 같은 휨거동 구조를 수록하였다.

10.2.1 봉구조

부정정 봉구조물을 해석예를 선택하였다. 변위법은 특정위치의 변위를 미지수로 선택하면서 연산이 시작된다. 이 문제는 절점 c의 수직방향 변위를 미지수 δ로 선택하였다. 즉, 모든 부재력들은 선택한 하나의 미지수로 표현하게 된다. 1개의 미지수를 선택하면 단자유도 구조계이며 지배방정식도 크기 (1×1)인 매트릭스방정식이 된다. 이러한 경우 복잡하게 매트릭스방정식을 사용할 필요가 없을 것이다. 따라서 일반적인 수계산처럼 작성하였다. 부재 ac와 부재 bc의 길이는 $L/2$로 동일하나 축강성이 각각 EA, αEA이다. 각 부재력은 $P_a = 2EA\delta/L$, $P_b = 2\alpha EA\delta/L$가 될 것이다. 절점 c에 대한 자유물체도를 보면, 평형조건식 $P = P_a + P_b$가 성립하므로 각 부재력을 대입하면 미지수 δ가 산정된다.

■ Statically Indeterminate Bar

- Unknown : $\delta_c \equiv \delta$

$$\rightarrow P_a = \frac{EA}{L/2}\delta,\ P_b = \frac{\alpha EA}{L/2}\delta$$

- Equilibrium condition : $P = P_a + P_b$

$$\rightarrow \frac{2EA}{L}\delta + \frac{2\alpha EA}{L}\delta = \frac{2(1+\alpha)EA}{L}\delta = P$$

$$\rightarrow \delta = \frac{PL}{2(1+\alpha)EA}$$

- Reactions

$$\begin{cases} R_a = P_a = \dfrac{2EA}{L}\delta = \dfrac{2EA}{L}\dfrac{PL}{2(1+\alpha)EA} = \dfrac{P}{(1+\alpha)} \\ R_b = P_b = \dfrac{2\alpha EA}{L}\delta = \dfrac{2\alpha EA}{L}\dfrac{PL}{2(1+\alpha)EA} = \dfrac{\alpha P}{(1+\alpha)} \end{cases}$$

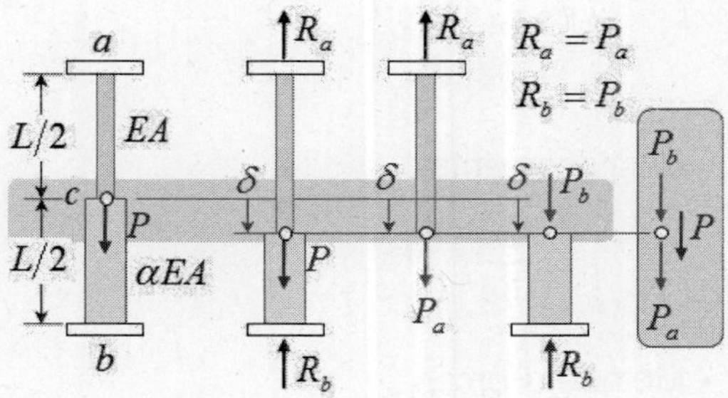

10.2.2 트러스구조

[1] 정정 트러스구조

그림과 같이 축강성 EA, 길이 L인 2개의 축부재로 구성된 정정트러스를 해석하려고 한다. 절점 c에 수평 및 수직하중이 각각 P_x, P_y가 작용한다. 계산의 편의를 위하여, $\sin\theta = s$, $\cos\theta = c$로 표기하자. 부재력을 f_{ac}, f_{bc}라고 표기하고 절점 c의 수평 및 수직변위를 각각 Δ_x, Δ_y로 표기하자. 미지수를 Δ_x, Δ_y로 선택하고 각 부재력을 계산한 후, 절점 c의 평형조건을 적용시킨다. 평형조건으로부터 절점 c의 변위가 결정되면, 각 부재력은 손쉽게 얻게 된다. 일련의 연산과정은 다음과 같다.

- Member force :

$$\begin{cases} \delta_{ac} = c\Delta_x + s\Delta_y \\ \delta_{bc} = -c\Delta_x + s\Delta_y \end{cases}$$

$$\rightarrow \begin{Bmatrix} f_{ac} \\ f_{bc} \end{Bmatrix} = \frac{EA}{L}\begin{Bmatrix} \delta_{ac} \\ \delta_{bc} \end{Bmatrix} = \frac{EA}{L}\begin{Bmatrix} c\Delta_x + s\Delta_y \\ -c\Delta_x + s\Delta_y \end{Bmatrix}$$

- Equilibrium :

$$\begin{Bmatrix} P_x \\ P_y \end{Bmatrix} = \begin{bmatrix} c & -c \\ s & s \end{bmatrix}\begin{Bmatrix} f_{ac} \\ f_{bc} \end{Bmatrix} = \frac{EA}{L}\begin{bmatrix} c & -c \\ s & s \end{bmatrix}\begin{Bmatrix} c\Delta_x + s\Delta_y \\ -c\Delta_x + s\Delta_y \end{Bmatrix} = \frac{2EA}{L}\begin{Bmatrix} c^2\Delta_x \\ s^2\Delta_y \end{Bmatrix}$$

- Displacements :

$$\begin{Bmatrix} \Delta_x \\ \Delta_y \end{Bmatrix} = \frac{L}{2EA}\begin{Bmatrix} P_x/c^2 \\ P_y/s^2 \end{Bmatrix}$$

- Member Forces :

$$\begin{Bmatrix} f_{ac} \\ f_{bc} \end{Bmatrix} = \frac{EA}{L}\begin{Bmatrix} c\Delta_x + s\Delta_y \\ -c\Delta_x + s\Delta_y \end{Bmatrix} = \frac{1}{2}\begin{Bmatrix} P_x/c + P_y/s \\ -P_x/c + P_y/s \end{Bmatrix}$$

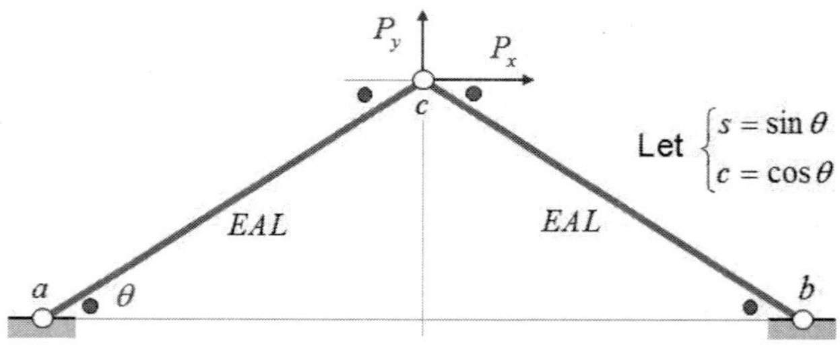

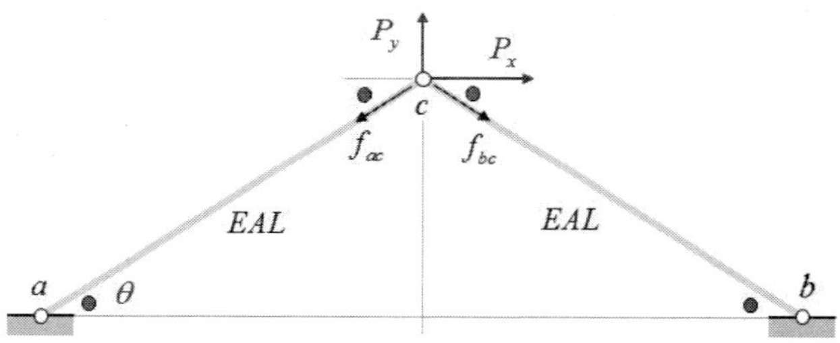

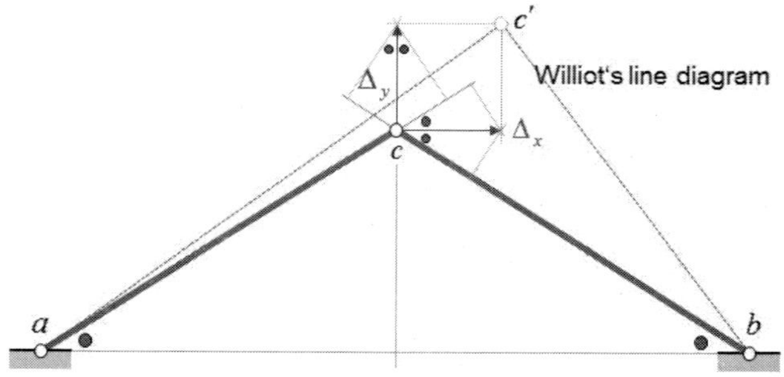

$$\begin{cases} \delta_{ac} = c\Delta_x + s\Delta_y \\ \delta_{bc} = -c\Delta_x + s\Delta_y \end{cases} \text{ or }$$

$$\begin{Bmatrix} \delta_{ac} \\ \delta_{bc} \end{Bmatrix} = \begin{bmatrix} c & s \\ -c & s \end{bmatrix}\begin{Bmatrix} \Delta_x \\ \Delta_y \end{Bmatrix}$$

[2] 부정정 트러스구조

그림과 같이 절점 c 에 수평 및 수직하중이 각각 P_x, P_y 가 작용하고, 축강성 EA , 길이 L 인 3개의 축부재로 구성된 부정정트러스를 해석하려고 한다. 연산과정은 아래와 같다.

■ Statically Indeterminate Truss

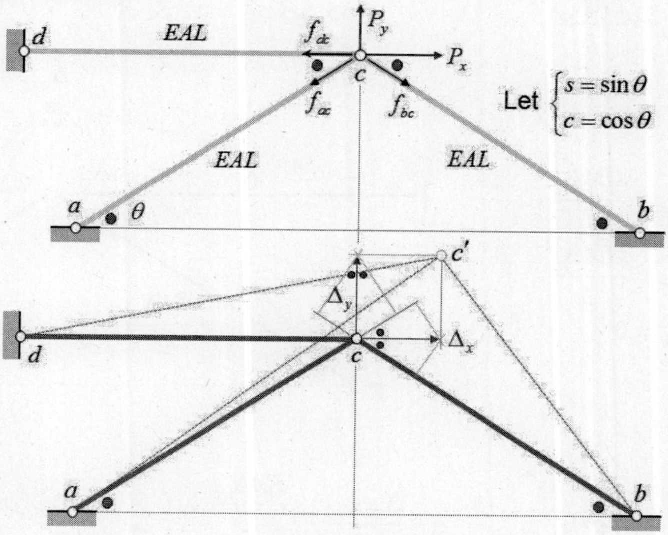

$$\begin{cases} \delta_{ac} = c\Delta_x + s\Delta_y \\ \delta_{bc} = -c\Delta_x + s\Delta_y \\ \delta_{dc} = \Delta_x \end{cases} \text{ or}$$

$$\begin{Bmatrix} \delta_{ac} \\ \delta_{bc} \\ \delta_{dc} \end{Bmatrix} = \begin{bmatrix} c & s \\ -c & s \\ 1 & 0 \end{bmatrix} \begin{Bmatrix} \Delta_x \\ \Delta_y \end{Bmatrix}$$

- Member force : $\begin{cases} \delta_{ac} = c\Delta_x + s\Delta_y \\ \delta_{bc} = -c\Delta_x + s\Delta_y \\ \delta_{dc} = \Delta_x \end{cases} \rightarrow \begin{Bmatrix} f_{ac} \\ f_{bc} \\ f_{dc} \end{Bmatrix} = \dfrac{EA}{L} \begin{Bmatrix} \delta_{ac} \\ \delta_{bc} \\ \delta_{dc} \end{Bmatrix} = \dfrac{EA}{L} \begin{Bmatrix} c\Delta_x + s\Delta_y \\ -c\Delta_x + s\Delta_y \\ \Delta_x \end{Bmatrix}$

- Equilibrium : $\begin{Bmatrix} P_x \\ P_y \end{Bmatrix} = \begin{bmatrix} c & -c & 1 \\ s & s & 0 \end{bmatrix} \begin{Bmatrix} f_{ac} \\ f_{bc} \\ f_{dc} \end{Bmatrix} = \dfrac{EA}{L} \begin{bmatrix} c & -c & 1 \\ s & s & 0 \end{bmatrix} \begin{Bmatrix} c\Delta_x + s\Delta_y \\ -c\Delta_x + s\Delta_y \\ \Delta_x \end{Bmatrix} = \dfrac{EA}{L} \begin{Bmatrix} (2c^2+1)\Delta_x \\ (2s^2)\Delta_y \end{Bmatrix}$

- Displacements : $\begin{Bmatrix} \Delta_x \\ \Delta_y \end{Bmatrix} = \dfrac{L}{EA} \begin{Bmatrix} \dfrac{P_x}{(2c^2+1)} \\ \dfrac{P_y}{(2s^2)} \end{Bmatrix}$

- Member Forces : $\begin{Bmatrix} f_{ac} \\ f_{bc} \\ f_{dc} \end{Bmatrix} = \dfrac{EA}{L} \begin{Bmatrix} c\Delta_x + s\Delta_y \\ -c\Delta_x + s\Delta_y \\ \Delta_x \end{Bmatrix} = \begin{Bmatrix} \dfrac{cP_x}{(2c^2+1)} + \dfrac{P_y}{(2s)} \\ -\dfrac{cP_x}{(2c^2+1)} + \dfrac{P_y}{(2s)} \\ \dfrac{P_x}{(2c^2+1)} \end{Bmatrix}$

❖ Components of Stiffness Matrix

$$f_{ac} = \frac{cEA\Delta_{cx}}{L}$$

$$f_{bc} = -\frac{cEA\Delta_{cx}}{L}$$

$$f_{cd} = \frac{EA\Delta_{cx}}{L}$$

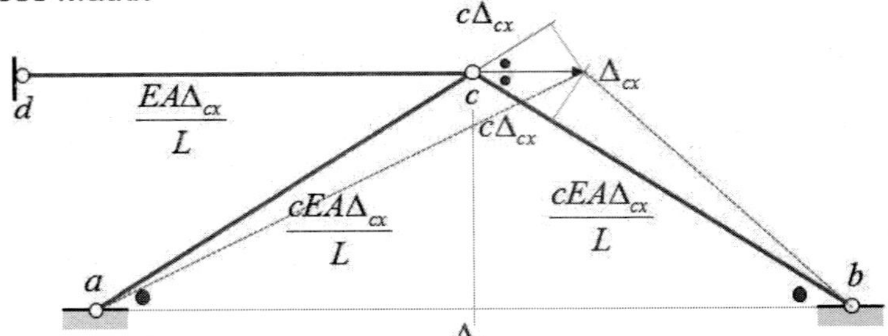

$$f_{ac} = \frac{sEA\Delta_{cy}}{L}$$

$$f_{bc} = \frac{sEA\Delta_{cy}}{L}$$

$$f_{cd} = 0$$

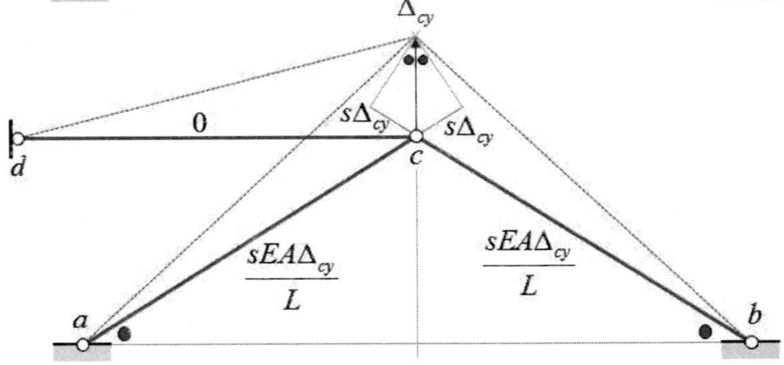

$$f_{ac} = \frac{cEA\Delta_{dx}}{L}$$

$$f_{bc} = -\frac{sEA\Delta_{dx}}{L}$$

$$f_{cd} = -\frac{EA\Delta_{dx}}{L}$$

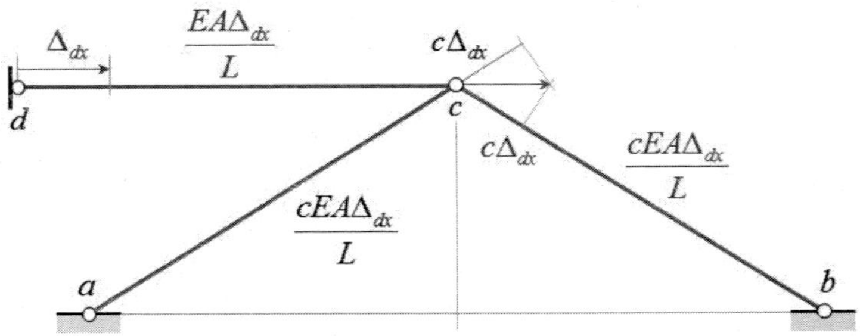

⇩

If $\Delta_{dx} = 0,\ f_{ac} = f_{bc} = f_{cd} = 0$

$$\therefore \begin{Bmatrix} f_{ac} \\ f_{bc} \\ f_{dc} \end{Bmatrix} = \frac{EA}{L}\begin{bmatrix} c & s \\ -c & s \\ 1 & 0 \end{bmatrix}\begin{Bmatrix} \Delta_{cx} \\ \Delta_{cy} \end{Bmatrix}$$

---

cf) $$\begin{Bmatrix} f_{ac} \\ f_{bc} \\ f_{dc} \end{Bmatrix} = \frac{EA}{L}\begin{bmatrix} 1 & 0 & 0 \\ 0 & 1 & 0 \\ 0 & 0 & 1 \end{bmatrix}\begin{Bmatrix} \delta_{ac} \\ \delta_{bc} \\ \delta_{dc} \end{Bmatrix} = \frac{EA}{L}\begin{bmatrix} 1 & 0 & 0 \\ 0 & 1 & 0 \\ 0 & 0 & 1 \end{bmatrix}\begin{bmatrix} c & s \\ -c & s \\ 1 & 0 \end{bmatrix}\begin{Bmatrix} \Delta_x \\ \Delta_y \end{Bmatrix} = \frac{EA}{L}\begin{bmatrix} c & s \\ -c & s \\ 1 & 0 \end{bmatrix}\begin{Bmatrix} \Delta_{cx} \\ \Delta_{cy} \end{Bmatrix}$$

10.2.3 보구조

보구조는 정정구조와 부정정구조로 구분하여 해석예를 선택하였다. 강성도법은 정정구조이건 부정정구조인건 적용가능한 해석법이기 때문이다.

[1] 정정 보구조

가장 쉬운 해석예로서, 휨강성 EI, 길이 L인 캔틸레버를 선택하였고 캔틸레버를 단 하나의 보부재로 이상화하였다. 자유단에 연직하중 P와 모멘트하중 M이 작용할 때 캔틸레버를 강성도법으로 해석하려고 한다. 경계조건 $\Delta_a = \Theta_a = 0$이다. 연산과정은 아래와 같다.

■ Statically Determinate Beam

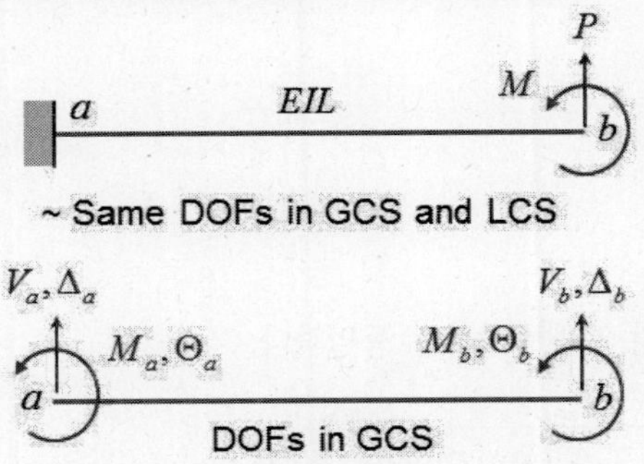

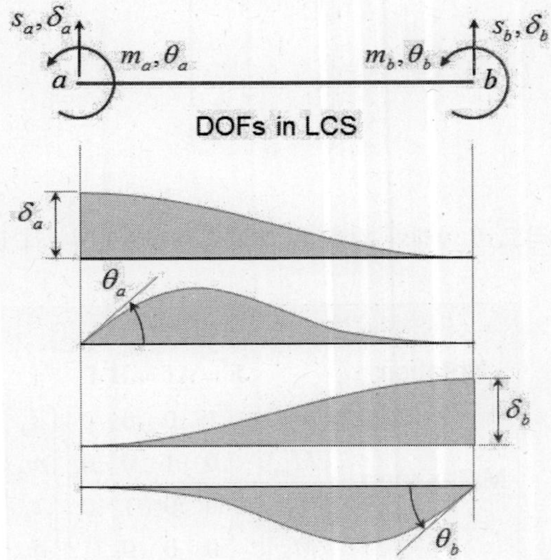

$\underset{\sim}{\mathbf{f}} = \underset{\sim}{\mathbf{k}}\underset{\sim}{\mathbf{d}}$ or

$$\begin{Bmatrix} s_a \\ m_a \\ s_b \\ m_b \end{Bmatrix} = \frac{EI}{L^3}\begin{bmatrix} 12 & 6L & -12 & 6L \\ 6L & 4L^2 & -6L & 2L^2 \\ -12 & 6L & 12 & -6L \\ 6L & 2L^2 & -6L & 4L^2 \end{bmatrix}\begin{Bmatrix} \delta_a \\ \theta_a \\ \delta_b \\ \theta_b \end{Bmatrix}$$

- Equilibrium : $\begin{Bmatrix} P \\ M \end{Bmatrix} = \frac{EI}{L^3}\begin{bmatrix} 12 & -6L \\ -6L & 4L^2 \end{bmatrix}\begin{Bmatrix} \Delta_b \\ \Theta_b \end{Bmatrix} = \frac{2EI}{L^3}\begin{bmatrix} 6 & -3L \\ -3L & 2L^2 \end{bmatrix}\begin{Bmatrix} \Delta_b \\ \Theta_b \end{Bmatrix}$

- Displacement : $\begin{Bmatrix} \Delta_b \\ \Theta_b \end{Bmatrix} = \frac{L^3}{2EI}\frac{1}{3L^2}\begin{bmatrix} 2L^2 & 3L \\ 3L & 6 \end{bmatrix}\begin{Bmatrix} P \\ M \end{Bmatrix} = \frac{L}{6EI}\begin{Bmatrix} 2PL^2 + 3ML \\ 3PL + 6M \end{Bmatrix}$

- Member Forces : $\begin{Bmatrix} s_b \\ m_b \end{Bmatrix} = \frac{2EI}{L^3}\begin{bmatrix} 6 & -3L \\ -3L & 2L^2 \end{bmatrix}\frac{L}{6EI}\begin{Bmatrix} 2PL^2 + 3ML \\ 3PL + 6M \end{Bmatrix} = \begin{Bmatrix} P \\ M \end{Bmatrix}$

- Reactions : $\begin{Bmatrix} s_a \\ m_a \end{Bmatrix} = \frac{2EI}{L^3}\begin{bmatrix} -6 & 3L \\ -3L & L^2 \end{bmatrix}\frac{L}{6EI}\begin{Bmatrix} 2PL^2 + 3ML \\ 3PL + 6M \end{Bmatrix} = -\frac{1}{L}\begin{Bmatrix} PL \\ PL^2 + ML \end{Bmatrix}$

캔틸레버 문제에서 LCS와 GCS은 동일하다. 따라서 부재절점하중벡터 $\boldsymbol{f}$ 는 절점하중벡터 $\boldsymbol{F}$ 와 동일하고 부재절점변위벡터 $\boldsymbol{d}$ 도 절점변위벡터 $\boldsymbol{D}$ 와 일치한다.

$$\underset{\sim}{\mathbf{F}} = \underset{\sim}{\mathbf{f}} = \begin{Bmatrix} V_a \\ M_a \\ V_b \\ M_b \end{Bmatrix} = \begin{Bmatrix} s_a \\ m_a \\ s_b \\ m_b \end{Bmatrix},\ \underset{\sim}{\mathbf{D}} = \underset{\sim}{\mathbf{d}} = \begin{Bmatrix} \Delta_a \\ \Theta_a \\ \Delta_b \\ \Theta_b \end{Bmatrix} = \begin{Bmatrix} \delta_a \\ \theta_a \\ \delta_b \\ \theta_b \end{Bmatrix},\ \underline{\mathbf{K}} = \underline{\mathbf{k}} = \frac{EI}{L^3}\begin{bmatrix} 12 & 6L & -12 & 6L \\ 6L & 4L^2 & -6L & 2L^2 \\ -12 & 6L & 12 & -6L \\ 6L & 2L^2 & -6L & 4L^2 \end{bmatrix}$$

마찬가지로, 정역학매트릭스 $\boldsymbol{A}$ 와 적합매트릭스 $\boldsymbol{B}$ 도 단위매트릭스 $\boldsymbol{I}$ 가 된다. 보구조는 일련의 보부재들이 한 줄로 연결되므로 항상 정역학매트릭스와 적합매트릭스는 단위매트릭스가 된다. 따라서 LCS와 GCS로 구분한 필요가 없다.

$$\underline{\mathbf{A}} = \underline{\mathbf{B}} = \underline{\mathbf{I}} = \begin{bmatrix} 1 & \cdot & \cdot & \cdot \\ \cdot & 1 & \cdot & \cdot \\ \cdot & \cdot & 1 & \cdot \\ \cdot & \cdot & \cdot & 1 \end{bmatrix}$$

그러므로 아래와 같이 LCS의 부재평형방정식과 GCS의 지배방정식은 동일하다.

	Statics	Compatibility
Notation	$\underset{\sim}{\mathbf{F}} = \underline{\mathbf{A}}\underset{\sim}{\mathbf{f}} = \underline{\mathbf{B}}^T\underset{\sim}{\mathbf{f}}$	$\underset{\sim}{\mathbf{d}} = \underline{\mathbf{B}}\underset{\sim}{\mathbf{D}} = \underline{\mathbf{A}}^T\underset{\sim}{\mathbf{D}}$
Matrix form	$\begin{Bmatrix} V_a \\ M_a \\ V_b \\ M_b \end{Bmatrix} = \begin{bmatrix} 1 & 0 & 0 & 0 \\ 0 & 1 & 0 & 0 \\ 0 & 0 & 1 & 0 \\ 0 & 0 & 0 & 1 \end{bmatrix}\begin{Bmatrix} s_a \\ m_a \\ s_b \\ m_b \end{Bmatrix}$	$\begin{Bmatrix} \delta_a \\ \theta_a \\ \delta_b \\ \theta_b \end{Bmatrix} = \begin{bmatrix} 1 & 0 & 0 & 0 \\ 0 & 1 & 0 & 0 \\ 0 & 0 & 1 & 0 \\ 0 & 0 & 0 & 1 \end{bmatrix}\begin{Bmatrix} \Delta_a \\ \Theta_a \\ \Delta_b \\ \Theta_b \end{Bmatrix}$

$$\text{Since } \begin{Bmatrix} V_a \\ M_a \\ V_b \\ M_b \end{Bmatrix} = \begin{bmatrix} 1 & 0 & 0 & 0 \\ 0 & 1 & 0 & 0 \\ 0 & 0 & 1 & 0 \\ 0 & 0 & 0 & 1 \end{bmatrix}\begin{Bmatrix} s_a \\ m_a \\ s_b \\ m_b \end{Bmatrix},\ \begin{Bmatrix} \delta_a \\ \theta_a \\ \delta_b \\ \theta_b \end{Bmatrix} = \begin{bmatrix} 1 & 0 & 0 & 0 \\ 0 & 1 & 0 & 0 \\ 0 & 0 & 1 & 0 \\ 0 & 0 & 0 & 1 \end{bmatrix}\begin{Bmatrix} \Delta_a \\ \Theta_a \\ \Delta_b \\ \Theta_b \end{Bmatrix}$$

$$\rightarrow \begin{Bmatrix} V_a \\ M_a \\ V_b \\ M_b \end{Bmatrix} = \frac{EI}{L^3}\begin{bmatrix} 12 & 6L & -12 & 6L \\ 6L & 4L^2 & -6L & 2L^2 \\ -12 & 6L & 12 & -6L \\ 6L & 2L^2 & -6L & 4L^2 \end{bmatrix}\begin{Bmatrix} \Delta_a \\ \Theta_a \\ \Delta_b \\ \Theta_b \end{Bmatrix}$$

[2] 부정정 보구조

부정정 보구조의 해석예로서, 휨강성 EI, 길이 L인 캔틸레버 ab의 자유단을 롤러로 지지한 1차 부정정 보구조를 선택하였다. 부정정 보구조를 단 하나의 보부재로 이상화하였으므로 1개의 자유도(절점 b의 회전각 변위 Θ_b)를 가진다. 롤러지점 b에 모멘트하중 M이 작용할 때 강성도법으로 해석하려고 한다. 경계조건은 $\Delta_a = \Theta_a = \Delta_b = 0$이다. 연산과정은 아래와 같다.

정정 보구조에서 설명한 것처럼 보구조물은 LCS와 GCS가 동일하므로 부재절점변위벡터 $\boldsymbol{d}$는 절점변위벡터 $\boldsymbol{D}$와, 부재절점하중벡터 $\boldsymbol{f}$는 절점하중벡터 $\boldsymbol{F}$와 동일하다. 또한 정역학매트릭스 $\boldsymbol{A}$와 적합매트릭스 $\boldsymbol{B}$도 단위매트릭스 $\boldsymbol{I}$가 될 것이다. 그러므로 1차 부정정 보구조는 GCS의 절점변위벡터 $\boldsymbol{D}$와 절점하중벡터 $\boldsymbol{F}$의 성분으로 방정식을 표현하기로 한다. 부재력은 LCS의 부재력벡터 즉, 부재절점하중벡터 $\boldsymbol{f}$로 표현하기로 한다.

위와 같은 1차 부정정 보구조는 1개의 미지수 Θ_b를 가진 1개의 지배방정식 $M_b = \dfrac{4EI}{L}\Theta_b$을 나타낸다. 매트릭스형태로 표현하기에는 너무 간단한 방정식이다. 여기서 롤러지점 b의 모멘트하중 M_b는 M이므로 미지변위 $\Theta_b = \dfrac{ML}{4EI}$를 손쉽게 결정된다. 또한 부재 평형방정식 $\boldsymbol{f} = \boldsymbol{kd} = \boldsymbol{F} = \boldsymbol{KD}$으로부터 부재력벡터 $\boldsymbol{f}$를 아래와 같이 계산하게 된다.

■ Statically Indeterminate Beam

$$\begin{Bmatrix} V_a \\ M_a \\ V_b \\ M_b \end{Bmatrix} = \frac{EI}{L^3}\begin{bmatrix} 12 & 6L & -12 & 6L \\ 6L & 4L^2 & -6L & 2L^2 \\ -12 & 6L & 12 & -6L \\ 6L & 2L^2 & -6L & 4L^2 \end{bmatrix}\begin{Bmatrix} \Delta_a \\ \Theta_a \\ \Delta_b \\ \Theta_b \end{Bmatrix} \Rightarrow \begin{Bmatrix} V_a \\ M_a \\ V_b \\ M_b \end{Bmatrix} = \frac{EI}{L^3}\begin{Bmatrix} 6L \\ 2L^2 \\ -6L \\ 4L^2 \end{Bmatrix}\Theta_b = \frac{2EI}{L^2}\begin{Bmatrix} 3 \\ L \\ -3 \\ 2L \end{Bmatrix}\Theta_b$$

- Equilibium and Displacement : $M_b = \dfrac{4EI}{L}\Theta_b = M \rightarrow \Theta_b = \dfrac{ML}{4EI}$

- Memeber Forces : $\begin{Bmatrix} s_a \\ m_a \\ s_b \\ m_b \end{Bmatrix} = \dfrac{2EI}{L^2}\begin{Bmatrix} 3 \\ L \\ -3 \\ 2L \end{Bmatrix}\Theta_b = \begin{Bmatrix} 3 \\ L \\ -3 \\ 2L \end{Bmatrix}\dfrac{M}{2L} = \begin{Bmatrix} \dfrac{3M}{2L} \\ \dfrac{M}{2} \\ -\dfrac{3M}{2L} \\ M \end{Bmatrix}$

10.2.4 라멘구조

휨강성 EI, L 인 3개의 라멘부재로 구성된 3차 부정정 라멘을 해석예로 선택하였다. 절점 a, d는 고정단이며 부재 bc 중앙점 e 에 연직하중 P가 작용하고 있다. 부재 내부에 집중하중이 작용하므로 절점 b, c를 고정단으로 가정하고 절점 b, c의 반력을 결정한다. 이어서 절점 b, c의 반대방향 반력을 주어진 라멘구조에 적용하면 3번째 그림과 같은 하중계를 얻을 수 있다. 즉, 주어진 시스템은 2번째와 3번째 시스템의 합과 동일한 역계를 나타내고 있다. 절점 b, c의 연직반력들은 부재 bc의 휨거동에 전혀 영향을 주지 않는 하중들이지만 절점 a, d의 반력과 부재 ab 와 cd 의 축력에 영향을 나타낸다.

■ Statically Indeterminate Frame

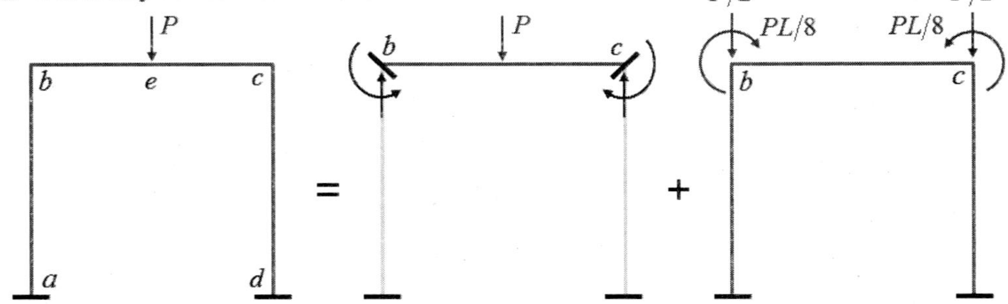

축변형을 무시하므로 하나의 보부재의 평형방정식은 처짐각법에 의하여 다음과 같이 나타낼 수 있다.

$$\underset{\sim}{\mathbf{f}}_e = \underset{\sim}{\mathbf{k}}_e \underset{\sim}{\mathbf{d}}_e \text{ or}$$

$$\begin{Bmatrix} m_{ij} \\ m_{ji} \end{Bmatrix} = \frac{2EI}{L}\begin{bmatrix} 2 & 1 \\ 1 & 2 \end{bmatrix}\begin{Bmatrix} \theta_i \\ \theta_j \end{Bmatrix}$$

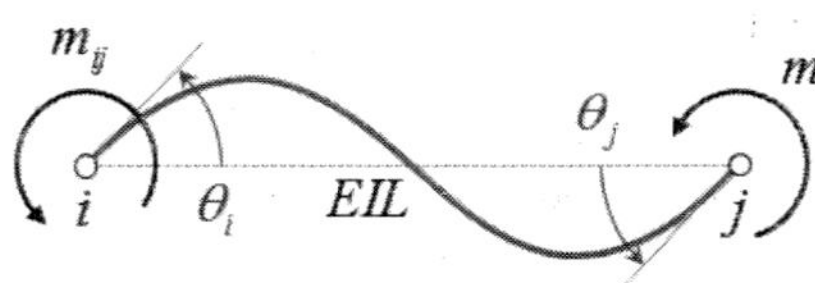

자유도는 $\Theta_b, \Theta_c, \Delta_b$를 선택하고 해당절점에 절점변위를 가하면 아래그림과 같이 나타낼 수 있다.

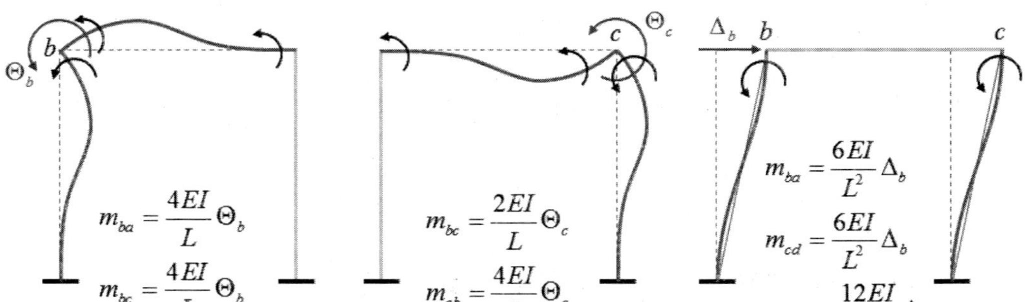

$$m_{ba} = \frac{4EI}{L}\Theta_b \qquad m_{bc} = \frac{4EI}{L}\Theta_b \qquad m_{cb} = \frac{2EI}{L}\Theta_b$$

$$m_{bc} = \frac{2EI}{L}\Theta_c \qquad m_{cb} = \frac{4EI}{L}\Theta_c \qquad m_{cd} = \frac{4EI}{L}\Theta_c$$

$$m_{ba} = \frac{6EI}{L^2}\Delta_b \qquad m_{cd} = \frac{6EI}{L^2}\Delta_b \qquad s_{ba} = -\frac{12EI}{L^3}\Delta_b \qquad s_{cd} = \frac{12EI}{L^2}\Delta_b$$

평형조건을 사용하면 아래와 같은 (2×2) 매트릭스방정식을 얻을 수 있다. 또한, 대칭조건 $\Theta_b = -\Theta_c$ 를 적용하면 다음과 같이 절점변위들은 손쉽게 얻을 수 있다.

$$\bullet\ \text{Equilibrium}: \begin{cases} M_b = \dfrac{4EI}{L}\Theta_b + \dfrac{4EI}{L}\Theta_b + \dfrac{2EI}{L}\Theta_c + \dfrac{6EI}{L^2}\Delta_b = \dfrac{8EI}{L}\Theta_b + \dfrac{2EI}{L}\Theta_c + \dfrac{6EI}{L^2}\Delta_b \\ M_c = \dfrac{2EI}{L}\Theta_b + \dfrac{4EI}{L}\Theta_c + \dfrac{4EI}{L}\Theta_c + \dfrac{6EI}{L^2}\Delta_b = \dfrac{2EI}{L}\Theta_b + \dfrac{8EI}{L}\Theta_c + \dfrac{6EI}{L^2}\Delta_b \\ H_b = -s_{ba} + s_{cd} = \dfrac{12EI}{L^3}\Delta_b + \dfrac{12EI}{L^2}\Delta_b = \dfrac{24EI}{L^2}\Delta_b = 0 \rightarrow \Delta_b = 0 \end{cases}$$

$$\rightarrow \begin{cases} M_b = \dfrac{8EI}{L}\Theta_b + \dfrac{2EI}{L}\Theta_c = \dfrac{2EI}{L}(4\Theta_b + \Theta_c) \\ M_c = \dfrac{2EI}{L}\Theta_b + \dfrac{8EI}{L}\Theta_c = \dfrac{2EI}{L}(\Theta_b + 4\Theta_c) \end{cases} \text{ or } \frac{2EI}{L}\begin{bmatrix} 4 & 1 \\ 1 & 4 \end{bmatrix}\begin{Bmatrix} \Theta_b \\ \Theta_c \end{Bmatrix} = \begin{Bmatrix} M_b \\ M_c \end{Bmatrix} = \frac{PL}{8}\begin{Bmatrix} -1 \\ 1 \end{Bmatrix}$$

$$\bullet\ \text{Governing Equation}: \begin{bmatrix} 4 & 1 \\ 1 & 4 \end{bmatrix}\begin{Bmatrix} \Theta_b \\ \Theta_c \end{Bmatrix} = \frac{PL^2}{16EI}\begin{Bmatrix} -1 \\ 1 \end{Bmatrix}$$

$$\bullet\ \text{Solution}: \text{Since } \Theta_b + \Theta_c = 0 \rightarrow \begin{Bmatrix} \Theta_b \\ \Theta_c \end{Bmatrix} = \frac{PL^2}{48EI}\begin{Bmatrix} -1 \\ 1 \end{Bmatrix}$$

여기서 Clough 변위법에서 사용하는 정역학매트릭스 $\boldsymbol{A}$ 를 계산해보자. 외력에 해당하는 절점하중벡터 $\boldsymbol{F}$ 와 내력에 해당하는 누적부재절점하중벡터 $\boldsymbol{f}$ 사이에 평형조건을 적용하고 정리하면 아래와 같다.

❖ Reference : Statics Matrix

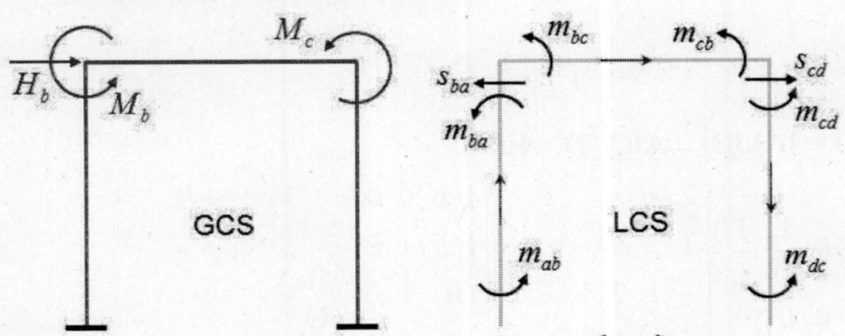

$$\begin{aligned} m_{ba} + m_{bc} &= M_b \\ m_{cb} + m_{cd} &= M_c \\ -s_{ba} + s_{cd} &= H_b \end{aligned}$$

$$\Downarrow$$

$$\frac{m_{ab} + m_{ba}}{L} + \frac{m_{cd} + m_{dc}}{L} = H_b$$

$$\underset{\sim}{\mathbf{F}} = \underset{\sim}{\mathbf{A}}\underset{\sim}{\mathbf{f}} \rightarrow \begin{Bmatrix} H_b \\ M_b \\ M_c \end{Bmatrix} = \begin{bmatrix} \frac{1}{L} & \frac{1}{L} & 0 & 0 & \frac{1}{L} & \frac{1}{L} \\ 0 & 1 & 1 & 0 & 0 & 0 \\ 0 & 0 & 0 & 1 & 1 & 0 \end{bmatrix}\begin{Bmatrix} m_{ab} \\ m_{ba} \\ m_{bc} \\ m_{cb} \\ m_{cd} \\ m_{dc} \end{Bmatrix} \text{ or } \begin{Bmatrix} H_b L \\ M_b \\ M_c \end{Bmatrix} = \begin{bmatrix} 1 & 1 & 0 & 0 & 1 & 1 \\ 0 & 1 & 1 & 0 & 0 & 0 \\ 0 & 0 & 0 & 1 & 1 & 0 \end{bmatrix}\begin{Bmatrix} m_{ab} \\ m_{ba} \\ m_{bc} \\ m_{cb} \\ m_{cd} \\ m_{dc} \end{Bmatrix}$$

마찬가지로 Clough 변위법에서 사용하는 적합매트릭스 $\boldsymbol{B}$ 를 계산해보자. 절점변위벡터 $\boldsymbol{D}$ 와 누적부재절점변위벡터 $\boldsymbol{d}$ 사이에 적합조건을 적용하고 정리하면 아래와 같다. 여기서 변위 Δ_b 가 작용할 때 기중부재 ab, cd 의 양단절점 회전각 변위가 발생함을 유의하여야 한다. 즉, 부재 ab 와 cd 는 부재의 기울기에 해당하는 회전각변위가 유발된다. 이러한 변형현상을 이해하지 못하는 경우, 차라리 정역학매트릭스 $\boldsymbol{A}$ 를 사용하는 것이 좋다.

❖ Reference : Compatibility Matrix

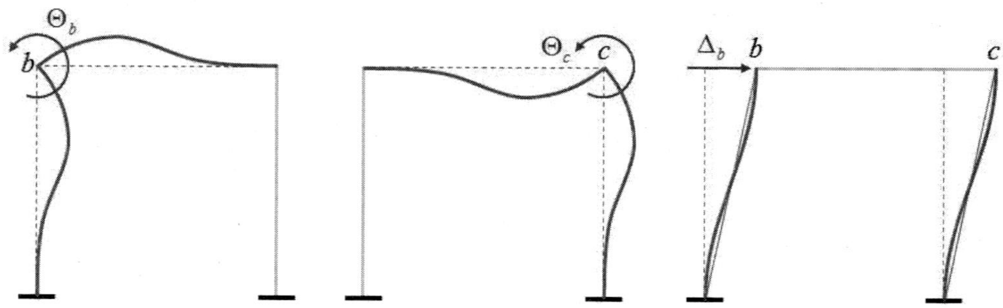

$$\underset{\sim}{\mathbf{d}} = \underset{\sim}{\mathbf{B}}\underset{\sim}{\mathbf{D}} \rightarrow \begin{Bmatrix} \theta_{ab} \\ \theta_{ba} \\ \theta_{bc} \\ \theta_{cb} \\ \theta_{cd} \\ \theta_{dc} \end{Bmatrix} = \begin{bmatrix} 1/L & 0 & 0 \\ 1/L & 1 & 0 \\ 0 & 1 & 0 \\ 0 & 0 & 1 \\ 1/L & 0 & 1 \\ 1/L & 0 & 0 \end{bmatrix} \begin{Bmatrix} \Delta_b \\ \Theta_b \\ \Theta_c \end{Bmatrix} \quad \text{or} \quad \begin{Bmatrix} \theta_{ab} \\ \theta_{ba} \\ \theta_{bc} \\ \theta_{cb} \\ \theta_{cd} \\ \theta_{dc} \end{Bmatrix} = \begin{bmatrix} 1 & 0 & 0 \\ 1 & 1 & 0 \\ 0 & 1 & 0 \\ 0 & 0 & 1 \\ 1 & 0 & 1 \\ 1 & 0 & 0 \end{bmatrix} \begin{Bmatrix} \Delta_b/L \\ \Theta_b \\ \Theta_c \end{Bmatrix}$$

정역학매트릭스 $\boldsymbol{A}$ 는 적합매트릭스 $\boldsymbol{B}$ 의 전치매트릭스임을 알 수 있다.

$$\underset{\sim}{\mathbf{F}} = \underset{\sim}{\mathbf{A}}\underset{\sim}{\mathbf{f}} = \underset{\sim}{\mathbf{A}}\underset{\sim}{\mathbf{k}}\underset{\sim}{\mathbf{d}} = \underset{\sim}{\mathbf{A}}\underset{\sim}{\mathbf{k}}\underset{\sim}{\mathbf{B}}\underset{\sim}{\mathbf{D}} = \underset{\sim}{\mathbf{B}}^T\underset{\sim}{\mathbf{k}}\underset{\sim}{\mathbf{B}}\underset{\sim}{\mathbf{D}} = \underset{\sim}{\mathbf{A}}\underset{\sim}{\mathbf{k}}\underset{\sim}{\mathbf{A}}^T\underset{\sim}{\mathbf{D}} = \underset{\sim}{\mathbf{K}}\underset{\sim}{\mathbf{D}}$$

$$\begin{Bmatrix} H_b \\ M_b \\ M_c \end{Bmatrix} = \frac{2EI}{L} \begin{bmatrix} \frac{1}{L} & \frac{1}{L} & 0 & 0 & \frac{1}{L} & \frac{1}{L} \\ 0 & 1 & 1 & 0 & 0 & 0 \\ 0 & 0 & 0 & 1 & 1 & 0 \end{bmatrix} \begin{bmatrix} 2 & 1 & \cdot & \cdot & \cdot & \cdot \\ 1 & 2 & 1 & \cdot & \cdot & \cdot \\ \cdot & 1 & 2 & 1 & \cdot & \cdot \\ \cdot & \cdot & 1 & 2 & 1 & \cdot \\ \cdot & \cdot & \cdot & 1 & 2 & \cdot \\ \cdot & \cdot & \cdot & \cdot & 1 & 2 \end{bmatrix} \begin{bmatrix} 1/L & 0 & 0 \\ 1/L & 1 & 0 \\ 0 & 1 & 0 \\ 0 & 0 & 1 \\ 1/L & 0 & 1 \\ 1/L & 0 & 0 \end{bmatrix} \begin{Bmatrix} \Delta_b \\ \Theta_b \\ \Theta_c \end{Bmatrix}$$

$$= \frac{2EI}{L^3} \begin{bmatrix} 12 & 3L & 3L \\ 3L & 4L^2 & L^2 \\ 3L & L^2 & 4L^2 \end{bmatrix} \begin{Bmatrix} \Delta_b \\ \Theta_b \\ \Theta_c \end{Bmatrix}$$

다시한번 지배방정식을 유도하면 다음과 같이 정리할 수 있다.

❖ Reference : Governing Equation

- Intermediate Calculation $\underset{\sim}{\mathbf{F}} = \underset{\sim}{\mathbf{A}}\underset{\sim}{\mathbf{f}} = \underset{\sim}{\mathbf{A}}\underset{\sim}{\mathbf{k}}\underset{\sim}{\mathbf{d}} = \underset{\sim}{\mathbf{A}}\underset{\sim}{\mathbf{k}}\underset{\sim}{\mathbf{B}}\underset{\sim}{\mathbf{D}} = \underset{\sim}{\mathbf{K}}\underset{\sim}{\mathbf{D}}$; $\underset{\sim}{\mathbf{k}} = \sum \mathbf{k}$

$$\begin{Bmatrix} H_b L \\ M_b \\ M_c \end{Bmatrix} = \begin{bmatrix} 1 & 1 & 0 & 0 & 1 & 1 \\ 0 & 1 & 1 & 0 & 0 & 0 \\ 0 & 0 & 0 & 1 & 1 & 0 \end{bmatrix} \begin{Bmatrix} m_{ab} \\ m_{ba} \\ m_{bc} \\ m_{cb} \\ m_{cd} \\ m_{dc} \end{Bmatrix} = \frac{2EI}{L} \begin{bmatrix} 1 & 1 & 0 & 0 & 1 & 1 \\ 0 & 1 & 1 & 0 & 0 & 0 \\ 0 & 0 & 0 & 1 & 1 & 0 \end{bmatrix} \begin{bmatrix} 2 & 1 & \cdot & \cdot & \cdot & \cdot \\ 1 & 2 & \cdot & \cdot & \cdot & \cdot \\ \cdot & \cdot & 2 & 1 & \cdot & \cdot \\ \cdot & \cdot & 1 & 2 & \cdot & \cdot \\ \cdot & \cdot & \cdot & \cdot & 2 & 1 \\ \cdot & \cdot & \cdot & \cdot & 1 & 2 \end{bmatrix} \begin{Bmatrix} \theta_{ab} \\ \theta_{ba} \\ \theta_{bc} \\ \theta_{cb} \\ \theta_{cd} \\ \theta_{dc} \end{Bmatrix}$$

$$= \frac{2EI}{L} \begin{bmatrix} 3 & 3 & 0 & 0 & 3 & 3 \\ 1 & 2 & 2 & 1 & 0 & 0 \\ 0 & 0 & 1 & 2 & 2 & 1 \end{bmatrix} \begin{bmatrix} 1 & 0 & 0 \\ 1 & 1 & 0 \\ 0 & 1 & 0 \\ 0 & 0 & 1 \\ 1 & 0 & 1 \\ 1 & 0 & 0 \end{bmatrix} \begin{Bmatrix} \Delta_b / L \\ \Theta_b \\ \Theta_c \end{Bmatrix} = \frac{2EI}{L} \begin{bmatrix} 12 & 3 & 3 \\ 3 & 4 & 1 \\ 3 & 1 & 4 \end{bmatrix} \begin{Bmatrix} \Delta_b / L \\ \Theta_b \\ \Theta_c \end{Bmatrix}$$

역행렬을 구하여 근을 결정할 수 있으나 간단한 (3×3) 매트릭스이므로 소거법으로 근을 결정하였다. 최종적으로 절점변위와 절점회전각변위는 다음과 같이 결정된다.

- Governing Equation : $\dfrac{2EI}{L} \begin{bmatrix} 12 & 3 & 3 \\ 3 & 4 & 1 \\ 3 & 1 & 4 \end{bmatrix} \begin{Bmatrix} \Delta_b / L \\ \Theta_b \\ \Theta_c \end{Bmatrix} = \begin{Bmatrix} H_b L \\ M_b \\ M_c \end{Bmatrix} = \dfrac{PL}{8} \begin{Bmatrix} 0 \\ -1 \\ 1 \end{Bmatrix}$

- Solution : $\begin{bmatrix} 12 & 3 & 3 \\ 3 & 4 & 1 \\ 3 & 1 & 4 \end{bmatrix} \begin{Bmatrix} \Delta_b / L \\ \Theta_b \\ \Theta_c \end{Bmatrix} = \dfrac{PL^2}{16EI} \begin{Bmatrix} 0 \\ -1 \\ 1 \end{Bmatrix} \rightarrow \begin{cases} \dfrac{4\Delta_b}{L} + \Theta_b + \Theta_c = 0 \\ \dfrac{3\Delta_b}{L} + 4\Theta_b + \Theta_c = -\dfrac{PL^2}{16EI} \\ \dfrac{3\Delta_b}{L} + \Theta_b + 4\Theta_c = \dfrac{PL^2}{16EI} \end{cases}$

$$\rightarrow \begin{cases} \dfrac{\Delta_b}{L} - 3\Theta_b = \dfrac{PL^2}{16EI} \\ \dfrac{13\Delta_b}{L} + 3\Theta_b = -\dfrac{PL^2}{16EI} \end{cases} \rightarrow \Delta_b = 0,\ \Theta_b = -\frac{PL^2}{48EI},\ \Theta_c = -\Theta_b = \frac{PL^2}{48EI}$$

부재력벡터의 연산은 독자들에게 맡긴다. 한번 계산해 보는 것도 바람직하다.

10.3 유연도법

유연도법은 어떤 부재력(또는 반력)을 부정정력으로 가정하는가에 따라 해석방법이 달라질 수 있다. 그럼에도 간단한 부정정구조에서 변위법보다 유연도법이 더욱 강력한 해석도구이다. 재료역학이나 구조역학에서도 유연도법에 관한 해석기법이 널리 적용되는 것을 알 수 있다. 교재에 소개된 해석예는 비교적 간단한 구조물이며 간단한 구조물의 해석은 유연도법이 빠르고 정확한 경우가 많다. 변위법에 해당하는 기법이 처짐각법이라면 유연도법에 기초한 해석기법은 아래와 같이 많은 방법들이 소개되고 있다.

변위법/강성도법/평형법	처짐각법(Slope-Deflection Method)
하중법/유연도법/적합법	직접적분법(Direct Integration Method) 모멘트면적법(Moment-Area Method) 탄성하중법(Elastic Load Method) 공액보법(Conjugate Beam Method) 단위하중법(Unit Load Method) 변형일치방법(Deformation-Consistency Method) 최소일의 정리(the Least Work Method) 3연모멘트정리(Three-Moment Method)

전술한 바와 같이 아치구조나 케이블구조와 같이 초기 곡선부재들은 직접 강성도 성분을 결정하기 어렵다. 이러한 특성을 가진 부재들은 먼저 유연도 성분을 계산한 후 역을 취하여 강성도 성분을 결정하는 간접적인 방법을 사용할 수 있다. 유연도법의 개념과 연산흐름도는 아래그림과 같이 요약할 수 있다.

Flexibility Method

유연도법(Flexibility Method)
하중법(Force Method)
적합법(Compatibility Method)

1. Select a redundant as known
2. Calculate each displacement ct. redundant
3. Apply to the compatibility condition at each displacement in redundant-direction
4. Determine the selected redundant
5. Determine the member forces and displacement

~ 거의 모든 해석기법들이 하중법에 해당
~ 주로 간단한 구조물의 해석에만 적용
~ 전산작업보다 수계산에 의존
~ 부정정력 선택에 따라 경우의 수가 다양
~ 전산작업이 난해

$\underset{\sim}{\mathbf{R}}$
Flexibility
$\underset{\sim}{\mathbf{d}}_R^0$
due to redundant
$\underset{\sim}{\mathbf{d}}_R^R$
Compatibility
$\underset{\sim}{\mathbf{R}}$
Primary Structure
$\underset{\sim}{\mathbf{f}}$
constitutive
$\underset{\sim}{\mathbf{d}}$

본절도 구체적인 설명이 없이 각 해석모델에 따른 유연도법을 정리하기로 한다. 유연도법은 부정정구조에 적용할 수 있는 기법이며 봉구조, 트러스구조와 같은 축변형구조와 보구조, 라멘구조와 같은 휨변형구조 순으로 해석예도 기술하였다. 연산과정에 대한 가능한 별도의 설명을 하지 않고 연산과정과 방정식의 흐름만을 소개하려고 한다. 또한 하나의 부정정력(잉여력)을 가진 구조물은 굳이 매트릭스방정식을 사용할 필요가 없으므로 수계산으로 대신하였다.

10.3.1 봉구조

다음그림은 부정정구조를 이해하고 해석기법을 정립할 때 사용되는 대표적인 모델이다. 1방향 거동만을 나타내므로 연산량도 적고 감각적인 방법으로도 손쉽게 근을 결정할 수 있는 모델이기도 하다. 유연도법은 부정정차수에 해당하는 숫자만큼 부정정력을 선택하여 기본구조물 즉, 정정구조물 선택으로 시작된다. 주어진 문제는 1차 부정정이므로 하나의 부정정력(2개의 반력중 하나)을 선택할 수 있다. 여기서는 절점 a 의 반력 R_a 을 부정정력 R 으로 선택하였다. 부정정력은 반력이 아니라 지금부터 하중이라고 가정하여야 한다. 실제하중 P 와 또다른 가상하중 R 이 작용하는 정정보가 된다. 실제하중 P 이 작용할 때 절점 a 의 처짐, 가상하중 R 이 작용할 때 절점 a 의 처짐을 각각 δ_a^P , δ_a^R 이라고 가정하면 절점 a 의 적합조건은 $\Delta_a = \delta_a^R - \delta_a^P$ 로 나타낼 수 있다. 여기서 Δ_a 는 절점 a 의 변위이며 상향을 (+)로 선택하였다. 적합조건으로 부정정력 R 이 결정되면 부재력(여기서는 반력으로 표현됨)이 결정되고 마지막으로 하중재하점 c 의 연직처짐 δ_c 도 순차적으로 결정된다.

■ Statically Indeterminate Bar

- Redundant : $R_a \equiv R$
- Compatibility condition

$$\Delta_a = \delta_a^R - \delta_a^P = 0 \rightarrow \delta_a^P = \delta_a^R$$

$$\text{Since} \begin{cases} \delta_a^P = \dfrac{P}{EA}\dfrac{L}{2} = \dfrac{PL}{2EA} \\ \delta_a^R = \dfrac{RL}{EA} \end{cases} \rightarrow R = \frac{P}{2}$$

$$\text{Equilibrium}: \begin{cases} R_a + R_b = P \ \text{or} \\ R_b = R_b^P - R_b^R \end{cases} \rightarrow R_b = \frac{P}{2}$$

- Deflection at C

$$\delta_C = \delta_a^P - \frac{\delta_a^R}{2} = \frac{PL}{2EA} - \frac{PL}{4EA} = \frac{PL}{4EA}$$

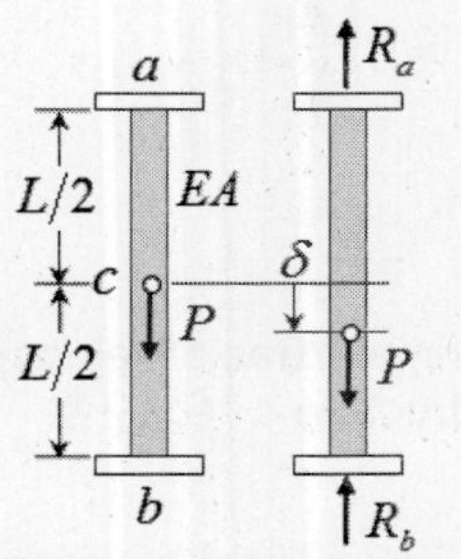

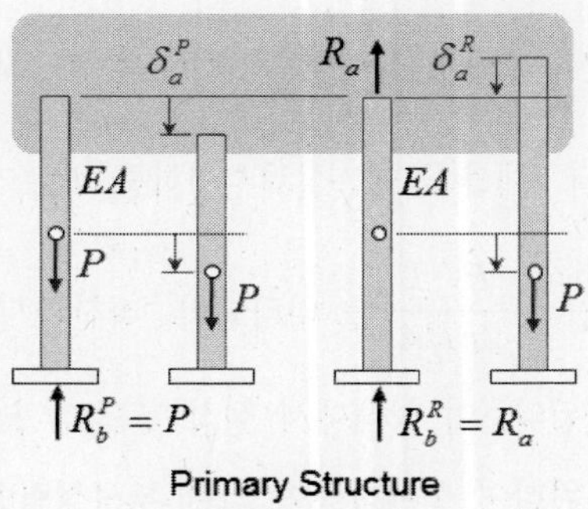

Primary Structure

10.3.2 트러스구조

절점 c 에 수평하중과 수직하중이 각각 P_{cx}, P_{cy} 가 작용하고 축강성 EA , 길이 L 인 3개의 축부재로 구성된 트러스구조를 해석하려고 한다. 1차 부정정이므로 하나의 부정정력을 선택할 수 있다. 여기서는 절점 d 의 수평반력 P_{dx} 를 부정정력 R 로 선택하였다. 즉, 수평번력 P_{dx} 을 하중으로 가정하겠다는 의미이다. 절점 d 가 힌지로서 2개의 반력을 나타내었으나 수평방향을 자유롭게 움직이도록 풀었으므로 정정트러스가 된다. 이러한 정정트러스를 기본구조물 또는 해제구조물이라고 부른다. 본장은 기본구조물로 통칭하기로 한다. 최종적인 시스템은 3개의 하중(2개의 실제하중 P_{cx}, P_{cy} 와 하나의 가상하중 P_{dx}) 이 작용하는 정정트러스로 변하게 되었다. 연산을 간단히 표현하기 위하여, 사재 ac, bc 의 기울기 θ 에 대한 정현(sine)과 여현(cosine) 함수값을 각각 c, s 로 표현하기로 한다.

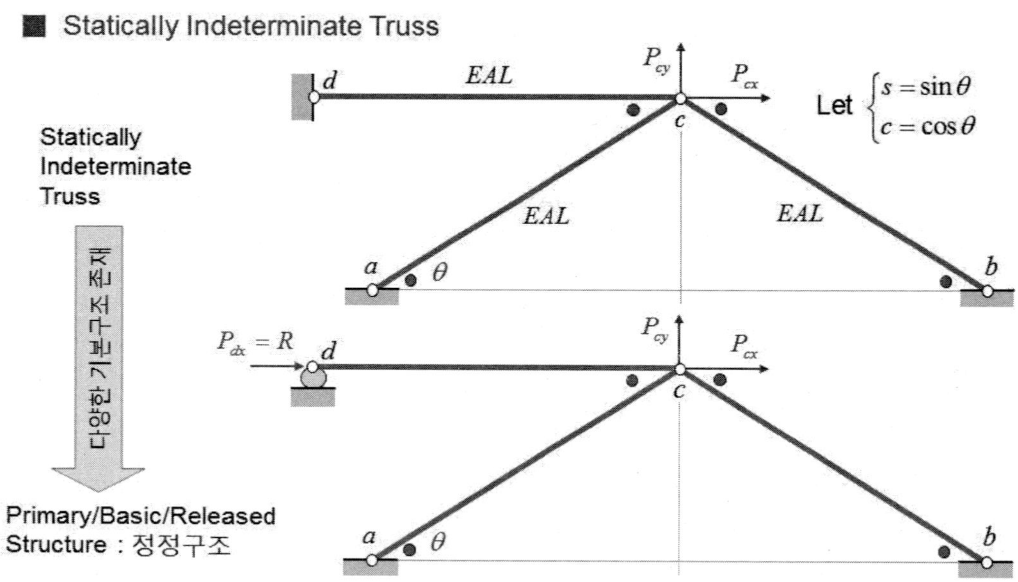

기본구조물에 실제하중 P_{cx}, P_{cy} 가 작용할 때, 각 부재력들과 변형들을 계산하여 다음그림 속에 표기하였다. 애를 들어, 실제수평하중 P_{cs} 가 작용할 때 부재 ac 의 부재력은 인장력 $f_{ac} = \dfrac{P_{cx}}{2c}$ 이며 신장량 $\delta_{ac} = \dfrac{P_{cx}L}{2cEA}$ 를 나타낸다. 마찬가지로 실제수직하중 P_{cy} 가 작용하면 $f_{ac} = \dfrac{P_{cy}}{2s}$, $\delta_{ac} = \dfrac{P_{cy}L}{2sEA}$ 가 계산된다. 이 상태에서 절점 d 의 수평변위 Δ_{dx}^{0} 을 결정하게 된다. 이는 절점 d 에서 적합조건을 적용하기 위하여 실제하중에 의한 부정정력방향 변위이다.

◆ Primary System subject to Real Loads

$$\Delta_{cx}^{P_{cx}} = \frac{P_{cx}L}{2c^2EA} = \Delta_{dx}^0$$
$$\Delta_{cy}^{P_{cx}} = 0$$

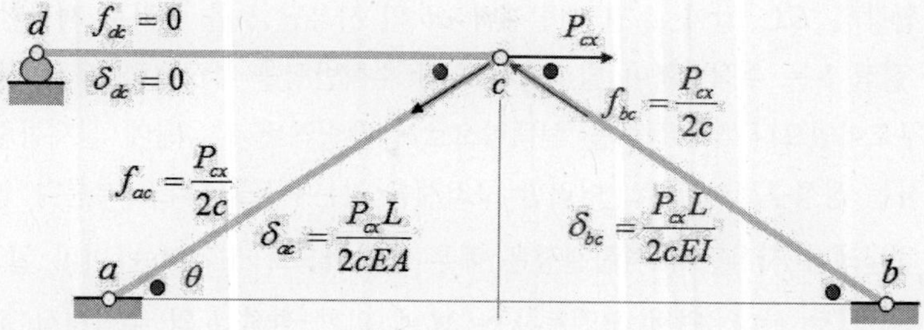

$$\Delta_{cx}^{P_{cy}} = 0$$
$$\Delta_{cy}^{P_{cy}} = \frac{P_{cy}L}{2s^2EA}$$

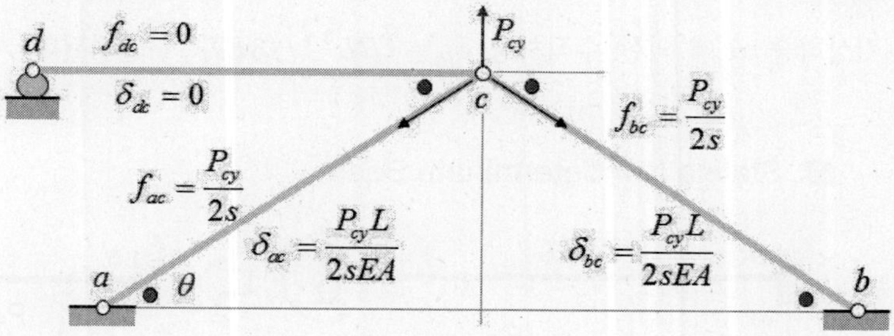

가상하중 $P_{dx} = R$ 에 의하여 절점 d 의 수평변위 $\Delta_{dx}^{R_{dx}}$ 를 결정하면 아래그림과 같다.

◆ Primary System subject to Redundant

$$\Delta_{dx}^{R_{dx}} = \frac{P_{dx}L}{2c^2EA} + \frac{P_{dx}L}{EA}$$
$$= \frac{P_{dx}L}{EA}\frac{1+2c^2}{2c^2}$$
$$\Delta_{dy}^{R_{dx}} = 0$$

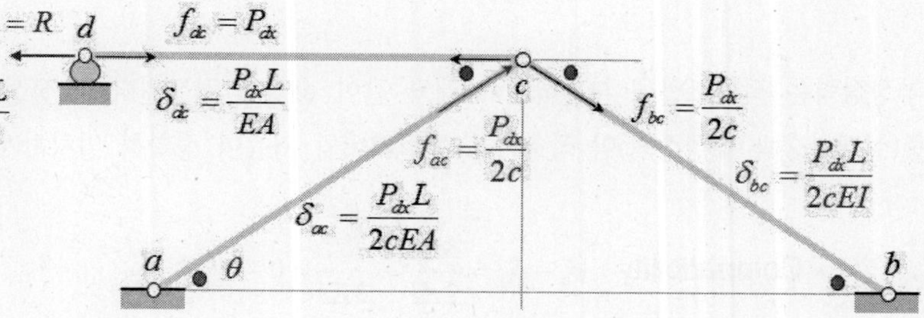

절점 d 는 힌지이므로 수평변위 $\Delta_{dx} = 0$ 이어야 한다. 실제하중에 의한 절점 d 의 수평변위 Δ_{dx}^0 와 가상하중 $P_{dx} = R$ 에 의한 절점 d 의 수평변위 $\Delta_{dx}^{R_{dx}}$ 로부터 적합조건을 적용하면 아래그림과 같이 부정정력 P_{dx} 가 결정된다. 그 이후 각 절점변위와 부재력을 순차적으로 결정하게 된다.

◆ Compatibility

$$\Delta_{dx} = \Delta_{dx}^0 - \Delta_{cx}^{dx} = \frac{P_{cx}L}{2c^2EA} - \frac{P_{dx}L}{EA}\frac{1+2c^2}{2c^2} = 0 \rightarrow P_{dx} = \frac{P_{cx}}{2c^2+1}$$

10.3.3 보구조

휨강성 EI, 길이 L 인 캔틸레버 ab 의 자유단 b 를 롤러로 지지한 1차 부정정보를 고려해보자. 자유단 절점 b 는 수직반력이 발생하게 되며 수직반력을 부정정력 R 로 선택하였다. 주어진 문제는 1차 부정정구조이었으나 부정정력을 선택함으로서 캔틸레버 자유단에 실제하중 모멘트 M 과 부정정력 R 이 작용하는 정정구조가 된다. 이러한 구조계를 기본구조물이라고 부른다.

캔틸레버 자유단의 처짐결정은 매우 간단하므로 여기서는 이미 알고 있는 공식이나 처짐값을 그대로 적용하기로 한다. 먼저 모멘트하중 M 에 의한 절점 b 의 수직처짐 $\delta_0 = (ML^2)/(2EI)$ 이며 부정정력인 가상하중 R 에 의한 수직처짐 $\delta_R = (RL^3)/(3EI)$ 이 결정된다.

■ Statically Indeterminate Beam

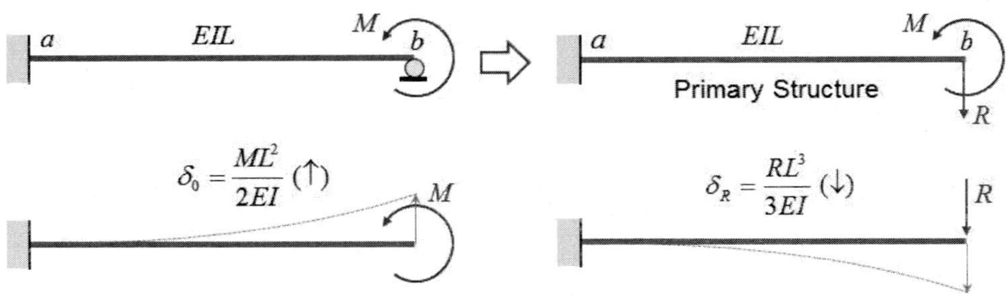

부정정력은 적합조건을 사용하여 아래와 같이 손쉽게 결정된다. 부정정력이 결정되면 구조계는 2개의 하중(실제하중과 부정정력)이 작용하는 캔틸레버와 거동이 정확히 일치하게 된다.

- Compatibility : $\delta_0 - \delta_R = \dfrac{ML^2}{2EI} - \dfrac{RL^3}{3EI} = 0 \rightarrow R = \dfrac{3M}{2L}$

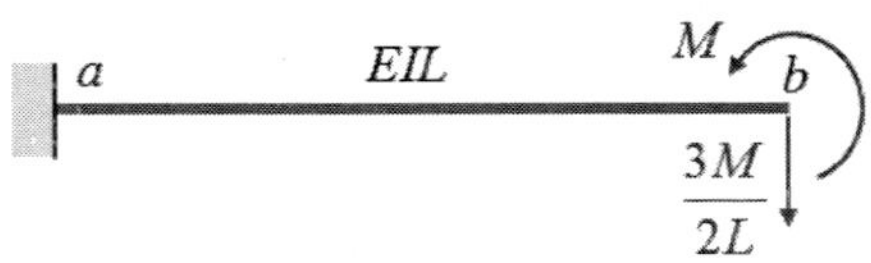

모멘트하중방행 변위 즉, 절점 b 의 회전각 변위는 아래와 같이 캔틸레버 공식에 의하여 손쉽게 결정된다.

- Displacement : $\theta = \dfrac{ML}{EI} - \dfrac{RL^2}{2EI} = \dfrac{ML}{EI} - \dfrac{3ML}{4EI} = \dfrac{ML}{4EI}$

10.3.4 라멘구조

부재 bc의 중앙점 e에 연직하중 P가 작용하고 휨강성 EI, 길이 L인 3개의 휨부재로 구성된 3차 부정정 라멘구조를 해석하려고 한다. 먼저 3개의 부정정력을 선택하여야 한다. 부정정력은 모두 절점 d의 반력을 선택하였다. 또한 부재 bc 내부에 작용하는 연직하중 P는 3번째 그림과 같은 등가절점하중(절점 b와 절점 c의 연직하중 $P/2$와 모멘트하중 $PL/8$)으로 치환하였다.

■ Statically Indeterminate Frame

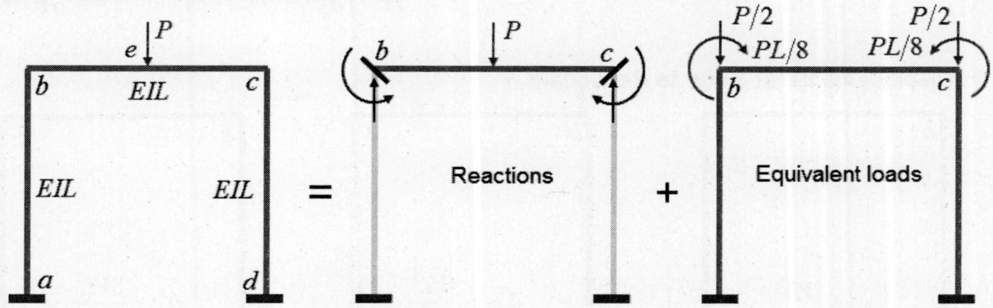

등가절점하중에 의한 절점 d의 수평변위 Δ_d^0, 수직변위 δ_d^0, 회전각변위 θ_d^0는 아래그림과 같다. 절점 d의 변위들은 이미 계산하였다고 가정하자. 풀이보다 개념설정이 우선이기 때문이다. 각 변위계산 과정은 단위하중법을 사용하여 계산하였고 연산과정은 이절의 뒷부분에 수록하였다.

❖ Displacements at d due to Real Load P

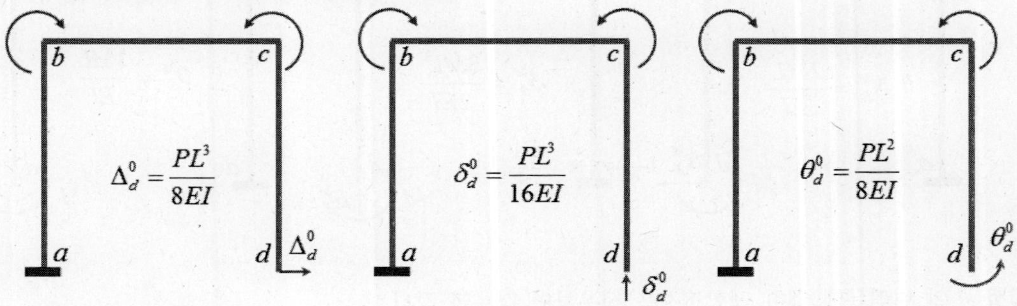

동일한 방법으로 수평방향 부정정력 H에 의한 절점 d의 수평변위 Δ_d^H, 수직변위 δ_d^H, 회전각변위 θ_d^H를 결정할 수 있으며 이는 아래 1번째 그림으로 표현하였다. 수직방향 부정정력 V에 의한 절점 d의 수평변위 Δ_d^V, 수직변위 δ_d^V, 회전각변위 θ_d^V를 결정할 수 있고 이는 아래 2번째 그림으로 나타내었다. 회전방향 부정정력 M에 의한 절점 d의 수평변위 Δ_d^M, 수직변위 δ_d^M, 회전각변위 θ_d^M도 단위하중법으로 계산할 수 있으며 아래 3번째 그림으로 표현하였다.

❖ Displacements at d due to Redundant H

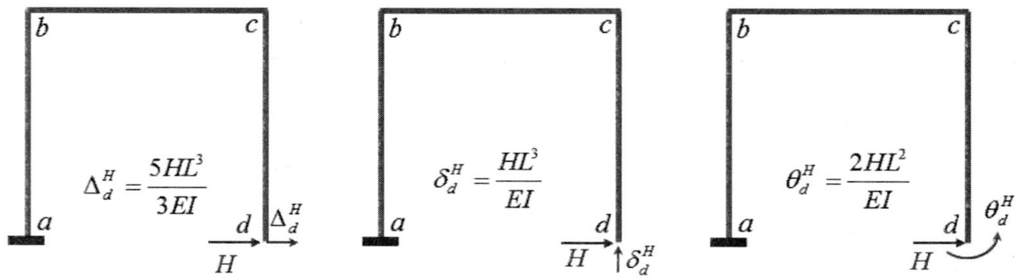

❖ Displacements at d due to Redundant V

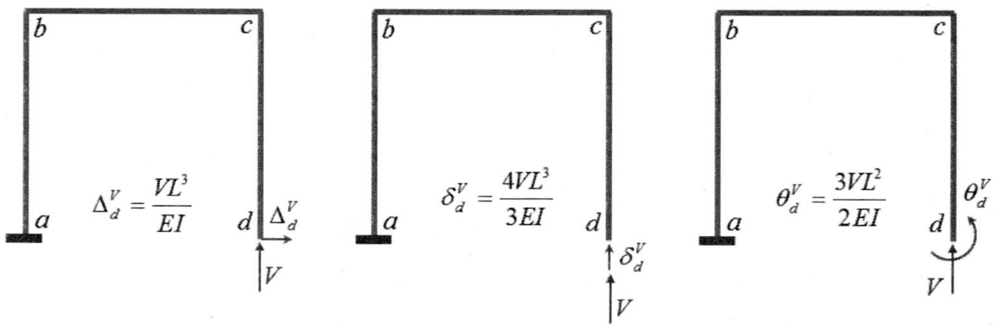

❖ Displacements at d due to Redundant M

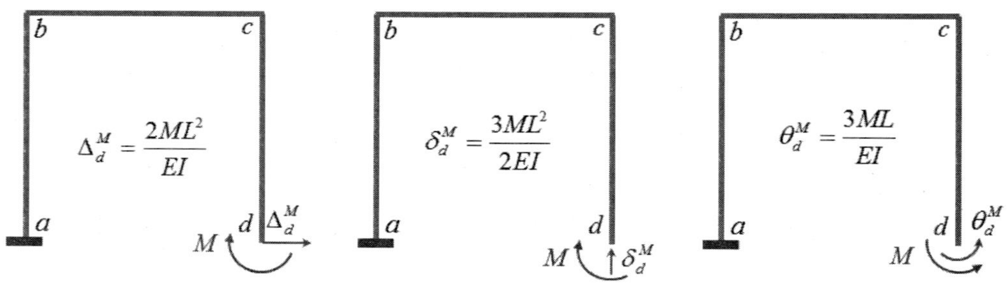

절점 d 의 변위들에 대한 적합조건을 적용하면 다음과 같다.

◆ Compatibility

$$\begin{Bmatrix} \Delta_d^0 \\ \delta_d^0 \\ \theta_d^0 \end{Bmatrix} + \begin{Bmatrix} \Delta_d^H \\ \delta_d^H \\ \theta_d^H \end{Bmatrix} + \begin{Bmatrix} \Delta_d^V \\ \delta_d^V \\ \theta_d^V \end{Bmatrix} + \begin{Bmatrix} \Delta_d^M \\ \delta_d^M \\ \theta_d^M \end{Bmatrix} = \begin{Bmatrix} 0 \\ 0 \\ 0 \end{Bmatrix} \text{ or } \begin{Bmatrix} \dfrac{5HL^3}{3EI} \\ \dfrac{HL^3}{EI} \\ \dfrac{2HL^2}{EI} \end{Bmatrix} + \begin{Bmatrix} \dfrac{VL^3}{EI} \\ \dfrac{4VL^3}{3EI} \\ \dfrac{3VL^2}{2EI} \end{Bmatrix} + \begin{Bmatrix} \dfrac{2ML^2}{EI} \\ \dfrac{3ML^2}{2EI} \\ \dfrac{3ML}{EI} \end{Bmatrix} = -\begin{Bmatrix} \dfrac{PL^3}{8EI} \\ \dfrac{PL^3}{16EI} \\ \dfrac{PL^2}{8EI} \end{Bmatrix}$$

적합조건식을 다시 매트릭스 방정식으로 정리하면 다음과 같다.

$$\text{Matrix form}: \frac{L}{6EI}\begin{bmatrix} 10L^2 & 6L^2 & 12L \\ 6L^2 & 8L^2 & 9L \\ 12L & 9L & 18 \end{bmatrix}\begin{Bmatrix} H \\ V \\ M \end{Bmatrix} = -\frac{PL^2}{16EI}\begin{Bmatrix} 2L \\ L \\ 2 \end{Bmatrix}$$

부정적력과 반력을 정리하면 다음과 같다.

- Redundants

$$\begin{bmatrix} 10L^2 & 6L^2 & 12L \\ 6L^2 & 8L^2 & 9L \\ 12L & 9L & 18 \end{bmatrix}\begin{Bmatrix} H \\ V \\ M \end{Bmatrix} = -\frac{3PL}{8}\begin{Bmatrix} 2L \\ L \\ 2 \end{Bmatrix} \text{ or } \begin{cases} 5LH+3LV+6M=-\dfrac{3PL}{8} \\ 6LH+8LV+9M=-\dfrac{3PL}{8} \\ 4LH+3LV+6M=-\dfrac{PL}{4} \end{cases} \rightarrow \begin{cases} H=-\dfrac{P}{8} \\ V=0 \\ M=\dfrac{PL}{24} \end{cases}$$

- Reactions

$$\begin{cases} H_a=\dfrac{P}{8} \\ R_a=V_a+\dfrac{P}{2}=\dfrac{P}{2} \\ M_a=-\dfrac{PL}{24} \end{cases} \& \begin{cases} H_d=-\dfrac{P}{8} \\ R_d=V_a+\dfrac{P}{2}=\dfrac{P}{2} \\ M_d=\dfrac{PL}{24} \end{cases}$$

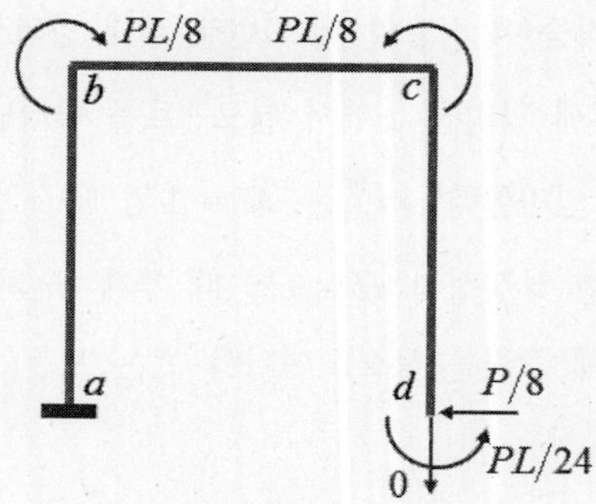

전술한 바와 같이 기본구조물의 절점변위는 단위하중법을 이용하였다. 연산과정을 요약하면 다음과 같이 정리할 수 있다. 등가절점하중이 작용하는 기본구조물의 부재에 발생하는 모멘트를 아래표와 같이 정리하였다.

❖ 참고사항 : 실제하중과 단위하중에 의한 기본구조의 처짐

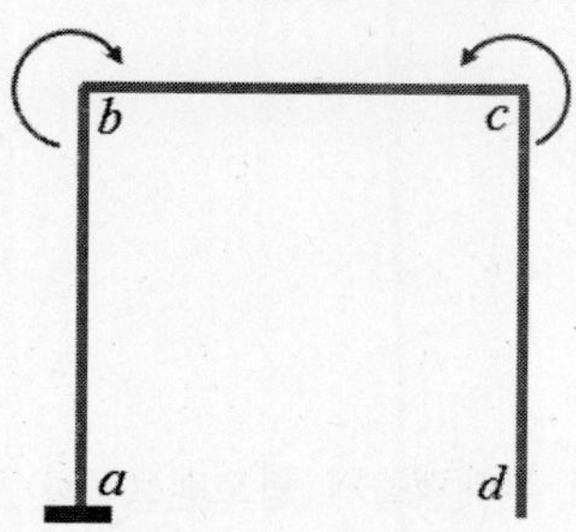

mem	org	$(EI)_i$	L_i	M_0	H	V	M
dc	$d \rightarrow c$	EI	L	0	x	0	1
cb	$c \rightarrow b$	EI	L	$\dfrac{PL}{8}$	L	x	1
ba	$b \rightarrow a$	EI	L	0	$L-x$	L	1

아래그림은 기본구조물에 3가지 부정정력방향으로 단위하중을 가한 3개의 라멘구조들을 보여주고 있다. 1번째 그림은 수평방향 부정정력 $H=1$인 경우이며 2번째 그림은 수직방향 부정정력 $V=1$, 3번째 그림은 회전방향 부정정력 $M=1$인 경우를 도시한 그림이다.

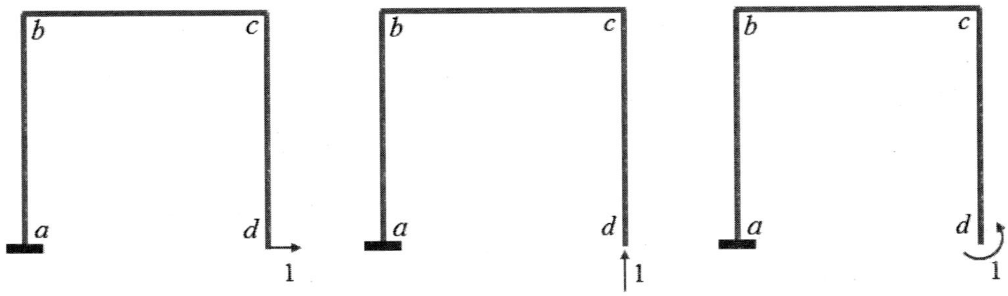

단위하중법을 이용하여 처짐은 다음과 같은 공식에 의하여 결정된다. 여기서 M_x는 실제하중(등가절점하중)이 작용할 때 i번째 부재 임의점 x에서 휨모멘트를 나타낸다. 또 m_x^H는 $H=1$일 때 i번째 부재 임의점 x에서 휨모멘트를 나타낸다. m_x^V는 $V=1$일 때 i번째 부재 임의점 x에서 휨모멘트를 의미한다. m_x^M는 $M=1$일 때 i번째 부재 임의점 x에서 휨모멘트를 나타낸다. 예를 들어, 수평방향 부정정력 $H=1$일 때 부재 dc의 임의의 점 x의 휨모멘트는 $m_x^H=x$이 결정된다(위 그림의 첫번째 그림을 참조). 여기서 Σ는 모든 부재들을 합하라는 의미이다.

$$\begin{cases}\Delta_d^0=\dfrac{1}{EI}\sum\limits_i\left(\int_0^L M_x m_x^H dx\right)\\ \delta_d^0=\dfrac{1}{EI}\sum\limits_i\left(\int_0^L M_x m_x^V dx\right)\\ \theta_d^0=\dfrac{1}{EI}\sum\limits_i\left(\int_0^L M_x m_x^M dx\right)\end{cases},\quad \begin{cases}\Delta_d^H=\dfrac{1}{EI}\sum\limits_i\left(\int_0^L m_x^H m_x^H dx\right)\\ \delta_d^H=\dfrac{1}{EI}\sum\limits_i\left(\int_0^L m_x^H m_x^V dx\right)\\ \theta_d^H=\dfrac{1}{EI}\sum\limits_i\left(\int_0^L m_x^H m_x^M dx\right)\end{cases}$$

$$\begin{cases}\Delta_d^V=\dfrac{1}{EI}\sum\limits_i\left(\int_0^L m_x^V m_x^H dx\right)\\ \delta_d^V=\dfrac{1}{EI}\sum\limits_i\left(\int_0^L m_x^V m_x^V dx\right)\\ \theta_d^V=\dfrac{1}{EI}\sum\limits_i\left(\int_0^L m_x^V m_x^M dx\right)\end{cases},\quad \begin{cases}\Delta_d^M=\dfrac{1}{EI}\sum\limits_i\left(\int_0^L m_x^M m_x^H dx\right)\\ \delta_d^M=\dfrac{1}{EI}\sum\limits_i\left(\int_0^L m_x^M m_x^V dx\right)\\ \theta_d^M=\dfrac{1}{EI}\sum\limits_i\left(\int_0^L m_x^M m_x^M dx\right)\end{cases}$$

아래도표는 실제하중과 부정정력(단위하중 1)을 작용시켰을 때 부재력들의 휨모멘트들과 각 모멘트들의 곱을 도표화하였다.

mem	M_x	m_x^H	m_x^V	m_x^M	$M_x m_x^H$	$M_x m_x^V$	$M_x m_x^M$	$m_x^H m_x^H$	$m_x^H m_x^V$	$m_x^H m_x^M$	$m_x^V m_x^V$	$m_x^V m_x^M$	$m_x^M m_x^M$
dc	0	x	0	1	0	0	0	x^2	0	x	0	0	1
cb	$\frac{PL}{8}$	L	x	1	$\frac{PL^2}{8}$	$\frac{PLx}{8}$	$\frac{PL}{8}$	L^2	Lx	L	x^2	x	1
ba	0	$L-x$	L	1	0	0	0	$(L-x)^2$	$L(L-x)$	$L-x$	L^2	L	1

단위하중법의 처짐공식과 위 도표를 이용하여 적분하면 다음과 같은 변위들을 결정할 수 있다.

$$\begin{cases} \Delta_d^0 = \dfrac{PL^2}{8EI}\displaystyle\int_0^L dx = \dfrac{PL^3}{8EI} \\ \delta_d^0 = \dfrac{PL}{8EI}\displaystyle\int_0^L xdx = \dfrac{PL^3}{16EI} \\ \theta_d^0 = \dfrac{PL}{8EI}\displaystyle\int_0^L dx = \dfrac{PL^2}{8EI} \end{cases}$$

$$\begin{cases} \Delta_d^H = \dfrac{H}{EI}\displaystyle\int_0^L x^2 dx + \dfrac{HL^2}{EI}\int_0^L dx + \dfrac{H}{EI}\int_0^L (L-x)^2 dx = \dfrac{HL^3}{3EI} + \dfrac{HL^3}{EI} + \dfrac{HL^3}{3EI} = \dfrac{5HL^3}{3EI} \\ \delta_d^H = \dfrac{HL}{EI}\displaystyle\int_0^L xdx + \dfrac{HL}{EI}\int_0^L (L-x)dx = \dfrac{HL^3}{2EI} + \dfrac{HL^2}{2EI} = \dfrac{HL^3}{EI} \\ \theta_d^H = \dfrac{H}{EI}\displaystyle\int_0^L xdx + \dfrac{HL}{EI}\int_0^L dx + \dfrac{H}{EI}\int_0^L (L-x)dx = \dfrac{HL^2}{2EI} + \dfrac{HL^2}{EI} + \dfrac{HL^2}{2EI} = \dfrac{2HL^2}{EI} \end{cases}$$

$$\begin{cases} \Delta_d^V = \dfrac{VL}{EI}\displaystyle\int_0^L xdx + \dfrac{VL}{EI}\int_0^L (L-x)dx = \dfrac{VL^3}{2EI} + \dfrac{VL^2}{2EI} = \dfrac{VL^3}{EI} \\ \delta_d^V = \dfrac{V}{EI}\displaystyle\int_0^L x^2 dx + \dfrac{VL^2}{EI}\int_0^L dx = \dfrac{VL^3}{3EI} + \dfrac{VL^3}{EI} = \dfrac{4VL^3}{3EI} \\ \theta_d^V = \dfrac{V}{EI}\displaystyle\int_0^L xdx + \dfrac{VL}{EI}\int_0^L dx = \dfrac{VL^2}{2EI} + \dfrac{VL^2}{EI} = \dfrac{3VL^2}{2EI} \end{cases}$$

$$\begin{cases} \Delta_d^M = \dfrac{M}{EI}\displaystyle\int_0^L xdx + \dfrac{ML}{EI}\int_0^L dx + \dfrac{M}{EI}\int_0^L (L-x)dx = \dfrac{ML^2}{2EI} + \dfrac{ML^2}{EI} + \dfrac{ML^2}{2EI} = \dfrac{2ML^2}{EI} \\ \delta_d^M = \dfrac{M}{EI}\displaystyle\int_0^L xdx + \dfrac{ML}{EI}\int_0^L dx = \dfrac{ML^2}{2EI} + \dfrac{ML^2}{EI} = \dfrac{3ML^2}{2EI} \\ \theta_d^M = \dfrac{M}{EI}\displaystyle\int_0^L dx + \dfrac{M}{EI}\int_0^L dx + \dfrac{M}{EI}\int_0^L dx = \dfrac{3ML}{EI} \end{cases}$$

10.4 연습문제

[1] 휨강성 EI, 길이 L 인 단순보 양단모멘트가 각각 S_1, S_2 이고 회전각변위가 각각 v_1, v_2 라고 하자. 양단회전각변위를 양단모멘트 항으로 표현하라, 즉, 유연도매트릭스를 결정하라.

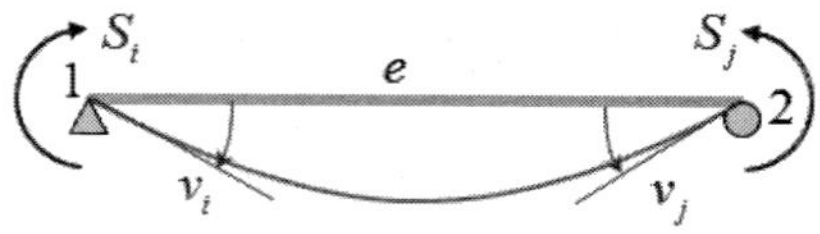

[2] 부재 ab, bc, cd 의 길이가 모두 L 이고 모든 부재들의 휨강성이 EI 인 내민보가 있다. 절점 b 와 절점 d 에 각각 연직하중 R_1, R_2 가 작용할 때 부재력벡터 $\boldsymbol{S}$ 와 절점하중벡터 $\boldsymbol{R}$ 의 관계식 $\boldsymbol{S} = \boldsymbol{A}\boldsymbol{R}$ 을 유도하라. 여기서 부재력벡터와 절점하중벡터는 아래와 같다. 부재력벡터의 방향은 문제[1]과 같다. 여기서 $\boldsymbol{A}$ 는 정역학매트릭스이다.

$$\boldsymbol{S} = \begin{Bmatrix} S_{ab} \\ S_{ba} \\ S_{bc} \\ S_{cb} \\ S_{cd} \\ S_{sc} \end{Bmatrix}, \quad \boldsymbol{R} = \begin{Bmatrix} R_1 \\ E_2 \end{Bmatrix}$$

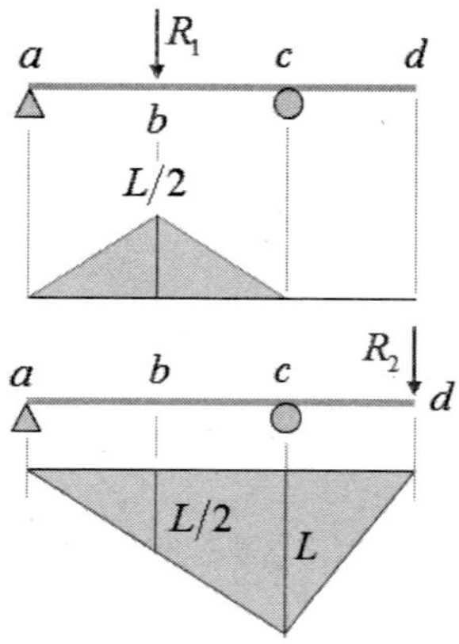

[3] 우측그림과 같이 4개의 축부재로 구성된 트러스구조를 유연도법을 이용한 매트릭스구조해석을 수행하라. 소괄호속의 값은 각 부재의 축강성을 나타내며 하중은 모든 부재들의 연결점에 수평과 수직하중이 작용하고 있다.

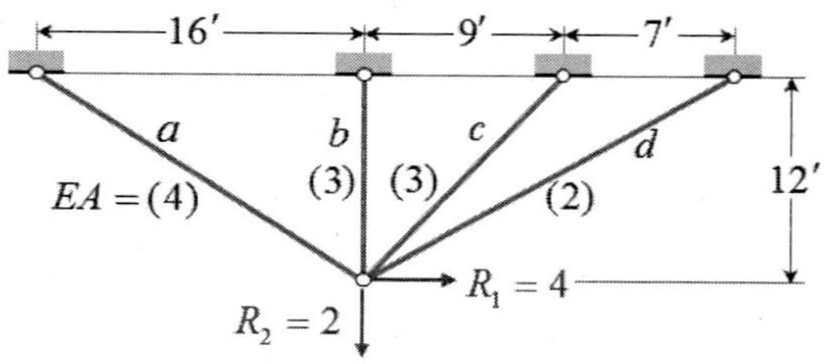

[4] 연직하중 $R_1 = 1$ 이 작용하고 휨강성이 EI 인 라멘구조를 유연도법에 의한 매트릭스구조해석을 수행하라.

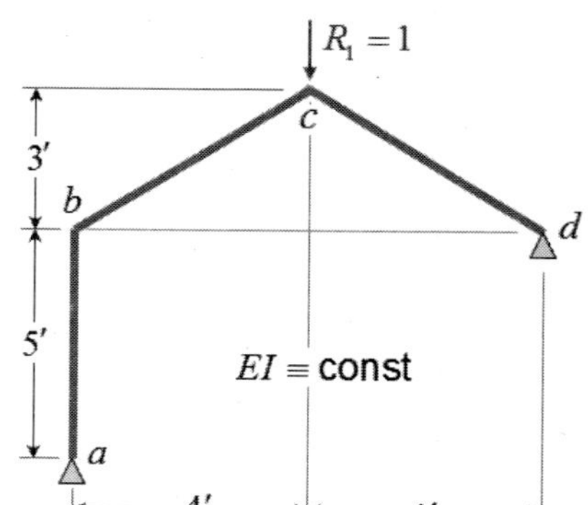

11 아치구조

11.1 개요

아치구조는 곡선부재들로 구성된다는 사실이외에 몇 가지 주요사항들을 알아야 한다. 아치구조는 곡선부재들이 한 평면내에 존재하며 작용하중도 동일평면내에서만 작용하는 구조이다. 이러한 평면들을 각각 부재평면, 하중평면이라고 정의하면 부재평면과 하중평면이 동일하다는 의미이다. 부재평면과 하중평면이 같으면, 구조거동들도 동일평면내에서만 나타날 것이다. 만일 구조거동이 면내에서 발생하지 않고 면외방향 거동이 발생하면, 비선형문제이거나 좌굴현상과 같은 고유치문제가 된다. 또한 아치구조를 이해하려면, 기하학과 미분기하학 등이 요구되며 이러한 교과목은 보통 대학원과정에서 경험하므로 자세한 내용을 해당분야를 접할 때 경험하기 바란다. 여하튼 아치구조의 비선형문제와 좌굴문제들은 학부교과과정을 벗어나므로 생략하기로 한다.

아치구조도 일반구조와 마찬가지로 정정아치, 부정정아치로 구분한다. 정정아치는 평형조건만으로 반력들이 결정되는 아치이며 반력수가 평형방정식의 개수보다 많으면 부정정아치가 된다. 실무에 적용하는 구조물은 대부분 부정정구조이므로 부정정구조에 대한 해석기법에 더욱 신중하여야 한다. 아치거동은 평면라멘처럼 축변형과 휨변형을 동반하지만 하나의 면에서 모든 거동들이 나타나므로 트러스와 같은 대표적인 면내거동구조에 해당한다. 즉, 아치는 트러스와 동일한 면내거동구조이나 변형들은 평면라멘과 유사하다는 의미이다. 또, 보부재와 라멘부재처럼 전단변형효과는 무시하고 있다. 면내거동이 지배적인 아치는 입체아치보다 평면아치가 대부분이므로 입체아치구조는 논외로 한다.

10.2절은 아치구조에 대한 기본역학과 개념을 요약하여 설명하였다. 특히, 아치에 관한 용어들과 아치종류들을 정리하여 향후 실무설계에서 혼돈이 발생하지 않도록 노력하였다. 일반 라멘부재와 차별화되는 좌굴모드나 진동모드 등은 교과내용을 벗어나므로 기초사항만을 소개하였다. 아치부재의 강성도매트릭스 결정이 기존 구조해석모델에 대한 이론들과 차별화된다. 곡선형상을 가진 부재의 특성 때문에 직접 변위함수를 결정하고 이로부터 강성도매트릭스를 결정하기 어렵다. 따라서 고전적인 에너지방법으로 변위를 부재력의 함수로 나타내고 역행렬을 구하여 강성도매트릭스를 결정하는 Livesley방법을 설명하였다. 곡선형상을 가진 부재들의 접근법은 기존부재들의 접근법과 큰 차이가 있다. 깊숙한 내용들은 철저히 배재하였다. 학부교과과정을 넘는 내용들이기 때문이다. 본장에서 소개하는 내용들도 또다른 접근법으로 이해하기 바란다. 10.3절은 3가지의 해석예를 선택하여 해석적 접근법인 수계산, 라멘부재로 분할한 아치구조해석, 아치부재를 이용한 해석결과 등을 비교·설명하였다. 10.4절은 아치부재를 이용한 해석프로그램 작성예를 소개하였다. 마지막으로 10.5절은 간단한 문제들만을 제시하여 복습하는 정도의 연습문제들을 수록하였다.

11.2 기본역학

11.2.1 용어와 종류

[1] 용어

아치구조는 하나의 평면에 곡선부재들이 존재하고 하중도 그 평면에 작용하는 구조이다. 부재들이 이루는 평면을 부재평면이라고 부르며 하중들이 작용하는 면을 하중평면이라고 부른다. 아치는 한마디로 부재평면과 하중평면이 일치하는 곡선부재이다. 부재평면을 면내라고 정의하면 부재평면과 수직한 면을 면외라고 부른다. 아치와 유사하지만 거동이 전혀 다른 곡선부재를 곡선보라고 부르며 하중이 면외방향으로 작용하는 시스템이다.

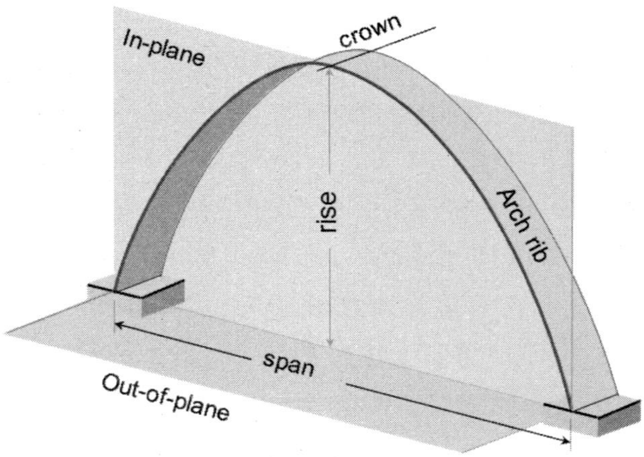

아치 곡선부재를 아치리브(Arch Rib)라고 부르며 아치지점간의 수평거리를 스팬(Span), 아치리브의 정점을 Crown이라고 부른다. 스팬으로부터 최대수직거리를 라이즈(Rise)라고 부르며 실무설계에서 스펜-라이즈 비를 제한하고 있다. 스팬-라이즈 비의 제한치는 외력에 의해 면외거동이 발생하지 않는 한계값에 해당한다. 즉, 라이즈가 증가하면 아치리브는 면외방향으로 손쉽게 휘어지게 되며 이러한 거동은 곡선보거동이 되므로 면외거동만 나타나는 아치거동과 전혀 다른 변형형상에 해당한다.

[2] 리브형상과 재료 및 지점개수로 구분한 아치종류

아치리브형상이 원의 방정식이면 원형아치(Circular Arch), 2차 포물선 방정식이면 포물선(Parabolic Arch), 쌍곡선 식이면 Hyperbolic Arch라고 부른다. 즉, 아치리브가 어떤 함수식으로 표현되는가에 따라 이를 Funicular Arch라고 통칭하고 있다.

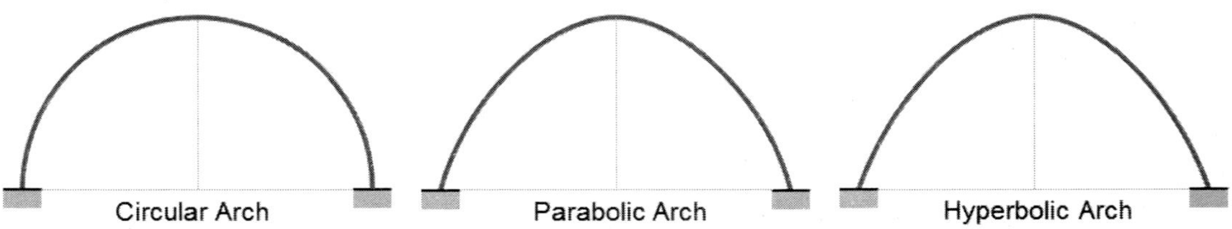

아치는 사용재료에 따라 콘크리트 아치, 강재아치, 합성아치 등으로 구분하기도 한다. 반면에 아치의

지점조건에 따라 구분하기도 한다. 아래우측그림과 같이 3-힌지 아치라는 정정구조부터 2-힌지 아치(1차 부정정구조)와 양단고정 아치(2차 부정정구조)가 대표적인 아치이다. 강성과 비교하여 중량이 큰 콘크리트 아치는 양단고정 아치를 자주 사용하며 강재 아치는 양단힌지 아치를 자주 사용한다. 특히 지점부에 휨모멘트가 집중되면서 지점에 응력집중현상이 나타난다. 이를 감소시키기 위하여 지점부를 힌지로 설계하는 경우가 많다. 또한 내진성능의 향상을 위하여 지점부를 힌지로 설계하는 경우도 발생한다. 힌지 지점은 자유로운 회전운동을 발생하므로 동적하중이 작용하여도 흔들림이 발생하지만 구조손상이 발생하지 않는 장점을 나타낸다. 이러한 이유로 콘크리트 아치의 지점부도 철근을 교차 배근하여 기능상 힌지역할을 할 수 있도록 설계하기도 한다.

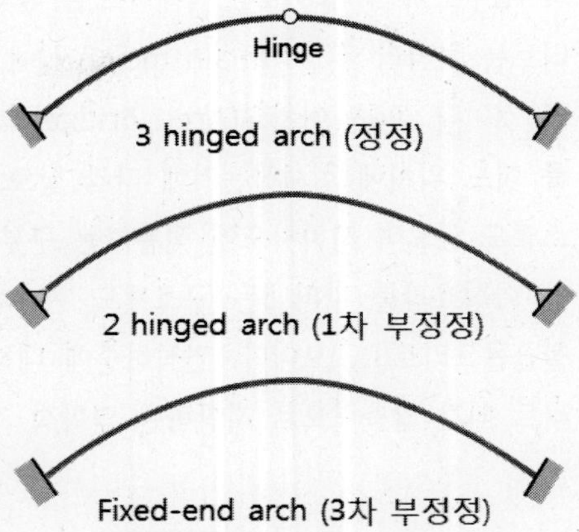

아치는 장경간 스팬을 사용하는 구조이므로 단면중량을 최소화하여 조합단면으로 설계하기도 한다. 대표적인 아치단면은 박스단면이며 channel과 steel plate를 조합하여 제작한다. 아치교량의 리브단면도 대부분 박스조합단면이 적용되고 있다. 박스조합단면을 사용하는 이유는 설계하중과 동일한 실제하중뿐만 아니라 예기치 못한 하중재하로 비틀림영향을 최소화하기 위한 배려이다. 박스단면은 단면2차모멘트가 큰 경량단면이므로 장경간을 요구하는 교량설계에 널리 적용하고 있다. 이러한 단면사용은 건축구조물도 동일하다. 넓은 공간을 확보하기 위하여 장경간 거더 대신 아치구조를 적용할 때 강성대비 작은 중량의 단면이 요구된다.

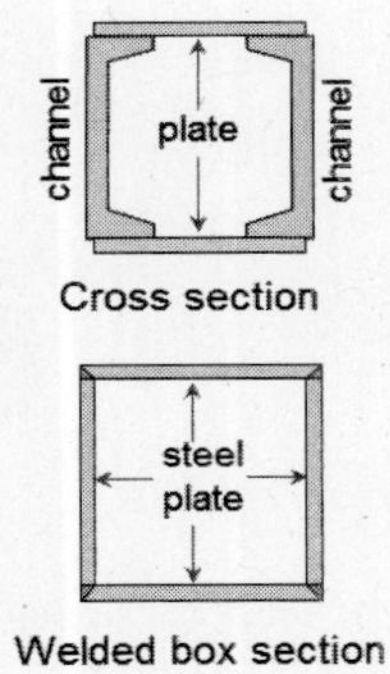

구조거동 측면애서, 우측그림과 같이 하향방향 하중이 편재하되면 아치리브는 한쪽부분이 함몰, 다른 한쪽은 반대방향으로 융기하는 모습을 나타낸다. 또 압축력을 동반하는 아치구조는 좌굴현상을 제어할 수 있어야 한다. 특히 라이즈가 큰 아치구조는 역대칭모드(Skew Symmetric Mode)가 지배적이므로 단면의 뒤틀림에도 저항능력이 우수하여야 한다. 이러한 이유로 박스단면을 가진 아치가 널리 적용된다.

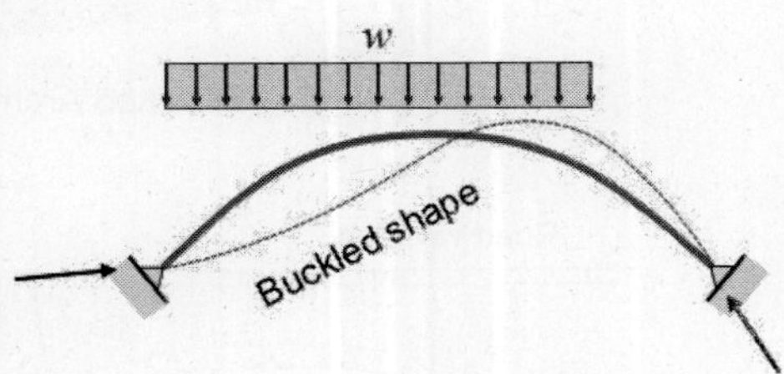

아치구조를 주부재로 사용하거나 아치리브를 보강재로 사용하는 구조계가 많다. 건축구조물에서 쉽게 찾을 수 있는 라티스아치(Lattice Arch)가 있다. 넓은 공간이 필요한 경우, 장경간 거더설치가 요구되며 이 때 라티스아치를 사용할 수 있다. 대규모 빌딩, 공항시설물, 운동시설, 음악시설, 극장시설 등 장경간을 요구하는 구조물설계에 라티스아치가 널리 적용되고 있다. 대형시설물은 아치부재를 보강재로 사용하기도 한다. 예를 들어, 돔형식이나 쉘형식 구조를 지탱하는 아치리브를 보강재로 사용할 수도 있다. 돔이나 쉘구조가 전체거동을 지배하므로 아치리브를 보조부재로 표현하였으나, 힘의 전달체계를 보면, 아치리브는 차라리 주부재(main member)에 가깝다. 아치리브를 주부재로 사용하는 대표적인 구조물은 교량일 것이다. 이를 아치교(Arch Bridge)라고 부른다. 아치교는 아래우측그림과 같이 차량주행 데크(Deck)를 어느 위치에 설치하는가에 따라 상로교, 중로교, 하로교 등의 구분한다. 철도교에 사용하는 아치트러스교도 있으며 지하차도에 적용하는 구부러진 아치판(Barrel Arch)도 적용하고 있다. 아치형상은 아니지만 아칭효과를 나타내는 구조계도 존재한다. 아칭효과(Arching Effect)를 나타내는 대표적인 구조계가 철근콘크리트(RC)보이다. 연직하중에 대하여 RC보 단면 내부의 저항능력을 보면, 마치 아치형상의 콘크리트 띠가 압축력으로 저항하는 역학적 거동을 나타낸다.

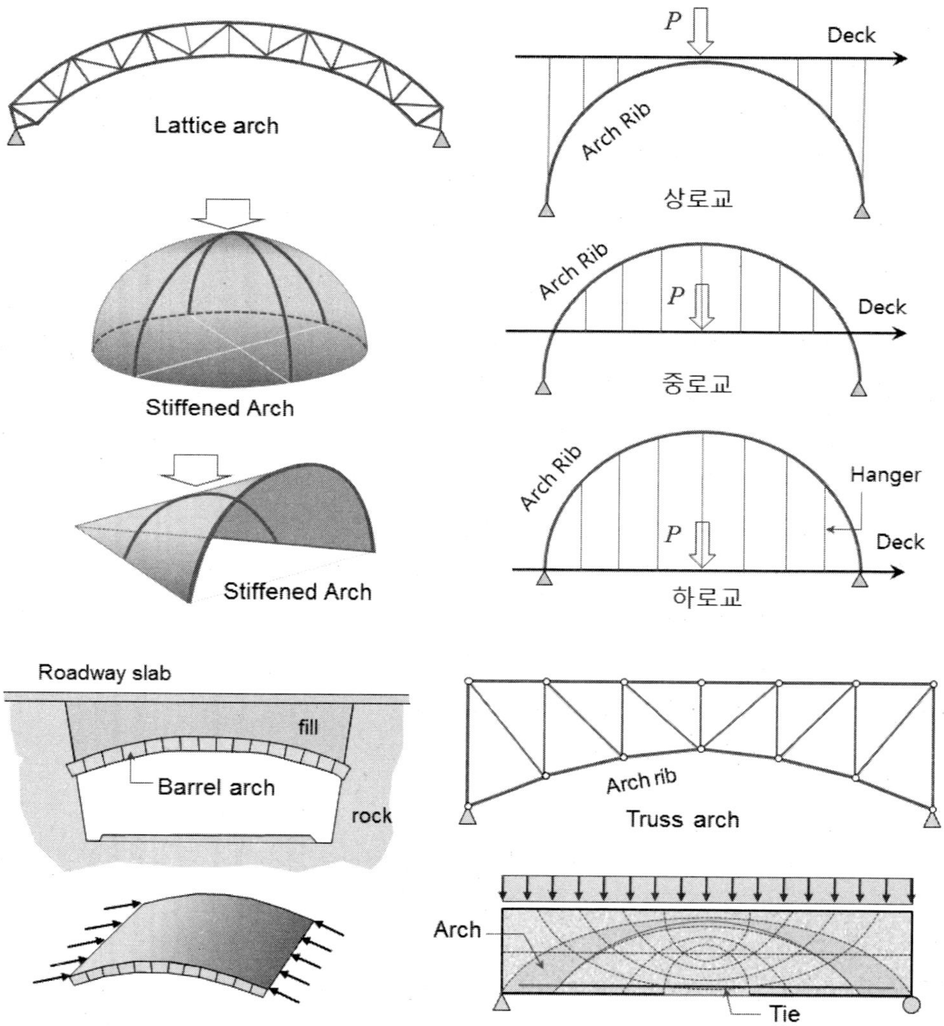

[3] 캠버와 라이즈의 차이

수평선에 놓인 단순보는 자중에 의하여 중앙부에 연직하향 처짐이 발생한다. 설계단계에서 자중처짐 만큼 상향솟음을 고려하면 가설이후 단순보는 수평선을 유지할 수 있다. 이러한 상향처짐을 캠버(Camber), 크기를 캠버량이라고 부른다. 일반보는 축변형을 무시하고 휨거동만을 고려하는 부재이다. 중앙점에 상향솟음을 고려한 보의 설계에서 축변형을 무시할 수 있는 솟음량을 캠버라고 부른다. 즉, 캠버는 보의 휨거동에 영향을 주지 않는 중앙부의 솟음이다. 캠버량이 증가하면 직선부재는 사용성을 위하여 곡선형상으로 설계하게 된다. 만일 캠버량이 크게 증가하여도 축변형을 무시할 수 있을까? 이 경우는 힘의 전달체계와 기하학적 조건을 고려하면 축변형을 무시할 수 없는 시스템이 된다. 양단고정보나 양단힌지 보에서 캠버량이 증가는 지점반력의 수평반력이 증가하며 이는 축변형을 야기하기 때문이다. 따라서 축변형을 고려하여야 하는 곡선부재는 보가 아니라 아치가 된다. 결국, 라이즈는 축변형을 야기하는 크기를 의미한다.

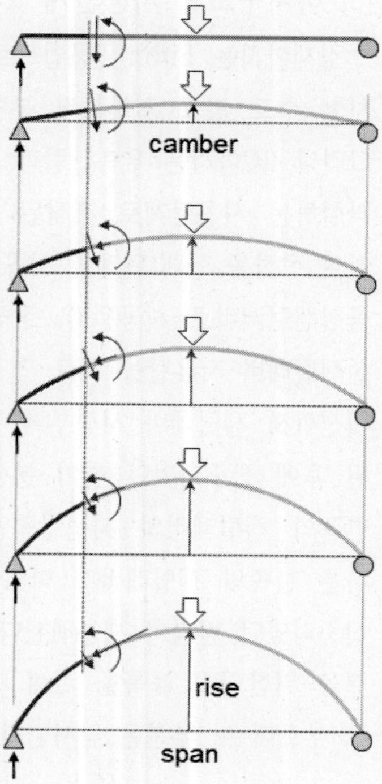

[4] 스팬-라이즈 비

아치부재들과 하중들이 xy 평면내 존재하면 구조거동도 동일평면내에서 발생한다. 즉, 부재평면과 하중평면이 동일하며 이 평면을 면내라고 부른다. 만일 동일평면에서 벗어나 면외방향(평면과 수직한 방향)으로 변위(면외변위)가 발생하면, 일반적인 정적구조해석으로 이를 확인할 수 없다. 특히, 스팬에 비하여 라이즈가 작으면 면내거동만 발생하지만 역으로 라이즈가 증가하면 면외거동이 쉽게 발생할 수 있다. 이러한 현상은 트러스구조도 마찬가지이다. 설계실무에서 아치의 면내거동을 만족하는 5:1 또는 6:1의 비율을 스팬-라이즈 비로 추천하고 있다.

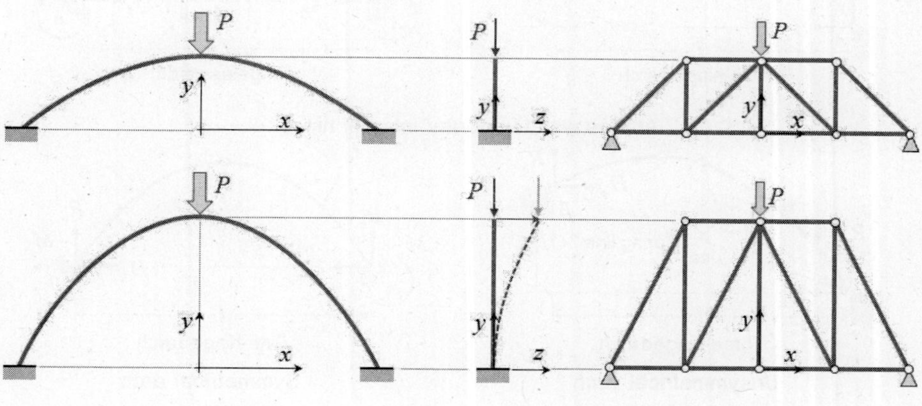

[5] 아치구조의 시공단계

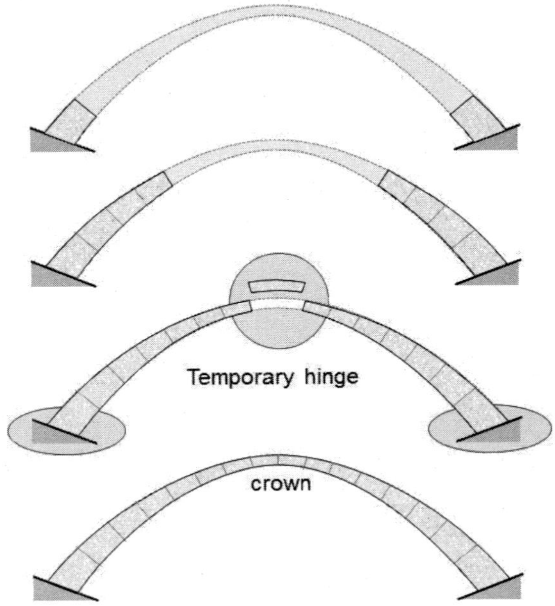

강재아치는 Lifting 공법으로 전체를 한 번에 설치할 수도 있고 일부분씩 분할 설치할 수도 있다. 그러나 RC아치는 우측그림과 같이 부분적으로 현장타설하는 시공단계로 제작된다. 양단지점부터 시작하여 정점을 향해 단계별 시공을 수행하게 된다. 즉, 곡선캔틸레버로 시공된다. 정점에 이르러 2개의 곡선캔틸레버 자유단을 서로 연결하게 된다. 정점연결 이전까지 캔틸레버 지점부에 힘이 집중되다가 연결된 후에 집중되었던 힘이 분산되게 될 것이다. 즉, 한쪽의 캔틸레버의 지점반력만 존재하던 시스템이 다른 한쪽의 캔틸레버가 마치 지점처럼 거동하면서 집중되었던 반력이 재분배된다는 의미이다. 정점 연결을 위한 RC 블록을 키세그먼트(Key segment)라고 부르며 이 부분은 임시힌지(Temporary hinge)역할을 한다.

11.2.2 **아치의 기본개념**

일반구조역학에서 아치이론을 정리할 때 아치형상과 지점조건에 따라 아래그림과 같이 구분한다. 좌측그림은 양단고저차(Elevation) h가 있는 아치로서 비대칭아치(Unsymmetric Arch)라고 부르기도 한다.

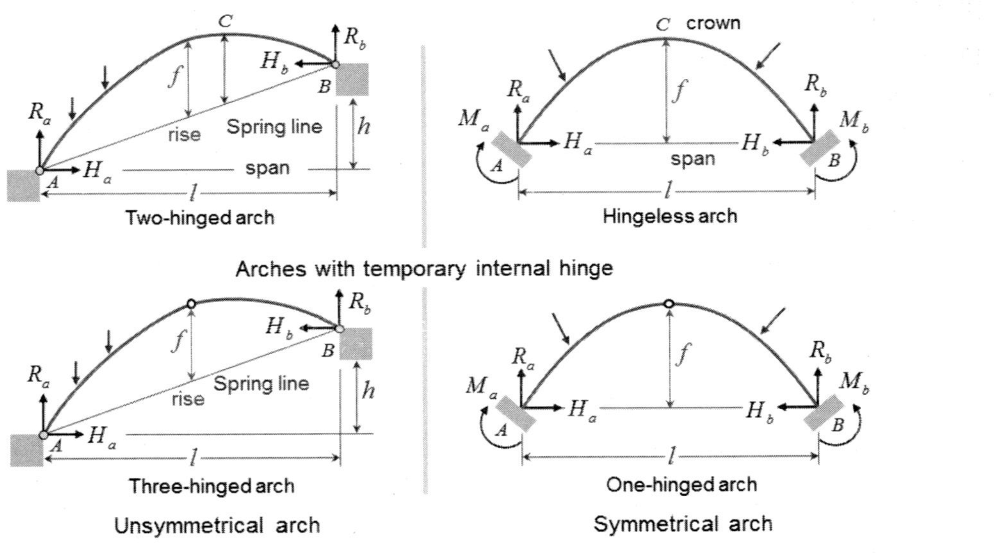

반면에 우측그림은 양단고정인 대칭아치(Symmetric Arch)이다. 이러한 아치들은 아래그림과 같이 경계조건이 변하거나 양단고저차의 유무에 따라 구분되기도 한다.

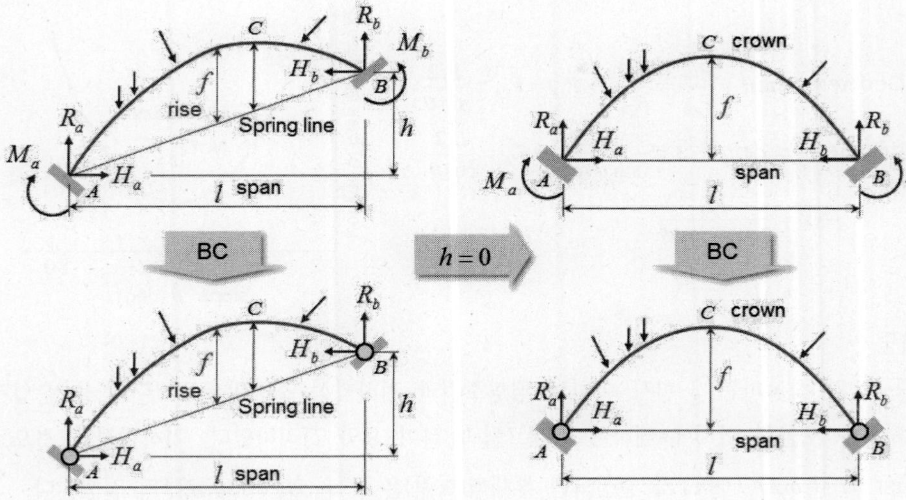

본 교재는 매트릭스구조해석을 주된 내용으로 제한하였고 구조역학과 겹치는 부분을 과감히 생략하기로 한다. 따라서 아치구조의 구조해석이론과 전개과정을 생략하고 트러스로 이상화한 고전적인 아치해석과 아치부재의 강성도와 유연도 매트릭스 결정과정만을 요약하기로 한다.

● 3-힌지아치의 고전해법

(1) 집중하중

면내거동이 지배적인 3힌지 아치는 2개의 트러스구조로 이상화하여 개략적인 부재력을 산정할 수 있으며 허용응력이 주어지면 최소단면을 쉽게 얻을 수 있는 방법이다. 이를 고전해법이라고 부르며 정확성과 적용성이 부족하여 현재 아치이론에서 사라진 해석기법이다. 이 방법은 설계경험만으로 해결되는 근사적인 아치거동의 분석이기도 하다.

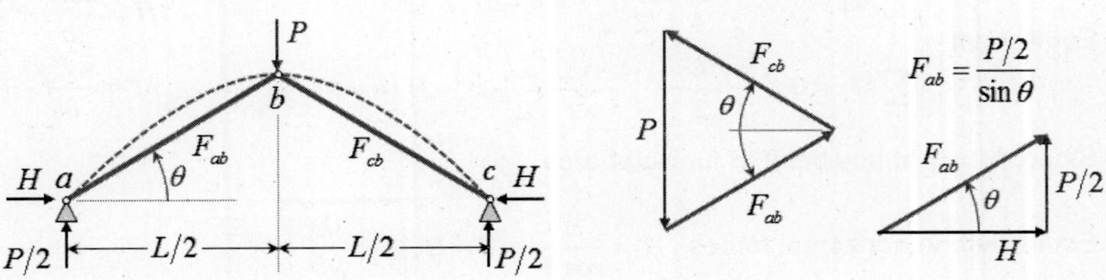

예를 들어, 양단힌지이고 정점이 내부힌지인 아치는 2개의 트러스부재로 이상화할 수 있다. 기하학적

조건과 라미(Lami)의 정리를 사용하여 각 부재력이 쉽게 결정할 수 있다. 또한 허용응력이 주어지면 부재의 최소체적이 결정되고 이에 따라 최소단면이 쉽게 계산된다. 이에 대한 수식은 아래와 같다.

- Geometry $\sin\theta = \dfrac{P/2}{F_{AB}} = \dfrac{P/2}{F_{CB}} \rightarrow F_{AB} = F_{CB} = \dfrac{P/2}{\sin\theta}$
- Volume $V = 2AL_B$; $A = \dfrac{P/2}{(\sin\theta)\sigma_{max}}$, $L_B = \dfrac{L/2}{\cos\theta}$

$$\rightarrow V = \frac{PL}{2\sigma_{max}\sin 2\theta}$$

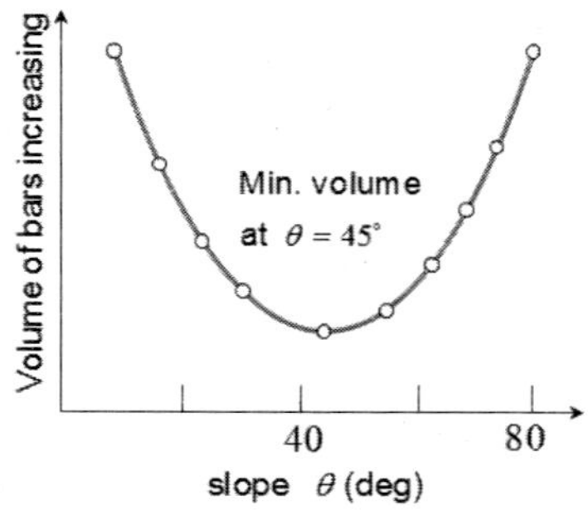

(2) 등분포하중

등분포하중 w 가 작용하는 3-힌지 아치도 평형조건과 기하학적 조건만으로 부재력을 손쉽게 결정할 수 있다. 여기서는 포물선 아치에 대하여 아래그림과 같이 요약 정리하였다. 기하학적 조건으로부터 수평분력 Thrust $H = wL^2/(8h)$ 가 결정되면 부재력(축력)은 $T = H/\cos\theta$ 로부터 결정된다.

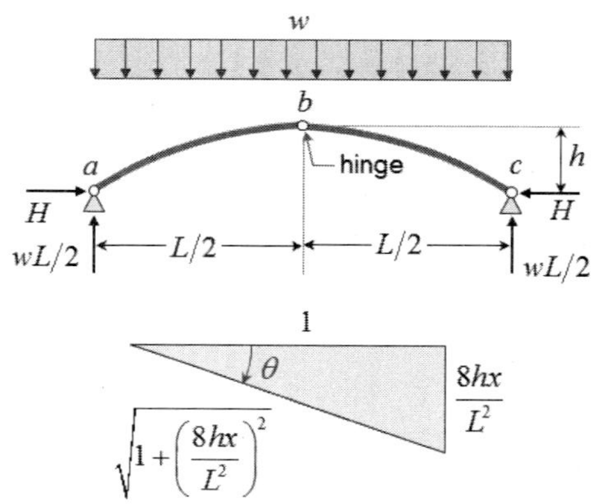

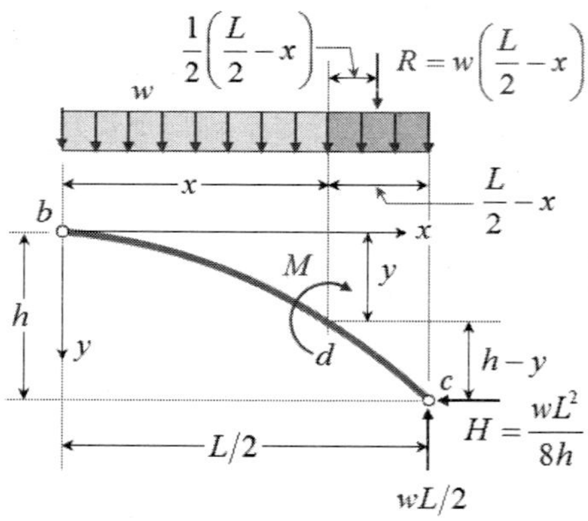

- Equilibrium $\begin{cases} \sum M_b = 0 : \dfrac{wL}{2}\dfrac{L}{4} - \dfrac{wL}{2}\dfrac{L}{2} + Hh = 0 \\ \sum M_d = 0 : \dfrac{w}{2}\left(\dfrac{L}{2} - x\right)^2 - \dfrac{wL}{2}\left(\dfrac{L}{2} - x\right) + H(h-y) + M = 0 \end{cases} \rightarrow \begin{cases} H = \dfrac{wL^2}{8h} \\ M = \dfrac{wL^2 y}{8h} - \dfrac{wx^2}{2} \end{cases}$
- Since $M = 0$ at any point of funicular arch : $y = \dfrac{4h}{L^2}x^2$
- Equilibrium in horizontal forces : $T = \dfrac{H}{\cos\theta} \rightarrow \boxed{T = H\sqrt{1 + \left(\dfrac{8hx}{L^2}\right)^2}}$

$$\because \cos\theta = \frac{1}{\sqrt{1 + \tan^2\theta}}, \ \tan\theta = \frac{dy}{dx} = \frac{8hx}{L^2}$$

11.2.3 아치의 유연도와 강성도

[1] 자유-고정 아치모델

아치부재의 강성도매트릭스 유도는 연산이 용이한 유연도매트릭스를 결정하고 유연도매트릭스의 역행렬을 구하여 강성도매트릭스를 결정하는 간접적인 방법을 적용할 수 있다. 이 방법은 Livesley에 의하여 시도되었고 곡선보, 아치 및 케이블 부재의 강성도매트릭스결정에 적용할 수 있다. 유연도매트릭스는 정정구조물과 같이 안정적인 경계조건을 가질 때만 결정할 수 있다. 쉬운 이해를 위하여 원호 아치를 해석예로 선택하기로 한다. 먼저, 자유-고정 아치로 가정하여 강성도매트릭스 성분 $\boldsymbol{k}_{11}$, $\boldsymbol{k}_{21}$을 결정한다. 이어서 고정-자유단을 가진 아치로 가정하여 강성도매트릭스 성분 $\boldsymbol{k}_{22}$를 결정한다.

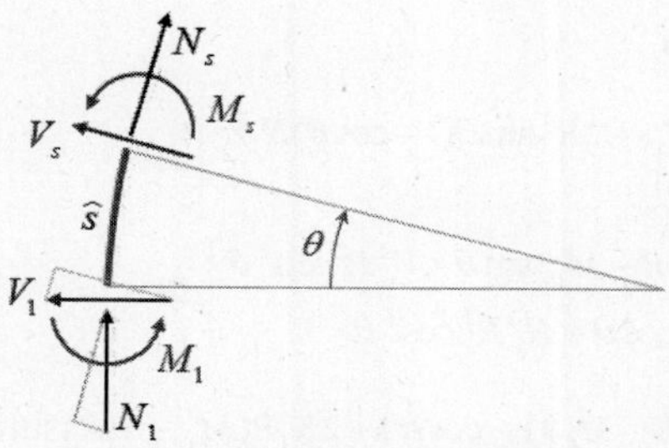

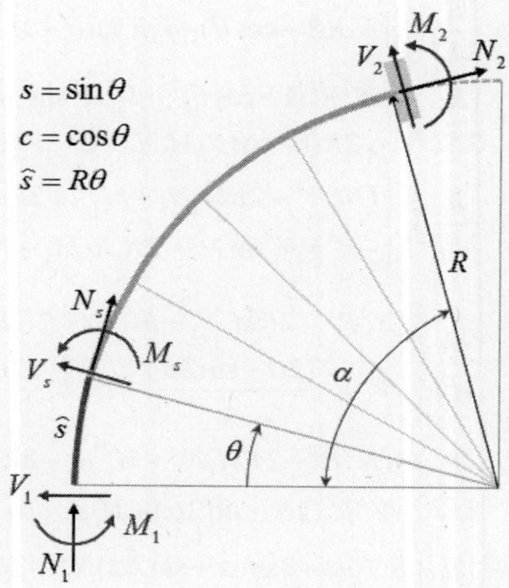

- Section Forces and Moment

$$\begin{cases} N_s = -N_1\cos\theta + V_1\sin\theta \\ V_s = N_1\sin\theta - V_1\cos\theta \\ M_s = N_1R(1-\cos\theta) + V_1R\sin\theta - M_1 \end{cases}$$

$$\rightarrow \begin{Bmatrix} N_s \\ V_s \\ M_s \end{Bmatrix} = \begin{bmatrix} -c & s & 0 \\ s & -c & 0 \\ R(1-c) & Rs & -1 \end{bmatrix} \begin{Bmatrix} N_1 \\ V_1 \\ M_1 \end{Bmatrix}$$

연산과정에서 다음과 같은 적분공식을 적용하기로 한다.

$$\int_0^\alpha d\theta = [\theta]_0^\alpha = \alpha$$

$$\int_0^\alpha \sin\theta d\theta = [-\cos\theta]_0^\alpha = 1-\cos\alpha\ ,\ \int_0^\alpha \cos\theta d\theta = [\sin\theta]_0^\alpha = \sin\alpha$$

$$\int_0^\alpha \sin 2\theta d\theta = \left[-\frac{\cos 2\theta}{2}\right]_0^\alpha = \frac{1-\cos 2\alpha}{2}$$

$$\int_0^\alpha \sin^2\theta d\theta = \int_0^\alpha \frac{1-\cos 2\theta}{2} d\theta = \frac{1}{2}\left[\theta - \frac{\sin 2\theta}{2}\right]_0^\alpha = \frac{(2\alpha - \sin 2\alpha)}{4}$$

$$\int_0^\alpha \cos^2\theta d\theta = \int_0^\alpha \frac{1+\cos 2\theta}{2} d\theta = \frac{1}{2}\left[\theta + \frac{\sin 2\theta}{2}\right]_0^\alpha = \frac{(2\alpha + \sin 2\alpha)}{4}$$

변형에너지 U는 부재력 N_1, V_1, M_1 의 항을 이용하여 다음과 같이 계산된다.

- Strain Energy : $U = U_a + U_b = \int_0^{R\alpha} \frac{N_s^2 ds}{2EA} + \int_0^{R\alpha} \frac{M_s^2 ds}{2EI} = \int_0^{\alpha} \frac{RN_s^2 d\theta}{2EA} + \int_0^{\alpha} \frac{RM_s^2 d\theta}{2EI}$

$$\begin{aligned}
U_a &= \frac{R}{2EA}\int_0^{\alpha}\left[-N_1\cos\theta + V_1\sin\theta\right]^2 d\theta \\
&= \frac{R}{2EA}\int_0^{\alpha}\left[N_1^2\cos^2\theta - 2V_1N_1\sin\theta\cos\theta + V_1^2\sin^2\theta\right]d\theta \\
&= \frac{R}{2EA}\left[\frac{2\alpha+\sin 2\alpha}{4}N_1^2 - \frac{(1-\cos 2\alpha)}{2}V_1N_1 + \frac{2\alpha - \sin 2\alpha}{4}V_1^2\right] \\
&= \frac{R}{8EA}\left[(2\alpha+\sin 2\alpha)N_1^2 - 2(1-\cos 2\alpha)V_1N_1 + (2\alpha-\sin 2\alpha)V_1^2\right] \\
&= \frac{R}{8EI}\left[r^2(2\alpha+\sin 2\alpha)N_1^2 - 2r^2(1-\cos 2\alpha)V_1N_1 + r^2(2\alpha-\sin 2\alpha)V_1^2\right]
\end{aligned}$$

$$\begin{aligned}
U_b &= \frac{R}{2EI}\int_0^{\alpha}\left[N_1R(1-\cos\theta) + V_1R\sin\theta - M_1\right]^2 d\theta \\
&= \frac{R}{2EI}\int_0^{\alpha}\begin{bmatrix} N_1^2R^2(1-\cos\theta)^2 + V_1^2R^2\sin^2\theta + M_1^2 + 2R^2\sin\theta(1-\cos\theta)N_1V_1 \\ -2R(1-\cos\theta)M_1N_1 - 2M_1V_1R\sin\theta \end{bmatrix} d\theta \\
&= \frac{R}{2EI}\int_0^{\alpha}\begin{bmatrix} (N_1^2R^2 - 2RM_1N_1 + M_1^2) + 2V_1R(N_1R - M_1)\sin\theta + V_1^2R^2\sin^2\theta \\ -R^2N_1V_1\sin 2\theta + 2N_1R(M_1 - N_1R)\cos\theta + N_1^2R^2\cos^2\theta \end{bmatrix} d\theta \\
&= \frac{R}{2EI}\begin{bmatrix} (N_1^2R^2 - 2RM_1N_1 + M_1^2)\alpha + 2V_1R(N_1R - M_1)(1-\cos\alpha) + 2N_1R(M_1 - N_1R)\sin\alpha \\ +V_1^2R^2\frac{(2\alpha - \sin 2\alpha)}{4} + N_1^2R^2\frac{(2\alpha+\sin 2\alpha)}{4} - R^2N_1V_1\frac{1-\cos 2\alpha}{2} \end{bmatrix} \\
&= \frac{R}{8EI}\begin{bmatrix} 4(N_1^2R^2 - 2RM_1N_1 + M_1^2)\alpha + 8V_1R(N_1R - M_1)(1-\cos\alpha) + 8N_1R(M_1 - N_1R)\sin\alpha \\ +V_1^2R^2(2\alpha - \sin 2\alpha) + N_1^2R^2(2\alpha + \sin 2\alpha) - 2R^2N_1V_1(1-\cos 2\alpha) \end{bmatrix} \\
&= \frac{R}{8EI}\begin{bmatrix} R^2(6\alpha - 8\sin\alpha + \sin 2\alpha)N_1^2 + 2R^2(3 - 4\cos\alpha + \cos 2\alpha)N_1V_1 \\ +8R(\sin\alpha - \alpha)N_1M_1 + R^2(2\alpha - \sin 2\alpha)V_1^2 + 8R(\cos\alpha - 1)V_1M_1 + 4\alpha M_1^2 \end{bmatrix}
\end{aligned}$$

$$\begin{aligned}
U &= \frac{R}{8EI}\left[r^2(2\alpha+\sin 2\alpha)N_1^2 - 2r^2(1-\cos 2\alpha)V_1N_1 + r^2(2\alpha-\sin 2\alpha)V_1^2\right] \\
&\quad + \frac{R}{8EI}\begin{bmatrix} R^2(6\alpha - 8\sin\alpha + \sin 2\alpha)N_1^2 + 2R^2(3 - 4\cos\alpha + \cos 2\alpha)N_1V_1 \\ +8R(\sin\alpha - \alpha)N_1M_1 + R^2(2\alpha - \sin 2\alpha)V_1^2 + 8R(\cos\alpha - 1)V_1M_1 + 4\alpha M_1^2 \end{bmatrix} \\
&= \frac{R}{8EI}\begin{bmatrix} r^2(2\alpha+\sin 2\alpha)N_1^2 - 2r^2(1-\cos 2\alpha)V_1N_1 + r^2(2\alpha-\sin 2\alpha)V_1^2 \\ +R^2(6\alpha - 8\sin\alpha + \sin 2\alpha)N_1^2 + 2R^2(3 - 4\cos\alpha + \cos 2\alpha)N_1V_1 \\ +8R(\sin\alpha - \alpha)N_1M_1 + R^2(2\alpha - \sin 2\alpha)V_1^2 + 8R(\cos\alpha - 1)V_1M_1 + 4\alpha M_1^2 \end{bmatrix}
\end{aligned}$$

$$\rightarrow U = \frac{R}{8EI}\begin{bmatrix} \left\{r^2(2\alpha+\sin 2\alpha) + R^2(6\alpha - 8\sin\alpha + \sin 2\alpha)\right\}N_1^2 \\ +2\left\{r^2(\cos 2\alpha - 1) + R^2(3 - 4\cos\alpha + \cos 2\alpha)\right\}N_1V_1 \\ +(r^2 + R^2)(2\alpha - \sin 2\alpha)V_1^2 \\ +8R(\sin\alpha - \alpha)N_1M_1 + 8R(\cos\alpha - 1)V_1M_1 + 4\alpha M_1^2 \end{bmatrix}$$

처짐 $\delta_{x1}, \delta_{y1}, \theta_{z1}$ 는 카스틸리아노 정리를 사용하여 다음과 같이 얻을 수 있다.

- Deflections

$$\delta_{x1} = \frac{\partial U}{\partial N_1} = \frac{R}{4EI}\begin{bmatrix} \{r^2(2\alpha + \sin 2\alpha) + R^2(6\alpha - 8\sin\alpha + \sin 2\alpha)\}N_1 \\ +\{r^2(\cos 2\alpha - 1) + R^2(3 - 4\cos\alpha + \cos 2\alpha)\}V_1 + 4R(\sin\alpha - \alpha)M_1 \end{bmatrix}$$

$$\delta_{y1} = \frac{\partial U}{\partial V_1} = \frac{R}{4EI}\begin{bmatrix} \{r^2(\cos 2\alpha - 1) + R^2(3 - 4\cos\alpha + \cos 2\alpha)\}N_1 \\ +(r^2 + R^2)(2\alpha - \sin 2\alpha)V_1 + 4R(\cos\alpha - 1)M_1 \end{bmatrix}$$

$$\theta_{z1} = \frac{\partial U}{\partial M_1} = \frac{R}{4EI}\left[4R(\sin\alpha - \alpha)N_1 + 4R(\cos\alpha - 1)V_1 + 4\alpha M_1\right]$$

처짐 $\delta_{x1}, \delta_{y1}, \theta_{z1}$ 를 부재력 N_1, V_1, M_1 의 항에 대한 매트릭스방정식으로 표현하면 아래와 같다. 이때 발생하는 또다른 절점에 대한 부재력 N_2, V_2, M_2 도 N_1, V_1, M_1 의 항으로 표현할 수 있다.

- Matrix Form

$$\begin{Bmatrix} \delta_{x1} \\ \delta_{y1} \\ \theta_{z1} \end{Bmatrix} = \frac{R}{4EI}\begin{bmatrix} \begin{Bmatrix} r^2(2\alpha + \sin 2\alpha) + \\ R^2(6\alpha - 8\sin\alpha + \sin 2\alpha) \end{Bmatrix} & \begin{Bmatrix} r^2(\cos 2\alpha - 1) + \\ R^2(3 - 4\cos\alpha + \cos 2\alpha) \end{Bmatrix} & 4R(\sin\alpha - \alpha) \\ \begin{Bmatrix} r^2(\cos 2\alpha - 1) + \\ R^2(3 - 4\cos\alpha + \cos 2\alpha) \end{Bmatrix} & (r^2 + R^2)(2\alpha - \sin 2\alpha) & 4R(\cos\alpha - 1) \\ 4R(\sin\alpha - \alpha) & 4R(\cos\alpha - 1) & 4\alpha \end{bmatrix}\begin{Bmatrix} N_1 \\ V_1 \\ M_1 \end{Bmatrix}$$

or $\underset{\sim}{\mathbf{d}}_1 = \underset{\sim}{\mathbf{c}}_{11}\underset{\sim}{\mathbf{f}}_1 \to \underset{\sim}{\mathbf{f}}_1 = \underset{\sim}{\mathbf{c}}_{11}^{-1}\underset{\sim}{\mathbf{d}}_1 = \underset{\sim}{\mathbf{k}}_{11}\underset{\sim}{\mathbf{d}}_1$

- Force vector $\underset{\sim}{\mathbf{f}}_2$ at opposite end due to $\underset{\sim}{\mathbf{f}}_1$

$$\underset{\sim}{\mathbf{f}}_2 = \begin{Bmatrix} N_2 \\ V_2 \\ M_2 \end{Bmatrix} = \begin{bmatrix} -\cos\alpha & \sin\alpha & 0 \\ \sin\alpha & -\cos\alpha & 0 \\ R(1-\cos\alpha) & R\sin\alpha & -1 \end{bmatrix}\begin{Bmatrix} N_1 \\ V_1 \\ M_1 \end{Bmatrix} = \begin{bmatrix} -\cos\alpha & \sin\alpha & 0 \\ \sin\alpha & -\cos\alpha & 0 \\ R(1-\cos\alpha) & R\sin\alpha & -1 \end{bmatrix}\underset{\sim}{\mathbf{k}}_{11}\underset{\sim}{\mathbf{d}}_1 = \underset{\sim}{\mathbf{k}}_{21}\underset{\sim}{\mathbf{d}}_1$$

[2] 고정-자유 아치모델

- Section Forces and Moment

$$\begin{cases} N_s = N_2\cos\theta + V_2\sin\theta \\ V_s = N_2\sin\theta - V_2\cos\theta \\ M_s = N_2R(1-\cos\theta) - V_2R\sin\theta - M_2 \end{cases}$$

$$\to \begin{Bmatrix} N_s \\ V_s \\ M_s \end{Bmatrix} = \begin{bmatrix} c & s & 0 \\ s & -c & 0 \\ R(1-c) & -Rs & -1 \end{bmatrix}\begin{Bmatrix} N_2 \\ V_2 \\ M_2 \end{Bmatrix}$$

where $s = \sin\theta$ and $c = \cos\theta$

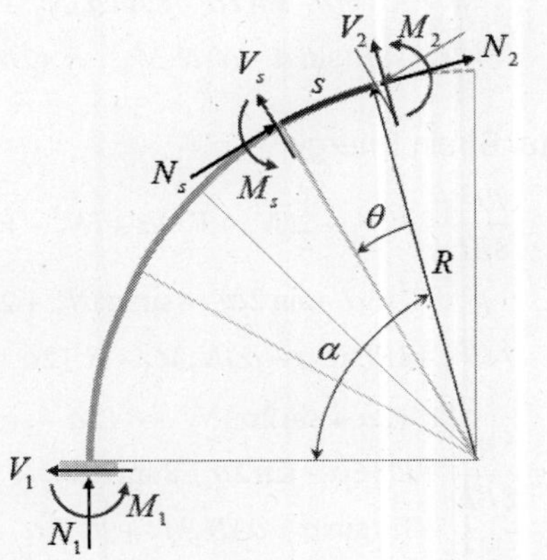

고정-자유 아치모델도 부재력과 변위들의 아래첨자만 변하고 연산과정과 절차는 동일하다.

- Strain Energy : $U = U_a + U_b = \int_0^{R\alpha} \frac{N_s^2 ds}{2EA} + \int_0^{R\alpha} \frac{M_s^2 ds}{2EI} = \int_0^{R\alpha} \frac{RN_s^2 d\theta}{2EA} + \int_0^{R\alpha} \frac{RM_s^2 d\theta}{2EI}$

$$U_a = \frac{R}{2EA}\int_0^{\alpha}(N_2\cos\theta + V_2\sin\theta)^2 d\theta$$

$$= \frac{R}{2EA}\int_0^{\alpha}(N_2^2\cos^2\theta + 2V_2N_2\sin\theta\cos\theta + V_2^2\sin^2\theta)d\theta$$

$$= \frac{R}{2EA}\left[\left(\frac{2\alpha + \sin 2\alpha}{4}\right)N_2^2 + \frac{(1-\cos 2\alpha)}{2}V_2N_2 + \left(\frac{2\alpha - \sin 2\alpha}{4}\right)V_2^2\right]$$

$$= \frac{R}{8EA}\left[(2\alpha + \sin 2\alpha)N_2^2 + 2(1-\cos 2\alpha)N_2V_2 + (2\alpha - \sin 2\alpha)V_2^2\right]$$

$$= \frac{Rr^2}{8EI}\left[2N_2V_2 + 2(N_2^2 + V_2^2)\alpha + (N_2^2 - V_2^2)\sin 2\alpha - 2V_2N_2\cos 2\alpha\right]$$

$$U_b = \frac{R}{2EI}\int_0^{\alpha}\left[N_2R(1-\cos\theta) - V_2R\sin\theta - M_2\right]^2 d\theta$$

$$= \frac{R}{2EI}\int_0^{\alpha}\begin{bmatrix} N_2^2R^2(1-2\cos\theta+\cos^2\theta) + V_2^2R^2\sin^2\theta + M_2^2 - 2N_2V_2R^2\sin\theta \\ +N_2V_2R^2\sin 2\theta - 2N_2M_2R + 2N_2M_2R\cos\theta + 2V_2M_2R\sin\theta \end{bmatrix} d\theta$$

$$= \frac{R}{2EI}\int_0^{\alpha}\begin{bmatrix} (M_2^2 + N_2^2R^2 - 2N_2M_2R) + (2V_2M_2R - 2V_2N_2R^2)\sin\theta + V_2^2R^2\sin^2\theta \\ +(2N_2M_2R - 2N_2^2R^2)\cos\theta + N_2V_2R^2\sin 2\theta + N_2^2R^2\cos^2\theta \end{bmatrix} d\theta$$

$$= \frac{R}{2EI}\begin{bmatrix} (M_2^2 + N_2^2R^2 - 2N_2M_2R)\alpha + (2V_2M_2R - 2V_2N_2R^2)(1-\cos\alpha) \\ +(2N_2M_2R - 2N_2^2R^2)\sin\alpha + N_2V_2R^2\frac{1-\cos 2\alpha}{2} \\ +V_2^2R^2\frac{(2\alpha - \sin 2\alpha)}{4} + N_2^2R^2\frac{(2\alpha - \sin 2\alpha)}{4} \end{bmatrix}$$

$$= \frac{R}{2EI}\begin{bmatrix} +\alpha R^2N_2^2 - 2\alpha RN_2M_2 + 2V_2M_2R - 2V_2N_2R^2 - 2V_2M_2R\cos\alpha \\ +2V_2N_2R^2\cos\alpha + 2RN_2M_2\sin\alpha - 2R^2N_2^2\sin\alpha + \alpha M_2^2 \\ +\frac{R^2}{2}N_2V_2 - \frac{R^2}{2}N_2V_2\cos 2\alpha + \frac{(2\alpha - \sin 2\alpha)R^2}{4}V_2^2 + \frac{(2\alpha - \sin 2\alpha)R^2}{4}N_2^2 \end{bmatrix}$$

$$= \frac{R}{8EI}\begin{bmatrix} R^2(6\alpha - \sin 2\alpha - 8\sin\alpha)N_2^2 + 2R^2(-3 + 4\,\mathrm{os}\,\alpha - \cos 2\alpha)N_2V_2 + 4\alpha M_2^2 \\ +8R(\sin\alpha - \alpha)N_2M_2 + R^2(2\alpha - \sin 2\alpha)V_2^2 + 8R(1-\cos\alpha)V_2M_2 \end{bmatrix}$$

- Total Strain Energy

$$U = \frac{Rr^2}{8EI}\left[2N_2V_2 + 2(N_2^2 + V_2^2)\alpha + (N_2^2 - V_2^2)\sin 2\alpha - 2V_2N_2\cos 2\alpha\right]$$

$$+ \frac{R}{8EI}\begin{bmatrix} R^2(6\alpha - \sin 2\alpha - 8\sin\alpha)N_2^2 + 2R^2(-3 + 4\,\mathrm{os}\,\alpha - \cos 2\alpha)N_2V_2 \\ +8R(\sin\alpha - \alpha)N_2M_2 + R^2(2\alpha - \sin 2\alpha)V_2^2 + 8R(1-\cos\alpha)V_2M_2 + 4\alpha M_2^2 \end{bmatrix}$$

$$= \frac{R}{8EI}\begin{bmatrix} r^2(2\alpha + \sin 2\alpha)N_2^2 + r^2(2\alpha - \sin 2\alpha)V_2^2 + 2r^2(1-\cos 2\alpha)N_2V_2 \\ +R^2(6\alpha - \sin 2\alpha - 8\sin\alpha)N_2^2 + 2R^2(-3 + 4\,\mathrm{os}\,\alpha - \cos 2\alpha)N_2V_2 \\ +8R(\sin\alpha - \alpha)N_2M_2 + R^2(2\alpha - \sin 2\alpha)V_2^2 + 8R(1-\cos\alpha)V_2M_2 + 4\alpha M_2^2 \end{bmatrix}$$

$$U=\frac{R}{8EI}\begin{bmatrix}\left\{r^2(2\alpha+\sin 2\alpha)+R^2(6\alpha-\sin 2\alpha-8\sin\alpha)\right\}N_2^2\\ +(2\alpha-\sin 2\alpha)(r^2+R^2)V_2^2+2\left\{r^2(1-\cos 2\alpha)+R^2(-3+4\mathrm{os}\,\alpha-\cos 2\alpha)\right\}N_2V_2\\ +8R(\sin\alpha-\alpha)N_2M_2+8R(1-\cos\alpha)V_2M_2+4\alpha M_2^2\end{bmatrix}$$

- Deflection

$$\delta_{x2}=\frac{\partial U}{\partial N_2}=\frac{R}{4EI}\begin{bmatrix}\left\{r^2(2\alpha+\sin 2\alpha)+R^2(6\alpha-\sin 2\alpha-8\sin\alpha)\right\}N_2\\ +\left\{r^2(1-\cos 2\alpha)+R^2(-3+4\mathrm{os}\,\alpha-\cos 2\alpha)\right\}V_2\\ +4R(\sin\alpha-\alpha)M_2\end{bmatrix}$$

$$\delta_{y2}=\frac{\partial U}{\partial V_2}=\frac{R}{8EI}\begin{bmatrix}+2\left\{r^2(1-\cos 2\alpha)+R^2(-3+4\mathrm{os}\,\alpha-\cos 2\alpha)\right\}N_2\\ +2(2\alpha-\sin 2\alpha)(r^2+R^2)V_2+8R(1-\cos\alpha)M_2\end{bmatrix}$$

$$\theta_{z2}=\frac{\partial U}{\partial M_2}=\frac{R}{4EI}\left[4R(\sin\alpha-\alpha)N_2+4R(1-\cos\alpha)V_2+4\alpha M_2\right]$$

처짐 $\delta_{x2},\delta_{y2},\theta_{z2}$를 부재력 $N_2,\ V_2,M_2$의 항에 대한 매트릭스방정식으로 표현하면 아래와 같다. 이때 발생하는 또다른 절점에 대한 부재력 $N_1,\ V_1,M_1$도 의 $N_2,\ V_2,M_2$ 항으로 표현할 수 있다.

- Matrix Form

$$\begin{Bmatrix}\delta_{x2}\\ \delta_{y2}\\ \theta_{z2}\end{Bmatrix}=\frac{R}{4EI}\begin{bmatrix}\begin{Bmatrix}r^2(2\alpha+\sin 2\alpha)+\\ R^2(6\alpha-\sin 2\alpha-8\sin\alpha)\end{Bmatrix} & \begin{Bmatrix}r^2(1-\cos 2\alpha)-\\ R^2(3-4\mathrm{os}\,\alpha+\cos 2\alpha)\end{Bmatrix} & 4R(\sin\alpha-\alpha)\\ \begin{Bmatrix}r^2(1-\cos 2\alpha)+\\ R^2(-3+4\mathrm{os}\,\alpha-\cos 2\alpha)\end{Bmatrix} & (2\alpha-\sin 2\alpha)(r^2+R^2) & 4R(1-\cos\alpha)\\ 4R(\sin\alpha-\alpha) & 4R(1-\cos\alpha) & 4\alpha\end{bmatrix}\begin{Bmatrix}N_2\\ V_2\\ M_2\end{Bmatrix}$$

or $\underset{\sim}{\mathbf{d}}_2=\underset{\sim}{\mathbf{c}}_{22}\underset{\sim}{\mathbf{f}}_2\rightarrow\underset{\sim}{\mathbf{f}}_2=\underset{\sim}{\mathbf{c}}_2^{-1}\underset{\sim}{\mathbf{d}}_2=\underline{\mathbf{k}}_{22}\underset{\sim}{\mathbf{d}}_2$

- Force vector $\underset{\sim}{\mathbf{f}}_1$ at opposite end due to $\underset{\sim}{\mathbf{f}}_2$

$$\underset{\sim}{\mathbf{f}}_1=\begin{Bmatrix}N_1\\ V_1\\ M_1\end{Bmatrix}=\begin{bmatrix}\cos\alpha & \sin\alpha & 0\\ \sin\alpha & -\cos\alpha & 0\\ R(1-\cos\alpha) & -R\sin\alpha & -1\end{bmatrix}\begin{Bmatrix}N_2\\ V_2\\ M_2\end{Bmatrix}=\begin{bmatrix}\cos\alpha & \sin\alpha & 0\\ \sin\alpha & -\cos\alpha & 0\\ R(1-\cos\alpha) & -R\sin\alpha & -1\end{bmatrix}\underline{\mathbf{k}}_{22}\underset{\sim}{\mathbf{d}}_2$$

그러므로 아치부재의 강성도매트릭스는 아래와 같이 결정된다. 강성도

$$\boldsymbol{k}_e=\begin{bmatrix}\boldsymbol{k}_{11} & \boldsymbol{k}_{12}\\ \boldsymbol{k}_{21} & \boldsymbol{k}_{22}\end{bmatrix}\ ;\ \boldsymbol{k}_{12}=\boldsymbol{k}_{21}^T$$

부재별 좌표변환매트릭스를 계산할 때, 수평축에 대한 좌우측 절점의 각도(아래그림에서 θ_i,θ_j)가 다르므로 이를 고려한 부재좌표변환매트릭스를 적용하여야 한다. 여기서는 좌표변환매트릭스 작성이후 연산과정은 직접강도법과 정확히 일치하므로 연산절차만을 요약하여 정리하기로 한다.

Coordinate Transformation

~ Same as coordinate transformation of 2D-frame
~ Not apply generally to coordinate transformation of arch

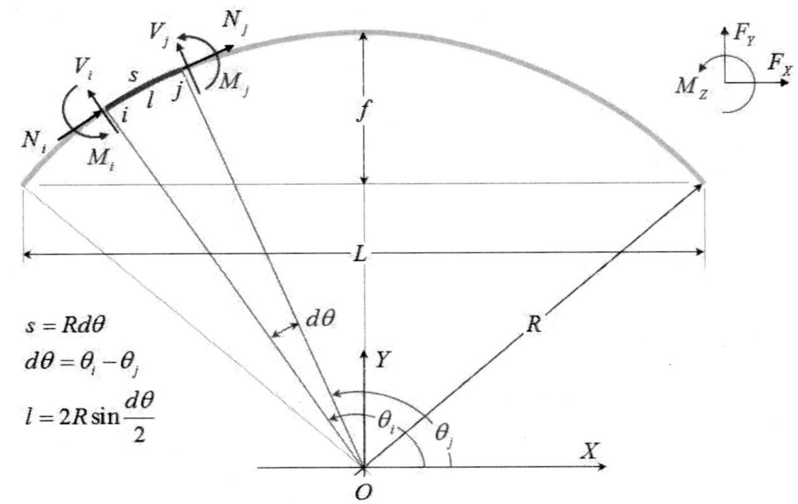

Load Vector

~ Not express in detail, refer the text

$$\underset{\sim}{\mathbf{p}}_e = \int w_i \underline{\mathbf{N}}_i dz + \underline{\mathbf{N}}_p^T \underset{\sim}{\mathbf{p}}$$

System Matrix and Vector

$$\underline{\mathbf{K}}_G = \sum \underline{\mathbf{k}}_e = \begin{bmatrix} \underline{\mathbf{K}} & \underline{\mathbf{K}}_{ab} \\ \underline{\mathbf{K}}_{ba} & \underline{\mathbf{K}}_{bb} \end{bmatrix} = \begin{bmatrix} \underline{\mathbf{K}} & \underline{\mathbf{K}}_{ab} \\ \underline{\mathbf{K}}_{ab}^T & \underline{\mathbf{K}}_{bb} \end{bmatrix}, \underset{\sim}{\mathbf{P}}_G = \sum \underset{\sim}{\mathbf{p}}_e = \begin{Bmatrix} \underset{\sim}{\mathbf{P}} \\ \underset{\sim}{\mathbf{P}}_b \end{Bmatrix}; \ \underset{\sim}{\mathbf{D}}_G = \begin{Bmatrix} \underset{\sim}{\mathbf{D}} \\ \underset{\sim}{\mathbf{D}}_b \end{Bmatrix}$$

Equilibrium Equation

$$\underset{\sim}{\mathbf{P}} = \underline{\mathbf{K}}\underset{\sim}{\mathbf{D}}$$

11.3 해석예

11.3.1 1/4-원호 아치구조

먼저, 그림과 같이 연직하중 P가 작용하는 1/4원호 아치구조(반경 R, 축강성 EA, 휨강성 EI)를 해석예제로 선택하자. 자유단의 연직, 수평처짐과 회전각변위를 결정하기 위하여 자유단에 가상적인 수평하중 Q와 모멘트하중 M을 추가로 작용시켰다.

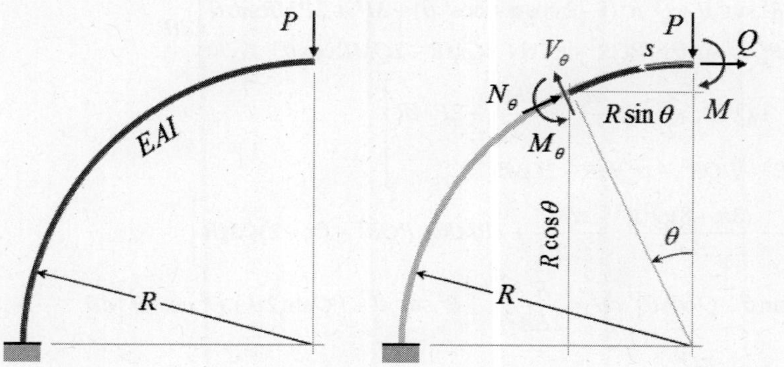

$$\int_0^{\pi/2} d\theta = \frac{\pi}{2}$$

$$\begin{cases} \int_0^{\pi/2} \sin\theta d\theta = 1 \\ \int_0^{\pi/2} \cos\theta d\theta = 1 \end{cases}$$

$$\begin{cases} \int_0^{\pi/2} \sin 2\theta d\theta = 1 \\ \int_0^{\pi/2} \cos 2\theta d\theta = 0 \end{cases}$$

$$\begin{cases} \int_0^{\pi/2} \sin^2\theta d\theta = \frac{\pi}{4} \\ \int_0^{\pi/2} \cos^2\theta d\theta = \frac{\pi}{4} \end{cases}$$

[1] 에너지접근법

자유단을 중심으로 원호좌표 즉, 곡선을 따라가는 좌표(Sectorial Coordinate)를 s 라고 정의하면, 원호 $s = R\theta$ 가 성립하며 이를 미분하면 $ds = R\,d\theta$ 가 성립한다. 임의의 위치 s 에서 휨모멘트를 M_s 로 표기하자. 또한, 임의의 반시계방향 각도 θ 에 해당하는 아치의 휨모멘트를 M_s 로, 전단력을 V_θ 로, 축력을 N_θ 로 표현할 수 있다. 여기서 원호공식 $s = R\theta$ 에 의하여 아래첨자 θ 는 s 의 항으로 표현할 수도 있다. 적분식을 이용할 때 θ 의 항을 사용하므로 내력들은 θ 로 표기하였다. 임의의 각도 θ 에 대응하는 요소의 자유물체도에서 내력과 외력의 관계 즉, 평형조건을 정리하면 아래와 같다.

$$\begin{cases} N_\theta = P\sin\theta - Q\cos\theta \\ M_\theta = PR\sin\theta + QR(1-\cos\theta) + M \\ V_\theta = P\cos\theta - Q\sin\theta \end{cases}$$

휨변형에너지를 U_b, 축변형에너지를 U_a 라고 정의하면 총 변형에너지 U는 $U = U_b + U_a$이 된다. 총 변형에너지 U가 정의되면 카스틸리아노 제1정리를 이용하여 처짐을 결정할 수 있다. 즉, 연직처짐 δ_v는 총 변형에너지를 연직하중 P로 1차 편미분, 수평처짐 δ_h는 가상적인 수평하중 Q로 1차 편미분하고, 회전각변위 θ_0는 가상적인 모멘트하중 M으로 1차 편미분함으로 자유단 처짐을 결정하게 된다.

자유단에 작용하는 하중은 연직하중 P 이며 수평력 Q 와 모멘트하중 M 은 편미분을 위하여 임시로 가한 가상적인 하중들이다. 따라서 연산이 끝나면 Q, M 은 모두 0으로 대체하여야 한다. 이러한 처짐결정방법을 티모센코 방법(Timoshenko Method) 또는 거짓 힘의 원리(Fictitious Force Method)라고 부른다. 연산과정과 $EA=20$, $EI=200$, $R=2$, $P=-1$ 인 자유단 처짐을 아래와 같이 정리하였다.

- Strain Energy $U=U_b+U_a=\dfrac{R}{2EI}\int_0^{\pi/2}M_\theta^2 d\theta+\dfrac{R}{2EA}\int_0^{\pi/2}N_\theta^2 d\theta$

$$U_b=\frac{R}{2EI}\int_0^{\pi/2}\left[PR\sin\theta+QR(1-\cos\theta)+M\right]^2 d\theta$$

$$=\frac{R}{2EI}\int_0^{\pi/2}\begin{bmatrix}P^2R^2\sin^2\theta+Q^2R^2(1-2\cos\theta+\cos^2\theta)+M^2+2PMR\sin\theta\\+2PQR^2\sin\theta-PQR^2\sin 2\theta+2QMR-2QMR\cos\theta\end{bmatrix}d\theta$$

$$=\frac{R}{2EI}\begin{bmatrix}\dfrac{\pi P^2R^2}{4}+Q^2R^2\left(\dfrac{\pi}{2}-2+\dfrac{\pi}{4}\right)+\dfrac{\pi M^2}{2}+2PMR\\+2PQR^2-PQR^2+\pi QMR-2QMR\end{bmatrix}$$

$$=\frac{R}{2EI}\left[\frac{\pi P^2R^2}{4}+\frac{(3\pi-8)Q^2R^2}{4}+\frac{\pi M^2}{2}+2PMR+PQR^2+(\pi-2)QMR\right]$$

$$U_a=\frac{R}{2EA}\int_0^{\pi/2}\left[P\sin\theta-Q\cos\theta\right]^2 d\theta=\frac{R}{2EA}\int_0^{\pi/2}\left[P^2\sin^2\theta-PQ\sin 2\theta+Q^2\cos^2\theta\right]d\theta$$

$$=\frac{R}{2EA}\left[\frac{\pi P^2}{4}-PQ+\frac{\pi Q^2}{4}\right]$$

$$U=\frac{R}{2EI}\begin{bmatrix}\dfrac{\pi P^2R^2}{4}+\dfrac{(3\pi-8)Q^2R^2}{4}+\dfrac{\pi M^2}{2}\\+2PMR+PQR^2+(\pi-2)QMR\end{bmatrix}+\frac{R}{2EA}\left[\frac{\pi P^2}{4}-PQ+\frac{\pi Q^2}{4}\right]$$

- Deflections

$$\delta_v=\frac{\partial U}{\partial P}=\frac{R}{2EI}\left[\frac{\pi PR^2}{2}+2MR+QR^2\right]_{\substack{Q=0\\M=0}}+\frac{R}{2EA}\left[\frac{\pi P}{2}-Q\right]_{Q=0}=\frac{\pi PR^3}{4EI}+\frac{\pi PR}{4EA}$$

$$\delta_h=\frac{\partial U}{\partial Q}=\frac{R}{2EI}\left[\frac{(3\pi-8)QR^2}{2}+PR^2+(\pi-2)MR\right]_{\substack{Q=0\\M=0}}+\frac{R}{2EA}\left[-P+\frac{\pi Q}{2}\right]_{Q=0}=\frac{PR^3}{2EI}-\frac{PR}{2EA}$$

$$\theta_0=\frac{\partial U}{\partial M}=\frac{R}{2EI}\left[\pi M+2PR+(\pi-2)QR\right]_{\substack{Q=0\\M=0}}=\frac{PR^2}{EI}$$

- Deflection when $EA=20, EI=200, R=2, P=-1$

$$\delta_v=\frac{\pi PR}{4EA}+\frac{\pi PR^3}{4EI}=-\frac{\pi}{40}-\frac{2\pi}{200}=-\frac{7\pi}{200}\cong-0.109956$$

$$\delta_h=-\frac{PR}{2EA}+\frac{PR^3}{2EI}=\frac{5}{100}-\frac{8}{100}=-\frac{3}{100}=-0.03$$

$$\theta_0=\frac{PR^2}{EI}=-\frac{1}{50}=-0.02$$

[2] 라멘부재로 이상화한 아치구조

설계실무에서 아치해석은 몇 개의 보부재(축변형을 고려한 보이므로 라멘부재에 해당함)로 분할하여 구조해석을 수행하고 있다. 과연 몇 개의 부재로 분할하여야 적절한 해를 얻을 수 있는가? 한번쯤 확인이 필요하다. 본절은 아치구조를 평면라멘부재의 분할 수를 증가시키면서 구조해석을 수행하였다. 해석결과를 요약하면 다음과 같다.

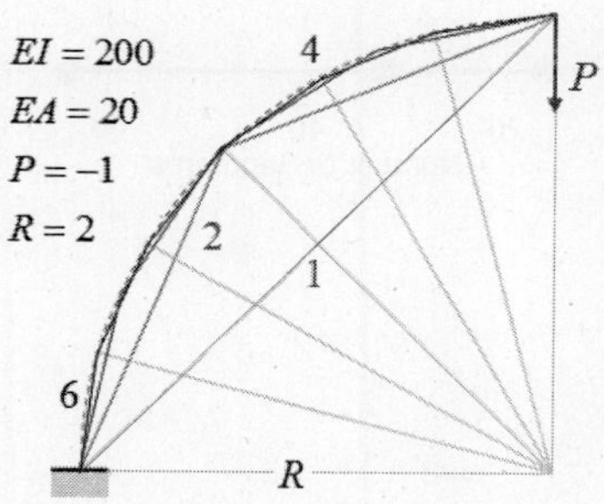

• 분할수 증가에 따른 해석결과

Segments	x-Deflection	y-Deflection	z-Rotation
1	-0.051854	-0.089567	-0.0141421
2	-0.034586	-0.104162	-0.0184774
4	-0.031103	-0.108460	-0.0196161
8	-0.030274	-0.109579	-0.0199038
16	-0.030068	-0.109862	-0.0199760
32	-0.030016	-0.109933	-0.0199942
64	-0.030004	-0.109951	-0.0199987
Exact	-0.030000	-0.109956	-0.0200000

여기서 정해는 에너지방법으로 전절에서 결정한 해이다. 에너지방법에 의한 정해를 기준하여 라멘부재로 분할한 아치해석결과를 정리하면 우측도표와 같다. 분할수가 증가하면 무조건 정해에 수렴함을 알 수 있다. 고전적인 매트릭스구조해석과 현재의 유한요소해석은 상치(Upper Bound)조건에서 변위함수(Displacement Function)를 사용한 변위법이며 수렴성을 보장하는 이론에 기초하기 때문이다. 그렇다고 아치구조해석을 위하여 해석결과를 정확히 예측할 수도 없는 입장에서 무한개의 분할수를 사용할 수도 없다. 수렴되는 과정을 확인하기 위하여 분할수 증가에 따른 처짐분포를 도시하면 아래와 같다.

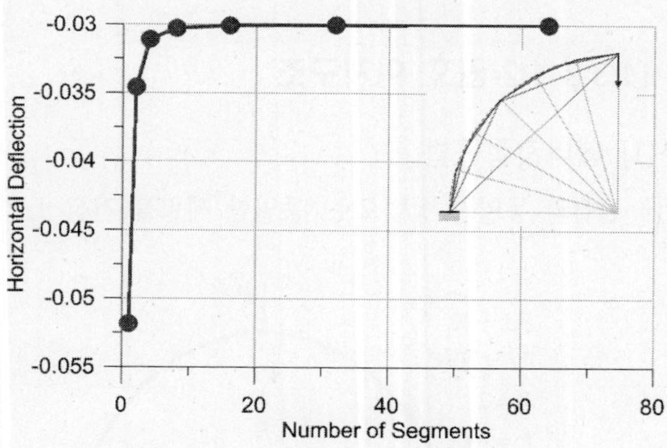

수평처짐은 정해보다 크고 연직변위와 회전각변위는 작은 값을 나타낸다. 일반적으로 모든 설계는 안전설계를 지향하므로 정해보다 큰 값이면 설계문제가 발생하지 않을 것이다, 변위가 크면 단면력과 단면응력도 증가하므로 안전설계를 만족시킬 수 있기 때문이다. 반면에 정해보다 적은 값이면 구조설계에 문제점을 야기할 수 있다. 아래도표에서 알 수 있듯이 연직처짐과 회전각변위

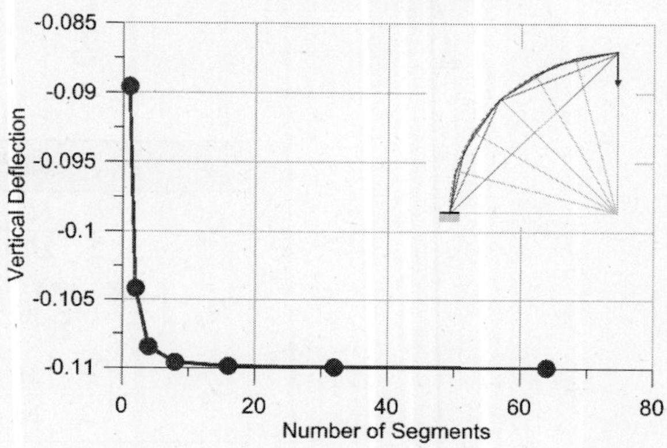

는 정해보다 작은 값을 나타내므로 적절한 분할수 선택이 쉽지 않다. 주어진 아치는 8개의 라멘부재를 사용하면 1%이내의 처짐 오류를 나타낸다. 그렇다고 이러한 분할수가 모든 경우에 적용되는 것이 아니다.

• 정해에 대한 해석결과의 비율

seg	x-deflection	y-deflection	rotation
1	1.728467	0.814571	0.707105
2	1.152867	0.947306	0.923870
4	1.036767	0.986395	0.980805
8	1.009133	0.996571	0.995190
16	1.002267	0.999145	0.998800
32	1.000533	0.999791	0.999710
64	1.000133	0.999955	0.999935

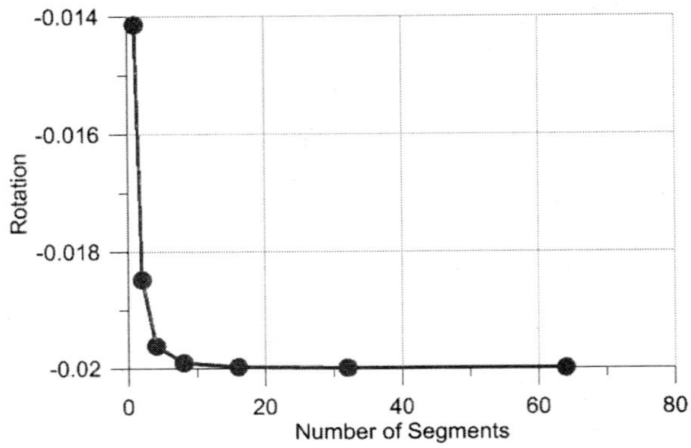

※주어진 1/4원호 아치구조를 단 하나의 부재를 사용하여 정해를 얻을 수 없을까? 당연히 가능하다. 원호아치는 수식화가 용이하고 전산작업도 용이하므로 아치부재의 강성도매트릭스도 손쉽게 결정할 수 있다. 해석결과는 10.3.3절에서 보여주고 있다.

11.3.2 1/2-원호 아치구조

[1] 에너지접근법

전절과 동일한 방법으로, 동일한 제원을 가진 1/2-원호 아치구조의 해석예를 고려해 보자.

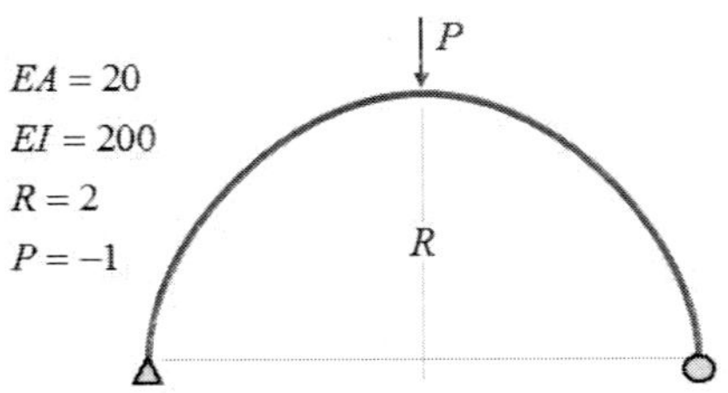

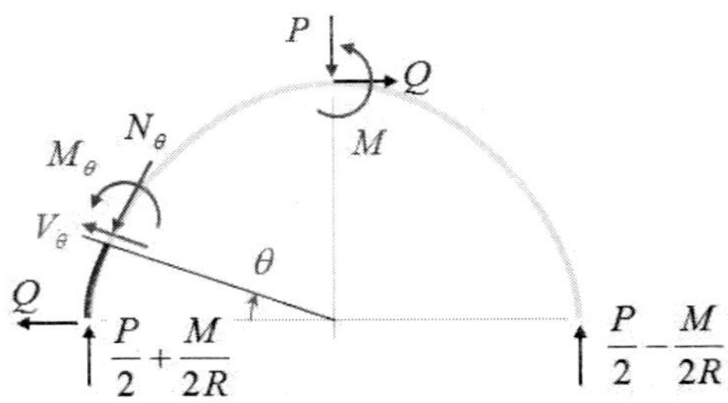

	Left Segment	Right Segment
N_θ	$\left(\frac{P}{2}+\frac{M}{2R}\right)\cos\theta - Q\sin\theta$	$\left(\frac{P}{2}-\frac{M}{2R}\right)\cos\theta$
M_θ	$\left(\frac{PR}{2}+\frac{M}{2}\right)(1-\cos\theta)+QR\sin\theta$	$\left(\frac{PR}{2}-\frac{M}{2}\right)(1-\cos\theta)$
V_θ	$-\left(\frac{P}{2}+\frac{M}{2R}\right)\sin\theta - Q\cos\theta$	$-\left(\frac{P}{2}-\frac{M}{2R}\right)\sin\theta$

거짓하중을 포함한 하중계가 비대칭이므로 좌측지점을 원점으로 원호좌표 s 를 선택하였다. 해석과정과 결과는 아래와 같이 요약할 수 있다.

- Strain Energy $U = U_b + U_a$

$$U_b = \frac{R}{2EI}\int_0^{\pi/2}\left\{\left(\frac{PR}{2}+\frac{M}{2}\right)(1-\cos\theta)+QR\sin\theta\right\}^2 d\theta + \frac{R}{2EI}\left(\frac{PR}{2}-\frac{M}{2}\right)^2\int_0^{\pi/2}(1-\cos\theta)^2 d\theta$$

$$= \frac{R}{2EI}\int_0^{\pi/2}\left\{\left(\frac{PR}{2}+\frac{M}{2}\right)^2(1-\cos\theta)^2 + 2QR\sin\theta\left(\frac{PR}{2}+\frac{M}{2}\right)(1-\cos\theta)+Q^2R^2\sin\theta^2\right\}d\theta$$

$$+\frac{R}{2EI}\left(\frac{PR}{2}-\frac{M}{2}\right)^2\int_0^{\pi/2}(1-\cos\theta)^2 d\theta$$

$$= \frac{R}{2EI}\left\{\left(\frac{PR}{2}+\frac{M}{2}\right)^2\frac{3\pi-8}{4}+QR\left(\frac{PR}{2}+\frac{M}{2}\right)+\frac{\pi Q^2R^2}{4}\right\}+\frac{R}{2EI}\left(\frac{PR}{2}-\frac{M}{2}\right)^2\frac{3\pi-8}{4}$$

$$= \frac{(3\pi-8)P^2R^3}{16EI}+\frac{(3\pi-8)M^2R}{16EI}+\frac{PQR^3}{4EI}+\frac{QMR^2}{4EI}+\frac{\pi Q^2R^3}{8EI}$$

$$U_a = \frac{R}{2EA}\int_0^{\pi/2}\left[\left(\frac{P}{2}+\frac{M}{2R}\right)\cos\theta - Q\sin\theta\right]^2 d\theta + \frac{R}{2EA}\left(\frac{P}{2}-\frac{M}{2R}\right)^2\int_0^{\pi/2}\cos^2\theta d\theta$$

$$= \frac{R}{2EA}\left[\frac{\pi}{4}\left(\frac{P}{2}+\frac{M}{2R}\right)^2-\left(\frac{PQ}{2}+\frac{QM}{2R}\right)+\frac{\pi Q^2}{4}\right]+\frac{\pi R}{8EA}\left(\frac{P}{2}-\frac{M}{2R}\right)^2$$

$$= \frac{\pi P^2R}{16EA}+\frac{\pi M^2}{16REA}-\frac{PQR}{4EA}-\frac{QM}{4EA}+\frac{\pi Q^2R}{8EA}$$

$$U = \frac{(3\pi-8)P^2R^3}{16EI}+\frac{(3\pi-8)M^2R}{16EI}+\frac{PQR^3}{4EI}+\frac{QMR^2}{4EI}+\frac{\pi Q^2R^3}{8EI}$$

$$+\frac{\pi P^2R}{16EA}+\frac{\pi M^2}{16REA}-\frac{PQR}{4EA}-\frac{QM}{4EA}+\frac{\pi Q^2R}{8EA}$$

- Deflection

$$\delta_v = \frac{\partial U}{\partial P} = \left[\frac{(3\pi-8)PR^3}{8EI}+\frac{QR^3}{4EI}+\frac{\pi PR}{8EA}-\frac{QR}{4EA}\right]_{Q=M=0} = \frac{(3\pi-8)PR^3}{8EI}+\frac{\pi PR}{8EA}$$

$$\delta_h = \frac{\partial U}{\partial Q} = \left[\frac{PR^3}{4EI}+\frac{MR^2}{4EI}+\frac{\pi QR^3}{4EI}-\frac{PR}{4EA}-\frac{M}{4EA}+\frac{\pi QR}{4EA}\right]_{Q=M=0} = \frac{PR^3}{4EI}-\frac{PR}{4EA}$$

$$\theta_0 = \frac{\partial U}{\partial M} = \left[\frac{(3\pi-8)MR}{8EI}+\frac{QR^2}{4EI}+\frac{\pi M}{8REA}-\frac{Q}{4EA}\right]_{Q=M=0} = 0$$

- Deflection when $EA = 20, EI = 200, R = 2, P = -1$

$$\delta_v = \frac{(3\pi-8)PR^3}{8EI}+\frac{\pi PR}{8EA} = -\frac{(3\pi-8)}{200}-\frac{\pi}{80} = -\frac{11\pi}{400}+\frac{1}{25} \cong -0.046394$$

$$\delta_h = \frac{PR^3}{4EI}-\frac{PR}{4EA} = -\frac{1}{100}+\frac{1}{40} = \frac{3}{200} = 0.015$$

$$\theta_0 = 0.0$$

[2] 라멘부재로 이상화한 아치구조

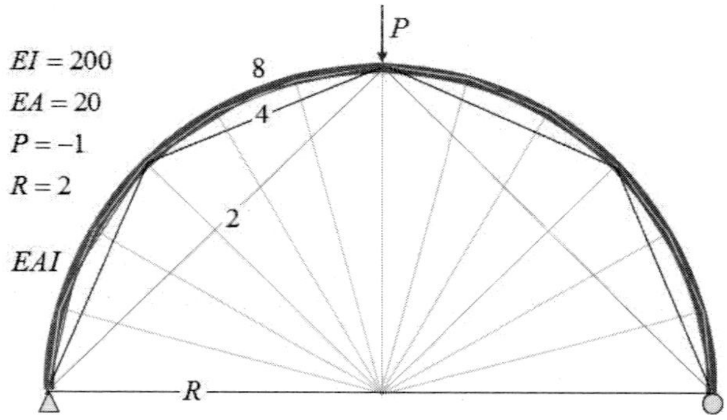

우측그림과 같이 아치구조를 2, 4, …, 64개의 라멘부재로 분할하여 해석하였고 해석결과를 요약하면 다음과 같다. 아치구조에 대하여 라멘부재의 분할수가 증가할수록 정해에 수렴함을 알 수 있다. 정해는 전절의 에너지방법에 의한 해석해이다.

분할수가 적으면 수평방향 변위는 정해보다 큰 값을 나타내며 연직방향변위(절대값)는 적은 값을 나타낸다. 회전각변위는 미소한 값이므로 정해와의 비교는 무의하다. 전술한 바와 같이 해석결과가 정해보다 작은 값이면 재고할 필요가 있다. 수평변위보다 연직변위가 지배적이므로 연직변위가 정해보다 작은 경우, 소수의 분할수는 그리 바람직한 모사가 될 수 없다. 정해를 기준하여 해석결과의 비율을 정리하면 우측도표와 같다. 주어진 문제에서 1%으로 오차이내의 오류를 나타내는 분할수는 16개이다.

• 부재분할에 따른 해석결과

Segments	x-Deflection	y-Deflection	z-Rotation
2	0.025927	-0.044783	0.104083E-16
4	0.017293	-0.045741	0.110540E-16
8	0.015552	-0.046213	0.755455E-15
16	0.015137	-0.046347	0.751873E-14
32	0.015034	-0.046382	-0.306912E-13
64	0.015008	-0.046391	0.434705E-12
Exact	0.015	-0.046394	0.0

• 정해에 대한 해석결과의 비율

seg	x-deflection	y-deflection	rotation
2	1.728467	0.965276	1.0
4	1.152867	0.985925	1.0
8	1.036800	0.996099	1.0
16	1.009133	0.998987	1.0
32	1.002267	0.999741	1.0
64	1.000533	0.999935	1.0

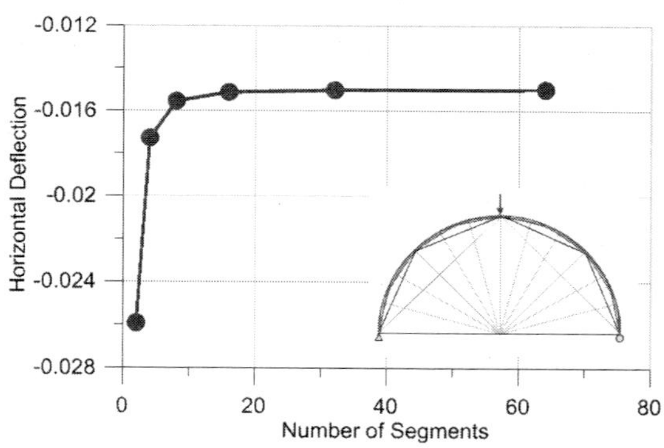

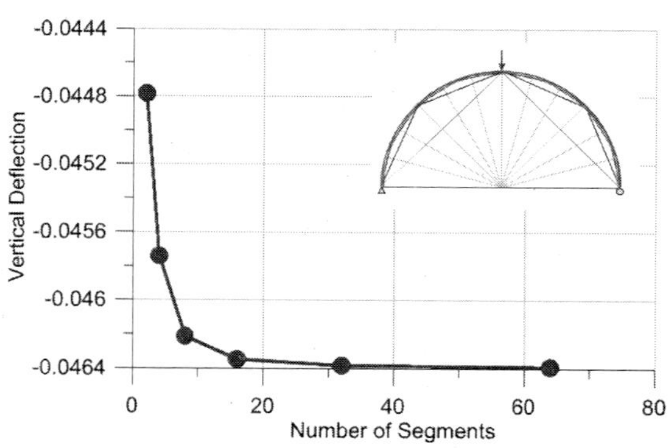

1/4원호 아치구조도 2개의 부재를 사용하여 정해를 얻을 수 없을까? 당연히 가능하다. 해석결과는 10.3.3절에 기술하였다.

11.3.3 프로그램 사용

[1] 1/4 원호아치

10.3.1절에서 선택한 해석모델(1/4-원호 아치)에 대하여 하나의 아치부재로 이상화한 해석결과는 다음과 같다. 입력파일과 출력파일은 아래와 같다.

```
2 1 1 1 0          ! node,eLem,nBC,nLod,yss
2.0 180 90 0 0     ! R,apL,apR,xo,yo
20.0 1.0 10.0      ! eLas,Ar,Zi
1 1 1 1            ! n,BC
2 0.0 -1.0 0.0     ! n,cLod
```

```
      -----------------------------------------
           ANALYSIS PROGRAM FOR ARCHES
           Programed by YSS 07/15/2017
      -----------------------------------------


  C O N T R O L   P A R A M E T E R S
     Number of TotaL Nodes        node =     2
     Number of TotaL eLements     eLem =     1
     Number of Supp. nodes         nBC =     1
     Number of A_Loaded Nodes     nLod =     1
     Indicator of Load Type        yss =     0
          yss=0 : right End
          yss=1 : mid point
     Radius of Arch System           R =          2.000
     Angle of ex. Left node        apL =        180.000
     Angle of ex. Right node       apR =         90.000
     X-coordinate of Origin         xo =          0.000
     Y-coordinate of Origin         yo =          0.000

     Modulus of Elasticity           E =    0.200000E+02
     Area of Cross Section           A =           1.00
     2nd Moment of Area             Iz =          10.00
     Square Radius of Gyration      r2 =      10.000000


  N O D E   P R O P E R T Y

     Angle of Left_node (rad)       apL =        3.141593
     Angle of Right_node (rad)      apR =        1.570796

   nod    U    V    R     X_coor    Y_coor     For_X     For_Y     Mom_Z     Angle
    1     0    0    0    -2.0000    0.0000     0.000     0.000     0.000     1.571
    2     1    2    3     0.0000    2.0000     0.000    -1.000     0.000     0.000


  E L E M E N T   P R O P E R T Y

       eL      I    J      Elastic_E        Area       Inertia_Iz
        1      1    2    0.200000E+02       1.00     0.100000E+02


  S Y S T E M   M A T R I X
     Number of Equations     3
```

```
SYSTEM LOAD VECTOR

GAUSS FULL MATRIX SOLVER

DISPLACEMENTS

    node        dispL_X      dispL_Y      rotat_Z
       1       0.000000     0.000000     0.000000
       2      -0.030000    -0.109956    -0.020000

MEMBER FORCES

  eL   i   j    force_x     force_y     moment_z    force_x     force_y     moment_z
   1   1   2   1.000000    0.000000    2.000000    0.000000   -1.000000    0.000000

NODE RESIDUAL FORCES(Reactions)

    node        resd_FX      resd_FY      resd_MZ
       1       0.000000     1.000000     2.000000
       2       0.000000     0.000000     0.000000
```

[2] 1/2 원호아치

10.3.1절에서 선택한 해석모델(1/2-원호 아치)에 대하여 2개의 아치부재로 이상화한 해석결과는 다음과 같다. 입력파일과 출력파일은 아래와 같다.

```
3 2 2 1 1 1        ! node,eLem,nBC,nLod,axL,yss
2.0 180 0 0 0      ! R,apL,apR,xo,yo
20.0 1.0 10.0      ! eLas,Ar,Zi
1 1 1 0            ! n,BC(1:nDof)
3 0 1 0
2 0.0 -1.0 0.0     ! n,cLod(1:nDof)
```

```
    ----------------------------------------
        ANALYSIS PROGRAM FOR ARCHES
        Programed by YSS 08/17/2017
    ----------------------------------------


CONTROL PARAMETERS

    Number of TotaL Nodes          node =     3
    Number of TotaL eLements       eLem =     2
    Number of Supp. nodes           nBC =     2
    Number of A_Loaded Nodes       nLod =     1
    Indicator of Axial Effect       axL =     1
        axL=0 : no Axial Effect
        axL=1 : Axial Effect
    Indicator of Load Type          yss =     1
        yss=0 : right End
        yss=1 : mid point

    Radius of Arch System             R =         2.000
    Angle of extrme Left node       apL =       180.000
    Angle of extrem Right node      apR =         0.000
    X-coordinate of Origin           xo =         0.000
    Y-coordinate of Origin           yo =         0.000
```

```
   Modulus of Elasticity            E =    0.200000E+02
   Area of Cross Section            A =          1.00
   2nd Moment of Area              Iz =         10.00
   Square of Gyration-Radius     rgy2 =     10.000000

N O D E   P R O P E R T Y

   Angle of Left_node in rad.     apL =      3.141593
   Angle of Right node in rad.    apR =      0.000000
   Increment Angle of a segment   dth =     -1.570796
   Central Angle od System      aLpha =      3.141593
   Central Angle of a segment    segA =      1.570796

     nod      U     V     R      X_coor     Y_coor       For_X     For_Y      Mom_Z      tan_A

       1      0     0     1    -2.0000     0.0000       0.000     0.000      0.000      1.571
       2      2     3     4     0.0000     2.0000       0.000    -1.000      0.000      0.000
       3      5     0     6     2.0000     0.0000       0.000     0.000      0.000     -1.571

E L E M E N T   P R O P E R T Y

     eL       I     J        Elastic_E          Area        Inertia_Iz

      1       1     2     0.200000E+02          1.00      0.100000E+02
      2       2     3     0.200000E+02          1.00      0.100000E+02

 S Y S T E M   M A T R I X

   Number of Equations     6

 S Y S T E M   L O A D   V E C T O R

 G A U S S   F U L L   M A T R I X   S O L V E R

 D I S P L A C E M E N T S

    node        displ_X        displ_Y        rotat_Z

       1       0.000000       0.000000      -0.005708
       2      -0.015000      -0.046394       0.000000
       3      -0.030000       0.000000       0.005708

 M E M B E R   F O R C E S

    eLem     i    j      force_x     force_y    moment_z     force_x     force_y    moment_z

       1     1    2     0.500000    0.000000    0.000000    0.000000   -0.500000    1.000000
       2     2    3     0.000000   -0.500000   -1.000000   -0.500000    0.000000    0.000000

 N O D E   R E S I D U A L   F O R C E S (Reactions)

    node        resd_FX        resd_FY        resd_MZ

       1       0.000000       0.500000       0.000000
       2       0.000000       0.000000       0.000000
       3       0.000000       0.500000       0.000000
```

11.4 프로그램 적용

아치와 같이 곡선부재는 트러스와 라멘과는 달리 강성도매트릭스 구성이 쉽지 않다. 기본적으로 에너지방법을 이용하며 유연도매트릭스를 결정하고 역행렬을 취함으로서 강성도매트릭스를 결정하는 방법을 사용할 수 있다. 이러한 개념은 영국의 Livesley에 의하여 시도되었고 기본적으로 정해를 이용한다는 점에서 해석결과가 매우 좋다. 아치해석을 위한 프로그램 작성에 사용한 알고리즘은 기본이론에 정리하였고 본절은 별도설명 없이 아치부재를 이용한 아치해석 프로그램의 작성예를 수록하기로 한다.

```
!-----------------------------
PROGRAM CircuLar_Arch_AnaLysis
!-----------------------------
   IMPLICIT NONE
   INTEGER,PARAMETER :: inp=95,out=96,txt=97,dat=98
   INTEGER,PARAMETER :: nDim=2,nDof=3,eDof=6,eNod=2,nG=10
   INTEGER :: node,eLem,nBC,neq,mid,yss,nLod,axL
   INTEGER :: n,ni,nj,i,j,k,row,coL,ieq,nr,nc
   REAL(8) :: eLas,Ar,Zi,EA,EI,R,rgy2,xo,yo,aLpha,segA
   REAL(8) :: pi,ang,thi,thj,dth,apL,apR,dx,dy,cL,sL
   REAL(8) :: h,g,xp,Sn
   INTEGER :: BC(nDof),Conn(eNod),LM(eDof)
   REAL(8) :: XY(nDim),cLod(nDof),dis(nDof),mD(eDof),mF(eDof)
   REAL(8) :: mFt(eDof),mFm(eDof)
   REAL(8) :: S(eDof,eDof),T(eDof,eDof),Cmat(eDof,eDof)

   TYPE Node_Property
      INTEGER :: BC(nDof)
      REAL(8) :: ang,XY(nDim)
      REAL(8) :: cLod(nDof)
   END TYPE Node_Property
   TYPE(Node_Property),ALLOCATABLE :: Nodes(:)

   TYPE Arches_eLement_Property
      INTEGER :: ni,nj,LM(eDof)
      REAL(8) :: EA,EI,cL,sL
      REAL(8) :: S(eDof,eDof),T(eDof,eDof),mF(eDof)
   END TYPE Arches_eLement_Property
   TYPE(Arches_eLement_Property),ALLOCATABLE :: Arches(:)

   REAL(8),ALLOCATABLE :: gK(:,:),gB(:),Resd(:,:)
   REAL(8),ALLOCATABLE :: xG(:),wG(:)

   pi=4.0D0*ATAN(1.0D0)

   ALLOCATE(xG(nG)) ; xG=0.0D0
   ALLOCATE(wG(nG)) ; wG=0.0D0
   CALL Legendre_Point_Weight(nG,xG,wG)
```

```
CALL Openning
CALL Control_Data
CALL Node_Informations
CALL Element_Informations
CALL Assemble_System_Matrix
CALL Assemble_Load_Vector
CALL Simultaneous_Equation(gK,gB,neq)
CALL Get_Displacements
CALL Get_Member_Forces
CALL Get_Residual_Forces

CONTAINS

SUBROUTINE Openning
   IMPLICIT NONE
   INTEGER :: ichr,idot
   CHARACTER(20) :: Fnam,Finp,Fout,Fdat,Ftxt

   WRITE(*,"(/5X,'-----------------------------------------'    &
   &         /5X,'      ANALYSIS PROGRAM FOR ARCHES       '    &
   &         /5X,'      Programed by YSS 08/17/2017       '    &
   &         /5X,'-----------------------------------------')")

   WRITE(*,"(/15X,'Your Input File name : '₩)")
   READ(*,*) Fnam

   ichr=LEN_TRIM(Fnam)  ; IF(ichr==0) STOP '      Not exist Input file'
   idot=INDEX(Fnam,'.') ; IF(idot>=2) ichr=idot-1

   Finp=Fnam(:ichr)//'.inp' ; OPEN(UNIT=inp, FILE=Finp)
   Fout=Fnam(:ichr)//'.out' ; OPEN(UNIT=out, FILE=Fout)
   Ftxt=Fnam(:ichr)//'.txt' ; OPEN(UNIT=txt, FILE=Ftxt)

   WRITE(out,"(/5X,'-----------------------------------------'    &
   &          /5X,'      ANALYSIS PROGRAM FOR ARCHES       '    &
   &          /5X,'      Programed by YSS 08/17/2017       '    &
   &          /5X,'-----------------------------------------')")
END SUBROUTINE Openning

SUBROUTINE Control_Data
   IMPLICIT NONE

   WRITE(*,"(/5X,'Input Control Data')")
   READ(inp,*) node,elem,nBC,nLod,axL,yss
   mid=INT((node+1)/2) ; IF(axL>0) axL=1
   WRITE(out,"(///' C O N T R O L   P A R A M E T E R S'          &
   &          //5X,'Number of Total Nodes          node = ',I5  &
   &           /5X,'Number of Total elements       elem = ',I5  &
   &           /5X,'Number of Supp. nodes           nBC = ',I5  &
   &           /5X,'Number of A_Loaded Nodes       nLod = ',I5  &
   &           /5X,'Indicator of Axial Effect       axL = ',I5  &
   &           /5X,'     axL=0 : no Axial Effect'                &
   &           /5X,'     axL=1 : Axial Effect'                   &
   &           /5X,'Indicator of Load Type          yss = ',I5  &
```

```
    &             /5X,'      yss=0 : right End'      &
    &             /5X,'      yss=1 : mid point')")   &
    &     node,eLem,nBC,nLod,axL,yss

    READ(inp,*) R,apL,apR,xo,yo
    WRITE(out,"( /5X,'Radius of Arch System              R = ',F15.3    &
    &            /5X,'Angle of extrme Left node        apL = ',F15.3    &
    &            /5X,'Angle of extrem Right node       apR = ',F15.3    &
    &            /5X,'X-coordinate of Origin            xo = ',F15.3    &
    &            /5X,'Y-coordinate of Origin            yo = ',F15.3)") &
    &     R,apL,apR,xo,yo

    READ(inp,*) eLas,Ar,Zi
    rgy2=Zi/Ar
    WRITE(out,"( /5X,'Modulus of Elasticity              E = ',E15.6    &
    &            /5X,'Area of Cross Section              A = ',F15.2    &
    &            /5X,'2nd Moment of Area                Iz = ',F15.2    &
    &            /5X,'Square of Gyration-Radius       rgy2 = ',F15.6)") &
    &     eLas,Ar,Zi,rgy2

  END SUBROUTINE ControL_Data

  SUBROUTINE Node_Informations
     IMPLICIT NONE

    WRITE(*,"(5X,'Input node peoperties')")
    WRITE(out,"(///'  N O D E   P R O P E R T Y')")

    ALLOCATE(Nodes(node))
    ALLOCATE(Resd(nDof,node)) ; Resd=0.0

    apL=pi*apL/180.0   ; apR=pi*apR/180.0
    aLpha=ABS(apR-apL) ; dth=(apR-apL)/DBLE(eLem) ; segA=ABS(dth)
    WRITE(out,"( /5X,'Angle of Left_node in rad.       apL = ',F15.6    &
    &            /5X,'Angle of Right node in rad.      apR = ',F15.6    &
    &            /5X,'Increment Angle of a segment     dth = ',F15.6    &
    &            /5X,'Central Angle od System        aLpha = ',F15.6    &
    &            /5X,'Central Angle of a segment      segA = ',F15.6)") &
    &     apL,apR,dth,aLpha,segA

    n=1
    XY(1)=R*COS(apL)+xo ; XY(2)=R*SIN(apL)+yo ; Nodes(n)%XY=XY
    Nodes(n)%ang=apL-pi/2
    DO i=1,eLem
       n=i+1 ; thi=apL+DBLE(i)*dth ; Nodes(n)%ang=thi-pi/2
       XY(1)=R*COS(thi)+xo ; XY(2)=R*SIN(thi)+yo ; Nodes(n)%XY=XY
    ENDDO
    DO n=1,node
       Nodes(n)%BC=0 ; Nodes(n)%cLod=0.0D0
    ENDDO
    DO i=1,nBC
       READ(inp,*) n,BC
       Nodes(n)%BC=BC
    ENDDO
```

```
    DO i=1,nLod
       READ(inp,*) n,cLod
       Nodes(n)%cLod=cLod
    ENDDO

    WRITE(out,"(//7X,'nod',7X,'U     V     R',12X,'X_c',10X,'Y_c',  &
    &            11X,'F_X',9X,'F_Y',9X,'M_Z',7X,'tan_A'/)")
    neq=0
    DO n=1,node
       DO j=1,nDof
          ieq=Nodes(n)%BC(j)
          IF(ieq==0) THEn
             neq=neq+1 ; Nodes(n)%BC(j)=neq
          ELSE
             Nodes(n)%BC(j)=0
          ENDIF
       ENDDO
       WRITE(out,"(I10,2X,3I6,2X,2F13.4,2X,6F12.3)") &
       &     n,Nodes(n)%BC,Nodes(n)%XY,Nodes(n)%cLod,Nodes(n)%ang
    ENDDO
END SUBROUTINE Node_Informations

SUBROUTINE ELement_Informations
    IMPLICIT NONE
    REAL(8) :: sz,cz,L1,L2,L3,efor,ba

    WRITE(*,"(5X,'Input element peoperties')")
    WRITE(out,"(///' E L E M E N T   P R O P E R T Y'             &
    &           //8X,'eL',6X,'I    J',8X,'Elastic_E',8X,'Area',7X,'Inertia_Iz'/)")
    WRITE(txt,"(' E L E M E N T   P R O P E R T I E S   I N   L C S')")

    ALLOCATE(Arches(eLem))

    DO n=1,eLem
       ni=n   ; Arches(n)%ni=ni
       nj=n+1 ; Arches(n)%nj=nj
       WRITE(out,"(I10,2X,2I5,2X,E15.6,F12.2,E17.6)") n,ni,nj,eLas,Ar,Zi

       EA=eLas*Ar ; Arches(n)%EA=EA
       EI=eLas*Zi ; Arches(n)%EI=EI

       LM=0 ; LM(1:nDof)=Nodes(ni)%BC(1:nDof)
              LM(4:eDof)=Nodes(nj)%BC(1:nDof) ; Arches(n)%LM=LM

       dx=Nodes(nj)%XY(1)-Nodes(ni)%XY(1)
       dy=Nodes(nj)%XY(2)-Nodes(ni)%XY(2)
       cL=SQRT(dx*dx+dy*dy) ; Arches(n)%cL=cL
       sL=R*segA            ; Arches(n)%sL=sL
       !cz=dx/cL ; sz=dy/cL

       thi=Nodes(ni)%ang ; thj=Nodes(nj)%ang
       T=0.0 ; T(1,1)= COS(thi) ; T(1,2)=SIN(thi)
               T(2,1)=-SIN(thi) ; T(2,2)=COS(thi) ; T(3,3)=1.0
               T(4,4)= COS(thj) ; T(4,5)=SIN(thj)
```

```
            T(5,4)=-SIN(thj) ; T(5,5)=COS(thj) ; T(6,6)=1.0
        Arches(n)%T=T

        CALL Get_Arch_Stiffness ; Arches(n)%S=S

        WRITE(txt,"(/3X,'eLem no =',I5,5X,'Stiffness_Matrix and Transformation_Matrix'/)") n
        WRITE(txt,"(7X,6I12,2X,6I7)") (i,i=1,eDof)
        DO i=1,eDof
           WRITE(txt,"(I5,2X,6E12.4)") i,S(i,1:eDof)
        ENDDO
        WRITE(txt,"(/7X,6I7)") (i,i=1,eDof)
        DO i=1,eDof
           WRITE(txt,"(I5,2X,6F7.3)") i,T(i,1:eDof)
        ENDDO
     ENDDO
  END SUBROUTINE ELement_Informations

  SUBROUTINE Get_Arch_Stiffness
     IMPLICIT NONE
     INTEGER :: i,j
     REAL(8) :: sz,cz,sz2,cz2,R2,z2,a1,a2
     REAL(8) :: Fii(nDof,nDof),Fij(nDof,nDof),Fji(nDof,nDof),Fjj(nDof,nDof)
     REAL(8) :: Cm(nDof,nDof)

     R2=R*R ; z2=rgy2*DBLE(axL) ; a1=segA     ; a2=2.0*a1
     cz=COS(a1) ; sz=SIN(a1)    ; cz2=COS(a2) ; sz2=SIN(a2)

     Fii=0.0D0                                ; Fjj=0.0D0
     Fii(1,1)=z2*(a2+sz2) +R2*(6*a1-8*sz+sz2) ; Fjj(1,1)= Fii(1,1)
     Fii(1,2)=z2*(cz2-1.0)+R2*(3.0-4*cz+cz2)  ; Fjj(1,2)=-Fii(1,2)
     Fii(1,3)=4*R*(sz-a1)                     ; Fjj(1,3)= Fii(1,3)
     Fii(2,1)=Fii(1,2)                        ; Fjj(2,1)=-Fii(2,1)
     Fii(2,2)=(z2+R2)*(a2-sz2)                ; Fjj(2,2)= Fii(2,2)
     Fii(2,3)=4.0*R*(cz-1.0)                  ; Fjj(2,3)=-Fii(2,3)
     Fii(3,1)=Fii(1,3)                        ; Fjj(3,1)= Fii(3,1)
     Fii(3,2)=Fii(2,3)                        ; Fjj(3,2)=-Fii(3,2)
     Fii(3,3)=4.0*a1                          ; Fjj(3,3)= Fii(3,3)

     Fii=Fii*R/(8.0*EI) ; CALL Inverse_Matrix(Fii,nDof)
     Fjj=Fjj*R/(8.0*EI) ; CALL Inverse_Matrix(Fjj,nDof)

     Cm=0.0D0 ; Cm(1,1)=-cz ; Cm(1,2)=sz ; Cm(2,1)=-sz ; Cm(2,2)=-cz
                Cm(3,1)=R*(1.0-cz) ; Cm(3,2)=R*sz ; Cm(3,3)=-1.0
     Fji=0.0D0 ; Fji=MATMUL(Cm,Fii)

     Cm=0.0D0 ; Cm(1,1)=-cz ; Cm(1,2)=-sz ; Cm(2,1)=sz ; Cm(2,2)=-cz
                Cm(3,1)=R*(1.0-cz) ; Cm(3,2)=-R*sz ; Cm(3,3)=-1.0
     Fij=0.0D0 ; Fij=MATMUL(Cm,Fjj)

     S=0.0D0
     DO i=1,nDof
        DO j=1,nDOF
           S(i     ,j     )=Fii(i,j)
```

```
            S(i     ,j+nDof)=Fij(i,j)
            S(i+nDof,j     )=Fji(i,j)
            S(i+nDof,j+nDof)=Fjj(i,j)
         ENDDO
      ENDDO
   END SUBROUTINE Get_Arch_Stiffness

   SUBROUTINE AssembLe_System_Matrix
      IMPLICIT NONE
      INTEGER :: n,i,j,row,coL
      ALLOCATE(GK(neq,neq)) ; GK=0.0D0

      WRITE(txt,"(///' E L E M E N T   P R O P E R T I E S   I N   G C S')")

      WRITE(*,"(5X,'Assemble System Matrix')")
      WRITE(out,"(///' S Y S T E M   M A T R I X'  &
      &           //5X,'Number of Equations ',I5)") neq

      DO n=1,eLem
         LM=Arches(n)%LM ; S=Arches(n)%S ; T=Arches(n)%T
         S=MATMUL(TRANSPOSE(T),MATMUL(S,T))
         WRITE(txt,"(/3X,'eLem no =',I5,5X,'Structure Stiffness Matrix')") n
         WRITE(txt,"(7X,6I12)") (i,i=1,eDof)

         DO i=1,eDof
            WRITE(txt,"(I5,2X,6E12.4)") i,S(i,1:eDof)
         ENDDO
         DO i=1,eDof
                  row=LM(i) ; IF(row<=0) CYCLE
            DO j=1,eDof
               coL=LM(j) ; IF(coL<=0) CYCLE
               GK(row,coL)=GK(row,coL)+S(i,j)
            ENDDO
         ENDDO
      ENDDO

      WRITE(txt,"(//' S Y S T E M   M A T R I X & V E C T O R')")
      WRITE(txt,"(/3X,'Stiffness Matrix')")
      WRITE(txt,"(8X,200I12)") (i,i=1,neq)
      DO i=1,neq
         WRITE(txt,"(I6,2X,200E12.4)") i,GK(i,1:neq)
      ENDDO
   END SUBROUTINE AssembLe_System_Matrix

   SUBROUTINE AssembLe_Load_Vector
      IMPLICIT NONE
      INTEGER :: n,i,j,row

      ALLOCATE(GB(neq)) ; GB=0.0D0

      WRITE(*,"(5X,'Assemble Load Vector')")
      WRITE(out,"(///' S Y S T E M   L O A D   V E C T O R')")
```

```
   DO n=1,node
      DO i=1,nDof
         row=Nodes(n)%BC(i) ; IF(row<=0) CYCLE
         GB(row)=GB(row)+Nodes(n)%cLod(i)
      ENDDO
   ENDDO
   WRITE(txt,"(/3X,'Load Vector ')")
   DO n=1,neq
      WRITE(txt,"(I6,6E14.4)") n,GB(n)
   ENDDO
END SUBROUTINE Assemble_Load_Vector

SUBROUTINE Get_Displacements
   IMPLICIT NONE
   INTEGER :: n,i,j

   WRITE(*,"(5X,'Get Displacements')")
   WRITE(out,"(///'  D I S P L A C E M E N T S'    &
   &           //6X,'node',10X,'dis_X',10X,'dis_Y',10X,'rot_Z'/)")

   DO n=1,node
      BC=Nodes(n)%BC
      dis=0.0
      DO i=1,nDof
               ieq=BC(i) ; IF(ieq>0) dis(i)=gB(ieq)*R
      ENDDO
      WRITE(out,"(I10,2F15.6,E15.4)") n,dis
   ENDDO
END SUBROUTINE Get_Displacements

SUBROUTINE Get_Member_Forces
   IMPLICIT NONE
   INTEGER :: n,i,j

   WRITE(*,"(5X,'Get Memeber Forces')")
   WRITE(out,"(///'  M E M B E R   F O R C E S'    &
   &           //6X,'eLem       i     j',9X,'fx_(i)',9X,'fy_(i)',9X,'mz_(i)', &
   &                                  9X,'fx_(j)',9X,'fy_(j)',9X,'mz_(j)'/)")

   DO n=1,eLem
      ni=Arches(n)%ni ; nj=Arches(n)%nj
      LM=Arches(n)%LM ; S=Arches(n)%S ; T=Arches(n)%T

      mD=0.0
      DO i=1,eDof
         ieq=LM(i) ; IF(ieq>0) mD(i)=gB(ieq)
      ENDDO
      mF=0.0D0 ; mF=MATMUL(S,MATMUL(T,mD))
      mFm=mF-Arches(n)%mF

      WRITE(out,"(I10,2X,2I6,6F15.4)") n,ni,nj,mFm

      mF=MATMUL(TRANSPOSE(T),mF)
```

```
      Resd(1:nDof,ni)=Resd(1:nDof,ni)+mF(1:nDof)
      Resd(1:nDof,nj)=Resd(1:nDof,nj)+mF(4:eDof)
   ENDDO
END SUBROUTINE Get_Member_Forces

SUBROUTINE Get_Residual_Forces
   IMPLICIT NONE
   INTEGER :: n,i,j

   WRITE(*,"(5X,'Get Residual Forces')")
   WRITE(out,"(///' N O D E   R E S I D U A L   F O R C E S (Reactions)' &
   &           //6X,'node',8X,'resd_FX',8X,'resd_FY',8X,'resd_MZ'/)")

   DO n=1,node
      Resd(:,n)=Resd(:,n)-Nodes(n)%cLod(:)
      WRITE(out,"(I10,3F15.6)") n,Resd(:,n)
   ENDDO
END SUBROUTINE Get_Residual_Forces

SUBROUTINE Simultaneous_Equation(A,B,n)
   IMPLICIT NONE
   INTEGER :: n, i,ia,ib,j,k
   REAL(8) :: A(n,n),B(n), z
   INTEGER,ALLOCATABLE :: La(:),Lb(:,:)
   REAL(8),ALLOCATABLE :: Sz(:)

   WRITE(*,"(5X,'Gauss Elimination')")
   WRITE(out,"(///' G A U S S   F U L L   M A T R I X   S O L V E R')")

   ALLOCATE(La(n))   ; La=0
   ALLOCATE(Lb(n,2)) ; Lb=0
   ALLOCATE(Sz(n))   ; Sz=0.0D0

   DO k=1,n
      z=0.0D0
      DO i=1,n
         IF(La(i)==1) CYCLE
         DO j=1,n
            IF(La(j)<1) THEN
               IF(ABS(z)<ABS(A(i,j))) THEN
                  ia=i ; ib=j ; z=A(i,j)
               ENDIF
            ELSEIF(La(j)/=1) THEN
               DEALLOCATE(La,Lb,Sz) ; RETURN
            ENDIF
         ENDDO
      ENDDO
      La(ib)=La(ib)+1
      IF(ia/=ib) THEN
         DO i=1,n
            z=A(ia,i) ; A(ia,i)=A(ib,i) ; A(ib,i)=z
         ENDDO
         z=B(ia) ; B(ia)=B(ib) ; B(ib)=z
```

```
      ENDIF
      Lb(k,1)=ia  ; Lb(k,2)=ib  ; Sz(k)=A(ib,ib) ; A(ib,ib)=1.0
      A(ib,1:n)=A(ib,1:n)/Sz(k) ; B(ib)=B(ib)/Sz(k)
      DO i=1,n
         IF(i==ib) CYCLE
         z=A(i,ib) ; A(i,ib)=0.0
         DO j=1,n
            A(i,j)=A(i,j)-A(ib,j)*z
         ENDDO
         B(i)=B(i)-B(ib)*z
      ENDDO
   ENDDO
   DO i=1,n ; j=n-i+1
      IF(Lb(j,1)==Lb(j,2)) CYCLE
      ia=Lb(j,1) ; ib=Lb(j,2)
      DO k=1,n
         z=A(k,ia) ; A(k,ia)=A(k,ib) ; A(k,ib)=z
      ENDDO
   ENDDO
   DEALLOCATE(La,Lb,Sz)
END SUBROUTINE SimuLtaneous_Equation

SUBROUTINE Inverse_Matrix(A,n)
   IMPLICIT NONE
   INTEGER :: n, i,ia,ib,j,k
   REAL(8) :: A(n,n),z
   INTEGER,ALLOCATABLE :: La(:),Lb(:,:)
   REAL(8),ALLOCATABLE :: Sz(:)

   ALLOCATE(La(n))   ; La=0
   ALLOCATE(Lb(n,2)) ; Lb=0
   ALLOCATE(Sz(n))   ; Sz=0.0D0

   DO k=1,n
      z=0.0D0
      DO i=1,n
         IF(La(i)==1) CYCLE
         DO j=1,n
            IF(La(j)<1) THEN
               IF(ABS(z)<ABS(A(i,j))) THEN
                  ia=i ; ib=j ; z=A(i,j)
               ENDIF
            ELSEIF(La(j)/=1) THEN
               DEALLOCATE(La,Lb,Sz) ; RETURN
            ENDIF
         ENDDO
      ENDDO
      La(ib)=La(ib)+1
      IF(ia/=ib) THEN
         DO i=1,n
            z=A(ia,i) ; A(ia,i)=A(ib,i) ; A(ib,i)=z
         ENDDO
      ENDIF
```

```
        Lb(k,1)=ia ; Lb(k,2)=ib ; Sz(k)=A(ib,ib) ; A(ib,ib)=1.0
        A(ib,1:n)=A(ib,1:n)/Sz(k)
        DO i=1,n
           IF(i==ib) CYCLE
           z=A(i,ib) ; A(i,ib)=0.0
           DO j=1,n
              A(i,j)=A(i,j)-A(ib,j)*z
           ENDDO
        ENDDO
     ENDDO
     DO i=1,n
        j=n-i+1
        IF(Lb(j,1)==Lb(j,2)) CYCLE
        ia=Lb(j,1) ; ib=Lb(j,2)
        DO k=1,n
           z=A(k,ia) ; A(k,ia)=A(k,ib) ; A(k,ib)=z
        ENDDO
     ENDDO
     DEALLOCATE(La,Lb,Sz)
  END SUBROUTINE Inverse_Matrix

  SUBROUTINE Legendre_Point_Weight(n,X,W)
     IMPLICIT NONE
     INTEGER :: n
     REAL(8) :: X(n),W(n)
     INTEGER :: m,i,j
     REAL(8) :: xm,xL,p1,p2,p3,pp,z,z1,wgt,pi,toL

     pi=4.0D0*ATAN(1.0D0) ; X=0.0D0  ; W=0.0D0
     m=(n+1)/2 ; xm=0.0D0 ; xL=1.0D0 ; toL=1.0D-15

     DO i=1,m
        z=COS(pi*(DBLE(i)-0.25)/(DBLE(n)+0.5))
10      p1=1.0D0  ; p2=0.0D0
        DO j=1,n
           p3=p2 ; p2=p1
           p1=((2.0*DBLE(j)-1.0)*z*p2-(DBLE(j)-1.0)*p3)/DBLE(j)
        ENDDO
        pp=DBLE(n)*(z*p1-p2)/(z*z-1.0)
        z1=z ; z=z1-p1/pp ; IF(ABS(z-z1)>=toL) GOTO 10
        X(i)=xm-xL*z ; X(n+1-i)=xm+xL*z ; wgt=2.0/((1.0-z*z)*pp*pp)
        W(i)=wgt     ; W(n+1-i)=wgt
     ENDDO
  END SUBROUTINE Legendre_Point_Weight

END PROGRAM CircuLar_Arch_AnaLysis
!---------------------------------
```

11.5 연습문제

[1] 중심각 α, 반경 R, 축강성 EA, 휨강성 EI이며 절점 1과 2를 잇는 원호아치(그림(a) 참조)가 있다. 절점 1은 자유단이며 절점 2는 고정단이다. 절점 1에 하중들 N_1, V_1, M_1이 작용할 때 각 방향 처짐 $\delta_{x1}, \delta_{y1}, \theta_{z1}$을 결정하라. 또한 절점 2의 반력들 N_2, V_2, M_2를 절점변위 $\delta_{x1}, \delta_{y1}, \theta_{z1}$로 나타내라.

[2] 중심각 α, 반경 R, 축강성 EA, 휨강성 EI이며 절점 1과 2를 잇는 원호아치(그림(b) 참조)가 있다. 절점 1은 고정단이며 절점 2는 자유단이다. 절점 2에 하중들 N_2, V_2, M_2이 작용할 때 각 방향 처짐 $\delta_{x2}, \delta_{y2}, \theta_{z2}$을 결정하라. 또한 절점 1의 반력들 N_1, V_1, M_1를 절점변위 $\delta_{x2}, \delta_{y2}, \theta_{z2}$로 나타내라.

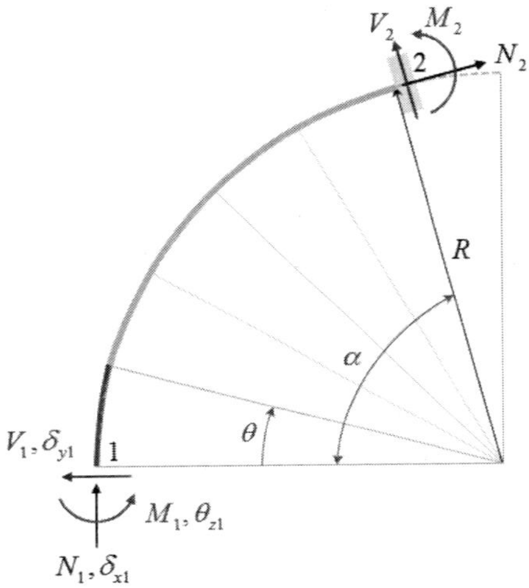

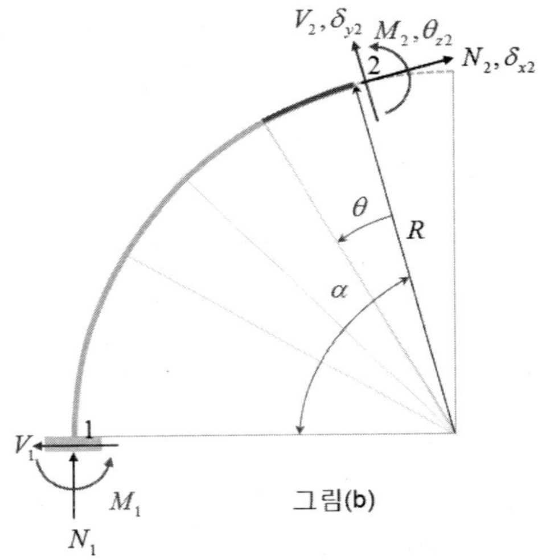

그림(b)

[3] 우측그림과 같이 원호길이 l인 임의의 원호아치부재기절점 i, j와 연결되어 있다. 이부재에 대한 좌표변환매트릭스 $\boldsymbol{T}_e$를 결정하라.

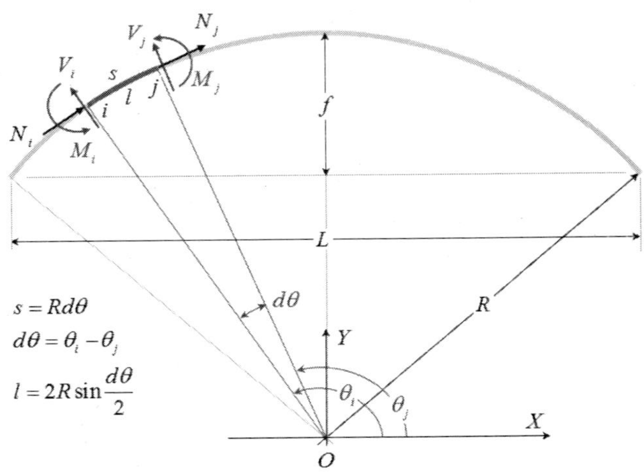

12 케이블구조

12.1 개요

케이블이란 무엇인가? 산업분야마다 케이블의 정의가 다르므로 항상 혼돈되는 단어이다. 공학분야에서 일반적인 케이블은 굵은 밧줄로부터 강재로프, 전선, 통신선 등을 총칭하는 단어이다. 토목공학에서 정의하는 케이블은 주로 강재로프로 제한된다. 여러 가닥의 강선들을 꼬아 굵은 강선군(스트랜드)을 만들고 굵은 강선군들을 다시 꼬아 더 굵은 강선체(강재로프)를 만들 수 있다. 일반적으로 강선들의 묶음이 소선, 소선들의 묶음이 스트랜드, 스트랜드의 묶음이 케이블이라고 정의하고 있다. 그러나 이러한 정의도 명확한 정의는 아니다. 필요에 의하여 케이블을 몇 개의 소선만으로 제작할 수 있기 때문이다.

토목분야에서 케이블은 어디에 사용하는가? 케이블을 사용하는 곳은 매우 다양하다. 우리생활 속에서 쉽게 찾아 볼 수 있는 케이블카, 로프웨이의 현수선, 기중기 로프 등이 있다. 현수교 주케이블과 행어, 사장교의 사장케이블, 아치교의 행어 등과 같은 교량구조에 사용되기도 한다. 선박의 정착을 위한 무어링시스템, 전선, 전신주 지지케이블 등 많은 곳에서 케이블이 사용되고 있다. 심지어 전선을 묶기 위한 손가락 크기의 플라스틱 타이도 케이블에 해당한다.

케이블은 약하지 않은가? 이러한 생각을 가진 일반들은 주변에서 약한 케이블만 경험하였기 때문이다. 케이블은 주로 인장력에 저항하도록 제작되고 인장력에 대한 저항능력이 얼마인가에 따라 약하고 강함을 나눌 수 있다. 종이로 만든 끈이나 노끈과 같이 약한 케이블이 있는가하면 대규모 구조물을 지지하기 위해 설치되는 고강도 케이블도 존재한다. 최근에는 초고강도, 고성능 케이블 개발에 노력하고 있으므로 향후 케이블의 강도는 지금보다 훨씬 높아질 것이다. 현재 토목구조분야에서 사용하는 일반적인 케이블은 적어도 300 kg/mm^2이상을 보유하고 있다. 정량적인 강도값을 어느 정도인가를 추정하기 어려우므로 깊숙한 이야기는 묻어 두고 교량을 지지할 정도의 강도를 지니고 있다고 생각하기 바란다.

케이블은 반드시 비선형해석을 수행하여야 하는가? 일반적으로 케이블은 고강도재료를 사용하므로 선형탄성거동을 나타내지만 강체운동이 매우 크게 나타나므로 기하학적 비선형 특성을 나타낸다. 따라서 케이블의 구조해석은 반드시 비선형해석을 포함하게 된다. 그러나 학부교재의 케이블들은 지중효과를 무시하고 포물선 함수로 가정할 수 있는 케이블로 제한적이다. 따라서 케이블구조를 배우는 학부생들은 기하학적 비선형해석을 경험하기 어렵다.

11.2절은 기본이론으로서 케이블의 구성, 케이블구조, 케이블교량, 케이블이론을 간략히 요약하여 설명하였다. 11.3절은 수계산에 의한 해석예와 케이블 해석프로그램을 적용한 해석예를 수록하였다. 11.4절은 케이블의 특성상 비선형이론 적용을 간단히 정리하였다. 이를 근거로 해석프로그램 작성예를 수록하였다. 케이블은 학부 교과범위를 넘는 부분이 많으므로 연습문제는 수록하지 않았다.

12.2 기본역학

12.2.1 케이블의 구조특성

케이블은 전공분야마다 차이가 있고 불명확하여 사용되는 용어도 큰 차이를 나타낸다. 따라서 케이블의 정의를 재론하지 않기로 한다. 케이블은 장경간 경량구조를 설계하가나 넓은 공간을 활용하기 위한 구조설계 등에 사용되고 있다. 그 이유는 자중에 비해 높은 강성을 나타내는 구조재이기 때문이다.

케이블은 인장재로만 사용되므로 Tensile member라고 부른다. 즉, 인장력이 작용하면 케이블은 저항능력을 발휘한다. 케이블은 인장력 작용방향으로 매우 큰 강성도를 나타내지만 횡방향 강성도는 매우 낮다. 예를 들어, 산악훈련에서 만나는 고공케이블은 부재방향으로 저항능력이 매우 높다. 그러나 발을 내딛을 때마다 횡방향 움직임이 크게 발생하므로 훈련생은 불안감을 느끼게 된다. 만일 케이블에 압축력을 가하면 변위는 발생할 수 있으나 부재력은 발생하지 않는다. 이와 같이 부재력 없이 변위만을 발생하는 운동을 강체운동(Rigid Body Motion)이라고 부른다.

외력을 받는 케이블은 강체운동이 커서 대변위(Large Displacement) 특성을 나타내며 기하학적 비선형거동(Geometrically Nonlinear Behavior)을 나타낸다. 그러나 상대변위가 매우 작고 고강도재료를 사용하므로 재료적으로 미소변형 즉, 선형탄성변형을 나타낸다. 케이블 자중에 의하여 대변위만을 모사한 이론이 카티너리 케이블(Catenary Cable)이라고 부른다. 대변위와 선형탄성변형 케이블을 탄성 카티너리 케이블(Elastic Catenary Cable)이라고 부른다. 만일 케이블이 인장력이 매우 큰 경우 횡방향 움직임도 매우 작은 값을 나타낼 것이다. 이러한 케이블을 포물선케이블(Parabolic Cable)이라고 부르며 학부과정에서 배우는 케이블은 모두 포물선케이블에 해당한다.

케이블은 인장력방향으로 고강성도를 나타내므로 고주파 진동수를 나타낸다. 반면에 횡방향 강성도가 매우 낮으므로 저주파 진동수를 나타낸다. 따라서 케이블은 저주파 진동수가 지배하므로 진동에 약한 특성을 나타낸다. 여기서 고주파 진동수는 단위시간에 반복되는 진동의 변화수가 많다는 뜻이며 이는 작은 크기의 진동이 자주 발생한다는 의미이다. 저주파 진동수는 단위시간에 반복되는 진동의 변화수가 적다는 뜻으로서 큰 크기의 떨림이 천천히 발생한다는 의미이다.

케이블은 예각이나 모서리각 위를 피하고 말안장 곡면(Saddle) 위를 통과시켜 설치하여야 한다. 케이블 배치에서 급격한 곡률변화는 추가적인 휨모멘트를 발생시키며 이곳에 매우 큰 응력집중이 나타난다. 또한 케이블의 연결부는 정착장치(Anchorage 또는 Anchor Block)를 설치하고 각 케이블에 작용하는 인장력들을 분산시켜 설치할 필요가 있다. 요약하면, 케이블은 급격한 곡률변화를 피하고 정착장치를 설치하여 응력집중을 피하여야 한다.

케이블 특성을 모사할 수 있는 부재는 축력을 가진 비선형 트러스부재, 인장력을 가지고 휨강성이 매우 작은 라멘부재 등을 생각할 수 있다. 사장케이블이론으로부터 유도한 등가탄성케이블 또는 Ernst 케이블 부재가 있으며 현수케이블이론으로부터 구한 카티너리 케이블 부재와 탄성 카티너리 케이블 부재 등이 있다. 이러한 3가지 케이블 이론은 간단히 소개하기로 한다. 반면에 실무에서 사용되는 상용프로그램은 케이블 전용부재가 탑재되어 있지 않다. 여하튼, 케이블부재특성을 요약하면 아래와 같다.

■ Mechanical Properties of Cable

- 인장력만 작용하며 탄성체로 가정
- 형상가정과 해석모델 :
  비신장률 → Parabola Cable, Catenary Cable
  신장률 → Elastic Catenary Cable
- 신장률(Extensible)을 고려한 근사 케이블 해석모델
  - Nonlinear Truss
  - 미소 휨을 가정한 Nonlinear Frame
  - 사장케이블의 Ernst Equivalent Truss : 사장교
- 비신장률(Inextensible)을 가정한 고전적인 해석모델
  - Chain/Link 모델 : Rigid Body-Internal Hinge System

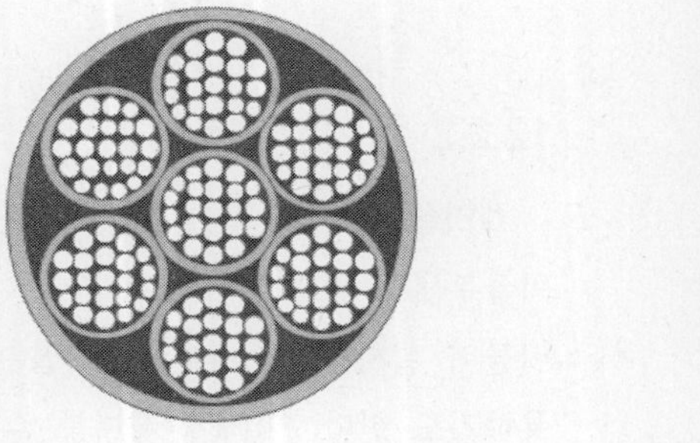

자중이 작용하거나 집중하중이 작용하는 케이블의 변형형상을 도시하면 아래그림과 같다. 자중은 케이블을 곡선모양으로 변하게 만들고. 자중을 무시한 집중하중은 케이블을 직선모양의 변화를 발생시킨다.

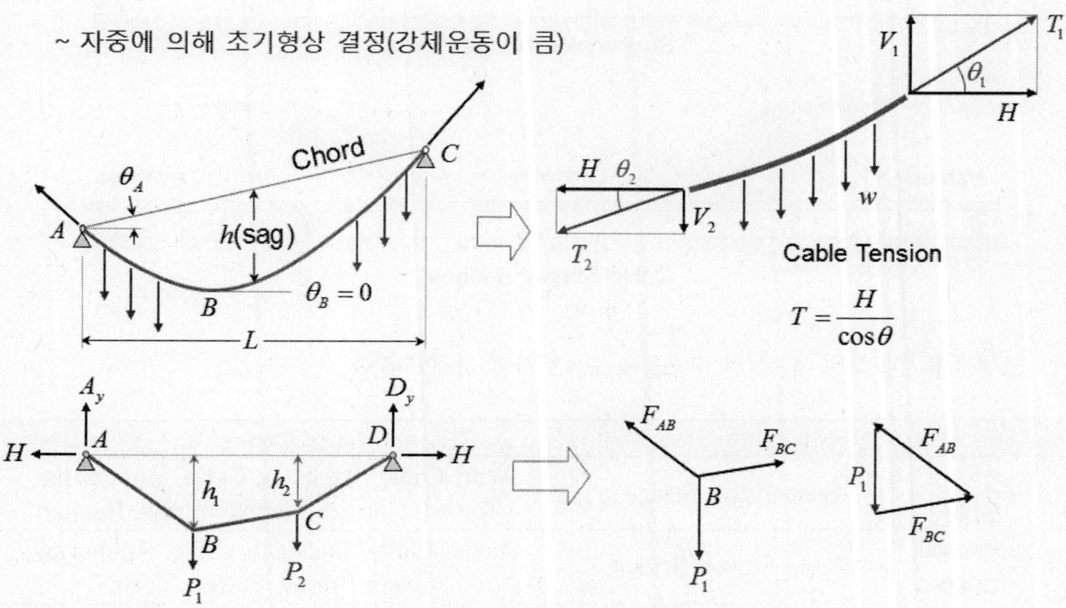

수평선상 케이블은 자중에 의해 곡선변형이 발생하고 추가인장력이 도입되면 길이는 줄고 곡선이 상향으로 변하면서 새그(Sag)가 감소하게 된다. 케이블의 중앙부에 최대 하향 처짐을 새그라고 부른다. 새

그량이 감소하면 케이블 인장력은 증가하며 인장력 증가는 강성도도 증가한다는 의미이다. 또 새그량의 감소는 구조계의 변형형상의 변화를 나타낸다.

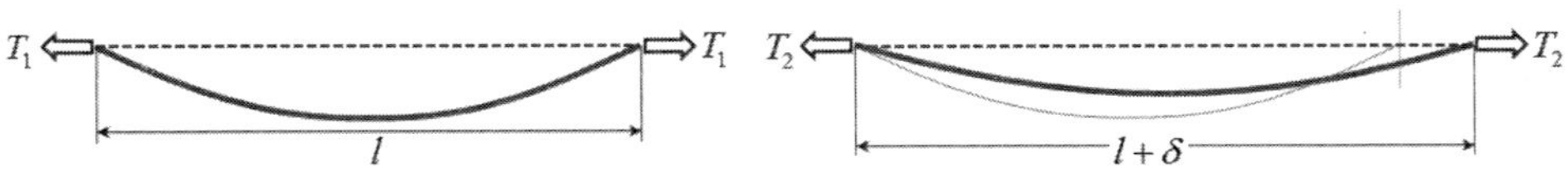

12.2.2 케이블구조

케이블을 사용하는 대표적인 구조는 교량이며 교량 중에서 장경간을 요구하는 현수교와 사장교는 케이블부재가 필수적이다. 교량의 각 부분에 대한 용어는 그림에서 생략하였다. 사장교이건 현수교이건 케이블이 설치되면 정착장치도 필수적으로 설치하고 있다. 장경간 아치교도 수직재 대신 케이블부재를 사용하기도 한다, 이러한 케이블 수직재를 행어라고 부른다. 자세힌 케이블이론의 전개는 학부수준을 넘으므로 생략하기로 한다.

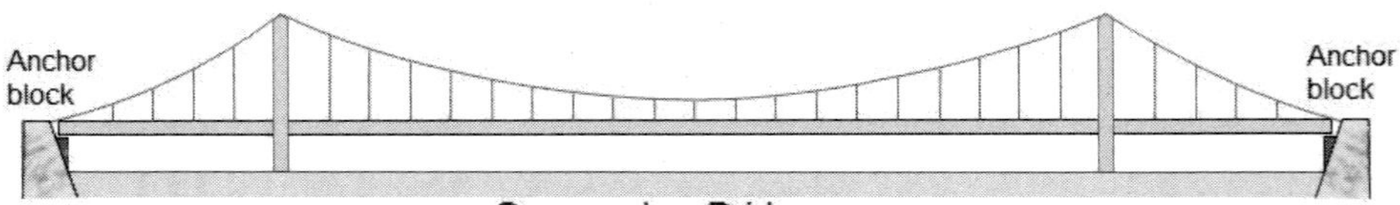

Suspension Bridges

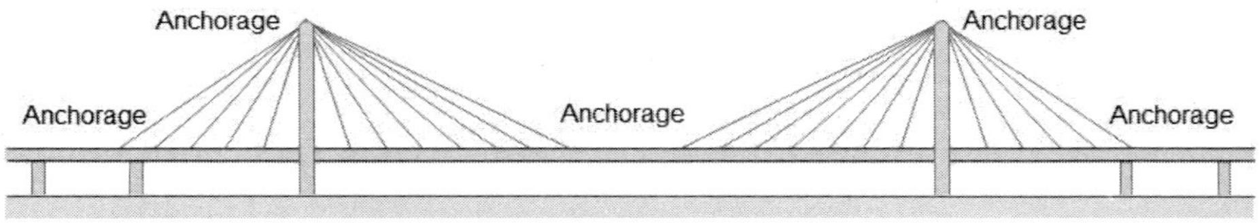

Cable Stayed Bridges

케이블부재를 사용하는 대표적인 구조물을 도표화하면 아래와 같다.

	Structure System	Components
Cable Supported Bridge	Suspension Bridge	Main Cable, Backstay Cable, Anchorage, Tower(Pylon), Stiffened Girder, Hanger
	Cable Stayed Bridge	Stayed Cable, Backstay Cable, Anchorage, Tower(Pylon), Stiffed Girder
	Long-span Arch Bridge	Arch Rib, Anchorage, Stiffened Girder, Hanger
Cable Structure	Cable Net System	Cable, Anchorage, Connector, (Roof)
	Transmission Tower	Tower, Cable, Guyed Tower
	Mooring System	Structure, Mooring Cable

12.3 해석예

12.3.1 수계산 해석예

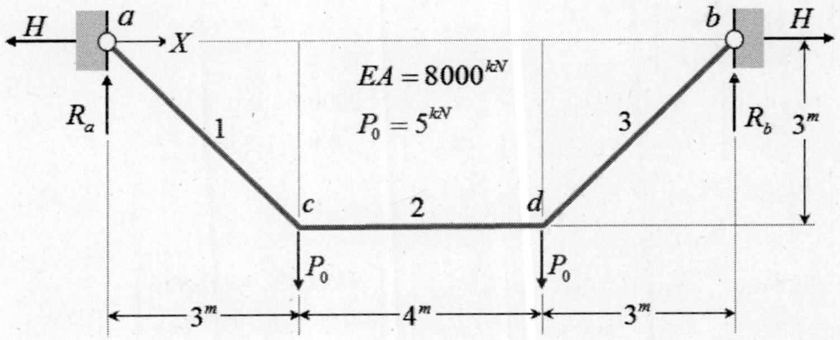

Coordinates

$a(0.0, 0.0)$

$b(10.0, 0.0)$

$c(3.0, 3.0)$

$d(7.0, 3.0)$

Initial Length

$L_{0,1} = L_{0,3} = 3\sqrt{2}^m$

$L_{0,2} = 4^m$

- Reaction : $\begin{cases} \sum M_b = 10R_a - 5\cdot 7 - 5\cdot 3 = 0 \rightarrow R_a = 5^{kN} \\ \sum F_Y = 0 \rightarrow R_b = 5^{kN} \\ \sum M_c^{left} = 3R_a - 3H = 0 \rightarrow H = 5^{kN} \end{cases}$

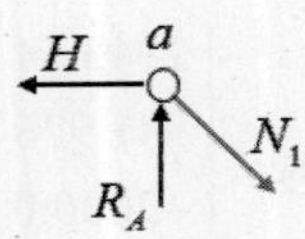

- Tension of cable ac : $\sum F_Y = N_1 \dfrac{1}{\sqrt{2}} - 5 = 0 \rightarrow N_1 = 7.07107^{kN}$

  Symmetry : $N_3 = N_1 = 5\sqrt{2}^{kN}$

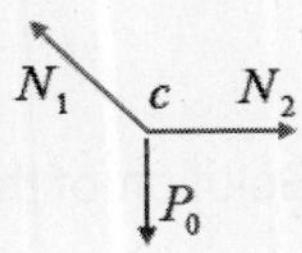

- Tension of cable cd : $\sum F_X = N_2 - N_1 \dfrac{1}{\sqrt{2}} = 0 \rightarrow N_2 = 5^{kN}$

- Additional Loading
  $P = 12^{kN}$

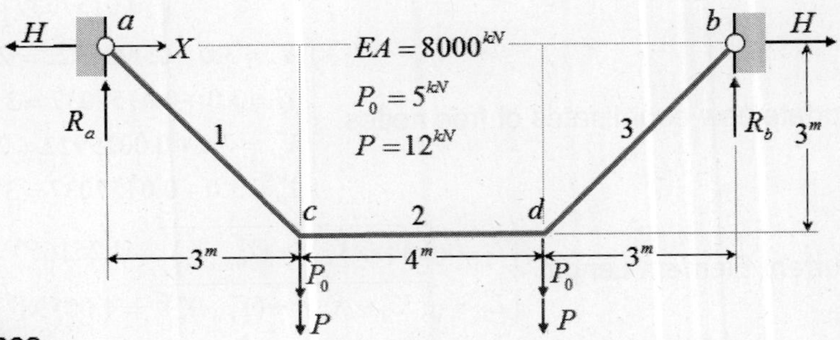

- Direction cosines

  For element (1) $c_{Xx,1} = \dfrac{X_c - X_a}{L_{0,1}} = \dfrac{3}{3\sqrt{2}} = \dfrac{\sqrt{2}}{2}$ $\quad c_{Yx,1} = \dfrac{Y_c - Y_a}{L_{0,1}} = \dfrac{3}{3\sqrt{2}} = \dfrac{\sqrt{2}}{2}$

  For element (2) $c_{Xx,2} = \dfrac{X_d - X_c}{L_{0,2}} = \dfrac{4}{4} = 1$ $\quad c_{Yx,2} = \dfrac{Y_d - Y_c}{L_{0,2}} = \dfrac{0}{4} = 0$

  For element (3) $c_{Xx,3} = \dfrac{X_b - X_d}{L_{0,3}} = \dfrac{3}{3\sqrt{2}} = \dfrac{\sqrt{2}}{2}$ $\quad c_{Yx,3} = \dfrac{Y_b - Y_d}{L_{0,3}} = \dfrac{-3}{3\sqrt{2}} = -\dfrac{\sqrt{2}}{2}$

• Element Stiffness Matrix in GCS

(1) element a-c : $\underline{\mathbf{K}}_1 = \begin{bmatrix} \underline{\mathbf{K}}_{aa,1} & -\underline{\mathbf{K}}_{aa,1} \\ -\underline{\mathbf{K}}_{aa,1} & \underline{\mathbf{K}}_{aa,1} \end{bmatrix}$

$$\underline{\mathbf{K}}_{aa,1} = \frac{EA}{L_{0,1}}\begin{bmatrix} c_{Xx,1}^2 & c_{Xx,1}c_{Yx,1} \\ c_{Xx,1}c_{Yx,1} & c_{Yx,1}^2 \end{bmatrix} + \frac{N_1}{L_{0,1}}\begin{bmatrix} 1-c_{Xx,1}^2 & -c_{Xx,1}c_{Yx,1} \\ -c_{Xx,1}c_{Yx,1} & 1-c_{Yx,1}^2 \end{bmatrix} = \begin{bmatrix} 943.643 & 941.976 \\ 941.976 & 943.643 \end{bmatrix}$$

(2) element c-d : $\underline{\mathbf{K}}_1 = \begin{bmatrix} \underline{\mathbf{K}}_{cc,2} & -\underline{\mathbf{K}}_{cc,2} \\ -\underline{\mathbf{K}}_{cc,2} & \underline{\mathbf{K}}_{cc,2} \end{bmatrix}$

$$\underline{\mathbf{K}}_{cc,2} = \frac{EA}{L_{0,2}}\begin{bmatrix} c_{Xx,2}^2 & c_{Xx,2}c_{Yx,2} \\ c_{Xx,2}c_{Yx,2} & c_{Yx,2}^2 \end{bmatrix} + \frac{N_2}{L_{0,2}}\begin{bmatrix} 1-c_{Xx,2}^2 & -c_{Xx,2}c_{Yx,2} \\ -c_{Xx,2}c_{Yx,2} & 1-c_{Yx,2}^2 \end{bmatrix} = \begin{bmatrix} 2000.0 & 0.0 \\ 0.0 & 1.250 \end{bmatrix}$$

(3) element d-b : $\underline{\mathbf{K}}_1 = \begin{bmatrix} \underline{\mathbf{K}}_{dd,3} & -\underline{\mathbf{K}}_{dd,3} \\ -\underline{\mathbf{K}}_{dd,3} & \underline{\mathbf{K}}_{dd,3} \end{bmatrix}$

$$\underline{\mathbf{K}}_{dd,3} = \frac{EA}{L_{0,3}}\begin{bmatrix} c_{Xx,3}^2 & c_{Xx,3}c_{Yx,3} \\ c_{Xx,3}c_{Yx,3} & c_{Yx,3}^2 \end{bmatrix} + \frac{N_3}{L_{0,3}}\begin{bmatrix} 1-c_{Xx,3}^2 & -c_{Xx,3}c_{Yx,3} \\ -c_{Xx,3}c_{Yx,3} & 1-c_{Yx,3}^2 \end{bmatrix} = \begin{bmatrix} 943.643 & -941.976 \\ -941.976 & 943.643 \end{bmatrix}$$

• Assemble and Structure Stiffness Matrix and Load Vector

$$\underline{\mathbf{K}} = \begin{bmatrix} 2943.64 & 941.976 & -2000.0 & 0.0 \\ 941.976 & 944.893 & 0.0 & -1.250 \\ -2000.0 & 0.0 & 2943.64 & -941.976 \\ 0.0 & -1.250 & -941.976 & 944.893 \end{bmatrix}, \quad \underset{\sim}{\mathbf{P}} = \begin{Bmatrix} 0.0 \\ 12.0 \\ 0.0 \\ 12.0 \end{Bmatrix} \rightarrow \underline{\mathbf{K}}\underset{\sim}{\mathbf{q}} = \underset{\sim}{\mathbf{P}}$$

• Solution of the Equilibrium Equation $\underline{\mathbf{K}}\underset{\sim}{\mathbf{q}} = \underset{\sim}{\mathbf{P}} \rightarrow \underset{\sim}{\mathbf{q}} = \begin{Bmatrix} -0.0029922 \\ 0.0157037 \\ 0.0029922 \\ 0.0157037 \end{Bmatrix}$

• Update new coordinates of free nodes $\begin{cases} X_c' = 3.0 - 0.0029922 = 2.99701 \\ Y_c' = 3.0 + 0.0157037 = 3.01570 \\ X_d' = 7.0 + 0.0029922 = 7.00299 \\ Y_d' = 3.0 + 0.0157037 = 3.01570 \end{cases}$

• Current Element Length $\begin{cases} L_1' = \sqrt{(X_c' - X_c)^2 + (Y_c' - Y_c)^2} = 4.25165^m = L_3' \\ L_2' = \sqrt{(X_d' - X_c)^2 + (Y_d' - Y_c)^2} = 4.00598^m \end{cases}$

• Element Length Increment $\begin{cases} \Delta L_{0,1}' = L_1' - L_{0,1} = 0.00901^m = \Delta L_{0,3}' \\ \Delta L_{0,2}' = L_2' - L_{0,2} = L_1' - L_{0,1} = 0.00598^m \end{cases}$

• Increments of Axial Forces $\begin{cases} \Delta N_1' = EA\dfrac{\Delta L_{0,1}'}{L_{0,1}} = 16.9894^{kN} = \Delta N_3' \\ \Delta N_2' = EA\dfrac{\Delta L_{0,2}'}{L_{0,2}} = 11.9680^{kN} \end{cases}$

- Current Axial Forces $\begin{cases} N_1' = N_1 + \Delta N_1' = 24.0605^{kN} = N_3' \\ N_2' = N_2 + \Delta N_2' = 16.9680^{kN} \end{cases}$
- Direction cosines

For element(1) $c_{Xx,1} = \dfrac{X_c' - X_a'}{L_1'} = 0.704905 \quad c_{Yx,1} = \dfrac{Y_c' - Y_a'}{L_1'} = 0.709301$

For element (2) $c_{Xx,2} = \dfrac{X_d' - X_c'}{L_2'} = 1 \quad c_{Yx,2} = \dfrac{Y_d' - Y_c'}{L_2'} = \dfrac{0}{4} = 0$

For element (3) $c_{Xx,3} = \dfrac{X_b' - X_d''}{L_3'} = 0.704905 \quad c_{Yx,3} = \dfrac{Y_b' - Y_d'}{L_3'} = -0.709301$

- Out-of-balance force from Equilibrium at node c,

$$\begin{cases} \Delta Q_X' = -24.0605 \times 0.704905 + 16.9680 = 0.00763^{kN} \\ \Delta Q_Y' = -24.0605 \times 0.709301 + 12 + 5 = -0.06614^{kN} \end{cases}$$

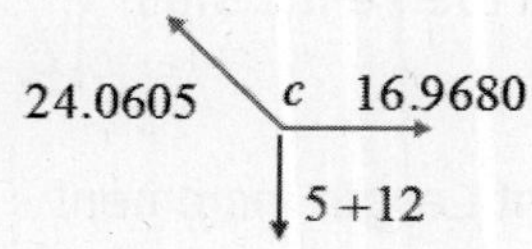

Similarly,at node d, $\begin{cases} \Delta Q_X' = -0.00763^{kN} \\ \Delta Q_Y' = -0.06614^{kN} \end{cases}$

to complete the vector $\Delta \underset{\sim}{\mathbf{Q}}' = \begin{Bmatrix} 0.00763 \\ -0.06614 \\ -0.00763 \\ -0.06614 \end{Bmatrix}$

- Form the stiffness matrix in current configuration using the folowing submatrices

$$\underline{\mathbf{K}}'_{aa,1} = \frac{EA}{L_{0,1}} \begin{bmatrix} c_{Xx,1}^2 & c_{Xx,1}c_{Yx,1} \\ c_{Xx,1}c_{Yx,1} & c_{Yx,1}^2 \end{bmatrix} + \frac{N_1'}{L_1'} \begin{bmatrix} 1-c_{Xx,1}^2 & -c_{Xx,1}c_{Yx,1} \\ -c_{Xx,1}c_{Yx,1} & 1-c_{Yx,1}^2 \end{bmatrix} = \begin{bmatrix} 939.794 & 939.980 \\ 939.980 & 951.482 \end{bmatrix}$$

$$\underline{\mathbf{K}}'_{cc,2} = \frac{EA}{L_{0,2}} \begin{bmatrix} c_{Xx,2}^2 & c_{Xx,2}c_{Yx,2} \\ c_{Xx,2}c_{Yx,2} & c_{Yx,2}^2 \end{bmatrix} + \frac{N_2'}{L_2'} \begin{bmatrix} 1-c_{Xx,2}^2 & -c_{Xx,2}c_{Yx,2} \\ -c_{Xx,2}c_{Yx,2} & 1-c_{Yx,2}^2 \end{bmatrix} = \begin{bmatrix} 2000.0 & 0 \\ 0 & 4.23567 \end{bmatrix}$$

$$\underline{\mathbf{K}}'_{dd,3} = \frac{EA}{L_{0,3}} \begin{bmatrix} c_{Xx,3}^2 & c_{Xx,3}c_{Yx,3} \\ c_{Xx,3}c_{Yx,3} & c_{Yx,3}^2 \end{bmatrix} + \frac{N_3'}{L_3'} \begin{bmatrix} 1-c_{Xx,3}^2 & -c_{Xx,3}c_{Yx,3} \\ -c_{Xx,3}c_{Yx,3} & 1-c_{Yx,3}^2 \end{bmatrix} = \begin{bmatrix} 939.794 & -939.980 \\ -939.980 & 951.482 \end{bmatrix}$$

- Assemble and Global Stiffness Matrix and Load Vector

$$\underline{\mathbf{K}}' = \begin{bmatrix} 2939.79 & 939.980 & -2000.0 & 0.0 \\ 939.980 & 955.718 & 0.0 & -4.23567 \\ -2000.0 & 0.0 & 2939.79 & -939.980 \\ 0.0 & -4.23567 & -939.980 & 955.718 \end{bmatrix}, \ \Delta \underset{\sim}{\mathbf{Q}}' = \begin{Bmatrix} 0.00763 \\ -0.06614 \\ -0.00763 \\ -0.06614 \end{Bmatrix} \rightarrow \underline{\mathbf{K}}' \Delta \underset{\sim}{\mathbf{q}}' = \Delta \underset{\sim}{\mathbf{Q}}'$$

- Solution of the Equilibrium Equation $\rightarrow \Delta \underset{\sim}{\mathbf{q}}' = \begin{Bmatrix} 0.0000182 \\ -0.0000875 \\ -0.0000182 \\ -0.0000875 \end{Bmatrix}$

• Total current displacements $\rightarrow \begin{Bmatrix} u'_c \\ v'_c \\ u'_d \\ v'_d \end{Bmatrix} = \underset{\sim}{\Delta \mathbf{q}'} + \underset{\sim}{\mathbf{q}} = \begin{Bmatrix} -0.0029922+0.0000182 \\ 0.0157037-0.0000875 \\ 0.0029922-0.0000182 \\ 0.0157037-0.0000875 \end{Bmatrix} = \begin{Bmatrix} -0.0029738 \\ 0.0156162 \\ 0.0029738 \\ 0.0156162 \end{Bmatrix}$

• Coordinates in current deformed configurarion $\begin{cases} X''_c = 3.0-0.0029738 = 2.997026 \\ Y''_c = 3.0+0.0156162 = 3.016162 \\ X''_d = 7.0+0.0029738 = 7.002974 \\ Y''_d = 3.0+0.0156162 = 3.016162 \end{cases}$

• Current Element Length $\begin{cases} L''_1 = \sqrt{(X''_c - X_c)^2 + (Y''_c - Y_c)^2} = 4.251600^m = L''_3 \\ L''_2 = \sqrt{(X''_d - X_c)^2 + (Y''_d - Y_c)^2} = 4.005948^m \end{cases}$

• Element Length Increment $\begin{cases} \Delta L''_{0,1} = L''_1 - L_{0,1} = 0.008960^m = \Delta L''_{0,3} \\ \Delta L''_{0,2} = L''_2 - L_{0,2} = 0.005948^m \end{cases}$

• Increments of Axial Forces $\begin{cases} \Delta N''_1 = EA\dfrac{\Delta L''_{0,1}}{L_{0,1}} = 16.8951^{kN} = \Delta N''_3 \\ \Delta N''_2 = EA\dfrac{\Delta L''_{0,2}}{L_{0,2}} = 11.8960^{kN} \end{cases}$

• Current Axial Forces $\begin{cases} N''_1 = N_1 + \Delta N''_1 = 23.9662^{kN} = N''_3 \\ N''_2 = N_2 + \Delta N''_2 = 16.8960^{kN} \end{cases}$

• Direction cosines

For element(1) $c_{Xx,1} = \dfrac{X''_c - X''_a}{L''_1} = 0.704905 \quad c_{Yx,1} = \dfrac{Y''_c - Y''_a}{L''_1} = 0.709301$

For element (2) $c_{Xx,2} = \dfrac{X''_d - X''_c}{L''_2} = 1 \quad c_{Yx,2} = \dfrac{Y''_d - Y''_c}{L''_2} = \dfrac{0}{4} = 0$

For element (3) $c_{Xx,3} = \dfrac{X''_b - X''_d}{L''_3} = 0.704917 \quad c_{Yx,3} = \dfrac{Y''_b - Y''_d}{L''_3} = -0.709290$

• Out-of-balance force from Equilibrium at node c,

$$\begin{cases} \Delta Q''_X = -23.9662 \times 0.704917 + 16.9680 = 0.00182^{kN} \\ \Delta Q''_Y = -23.9662 \times 0.709290 + 12 + 5 = -0.00101^{kN} \end{cases}$$

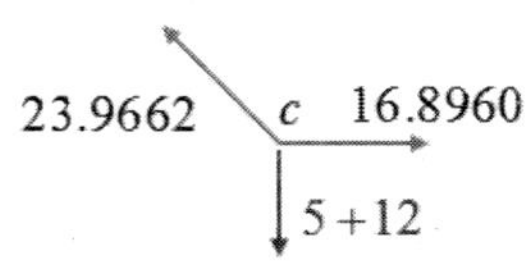

Similarly,at node d, $\begin{cases} \Delta Q''_X = -0.00182^{kN} \\ \Delta Q''_Y = -0.00101^{kN} \end{cases}$

to complete the vector $\underset{\sim}{\Delta\mathbf{Q}}'' = \begin{Bmatrix} 0.00182 \\ -0.00101 \\ -0.00182 \\ -0.00101 \end{Bmatrix}$

$$\rightarrow \left|\underset{\sim}{\Delta\mathbf{Q}}''\right| < \left|\underset{\sim}{\Delta\mathbf{Q}}'\right|,\ \underset{\sim}{\Delta\mathbf{Q}}' = \begin{Bmatrix} 0.00763 \\ -0.06614 \\ -0.00763 \\ -0.06614 \end{Bmatrix}$$

- Iterations can be repeated when $\left|\underset{\sim}{\Delta\mathbf{Q}}^{(n)}\right| > tolerance(=0.001^{\%})$, but stopped otherwise.

12.3.2 프로그램 사용예

예제1 : 우측그림과 같은 케이블을 해석하라. 필요한 값은 그림 속을 참고할 것.

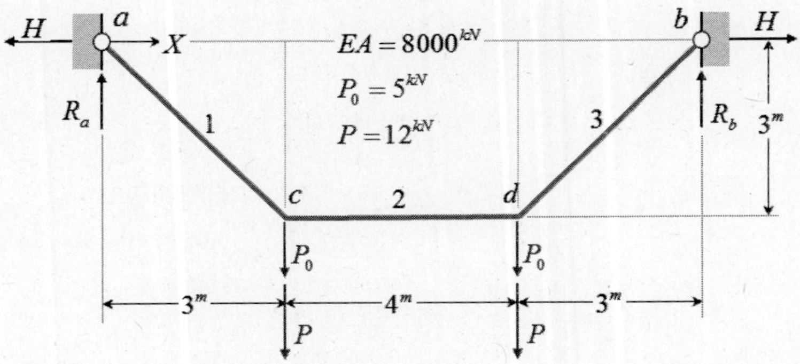

- 입·출력파일 :

```
4  3 2 1.0D-6                          ! node,eLem,nLod,toL
1  1 1    0.0 0.0   0.0  0.0           ! n,BC,XY,cLod
2  0 0    3.0 3.0   0.0  5.0
3  0 0    7.0 3.0   0.0  5.0
4  1 1   10.0 0.0   0.0  0.0
1  1 2  8000.0 1.0  7.071 0.0          ! n,ni,nj,E,A,tens,wDen
2  2 3  8000.0 1.0  5.000 0.0
3  3 4  8000.0 1.0  7.071 0.0
2  0.0  12.0
3  0.0  12.0
```

```
 --------------------------------------------------
      ANALYSIS PROGRAM for TWO-DIMENIONAL CabLe
       Programed by Sung-Soon Yhim (07/15/2017)
 --------------------------------------------------
                          Input file =  2c.inp
                         Output file =  2c.out
                   Intermediate file =  2c.txt

 C O N T R O L   P A R A M E T E R S

    Number of total Nodes    (node)         4
    Number of total Elements (eLem)         3
```

```
Number of Loaded Nodes   (nLod)         2
    Convergence ToLerance      (toL)   0.100000E-05

 N O D E   I N F O R M A T I O N

    n     u    v         Xc          Yc          Fx          Fy

    1     1    1        0.00        0.00        0.00        0.00
    2     0    0        3.00        3.00        0.00        5.00
    3     0    0        7.00        3.00        0.00        5.00
    4     1    1       10.00        0.00        0.00        0.00

 E L E M E N T   I N F O R M A T I O N

    e     i    j    Rigidity(EA)       Leng      tens      wden

    1     1    2    0.800000E+04       4.243     7.071     0.000
    2     2    3    0.800000E+04       4.000     5.000     0.000
    3     3    4    0.800000E+04       4.243     7.071     0.000

 S Y S T E M   M A T R I X

    Number of Equations     4

 S Y S T E M   L O A D   V E C T O R

    n        Fx        Fy

    2     0.000    12.000
    3     0.000    12.000

 I N I T I A L   D I S P L A C E M E N T S

    n          dis_X          dis_Y

    1        0.000000       0.000000
    2       -0.002992       0.015704
    3        0.002992       0.015704
    4        0.000000       0.000000

 U P D A T E D   C O N F I G U R A T I O N   1

    n          dis_x          dis_y          new_Xc          new_Yc
    1        0.000000       0.000000        0.000000        0.000000
    2       -0.002992       0.015704        2.997008        3.015704
    3        0.002992       0.015704        7.002992        3.015704
    4        0.000000       0.000000       10.000000        0.000000

    e     i    j    Current_L     initial_L      Inc_Tens        Tension
    1     1    2    4.251650      4.242641      16.987285      24.058285
    2     2    3    4.005984      4.000000      11.968841      16.968841
    3     3    4    4.251650      4.242641      16.987285      24.058285

    it   chk   Y/N          max_Force         max_Dis
     1     1    NG       0.645898E-01    0.860712E-04
```

```
UPDATED CONFIGURATION 2

  n       dis_x       dis_y       new_Xc      new_Yc
  1    0.000000    0.000000     0.000000    0.000000
  2   -0.002974    0.015618     2.997026    3.015618
  3    0.002974    0.015618     7.002974    3.015618
  4    0.000000    0.000000    10.000000    0.000000

  e   i   j   Current_L   initial_L    Inc_Tens     Tension
  1   1   2    4.251601    4.242641   16.896639   23.967639
  2   2   3    4.005948    4.000000   11.895197   16.895197
  3   3   4    4.251601    4.242641   16.896639   23.967639

  it   chk   Y/N        max_Force        max_Dis
   2     1    NG     0.195727E-05   0.259856E-08


UPDATED CONFIGURATION 3

  n       dis_x       dis_y       new_Xc      new_Yc
  1    0.000000    0.000000     0.000000    0.000000
  2   -0.002974    0.015618     2.997026    3.015618
  3    0.002974    0.015618     7.002974    3.015618
  4    0.000000    0.000000    10.000000    0.000000

  e   i   j   Current_L   initial_L    Inc_Tens     Tension
  1   1   2    4.251601    4.242641   16.896637   23.967637
  2   2   3    4.005948    4.000000   11.895195   16.895195
  3   3   4    4.251601    4.242641   16.896637   23.967637

it   chk   Y/N        max_Force        max_Dis
 3     0    OK     0.274980E-11   0.108178E-14


FINAL DISPLACEMENTS

  n       dis_x       dis_y       new_Xc      new_Yc

  1    0.000000    0.000000     0.000000    0.000000
  2   -0.002974    0.015618     2.997026    3.015618
  3    0.002974    0.015618     7.002974    3.015618
  4    0.000000    0.000000    10.000000    0.000000


FINAL MEMBER FORCES

  e   i   j   Current_L   initial_L    Inc_Tens     Tension

  1   1   2    4.251601    4.242641   16.896637   23.967637
  2   2   3    4.005948    4.000000   11.895195   16.895195
  3   3   4    4.251601    4.242641   16.896637   23.967637

>>>>>>>>>>>>>>>>>>>>>> You are a rare Genius !
```

12.4 프로그램적용

케이블부재의 해석은 그리 쉽지 않다. 케이블의 거동은 기하학적 비선형성과 탄성이라는 재료적 선형성이 혼재되었기 때문이다. 따라서 본절의 케이블은 5가지 기본가정 하에서 알고리즘과 프로그램 작성예를 소개하기로 한다. 첫째, 재료는 선형탄성거동을 나타낸다. 둘째, 변형률이 작지만 변위는 기하학적 비선형성을 나타낸다. 셋째. 하중은 절점에만 작용하고 케이블 자중은 무시한다. 넷째. 단 하나의 케이블부제로 구성된 시스템이다.

12.4.1 알고리즘

[1] 해석모델

케이블부재 e 는 아래 그림과 같이 공간상에 2점 i , j 를 잇는 인장부재(Tensile Member)이다. 여기서 L_0 눈 초기길이이며 N 은 케이블의 인장력이다.

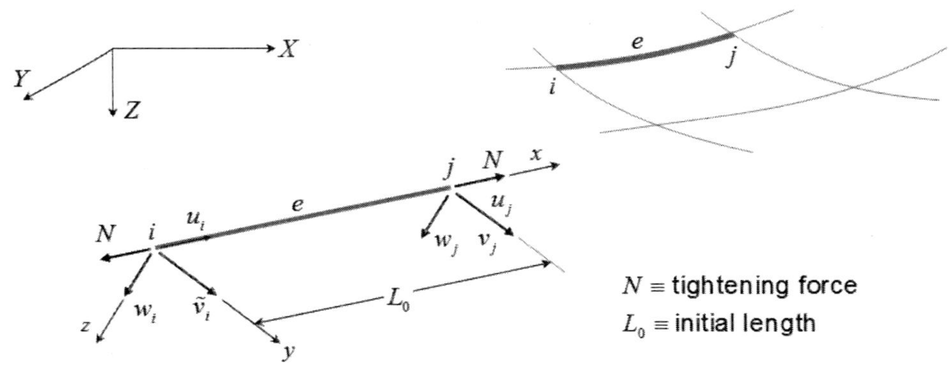

$N \equiv$ tightening force
$L_0 \equiv$ initial length

[2] 해석절차

■ LCS에서 하나의 케이블 부재에 대하여

• Nodal displacement and reaction vector in LCS : $\underset{\sim}{\mathbf{d}}_e = \begin{Bmatrix} \underset{\sim}{\mathbf{d}}_i \\ \underset{\sim}{\mathbf{d}}_j \end{Bmatrix} = \begin{Bmatrix} u_i \\ v_i \\ w_i \\ u_j \\ v_j \\ w_j \end{Bmatrix}$, $\underset{\sim}{\mathbf{f}}_e = \begin{Bmatrix} \underset{\sim}{\mathbf{f}}_i \\ \underset{\sim}{\mathbf{f}}_j \end{Bmatrix} = \begin{Bmatrix} f_{xi} \\ f_{yi} \\ f_{zi} \\ f_{xj} \\ f_{yj} \\ f_{zj} \end{Bmatrix}$

- Elastic and Geometric Nonlinear Stiffness matrix in LCS

$$\underline{\mathbf{k}}_e = \frac{EA}{L_0}\begin{bmatrix} 1 & \cdot & \cdot & -1 & \cdot & \cdot \\ \cdot & \cdot & \cdot & \cdot & \cdot & \cdot \\ \cdot & \cdot & \cdot & \cdot & \cdot & \cdot \\ -1 & \cdot & \cdot & 1 & \cdot & \cdot \\ \cdot & \cdot & \cdot & \cdot & \cdot & \cdot \\ \cdot & \cdot & \cdot & \cdot & \cdot & \cdot \end{bmatrix} + \frac{N}{L}\begin{bmatrix} \cdot & \cdot & \cdot & \cdot & \cdot & \cdot \\ \cdot & 1 & \cdot & \cdot & -1 & \cdot \\ \cdot & \cdot & 1 & \cdot & \cdot & -1 \\ \cdot & \cdot & \cdot & \cdot & \cdot & \cdot \\ \cdot & -1 & \cdot & \cdot & 1 & \cdot \\ \cdot & \cdot & -1 & \cdot & \cdot & 1 \end{bmatrix} \; ; \; L \equiv \text{current length}$$

$$= \underline{\mathbf{k}}_L + \underline{\mathbf{k}}_N = \begin{bmatrix} \underline{\mathbf{k}}_{ii}^L & \underline{\mathbf{k}}_{ij}^L \\ \underline{\mathbf{k}}_{ji}^L & \underline{\mathbf{k}}_{jj}^L \end{bmatrix} + \begin{bmatrix} \underline{\mathbf{k}}_{ii}^N & \underline{\mathbf{k}}_{ij}^N \\ \underline{\mathbf{k}}_{ji}^N & \underline{\mathbf{k}}_{jj}^N \end{bmatrix} = \begin{bmatrix} \underline{\mathbf{k}}_{ii}^L & -\underline{\mathbf{k}}_{ii}^L \\ -\underline{\mathbf{k}}_{ii}^L & \underline{\mathbf{k}}_{ii}^L \end{bmatrix} + \begin{bmatrix} \underline{\mathbf{k}}_{ii}^N & -\underline{\mathbf{k}}_{ii}^N \\ -\underline{\mathbf{k}}_{ii}^N & \underline{\mathbf{k}}_{ii}^N \end{bmatrix}$$

- Equilibrium equation for the element in LCS

$$\underline{\mathbf{k}}_e \underset{\sim}{\mathbf{d}}_e = \underline{\mathbf{f}}_e \;\text{ or }\; \begin{Bmatrix} f_{xi} \\ f_{yi} \\ f_{zi} \\ f_{xj} \\ f_{yj} \\ f_{zj} \end{Bmatrix} = \left(\frac{EA}{L_0}\begin{bmatrix} 1 & \cdot & \cdot & -1 & \cdot & \cdot \\ \cdot & \cdot & \cdot & \cdot & \cdot & \cdot \\ \cdot & \cdot & \cdot & \cdot & \cdot & \cdot \\ -1 & \cdot & \cdot & 1 & \cdot & \cdot \\ \cdot & \cdot & \cdot & \cdot & \cdot & \cdot \\ \cdot & \cdot & \cdot & \cdot & \cdot & \cdot \end{bmatrix} + \frac{N}{L}\begin{bmatrix} \cdot & \cdot & \cdot & \cdot & \cdot & \cdot \\ \cdot & 1 & \cdot & \cdot & -1 & \cdot \\ \cdot & \cdot & 1 & \cdot & \cdot & -1 \\ \cdot & \cdot & \cdot & \cdot & \cdot & \cdot \\ \cdot & -1 & \cdot & \cdot & 1 & \cdot \\ \cdot & \cdot & -1 & \cdot & \cdot & 1 \end{bmatrix} \right) \begin{Bmatrix} u_i \\ v_i \\ w_i \\ u_j \\ v_j \\ w_j \end{Bmatrix}$$

■ GCS에서 하나의 케이블 부재에 대하여

- Equilibrium equation for the element in GCS

$$\underline{\mathbf{K}}_e = \underline{\mathbf{T}}_e^T \underline{\mathbf{k}}_e \underline{\mathbf{T}}_e = \underline{\mathbf{T}}_e^T \left(\underline{\mathbf{k}}_L + \underline{\mathbf{k}}_N \right) \underline{\mathbf{T}}_e \; ; \; \underline{\mathbf{T}}_e = \begin{bmatrix} \underline{\mathbf{C}} & \underline{\mathbf{0}} \\ \underline{\mathbf{0}} & \underline{\mathbf{C}} \end{bmatrix}, \; \underline{\mathbf{C}} = \begin{bmatrix} c_{Xx} & c_{Xy} & c_{Xz} \\ c_{Yx} & c_{Yy} & c_{Yz} \\ c_{Zx} & c_{Zy} & c_{Zz} \end{bmatrix}, \; c_{Ab} = \cos\angle\left(A, b\right)$$

$$\underline{\mathbf{K}}_L = \underline{\mathbf{T}}_e^T \underline{\mathbf{k}}_L \underline{\mathbf{T}}_e = \begin{bmatrix} \underline{\mathbf{C}}^T & \underline{\mathbf{0}} \\ \underline{\mathbf{0}} & \underline{\mathbf{C}}^T \end{bmatrix} \begin{bmatrix} \underline{\mathbf{k}}_{ii}^L & -\underline{\mathbf{k}}_{ii}^L \\ -\underline{\mathbf{k}}_{ii}^L & \underline{\mathbf{k}}_{ii}^L \end{bmatrix} \begin{bmatrix} \underline{\mathbf{C}} & \underline{\mathbf{0}} \\ \underline{\mathbf{0}} & \underline{\mathbf{C}} \end{bmatrix} = \begin{bmatrix} \underline{\mathbf{C}}^T \underline{\mathbf{k}}_{ii}^L \underline{\mathbf{C}} & -\underline{\mathbf{C}}^T \underline{\mathbf{k}}_{ii}^L \underline{\mathbf{C}} \\ -\underline{\mathbf{C}}^T \underline{\mathbf{k}}_{ii}^L \underline{\mathbf{C}} & \underline{\mathbf{C}}^T \underline{\mathbf{k}}_{ii}^L \underline{\mathbf{C}} \end{bmatrix}$$

$$\underline{\mathbf{K}}_N = \underline{\mathbf{T}}_e^T \underline{\mathbf{k}}_N \underline{\mathbf{T}}_e = \begin{bmatrix} \underline{\mathbf{C}}^T & \underline{\mathbf{0}} \\ \underline{\mathbf{0}} & \underline{\mathbf{C}}^T \end{bmatrix} \begin{bmatrix} \underline{\mathbf{k}}_{ii}^N & -\underline{\mathbf{k}}_{ii}^N \\ -\underline{\mathbf{k}}_{ii}^N & \underline{\mathbf{k}}_{ii}^N \end{bmatrix} \begin{bmatrix} \underline{\mathbf{C}} & \underline{\mathbf{0}} \\ \underline{\mathbf{0}} & \underline{\mathbf{C}} \end{bmatrix} = \begin{bmatrix} \underline{\mathbf{C}}^T \underline{\mathbf{k}}_{ii}^N \underline{\mathbf{C}} & -\underline{\mathbf{C}}^T \underline{\mathbf{k}}_{ii}^N \underline{\mathbf{C}} \\ -\underline{\mathbf{C}}^T \underline{\mathbf{k}}_{ii}^N \underline{\mathbf{C}} & \underline{\mathbf{C}}^T \underline{\mathbf{k}}_{ii}^N \underline{\mathbf{C}} \end{bmatrix}$$

- Stiffness Components for the element in GCS

$$\underline{\mathbf{C}}^T \underline{\mathbf{k}}_{ii}^L \underline{\mathbf{C}} = \frac{EA}{L_0} \begin{bmatrix} c_{Xx} & c_{Xy} & c_{Xz} \\ c_{Yx} & c_{Yy} & c_{Yz} \\ c_{Zx} & c_{Zy} & c_{Zz} \end{bmatrix} \begin{bmatrix} 1 & \cdot & \cdot \\ \cdot & \cdot & \cdot \\ \cdot & \cdot & \cdot \end{bmatrix} \begin{bmatrix} c_{Xx} & c_{Yx} & c_{Zx} \\ c_{Xy} & c_{Yy} & c_{Zy} \\ c_{Xz} & c_{Yz} & c_{Zz} \end{bmatrix} = \frac{EA}{L_0} \begin{bmatrix} c_{Xx} & 0 & 0 \\ c_{Yx} & 0 & 0 \\ c_{Zx} & 0 & 0 \end{bmatrix} \begin{bmatrix} c_{Xx} & c_{Yx} & c_{Zx} \\ c_{Xy} & c_{Yy} & c_{Zy} \\ c_{Xz} & c_{Yz} & c_{Zz} \end{bmatrix}$$

$$= \frac{EA}{L_0} \begin{bmatrix} c_{Xx}^2 & c_{Xx} c_{Yx} & c_{Xx} c_{Zx} \\ c_{Xx} c_{Yx} & c_{Yx}^2 & c_{Zx} c_{Yx} \\ c_{Xx} c_{Zx} & c_{Zx} c_{Yx} & c_{Zx}^2 \end{bmatrix}$$

$$\underset{\sim}{\mathbf{C}}^T \underset{\sim}{\mathbf{k}}_{ii}^N \underset{\sim}{\mathbf{C}} = \frac{N}{L}\begin{bmatrix} c_{Xx} & c_{Xy} & c_{Xz} \\ c_{Yx} & c_{Yy} & c_{Yz} \\ c_{Zx} & c_{Zy} & c_{Zz} \end{bmatrix}\begin{bmatrix} \cdot & \cdot & \cdot \\ \cdot & 1 & \cdot \\ \cdot & \cdot & 1 \end{bmatrix}\begin{bmatrix} c_{Xx} & c_{Yx} & c_{Zx} \\ c_{Xy} & c_{Yy} & c_{Zy} \\ c_{Xz} & c_{Yz} & c_{Zz} \end{bmatrix} = \frac{N}{L}\begin{bmatrix} 0 & c_{Xy} & c_{Xz} \\ 0 & c_{Yy} & c_{Yz} \\ 0 & c_{Zy} & c_{Zz} \end{bmatrix}\begin{bmatrix} c_{Xx} & c_{Yx} & c_{Zx} \\ c_{Xy} & c_{Yy} & c_{Zy} \\ c_{Xz} & c_{Yz} & c_{Zz} \end{bmatrix}$$

$$= \frac{N}{L}\begin{bmatrix} c_{Xy}^2 + c_{Xz}^2 & c_{Xy}c_{Yy} + c_{Xz}c_{Yz} & c_{Xy}c_{Zy} + c_{Xz}c_{Zz} \\ c_{Xy}c_{Yy} + c_{Xz}c_{Yz} & c_{Yy}^2 + c_{Yz}^2 & c_{Yy}c_{Zy} + c_{Yz}c_{Zz} \\ c_{Xy}c_{Zy} + c_{Xz}c_{Zz} & c_{Yy}c_{Zy} + c_{Yz}c_{Zz} & c_{Zy}^2 + c_{Zz}^2 \end{bmatrix} \qquad \text{x in LCS vs X,Y,Z in GCS}$$

$$= \frac{N}{L}\begin{bmatrix} 1 - c_{Xx}^2 & -c_{Xx}c_{Yx} & -c_{Xx}c_{Zx} \\ -c_{Xx}c_{Yx} & 1 - c_{Yx}^2 & -c_{Yx}c_{Zx} \\ -c_{Xx}c_{Zx} & -c_{Yx}c_{Zx} & 1 - c_{Zx}^2 \end{bmatrix} \qquad \begin{aligned} &\because\ c_{Xx}^2 + c_{Xy}^2 + c_{Xz}^2 = 1 \rightarrow c_{Xy}^2 + c_{Xz}^2 = 1 - c_{Xx}^2,\ \cdots \\ &c_{Xx}c_{Yx} + c_{Xy}c_{Yy} + c_{Xz}c_{Yz} = 0 \\ &\rightarrow c_{Xy}c_{Yy} + c_{Xz}c_{Yz} = -c_{Xx}c_{Yx},\ \cdots \end{aligned}$$

- Transformation Matrix

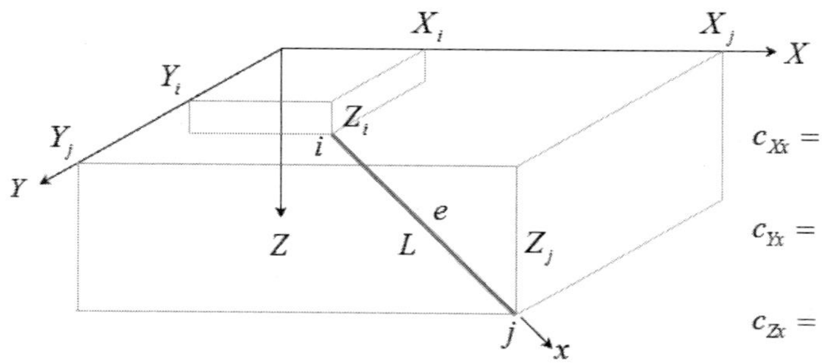

$$c_{Xx} = \cos\angle(X,x) = \frac{X_j - X_i}{L}$$

$$c_{Yx} = \cos\angle(Y,x) = \frac{Y_j - Y_i}{L}$$

$$c_{Zx} = \cos\angle(Z,x) = \frac{Z_j - Z_i}{L}$$

- Assemble and Apply to BC : $\underset{\sim}{\mathbf{K}}\underset{\sim}{\mathbf{D}} = \underset{\sim}{\mathbf{F}}$

- Update the new coordinates : $\begin{cases} X_i' = X_i + u_i \\ Y_i' = Y_i + v_i \\ Z_i' = Z_i + w_i \end{cases}$ and $\begin{cases} X_j' = X_j + u_j \\ Y_j' = Y_j + v_j \\ Z_j' = Z_j + w_j \end{cases}$

- Current length of element : $L' = \sqrt{(X_j' - X_i')^2 + (Y_j' - Y_i')^2 + (Z_j' - Z_i')^2}$

  Length Increment : $\Delta L' = L' - L_0$

- Current Axial Force : $N' = N + \Delta N' = N + EA\dfrac{\Delta L'}{L_0}$

- Calculate the out-of-balance nodal forces $\Delta Q_X'$, $\Delta Q_Y'$ and $\Delta Q_Z'$ assembled into a vector

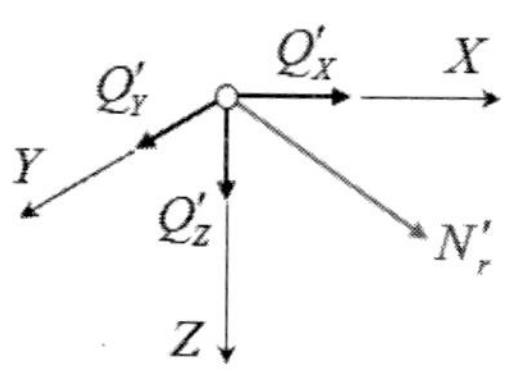

$$\Delta\underset{\sim}{\mathbf{Q}}' = \begin{Bmatrix} \Delta Q_X' \\ \Delta Q_Y' \\ \Delta Q_Z' \end{Bmatrix}$$

- Resultant from the all forces in the m-elements coinciding at a node as $\underset{\sim}{\mathbf{N}}'_r$

  $$\rightarrow \underset{\sim}{\mathbf{N}}'_r = -\sum_{e=1}^{m} N'_e \underset{\sim}{\mathbf{c}}$$

- Equilibrium conditions at the node,

  $$\begin{cases} Q'_X + \sum_{e=1}^{m} N'_e \cos\angle(X,x) = 0 \\ Q'_Y + \sum_{e=1}^{m} N'_e \cos\angle(Y,x) = 0 \\ Q'_Z + \sum_{e=1}^{m} N'_e \cos\angle(Z,x) = 0 \end{cases} \text{ or } \underset{\sim}{\mathbf{Q}}' = -\sum_{e=1}^{m} N'_e \underset{\sim}{\mathbf{c}},\ \underset{\sim}{\mathbf{Q}}' = \begin{Bmatrix} Q'_X \\ Q' \\ Q'_Z \end{Bmatrix},\ \underset{\sim}{\mathbf{c}} = \begin{Bmatrix} c_{Xx} \\ c_{Yx} \\ c_{Zx} \end{Bmatrix} = \begin{Bmatrix} \cos\angle(X,x) \\ \cos\angle(Y,x) \\ \cos\angle(Z,x) \end{Bmatrix}$$

- External forces at the nodes, $\underset{\sim}{\mathbf{P}}' = \underset{\sim}{\mathbf{P}}_0 + \underset{\sim}{\mathbf{P}}$

  $\underset{\sim}{\mathbf{P}}_0 \equiv$ initial(tightening) nodal force vector, $\underset{\sim}{\mathbf{P}} \equiv$ external imposed load vector

- Out-of-balance forces : $\Delta\underset{\sim}{\mathbf{Q}}' = \underset{\sim}{\mathbf{P}}' - \underset{\sim}{\mathbf{Q}}' = \underset{\sim}{\mathbf{P}}_0 + \underset{\sim}{\mathbf{P}} + \sum_{e=1}^{m} N_e \underset{\sim}{\mathbf{c}}$

- In the next iteration the equilibrium equation : $\underline{\mathbf{K}}'\Delta\underset{\sim}{\mathbf{q}}' = \Delta\underset{\sim}{\mathbf{Q}}'$

- Solving of these equations yields the vector of displacement increments

  $\Delta\underset{\sim}{\mathbf{q}}' = \underline{\mathbf{K}}'^{-1}\Delta\underset{\sim}{\mathbf{Q}}'$

- Calculate the new values of current displacements : $\underset{\sim}{\mathbf{q}}' = \underset{\sim}{\mathbf{q}} + \Delta\underset{\sim}{\mathbf{q}}'$

- Calculations are repeated to get the new values of out-of-balance forces,

- The iterations stop when $\Delta\underset{\sim}{\mathbf{Q}}' \leq \mathit{tolerance}$

- The presented algorithm follows the line of the Newton method.

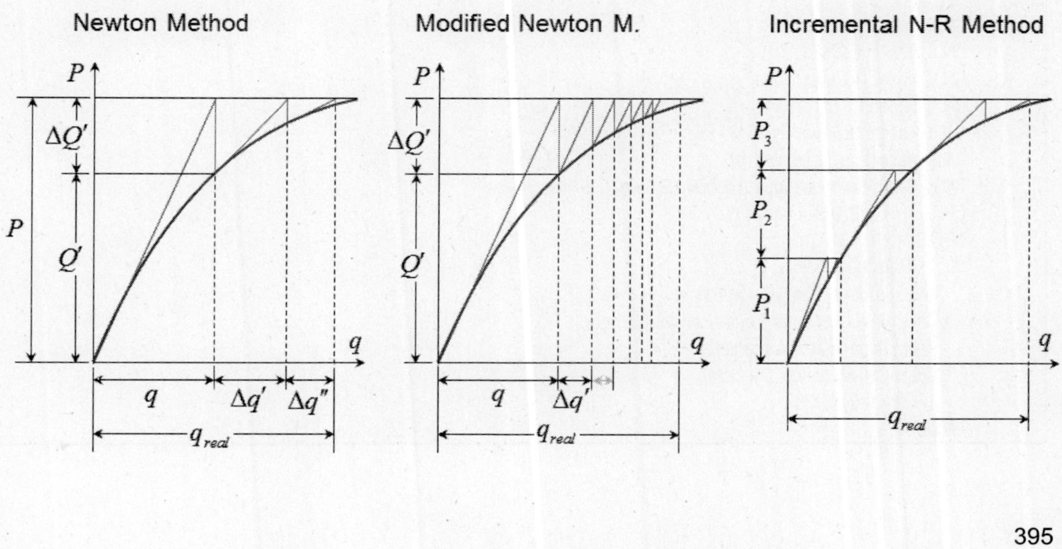

12.4.2 프로그램 작성예

```
!------------------------------------------
PROGRAM NonLinear_AnaLysis_Program_for_CabLe
!------------------------------------------
   IMPLICIT NONE
   INTEGER,PARAMETER :: inp=95,out=96,txt=97
   INTEGER,PARAMETER :: nDim=2,eNod=2,nDof=2,eDof=4,mit=100
   INTEGER :: node,eLem,nLod,neq,ni,nj,it,chk
   INTEGER :: BC(nDof),LM(eDof)
   REAL(8) :: EA,xi,yi,xj,yj,dx,dy,L,Lc,tens,wDen
   REAL(8) :: chkF,chkD,toL
   REAL(8) :: XY(nDim),cLod(nDof),aLod(nDof),C(nDof,nDof),mF(eDof)
   REAL(8) :: mFt(eDof),mFm(eDof)
   REAL(8) :: S(eDof,eDof),T(eDof,eDof),Dis(nDof),eDis(eDof)

   TYPE Node_Property
      INTEGER :: BC(Ndof)       ! BC
      REAL(8) :: XY(Ndim)       ! Coordinates
      REAL(8) :: cLod(nDof)     ! Concentrated Load
      REAL(8) :: aLod(nDof)     ! Additional Concentrated Load
      REAL(8) :: XYc(Ndim)      ! Coordinates
      REAL(8) :: Dis(nDof)      ! Displacement
   END TYPE Node_Property
   TYPE(Node_Property),ALLOCATABLE :: Nodes(:)

   TYPE CabLe_Property
      INTEGER :: ni,nj,LM(eDof)
      REAL(8) :: EA,E,A,L,Lc,tens,wDen
      REAL(8) :: C(nDof,nDof)
      REAL(8) :: S(eDof,eDof)
      REAL(8) :: T(eDof,eDof)
      REAL(8) :: mTen
   END TYPE CabLe_Property
   TYPE(CabLe_Property),ALLOCATABLE :: CabLe(:)

   REAL(8),ALLOCATABLE :: GK(:,:),GB(:),Resd(:,:),GBo(:)

   CALL Openning
   CALL ControL_Data
   CALL Node_Informations
   CALL ELement_Informations
   CALL AssembLe_System_Matrix
   CALL AssembLe_Load_Vector
   CALL SimuLtaneous_Equation(GK,GB,neq)
   CALL initiaL_DispLacement
   WRITE(*,*) ' '
   DO it=1,mit
      CALL Update_Configuration
      CALL SimuLtaneous_Equation(GK,GB,neq)
      CALL Update_DispLacement
      CALL Convergence_Checking
      IF(chk==0) EXIT
   ENDDO
```

```
WRITE(*,*) ' '
CALL FinaL_DispLacement
CALL FinaL_Member_Force

WRITE(out,"(/'  ',20('>'),' You are a rare Genius !'/)")
WRITE(*,"(/5X,'You are a rare Genius !')")

CONTAINS

SUBROUTINE Openning
   IMPLICIT NONE
   INTEGER :: ichr,idot
   CHARACTER(12) :: Fnam,Finp,Fout,Ftxt

   WRITE(*,"(/5X,'Your Data File = '₩)") ; READ(*,*) Fnam

   ichr=LEN_TRIM(Fnam)  ; IF(ichr==0) STOP '    Not exist data file'
   idot=INDEX(Fnam,'.') ; IF(idot>1) ichr=idot-1
   Finp=Fnam(:ichr)//'.inp' ; OPEN(Unit=inp, FILE=Finp)
   Fout=Fnam(:ichr)//'.out' ; OPEN(Unit=out, FILE=Fout)
   Ftxt=Fnam(:ichr)//'.txt' ; OPEN(Unit=txt, FILE=Ftxt)

   WRITE(out,"(/'  ----------------------------------------------' &
   &          /'      ANALYSIS PROGRAM for TWO-DIMENIONAL CabLe'  &
   &          /'       Programed by Sung-Soon Yhim (07/15/2017)'  &
   &          /'  ----------------------------------------------' &
   &          /'                      Input file =  ',A     &
   &          /'                     Output file =  ',A     &
   &          /'               Intermediate file =  ',A)")  &
   &    Finp,Fout,Ftxt
END SUBROUTINE Openning

SUBROUTINE ControL_Data
   IMPLICIT NONE

   WRITE(*,"(/5X,'CONTROL PARAMETERS')")
   WRITE(out,"(//'  C O N T R O L   P A R A M E T E R S')")

   READ(inp,*) node,eLem,nLod,toL
   WRITE(out,"(/5X,'Number of total Nodes    (node)',I9     &
   &          /5X,'Number of total Elements (eLem)',I9     &
   &          /5X,'Number of Loaded Nodes   (nLod)',I9     &
   &          /5X,'Convergence ToLerance     (toL)',E15.6)") &
   &     node,eLem,nLod,toL
   IF(node<=0) STOP '  node <= 0'
   IF(eLem<=0) STOP '  eLem <= 0'
END SUBROUTINE ControL_Data

SUBROUTINE Node_Informations
   IMPLICIT NONE
   INTEGER :: k,n,i,eq

   WRITE(*,"(5X,'NODE INFORMATION')")
```

```
    WRITE(out,"(//' N O D E   I N F O R M A T I O N' &
    &          //5X,'n',6X,'u    v',12X,'Xc',10X,'Yc',10X,'Fx',10X,'Fy'/)")

    ALLOCATE(Nodes(node))
    ALLOCATE(Resd(nDof,node)) ; Resd=0.0D0

    neq=0
    DO k=1,node
       READ(inp,*) n,BC,XY,cLod
       DO i=1,nDof
          eq=BC(i)
          IF(eq==0) THEN
             neq=neq+1 ; Nodes(n)%BC(i)=neq
          ELSE
             Nodes(n)%BC(i)=0
          ENDIF
       ENDDO
       Nodes(n)%XY=XY ; Nodes(n)%XYc=XY ; Nodes(n)%cLod=cLod
       WRITE(out,"(I6,2X,2I5,2X,4F12.2)") n,BC,XY,cLod
    ENDDO
END SUBROUTINE Node_Informations

SUBROUTINE ELement_Informations
    IMPLICIT NONE
    INTEGER :: n,i,j,k,eq
    REAL(8) :: E,A
    REAL(8) :: cx,sx,ss,sn,eFor

    WRITE(*,"(5X,'ELEMENT INFORMATION')")
    WRITE(out,"(//' E L E M E N T   I N F O R M A T I O N' &
    &          //5X,'e',6X,'i    j     Rigidity(EA)',8X,'Leng',6X,'tens',6X,'wden'/)")

    ALLOCATE(CabLe(eLem))

    WRITE(txt,"(' E L E M E N T   P R O P E R T I E S   I N   L C S')")

    DO k=1,eLem
       READ(inp,*) n,ni,nj,E,A,tens,wDen
       CabLe(n)%ni=ni ; CabLe(n)%nj=nj ; CabLe(n)%wDen=wDen
       CabLe(n)%E=E   ; CabLe(n)%A=A   ; CabLe(n)%tens=tens
       EA=E*A ; CabLe(n)%EA=EA

       LM=0 ; LM(1:nDof)=Nodes(ni)%BC(1:nDof)
              LM(3:eDof)=Nodes(nj)%BC(1:nDof) ; CabLe(n)%LM=LM

       xi=Nodes(ni)%XY(1)  ; xj=Nodes(nj)%XY(1) ; dx=xj-xi
       yi=Nodes(ni)%XY(2)  ; yj=Nodes(nj)%XY(2) ; dy=yj-yi
       L=SQRT(dx*dx+dy*dy) ; CabLe(n)%L=L
       Lc=L                ; CabLe(n)%Lc=Lc
       S=0.0D0
       ss=EA/L    ; S(1,1)=ss ; S(1,3)=-ss ; S(3,1)=-ss ; S(3,3)=ss
       sn=tens/Lc ; S(2,2)=sn ; S(2,4)=-sn ; S(4,2)=-sn ; S(4,4)=sn ; CabLe(n)%S=S
```

```
        cx=dx/L ; sx=dy/L
        C=0.0D0 ; C(1,1)= cx ; C(1,2)=sx ; C(2,1)=-sx ; C(2,2)=cx ; Cable(n)%C=C
        T(1:2,1:2)=C(1:2,1:2) ; T(3:4,3:4)=C(1:2,1:2)             ; CabLe(n)%T=T

        CabLe(n)%mTen=tens

        WRITE(out,"(I6,2X,2I5,E17.6,F12.3,2F10.3)") n,ni,nj,EA,L,tens,wden
        WRITE(txt,"(/3X,'eLement no =',I5,5X,'Stiffness_Matrix and Transformation_Matrix')") n
        WRITE(txt,"(7X,4I12,2X,4I7)") (i,i=1,eDof),(j,j=1,eDof)
        DO i=1,eDof
           WRITE(txt,"(I5,2X,4E12.4,2X,4F7.3)") i,S(i,1:eDof),T(i,1:eDof)
        ENDDO
     ENDDO
  END SUBROUTINE ELement_Informations

  SUBROUTINE AssembLe_System_Matrix
     IMPLICIT NONE
     INTEGER :: n,i,j,row,coL

     ALLOCATE(GK(neq,neq)) ; GK=0.0D0

     WRITE(txt,"(///' E L E M E N T   P R O P E R T I E S   I N   G C S')")

     WRITE(*,"(5X,'ASSEMBLE SYSTEM MATRIX & VECTOR')")
     WRITE(out,"(//' S Y S T E M   M A T R I X'  &
     &           //5X,'Number of Equations ',I5)") neq

     DO n=1,eLem
        LM=CabLe(n)%LM ; S=CabLe(n)%S ; T=CabLe(n)%T
        S=MATMUL(TRANSPOSE(T),MATMUL(S,T))

        WRITE(txt,"(/3X,'eLement no =',I5,5X,'Structure Stiffness Matrix')") n
        WRITE(txt,"(7X,4I12)") (i,i=1,eDof)
        DO i=1,eDof
           WRITE(txt,"(I5,2X,4E12.4)") i,S(i,1:eDof)
        ENDDO

        DO i=1,eDof
           row=LM(i) ; IF(row<=0) CYCLE
           DO j=1,eDof
              coL=LM(j) ; IF(coL<=0) CYCLE
              GK(row,coL)=GK(row,coL)+S(i,j)
           ENDDO
        ENDDO
     ENDDO
     WRITE(txt,"(//' S Y S T E M   M A T R I X')")
     WRITE(txt,"(/3X,'Stiffness Matrix')")
     WRITE(txt,"(8X,100I12)") (i,i=1,neq)
     DO i=1,neq
        WRITE(txt,"(I6,2X,100E12.4)") i,GK(i,1:neq)
     ENDDO
  END SUBROUTINE AssembLe_System_Matrix
```

```
SUBROUTINE AssembLe_Load_Vector
   IMPLICIT NONE
   INTEGER :: n,i,j,row

   ALLOCATE(GB(neq))  ; GB=0.0D0
   ALLOCATE(GBo(neq)) ; GBo=0.0D0

   WRITE(*,"(5X,'ASSEMBLE LOAD VECTOR')")
   WRITE(out,"(//' S Y S T E M   L O A D   V E C T O R')")
   IF(nLod>0) THEN
      WRITE(out,"(/5X,'n',8X,'Fx',8X,'Fy'/)")
      DO i=1,nLod
         READ(inp,*) n,cLod
         WRITE(out,"(I6,2F10.3)") n,cLod
         Nodes(n)%aLod=cLod
      ENDDO
   ENDIF
   DO n=1,node
      DO i=1,nDof
         row=Nodes(n)%BC(i) ; IF(row<=0) CYCLE
         GB(row)=GB(row)+Nodes(n)%aLod(i)
      ENDDO
   ENDDO
   WRITE(txt,"(/3X,'Load Vector ')")
   DO n=1,neq
      WRITE(txt,"(I6,6E14.4)") n,GB(n)
   ENDDO
END SUBROUTINE AssembLe_Load_Vector

SUBROUTINE InitiaL_DispLacement
   IMPLICIT NONE
   INTEGER :: n,i,eq

   WRITE(*,"(5X,'INITAL DISPLACEMENT')")
   WRITE(out,"(//' I N I T I A L   D I S P L A C E M E N T S'   &
   &          //5X,'n',12X,'dis_X',10X,'dis_Y'/)")

   DO n=1,node
      Dis=0.0D0
      DO i=1,nDof
         eq=Nodes(n)%BC(i) ; IF(eq>0) dis(i)=GB(eq)
      ENDDO
      WRITE(out,"(I6,2X,2F15.6)") n,dis
      Nodes(n)%dis=dis
   ENDDO
END SUBROUTINE InitiaL_DispLacement

SUBROUTINE Update_Configuration
   IMPLICIT NONE
   INTEGER :: n,i,j,eq,row,coL
   REAL(8) :: cx,sx,ss,sn,eFor,tFor

   WRITE(*,"(5X,'it',I5,5X,'Updated Configuration')") it
```

```
WRITE(out,"(//' U P D A T E D   C O N F I G U R A T I O N',I5)") it
WRITE(out,"( /5X,'n',12X,'dis_x',10X,'dis_y',11X,'new_Xc',9X,'new_Yc')")

Resd=0.0D0
DO n=1,node
   dis=Nodes(n)%dis ; XY=Nodes(n)%XY+Nodes(n)%dis ; Nodes(n)%XYc=XY
   WRITE(out,"(I6,2(2X,2F15.6))") n,dis,XY
ENDDO

WRITE(out,"( /5X,'e',6X,'i    j',6X,'Current_L',6X,'initial_L',7X,'Inc_Tens',8X,'Tension')")

GK=0.0D0 ; GB=0.0D0
DO n=1,eLem
   ni=CabLe(n)%ni ; nj=CabLe(n)%nj ; LM=CabLe(n)%LM
   L=CabLe(n)%L   ; EA=CabLe(n)%EA ; tFor=CabLe(n)%mTen

   xi=Nodes(ni)%XYc(1) ; xj=Nodes(nj)%XYc(1) ; dx=xj-xi
   yi=Nodes(ni)%XYc(2) ; yj=Nodes(nj)%XYc(2) ; dy=yj-yi
   Lc=SQRT(dx*dx+dy*dy) ; CabLe(n)%Lc=Lc
   efor=EA*(Lc-L)/L     ; tfor=tfor+efor

   WRITE(out,"(I6,2X,2I5,4F15.6)") n,ni,nj,Lc,L,efor,tfor

   cx=dx/Lc ; sx=dy/Lc
   C=0.0D0 ; C(1,1)=cx ; C(1,2)=sx ; C(2,1)=-sx ; C(2,2)=cx
   T(1:2,1:2)=C(1:2,1:2) ; T(3:4,3:4)=C(1:2,1:2) ; CabLe(n)%T=T

   S=0.0D0
   ss=EA/L    ; S(1,1)=ss ; S(1,3)=-ss ; S(3,1)=-ss ; S(3,3)=ss
   sn=tfor/Lc ; S(2,2)=sn ; S(2,4)=-sn ; S(4,2)=-sn ; S(4,4)=sn
   S=MATMUL(TRANSPOSE(T),MATMUL(S,T))
   DO i=1,eDof
      row=LM(i) ; IF(row<=0) CYCLE
      DO j=1,eDof
         coL=LM(j) ; IF(coL<=0) CYCLE
         GK(row,coL)=GK(row,coL)+S(i,j)
      ENDDO
   ENDDO
   mf=0.0D0 ; mf(1)=-tfor ; mf(3)=tfor ; mf=MATMUL(TRANSPOSE(T),mf)
   Resd(1:2,ni)=Resd(1:2,ni)+mF(1:2)
   Resd(1:2,nj)=Resd(1:2,nj)+mF(3:4)
ENDDO
DO n=1,node
   BC=Nodes(n)%BC
   cLod=Nodes(n)%cLod ; aLod=Nodes(n)%aLod
   DO i=1,nDof
      row=BC(i) ; IF(row<=0) CYCLE
      GB(row)=cLod(i)+aLod(i)-Resd(i,n)
   ENDDO
ENDDO
GBo=GB
WRITE(txt,"(//' S Y S T E M   M A T R I X',I5)") it
WRITE(txt,"(/3X,'Stiffness Matrix')")
```

```
    WRITE(txt,"(8X,100I15)") (i,i=1,neq)
    DO i=1,neq
       WRITE(txt,"(I6,2X,100F15.6)") i,GK(i,1:neq)
    ENDDO

    WRITE(txt,"(/3X,'Load Vector ')")
    DO n=1,neq
       WRITE(txt,"(I6,6E20.10)") n,GB(n)
    ENDDO

END SUBROUTINE Update_Configuration

SUBROUTINE Update_DispLacement
    IMPLICIT NONE
    INTEGER :: n,i,eq

    WRITE(*,"(17X,'Update DispLacement')")

    DO n=1,node
       Dis=0.0D0
       DO i=1,nDof
          eq=Nodes(n)%BC(i) ; IF(eq>0) dis(i)=GB(eq)
       ENDDO
       Nodes(n)%dis=Nodes(n)%dis+dis
    ENDDO
END SUBROUTINE Update_DispLacement

SUBROUTINE Convergence_Checking
    IMPLICIT NONE
    INTEGER :: n,i,eq
    REAL(8) :: FvaL,DvaL
    CHARACTER(2) :: OK

    OK='OK'
    WRITE(*,"(17X,'Convergence Checking')")
    WRITE(out,"(/5X,'it    chk    Y/N',11X,'max_Force',8X,'max_Dis')")
    chk=0 ; chkF=MAXVAL(ABS(GBo))
            chkD=MAXVAL(ABS(GB))
    IF(chkF>toL) THEN
       chk=1 ; OK='NG'
    ENDIF
    WRITE(out,"(2I7,5X,A2,5X,2E15.6)") it,chk,OK,chkF,chkD
END SUBROUTINE Convergence_Checking

SUBROUTINE FinaL_DispLacement
    IMPLICIT NONE
    INTEGER :: n,i,eq

    WRITE(*,"(5X,'FINAL DISPLACEMENT')")
    WRITE(out,"(//'  F I N A L   D I S P L A C E M E N T S')")
    WRITE(out,"( /5X,'n',12X,'dis_x',10X,'dis_y',11X,'new_Xc',9X,'new_Yc'/)")

    DO n=1,node
```

```
        dis=Nodes(n)%dis ; XY=Nodes(n)%XY+Nodes(n)%dis ; Nodes(n)%XYc=XY
        WRITE(out,"(I6,2(2X,2F15.6))") n,dis,XY
    ENDDO
END SUBROUTINE Final_Displacement

SUBROUTINE Final_Member_Force
    IMPLICIT NONE
    INTEGER :: n,i,eq
    REAL(8) :: eFor,tfor

    WRITE(*,"(5X,'FINAL MEMBER FORCE')")
    WRITE(out,"(//'  F I N A L   M E M B E R   F O R C E S')")
    WRITE(out,"( /5X,'e',6X,'i     j',6X,'Current_L',6X,'initial_L',7X,'Inc_Tens',8X,'Tension'/)")
    DO n=1,eLem
        ni=CabLe(n)%ni ; nj=CabLe(n)%nj ; LM=CabLe(n)%LM
        L=CabLe(n)%L   ; EA=CabLe(n)%EA ; tFor=CabLe(n)%mTen

        xi=Nodes(ni)%XYc(1) ; xj=Nodes(nj)%XYc(1) ; dx=xj-xi
        yi=Nodes(ni)%XYc(2) ; yj=Nodes(nj)%XYc(2) ; dy=yj-yi
        Lc=SQRT(dx*dx+dy*dy) ; CabLe(n)%Lc=Lc
        efor=EA*(Lc-L)/L      ; tfor=tfor+efor
        WRITE(out,"(I6,2X,2I5,4F15.6)") n,ni,nj,Lc,L,efor,tfor
    ENDDO
END SUBROUTINE Final_Member_Force

SUBROUTINE SimuLtaneous_Equation(A,B,n)
    IMPLICIT NONE
    INTEGER :: n, i,ia,ib,j,k,ind=1
    REAL(8) :: A(n,n),B(n), z
    INTEGER,ALLOCATABLE :: La(:),Lb(:,:)
    REAL(8),ALLOCATABLE :: Sz(:)

    ALLOCATE(La(n))    ; La=0
    ALLOCATE(Lb(n,2)) ; Lb=0
    ALLOCATE(Sz(n))    ; Sz=0.0D0

    ind=1
    DO k=1,n
        z=0.0D0
        DO i=1,n
            IF(La(i)==1) CYCLE
            DO j=1,n
                IF(La(j)<1) THEN
                    IF(ABS(z)<ABS(A(i,j))) THEN
                        ia=i ; ib=j ; z=A(i,j)
                    ENDIF
                ELSEIF(La(j)/=1) THEN
                    DEALLOCATE(La,Lb,Sz) ; RETURN
                ENDIF
            ENDDO
        ENDDO
        La(ib)=La(ib)+1
        IF(ia/=ib) THEN
```

```
          DO i=1,n
             z=A(ia,i) ; A(ia,i)=A(ib,i) ;  A(ib,i)=z
          ENDDO
          IF(Ind /= 0) THEN
             z=B(ia) ; B(ia)=B(ib) ; B(ib)=z
          ENDIF
       ENDIF
       Lb(k,1)=ia ; Lb(k,2)=ib ; Sz(k)=A(ib,ib) ; A(ib,ib)=1.0
       A(ib,1:n)=A(ib,1:n)/Sz(k)
       IF(Ind/=0) B(ib)=B(ib)/Sz(k)
       DO i=1,n
          IF(i==ib) CYCLE
          z=A(i,ib) ; A(i,ib)=0.0
          DO j=1,n
             A(i,j)=A(i,j)-A(ib,j)*z
          ENDDO
          IF(Ind/=0) B(i)=B(i)-B(ib)*z
       ENDDO
    ENDDO
    DO i=1,n ; j=n-i+1
       IF(Lb(j,1)==Lb(j,2)) CYCLE
       ia=Lb(j,1) ; ib=Lb(j,2)
       DO k=1,n
          z=A(k,ia) ; A(k,ia)=A(k,ib) ; A(k,ib)=z
       ENDDO
    ENDDO
    DEALLOCATE(La,Lb,Sz)
 END SUBROUTINE SimuLtaneous_Equation

END PROGRAM NonLinear_AnaLysis_Program_for_CabLe
```

참고문헌

[1] Felton, L. P. and R. B. Nelson, *Matrix Structural Analysis,* John Wiley & Aons, 1997

[2] McGuire. W., R. H. Gallagher, R. D. Ziemian, *Matrix Structural Analysis*, John Wiley & Aons, 2000

[3] Logan, D, L., *A First Course in the Finite Element Method*, 4th ed.. PWS, 2015

[4] Kassimali, A., *Matrix Analysis of Structures*, 2nd ed., Brooks/Cole, 2012

[5] Przeminiecki, J. S., *Theory of Matrix Structural Analysis*, Dover Press. 1985

[6] Livesley, R. K., *Matrix Methods of Structural Analysis*, 2nd ed., Pergamon Press, 1975

[7] Norris, C. H., J. B. Wilbur, S. Utku, *Elementary Structural Analysis*, 4th, ed., McGraw- Hill, 1991

[8] Meek, K. L., *Matrix Structural Analysis,* McGraw-Hill, 1971

찾아보기

매트릭스구조해석 **정가 20,000원**

저자 : 임성순

발행인 : 임해진
발행처 : 도서출판 구미서관

인쇄 : 2018년 8월 10일 초판 1쇄
발행 : 2018년 8월 17일 초판 1쇄

등록 : 1979년 6월 29일 No.9-6호
주소 : 서울시 마포구 신촌로 2길 5-15 구미빌딩
전화 : 02-333-1101
팩스 : 02-335-2201
http://www.goomibook.com

ISBN 979-11-6257-041-8 (93530)
